普通高等教育"十二五"规划教材

运筹学

第3版

Operations Research

熊 伟 编著

机械工业出版社
China Machine Press

图书在版编目（CIP）数据

运筹学 / 熊伟编著 . —3 版 . —北京：机械工业出版社，2014.6（2024.11 重印）
（普通高等教育"十二五"规划教材）

ISBN 978-7-111-44029-1

I. 运… II. 熊… III. 运筹学 – 高等学校 – 教材 IV. O22

中国版本图书馆 CIP 数据核字（2014）第 122452 号

本书介绍了线性规划、对偶理论、整数规划、目标规划、运输与指派问题、网络模型、网络计划、动态规划、排队论、存储论、决策论、多属性决策与博弈论等运筹学主要分支的基本理论、基本概念和计算方法，用较多的例题介绍了运筹学在管理、经济等领域中的应用。每章均附有大量基本练习题，并详细介绍了 WinQSB 2.0 软件的操作步骤及应用方法，解决了运筹学某些复杂的计算问题，使运筹学方法在实际中得以更好的应用和推广。附录中专门附有 WinQSB 2.0 软件介绍、上机实验指导书、应用案例、判断题、选择题、填空题等学习辅助资料。

本书既可作为高校管理类和经济类本科生、专业硕士研究生的运筹学教材，学术型硕士研究生的参考教材，也可以作为管理人员和企业决策人员的学习参考用书。

出版发行：机械工业出版社（北京市西城区百万庄大街 22 号　邮政编码：100037）
责任编辑：冯语嫣　　　　　　　　　　　　　责任校对：董纪丽
印　　刷：天津嘉恒印务有限公司
版　　次：2024 年 11 月第 3 版第 27 次印刷
开　　本：185mm×260mm　1/16
印　　张：27.25
书　　号：ISBN 978-7-111-44029-1
定　　价：49.00 元

客服电话：(010) 88361066　68326294

版权所有·侵权必究
封底无防伪标均为盗版

前　言

运筹学是一门以决策支持为目标的学科。运筹学的英文名称是 Operations Research(美)或 Operational Research(英)，缩写为 OR，直译是作业研究、操作研究或运作研究。运筹学是 OR 的意译，取自成语"运筹帷幄之中，决胜千里之外"，具有运用筹划、出谋献策、以策略取胜等内涵。人们在生产实践中的这种运筹思想自古就有，但真正成为一门学科，将一个带有普遍特性的运筹问题抽象成数学模型，用数学理论求出决策方案的科学方法，是 20 世纪 40 年代才形成的。

运筹学研究的内容[一]

运筹学的研究内容丰富，应用范围广泛，从军事、政治到管理、经济及工程技术等许多领域都能应用到运筹学的思想和方法。构成运筹学的理论大致分 3 个部分：

(1) 分析理论。主要研究资源的最优利用、设备最佳运行等问题。常用的数学分析方法有规划论(如线性规划、非线性规划、整数规划、动态规划、目标规划等)、网络模型、最优控制等。随着一些新型学科的发展，还衍生了诸如灰规划、模糊规划、随机规划等专门的分析方法，见教材第 1～8 章。

(2) 决策理论。主要研究方案或策略的最优选择问题。常用的数学分析方法有存储论、决策论、多准则决策、博弈论等，见教材第 10～13 章。

(3) 随机服务理论，即排队论。主要研究随机服务系统排队和拥挤现象问题，讨论随机服务系统的服务效率、绩效评价和服务设施的最佳设置等问题，见教材第 9 章。

运筹学的分析方法

运筹学是将经济与管理中的问题进行数据整理，然后建立数学

[一] 参阅文献[3]。

模型，在此基础上进行定量运算与定量分析的一门学科。它广泛应用现有的科学技术和数学方法，解决实际中提出的专门问题，为决策者选择最优或较优决策提供定量依据，可以说运筹学也是一门决策学科。

由于运筹学是定性分析（如建立数学模型）与定量方法（如求解数学模型）相结合的一门综合应用科学，因此要掌握好运筹学方法并成功应用于实践，不仅要有丰富的自然科学和社会科学知识，掌握一定的数理基础方法，还要用系统的观念去认识问题分析问题，使研究的对象得到最优或满意的效果。

运筹学方法贯穿于4个基本步骤：提出问题（目标）与收集资料、建立模型、求解模型和模型的应用。

第3版修改内容

本书自2005年出版以来，已发行了十多万册，许多院校采用本书作为教材，得到了广大教师和读者的热情支持与厚爱。为了进一步改进和完善教材，本次机械工业出版社以各种形式多次征询教师意见，不少教师和读者多次通过电子邮件与编者沟通探讨，反馈了大量非常有价值的修改建议，这里表示诚挚的感谢。

综合教师与读者的建议，第3版修改的大致内容有以下几个方面。

（1）第2章增加了线性规划的扩展运用：DEA模型。重点介绍C^2R模型、BC^2模型及其经济含义。

（2）调整和删除了部分内容，如删除了分支—隐枚举法求解0-1规划问题。

（3）增加了一章多属性决策，即人们熟悉的综合评价问题，介绍了各种常用的赋权与决策方法，包括模糊决策、层次分析法及动态决策。

（4）增加了约100道思考与简答题。题目加在每章习题后面，使学生加深概念的理解，对问题进一步思考。

（5）增加了一个数据包络分析案例。

（6）增加了附录F填空题。

（7）增减、修改了部分例题和习题。

（8）增加了DASC、DPS及MCE软件介绍，见第12章。

本书的基本特色

第3版有以下主要特色。

（1）内容由浅入深，由易到难，注重启发式教学，每章习题后面编排了具有启发性的思考题。在通俗介绍运筹学基本内容的同时，适量介绍一些基本理论。

（2）加强基本概念和基本方法的训练。有些难点、重点或容易混淆的概念用"注意"特别提示。每章除了有大量的基本练习题外，附录D、E、F编写了大量的判断题、选择题和填空题，供学生课外练习。

（3）注重理论与实际相结合。例题尽可能将经济和管理的实际背景相联系，附录C收录了有一定难度的应用案例，可供学生课堂讨论。

（4）详细介绍WinQSB软件的基本操作及其应用。充分利用先进的计算机工具，发挥

WinQSB 软件功能，解决比较大型数学模型的求解问题。附录 B 中附有上机实验指导书，供学生上机实验学习参考。

（5）主要关键词都能查到对应的英文单词。

关于运筹学软件

解决运筹学计算的软件较多，常用英文软件有 MS-Excel、MATLAB、LINDO/LINGO，中文软件如管理运筹学（韩伯棠教授开发）；此外关于数值计算与统计分析的英文软件有 SPSS、SAS，中文软件有 DASC(http://public.whut.edu.cn/slx/)、DPS 等，读者可以选择使用。

限于篇幅，本书主要介绍 WinQSB 2.0 软件，该软件包含了运筹学的大部分计算，具体应用范围在附录 A 中介绍，操作方法在每章最后一节有详细讲解。

关于 WinQSB 2.0 与 Win7 64 位系统不兼容的问题，请上网搜索即可得到解决方案。

多媒体教学辅助资料

为配合教师进行多媒体教学和批改作业，出版社为采用本书作为教材的教师提供配套的教辅资料。内容有：WinQSB 2.0 软件、全书所有内容的 PowerPoint 文档（可任意修改）、判断题、选择题及填空题答案、习题答案、应用案例答案、书中例题、习题及应用案例数据文件等。

由于编者水平有限，书中有不妥之处恳请您给予指正，欢迎继续交流讨论提出建议。关于印刷错误一旦发现在重印时立即改正。编者电子邮箱：xiongw@whut.edu.cn。

熊　伟

武汉理工大学管理学院

2014 年 3 月

教学建议

教学目的

运筹学是管理类与经济类专业的一门专业基础课。本课程教学的目的在于使学生根据研究问题的背景学会建立运筹学的数学模型，掌握运筹学的基本理论和基本运算技能，在运用运筹学方法分析和解决问题方面的能力得到培养和训练，能够运用计算机软件求解常用的运筹学数学模型，为进一步学习专业课程提供必要的基础，为培养适应现代化需要，掌握现代科学管理方法的管理人才服务。

前期需要掌握的知识

高等数学、线性代数、概率论与数理统计等课程相关知识。

课时分布建议

教学内容	学习要点	课时安排 本科	课时安排 在职硕士	案例使用建议
第1章 线性规划	(1) 掌握建立数学模型的方法与技巧 (2) 了解线性规划的有关基本概念 (3) 运用图解法、单纯形法求解模型 (4) 掌握单纯形法的五个计算公式	14	6	案例 C-1
第2章 线性规划的对偶理论	(1) 了解如何写对偶模型 (2) 掌握有关对偶性质及影子价格的含义 (3) 学习对偶单纯形法 (4) 了解灵敏度分析及参数分析 (5) DEA 模型及其应用	10	4	案例 C-2，C-9
第3章 整数规划	(1) 了解整数规划数学模型的特征与类型 (2) 学习求解整数规划模型的分支定界法、割平面法及隐枚举法	4	4	案例 C-3

(续)

教学内容	学习要点	课时安排 本科	课时安排 在职硕士	案例使用建议
第4章 目标规划	（1）了解目标规划数学模型的特征 （2）学习建立目标规划数学模型 （3）掌握求解目标规划的图解法及单纯形法	4	4	案例 C-4
第5章 运输与指派问题	（1）建立运输与指派问题的数学模型 （2）掌握运输单纯形法的详细步骤 （3）了解运输问题的应用 （4）掌握匈牙利法的条件及计算步骤	8	4	案例 C-5、C-7
第6章 网络模型	（1）熟悉网络图在管理中应用 （2）掌握求最小树、最短路、最大流、最小费用最大流的各种算法 （3）了解中国邮路与旅行售货员问题的求解	6	4	案例 C-6
第7章 网络计划	（1）熟悉编制计划网络图的步骤和方法 （2）掌握网络参数的计算 （3）了解网络计划的几种优化方法	6	4	
第8章 动态规划	（1）了解动态规划数学模型的构成要素与原理 （2）掌握资源分配、生产与储存、背包问题等几种应用模型的建立与求解方法 （3）运用动态规划方法求解简单的线性与非线性规划	8	4	
第9章 排队论	（1）掌握排队论的基本概念 （2）掌握单服务台、多服务台几种模型的状态概率及运行指标的计算 （3）了解几种特殊分布模型的计算 （4）了解排队系统的优化内容及优化方法	8	4	案例 C-8
第10章 存储论	（1）了解存储论的基本概念 （2）掌握四种确定性存储模型的推导与计算 （3）了解经济批量模型的灵敏度分析与批量折扣分析 （4）掌握单时期离散与连续随机模型的计算	8	4	
第11章 决策论	（1）熟悉决策分析的概念、原则及分类 （2）掌握非确定型决策的五种准则下的决策方法 （3）掌握风险型决策的期望值、决策树、贝叶斯等决策方法 （4）了解马尔可夫决策的基本内容与决策方法	6	4	

(续)

教学内容	学习要点	课时安排		案例使用建议
		本科	在职硕士	
第12章 多属性决策	(1) 掌握多属性决策的概念、决策的步骤 (2) 属性值的预处理方法 (3) 属性赋权方法 (4) 各种决策方法	8	4	
第13章 博弈论	(1) 熟悉博弈论的基本内容及纳什均衡的概念 (2) 运用反应函数法求解博弈 (3) 熟练掌握有限二人零和博弈的求解 (4) 了解其他几种博弈的概念及简单求解	6	4	
课时总计		94～100	40～56	

说明：本书的第1～8章基本是确定型问题，第9、10、11及13章涉及随机问题。在课时安排上，本科生一般是48～64个课时，可根据需要对内容进行组合。MBA、MPM、MPA等在职硕士主要讲解各章的模型及其应用，进行课堂讨论与案例分析，掌握运用WinQSB软件求解模型的操作方法，如第1章线性规划，用3个课时介绍线性规划应用的条件、背景、范围和步骤，建立数学模型的方法与技巧，用3个课时演示软件操作与课堂讨论。

目 录

前　　言
教学建议

第1章　线性规划 ·················· 1
1.1 数学模型 ··················· 1
　　1.1.1 应用模型举例 ··········· 1
　　1.1.2 线性规划的一般模型 ····· 5
1.2 图解法 ····················· 6
1.3 线性规划的标准型 ·········· 9
1.4 线性规划的有关概念 ········ 11
1.5 单纯形法 ·················· 14
　　1.5.1 普通单纯形法 ··········· 14
　　1.5.2 大M和两阶段单纯形法 ··· 21
　　1.5.3 有关单纯形法计算公式 ··· 26
　　1.5.4 退化与循环 ············· 30
1.6 WinQSB软件应用 ············· 31
习题 ····························· 36

第2章　线性规划的对偶理论 ······ 42
2.1 对偶线性规划模型 ············ 42
　　2.1.1 引例 ··················· 42
　　2.1.2 线性规划的规范形式 ····· 43
　　2.1.3 对偶模型 ··············· 44
2.2 对偶问题的性质 ·············· 47
　　2.2.1 对偶性质 ··············· 47
　　2.2.2 影子价格 ··············· 52
2.3 对偶单纯形法 ················ 53
2.4 灵敏度分析与参数分析 ········ 55
　　2.4.1 价值系数的灵敏度分析 ··· 56
　　2.4.2 资源限量的灵敏度分析 ··· 58
　　2.4.3 综合分析 ··············· 60

　　2.4.4 参数分析 ··············· 64
2.5 线性规划的扩展运用：DEA模型 ··· 65
　　2.5.1 DEA的基本概念 ·········· 65
　　2.5.2 C^2R模型 ··············· 66
　　2.5.3 相对有效性评价 ········· 68
　　2.5.4 DEA模型的经济含义 ······ 69
　　2.5.5 BC^2模型 ·············· 70
2.6 WinQSB软件应用 ·············· 72
习题 ····························· 74

第3章　整数规划 ·················· 78
3.1 整数规划的数学模型 ·········· 78
3.2 纯整数规划的求解 ············ 81
　　3.2.1 求解纯整数规划的分支定界法 ··· 81
　　3.2.2 求解IP的割平面法 ······· 83
3.3 0-1规划的求解 ··············· 85
3.4 WinQSB软件应用 ·············· 87
习题 ····························· 88

第4章　目标规划 ·················· 91
4.1 目标规划的数学模型 ·········· 91
　　4.1.1 引例 ··················· 91
　　4.1.2 数学模型 ··············· 93
4.2 目标规划的图解法 ············ 97
4.3 单纯形法 ···················· 99
4.4 WinQSB软件应用 ············· 103
　　4.4.1 目标规划求解 ·········· 103
　　4.4.2 多目标规划求解 ········ 104
习题 ···························· 105

第5章 运输与指派问题 …… 108

5.1 运输问题的数学模型及其特征 …… 108
- 5.1.1 数学模型 …… 108
- 5.1.2 模型特征 …… 109

5.2 运输单纯形法 …… 113
- 5.2.1 初始基本可行解 …… 113
- 5.2.2 求检验数 …… 118
- 5.2.3 调整运量 …… 121
- 5.2.4 最大值问题 …… 124
- 5.2.5 不平衡运输问题 …… 125
- 5.2.6 需求量不确定的运输问题 …… 127
- 5.2.7 中转问题 …… 128

5.3 运输模型的应用 …… 129

5.4 指派问题 …… 132
- 5.4.1 数学模型 …… 132
- 5.4.2 解指派问题的匈牙利算法 …… 133
- 5.4.3 其他变异问题 …… 135

5.5 WinQSB 软件应用 …… 137
- 5.5.1 一般运输模型 …… 137
- 5.5.2 中转问题 …… 139
- 5.5.3 综合生产计划问题 …… 140
- 5.5.4 指派问题 …… 142

习题 …… 142

第6章 网络模型 …… 145

6.1 最小树问题 …… 146
- 6.1.1 树的概念 …… 146
- 6.1.2 最小部分树 …… 146

6.2 最短路问题 …… 148
- 6.2.1 最短路问题的网络模型 …… 148
- 6.2.2 有向图的 Dijkstra 算法 …… 149
- 6.2.3 无向图的 Dijkstra 算法 …… 151
- 6.2.4 最短路的 Floyd 算法 …… 152
- 6.2.5 最短路应用举例 …… 155

6.3 最大流问题 …… 157
- 6.3.1 基本概念 …… 157
- 6.3.2 Ford-Fulkerson 标号算法 …… 158
- 6.3.3 割集与割量 …… 161
- 6.3.4 最小费用流 …… 161
- 6.3.5 最大流应用举例 …… 163

6.4 旅行售货员与中国邮路问题 …… 167
- 6.4.1 旅行售货员问题 …… 167
- 6.4.2 中国邮路问题 …… 169

6.5 WinQSB 软件应用 …… 170
- 6.5.1 最小树与最短路 …… 170
- 6.5.2 最大流与最小费用流 …… 171
- 6.5.3 旅行售货员问题 …… 172

习题 …… 173

第7章 网络计划 …… 176

7.1 绘制网络图 …… 176
- 7.1.1 项目网络图的基本概念 …… 176
- 7.1.2 绘制网络图 …… 178
- 7.1.3 工序时间的估计 …… 179

7.2 网络时间参数 …… 181
- 7.2.1 时间参数公式及其含义 …… 181
- 7.2.2 计算实例 …… 182
- 7.2.3 项目完工的概率 …… 184

7.3 网络计划的优化与调整 …… 186
- 7.3.1 时间-成本控制 …… 186
- 7.3.2 资源的合理配置 …… 190

7.4 WinQSB 软件应用 …… 192

习题 …… 195

第8章 动态规划 …… 198

8.1 动态规划数学模型 …… 198
- 8.1.1 动态规划的原理 …… 198
- 8.1.2 基本概念 …… 200

8.2 资源分配问题 …… 203

8.3 生产与存储问题 …… 207

8.4 背包问题 …… 210

8.5 其他动态规划模型 …… 212
- 8.5.1 求解线性规划模型 …… 212
- 8.5.2 求解非线性规划模型 …… 214
- 8.5.3 设备更新问题 …… 215

8.6 WinQSB 软件应用 …… 216
- 8.6.1 最短路问题 …… 216
- 8.6.2 背包问题 …… 216
- 8.6.3 生产与存储问题 …… 217

习题 …… 218

第9章 排队论 221
- 9.1 排队论的基本概念 221
  - 9.1.1 排队系统的描述 221
  - 9.1.2 排队系统的基本组成 222
  - 9.1.3 排队系统的主要数量指标、记号和符号 223
- 9.2 排队系统常用分布 225
  - 9.2.1 负指数分布 225
  - 9.2.2 泊松分布 226
  - 9.2.3 k 阶爱尔朗分布 227
- 9.3 单服务台模型 227
  - 9.3.1 基本模型 228
  - 9.3.2 有限队列模型 230
  - 9.3.3 有限顾客源模型 232
- 9.4 多服务台模型 234
  - 9.4.1 基本模型 234
  - 9.4.2 有限队列模型 236
  - 9.4.3 有限顾客源模型 237
- 9.5 其他服务时间分布模型 239
  - 9.5.1 一般分布模型 239
  - 9.5.2 定长分布模型 240
  - 9.5.3 爱尔朗分布模型 240
- 9.6 排队系统的优化 241
  - 9.6.1 排队系统经济分析 241
  - 9.6.2 最优服务率的确定 242
  - 9.6.3 最优服务设施数的确定 244
- 9.7 WinQSB 软件应用 245
  - 9.7.1 基本操作方法 245
  - 9.7.2 软件操作举例 246
- 习题 248

第10章 存储论 250
- 10.1 确定型经济订货批量模型 251
  - 10.1.1 经济批量模型 252
  - 10.1.2 几种特殊经济批量模型 254
  - 10.1.3 再订货点 257
  - 10.1.4 存储策略分析 258
- 10.2 经济批量模型参数分析 258
  - 10.2.1 灵敏度分析 258
  - 10.2.2 批量折扣分析 260
- 10.3 单时期随机需求模型 261
  - 10.3.1 离散型随机存储模型 262
  - 10.3.2 连续型随机存储模型 266
- *10.4 多时期存储控制系统 267
  - 10.4.1 连续盘存的 (s, Q) 存储控制系统 268
  - 10.4.2 连续盘存的 (s, S) 存储控制系统 272
  - 10.4.3 定期盘存的 (R, S) 存储控制系统 272
  - 10.4.4 定期盘存的 (R, s, S) 存储控制系统 273
- 10.5 WinQSB 软件应用 273
  - 10.5.1 确定需求模型 274
  - 10.5.2 单时期离散型随机需求模型 275
  - 10.5.3 单时期连续型随机需求模型 276
  - 10.5.4 多时期动态需求批量问题 276
- 习题 277

第11章 决策论 279
- 11.1 决策分析的基本问题 279
  - 11.1.1 决策分析的基本概念 279
  - 11.1.2 决策分析的基本原则 280
  - 11.1.3 决策分析的基本分类 281
- 11.2 确定型和非确定型决策 282
  - 11.2.1 确定型决策 282
  - 11.2.2 非确定型决策 283
- 11.3 风险型决策 286
  - 11.3.1 期望值准则 286
  - 11.3.2 决策树法 287
  - 11.3.3 贝叶斯决策 289
- 11.4 效用理论 291
  - 11.4.1 效用的概念 291
  - 11.4.2 效用曲线的绘制 291
  - 11.4.3 效用曲线的类型 292
  - 11.4.4 效用曲线的应用 293
- 11.5 马尔可夫决策 293
  - 11.5.1 马尔可夫决策模型 293
  - 11.5.2 马尔可夫决策的基本方程组 298

11.5.3 马尔可夫决策问题的
改进算法 …………………… 299
11.6 WinQSB 软件应用 ……………… 301
11.6.1 效益表分析 ………………… 301
11.6.2 决策树 ……………………… 302
11.6.3 贝叶斯分析 ………………… 303
11.6.4 马尔可夫过程 ……………… 303
习题 ……………………………………… 304

第 12 章 多属性决策 …………………… 308
12.1 多属性决策的基本概念 ………… 308
12.1.1 构成多属性决策的基本
要素 ………………………… 308
12.1.2 多属性决策的基本
步骤 ………………………… 310
12.1.3 属性的类型及预处理 ……… 311
12.2 属性权重 ………………………… 314
12.2.1 建立判断矩阵 ……………… 314
12.2.2 主观赋权方法 ……………… 315
12.2.3 客观赋权法 ………………… 318
12.2.4 综合集成赋权法 …………… 320
12.3 决策方法 ………………………… 321
12.3.1 五种准则法 ………………… 321
12.3.2 加性加权法 ………………… 321
12.3.3 加权积法 …………………… 322
12.3.4 理想解法 …………………… 324
12.3.5 主分量分析法 ……………… 326
12.3.6 模糊决策法 ………………… 328
12.3.7 动态决策法 ………………… 333
12.4 层次分析法 ……………………… 336
12.4.1 建立递阶层次结构 ………… 336
12.4.2 判断矩阵与权系数 ………… 337
12.4.3 一致性检验 ………………… 337
12.5 计算软件 ………………………… 341
12.5.1 MCE 软件包 ………………… 341
12.5.2 DASC 与 DPS 软件 ………… 342
习题 ……………………………………… 343

第 13 章 博弈论 ………………………… 346
13.1 引言 ……………………………… 346
13.1.1 博弈论概述 ………………… 346
13.1.2 博弈三要素 ………………… 347

13.1.3 博弈的结构和分类 ……… 348
13.2 纳什均衡 ………………………… 348
13.2.1 纳什均衡定义 ……………… 348
13.2.2 混合策略纳什均衡 ………… 350
13.3 反应函数法 ……………………… 351
13.3.1 基本方法 …………………… 351
13.3.2 反应函数法的应用 ………… 352
13.4 矩阵博弈 ………………………… 353
13.4.1 数学定义 …………………… 353
13.4.2 纯策略矩阵博弈 …………… 354
13.4.3 混合策略矩阵博弈 ………… 356
13.4.4 矩阵博弈纳什均衡 ………… 357
13.4.5 矩阵博弈求解方法 ………… 358
13.5 有限二人非零和博弈 …………… 363
13.5.1 数学定义 …………………… 363
13.5.2 有限二人非零和博弈纳什
均衡 ………………………… 364
13.5.3 有限二人非零和博弈求解
方法 ………………………… 364
13.5.4 有限二人合作型博弈 ……… 366
13.6 其他博弈问题简介 ……………… 368
13.6.1 二人无限零和博弈 ………… 368
13.6.2 n 人博弈 …………………… 368
13.6.3 动态博弈 …………………… 370
13.7 WinQSB 软件应用 ……………… 371
习题 ……………………………………… 371

附录 A WinQSB 软件操作指南 …… 374
附录 B 实验指导书 ………………… 377
附录 C 案例与应用 ………………… 384
附录 D 判断题 ……………………… 396
附录 E 选择题 ……………………… 403
附录 F 填空题 ……………………… 414
参考文献 ………………………………… 420
出版致谢 ………………………………… 421

第1章

线 性 规 划

1.1 数学模型

1.1.1 应用模型举例

线性规划(Linear Programming,LP)通常研究资源的最优利用、设备最佳运行等问题。例如,当任务或目标确定后,如何统筹兼顾,合理安排,用最少的资源(如资金、设备、原材料、人工、时间等)去完成确定的任务或目标;企业在一定的资源条件限制下,如何组织安排生产获得最好的经济效益(如产品量最多、利润最大)。

【例1-1】生产计划问题。某企业在计划期内计划生产甲、乙两种产品。按工艺资料规定,每件产品甲需要消耗材料 A 2 公斤,消耗材料 B 1 公斤,每件产品乙需要消耗材料 A 1 公斤,消耗材料 B 1.5 公斤。已知在计划期内可供材料分别为 40 公斤、30 公斤;每生产一件甲、乙两种产品,企业可获得利润分别为 300 元、400 元,如表 1-1 所示。假定市场需求无限制,企业决策者应如何安排生产计划,使企业在计划期内总的利润收入最大。

表 1-1 产品资源消耗

消耗 资源	产品 甲	乙	现有资源
材料 A	2	1	40
材料 B	1	1.5	30
利润(元/件)	300	400	

解 这个生产计划问题可用数学语言来描述,即可以用数学模型表示。假设在计划期内生产产品甲、乙的产量为待定未知数 x_1、x_2。

用 Z 表示利润,则有 $Z=300x_1+400x_2$,企业的目标是要使利润达到最大,用数学表达式描述就是 $\max Z=300x_1+400x_2$。材料消耗总量不得超过供应量,应有 $2x_1+x_2 \leqslant 40$,$x_1+1.5x_2 \leqslant 30$。生产的产量不能小于零,用数学式子表示就是 $x_1 \geqslant 0$、$x_2 \geqslant 0$。因此这个

问题的数学模型为可归纳为

$$\max Z = 300x_1 + 400x_2$$
$$\begin{cases} 2x_1 + x_2 \leqslant 40 \\ x_1 + 1.5x_2 \leqslant 30 \\ x_1 \geqslant 0, x_2 \geqslant 0 \end{cases}$$

在上面的例题中 x_j 称为**决策变量**,不等式组称为**约束条件**,函数 Z 称为**目标函数**,随着讨论问题的要求不同,Z 可以是求最大值(如例 1-1)也可以是求最小值(如例 1-2),因为 Z 是 x_j 的线性函数,Z 的最大值亦是极大值,最小值亦是极小值,所以有时也将 $\max Z$ 与 $\min Z$ 说成求 Z 的极大值与极小值。

线性规划的数学模型由决策变量、目标函数及约束条件构成,称为三个要素。

其特征是:

(1) 解决问题的目标函数是多个决策变量的线性函数,求最大值或最小值;

(2) 解决问题的约束条件是一组多个决策变量的线性不等式或等式。

如果要求部分或全部变量是整数,则模型称为整数规划模型;如果目标函数或约束条件是非线性的,则模型称为非线性规划模型。

由例 1-1 知,一个生产计划问题可用线性规划模型来描述。若求出 x_1,x_2 的值即最优解,使目标函数达到最大值,就得到一种最优生产计划方案。

【例 1-2】 某超市决定:营业员每周连续工作 5 天后连续休息 2 天,轮流休息。根据统计,超市每天需要的营业员如表 1-2 所示。

表 1-2 所需营业员数统计表

星期	需要人数	星期	需要人数
一	300	五	480
二	300	六	600
三	350	日	550
四	400		

超市人力资源部应如何安排每天的上班人数,使超市总的营业员最少。

解 设 $x_j(j=1,2,\cdots,7)$ 为休息 2 天后星期一到星期日开始上班的营业员数量,则这个问题的线性规划模型为

$$\min Z = x_1 + x_2 + x_3 + x_4 + x_5 + x_6 + x_7$$
$$\begin{cases} x_1 + x_4 + x_5 + x_6 + x_7 \geqslant 300 \\ x_1 + x_2 + x_5 + x_6 + x_7 \geqslant 300 \\ x_1 + x_2 + x_3 + x_6 + x_7 \geqslant 350 \\ x_1 + x_2 + x_3 + x_4 + x_7 \geqslant 400 \\ x_1 + x_2 + x_3 + x_4 + x_5 \geqslant 480 \\ x_2 + x_3 + x_4 + x_5 + x_6 \geqslant 600 \\ x_3 + x_4 + x_5 + x_6 + x_7 \geqslant 550 \\ x_j \geqslant 0, j = 1,2,\cdots,7 \end{cases}$$

像这类问题在实际中经常碰到,例如实验室工作人员和医院的医护人员值班问题,生产过程中在制品库存问题,都可建立类似的线性规划模型。

【例 1-3】 合理用料问题。某汽车需要用甲、乙、丙三种规格的轴各一根,这些轴的规格分别是 1.5m、1m、0.7m,这些轴需要用同一种圆钢来做,圆钢长度为 4m。现在要制造 1 000 辆汽车,最少要用多少圆钢来生产这些轴?

解 这是一个条材下料问题。为了计算简便,这里假定切割的切口宽度为零,在实际应用中,应将切口宽度计算进去。求所用圆钢数量分两步计算,先求出在一根 4m 长的圆

钢上切割三种规格的毛坯共有多少种切割方案，再在这些方案中选择最优或次优方案，即建立线性规划数学模型。

第一步：设一根圆钢切割成甲、乙、丙三种轴的根数分别为 y_1，y_2，y_3，则切割方式可用不等式 $1.5y_1+y_2+0.7y_3 \leqslant 4$ 表示，求这个不等式关于 y_1，y_2，y_3 的非负整数解并且余料不超过 0.7m。例如 $y_1=1$，$y_2=1$，则 y_3 为 2，余料为 0.1。像这样的非负整数解共有 10 组，也就是有 10 种下料方式，如表 1-3 所示。

表 1-3 下料方案

方案 规格（根）	1	2	3	4	5	6	7	8	9	10	需求量
y_1	2	2	1	1	1	0	0	0	0	0	1 000
y_2	1	0	2	1	0	4	3	2	1	0	1 000
y_3	0	1	0	2	3	0	1	2	4	5	1 000
余料（m）	0	0.3	0.5	0.1	0.4	0	0.3	0.6	0.2	0.5	

第二步：建立线性规划数学模型。设 $x_j(j=1,2,\cdots,10)$ 为第 j 种下料方案所用圆钢的根数，则用料最少的数学模型为

$$\min Z = \sum_{j=1}^{10} x_j$$

$$\begin{cases} 2x_1+2x_2+x_3+x_4+x_5 \geqslant 1\,000 \\ x_1+\ 2x_3+x_4+\ 4x_6+3x_7+2x_8+x_9 \geqslant 1\,000 \\ x_2+\ 2x_4+3x_5+x_7+2x_8+4x_9+5x_{10} \geqslant 1\,000 \\ x_j \geqslant 0, j=1,2,\cdots,10 \end{cases}$$

注意：余料不能超过最短毛坯的长度；最好将毛坯长度按降序排列，即先切割长度最长的毛坯，再切割次长的，最后切割最短的，不能遗漏了方案。在实际中，如果毛坯规格较多，毛坯的长度又很短的方案可能很多，甚至有几千个方案，用人工编排方案几乎是不可能的。解决这一问题可以编制一个计算机程序由计算机编排方案，给余料确定一个临界值 μ，当某方案的余料大于 μ 时马上舍去这种方案，从而减少占用计算机内存，也简化了后面的数学模型，例如在表 1-3 中，去掉余料大于 0.4 的方案，则剩下 7 种方案，这时可能得到的是次优方案。也可以将毛坯种类分成若干组来编排方案。

【例 1-4】 配料问题。某钢铁公司生产一种合金，要求的成分规格是：锡不少于 28%，锌不多于 15%，铅恰好 10%，镍要界于 35%～55% 之间，不允许有其他成分。钢铁公司拟从五种不同级别的矿石中进行冶炼，每种矿物的成分含量和价格如表 1-4 所示。矿石杂质在冶炼过程中废弃，求每吨合金成本最低的矿物数量。假设矿石在冶炼过程中金属含量没有发生变化。

表 1-4 矿石的金属含量

合金 矿石	锡（%）	锌（%）	铅（%）	镍（%）	杂质（%）	费用（元/吨）
1	25	10	10	25	30	340
2	40	0	0	30	30	260
3	0	15	5	20	60	180
4	20	20	0	40	20	230
5	8	5	15	17	55	190

解 设 $x_j(j=1,2,\cdots,5)$ 是第 j 种矿石数量,目标函数是总成本最低,得到下列线性规划模型

$$\min Z = 340x_1 + 260x_2 + 180x_3 + 230x_4 + 190x_5$$

$$\begin{cases} 0.25x_1 + 0.4x_2 + 0.2x_4 + 0.08x_5 \geqslant 0.28 \\ 0.1x_1 + 0.15x_3 + 0.2x_4 + 0.05x_5 \leqslant 0.15 \\ 0.1x_1 + 0.05x_3 + 0.15x_5 = 0.1 \\ 0.25x_1 + 0.3x_2 + 0.2x_3 + 0.4x_4 + 0.17x_5 \leqslant 0.55 \\ 0.25x_1 + 0.3x_2 + 0.2x_3 + 0.4x_4 + 0.17x_5 \geqslant 0.35 \\ 0.7x_1 + 0.7x_2 + 0.4x_3 + 0.8x_4 + 0.45x_5 = 1 \\ x_j \geqslant 0, j = 1,2,\cdots,5 \end{cases}$$

注意:矿石在实际冶炼时金属含量会发生变化,建模时应将这种变化考虑进去,有可能是非线性关系。配料问题也称配方问题、营养问题或混合问题,在许多行业的生产中都能遇到。

【例 1-5】 投资问题。某投资公司拟将 5 000 万元的资金用于国债、地方债券及基金三种类型证券投资,每类各有两种。每种证券的评级、到期年限及每年税后收益率如表 1-5 所示。

表 1-5 证券投资方案

序号	证券类型	评级	到期年限	每年税后收益率(%)
1	国债 1	1	8	3.2
2	国债 2	1	10	3.8
3	地方债券 1	2	4	4.3
4	地方债券 2	3	6	4.7
5	基金 1	4	3	4.2
6	基金 2	5	4	4.6

决策者希望:国债投资额不少于 1 000 万元,平均到期年限不超过 5 年,平均评级不超过 2。问每种证券各投资多少使总收益最大。

解 设 $x_j(j=1,2,\cdots,6)$ 为第 j 种证券的投资额,目标函数是税后总收益
$$Z = (8 \times 3.2x_1 + 10 \times 3.8x_2 + 4 \times 4.3x_3 + 6 \times 4.7x_4 + 3 \times 4.2x_5 + 4 \times 4.6x_6)/100$$

资金约束:$x_1 + x_2 + x_3 + x_4 + x_5 + x_6 \leqslant 5\,000$

国债投资额约束:$x_1 + x_2 \geqslant 1\,000$

平均评级约束:$\dfrac{x_1 + x_2 + 2x_3 + 3x_4 + 4x_5 + 5x_6}{x_1 + x_2 + x_3 + x_4 + x_5 + x_6} \leqslant 2$

平均到期年限约束:$\dfrac{8x_1 + 10x_2 + 4x_3 + 6x_4 + 3x_5 + 4x_6}{x_1 + x_2 + x_3 + x_4 + x_5 + x_6} \leqslant 5$

整理后得到线性规划模型

$$\max Z = 0.256x_1 + 0.38x_2 + 0.172x_3 + 0.282x_4 + 0.126x_5 + 0.184x_6$$

$$\begin{cases} x_1 + x_2 + x_3 + x_4 + x_5 + x_6 \leqslant 5\,000 \\ x_1 + x_2 \geqslant 1\,000 \\ -x_1 - x_2 + x_4 + 2x_5 + 3x_6 \leqslant 0 \\ 3x_1 + 5x_2 - x_3 + x_4 - 2x_5 - x_6 \leqslant 0 \\ x_j \geqslant 0, j = 1,2,\cdots,6 \end{cases}$$

【例 1-6】 均衡配套生产问题。某产品由 2 件甲零件和 3 件乙零件组装而成。两种零件必须在设备 A、B 上加工,每件甲零件在 A、B 上的加工时间分别为 5 分钟和 9 分钟,每件乙零件在 A、B 上的加工时间分别为 4 分钟和 10 分钟。现有 2 台设备 A 和 3 台设备 B,每天可供加工时间为 8 小时。为了保持两种设备均衡负荷生产,要求一种设备每天的加工总时间不

超过另一种设备总时间 1 小时。怎样安排设备的加工时间使每天产品的产量最大。

解 设 x_1、x_2 为每天加工甲、乙两种零件的件数，则产品的产量是
$$y = \min\left(\frac{1}{2}x_1, \frac{1}{3}x_2\right)$$

设备 A、B 每天加工工时的约束为
$$5x_1 + 4x_2 \leqslant 2 \times 8 \times 60$$
$$9x_1 + 10x_2 \leqslant 3 \times 8 \times 60$$

要求一种设备每台每天的加工时间不超过另一种设备 1 小时的约束为
$$|(5x_1 + 4x_2) - (9x_1 + 10x_2)| \leqslant 60$$

约束线性化。将绝对值约束写成两个不等式
$$(5x_1 + 4x_2) - (9x_1 + 10x_2) \leqslant 60$$
$$-(5x_1 + 4x_2) + (9x_1 + 10x_2) \leqslant 60$$

目标函数线性化。产品的产量 y 等价于
$$y \leqslant \frac{1}{2}x_1, y \leqslant \frac{1}{3}x_2$$

整理得到线性规划模型
$$\max Z = y$$
$$\begin{cases} y \leqslant \dfrac{1}{2}x_1 \\ y \leqslant \dfrac{1}{3}x_2 \\ 5x_1 + 4x_2 \leqslant 960 \\ 9x_1 + 10x_2 \leqslant 1\,440 \\ -4x_1 - 6x_2 \leqslant 60 \\ 4x_1 + 6x_2 \leqslant 60 \\ y, x_1, x_2 \geqslant 0 \end{cases}$$

1.1.2 线性规划的一般模型

一般地，假设线性规划数学模型中，有 m 个约束，有 n 个决策变量 $x_j(j=1,2,\cdots,n)$，目标函数的变量系数用 c_j 表示，c_j 称为**价值系数**。约束条件的变量系数用 a_{ij} 表示，a_{ij} 称为**工艺系数**。约束条件右端的常数用 b_i 表示，b_i 称为**资源限量**。则线性规划数学模型的一般表达式可写成

$$\max(\min) Z = c_1 x_1 + c_2 x_2 + \cdots + c_n x_n$$
$$\begin{cases} a_{11}x_1 + a_{12}x_2 + \cdots + a_{1n}x_n \leqslant (\text{或}=,\geqslant) b_1 \\ a_{21}x_1 + a_{22}x_2 + \cdots + a_{2n}x_n \leqslant (\text{或}=,\geqslant) b_2 \\ \qquad\qquad\qquad \vdots \\ a_{m1}x_1 + a_{m2}x_2 + \cdots + a_{mn}x_n \leqslant (\text{或}=,\geqslant) b_m \\ x_j \geqslant 0, j=1,2,\cdots,n \end{cases}$$

为了书写方便，上式也可写成
$$\max(\min) Z = \sum_{j=1}^{n} c_j x_j$$
$$\begin{cases} \sum_{j=1}^{n} a_{ij} x_j \leqslant (\text{或}=,\geqslant) b_i, i=1,2,\cdots,m \\ x_j \geqslant 0, j=1,2,\cdots,n \end{cases}$$

在实际中一般 $x_j \geq 0$，但有时 $x_j \leq 0$ 或 x_j 无符号限制。

1.2 图解法

图解法是直接在平面直角坐标系中作图来解线性规划问题的一种方法。这种方法简单直观，适合于求解两个变量的线性规划问题。

图解法的步骤：

(1) 求可行解集合。分别求出满足每个约束包括变量非负要求的区域，其交集就是可行解集合，或称为可行域。

(2) 绘制目标函数图形。先过原点作一条矢量指向点(c_1, c_2)，矢量的方向就是目标函数增加的方向，称为梯度方向，再作一条与矢量垂直的直线，这条直线就是目标函数图形。

(3) 求最优解。依据目标函数求最大或最小值来移动目标函数直线，直线与可行域边界相交的点对应的坐标就是最优解。

一般地，将目标函数直线放在可行域中，求最大值时直线沿着矢量方向移动，求最小值时直线沿着矢量的反方向移动。

【例 1-7】用图解法求解例 1-1 的最优解

$$\max Z = 300x_1 + 400x_2$$

$$\begin{cases} 2x_1 + x_2 \leq 40 \\ x_1 + 1.5x_2 \leq 30 \\ x_1 \geq 0, x_2 \geq 0 \end{cases}$$

解 (1) 求可行解集合。令两个约束条件为等式，得到两条直线，在第一象限画出满足两个不等式的区域，其交集就是可行解集合或称可行域，如图 1-1 所示。

(2) 绘制目标函数图形。将目标函数的系数组成一个坐标点 (300, 400)，过原点 O 作一条矢量指向点 (300, 400)，矢量的长度不限，矢量的斜率保持 4 比 3，再作一条与矢量垂直的直线，这条直线就是目标函数图形，目标函数图形的位置任意，如果通过原点则目标函数值 $Z=0$，如图 1-2 所示。

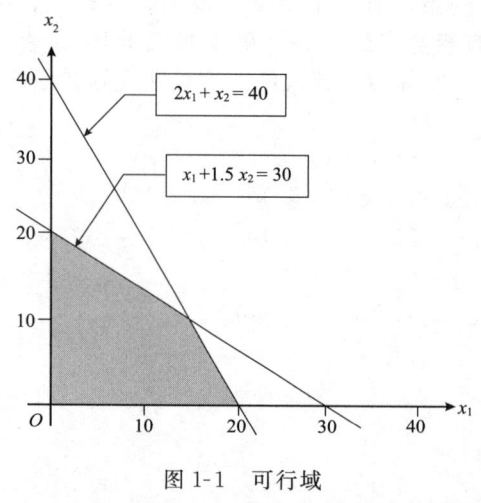

图 1-1 可行域

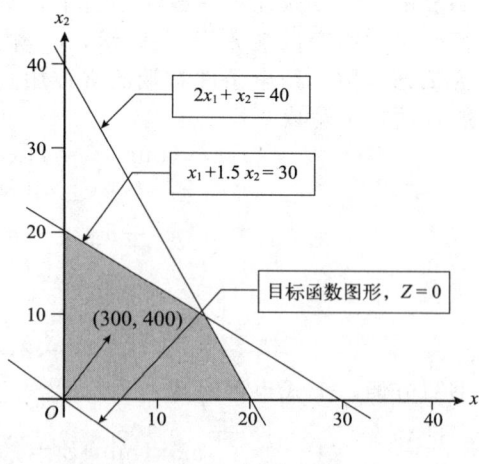

图 1-2 目标函数增加的方向

(3) 求最优解。图 1-2 的矢量方向是目标函数增加的方向或称梯度方向，在求最大值时将目标函数图形沿梯度方向平行移动(求最小值时将目标函数图形沿梯度方向的反方向平行移动),直到可行域的边界,停止移动,其交点对应的坐标就是最优解,如图 1-3 所示。最优解 $X=(15,10)$,目标函数的最大值 $Z=8\,500$。

【例 1-8】求解线性规划

$$\min Z = x_1 + 2x_2$$

$$\begin{cases} 3x_1 + x_2 \geqslant 6 \\ x_1 + x_2 \geqslant 4 \\ x_1 + 3x_2 \geqslant 6 \\ x_1 \geqslant 0, x_2 \geqslant 0 \end{cases}$$

解 线性规划可行域无界,如图 1-4 所示。图 1-5 显示了目标函数的梯度方向。将目标函数的直线向可行域平行移动到 B 点时目标函数值最小,如图 1-6 所示,最优解 $X=(3,1)$,最优值 $Z=5$。

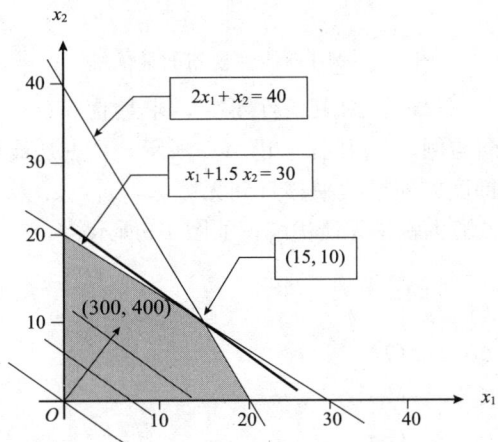

图 1-3 平行移动目标函数图形到可行域的边界

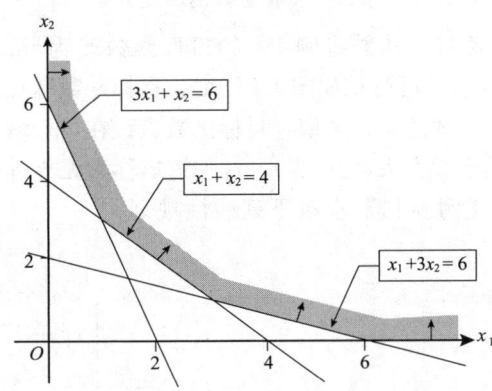

图 1-4 例 1-8 线性规划可行域

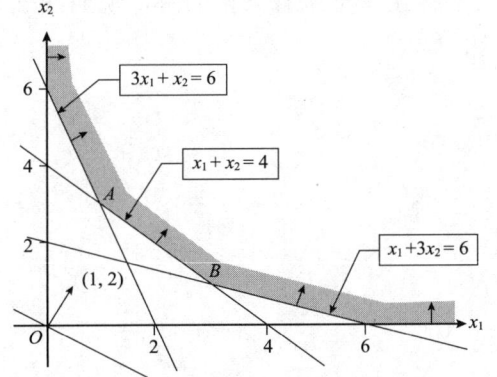

图 1-5 例 1-8 目标函数的梯度方向

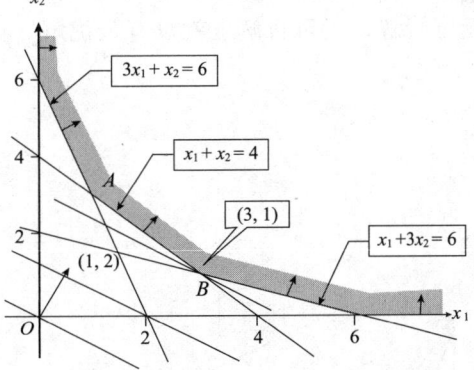

图 1-6 例 1-8 线性规划的最优解

【例 1-9】将例 1-8 的目标函数改为 $\min Z = 5x_1 + 5x_2$,约束条件不变,求最优解。

解 可行域如图 1-4 不变,目标函数增加的方向为 $(5,5)$,即斜率等于 1,目标函数直线的斜率等于 -1,与直线 $x_1 + x_2 = 4$ 平行,如图 1-7 所示。平行移动目标函数直线与可行域相交于线段 AB,则线段 AB 上任意点都是最优解,如图 1-8 所示,即最优解不唯一,有无穷多个,称为多重解。最优解的通解可表示为

$$X = \alpha X^{(1)} + (1-\alpha)X^{(2)}, 0 \leqslant \alpha \leqslant 1$$

当 $\alpha=0.5$ 时：$X=(x_1, x_2)=0.5(1, 3)+0.5(3, 1)=(2, 2)$，最优值 $Z=20$。

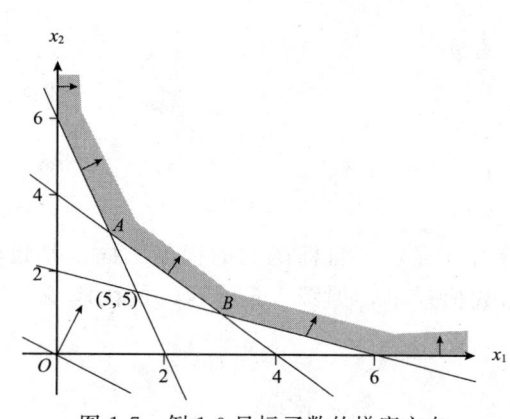

图 1-7　例 1-9 目标函数的梯度方向

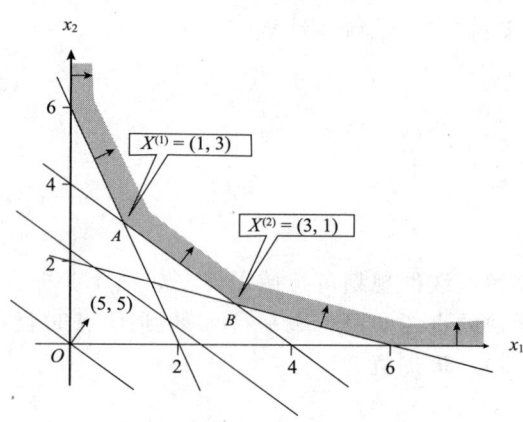

图 1-8　例 1-9 线性规划的最优解

【例 1-10】将例 1-8 的目标函数改为 $\max Z = x_1 + 2x_2$，约束条件不变，求最优解。

解　可行域如图 1-4 不变，目标函数增加的方向与例 1-8 相同，如图 1-5 所示。B 点是最小值点，要达到最大值，目标函数直线在可行域中沿梯度方向继续平移直到无穷远，x_1，x_2 及 Z 都趋于无穷大(无上界)，这种情形称为无界解，无界解也就是无最优解，如图 1-9 所示。

【例 1-11】求解下列线性规划

$$\max Z = 10x_1 + x_2$$

$$\begin{cases} 2x_1 + x_2 \leqslant 40 & (1) \\ x_1 + 1.5x_2 \leqslant 30 & (2) \\ x_1 + x_2 \geqslant 50 & (3) \\ x_1, x_2 \geqslant 0 \end{cases}$$

解　约束条件(1)、(2)与约束(3)没有交点，不存在满足所有条件的解，说明线性规划无可行解，无可行解也就没有最优解。如图 1-10 所示。

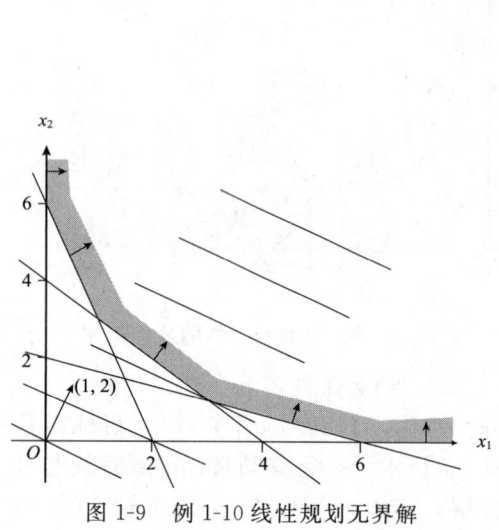

图 1-9　例 1-10 线性规划无界解

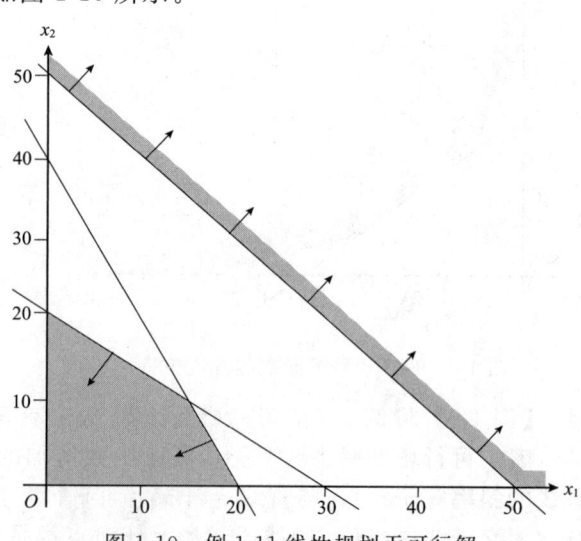

图 1-10　例 1-11 线性规划无可行解

由以上例题可知，线性规划的解有四种形式：(1)有**唯一最优解**(例 1-7、例 1-8)；(2)有**多重解**(例 1-9)；(3)有**无界解**(例 1-10)；(4)**无可行解**(例 1-11)。前两种情形为有最优解，后两种情形为无最优解。

1.3 线性规划的标准型

在用单纯法求解线性规划问题时，为了讨论问题方便，须将线性规划模型化为统一的标准形式。

线性规划问题的**标准型**为：
(1) 目标函数求最大值(也可以求最小值)；
(2) 约束条件均为等式方程；
(3) 变量 x_j 为非负；
(4) 常数 b_i 都大于或等于零。

$$\max(\min)Z = c_1x_1 + c_2x_2 + \cdots + c_nx_n$$

$$\begin{cases} a_{11}x_1 + a_{12}x_2 + \cdots + a_{1n}x_n = b_1 \\ a_{21}x_1 + a_{22}x_2 + \cdots + a_{2n}x_n = b_2 \\ \quad\quad\quad\quad \vdots \\ a_{m1}x_1 + a_{m2}x_2 + \cdots + a_{mn}x_n = b_m \\ x_j \geqslant 0, j = 1, 2, \cdots, n; b_i \geqslant 0, i = 1, 2, \cdots, m \end{cases}$$

或写成下列形式

$$\max Z = \sum_{j=1}^{n} c_j x_j$$

$$\begin{cases} \sum_{j=1}^{n} a_{ij}x_j = b_i, i = 1, 2, \cdots, m \\ x_j \geqslant 0, j = 1, 2, \cdots, n \end{cases}$$

或用矩阵形式

$$\max Z = \boldsymbol{CX}$$

$$\begin{cases} \boldsymbol{AX} = b \\ \boldsymbol{X} \geqslant 0 \end{cases}$$

其中

$$\boldsymbol{A} = \begin{bmatrix} a_{11} & a_{12} & \cdots & a_{1n} \\ a_{21} & a_{22} & \cdots & a_{2n} \\ \vdots & \vdots & & \vdots \\ a_{m1} & a_{m2} & \cdots & a_{mn} \end{bmatrix}; \boldsymbol{X} = \begin{bmatrix} x_1 \\ x_2 \\ \vdots \\ x_n \end{bmatrix}; \boldsymbol{b} = \begin{bmatrix} b_1 \\ b_2 \\ \vdots \\ b_m \end{bmatrix}; \boldsymbol{C} = (c_1, c_2, \cdots, c_n)$$

通常 $\boldsymbol{X}$ 记为 $\boldsymbol{X} = (x_1, x_2, \cdots, x_n)^T$，有时也写成行向量的形式 $\boldsymbol{X} = (x_1, x_2, \cdots, x_n)$。称 $\boldsymbol{A}$ 为约束方程的系数矩阵，m 是约束方程的个数，n 是决策变量的个数，一般情况 $m \leqslant n$，且 $\boldsymbol{A}$ 的秩等于 m，记为 $r(\boldsymbol{A}) = m$。

实际问题提出的线性规划模型不一定是标准形式，下面通过实例介绍化标准型的方法。

【例 1-12】 将下列线性规划化为标准型

$$\min Z = -x_1 + x_2 - 3x_3$$

$$\begin{cases} 2x_1 + x_2 + x_3 \leqslant 8 \\ x_1 + x_2 + x_3 \geqslant 3 \\ -3x_1 + x_2 + 2x_3 \leqslant -5 \\ x_1 \geqslant 0, x_2 \geqslant 0, x_3 \text{ 无符号要求} \end{cases}$$

解 （1）因为 x_3 无符号要求，即 x_3 取正值也可取负值，标准型中要求变量非负，令 $x_3 = x_3' - x_3''(x_3', x_3'' \geqslant 0)$。

（2）第一个约束条件是"$\leqslant$"号，在"$\leqslant$"号左端加入**松弛变量** $x_4(x_4 \geqslant 0)$ 化为等式。

（3）第二个约束条件是"$\geqslant$"号，在"$\geqslant$"号左端减去**剩余变量**(也称松弛变量)$x_5(x_5 \geqslant 0)$。

（4）第三个约束条件是"$\leqslant$"号且常数项为负数，因此在"$\leqslant$"号左边加入松弛变量 x_6 ($x_6 \geqslant 0$)，同时两边乘以 -1。

（5）目标函数是最小值，为了化为求最大值，令 $Z' = -Z$，得到 $\max Z' = -Z$，即当 Z 达到最小值时 Z' 达到最大值，反之亦然。

综合起来得到下列标准型

$$\max Z' = x_1 - x_2 + 3x_3' - 3x_3''$$

$$\begin{cases} 2x_1 + x_2 + x_3' - x_3'' + x_4 = 8 \\ x_1 + x_2 + x_3' - x_3'' - x_5 = 3 \\ 3x_1 - x_2 - 2x_3' + 2x_3'' - x_6 = 5 \\ x_1, x_2, x_3', x_3'', x_4, x_5, x_6 \geqslant 0 \end{cases}$$

当某个变量 $x_j \leqslant 0$ 时，令 $x_j' = -x_j$。当某个约束是绝对值不等式时，将绝对值不等式化为两个不等式，再化为等式。例如约束

$$|4x_1 - x_2 + 7x_3| \leqslant 9$$

将其化为两个不等式

$$\begin{cases} 4x_1 - x_2 + 7x_3 \leqslant 9 \\ -4x_1 + x_2 - 7x_3 \leqslant 9 \end{cases}$$

再加入松弛变量化为等式。

【例 1-13】 将下列规划化为线性规划的标准型

$$\max Z = -|x_1| - |x_2|$$

$$\begin{cases} x_1 + x_2 \geqslant 5 \\ x_1 \leqslant 4 \\ x_1, x_2 \text{ 无约束} \end{cases}$$

解 此题关键是将目标函数中的绝对值去掉。

令

$$x_1' = \begin{cases} x_1, x_1 \geqslant 0 \\ 0, x_1 < 0 \end{cases}, \quad x_1'' = \begin{cases} 0, x_1 \geqslant 0 \\ -x_1, x_1 < 0 \end{cases}$$

$$x_2' = \begin{cases} x_2, x_2 \geqslant 0 \\ 0, x_2 < 0 \end{cases} \quad x_2'' = \begin{cases} 0, x_2 \geqslant 0 \\ -x_2, x_2 < 0 \end{cases}$$

则有

$$|x_1| = x_1' + x_1'', x_1 = x_1' - x_1''$$

$$|x_2| = x_2' + x_2'', x_2 = x_2' - x_2''$$

得到线性规划的标准形式

$$\max Z = -(x_1' + x_1'') - (x_2' + x_2'')$$

$$\begin{cases} x_1' - x_1'' + x_2' - x_2'' - x_3 = 5 \\ x_1' - x_1'' + x_4 = 4 \\ x_1', x_1'', x_2', x_2'', x_3, x_4 \geq 0 \end{cases}$$

对于 $a \leq x \leq b$(a，b 均大于零)的有界变量化为标准形式有两种方法，一种方法是增加两个约束 $x \geq a$ 及 $x \leq b$，另一种方法是令 $x' = x - a$，则 $a \leq x \leq b$ 等价于 $0 \leq x' \leq b - a$，增加一个约束 $x' \leq b - a$ 并且将原问题所有 x 用 $x = x' + a$ 替换。

1.4 线性规划的有关概念

设线性规划的标准型

$$\max Z = \boldsymbol{CX} \tag{1-1}$$

$$\begin{cases} \boldsymbol{AX} = \boldsymbol{b} & (1\text{-}2) \\ \boldsymbol{X} \geq 0 & (1\text{-}3) \end{cases}$$

式中 $\boldsymbol{A}$ 是 $m \times n$ 矩阵，$m \leq n$ 并且 $r(\boldsymbol{A}) = m$，显然 $\boldsymbol{A}$ 中至少有一个 $m \times m$ 子矩阵 $\boldsymbol{B}$，使得 $r(\boldsymbol{B}) = m$。

(1) **基** $\boldsymbol{A}$ 中 $m \times m$ 子矩阵 $\boldsymbol{B}$ 满足 $r(\boldsymbol{B}) = m$，则称 $\boldsymbol{B}$ 是线性规划的一个**基**(或**基矩阵**)。当 $m = n$ 时，基矩阵唯一，当 $m < n$ 时，基矩阵就可能有多个，但数目不超过 C_n^m。

【例 1-14】已知线性规划

$$\max Z = 4x_1 - 2x_2 - x_3$$

$$\begin{cases} 5x_1 + x_2 - x_3 + x_4 = 3 \\ -10x_1 + 6x_2 + 2x_3 + x_5 = 2 \\ x_j \geq 0, j = 1, \cdots, 5 \end{cases}$$

求所有基矩阵。

解 约束方程的系数矩阵为 2×5 矩阵

$$\boldsymbol{A} = \begin{bmatrix} 5 & 1 & -1 & 1 & 0 \\ -10 & 6 & 2 & 0 & 1 \end{bmatrix}$$

容易看出 $r(\boldsymbol{A}) = 2$，2 阶子矩阵有 $C_5^2 = 10$ 个，其中第 1 列与第 3 列构成的 2 阶矩阵不是一个基，基矩阵只有 9 个，即

$$\boldsymbol{B}_1 = \begin{bmatrix} 5 & 1 \\ -10 & 6 \end{bmatrix}, \boldsymbol{B}_2 = \begin{bmatrix} 5 & 1 \\ -10 & 0 \end{bmatrix}, \boldsymbol{B}_3 = \begin{bmatrix} 5 & 0 \\ -10 & 1 \end{bmatrix}, \boldsymbol{B}_4 = \begin{bmatrix} 1 & -1 \\ 6 & 2 \end{bmatrix}$$

$$\boldsymbol{B}_5 = \begin{bmatrix} 1 & 1 \\ 6 & 0 \end{bmatrix}, \boldsymbol{B}_6 = \begin{bmatrix} 1 & 0 \\ 6 & 1 \end{bmatrix}, \boldsymbol{B}_7 = \begin{bmatrix} -1 & 1 \\ 2 & 0 \end{bmatrix}, \boldsymbol{B}_8 = \begin{bmatrix} -1 & 0 \\ 2 & 1 \end{bmatrix}, \boldsymbol{B}_9 = \begin{bmatrix} 1 & 0 \\ 0 & 1 \end{bmatrix}$$

由线性代数知，基矩阵 $\boldsymbol{B}$ 必为非奇异矩阵，即 $|\boldsymbol{B}| \neq 0$。当矩阵 $\boldsymbol{B}$ 的行列式等于零时就不是基。

(2) **基向量、非基向量、基变量、非基变量** 当确定某一子矩阵为基矩阵时，则基矩

阵对应的列向量称为**基向量**，其余列向量称为**非基向量**，基向量对应的变量称为**基变量**，非基向量对应的变量称为**非基变量**。在例1-14中B_2的基向量是A中的第一列和第四列，其余列向量是非基向量，x_1，x_4是基变量，x_2，x_3，x_5是非基变量。基变量、非基变量是针对某一确定基而言的，不同的基对应的基变量和非基变量也不同。

（3）**可行解** 满足式(1-2)及式(1-3)的解$\boldsymbol{X}=(x_1, x_2, \cdots, x_n)^{\mathrm{T}}$称为**可行解**。

例如，$\boldsymbol{X}=\left(0,0,\dfrac{1}{2},\dfrac{7}{2},1\right)^{\mathrm{T}}$与$\boldsymbol{X}=(0, 0, 0, 3, 2)^{\mathrm{T}}$都是例1-14的可行解。

（4）**最优解** 满足式(1-1)的可行解称为最优解，即使得目标函数达到最大值的可行解就是**最优解**，例如可行解$\boldsymbol{X}=\left(\dfrac{3}{5}, 0, 0, 0, 8\right)^{\mathrm{T}}$是例1-14的最优解。

（5）**基本解** 对某一确定的基B，令非基变量等于零，利用式(1-2)解出基变量，则这组解称为基B的**基本解**。

（6）**基本可行解** 若基本解是可行解则称为是**基本可行解**（也称基可行解）。

显然，只要基本解中的基变量的解满足式(1-3)的非负要求，那么这个基本解就是基本可行解。

在例1-14中，对B_1来说，x_1，x_2是基变量，x_3，x_4，x_5是非基变量，令$x_3=x_4=x_5=0$，则

$$\begin{cases} 5x_1 + x_2 = 3 \\ -10x_1 + 6x_2 = 2 \end{cases}$$

因$|B_1|\neq 0$，由克莱姆法则知，x_1，x_2有唯一解$x_1=\dfrac{2}{5}$，$x_2=1$，则基本解为

$$\boldsymbol{X}^{(1)} = \left(\dfrac{2}{5},1,0,0,0\right)^{\mathrm{T}}$$

对B_2来说，x_1，x_4为基变量，令非基变量x_2，x_3，x_5为零，得到$x_1=-\dfrac{1}{5}$，$x_4=4$，基本解为

$$\boldsymbol{X}^{(2)} = \left(-\dfrac{1}{5},0,0,4,0\right)^{\mathrm{T}}$$

由于$\boldsymbol{X}^{(1)}\geqslant 0$是基本解，从而它是基本可行解，在$\boldsymbol{X}^{(2)}$中$x_1<0$，因此$\boldsymbol{X}^{(2)}$不是可行解，也就不是基本可行解。反之，可行解不一定是基本可行解，例如$\boldsymbol{X}=\left(0,0,\dfrac{1}{2},\dfrac{7}{2},1\right)^{\mathrm{T}}$满足式(1-2)和式(1-3)，但不是任何基矩阵的基本解。

（7）**基本最优解** 最优解是基本解称为**基本最优解**。例如$\boldsymbol{X}=\left(\dfrac{3}{5},0,0,0,8\right)^{\mathrm{T}}$满足式(1-1)～式(1-3)是最优解，又是$B_3$的基本解，因此它是基本最优解。

（8）**可行基与最优基** 基可行解对应的基称为**可行基**，基本最优解对应的基称为**最优基**，如上述B_3就是最优基，最优基也是可行基。

当最优解唯一时，最优解也是基本最优解。当最优解不唯一时，则最优解不一定是基本最优解。基本最优解、最优解、基本可行解、基本解、可行解的关系如图1-11所示。

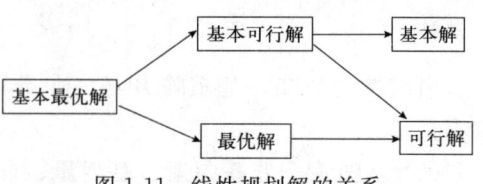

图1-11 线性规划解的关系

注意：图 1-11 中，箭尾的解一定是箭头的解，否则不一定成立。例如，基本最优解是基本可行解也是基本解，基本解不一定是基本可行解也不一定是可行解等。

(9) **凸集** 设 K 是 n 维空间的一个点集，对任意两点 $X^{(1)}$，$X^{(2)} \in K$，当 $X = \alpha X^{(1)} + (1-\alpha) X^{(2)} \in K (0 \leqslant \alpha \leqslant 1)$ 时，则称 K 为**凸集**。

$X = \alpha X^{(1)} + (1-\alpha) X^{(2)}$ 就是以 $X^{(1)}$，$X^{(2)}$ 为端点的线段方程，点 X 的位置由 α 的值确定，当 $\alpha = 0$ 时，$X = X^{(2)}$；当 $\alpha = 1$ 时 $X = X^{(1)}$。

(10) **凸组合** 设 X，$X^{(1)}$，$X^{(2)}$，$\cdots$，$X^{(K)}$ 是 R^n 中的点，若存在 λ_1，λ_2，$\cdots$，λ_K，且 $\lambda_i \geqslant 0$ 及 $\sum_{i=1}^{K} \lambda_i = 1$，使得 $X = \sum_{i=1}^{K} \lambda_i X_i$ 成立，则称 X 为 $X^{(1)}$，$X^{(2)}$，$\cdots$，$X^{(K)}$ 的**凸组合**。

(11) **极点** 设 K 是凸集，$X \in K$，若 X 不能用 K 中两个不同的点 $X^{(1)}$，$X^{(2)}$ 的凸组合表示为

$$X = \alpha X^{(1)} + (1-\alpha) X^{(2)} \quad (0 < \alpha < 1)$$

则称 X 是 K 的一个**极点**或顶点。

X 是凸集 K 的极点即 X 不可能是 K 中某一线段的内点，只能是 K 中某一线段的端点。

(12) **线性规划的基本定理**

【**定理 1.1**】若线性规划可行解 K 非空，则 K 是凸集。

【**定理 1.2**】线性规划的可行解集合 K 的点 X 是极点的充要条件为 X 是基本可行解。

【**定理 1.3**】若线性规划有最优解，则最优解一定可以在可行解集合的某个极点上得到。

定理 1.1 描述了可行解集的特征。

定理 1.2 描述了可行解集的极点与基本可行解的对应关系，极点是基本可行解；反之，基本可行解在极点上，但它们并非一一对应，可能有两个或几个基本可行解对应于同一极点(退化基本可行解时)，见例 1-26。

定理 1.3 描述了最优解在可行解集中的位置，若最优解唯一，则最优解只能在某一极点上达到；若具有多重最优解，则最优解是某些极点的凸组合，从而最优解是可行解集的极点或界点，不可能是可行解集的内点。

若线性规划的可行解集非空且有界，则一定有最优解；若可行解集无界，则线性规划可能有最优解，也可能没有最优解。若线性规划具有无界解，则可行域一定无界。

定理 1.2 及定理 1.3 还给了我们一个启示，求最优解不是在无限个可行解中去找，而是在有限个基本可行解中去求得。用枚举法求出所有基本可行解，再代入目标函数得到最优解。这种枚举法求最优解必须以线性规划存在最优解为前提，否则会得到错误的结果，如下例

$$\max Z = 2x_1 + 3x_2 + 4x_3 + 7x_4$$

$$\begin{cases} 2x_1 + 3x_2 - x_3 - 4x_4 = 8 \\ -x_1 + 2x_2 - 6x_3 + 7x_4 = 3 \\ x_j \geqslant 0, j = 1,2,3,4 \end{cases}$$

基矩阵有 6 个，对应有 6 个基本解

$\boldsymbol{X}^{(1)} = (1,2,0,0)^{\mathrm{T}}$，$\boldsymbol{X}^{(2)} = (45/13,0,-14/13,0)^{\mathrm{T}}$，$\boldsymbol{X}^{(3)} = (34/5,0,0,7/5)^{\mathrm{T}}$，$\boldsymbol{X}^{(4)} = (0,45/16,7/16,0)^{\mathrm{T}}$，$\boldsymbol{X}^{(5)} = (0,68/29,0,-7/29)^{\mathrm{T}}$，$\boldsymbol{X}^{(6)} = (0,0,-68/31,-45/31)^{\mathrm{T}}$

3个基本可行解

$$X^{(1)} = (1,2,0,0)^T, X^{(3)} = (34/5,0,0,7/5)^T, X^{(4)} = (0,45/16,7/16,0)^T$$

分别代入目标函数得到 $X^{(3)} = (34/5, 0, 0, 7/5)^T$ 使 $Z=23.4$ 最大，但是此线性规划无界解，即无最优解，因而 $X^{(3)}$ 不是最优解。

1.5 单纯形法

1.5.1 普通单纯形法

单纯形计算方法(Simplex Method)是先求出一个初始基本可行解并判断它是否最优，若不是最优，再换一个基本可行解并判断，直到得出最优解或无最优解。这是一种逐步逼近最优解的迭代方法。普通单纯形法是最基本最简单的一种方法，它假定标准型系数矩阵 A 中可以观察得到一个可行基（通常是一个单位矩阵或 m 个线性无关的单位向量组成的矩阵），可以通过解线性方程组求得基本可行解。掌握好普通单纯形法，后面还将介绍大 M 单纯形法、两阶段单纯形法及对偶单纯形法，这些方法统称为**单纯形法**。

【例 1-15】 用单纯形法求例 1-1 线性规划的最优解

$$\max Z = 300x_1 + 400x_2$$

$$\begin{cases} 2x_1 + x_2 \leqslant 40 \\ x_1 + 1.5x_2 \leqslant 30 \\ x_1, x_2 \geqslant 0 \end{cases}$$

解 化为标准型，加入松弛变量 x_3, x_4，则标准型为

$$\max Z = 300x_1 + 400x_2$$

$$\begin{cases} 2x_1 + x_2 + x_3 = 40 \\ x_1 + 1.5x_2 + x_4 = 30 \\ x_1, x_2, x_3, x_4 \geqslant 0 \end{cases}$$

系数矩阵

$$A = \begin{bmatrix} 2 & 1 & 1 & 0 \\ 1 & 1.5 & 0 & 1 \end{bmatrix}$$

显然 A 中第 3 列和第 4 列组成 2 阶单位矩阵，记为 $B_1 = \begin{bmatrix} 1 & 0 \\ 0 & 1 \end{bmatrix}$，$r(B_1)=2$。$B_1$ 是一个初始基，x_3, x_4 为基变量，x_1, x_2 为非基变量，令 $x_1=0$，$x_2=0$ 由约束方程知 $x_3=40$，$x_4=30$ 得到初始基本可行解

$$X^{(1)} = (0,0,40,30)^T$$

以上得到的一组基本可行解是不是最优解，可以从目标函数中的系数看出。目标函数 $Z=300x_1+400x_2$ 中 x_1 的系数大于零，如果 x_1 为一正数，则 Z 的值就会增加，同样若 x_2 不为零为一正数，也能使 Z 的值增加；因此只要目标函数中非基变量的系数大于零，那么目标函数就没有达到最大值，即没有找到最优解。判别线性规划问题是否达到最优解的数称为检验数，记作 λ_j，$j=1, 2, \cdots, n$。本例中 $\lambda_1=300$，$\lambda_2=400$，$\lambda_3=0$，$\lambda_4=0$，参见表 1-6(a)。

检验数 目标函数用非基变量表示，其变量的系数为检验数。

最优解判断标准 当所有检验数 $\lambda_j \leqslant 0 (j=1, 2, \cdots, n)$ 时，基本可行解为最优解。

当目标函数中有基变量 x_i 时，利用约束条件将目标函数中的 x_i 消去即可求出检验数。

如何通过观察得到第一个基本可行解并能判断是否为最优解，关键看模型是不是典则形式(或典式)。

所谓**典则形式**是：(1)约束条件系数矩阵存在 m 个不相关的单位向量；(2)目标函数中不含有基变量。满足条件(1)时立即可以写出基本可行解，满足条件(2)时马上就可以得到检验数。单纯形法的开始和后面的计算都是在做这两件工作。

本例中 $\lambda_1=300>0$，$\lambda_2=400>0$，从而 $X^{(1)}$ 不是最优解，B_1 不是最优基。需对这组解进行改进，改进的方法是选一个 $\lambda_k>0$ 的非基变量 x_k 换成基变量，称为**进基变量**，同时选一个能使所有变量非负的基变量 x_l 换成非基变量，称为**出基变量**。

一般选 $\lambda_k=\max\{\lambda_j|\lambda_j>0\}$ 对应的 x_k 进基，本例中 $\max\{\lambda_1,\lambda_2\}=\lambda_2=400$，$x_2$ 为进基变量，若选 x_1 进基也可以，不影响计算结果。选最大的 λ_k 对应的 x_k 进基有时会使目标函数值上升得要快些。

由于 x_2 进基，必须要从基变量 x_3，x_4 中选一个换出作为非基变量，并且使得新的基本解仍然可行。由约束条件

$$\begin{cases} 2x_1+x_2+x_3=40 \\ x_1+1.5x_2+x_4=30 \\ x_j\geqslant 0, j=1,\cdots,4 \end{cases}$$

知，当 $x_1=0$ 时，为使 $x_3\geqslant 0$，有 $x_2\leqslant 40$，为使 $x_4\geqslant 0$ 有 $x_2\leqslant 20$，即 x_2 的上限值分别是常数(b_1,b_2)与 x_2 的系数(a_{12},a_{22})的比值 $\dfrac{40}{1}$ 和 $\dfrac{30}{3/2}$，显然只有 $x_2\leqslant 20$ 时 x_3，$x_4\geqslant 0$，又因为非基变量等于零，所以 $x_2=20$，$x_4=0$，即 x_4 为出基变量。用线性方程组的消元法（初等行变换），将基变量 x_2，x_3 解出得到

$$\begin{cases} \dfrac{4}{3}x_1+x_3-\dfrac{2}{3}x_4=20 \\ \dfrac{2}{3}x_1+x_2+\dfrac{2}{3}x_4=20 \end{cases}$$

令 $x_1=0$，$x_4=0$，则有 $x_2=20$，$x_3=20$，基本可行解为
$$X^{(2)}=(0,20,20,0)^\mathrm{T}$$

$X^{(2)}$ 是不是最优解，仍要看检验数的符号。由 $\dfrac{2}{3}x_1+x_2+\dfrac{2}{3}x_4=20$ 得 $x_2=20-\dfrac{2}{3}x_1-\dfrac{2}{3}x_4$，代入 $Z=300x_1+400x_2$，得到典式

$$Z=300x_1+400\left(20-\dfrac{2}{3}x_1-\dfrac{2}{3}x_4\right)=8\,000+\dfrac{100}{3}x_1-\dfrac{800}{3}x_4$$

$$\begin{cases} \dfrac{4}{3}x_1+x_3-\dfrac{2}{3}x_4=20 \\ \dfrac{2}{3}x_1+x_2+\dfrac{2}{3}x_4=20 \end{cases}$$

Z 中全部都是非基变量，从而 $\lambda_1=\dfrac{100}{3}$，$\lambda_2=0$，$\lambda_3=0$，$\lambda_4=-\dfrac{800}{3}$，又因为 $\lambda_1>0$，所以 $X^{(2)}$ 不是最优解，还需继续迭代(参见表1-6(b))。迭代方法与上面相同，x_1 为进基变量，x_4 仍为非基变量，选出基变量用最小比值规则，即常数向量与进基变量的系数列向量的

正数求比值，最小的比值对应行的变量出基。本例 $\theta_1 = \min\left\{\dfrac{20}{4/3}, \dfrac{20}{2/3}\right\} = 15$，第一行的比值最小，$x_3$ 为出基变量，从而 x_1, x_2 为基变量，x_3, x_4 为非基变量，将 x_1, x_2 的系数矩阵用初等变换的方法化为单位阵（或消元法解出 x_1, x_2），即将第一行 x_1 的系数 $\dfrac{4}{3}$ 化为 1，第二行 x_1 的系数 $\dfrac{2}{3}$ 化为零，得到

$$\begin{cases} x_1 + \dfrac{3}{4}x_3 - \dfrac{1}{2}x_4 = 15 \\ x_2 - \dfrac{1}{2}x_3 + x_4 = 10 \end{cases}$$

令非基变量 $x_3=0$，$x_4=0$，得到 $x_1=15$，$x_2=10$，基本可行解为
$$\boldsymbol{X}^{(3)} = (15, 10, 0, 0)^{\mathrm{T}}$$

下面判断 $X^{(3)}$ 是否为最优解。在 $Z = 8\,000 + \dfrac{100}{3}x_1 - \dfrac{800}{3}x_4$ 中 x_1 是基变量，由 $x_1 + \dfrac{3}{4}x_3 - \dfrac{1}{2}x_4 = 15$ 知 $x_1 = 15 - \dfrac{3}{4}x_3 + \dfrac{1}{2}x_4$，将其代入 Z 的函数中，得到典式

$$Z = 8\,000 + \dfrac{100}{3}\left(15 - \dfrac{3}{4}x_3 + \dfrac{1}{2}x_4\right) - \dfrac{800}{3}x_4$$
$$= 8\,500 - 25x_3 - 250x_4$$

$$\begin{cases} x_1 + \dfrac{3}{4}x_3 - \dfrac{1}{2}x_4 = 15 \\ x_2 - \dfrac{1}{2}x_3 + x_4 = 10 \end{cases}$$

由上式知 $\lambda_1=0$，$\lambda_2=0$，$\lambda_3=-25$，$\lambda_4=-250$，所有检验数非正（见表 1-6(c)）。由 $Z = 8\,500 - 25x_3 - 250x_4$ 可知，只有当 $x_3=0$，$x_4=0$ 时 $Z=8\,500$ 是最大值，因而 $X^{(3)} = (15, 10, 0, 0)^{\mathrm{T}}$ 是最优解，最优值 $Z = 8\,500$。

上述全过程计算方法就是单纯形法，用列表的方法计算更为简洁，这种表格称为单纯形表，如表 1-6 所示。

表 1-6 单纯形表

	X_B	x_1	x_2	x_3	x_4	b	θ_i
(a)	x_3	2	1	1	0	40	40
	x_4	1	[3/2]	0	1	30→	20
	λ_j	300	400↑	0	0	0	
(b)	x_3	[4/3]	0	1	−2/3	20→	15
	x_2	2/3	1	0	2/3	20	30
	λ_j	100/3↑	0	0	−800/3	−8 000	
(c)	x_1	1	0	3/4	−1/2	15	
	x_2	0	1	−1/2	1	10	
	λ_j	0	0	−25	−250	−8 500	

表 1-6 计算说明：

(1) X_B 是基变量列向量，如表 1-6(a)中 $X_B = \begin{bmatrix} x_3 \\ x_4 \end{bmatrix}$。

(2) "↑"表示进基符号，对应列称为**进基列**，"→"表示出基符号，对应的行称为**出基行**；[ ]号内的元素称为**主元素**或**枢轴元素**，它是进基列与出基行交叉的元素。

(3) 从某一张表到下张表的迭代过程中，以主元素 a_{LK} 为中心，将 a_{LK} 化为 1，a_{LK} 所在列的其他元素化为零，得到新的基本可行解。由一个基本可行解换成另一基本可行解的过程就是换基过程，如表 1-6(a)中可行基为 $B_1 = \begin{bmatrix} 1 & 0 \\ 0 & 1 \end{bmatrix}$，表 1-6(b)中的可行基为 $B_2 = (P_3, P_2) = \begin{bmatrix} 1 & 1 \\ 0 & 3/2 \end{bmatrix}$，表 1-6(c)中的可行基为 $B_3 = (P_1, P_2) = \begin{bmatrix} 2 & 1 \\ 1 & 3/2 \end{bmatrix}$，每张表的可行基可由 X_B 中变量顺序确定，如表 1-6(b)中 $X_B = (x_3, x_2)^T$，则在系数矩阵 A 中的第 3 列与第 2 列组成的矩阵即为可行基 B_2。

(4) 将目标函数写成 $300x_1 + 400x_2 - Z = 0$ 的形式，则检验数行的常数项就是目标函数的相反数，如表 1-6(c)中 $-Z = -8500$，即 $Z = 8500$。

(5) 在选进基变量时，一般选 λ_K 较大者对应的变量进基。不遵循这一原则仍然有效，如表 1-6(a)中，λ_1，$\lambda_2 \geqslant 0$，若选 x_1 进基同样可以。

(6) 选出基变量时必须遵循最小比值规则，这一规则是能保证从一个可行基换成另一可行基。求比值时，进基列的元素必须大于零，即比值的分母大于零，小于或等于零没有比值(比值为无穷大)。出基变量选错时，下一个基必不可行，若有两个以上相同最小的比值，任选一个最小比值对应的基变量出基，这时下一基本可行解中存在为零的基变量，称为**退化基本可行解**(见例 1-26)。

(7) 例 1-15 中的目标函数是求最大值，当 $\lambda_j \leqslant 0 (j=1, 2, \cdots, n)$ 时达到最优解，用例 1-15 的分析方法可得到结论：当目标函数求最小值并且 $\lambda_j \geqslant 0 (j=1, 2, \cdots, n)$ 时得到最优解(见例 1-17)。

(8) 当某个进基列的系数全部非正，即 $a_{ik} \leqslant 0 (i=1, 2, \cdots, m)$ 时没有比值，或者说最小比值失效，则原线性规划具有无界解(参看例 1-18)，无界解也是无最优解。

进基列系数 $a_{ik} \leqslant 0$ 说明进基变量在第 i 个约束中无上限，取任意值都能保证其他变量非负。

(9) 表 1-6 每一张表对应的模型都是典式，从一个可行基换到另一个可行基后，接下来的任务就是从当前的典式变换到另一个典式。

单纯形法的计算步骤 设线性规划的标准型为
$$\max Z = CX$$
$$\begin{cases} AX = b \\ X \geqslant 0 \end{cases}$$

(1) 求初始基本可行解：将模型变换成典式列出初始单纯形表，求出检验数。其中基变量的检验数必为零。

(2) 判断：

1) 若 $\lambda_j \leqslant 0 (j=1, 2, \cdots, n)$ 得到最优解，求最小值时 $\lambda_j \geqslant 0$ 得到最优解。

2) 某个 $\lambda_k > 0$ 且 $a_{ik} \leqslant 0 (i=1, 2, \cdots, m)$ 则线性规划具有无界解。

3) 若存在 $\lambda_k > 0$ 且 $a_{ik}(i=1,2,\cdots,m)$ 不全非正, 则进行换基。

（3）换基：

1) 选进基变量。设 $\lambda_k = \max\{\lambda_j | \lambda_j > 0\}$, 选 k 列的变量 x_k 为进基变量。

2) 选出基变量。求最小比值

$$\theta_L = \min_i \left\{ \frac{b_i}{a_{ik}} \bigg| a_{ik} > 0 \right\}$$

第 L 行的比值最小, 选 L 行对应的基变量为出基变量, 若有相同最小比值, 则任选一个。a_{Lk} 为主元素。

3) 求新的基本可行解（化为典式）。用初等行变换方法将 a_{Lk} 化为 1, k 列其他元素化为零（包括检验数行）得到新的可行基及基本可行解, 再判断是否得到最优解。

若标准型的系数矩阵 A 中存在一个 m 阶单位矩阵或 m 个线性无关的单位向量, 则将这个 m 阶方阵作为初始基, 马上可以得到初始基可行解, 如果不存在 m 阶单位矩阵则要通过观察或试算寻找可行基, 一般采用下面将要介绍的大 M 或两阶段单纯形法。

【例 1-16】 用单纯形法求解

$$\max Z = x_1 + 2x_2 + x_3$$

$$\begin{cases} 2x_1 - 3x_2 + 2x_3 \leqslant 15 \\ \frac{1}{3}x_1 + x_2 + 5x_3 \leqslant 20 \\ x_1, x_2, x_3 \geqslant 0 \end{cases}$$

解 将数学模型化为标准形式

$$\max Z = x_1 + 2x_2 + x_3$$

$$\begin{cases} 2x_1 - 3x_2 + 2x_3 + x_4 = 15 \\ \frac{1}{3}x_1 + x_2 + 5x_3 + x_5 = 20 \\ x_j \geqslant 0, j = 1, 2, \cdots, 5 \end{cases}$$

不难看出 x_4, x_5 可作为初始基变量, 单纯形法计算结果如表 1-7 所示。表的上方增加一行, 填写目标函数的系数, 表的左边增加了一列, 填写第二列基变量对应的目标函数的系数, 目的是用来求检验数（见例 1-20）。因为 $\lambda_j \leqslant 0 (j=1,2,\cdots,5)$, 得到最优解

$$\boldsymbol{X} = \left(25, \frac{35}{3}, 0, 0, 0\right)^{\mathrm{T}}, \max Z = 25 + 2 \times \frac{35}{3} = \frac{145}{3}$$

表 1-7

C_j		1	2	1	0	0	b	θ
C_B	X_B	x_1	x_2	x_3	x_4	x_5		
0	x_4	2	−3	2	1	0	15	—
0	x_5	1/3	[1]	5	0	1	20→	20
	λ_j	1	2↑	1	0	0	0	
0	x_4	[3]	0	17	1	3	75→	25
2	x_2	1/3	1	5	0	1	20	60
	λ_j	1/3↑	0	−9	0	−2	−40	
1	x_1	1	0	17/3	1/3	1	25	
2	x_2	0	1	28/9	−1/9	2/3	35/3	
	λ_j	0	0	−98/9	−1/9	−7/3	−145/3	

【例 1-17】 用单纯形法求解

$$\min Z = 2x_1 - 2x_2 - x_4$$
$$\begin{cases} x_1 + x_2 + x_3 = 5 \\ -x_1 + x_2 + x_4 = 6 \\ 6x_1 + 2x_2 + x_5 = 21 \\ x_j \geqslant 0, j = 1, 2, \cdots, 5 \end{cases}$$

解 这是一个极小化的线性规划问题,可以将其化为极大化问题求解,也可以直接求解,这时判断标准是:$\lambda_j \geqslant 0 (j=1, 2, \cdots, n)$时得到最优解。

容易观察到,系数矩阵中有一个 3 阶单位矩阵,x_3,x_4,x_5 为基变量。目标函数中含有基变量 x_4,由第二个约束得到 $x_4 = 6 + x_1 - x_2$,并代入目标函数消去 x_4 得

$$Z = 2x_1 - 2x_2 - (6 + x_1 - x_2) = -6 + x_1 - x_2$$

单纯形法计算如表 1-8 所示。表中 $\lambda_j \geqslant 0 (j=1, 2, \cdots, 5)$,所以最优解为 $X = (0, 5, 0, 1, 11)^T$,最优值 $Z = 2x_1 - 2x_2 - x_4 = -2 \times 5 - 1 = -11$。

表 1-8

X_B	x_1	x_2	x_3	x_4	x_5	b	θ
x_3	1	[1]	1	0	0	5→	5
x_4	−1	1	0	1	0	6	6
x_5	6	2	0	0	1	21	21/2
λ_j	1	−1↑	0	0	0	6	
x_2	1	1	1	0	0	5	
x_4	−2	0	−1	1	0	1	
x_5	4	0	−2	0	1	11	
λ_j	2	0	1	0	0	11	

注意:求极小值问题时,注意判断标准,选进基变量时应选 $\lambda_j < 0$ 的变量进基。

【例 1-18】 求解线性规划

$$\max Z = -x_1 + x_2$$
$$\begin{cases} 3x_1 - 2x_2 \leqslant 1 \\ -2x_1 + x_2 \geqslant -4 \\ x_1, x_2 \geqslant 0 \end{cases}$$

解 化为标准型

$$\max Z = -x_1 + x_2$$
$$\begin{cases} 3x_1 - 2x_2 + x_3 = 1 \\ 2x_1 - x_2 + x_4 = 4 \\ x_j \geqslant 0, j = 1, 2, 3, 4 \end{cases}$$

初始单纯形表如表 1-9 所示。

表 1-9

X_B	x_1	x_2	x_3	x_4	b
x_3	3	−2	1	0	1
x_4	2	−1	0	1	4
λ_j	−1	1	0	0	0

$\lambda_2=1>0$，x_2 进基，而 $a_{12}<0$，$a_{22}<0$，没有比值，说明只要 $x_2\geqslant 0$ 就能保证 x_3，x_4 非负，即当固定 x_1 使 $x_2\to+\infty$ 时 $Z\to+\infty$ 且满足约束条件，因而原问题具有无界解。还可以用图解法看出问题具有无界解。

【例 1-19】求解线性规划

$$\max Z = 2x_1 + 4x_2$$

$$\begin{cases} -x_1 + 2x_2 \leqslant 4 \\ x_1 + 2x_2 \leqslant 10 \\ x_1 - x_2 \leqslant 2 \\ x_1, x_2 \geqslant 0 \end{cases}$$

解 化为标准型后用单纯形法计算，如表 1-10 所示。

表 1-10

	X_B	x_1	x_2	x_3	x_4	x_5	b	θ
(1)	x_3	−1	[2]	1	0	0	4→	2
	x_4	1	2	0	1	0	10	5
	x_5	1	−1	0	0	1	2	—
	λ_j	2	4↑	0	0	0	0	
(2)	x_2	−1/2	1	1/2	0	0	2	—
	x_4	[2]	0	−1	1	0	6→	3
	x_5	1/2	0	1/2	0	1	4	8
	λ_j	4↑	0	−2	0	0	−8	
(3)	x_2	0	1	1/4	1/4	0	7/2	14
	x_1	1	0	−1/2	1/2	0	3	—
	x_5	0	0	[3/4]	−1/4	1	5/2→	10/3
	λ_j	0	0	0↑	−2	0	−20	
(4)	x_2	0	1	0	1/3	−1/3	8/3	
	x_1	1	0	0	1/3	2/3	14/3	
	x_3	0	0	1	−1/3	4/3	10/3	
	λ_j	0	0	0	−2	0	−20	

表 1-10(3) 中 λ_j 全部非正，则最优解为

$$\boldsymbol{X}^{(1)} = \left(3, \frac{7}{2}, 0, 0, \frac{5}{2}\right)^{\mathrm{T}}, Z = 20$$

表 1-10(3) 表明，非基变量 x_3 的检验数 $\lambda_3=0$，x_3 若增加，目标函数值不变，即当 x_3 进基时 Z 仍等于 20。使 x_3 进基，x_5 出基继续迭代，得到表 1-10(4) 的另一基本最优解

$$\boldsymbol{X}^{(2)} = \left(\frac{14}{3}, \frac{8}{3}, \frac{10}{3}, 0, 0\right)^{\mathrm{T}}, Z = 20$$

$\boldsymbol{X}^{(1)}$，$\boldsymbol{X}^{(2)}$ 是线性规划的两个最优解，它的凸组合

$$\boldsymbol{X} = \alpha\boldsymbol{X}^{(1)} + (1-\alpha)\boldsymbol{X}^{(2)} \quad (0 \leqslant \alpha \leqslant 1)$$

仍是最优解，从而原线性规划有多重最优解。

唯一最优解的判断：最优表中所有非基变量的检验数非零，则线性规划具有唯一最优解(例 1-15 及例 1-16)。

多重最优解的判断：最优表中存在非基变量的检验数为零，则线性规划具有多重最优解（例 1-19）。

无界解的判断：某个 $\lambda_k > 0$ 且 $a_{ik} \leq 0 (i=1, 2, \cdots, m)$ 则线性规划具有无界解（例 1-18）。

1.5.2 大 M 和两阶段单纯形法

前面讨论了在标准型中系数矩阵有单位矩阵，很容易确定一组基本可行解。在实际问题中有些模型并不含有单位矩阵，为了得到一组基向量和初始基本可行解，在约束条件的等式左端加一组虚拟变量，得到一组基变量。这种人为加的变量称为人工变量，构成的可行基称为人工基。用大 M 法或两阶段法求解，是一种用人工变量作桥梁的求解方法，也称为人工变量法。

设线性规划的标准型为

$$\max Z = \sum_{j=1}^{n} c_j x_j$$

$$\begin{cases} \sum_{j=1}^{n} a_{ij} x_j = b_i, i = 1, 2, \cdots, m \\ x_j \geq 0, j = 1, 2, \cdots, n \end{cases}$$

在每个约束等式的左边加上一个人工变量 $R_i \geq 0$，得到

$$\sum_{j=1}^{n} a_{ij} x_j + R_i = b_i, i = 1, 2, \cdots, m$$

则 $R_1, R_2, \cdots, R_m$ 可作为一组初始基变量，对应的系数矩阵为 m 阶单位阵，是人工基，从而令 $x_j = 0 (j=1, 2, \cdots, n)$ 得到一组初始基本可行解。人工变量是人为加入的，与决策变量、松弛变量有本质的区别，若线性规划有最优解，人工变量必定为零，以保持原约束条件不变。为了使人工变量为零，就要使人工变量从基变量中出基变为非基变量。下面介绍大 M 单纯形法和两阶段单纯形法。

1. 大 M 单纯形法

大 M 单纯形法的基本思想是：约束条件加入人工变量后，求极大值时，将目标函数变为

$$\max Z = \sum_{j=1}^{n} c_j x_j - M \sum_{i=1}^{m} R_i$$

式中 M 为任意大的正数，因而 $-MR_i$ 为很小的负数，在迭代过程中，Z 要达到极大化，R_i 就会迅速出基。求极小值时，将目标函数变为

$$\min Z = \sum_{j=1}^{n} c_j x_j + M \sum_{i=1}^{m} R_i$$

同理，在迭代过程中，Z 要达到极小化，R_i 就会迅速出基。

注意：在迭代过程中，人工变量一旦出基后不会再进基，所以当某个人工变量 R_k 出基后，对应 k 列的系数可以不再计算，以减少计算量。

当用大 M 单纯形法计算得到最优解并且存在 $R_i > 0$ 时，则表明原线性规划无可行解。

在加入人工变量时，应加入最少的人工变量数，不一定每个约束都加入人工变量，如

某约束是"≤"约束，则加入松弛变量 S 后，S 可以作为一个基变量。

【例 1-20】 用大 M 单纯形法求解下列线性规划

$$\max Z = 3x_1 + 2x_2 - x_3$$

$$\begin{cases} -4x_1 + 3x_2 + x_3 \geqslant 4 \\ x_1 - x_2 + 2x_3 \leqslant 10 \\ -2x_1 + 2x_2 - x_3 = -1 \\ x_1, x_2, x_3 \geqslant 0 \end{cases}$$

解 首先将数学模型化为标准形式

$$\max Z = 3x_1 + 2x_2 - x_3$$

$$\begin{cases} -4x_1 + 3x_2 + x_3 - x_4 = 4 \\ x_1 - x_2 + 2x_3 + x_5 = 10 \\ 2x_1 - 2x_2 + x_3 = 1 \\ x_j \geqslant 0, j = 1, 2, \cdots, 5 \end{cases}$$

式中 x_4，x_5 为松弛变量，x_5 可作为一个基变量，第一、三约束中分别加入人工变量 x_6，x_7，目标函数中加入 $-Mx_6-Mx_7$ 一项，得到大 M 单纯形法数学模型

$$\max Z = 3x_1 + 2x_2 - x_3 - Mx_6 - Mx_7$$

$$\begin{cases} -4x_1 + 3x_2 + x_3 - x_4 + x_6 = 4 \\ x_1 - x_2 + 2x_3 + x_5 = 10 \\ 2x_1 - 2x_2 + x_3 + x_7 = 1 \\ x_j \geqslant 0, j = 1, 2, \cdots, 7 \end{cases}$$

再用前面介绍的单纯形法求解，见表 1-11 所示。

表 1-11

C_B	C_j X_B	3 x_1	2 x_2	−1 x_3	0 x_4	0 x_5	−M x_6	−M x_7	b
−M	x_6	−4	3	1	−1	0	1	0	4
0	x_5	1	−1	2	0	1	0	0	10
−M	x_7	2	−2	[1]	0	0	0	1	1→
	λ_j	3−2M	2+M	−1+2M↑	−M	0	0	0	5M
−M	x_6	−6	[5]	0	−1	0	1		3→
0	x_5	−3	3	0	0	1	0		8
−1	x_3	2	−2	1	0	0	0		1
	λ_j	5−6M	5M↑	0	−M	0	0		1+3M
2	x_2	−6/5	1	0	−1/5	0			3/5
0	x_5	[3/5]	0	0	3/5	1			31/5→
−1	x_3	−2/5	0	1	−2/5	0			11/5
	λ_j	5↑	0	0	0	0			1
2	x_2	0	1	0	1	2			13
3	x_1	1	0	0	1	5/3			31/3
−1	x_3	0	0	1	0	2/3			19/3
	λ_j	0	0	0	−5	−25/3			−152/3

因为 $\lambda_j \leqslant 0 (j=1,2,\cdots,5)$，并且 x_6，x_7 为非基变量，所以最优解为
$$X = \left(\frac{31}{3}, 13, \frac{19}{3}, 0, 0\right)^T, 最优值 Z = \frac{152}{3}$$

在表 1-11 中：

(1) 初始表中的检验数有两种算法，第一种算法是利用第一、三约束将 x_6，x_7 的表达式代入目标函数消去 x_6 和 x_7，得到用非基变量表达的目标函数，其系数就是检验数

$$\begin{cases} x_6 = 4 + 4x_1 - 3x_2 - x_3 + x_4 \\ x_7 = 1 - 2x_1 + 2x_2 - x_3 \end{cases}$$

$$\begin{aligned} Z &= 3x_1 + 2x_2 - x_3 - Mx_6 - Mx_7 \\ &= 3x_1 + 2x_2 - x_3 - M(4 + 4x_1 - 3x_2 - x_3 + x_4) - M(1 - 2x_1 + 2x_2 - x_3) \\ &= -5M + (3 - 2M)x_1 + (2 + M)x_2 + (-1 + 2M)x_3 - Mx_4 \end{aligned}$$

第二种算法是利用公式（见 1.5.3）
$$\lambda_j = c_j - \sum_i c_i a_{ij}$$

计算，如 x_1 的检验数是用 $c_1 = 3$ 减去 C_B 列与 x_1 列对应系数的乘积之和得到，即

$$\lambda_1 = c_1 - C_B P_1 = 3 - (-M, 0, -M)\begin{bmatrix} 4 \\ 1 \\ 2 \end{bmatrix}$$
$$= 3 - [(-M) \times (-4) + 0 \times 1 + (-M) \times 2] = 3 - 2M$$

(2) M 是一个任意大的抽象的正数，不需要给出具体的数值，可以理解为它能大于给定的任何一个确定数值。

(3) 在第二张表中 x_7 已出基，故没有计算第七列的数值，同理，第三、四张表中 x_6，x_7 都已出基，故第六、七列没有计算。

(4) 第三、四张表中的基变量没有人工变量 x_6，x_7，因而检验数中不含 M。

(5) 可以看出，人工变量是帮助我们寻求原问题的可行基，第三张表就找到了原问题的一组基变量 x_2，x_5，x_3，此时人工变量就可以从模型中退出，也说明原规划有可行解，但不能肯定有最优解。

【例 1-21】求解线性规划
$$\min Z = 5x_1 - 8x_2$$
$$\begin{cases} 3x_1 + x_2 \leqslant 6 \\ x_1 - 2x_2 \geqslant 4 \\ x_1, x_2 \geqslant 0 \end{cases}$$

解 加入松弛变量 x_3，x_4 化为标准型
$$\min Z = 5x_1 - 8x_2$$
$$\begin{cases} 3x_1 + x_2 + x_3 = 6 \\ x_1 - 2x_2 - x_4 = 4 \\ x_j \geqslant 0, j = 1, 2, 3, 4 \end{cases}$$

在第二个方程中加入人工变量 x_5，目标函数中加上 Mx_5 一项，得到

$$\min Z = 5x_1 - 8x_2 + Mx_5$$
$$\begin{cases} 3x_1 + x_2 + x_3 = 6 \\ x_1 - 2x_2 - x_4 + x_5 = 4 \\ x_j \geqslant 0, j = 1, 2, \cdots, 5 \end{cases}$$

用单纯形法计算如表 1-12 所示。

表 1-12

C_j		5	−8	0	0	M	b
C_B	X_B	x_1	x_2	x_3	x_4	x_5	
0	x_3	[3]	1	1	0	0	6→
M	x_5	1	−2	0	−1	1	4
	λ_j	5−M↑	−8+2M	0	M	0	−4M
5	x_1	1	1/3	1/3	0	0	2
M	x_5	0	−7/3	−1/3	−1	1	2
	λ_j	0	−29/3+7/3M	−5/3+1/3M	M	0	−10−2M

表中 $\lambda_j \geqslant 0 (j=1, 2, \cdots, 5)$，从而得到最优解 $\boldsymbol{X} = (2, 0, 0, 0, 2)^T$，$Z = 10 + 2M$。但最优解中含有人工变量 $x_5 \neq 0$ 说明这个解是伪最优解，是不可行的，因此原问题无可行解。

2. 两阶段单纯形法

两阶段单纯形法与大 M 单纯形法的目的类似，将人工变量从基变量中换出，以求出原问题的初始基本可行解。将问题分成两个阶段求解，第一阶段的目标函数是

$$\min w = \sum_{i=1}^{m} R_i$$

约束条件是加入人工变量后的约束方程，当第一阶段的最优解中没有人工变量作基变量时，得到原线性规划的一个基本可行解，第二阶段就以此为基础对原目标函数求最优解。当第一阶段的最优值 $w \neq 0$ 时，说明还有不为零的人工变量是基变量，则原问题无可行解。

【**例 1-22**】用两阶段单纯形法求解例 1-20 的线性规划。

解 标准型为

$$\max Z = 3x_1 + 2x_2 - x_3$$
$$\begin{cases} -4x_1 + 3x_2 + x_3 - x_4 = 4 \\ x_1 - x_2 + 2x_3 + x_5 = 10 \\ 2x_1 - 2x_2 + x_3 = 1 \\ x_j \geqslant 0, j = 1, 2, \cdots, 5 \end{cases}$$

在第一、三约束方程中加入人工变量 x_6，x_7 后，构造第一阶段问题

$$\min w = x_6 + x_7$$
$$\begin{cases} -4x_1 + 3x_2 + x_3 - x_4 + x_6 = 4 \\ x_1 - x_2 + 2x_3 + x_5 = 10 \\ 2x_1 - 2x_2 + x_3 + x_7 = 1 \\ x_j \geqslant 0, j = 1, 2, \cdots, 7 \end{cases}$$

用单纯形法求解，得到第一阶段问题的计算表 1-13。

表 1-13

C_j		0	0	0	0	0	1	1	b
C_B	X_B	x_1	x_2	x_3	x_4	x_5	x_6	x_7	
1	x_6	−4	3	1	−1	0	1	0	4
0	x_5	1	−1	2	0	1	0	0	10
1	x_7	2	−2	[1]	0	0	0	1	1→
	λ_j	2	−1	−2↑	1	0	0	0	−5
1	x_6	−6	[5]	0	−1	0	1		3→
0	x_5	−3	3	0	0	1	0		8
0	x_3	2	−2	1	0	0	0		1
	λ_j	6	−5↑	0	1	0	0		−3
0	x_2	−6/5	1	0	−1/5	0			3/5
0	x_5	3/5	0	0	3/5	1			31/5
0	x_3	−2/5	0	1	−2/5	0			11/5
	λ_j	0	0	0	0	0			0

最优解为 $\boldsymbol{X} = \left(0, \dfrac{3}{5}, \dfrac{11}{5}, 0, \dfrac{31}{5}\right)^{\mathrm{T}}$，最优值 $w=0$。第一阶段最后一张最优表说明找到了原问题的一组基可行解，将它作为初始基本可行解，求原问题的最优解即第二阶段问题为

$$\max Z = 3x_1 + 2x_2 - x_3$$

$$\begin{cases} -\dfrac{6}{5}x_1 + x_2 - \dfrac{1}{5}x_4 = \dfrac{3}{5} \\ \dfrac{3}{5}x_1 + \dfrac{3}{5}x_4 + x_5 = \dfrac{31}{5} \\ -\dfrac{2}{5}x_1 + x_3 - \dfrac{2}{5}x_4 = \dfrac{11}{5} \\ x_j \geqslant 0, j = 1, 2, \cdots, 5 \end{cases}$$

用单纯形法计算得到表 1-14。

表 1-14

C_j		3	2	−1	0	0	b
C_B	X_B	x_1	x_2	x_3	x_4	x_5	
2	x_2	−6/5	1	0	−1/5	0	3/5
0	x_5	[3/5]	0	0	3/5	1	31/5→
−1	x_3	−2/5	0	1	−2/5	0	11/5
	λ_j	5↑	0	0	0	0	1
2	x_2	0	1	0	1	2	13
3	x_1	1	0	0	1	5/3	31/3
−1	x_3	0	0	1	0	2/3	19/3
	λ_j	0	0	0	−5	−25/3	−152/3

检验数 $\lambda_j \leqslant 0 (j=1, 2, \cdots, 5)$，最优解为 $\boldsymbol{X} = \left(\dfrac{31}{3}, 13, \dfrac{19}{3}, 0, 0\right)^{\mathrm{T}}$，最优值 $Z = \dfrac{152}{3}$。不难看出，上面两种计算方法的每一步迭代的结果类似，最后结果相同。

在第二阶段计算时,初始表中的检验数不能引用第一阶段最优表的检验数,必须换成原问题的检验数,用代入法或公式计算。

另外,即使第一阶段最优值 $w=0$,只能说明原问题有可行解,第二阶段问题不一定有最优解,即原问题可能无界。

【例 1-23】 用两阶段法求解例 1-21 的线性规划。

解 例 1-21 的第一阶段问题为

$$\min w = x_5$$
$$\begin{cases} 3x_1 + x_2 + x_3 = 6 \\ x_1 - 2x_2 - x_4 + x_5 = 4 \\ x_j \geqslant 0, j = 1, 2, \cdots, 5 \end{cases}$$

用单纯形法计算如表 1-15 所示。

表 1-15

C_j		**0**	**0**	**0**	**0**	**1**	
C_B	X_B	x_1	x_2	x_3	x_4	x_5	b
0	x_3	[3]	1	1	0	0	6→
1	x_5	1	−2	0	−1	1	4
λ_j		−1↑	2	0	1	0	−4
0	x_1	1	1/3	1/3	0	0	2
1	x_5	0	−7/3	−1/3	−1	1	2
λ_j		0	7/3	1/3	1	0	−2

$\lambda_j \geqslant 0$,得到第一阶段的最优解 $\boldsymbol{X}=(2,0,0,0,2)^T$,最优目标值 $w=2 \neq 0$,x_5 仍在基变量中,从而原问题无可行解。

无可行解的判断:

(1) 大 M 法求解时,最优解中含有不为零的人工变量,原问题无可行解。

(2) 两阶段法计算时,当第一阶段的最优值 $w \neq 0$ 时,原问题无可行解。

求解线性规划的方法很多,除了单纯形法外,还有 Khachyian 算法、Kamarkar 算法及 Todd 算法等,请参阅文献[1]。

1.5.3 有关单纯形法计算公式

设有线性规划

$$\max Z = \boldsymbol{CX}$$
$$\begin{cases} \boldsymbol{AX} = b \\ \boldsymbol{X} \geqslant 0 \end{cases}$$

其中 $\boldsymbol{A}_{m \times n}$ 且 $r(\boldsymbol{A})=m$,$\boldsymbol{X}=(x_1, x_2, \cdots, x_n)^T$,$\boldsymbol{C}=(c_1, c_2, \cdots, c_n)$,$\boldsymbol{b}=(b_1, b_2, \cdots, b_m)^T$,$\boldsymbol{X} \geqslant 0$ 应理解为 X 大于等于零向量,即 $x_j \geqslant 0 (j=1, 2, \cdots, n)$。

不妨假设 $\boldsymbol{A}=(P_1, P_2, \cdots, P_n)$ 中前 m 个列向量构成一个可行基,记为 $\boldsymbol{B}=(P_1, P_2, \cdots, P_m)$。矩阵 $\boldsymbol{A}$ 中后 $n-m$ 列构成的矩阵记为 $\boldsymbol{N}=(P_{m+1}, P_{m+2}, \cdots, P_n)$,则 $\boldsymbol{A}$ 可以写成分块矩阵 $\boldsymbol{A}=(B, N)$。对于基 B,基变量为 $X_B=(x_1, x_2, \cdots, x_m)^T$,非基变量为 $X_N=(x_{m+1}, x_{m+2}, \cdots, x_n)^T$。

则 X 可表示成 $\boldsymbol{X} = \begin{bmatrix} X_B \\ X_N \end{bmatrix}$，同理将 C 写成分块矩阵 $\boldsymbol{C} = (C_B, C_N)$，$C_B = (c_1, c_2, \cdots, c_m)$，$C_N = (C_{m+1}, C_{m+2}, \cdots, C_n)$，则 $\boldsymbol{AX} = b$ 可写成

$$\boldsymbol{AX} = (B, N) \begin{bmatrix} X_B \\ X_N \end{bmatrix} = BX_B + NX_N = b$$

因为 $r(\boldsymbol{B}) = m$（或 $|\boldsymbol{B}| \neq 0$）所以 B^{-1} 存在，有

$$BX_B = b - NX_N$$
$$X_B = B^{-1}(b - NX_N)$$
$$= B^{-1}b - B^{-1}NX_N$$

令非基变量 $X_N = 0$，$X_B = B^{-1}b$，由 B 是可行基的假设，则得到基本可行解

$$\boldsymbol{X} = (B^{-1}b, 0)^{\mathrm{T}}$$

消去目标函数中的基变量

$$Z = (C_B, C_N) \begin{bmatrix} X_B \\ X_N \end{bmatrix}$$
$$= C_B X_B + C_N X_N$$
$$= C_B(B^{-1}b - B^{-1}NX_N) + C_N X_N$$
$$= C_B B^{-1} b + (C_N - C_B B^{-1} N) X_N$$

式中，$C_B B^{-1} b$ 是 Z 的常数项，令 $X_N = 0$ 时，Z 的值为

$$Z_0 = C_B B^{-1} b$$

$C_N - C_B B^{-1} N$ 是非基变量 X_N 的系数向量，亦是 X_N 的检验数，记为

$$\lambda_N = C_N - C_B B^{-1} N = C_N - Z_N$$

$B^{-1} N$ 是非基向量组成矩阵 N 通过初等变换后的结果，记为

$$\overline{N} = B^{-1} N$$

$C_B B^{-1}$ 称为单纯形乘子，记为

$$\pi = C_B B^{-1}$$

因而当已知一个线性规划的可行基 B 时，先求出 B^{-1} 再用上述矩阵运算公式可得到单纯形法所要求的结果。

上述公式可用下面较简单的矩阵表格运算得到，将目标函数写成 $C_B X_B + C_N X_N - Z = 0$，约束条件写成 $BX_B + NX_N = b$，用表格表示为如表 1-16 所示。

为了求基本可行解，将表 1-16 中的基矩阵 B 化为 E（E 为 m 阶单位矩阵），用 B^{-1} 左乘表 1-16 中第二行，得到表 1-17。

为了求检验数和目标值，将目标函数的系数 C_B 化为零，在表 1-17 第二行左乘 $(-C_B)$ 后加到第三行，得到表 1-18。

表中 $(-C_B B^{-1} b)$ 是目标值的相反数，

表 1-16

	X_B	X_N	b
X_B	B	N	b
	C_B	C_N	0

表 1-17

	X_B	X_N	b
X_B	E	$B^{-1}N$	$B^{-1}b$
	C_B	C_N	0

表 1-18

	X_B	X_N	b
X_B	E	$B^{-1}N$	$B^{-1}b$
λ	0	$C_N - C_B B^{-1} N$	$-C_B B^{-1} b$

其他几个矩阵与前面推导的结果相同，上面是假定可行基在前 m 列，事实上，可行基 B 由矩阵 A 中任意 m 列组成时，上面的公式仍然有效，但计算时必须分清楚基向量与非基向量，基变量与非基变量，不要混淆。现将这些常用公式综合如下：

$$\begin{cases} X_B = B^{-1}b & (1-4) \\ \overline{N} = B^{-1}N & (1-5) \\ \lambda_N = C_N - C_B B^{-1} N & (1-6) \\ Z_0 = C_B X_B = C_B B^{-1} b & (1-7) \\ \pi = C_B B^{-1} & (1-8) \end{cases}$$

这里 λ_N 是 $n-m$ 个非基变量的检验数，是一个行向量，并且不包括基变量的检验数，若要表示全体检验数，则应是 $\lambda = C - C_B B^{-1} A$。$\lambda_N$ 中第 j 个分量的表达式为

$$\begin{aligned} \lambda_j &= c_j - C_B B^{-1} P_j \\ &= c_j - C_B \overline{N}_j \\ &= c_j - \sum_{i=1}^{m} c_i \bar{a}_{ij} \\ &= c_j - Z_j \end{aligned}$$

式中，P_j 为 N 中 X_j 的系数列向量；$\overline{N}_j$ 为 B^{-1} 左乘 P_j 后的结果，即 $\overline{N}_j = B^{-1} P_j$；$\bar{a}_{ij}$ 是 $\overline{N}_j$ 的第 i 个分量。在具体应用时，基变量不一定是 $x_1, x_2, \cdots, x_m$，因此 $Z_j = \sum_{i=1}^{m} c_i \bar{a}_{ij}$ 中 c_i 不一定按 c_1 到 c_m 的顺序，下标的顺序应与基变量的下标一致，见例 1-20。

【例 1-24】 以例 1-16 的线性规划为例，用公式计算有关结果。

$$\max Z = x_1 + 2x_2 + x_3$$

$$\begin{cases} 2x_1 - 3x_2 + 2x_3 + x_4 = 15 \\ \dfrac{1}{3}x_1 + x_2 + 5x_3 + x_5 = 20 \\ x_j \geqslant 0, j = 1, 2, \cdots, 5 \end{cases}$$

已知可行基

$$\boldsymbol{B}_1 = \begin{bmatrix} 2 & -3 \\ \dfrac{1}{3} & 1 \end{bmatrix}$$

(1) 求单纯形乘子 π。
(2) 求基可行解及目标值。
(3) 求 λ_3。
(4) B_1 是不是最优基，为什么？
(5) 当可行基 $\boldsymbol{B}_2 = \begin{bmatrix} 1 & -3 \\ 0 & 1 \end{bmatrix}$ 时，求 λ_1 及 λ_3。

解 (1) B_1 由 A 中第一列、第二列组成，x_1, x_2 为基变量，x_3, x_4, x_5 为非基变量，有关矩阵为

$$C_B = (c_1, c_2) = (1, 2), \quad C_N = (c_3, c_4, c_5) = (1, 0, 0)$$

$$\boldsymbol{B}_1^{-1} = \begin{bmatrix} \dfrac{1}{3} & 1 \\ -\dfrac{1}{9} & \dfrac{2}{3} \end{bmatrix}$$

故单纯形乘子

$$\pi = C_B B_1^{-1} = (1,2)\begin{bmatrix} \dfrac{1}{3} & 1 \\ -\dfrac{1}{9} & \dfrac{2}{3} \end{bmatrix} = \left(\dfrac{1}{9}, \dfrac{7}{3}\right)$$

(2) 基变量的解为

$$X_B = \begin{bmatrix} x_1 \\ x_2 \end{bmatrix} = B^{-1}b = \begin{bmatrix} \dfrac{1}{3} & 1 \\ -\dfrac{1}{9} & \dfrac{2}{3} \end{bmatrix}\begin{bmatrix} 15 \\ 20 \end{bmatrix} = \begin{bmatrix} 25 \\ \dfrac{35}{3} \end{bmatrix}$$

基本可行解为 $X = \left(25, \dfrac{35}{3}, 0, 0, 0\right)^T$,$Z_0 = C_B B^{-1}b = C_B X_B = (1,2)\begin{bmatrix} 25 \\ \dfrac{35}{3} \end{bmatrix} = \dfrac{145}{3}$

(3) 求 λ_3

$$P_3 = \begin{bmatrix} 2 \\ 5 \end{bmatrix}, C_B B^{-1} P_3 = \pi P_3 = \left(\dfrac{1}{9}, \dfrac{7}{3}\right)\begin{bmatrix} 2 \\ 5 \end{bmatrix} = \dfrac{107}{9}$$

$$\lambda_3 = c_3 - C_B B^{-1} P_3 = 1 - \dfrac{107}{9} = -\dfrac{98}{9}$$

(4) 要判断 B_1 是不是最优基,就是要求出所有检验数是否满足 $\lambda_j \leqslant 0(j=1, 2, \cdots, 5)$。$x_1$,$x_2$ 是基变量,故 $\lambda_1 = 0$,$\lambda_2 = 0$,而 $\lambda_3 = -\dfrac{98}{9} < 0$,剩下来求 λ_4,λ_5,由 λ_N 计算公式得

$$(\lambda_4, \lambda_5) = (c_4, c_5) - C_B B^{-1}(P_4 P_5)$$

$$= (0,0) - \left(\dfrac{1}{9}, \dfrac{7}{3}\right)\begin{bmatrix} 1 & 0 \\ 0 & 1 \end{bmatrix}$$

$$= \left(-\dfrac{1}{9}, -\dfrac{7}{3}\right)$$

因 $\lambda_j \leqslant 0(j=1, 2, \cdots, 5)$,故 B_1 是最优基。

(5) 因 B_2 是 A 中第四列与第二列组成的矩阵,则 x_4,x_2 是基变量,x_1,x_3,x_5 是非基变量,这时有

$$C_B = (c_4, c_2) = (0,2)$$

$$B^{-1} = \begin{bmatrix} 1 & 3 \\ 0 & 1 \end{bmatrix}, C_B B^{-1} = (0,2)$$

$$(\lambda_1, \lambda_3) = (c_1, c_3) - C_B B^{-1}(P_1 P_3)$$

$$= (1,1) - (0,2)\begin{bmatrix} 2 & 2 \\ \dfrac{1}{3} & 5 \end{bmatrix} = \left(\dfrac{1}{3}, -9\right)$$

即 $\lambda_1 = \dfrac{1}{3}$,$\lambda_3 = -9$。

请读者对照例 1-16 的表 1-7 阅读本例,这对你加深理解上述几个矩阵公式将大有裨益。

【例 1-25】用公式 $\lambda_j = c_j - \sum_i c_i \bar{a}_{ij}$ 计算表 1-7 中第二张表的检验数。

解 因为第二张表的基变量为 x_4，x_2，最左边一列的 0 及 2 就是 c_4 及 c_2，而 $\overline{a}_{ij}=B^{-1}P_j$，故表中第 j 列的数据就等于 $\overline{a}_{ij}=B^{-1}P_j$，例如第一列

$$\begin{bmatrix}\overline{a}_{11}\\ \overline{a}_{21}\end{bmatrix}=B^{-1}P_1=\begin{bmatrix}1 & 3\\ 0 & 1\end{bmatrix}\begin{bmatrix}2\\ \frac{1}{3}\end{bmatrix}=\begin{bmatrix}3\\ \frac{1}{3}\end{bmatrix}$$

第三列的 $\begin{bmatrix}17\\5\end{bmatrix}$ 就是 $\begin{bmatrix}\overline{a}_{13}\\ \overline{a}_{23}\end{bmatrix}$，所以 λ_j 等于 c_j 减去 C_B 列与 j 列乘积之和，即

$$\lambda_1=c_1-(c_4\overline{a}_{11}+c_2\overline{a}_{21})=1-\left(0\times 3+2\times\frac{1}{3}\right)=\frac{1}{3}$$
$$\lambda_2=c_2-(c_4\overline{a}_{12}+c_2\overline{a}_{22})=2-(0\times 0+2\times 1)=0$$
$$\lambda_3=c_3-(c_4\overline{a}_{13}+c_2\overline{a}_{23})=1-(0\times 17+2\times 5)=-9$$
$$\lambda_4=c_4-(c_4\overline{a}_{14}+c_2\overline{a}_{24})=0-(0\times 1+2\times 0)=0$$
$$\lambda_5=c_5-(c_4\overline{a}_{15}+c_2\overline{a}_{25})=0-(0\times 3+2\times 1)=-2$$

与表 1-7 的计算结果相同。

1.5.4 退化与循环

基本可行解中存在基变量等于零时，称为**退化基本可行解**。

【例 1-26】 求解线性规划

$$\min Z=x_1+2x_2+x_3$$
$$\begin{cases}x_1-2x_2+4x_3=4\\ 4x_1-9x_2+14x_3=16\\ x_1,x_2,x_3\geqslant 0\end{cases}$$

解 用大 M 单纯形法，加入人工变量 x_4，x_5，构造数学模型

$$\min Z=x_1+2x_2+x_3+Mx_4+Mx_5$$
$$\begin{cases}x_1-2x_2+4x_3+x_4=4\\ 4x_1-9x_2+14x_3+x_5=16\\ x_j\geqslant 0, j=1,2,\cdots,5\end{cases}$$

计算过程如表 1-19 所示。

表 1-19

	C_j		1	2	1	M	M	b	θ
	C_B	X_B	x_1	x_2	x_3	x_4	x_5		
(1)	M	x_4	1	-2	[4]	1	0	4→	1
	M	x_5	4	-9	14	0	1	16	8/7
	λ_j		$1-5M$	$2+11M$	$1-18M$↑	0	0	$-20M$	
(2)	1	x_3	[1/4]	$-1/2$	1	1/4	0	1→	4
	M	x_5	1/2	-2	0	$-7/2$	1	2	4
	λ_j		$3/4-1/2M$↑	$5/2+2M$	0	$-1/4+9/2M$	0	$-1-2M$	
(3)	1	x_1	1	-2	4	1	0	4	
	M	x_5	0	$[-1]$	-2	-4	1	0→	
	λ_j		0	$4+M$↑	$-3+2M$	$-1+5M$	0	-4	

(续)

	C_j		1	2	1	M	M	b	θ
	C_B	X_B	x_1	x_2	x_3	x_4	x_5		
(4)	1	x_1	1	0	8	9	-2	4	
	2	x_2	0	1	[2]	4	-1	$0\to$	
	λ_j		0	0	$-11\uparrow$	$M-17$	$M-4$	-4	
(5)	1	x_1	1	-4	0	1	2	4	
	1	x_3	0	1/2	1	2	$-1/2$	0	
	λ_j		0	15/2	0	$M-17$	$M-3/2$	-4	

由表 1-19(3) 和 (5) 知，得到退化基本最优解 $\boldsymbol{X}=(4,0,0)^\mathrm{T}$，最优值 $Z=4$。

不难看出，表 1-19(3)~(5) 的右端常数没有发生变化，表 1-19(2) 的最小比值相同，导致出现退化。若在表 1-19(2) 中选 x_5 出基便得到表 1-19(5)，或在表 1-19(3) 中选 x_3 进基也得到表 1-19(5)。表 1-19(3) 和 (5) 的最优解从数值上看相同，但它们是两个基本可行解，对应于同一个极点。表 1-19(3) 的常数是零，可以选出基行任意非基变量的非零系数作主元素。尽管表 1-19 的计算走了许多弯路，却留给了读者应对退化解的一些启示。

单纯形法迭代对于大多数退化解时是有效的，很少出现不收敛的情形。1955 年 Beale 提出了一个用单纯形法计算失效的模型

$$\min Z = -\frac{3}{4}x_1 + 15x_2 - \frac{1}{2}x_3 + 6x_4$$

$$\begin{cases} \frac{1}{4}x_1 - 6x_2 - x_3 + 9x_4 \leqslant 0 \\ \frac{1}{2}x_1 - 9x_2 - \frac{1}{2}x_3 + 3x_4 \leqslant 0 \\ x_3 \leqslant 1 \\ x_j \geqslant 0, j=1,2,3,4 \end{cases}$$

加入松弛变量后用单纯形法计算并且按字典序方法（按变量下标顺序）选进基变量，迭代 6 次后又回到初始表，继续迭代出现了无穷的循环，永远得不到最优解。但该模型的最优解为 $\boldsymbol{X}=(1,0,1,0)^\mathrm{T}$，$Z=-5/4$。

许多学者提出了一些防止循环的解决措施，但实际中几乎不会出现循环现象，如有相同的比值时，还是任意选择出基变量，不必考虑出现循环的后果。

1.6 WinQSB 软件应用

读者学习本节内容之前请先阅读本书附录 A，安装 WinQSB 软件，熟悉软件的基本内容并掌握软件的基本操作。

下面结合例题介绍 WinQSB 软件求解 LP 的操作步骤及应用。

【例 1-27】 用 WinQSB 软件求解下列 LP

$$\max Z = 6x_1 + 5x_2 + x_3 + 7x_4$$

$$\begin{cases} x_1 + 2x_2 + 6x_3 + 9x_4 \leqslant 260 \\ 8x_1 - 5x_2 + 2x_3 - x_4 \geqslant 150 \\ 7x_1 + x_2 + x_3 = 30 \\ x_1 - x_2 \geqslant 0 \\ x_3 - x_4 \geqslant 0 \\ 10 \leqslant x_3 \leqslant 20 \\ x_1, x_2, x_3 \geqslant 0, x_4 \text{ 无约束} \end{cases}$$

解 说明：WinQSB 软件求解 LP 不必化为标准型，如果是可以线性化的模型则先线性化，如绝对值约束、$\max Z = \min(x_1, 2x_2)$、$Z = \min(3x_1 + x_2, 5x_1 + 4x_3 + x_4)$ 等情形必须先线性化。对于有界变量及无约束变量可以不转化，只要修改系统变量类型即可，对于不等式约束可以在输入数据时直接输入不等式，如 $\geqslant$ 符号，输入 >、=> 及 >= 任何一种都是等价的。本例中，变量数为 4，约束数为 5，第 6 个约束由系统自动生成。

（1）启动线性规划（LP）和整数规划（ILP）程序。点击开始→程序→WinQSB→Linear and Integer Programming，屏幕显示如图 1-12 所示的线性规划和整数规划工作界面。

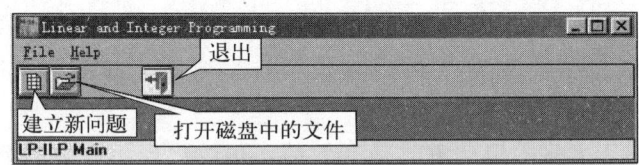

图 1-12　线性规划和整数规划的工作界面

注意：菜单栏、工具栏和格式栏随主窗口内容变化而变化。

（2）建立新问题或打开磁盘中已有的文件。按图 1-12 所示操作建立或打开一个 LP 问题，或点击 File→New Problem 建立新问题。点击 File→Load Problem 打开磁盘中的数据文件，LP 程序自带后缀为".LPP"的 3 个典型例题，供学习参考，在你求解一个线性规划之前可以先打开例题，了解一下求解 LP 的工作界面布局。点击 File→New Problem，出现图 1-13 所示的问题选项输入界面。

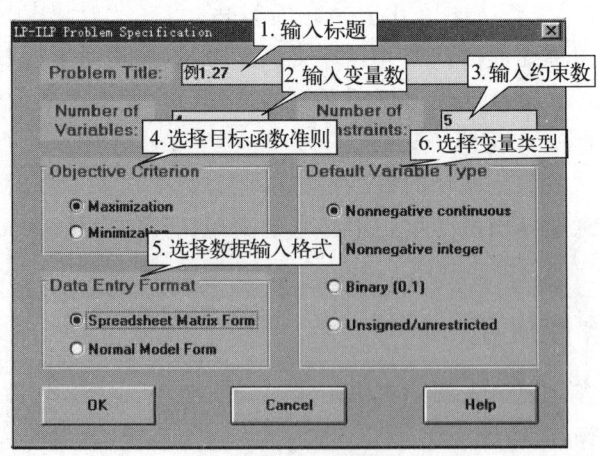

图 1-13　建立新问题

（3）输入数据。在选择数据输入格式时，选择 Spreadsheet Matrix Form 则以电子表格形式输入变量系数矩阵和右端常数矩阵，是固定格式，如图 1-14 所示。选择 Normal

Model Form 则以自由格式输入标准模型，如图 1-16 所示。

Variable -->	X1	X2	X3	X4	Direction	R. H. S.
Maximize	6	5	1	7		
C1	1	2	6	9	<=	260
C2	8	-5	2	-1	<=	150
C3	7	1	1		<=	30
C4	1	-1			<=	0
C5			1	-1	<=	0
LowerBound	0	0	0	0		
UpperBound	M	M	M	M		
VariableType	Continuous	Continuous	Continuous	Continuous		

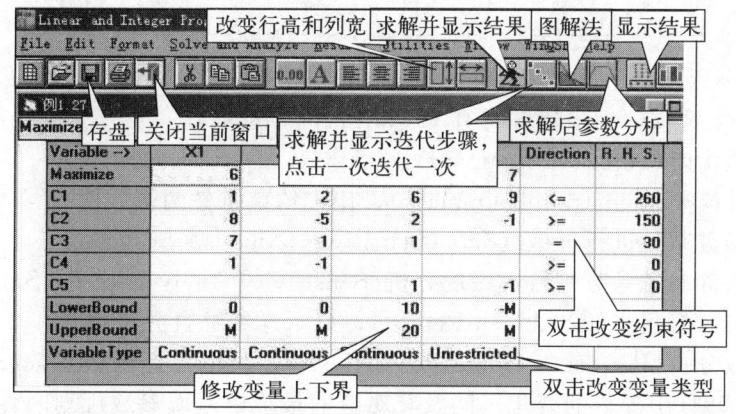

图 1-14　电子表格数据输入格式

图 1-15　修改变量类型、上下界和约束符号

(4) 修改变量类型。图 1-13 中给出了非负连续、非负整数、0—1 型和无符号限制或无约束 4 种变量类型选项，当选择了某一种类型后系统默认所有变量都属该种类型。在例 1-27 中，$10\leqslant x_3\leqslant 20$，直接将 x_3 列中的下界(Lower Bound)改为 10，上界(Upper Bound)改为 20。x_4 无约束可以通过双击类型改变，M 是一个任意大的正数，如图 1-14 及图 1-15 所示。

图 1-16　标准模型输入格式

(5) 修改变量名和约束名。系统默认变量名为 X1，X2，…，Xn，约束名为 C1，C2，…，Cm。如果你对默认名不满意可以进行修改，点击菜单栏 Edit 后，下拉菜单有 4 个修改选项：修改标题名(Problem Name)、变量名(Variable Name)、约束名(Constraint Name)和目标函数准则(max 或 min)。WinQSB 支持中文，可以输入中文名称。

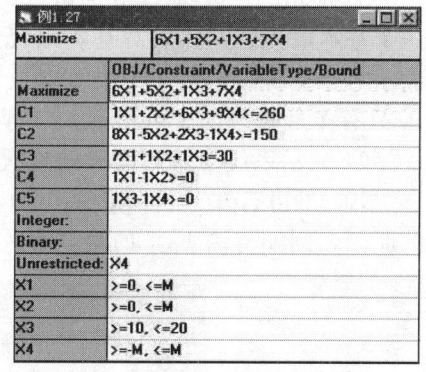

(6) 求解。点击菜单栏 Solve and Analyze，下拉菜单有 3 个选项：求解不显示迭代过程(Solve the Problem)、求解并显示单纯形法迭代步骤(Solve and Display Steps)及图解法(Graphic Method，限两个决策变量)。如选择 Solve the Problem，系统直接显示求解的综合报告如表 1-20 所示，表中的各项含义如表 1-22 所示。LP 有最优解或无最优解(无可行解或无界解)，系统会给出提示。

由表 1-20 得到例 1-27 的最优解为 $X=(1.428\,6,\ 0,\ 20,\ -98.571\,4)$，最优值 $Z=$

—661.428 5。由表 1-20 第 6 行提示 Alternate Solution exists 知原 LP 有多重解。

表 1-20　最优解综合报告表

	Decision Variable	Solution Value	Unit Cost or Profit c[j]	Total Contribution	Reduced Cost	Basis Status	Allowable Min. c[j]	Allowable Max. c[j]
1	X1	1.4286	6.0000	8.5714	0	basic	-266.0000	49.0000
2	X2	0	5.0000	0	-38.8571	at bound	-M	43.8571
3	X3	20.0000	1.0000	20.0000	0	basic	-5.1429	M
4	X4	-98.5714	7.0000	-690.0000	0	at bound	-M	7.0000
	Objective	Function	(Max.) =	-661.4285	(Note:	Alternate	Solution	Exists!!)
	Constraint	Left Hand Side	Direction	Right Hand Side	Slack or Surplus	Shadow Price	Allowable Min. RHS	Allowable Max. RHS
1	C1	-765.7142	<=	260.0000	1,025.7140	0	-765.7142	M
2	C2	150.0000	>=	150.0000	0	-7.0000	51.4286	M
3	C3	30.0000	=	30.0000	0	8.8571	20.0000	116.2500
4	C4	1.4286	>=	0	1.4286	0	-M	1.4286
5	C5	118.5714	>=	0	118.5714	0	-M	118.5714

(7) 结果显示及分析。点击菜单栏 results 或点击快捷方式图标，存在最优解时，下拉菜单有 1)~9)9 个选项，无最优解时有 10)和 11)两个选项。

1) 只显示最优解(Solution Summary)。

2) 约束条件摘要(Constraint Summary)，比较约束条件两端的值。

3) 对目标函数系数进行灵敏度分析(Sensitivity Analysis of OBJ)。

4) 对约束条件右端常数进行灵敏度分析(Sensitivity Analysis of RHS)。

5) 求解结果组合报告(Combined Report)，显示详细综合分析报告。

6) 进行参数分析(Perform Parametric Analysis)，某个目标函数系数或约束条件右端常数带有参数，计算出参数的变化区间及其对应的最优解，属参数规划内容。

7) 显示最后一张单纯形表(Final Simplex Tableau)。

8) 显示另一个基本最优解(Obtain Alternate Optimal)，存在多重解时，系统显示另一个基本最优解，然后对基本最优解凸组合可以得到最优解的通解。注意：例 1-27 虽然显示有多重解，但对 4 个决策变量来说是唯一解，这里的多重解是指 $x_4 = x_4' - x_4''$ 中的 x_4'，x_4'' 具有多重解。读者可用例 1-19 演示。

9) 显示系统运算时间和迭代次数(Show Run Time and Iteration)。

10) 不可行性分析(Infeasibility Analysis)，LP 无可行解时，系统指出存在无可行解的原因，例如将例 1-27 的第 5 个约束改为 $x_3 - x_4 \leq 0$，系统显示无可行解并且显示：

Infeasible	solution!!!	Make any of	the following	RHS changes	and solve the	problem again.
07-24-2003 16:49:46	Constraint	Direction	Right Hand Side	Shadow Price	Add More Than This To RHS	Add Up To This To RHS
1	C1	<=	260.0000	0	-107.1429	M
2	C2	>=	150.0000	-M	-117.1429	-117.1429
3	C3	=	30.0000	0.8571	102.5000	750.0000
4	C4	>=	0	0	-2.8571	M
5	C5	<=	0	-7.0000	-117.1429	-117.1429

说明第 5 个约束不可能小于等于零，右端常数至少等于 117.142 9 才可行。

11) 无界性分析(Unboundedness Analysis)，LP 存在无界解时，系统指出存在无界解的可能原因。例如将目标函数系数 $c_4 = 7$ 改为 $c_4 = -7$，系统显示无界解并且显示：

Unbounded	solution!!!	Make any of	the following	changes and	solve it again.
07-24-2003 17:09:12	Constraint	Decision Variable	Coefficient A[i,j]	Subtract More Than This From A[i,j]	Or Add More Than This To A[i,j]
	Change	the direction	of constraint	C2	

提示改变第 2 个约束方向，添加、减少或改变约束系数等。

12) 保存结果。求解后将结果显示在顶层窗口,点击 Files→Save As,系统以文本格式存储计算结果。还可以打印结果、打印窗口。

13) 将计算表格转换成 Excel 表格。先清空剪贴板,在计算结果界面中点击 Files→Copy to Clipboard,系统将计算结果复制到剪贴板,再粘贴到 Excel 表格中即可。

以上部分内容将在第 2 章和第 3 章讨论。

(8) 单纯形表。选择求解并显示单纯形法迭代步骤,系统显示初始单纯形表 1-21。可以看出,系统将 X4 无约束改写成 X4−Neg_X4,即两个非负变量之差。

系统将 $10 \leqslant x_3 \leqslant 20$ 改写成约束 C6:$0 \leqslant x_3 - 10 \leqslant 10$,令 $x_3' = x_3 - 10$,则有 $x_3' \leqslant 10$,将 $x_3 = x_3' + 10$ 代入约束条件并整理,表 1-21 中的 x_3 实际上是 x_3',如约束 C1

$$X1+2X2+6(X3+10)+9X4-9Neg\_X4+Slack\_C1=260$$

整理后得到表 1-21 第一行(Slack_C1)。

约束 C1, C4, C5, C6 加入 4 个松弛变量 Slack_C1, Slack_C4, Slack_C5 及 Slack_UB_X3,约束 C2 减去剩余变量 Surplus_C2,然后 C2 与 C3 加入 2 个人工变量 Artificial_C2 和 Artificial_C3,共 6 个约束 12 个变量。

表 1-21 最后两行为检验数,如 X1 的检验数 C(1)−Z(1)*BigM=6−15M。选 X1 进基,表 1-21 最后一列为比值(Ratio),变量 Artificial_C3 出基,主元素 A(3, 1)=7。

表 1-21 初始单纯形表

Basis	C(i)	X1	X2	X3	X4	Neg_X4	Slack_C1	Surplus_C2	Slack_C4	Slack_C5	Slack_UB_X3	Artificial_C2	Artificial_C3	R.H.S.	Ratio
Slack_C1	0	1.0000	2.0000	6.0000	9.0000	-9.0000	1.0000	0	0	0	0	0	0	200.0000	200.0000
Artificial_C2	-M	8.0000	-5.0000	2.0000	-1.0000	1.0000	0	-1.0000	0	0	0	1.0000	0	130.0000	16.2500
Artificial_C3	-M	7.0000	1.0000	1.0000	0	0	0	0	0	0	0	0	1.0000	20.0000	2.8571
Slack_C4	0	-1.0000	1.0000	0	0	0	0	0	1.0000	0	0	0	0	0	M
Slack_C5	0	0	0	-1.0000	1.0000	-1.0000	0	0	0	1.0000	0	0	0	10.0000	M
Slack_UB_X3	0	0	0	1.0000	0	0	0	0	0	0	1.0000	0	0	10.0000	M
C(i)-Z(i)		6.0000	5.0000	1.0000	7.0000	-7.0000	0	0	0	0	0	0	0	-M	
*Big M		15.0000	-4.0000	3.0000	-1.0000	1.0000	0	-1.0000	0	0	0	0	0		

下一步点击菜单栏 Simplex Iteration 选择 Next Iteration 继续迭代,还可以人工选择进基变量,或直接显示最终单纯形表。

(9) 模型形式转换。点击菜单栏 Format→Switch to Normal Model Form,将图 1-15 电子表格转换成图 1-16 的模型形式,再点击一次转换成图 1-15 的电子表格。

(10) 写出对偶模型。点击菜单栏 Format→Switch to Dual Form,系统自动给出线性规划的对偶模型,再点击一次给出原问题模型。

关于对偶模型、灵敏度分析及参数分析内容见第 2 章,0−1 规划、整数规划内容见第 3 章。

表 1-22 LP 常用术语词汇及其含义

常用术语	含 义
Alternative Solution exists	存在替代解，有多重解
Basic and Nonbasic Variable	基变量和非基变量
Basis	基
Basis Status	基变量状态，提示是否为基变量
Branch-and-Bound Method	分支定界法
Cj-Zj	检验数
Combined Report	组合报告
Constraint Summary	约束条件摘要
Constraint	约束条件
Constraint Direction	约束方向
Constraint Status	约束状态
Decision Variable	决策变量
Dual Problem	对偶问题
Entering Variable	入基（进基）变量
Feasible Area	可行域
Feasible Solution	可行解
Infeasible	不可行
Infeasibility Analysis	不可行性分析
Leaving Variable	出基变量
Left-hand Side	左端
Lower or Upper Bound	下界或上界
Minimum and Maximum Allowable Cj	最优解不变时，价值系数允许变化范围
Minimum and Maximum Allowable RHS	最优基不变时，资源限量允许变化范围
Objective Function	目标函数
Optimal Solution	最优解
Parametric Analysis	参数分析
Range and Slope of Parametric Analysis	参数分析的区间和斜率
Reduced Cost	约简成本（价值），检验数，即当非基变量增加一个单位时目标函数的改变量
Range of Feasibility	可行区间
Range of Optimality	最优区间
Relaxed Problem	松弛问题
Relaxed Optimum	松弛最优
Right-hand Side	右端常数
Sensitivity Analysis of OBJ Coefficients	目标函数系数的灵敏度分析
Sensitivity Analysis of Right-Hand-Sides	右端常数的灵敏度分析
Shadow Price	影子价格
Simplex Method	单纯形法
Slack，Surplus or Artificial Variable	松弛变量、剩余变量或人工变量
Solution Summary	最优解摘要
Subtract(Add) More Than This From A(i, j)	减少（增加）约束系数，调整工艺系数
Total Contribution	总体贡献，目标函数 $c_j x_j$ 的值
Unbounded Solution	无界解

习题

1.1 工厂每月生产 A、B、C 三种产品，单件产品的原材料消耗量、设备台时的消耗量、资源限量及单件产品利润如表 1-23 所示。

表 1-23

资源＼产品	A	B	C	资源限量
材料（kg）	1.5	1.2	4	2 500
设备（台时）	3	1.6	1.2	1 400
利润（元/件）	10	14	12	

根据市场需求，预测三种产品最低月需求量分别是 150、260 和 120，最高月需求是 250、310 和 130。试建立该问题的数学模型，使每月利润最大。

1.2 建筑公司需要用 5m 长的塑钢材料制作 A、B 两种型号的窗架。两种窗架所需材料规格及数量如表 1-24 所示。

表 1-24 窗架所需材料规格及数量

	型号 A		型号 B	
	长度（m）	数量（根）	长度（m）	数量（根）
每套窗架需要材料	A_1：2	2	B_1：2.5	2
	A_2：1.5	3	B_2：2.0	3
需要量（套）	300		400	

问怎样下料使得（1）用料最少；（2）余料最少？

1.3 某企业需要制定 1～6 月份产品 A 的生产与销售计划。已知产品 A 每月底交货，市场需求没有限制，由于仓库容量有限，仓库最多库存产品 A 1 000 件，1 月初仓库库存 200 件。1～6 月份产品 A 的单件成本与售价如表 1-25 所示。

表 1-25

月份	1	2	3	4	5	6
产品成本（元/件）	300	330	320	360	360	300
销售价格（元/件）	350	340	350	420	410	340

（1）1～6 月份产品 A 各生产与销售多少使总利润最大，建立数学模型；

（2）当 1 月初库存量为零并且要求 6 月底需要库存 200 件时，模型如何变化。

1.4 某投资人现有下列四种投资方案，三年内每年年初都有 3 万元（不计利息）可供投资：

方案一 在三年内投资人应在每年年初投资，一年结算一次，年收益率是 20%，下一年可继续将本息投入获利。

方案二 在三年内投资人应在第一年年初投资，两年结算一次，收益率是 50%，下一年可继续将本息投入获利，这种投资最多不超过 2 万元。

方案三 在三年内投资人应在第二年年初投资，两年结算一次，收益率是 60%，这种投资最多不超过 1.5 万元。

方案四 在三年内投资人应在第三年年初投资，一年结算一次，年收益率是 30%，这种投资最多不超过 1 万元。

投资人应采用怎样的投资决策使三年的总收益最大，建立数学模型。

1.5 炼油厂计划生产三种成品油，不同的成品油由半成品油混合而成，例如高级汽油可以由中石脑油、重整汽油和裂化汽油混合，辛烷值不低于 94，每桶利润 5 元，见表1-26。

半成品油的辛烷值、气压、及每天可供应数量见表1-27。

问炼油厂每天成品油各生产多少桶利润最大,建立数学模型。

表 1-26

成品油 半成品油	高级汽油	一般汽油	航空煤油	一般煤油
	中石脑油 重整汽油 裂化汽油	中石脑油 重整汽油 裂化汽油	轻油、裂化油、 重油、残油	轻油、裂化油、重油、残油 按10:4:3:1调和而成
辛烷值	≥94	≥84		
蒸汽压:公斤/平方厘米			≤1	
利润(元/桶)	5	4.2	3	1.5

表 1-27

半成品油	1 中石脑油	2 重整汽油	3 裂化汽油	4 轻油	5 裂化油	6 重油	7 残油
辛烷值	80	115	105				
蒸汽压:公斤/平方厘米				1.0	1.5	0.6	0.05
每天供应数量(桶)	2 000	1 000	1 500	1 200	1 000	1 000	800

1.6 图解下列线性规划并指出解的形式

(1) $\max Z = 5x_1 + 2x_2$
$$\begin{cases} 2x_1 + x_2 \leqslant 8 \\ x_1 \leqslant 3 \\ x_2 \leqslant 5 \\ x_1, x_2 \geqslant 0 \end{cases}$$

(2) $\max Z = x_1 + 4x_2$
$$\begin{cases} x_1 + 4x_2 \leqslant 5 \\ x_1 + 3x_2 \geqslant 2 \\ x_1 + 2x_2 \leqslant 4 \\ x_1, x_2 \geqslant 0 \end{cases}$$

(3) $\min Z = -3x_1 + 2x_2$
$$\begin{cases} x_1 + 2x_2 \leqslant 11 \\ -x_1 + 4x_2 \leqslant 10 \\ 2x_1 - x_2 \leqslant 7 \\ x_1 - 3x_2 \leqslant 1 \\ x_1, x_2 \geqslant 0 \end{cases}$$

(4) $\min Z = 4x_1 + 6x_2$
$$\begin{cases} x_1 + 2x_2 \geqslant 8 \\ x_1 + x_2 \leqslant 8 \\ x_2 \leqslant 3 \\ x_1, x_2 \geqslant 0 \end{cases}$$

(5) $\max Z = x_1 + 2x_2$
$$\begin{cases} x_1 - x_2 \geqslant 2 \\ x_1 \geqslant 3 \\ x_2 \leqslant 6 \\ x_1, x_2 \geqslant 0 \end{cases}$$

(6) $\min Z = 2x_1 - 5x_2$
$$\begin{cases} x_1 + 2x_2 \geqslant 6 \\ x_1 + x_2 \leqslant 2 \\ x_1, x_2 \geqslant 0 \end{cases}$$

1.7 将下列线性规划化为标准形式

(1) $\min Z = x_1 + 6x_2 - x_3$
$$\begin{cases} x_1 + x_2 + 3x_3 \geqslant 15 \\ 5x_1 - 7x_2 + 4x_3 \leqslant 32 \\ 10x_1 + 3x_2 + 6x_3 \geqslant -5 \\ x_1, x_2 \geqslant 0, x_3 \text{ 无限制} \end{cases}$$

(2) $\min Z = 9x_1 - 3x_2 + 5x_3$
$$\begin{cases} |6x_1 + 7x_2 - 4x_3| \leqslant 20 \\ x_1 \geqslant 5 \\ x_1 + 8x_2 = -8 \\ x_1, x_2, x_3 \geqslant 0 \end{cases}$$

(3) $\begin{cases} 1 \leqslant x_1 \leqslant 5 \\ -x_1 + x_2 = -1 \\ x_1, x_2 \geqslant 0 \end{cases}$

$\max Z = 2x_1 + 3x_2$

(4) $\begin{cases} x_1 + 2x_2 + x_3 \leqslant 30 \\ 4x_1 - x_2 + 2x_3 \geqslant 15 \\ 9x_1 + x_2 + 6x_3 \geqslant -5 \\ x_1 \text{ 无约束}, x_2, x_3 \geqslant 0 \end{cases}$

$\max Z = \min(3x_1 + 4x_2, x_1 + x_2 + x_3)$

1.8 设线性规划

$$\max Z = 5x_1 + 2x_2$$
$$\begin{cases} 2x_1 + 2x_2 + x_3 = 40 \\ 4x_1 - 2x_2 + x_4 = 60 \\ x_j \geqslant 0, j = 1, 2, 3, 4 \end{cases}$$

取基 $B_1 = \begin{bmatrix} 2 & 1 \\ 4 & 0 \end{bmatrix}, B_2 = \begin{bmatrix} 2 & 0 \\ -2 & 1 \end{bmatrix}$，分别指出 B_1 和 B_2 对应的基变量和非基变量，求出基本解，并说明 B_1, B_2 是不是可行基。

1.9 分别用图解法和单纯形法求解下列线性规划，指出单纯形法迭代的每一步的基本可行解对应于图形上的那一个极点。

(1) $\begin{cases} -2x_1 + x_2 \leqslant 2 \\ 2x_1 + 3x_2 \leqslant 12 \\ x_1, x_2 \geqslant 0 \end{cases}$

$\max Z = x_1 + 3x_2$

(2) $\begin{cases} x_1 + 2x_2 \leqslant 6 \\ x_1 + 4x_2 \leqslant 10 \\ x_1 + x_2 \leqslant 4 \\ x_1, x_2 \geqslant 0 \end{cases}$

$\min Z = -3x_1 - 5x_2$

1.10 用单纯形法求解下列线性规划

(1) $\begin{cases} 2x_1 + 3x_2 + x_3 \leqslant 4 \\ x_1 + 2x_2 + 2x_3 \leqslant 3 \\ x_j \geqslant 0, j = 1, 2, 3 \end{cases}$

$\max Z = 3x_1 + 4x_2 + x_3$

(2) $\begin{cases} x_1 + 5x_2 + 3x_3 - 7x_4 \leqslant 30 \\ 3x_1 - x_2 + x_3 + x_4 \leqslant 10 \\ 2x_1 - 6x_2 - x_3 + 4x_4 \leqslant 20 \\ x_j \geqslant 0, j = 1, \cdots, 4 \end{cases}$

$\max Z = 2x_1 + x_2 - 3x_3 + 5x_4$

(3) $\begin{cases} -x_1 + 2x_2 + 3x_3 \leqslant 4 \\ 4x_1 - 2x_3 \leqslant 12 \\ 3x_1 + 8x_2 + 4x_3 \leqslant 10 \\ x_1, x_2, x_3 \geqslant 0 \end{cases}$

$\max Z = 3x_1 + 2x_2 - \frac{1}{8}x_3$

(4) $\begin{cases} 5x_1 + 4x_2 + 6x_3 \leqslant 25 \\ 8x_1 + 6x_2 + 3x_3 \leqslant 24 \\ x_j \geqslant 0, j = 1, 2, 3 \end{cases}$

$\max Z = 3x_1 + 2x_2 + x_3$

1.11 分别用大 M 法和两阶段法求解下列线性规划

(1) $\begin{cases} 5x_1 + 3x_2 + x_3 = 10 \\ -5x_1 + x_2 - 10x_3 \leqslant 15 \\ x_j \geqslant 0, j = 1, 2, 3 \end{cases}$

$\max Z = 10x_1 - 5x_2 + x_3$

(2) $\begin{cases} x_1 + 5x_2 - 3x_3 \geqslant 15 \\ 5x_1 - 6x_2 + 10x_3 \leqslant 20 \\ x_1 + x_2 + x_3 = 5 \\ x_j \geqslant 0, j = 1, 2, 3 \end{cases}$

$\min Z = 5x_1 - 6x_2 - 7x_3$

(3) $\begin{cases} \max Z = 10x_1 + 15x_2 \\ 5x_1 + 3x_2 \leqslant 9 \\ -5x_1 + 6x_2 \leqslant 15 \\ 2x_1 + x_2 \geqslant 5 \\ x_1, x_2 \geqslant 0 \end{cases}$ (4) $\begin{cases} \max Z = 4x_1 + 2x_2 + 5x_3 \\ 6x_1 - x_2 + 4x_3 \leqslant 10 \\ 3x_1 - 3x_2 - 5x_3 \leqslant 8 \\ x_1 + 2x_2 + x_3 \geqslant 20 \\ x_j \geqslant 0, j = 1,2,3 \end{cases}$

1.12 在第1.8题中，对于基 $B = \begin{bmatrix} 2 & 1 \\ 4 & 0 \end{bmatrix}$，求所有变量的检验数 $\lambda_j (j=1,2,3,4)$，并判断 B 是不是最优基。

1.13 已知线性规划

$$\max Z = 5x_1 + 8x_2 + 7x_3 + 4x_4$$
$$\begin{cases} 2x_1 + 3x_2 + 3x_3 + 2x_4 \leqslant 20 \\ 3x_1 + 5x_2 + 4x_3 + 2x_4 \leqslant 30 \\ x_j \geqslant 0, j=1,2,3,4 \end{cases}$$

的最优基为 $B = \begin{bmatrix} 2 & 3 \\ 2 & 5 \end{bmatrix}$，试用矩阵公式求(1)最优解；(2)单纯形乘子；(3) $\overline{N}_1$ 及 $\overline{N}_3$；(4) λ_1 和 λ_3。

1.14 已知某线性规划的单纯形表1-28，求价值系数向量 C 及目标函数值 Z。

表 1-28

C_j		c_1	c_2	c_3	c_4	c_5	c_6	c_7	
C_B	X_B	x_1	x_2	x_3	x_4	x_5	x_6	x_7	b
3	x_4	0	1	2	1	-3	0	2	4
4	x_1	1	0	-1	0	2	0	-1	0
0	x_6	0	-1	4	0	-4	1	2	3/2
λ_j		0	-1	-1	0	1	0	-2	

1.15 已知线性规划

$$\max Z = c_1 x_1 + c_2 x_2 + c_3 x_3$$
$$\begin{cases} a_{11}x_1 + a_{12}x_2 + a_{13}x_3 \leqslant b_1 \\ a_{21}x_1 + a_{22}x_2 + a_{23}x_3 \leqslant b_2 \\ x_1, x_2, x_3 \geqslant 0 \end{cases}$$

的最优单纯形表如表1-29所示，求原线性规划矩阵 C，A 及 b，最优基 B 及 B^{-1}。

表 1-29

C_j		c_1	c_2	c_3	c_4	c_5	
C_B	X_B	x_1	x_2	x_3	x_4	x_5	b
c_1	x_1	1	0	4	1/6	1/15	6
c_2	x_2	0	1	-3	0	1/5	2
λ_j		0	0	-1	-2	-3	

1.16 思考与简答题

(1) 在例1-2中，如果设 $x_j (j=1,2,\cdots,7)$ 为工作了5天后星期一到星期日开始休息的营业员数，该模型如何变化。

(2) 在例 1-3 中，能否将约束条件改为等式；如果要求余料最少，数学模型如何变化；简述板材下料的思路。

(3) 在例 1-4 中，若允许含有少量杂质，但杂质含量不超过 1%，模型如何变化。

(4) 在例 1-6 中，假定同种设备的加工时间均匀分配到各台设备上，要求一种设备每台每天的加工时间不超过另一种设备任一台加工时间 1 小时，模型如何变化。

(5) 在单纯形法中，为什么说当 $\lambda_k > 0$ 并且 $a_{ik} \leqslant 0 (i=1, 2, \cdots, m)$ 时线性规划具有无界解。

(6) 选择出基变量为什么要遵循最小比值规则，如果不遵循最小比值规则会是什么结果。

(7) 简述大 M 法计算的基本思路，说明在什么情形下线性规划无可行解。

(8) 设 $X^{(1)}$、$X^{(2)}$、$X^{(3)}$ 是线性规划的三个最优解，试说明

$$X = \lambda_1 X^{(1)} + \lambda_2 X^{(2)} + \lambda_3 X^{(3)} \quad (\text{其中 } \lambda_1, \lambda_2, \lambda_3 \geqslant 0 \text{ 并且 } \lambda_1 + \lambda_2 + \lambda_3 = 1)$$

也是线性规划的最优解。

(9) 什么是基本解、可行解、基本可行解、基本最优解，这四个解之间有何关系。

(10) 简述线性规划问题检验数的定义及其经济含义。

第2章

线性规划的对偶理论

2.1 对偶线性规划模型

2.1.1 引例

在线性规划问题中,存在这样一个问题,即每一个线性规划问题都伴随有另一个线性规划问题,称它为对偶线性规划问题。

【例 2-1】某企业用四种资源生产三种产品,工艺系数、资源限量及价值系数如表 2-1 所示。

表 2-1

产品 资源	A	B	C	资源限量
I	9	8	6	500
II	5	4	7	450
III	8	3	2	300
IV	7	6	4	550
每件产品利润	100	80	70	

建立总利润最大的数学模型。

解 设 x_1,x_2,x_3 分别为产品 A,B,C 的产量,则线性规划数学模型为

$$\max Z = 100x_1 + 80x_2 + 70x_3$$

$$\begin{cases} 9x_1 + 8x_2 + 6x_3 \leqslant 500 \\ 5x_1 + 4x_2 + 7x_3 \leqslant 450 \\ 8x_1 + 3x_2 + 2x_3 \leqslant 300 \\ 7x_1 + 6x_2 + 4x_3 \leqslant 550 \\ x_1, x_2, x_3 \geqslant 0 \end{cases}$$

现在从另一个角度来考虑企业的决策问题。假如企业自己不生产产品，而将现有的资源转让或出租给其他企业，那么资源的转让价格是多少才合理？价格太高对方不接受，价格太低本单位利润又太少，从而合理的价格应是对方用最少的资金购买本企业的全部资源，而本企业所获得的利润不应低于自己用于生产时所获得的利润。这一决策问题可用下列线性规划数学模型来表示。

设 y_1，y_2，y_3，y_4 分别表示四种资源的单位增值价格（售价＝成本＋增值），总增值最低可用

$$\min w = 500y_1 + 450y_2 + 300y_3 + 550y_4$$

表示。企业生产一件产品 A 用了四种资源的数量分别是 9，5，8，7 个单位，利润是 100，企业出售这些数量的资源所得的利润不能少于 100，即

$$9y_1 + 5y_2 + 8y_3 + 7y_4 \geqslant 100$$

同理，对产品 B 和 C 有

$$8y_1 + 4y_2 + 3y_3 + 6y_4 \geqslant 80$$
$$6y_1 + 7y_2 + 2y_3 + 4y_4 \geqslant 70$$

增值价格不可能小于零，即有 $y_i \geqslant 0 (i=1,2,3,4)$，从而企业的资源价格模型为

$$\min w = 500y_1 + 450y_2 + 300y_3 + 550y_4$$
$$\begin{cases} 9y_1 + 5y_2 + 8y_3 + 7y_4 \geqslant 100 \\ 8y_1 + 4y_2 + 3y_3 + 6y_4 \geqslant 80 \\ 6y_1 + 7y_2 + 2y_3 + 4y_4 \geqslant 70 \\ y_i \geqslant 0, i=1,2,3,4 \end{cases}$$

这是一个线性规划数学模型，称这一线性规划问题是前面生产计划问题的**对偶线性规划问题**或**对偶问题**（Dual Problem，DP）。生产计划的线性规划问题称为原始线性规划问题或原问题。

从例 2-1 可以看出，原问题的参数矩阵 C、A 及 b 分别转置后就是对偶问题资源限量、工艺系数及价值系数。

上面两个线性规划有着重要的经济含义。原始线性规划问题考虑的是充分利用现有资源，以产品的数量和单位产品的利润来决定企业的总利润，没有考虑到资源的价格。但实际在构成产品的利润中，不同的资源对利润的贡献也不同，它是企业生产过程中一种隐含的潜在价值，经济学中称为**影子价格**，即对偶问题中的决策变量 y_i 的值。

2.1.2　线性规划的规范形式

规范形式（Canonical Form）又称对称形式，其定义是：目标函数求极大值时，所有约束条件为 $\leqslant$ 号，变量非负；目标函数求极小值时，所有约束条件为 $\geqslant$ 号，变量非负，即下列两种形式

$$\max Z = CX$$
$$\begin{cases} AX \leqslant b \\ X \geqslant 0 \end{cases} \tag{2-1}$$

$$\min Z = CX$$
$$\begin{cases} AX \geqslant b \\ X \geqslant 0 \end{cases} \tag{2-2}$$

规范形式由目标函数决定,区别仅仅是约束的符号相反,是线性规划模型的一种形式,与线性规划标准型是两种不同的形式,但都可以人为转换成我们所需要的形式。

下面以式(2-1)为例,推导几个计算公式。加入松弛变量 X_S,假设可行基 B 是矩阵 A 中前 m 列,将变量和参数矩阵按基变量和非基变量对应分块,m 阶单位矩阵用 E 表示,则有

$$\max Z = C_B X_B + C_N X_N + 0 X_S$$

$$\begin{cases} B X_B + N X_N + E X_S = b \\ X_B, X_N, X_S \geqslant 0 \end{cases}$$

用表 2-2 形式表达上述模型,求出基本可行解、检验数、单纯形乘子及目标函数值,如表 2-3 所示。

表 2-2

	X_B	X_N	X_S	b
X_B	B	N	E	b
C	C_B	C_N	0	0

表 2-3

	X_B	X_N	X_S	b
X_B	E	$B^{-1}N$	B^{-1}	$B^{-1}b$
λ_N	0	$C_N - C_B B^{-1} N$	$-C_B B^{-1}$	$-C_B B^{-1} b$

用 B^{-1} 左乘表 2-2 第二行系数矩阵得到表 2-3 第二行,用($-C_B$)左乘表 2-3 第二行加上表 2-2 第三行得到表 2-3 第三行。

对照第 1 章表 1-18,表 2-3 多了松弛变量一列,从这一列的两个矩阵 $\boldsymbol{B}^{-1}$ 和 $-\boldsymbol{C_B B^{-1} b}$ 得到两点重要的启示:

(1) 极大值规范形式的数学模型,初始表有一个单位阵,对于任意可行基 B,通过求基本可行解后初始表中单位阵对应的位置就等于逆矩阵 $\boldsymbol{B}^{-1}$。

(2) 下面将要介绍,松弛变量 X_S 的检验数($-C_B B^{-1}$)乘以(-1)后就是对偶问题决策变量 Y 的一个基本解,原问题决策变量 X 对应的检验数乘以(-1)后就是对偶问题松弛变量 Y_S 的一个基本解,如果 B 是最优基,则 $Y = C_B B^{-1}$ 就是对偶问题的最优解。

2.1.3 对偶模型

设线性规划模型是式(2-1)的规范形式。由表 2-3 知,当检验数

$$C - C_B B^{-1} A \leqslant 0$$
$$-C_B B^{-1} \leqslant 0$$

时得到最优解,$C - C_B B^{-1} A$ 是 $X = (X_B, X_N)$ 的检验数 $C_B - C_B B^{-1} B$ 和 $C_N - C_B B^{-1} N$ 的合并。令 $Y = C_B B^{-1}$,由 $C - C_B B^{-1} A \leqslant 0$ 与 $-C_B B^{-1} \leqslant 0$ 得

$$\begin{cases} YA \geqslant C \\ Y \geqslant 0 \end{cases}$$

在 $Y = C_B B^{-1}$ 两边右乘 b,则有 $Yb = C_B B^{-1} b = Z$,又因 $Y \geqslant 0$ 无上界,从而 Yb 只存在最小值,得到另一个线性规划问题

$$\min w = Yb$$
$$\begin{cases} YA \geqslant C \\ Y \geqslant 0 \end{cases} \quad (2\text{-}3)$$

即是原线性规划问题式(2-1)的对偶线性规划问题,反之,式(2-3)的对偶问题是式(2-1)。原问题和对偶问题是互为对偶的两个线性规划问题,规范形式的线性规划的对偶仍然是规

范形式。因此已知一个规范形式问题就可写出它的对偶问题。

【例 2-2】 写出下列线性规划的对偶问题
$$\min Z = 5x_1 - 2x_2 + 3x_3$$
$$\begin{cases} 4x_1 + x_2 - x_3 \geqslant 4 \\ x_1 - 7x_2 + 5x_3 \geqslant 1 \\ x_1, x_2, x_3 \geqslant 0 \end{cases}$$

解 这是一个规范形式的线性规划，设 $Y = (y_1, y_2)$，则有
$$\max w = Yb = (y_1, y_2)\begin{bmatrix} 4 \\ 1 \end{bmatrix} = 4y_1 + y_2$$
$$YA = (y_1, y_2)\begin{bmatrix} 4 & 1 & -1 \\ 1 & -7 & 5 \end{bmatrix}$$
$$= (4y_1 + y_2, y_1 - 7y_2, -y_1 + 5y_2) \leqslant (5, -2, 3)$$

从而对偶问题为
$$\max Z = 4y_1 + y_2$$
$$\begin{cases} 4y_1 + y_2 \leqslant 5 \\ y_1 - 7y_2 \leqslant -2 \\ -y_1 + 5y_2 \leqslant 3 \\ y_1, y_2 \geqslant 0 \end{cases}$$

对偶变量 y_i 也可写成 x_i 的形式。

若给出的线性规划不是规范形式，可以先化成规范形式再写对偶问题。非规范形式可能出现下列三种情形（设原问题是求最大值）：

(1) 第 i 个约束是"$\geqslant$"约束，即 $\sum_{j=1}^{n} a_{ij} x_j \geqslant b_i$，两边同乘以 (-1)，得 $-\sum_{j=1}^{n} a_{ij} x_j \leqslant -b_i$，对偶问题中第 i 个变量 $y_i \geqslant 0$，$\min w$ 中的系数及约束中的系数为 $(-b_i; -a_{i1}, -a_{i2}, \cdots, -a_{in})$，令 $y_i' = -y_i (y_i' \leqslant 0)$，$y_i'$ 的系数为 $(b_i; a_{i1}, a_{i2}, \cdots, a_{in})$，因此，当第 i 个约束是"$\geqslant$"约束时，可直接判断出第 i 个对偶变量是"$\leqslant 0$"，且系数仍是原问题对应的系数。

(2) 第 i 个约束中是"$=$"约束，即 $\sum_{j=1}^{n} a_{ij} x_j = b_i$，将此式写成两个"$\leqslant$"不等式
$$\sum_{j=1}^{n} a_{ij} x_j \leqslant b_i, \quad -\sum_{j=1}^{n} a_{ij} x_j \leqslant -b_i$$

设对应的对偶变量分别为 y_i' 与 $y_i''(y_i', y_i'' \geqslant 0)$，它们在 $\min w$ 中是 $b_i y_i' - b_i y_i'' = b_i(y_i' - y_i'')$，在约束中为
$$(a_{i1} y_i' - a_{i1} y_i'', a_{i2} y_i' - a_{i2} y_i'', \cdots, a_{in} y_i' - a_{in} y_i'') = [a_{i1}(y_i' - y_i''), a_{i2}(y_i' - y_i''), \cdots, a_{in}(y_i' - y_i'')]$$
令 $y_i = y_i' - y_i''$，显然 y_i 无符号约束，并且 y_i 的系数是
$$(b_i; a_{i1}, a_{i2}, \cdots, a_{in})$$
因此，当第 i 个约束为"$=$"约束时，对应的第 i 个对偶变量 y_i 无符号约束。

(3) $x_j \leqslant 0$ 及 x_j 无约束的情形，当 $x_j \leqslant 0$ 时，令 $x_j = -x_j'$，$x_j' \geqslant 0$，第 j 个对偶约束为
$$-a_{1j} y_1 - a_{2j} y_2 - \cdots - a_{mj} y_m \geqslant -c_j$$
两边同乘以 (-1) 得

从而当 $x_j \leqslant 0$ 时，第 j 个对偶约束应为"$\leqslant$"号约束。当 x_j 无约束时，令 $x_j = x_j' - x_j''$ (x_j', $x_j'' \geqslant 0$)，这时 x_j' 与 x_j'' 对应的对偶约束为

$$a_{1j}y_1 + a_{2j}y_2 + \cdots + a_{mj}y_m \leqslant c_j$$

$$a_{1j}y_1 + a_{2j}y_2 + \cdots + a_{mj}y_m \geqslant c_j$$
$$-a_{1j}y_1 - a_{2j}y_2 - \cdots - a_{mj}y_m \geqslant -c_j$$

即
$$a_{1j}y_1 + a_{2j}y_2 + \cdots + a_{mj}y_m = c_j$$

因此当 x_j 无约束时，第 j 个对偶约束为"="号约束。

同理，对于原问题是求最小值时，可得出下列结论：

(1) 第 i 个约束是"$\leqslant$"约束时，第 i 个对偶变量 $y_i \leqslant 0$。

(2) 第 i 个约束是"="约束时，第 i 个对偶变量 y_i 无约束。

(3) 当 $x_j \leqslant 0$ 时，第 j 个对偶约束为"$\geqslant$"约束，当 x_j 无约束时，第 j 个对偶约束为"="约束。

将上述原问题与对偶问题的对应关系列于表 2-4 中，读者可直接按表 2-4 中的对应关系写出非规范形式的对偶问题。

表 2-4

原问题(或对偶问题)		对偶问题(或原问题)	
目标函数 max		目标函数 min	
目标函数系数(资源限量)		资源限量(目标函数系数)	
约束条件系数矩阵 $A(A^T)$		约束条件系数矩阵 $A^T(A)$	
变量	n 个变量 第 j 个变量 $\geqslant 0$ 第 j 个变量 $\leqslant 0$ 第 j 个变量无约束	约束	n 个约束 第 j 个约束为 $\geqslant$ 第 j 个约束为 $\leqslant$ 第 j 个约束为 =
约束	m 个约束 第 i 个约束为 $\leqslant$ 第 i 个约束为 $\geqslant$ 第 i 个约束为 =	变量	m 个变量 第 i 个变量 $\geqslant 0$ 第 i 个变量 $\leqslant 0$ 第 i 个变量无约束

【例 2-3】 写出下列线性规划的对偶问题

$$\min Z = x_1 + 5x_2 - 4x_3 + 9x_4$$

$$\begin{cases} 7x_1 - 2x_2 + 8x_3 - x_4 \leqslant 18 \\ 6x_2 - 5x_4 \geqslant 10 \\ 2x_1 + 8x_2 - x_3 = -14 \\ x_1 \text{ 无约束}, x_2 \leqslant 0, x_3, x_4 \geqslant 0 \end{cases}$$

解 目标函数求最小值，应将表 2-4 的右边看做原问题，左边是对偶问题，原问题有 3 个约束 4 个变量，则对偶问题有 3 个变量 4 个约束，对照表 2-4 的对应关系，对偶问题为

$$\max w = 18y_1 + 10y_2 - 14y_3$$

$$\begin{cases} 7y_1 + \quad\quad\quad 2y_3 = 1 \\ -2y_1 + 6y_2 + 8y_3 \geqslant 5 \\ 8y_1 - \quad\quad\quad y_3 \leqslant -4 \\ -y_1 - 5y_2 \quad\quad \leqslant 9 \\ y_1 \leqslant 0, y_2 \geqslant 0, y_3 \text{ 无约束} \end{cases}$$

注意：

（1）规范形式的线性规划的对偶仍然是规范形式；

（2）一个问题的约束数和变量数是另一问题的变量数和约束数；

（3）一个问题的价值系数和资源限量与另一问题的资源限量和价值系数相对应，约束系数矩阵有互为转置的关系；

（4）一个问题等式约束与另一个问题变量无约束相对应；

（5）一个问题约束（变量）的不等式符号与它的规范形式符号相反时，则另一个问题变量（约束）的不等式符号与它的规范形式符号相反。

在例 2-3 中，原问题求最小值，它的规范形式的约束符号应是"$\geqslant$"，第一个约束是"$\leqslant$"符号，因此第一个对偶变量的符号应是 $y_1 \leqslant 0$（规范形式应是"$\geqslant 0$"）。同理，$x_2 \leqslant 0$（规范形式应是"$\geqslant 0$"），对偶问题第二个约束应为"$\geqslant$"符号（规范形式应是"$\leqslant$"符号）。请读者仔细体会这种对应关系。

2.2 对偶问题的性质

2.2.1 对偶性质

因为非规范形式都可以转换为规范形式，为了讨论方便，设原问题与对偶问题都是规范形式，分别记为（LP）和（DP）：

$$(\text{LP}): \begin{cases} \max Z = CX \\ AX \leqslant b \\ X \geqslant 0 \end{cases} \qquad (\text{DP}): \begin{cases} \min w = Yb \\ YA \geqslant C \\ Y \geqslant 0 \end{cases}$$

这里 A 是 $m \times n$ 矩阵，X 是 $n \times 1$ 列向量，Y 是 $1 \times m$ 行向量。假设 X_s 与 Y_s 分别是（LP）与（DP）的松弛变量。

【性质 2.1】对称性 对偶问题的对偶是原问题。

证 设原问题是
$$\max Z = CX, AX \leqslant b, X \geqslant 0$$

由表 2-4 知，它的对偶问题是
$$\min w = Yb, YA \geqslant C, Y \geqslant 0$$

它与下列线性规划问题等价
$$\max(-w) = -Yb, -YA \leqslant -C, Y \geqslant 0$$

再写出它的对偶问题
$$\min w' = -CX, -AX \geqslant -b, X \geqslant 0$$

它与下列线性规划问题等价
$$\max Z = CX, AX \leqslant b, X \geqslant 0$$

即是原问题。

【性质 2.2】弱对偶性 设 X^*，Y^* 分别为（LP）与（DP）的可行解，则
$$CX^* \leqslant Y^* b$$

证 因为 X^*，Y^* 是可行解，故有 $AX^* \leqslant b$，$X^* \geqslant 0$ 及 $Y^* A \geqslant C$，$Y^* \geqslant 0$，将不等式 $AX^* \leqslant b$ 两边左乘 Y^*，得 $Y^* AX^* \leqslant Y^* b$，再将不等式 $Y^* A \geqslant C$ 两边右乘 X^*，得 $CX^* \leqslant Y^* AX^*$。

故
$$CX^* \leqslant Y^*AX \leqslant Y^*b$$

这一性质说明了两个线性规划互为对偶时，求最大值的线性规划的任意目标值都不会大于求最小值的线性规划的任意目标值，不能理解为原问题的目标值不超过对偶问题的目标值。

由这个性质可得到下面几个结论：

(1) (LP)的任一可行解的目标值是(DP)的最优值的下界，(DP)的任一可行解的目标值是(LP)的最优值的上界；

(2) 在互为对偶的两个问题中，若一个问题可行且具有无界解，则另一个问题无可行解；

(3) 若原问题可行且另一个问题不可行，则原问题具有无界解。

注意上述结论(2)及结论(3)的条件，一个问题无可行解时，另一个问题可能有可行解(此时具有无界解)也可能无可行解。例如

$$\min Z = x_1 + 2x_2$$
$$\begin{cases} -x_1 - \frac{1}{2}x_2 \geqslant 2 \\ x_1 + x_2 \geqslant 2 \\ x_1, x_2 \geqslant 0 \end{cases}$$

无可行解，而对偶问题

$$\max w = 2y_1 + 2y_2$$
$$\begin{cases} -y_1 + y_2 \leqslant 1 \\ -\frac{1}{2}y_1 + y_2 \leqslant 2 \\ y_1, y_2 \geqslant 0 \end{cases}$$

有可行解，由结论(3)知必有无界解。

【性质 2.3】最优性 设 X^* 与 Y^* 分别是(LP)与(DP)的可行解，则当 X^*，Y^* 是(LP)与(DP)的最优解当且仅当 $CX^* = Y^*b$。

证 若 X^*，Y^* 为最优解，B 为(LP)的最优基，则有 $Y^* = C_B B^{-1}$，并且
$$CX^* = C_B B^{-1} b = Y^* b$$

当 $CX^* = Y^*b$ 时，由性质 2.1，对任意可行解 $\overline{X}$ 及 $\overline{Y}$ 有
$$C\overline{X} \leqslant Y^* b = CX^* \leqslant \overline{Y}b$$

即 Y^*b 是(DP)中任一可行解的目标值的下界，CX^* 是(LP)中任一可行解的目标值的上界，从而 X^*，Y^* 是最优解。

【性质 2.4】对偶性 若(LP)有最优解，则(DP)也有最优解(反之亦然)，且(LP)与(DP)的最优值相等。

证 设(LP)有最优解 X^*，那么对于最优基 B 必有 $C - C_B B^{-1}A \leqslant 0$ 与 $-C_B B^{-1} \leqslant 0$，即有 $Y^*A \geqslant C$ 与 $Y^* \geqslant 0$，这里 $Y^* = C_B B^{-1}$，从而 Y^* 是可行解，对目标函数有
$$CX^* = C_B X_B = C_B B^{-1} b = Y^* b$$

由性质 2.3 知 Y^* 是最优解。

性质 2.4 还可推出另一结论：若(LP)与(DP)都有可行解，则两者都有最优解；若一

个问题无最优解，则另一问题也无最优解。

【性质 2.5】互补松弛性 设 X^*，Y^* 分别为(LP)与(DP)的可行解，X_S 和 Y_S 是它的松弛变量的可行解，则 X^* 和 Y^* 是最优解当且仅当 $Y_S X^* = 0$ 和 $Y^* X_S = 0$。

证 设 X^* 和 Y^* 是最优解，由性质 2.3，$CX^* = Y^* b$，由于 X_S 和 Y_S 是松弛变量，则有
$$AX^* + X_S = b$$
$$Y^* A - Y_S = C$$

将第一式左乘 Y^*，第二式右乘 X^* 得
$$Y^* A X^* + Y^* X_S = Y^* b$$
$$Y^* A X^* - Y_S X^* = C X^*$$

显然有 $Y^* X_S = -Y_S X^*$，又因为 Y^*，X_S，Y_S，$X^* \geqslant 0$，所以有
$$Y^* X_S = 0 \text{ 和 } Y_S X^* = 0$$

成立。

反之，当 $Y^* X_S = 0$ 和 $Y_S X^* = 0$ 时，有
$$Y^* A X^* = Y^* b$$
$$Y^* A X^* = C X^*$$

显然有 $Y^* b = C X^*$，由性质 2.3 知 Y^* 与 X^* 是(LP)与(DP)的最优解。

性质 2.5 告诉我们已知一个问题的最优解时求另一个问题的最优解的方法，即已知 Y^* 求 X^* 或已知 X^* 求 Y^*。$Y^* X_S = 0$ 和 $Y_S X^* = 0$ 两式称为互补松弛条件。

将互补松弛条件写成下式
$$\sum_{i=1}^{m} y_i^* x_{S_i} = 0$$
$$\sum_{j=1}^{n} y_{S_j} x_j^* = 0$$

由于变量都非负，要使求和式等于零，则必定每一分量为零，因而有下列关系：

(1) 当 $y_i^* > 0$ 时，$x_{S_i} = 0$，反之当 $x_{S_i} > 0$ 时 $y_i^* = 0$；
(2) 当 $y_{S_j} > 0$ 时，$x_j^* = 0$，反之当 $x_j^* > 0$ 时 $y_{S_j} = 0$。

利用上述关系，建立对偶问题(或原问题)的约束线性方程组，方程组的解即为最优解。

性质 2.5 的结论和证明都是假定(LP)与(DP)为规范形式，对于非规范形式，性质 2.5 的结论仍然有效。

【例 2-4】 已知线性规划
$$\max Z = 3x_1 + 4x_2 + x_3$$
$$\begin{cases} x_1 + 2x_2 + x_3 \leqslant 10 \\ 2x_1 + 2x_2 + x_3 \leqslant 16 \\ x_j \geqslant 0, j = 1, 2, 3 \end{cases}$$

的最优解为 $X = (6, 2, 0)^T$，求对偶问题的最优解。

解 对偶问题是
$$\min w = 10 y_1 + 16 y_2$$
$$\begin{cases} y_1 + 2y_2 \geqslant 3 \\ 2y_1 + 2y_2 \geqslant 4 \\ y_1 + y_2 \geqslant 1 \\ y_1, y_2 \geqslant 0 \end{cases}$$

因为 $x_1 \neq 0$，$x_2 \neq 0$，所以对偶问题的第一、二个约束的松弛变量等于零，即
$$\begin{cases} y_1 + 2y_2 = 3 \\ 2y_1 + 2y_2 = 4 \end{cases}$$
解此线性方程组得 $y_1 = 1$，$y_2 = 1$，从而对偶问题的最优解为 $Y = (1, 1)$，最优值 $w = 26$。

【例 2-5】已知线性规划
$$\min Z = 2x_1 - x_2 + 2x_3$$
$$\begin{cases} -x_1 + x_2 + x_3 = 4 \\ -x_1 + x_2 - x_3 \leqslant 6 \\ x_1 \leqslant 0, x_2 \geqslant 0, x_3 \text{ 无约束} \end{cases}$$
的对偶问题的最优解为 $Y = (0, -2)$，求原问题的最优解。

解 对偶问题是
$$\max w = 4y_1 + 6y_2$$
$$\begin{cases} -y_1 - y_2 \geqslant 2 \\ y_1 + y_2 \leqslant -1 \\ y_1 - y_2 = 2 \\ y_1 \text{ 无约束}, y_2 \leqslant 0 \end{cases}$$

因为 $y_2 \neq 0$，所以原问题第二个松弛变量 $x_{s_2} = 0$，由 $y_1 = 0$，$y_2 = -2$ 知，松弛变量 $y_{s_1} = 0$，$y_{s_2} = 1$，故 $x_2 = 0$，则原问题的约束条件为线性方程组
$$\begin{cases} -x_1 + x_3 = 4 \\ -x_1 - x_3 = 6 \end{cases}$$
解方程组得 $x_1 = -5$，$x_3 = -1$，所以原问题的最优解为 $X = (-5, 0, -1)^T$，最优值 $Z = -12$。

【例 2-6】证明下列线性规划无最优解
$$\min Z = x_1 - x_2 + x_3$$
$$\begin{cases} x_1 - x_3 \geqslant 4 \\ x_1 - x_2 + 2x_3 \geqslant 3 \\ x_j \geqslant 0, j = 1, 2, 3 \end{cases}$$

证 容易看出 $X = (4, 0, 0)^T$ 是一可行解，故问题可行。对偶问题
$$\max w = 4y_1 + 3y_2$$
$$\begin{cases} y_1 + y_2 \leqslant 1 \\ -y_2 \leqslant -1 \\ -y_1 + 2y_2 \leqslant 1 \\ y_1, y_2 \geqslant 0 \end{cases}$$

将三个约束的两端分别相加得 $y_2 \leqslant \dfrac{1}{2}$，而第二个约束有 $y_2 \geqslant 1$，矛盾，故对偶问题无可行解，因而原问题具有无界解，即无最优解。

【性质 2.6】(LP) 的检验数的相反数对应于 (DP) 的一组基本解，其中第 j 个决策变量 x_j 的检验数的相反数对应于 (DP) 中第 j 个松弛变量 y_{S_j} 的解，第 i 个松弛变量 x_{S_i} 的检验数的相反数对应于第 i 个对偶变量 y_i 的解。反之，(DP) 的检验数（注意：不乘负号）对应于

(LP)的一组基本解。

证明略(见表 2-3)。应用性质 2.6 的前提条件是线性规划为规范形式，性质 2.1 至性质 2.5 则对所有线性规划都有效。

【例 2-7】已知线性规划

$$\max Z = 6x_1 - 2x_2 + x_3$$

$$\begin{cases} 2x_1 - x_2 + 2x_3 \leqslant 2 \\ x_1 + 4x_3 \leqslant 4 \\ x_1, x_2, x_3 \geqslant 0 \end{cases}$$

(1) 用单纯形法求最优解；
(2) 求出每步迭代对应对偶问题的基本解；
(3) 从最优表中写出对偶问题的最优解；
(4) 用公式 $Y = C_B B^{-1}$ 求对偶问题的最优解。

解 (1) 加入松弛变量 x_4，x_5 后，单纯形迭代如表 2-5 所示。

表 2-5

	X_B	x_1	x_2	x_3	x_4	x_5	b
(1)	x_4	[2]	-1	2	1	0	2→
	x_5	1	0	4	0	1	4
	λ_j	6↑	-2	1	0	0	0
(2)	x_1	1	$-1/2$	1	1/2	0	1
	x_5	0	[1/2]	3	$-1/2$	1	3→
	λ_j	0	1↑	-5	-3	0	-6
(3)	x_1	1	0	4	0	1	4
	x_2	0	1	6	-1	2	6
	λ_j	0	0	-11	-2	-2	-12

最优解为 $\boldsymbol{X} = (4, 6, 0)^T$，最优值 $Z = 6 \times 4 - 2 \times 6 = 12$。

(2) 设对偶变量为 y_1，y_2，松弛变量为 y_3，y_4，y_5，$\boldsymbol{Y} = (y_1, y_2, y_3, y_4, y_5)$，由性质 2.6 及表 2-3 的关系得到对偶问题的基本解 $(y_1, y_2, y_3, y_4, y_5) = (-\lambda_4, -\lambda_5, -\lambda_1, -\lambda_2, -\lambda_3)$，得到

表 2-5(1)中 $\lambda = (6, -2, 1, 0, 0)$，则 $Y^{(1)} = (0, 0, -6, 2, -1)$
表 2-5(2)中 $\lambda = (0, 1, -5, -3, 0)$，则 $Y^{(2)} = (3, 0, 0, -1, 5)$
表 2-5(3)中 $\lambda = (0, 0, -11, -2, -2)$，则 $Y^{(3)} = (2, 2, 0, 0, 11)$

(3) 因为表 2-5(3)为最优解，故 $Y^{(3)} = (2, 2, 0, 0, 11)$ 为对偶问题最优解。

(4) 表 2-5(3)中的最优基，$\boldsymbol{B} = \begin{bmatrix} 2 & -1 \\ 1 & 0 \end{bmatrix}$，$B^{-1}$ 为表 2-5(3) 中 x_4，x_5 两列的系数，即 $\boldsymbol{B}^{-1} = \begin{bmatrix} 0 & 1 \\ -1 & 2 \end{bmatrix}$，$C_B = (6, -2)$，因而对偶问题的最优解为

$$Y = (y_1, y_2) = C_B B^{-1} = (6, -2) \begin{bmatrix} 0 & 1 \\ -1 & 2 \end{bmatrix} = (2, 2)$$

现将原问题与对偶问题有关解的对应关系及性质的应用列在表 2-6 中，注意箭头的指向，如一个问题无界解另一个问题只能无可行解，一个问题无可行解则另一个问题有两种可能

(有两个箭头),可能无可行解也可能有可行解(无界解)。

表 2-6

	一个问题 max		另一个问题 min	
	有最优解	←→	有最优解	性质2.4
无最优解	无最优解	←→	无最优解	性质2.4
	无界解(有可行解)	←→	无可行解	性质2.2
	无可行解	←→	无界解(有可行解)	
应用	已知最优解	通过解方程	求最优解	性质2.5
	已知检验数	检验数乘以−1	求得基本解	性质2.6

2.2.2 影子价格

因为原问题和对偶问题的最优值相等,将线性规划的目标函数表达成资源的函数,故有

$$Z = C_B X_B = C_B B^{-1} b = Yb$$
$$= \sum_{i=1}^{m} b_i y_i$$
$$\frac{\partial Z}{\partial b_i} = y_i, i = 1, 2, \cdots, m$$

即 y_i 是第 i 种资源的变化率,说明当其他资源供应量 $b_k(k \neq i)$ 不变时,b_i 增加一个单位时目标值 Z 增加 y_i 个单位。

在例 2-7 中,第一种资源的影子价格为 $y_1 = 2$,第二种资源的影子价格为 $y_2 = 2$,即当第一种资源增加一个单位时,Z 增加 2 个单位,当第二种资源增加一个单位时,Z 增加 2 个单位。

正确理解影子价格,利用影子价格作下列经济活动分析。

(1) 调节生产规模。例如,目标函数 Z 表示利润(或产值),当第 i 种资源的影子价格大于零(或高于市场价格)时,表示增加第 i 种资源有利可图,企业应购进该资源扩大生产规模,当影子价格等于零(或低于市场价格),说明增加该资源不能增加收益,这时不应增加该资源或将剩余资源卖掉。

(2) 生产要素对产出贡献的分解。通过影子价格分析每种资源获得多少产出。例如,企业获得 100 万元的利润,生产过程中产品的直接消耗的资源有材料 A、材料 B、设备和工时,这些资源各产生多少利润,由影子价格可以大致估计出来。

(3) 由性质 2.5 知,第 i 个松弛变量大于零时第 i 个对偶变量等于零,并不能说明该资源在生产过程中没有做出贡献,只能理解为第 i 种资源有剩余时再增加该资源量不能给企业带来利润或产值的增加。

(4) 影子价格是企业生产过程中资源的一种隐含的潜在价值,表明单位资源的贡献,与市场价格是不同的两个概念。同一种资源在不同的企业、生产不同的产品或在不同时期影子价格都不一样。例如,某种钢板市场价格是每吨 8 000 元,一个企业用来生产汽车,另一个企业用来生产空调外壳,每吨钢板的产值是不一样的。

(5) 影子价格是一个变量。由 $y_i = \frac{\partial Z}{\partial b_i}$ 的含义知影子价格是一种边际产出,与 b_i 的基

数有关，在最优基 B 不变的条件下 y_i 不变，当某种资源增加或减少后，最优基 B 可能发生了变化，这时 y_i 的值也随之发生变化。

2.3 对偶单纯形法

根据对偶性质 2.6，可以构造求线性规划的另一种方法，即对偶单纯形法。由性质 2.6 及例 2-7，可以得到(LP)与(DP)在求解迭代过程中有下列三种情形：

(1) (LP)的常数项 $b_i \geqslant 0$ 且全部检验数 $\lambda_j = c_j - C_B B^{-1} P_j \leqslant 0$，则(DP)的检验数 $\lambda_i \geqslant 0$ 且 $y_i \geqslant 0$，这时(LP)与(DP)均达到最优解。

(2) (LP)的常数项 $b_i \geqslant 0$，某个检验数 $\lambda_j > 0$，则(DP)的某个变量 $y_j < 0$，说明原问题可行、对偶问题不可行。

(3) (LP)中某个常数项 $b_i < 0$，全部检验数 $\lambda_j \leqslant 0$，则(DP)的检验数 $\lambda_i < 0$ 全部 $y_j \geqslant 0$，说明原问题不可行、对偶问题可行。

若线性规划出现第(2)种情形，可用第 1 章的单纯形法计算。若线性规划出现第(3)种情形，可采取保持对偶问题可行，即 $\lambda_j \leqslant 0$，逐步迭代使原问题由不可行达到可行，这时就达到最优解。这种计算方法就是**对偶单纯形法**。

对偶单纯形法的条件是：初始表中对偶问题可行，即极大化问题时 $\lambda_j \leqslant 0$，极小化问题时 $\lambda_j \geqslant 0$。

由对偶单纯形法的条件可知，并非所有线性规划都能用这种方法。从运算次数和速度看，该方法最适合于下列线性规划

$$\min Z = \sum_{j=1}^{n} c_j x_j$$

$$\begin{cases} \sum_{j=1}^{n} a_{ij} x_j \geqslant (\text{或} \leqslant) b_i, i=1,2,\cdots,m \\ x_j \geqslant 0, j=1,2,\cdots,n \end{cases}$$

其中 $c_j \geqslant 0$，$j=1, 2, \cdots, n$。

对偶单纯形法的计算步骤：

(1) 将线性规划的约束化为等式，求出一组基本解，因为对偶问题可行，即全部检验数 $\lambda_j \leqslant 0 (\max)$ 或 $\lambda_j \geqslant 0 (\min)$，当基本解可行时，则达到最优解；若基本解不可行，即有某个基变量的解 $b_i < 0$，则进行换基计算。

(2) 先确定出基变量。$b_l = \min_{i} \{b_i | b_i < 0\}$，$l$ 行对应的变量 x_l 出基。

(3) 再选进基变量。求最小比值

$$\theta_k = \min_{j} \left\{ \left| \frac{\lambda_j}{a_{lj}} \right| \middle| a_{lj} < 0 \right\}$$

式中，λ_j 为非基变量的检验数，a_{lj} 为出基变量 x_l 对应的行系数，选最小比值 θ_k 的列对应的变量 x_k 进基；若第 l 行有 $a_{lj} \geqslant 0 (j=1, 2, \cdots, n)$，这时没有最小比值，说明线性规划无可行解(见例 2-9)。

(4) 求新的基本解，用初等变换将主元素 a_{lk} 化为 1，k 列其他元素化为零，得到新的基本解，转到第(1)步重复运算。

【例 2-8】 用对偶单纯形法求解

$$\min Z = 4x_1 + x_2 + 3x_3$$
$$\begin{cases} x_1 + x_2 + x_3 \geqslant 5 \\ x_1 - x_2 - 4x_3 \geqslant 3 \\ x_1, x_2, x_3 \geqslant 0 \end{cases}$$

解 先将约束不等式化为等式，再两边同乘以(-1)，得到
$$\min Z = 4x_1 + x_2 + 3x_3$$
$$\begin{cases} -x_1 - x_2 - x_3 + x_4 = -5 \\ -x_1 + x_2 + 4x_3 + x_5 = -3 \\ x_j \geqslant 0, j = 1, 2, \cdots, 5 \end{cases}$$

用对偶单纯形法，迭代过程如表 2-7 所示。

在初始表中，$\lambda_j \geqslant 0 (j=1, 2, \cdots, 5)$，说明对偶问题可行，$x_4 = -5 < 0$，$x_5 = -3 < 0$，原问题不可行，迭代的目的是既保持对偶问题可行($\lambda_j \geqslant 0$)，又使得原问题可行。

确定出基变量：$b_l = \min\limits_i \{b_i | b_i < 0\} = \min\{-5, -3\} = -5$，$b_1$ 最小，第一行对应的基变量 x_4 出基。

表 2-7

	X_B	x_1	x_2	x_3	x_4	x_5	b
初始表	x_4	-1	[-1]	-1	1	0	-5→
	x_5	-1	1	4	0	1	-3
	λ_j	4	1↑	3	0	0	0
(1)	x_2	1	1	1	-1	0	5
	x_5	[-2]	0	3	1	1	-8→
	λ_j	3↑	0	2	1	0	-5
(2)	x_2	0	1	5/2	-1/2	1/2	1
	x_1	1	0	-3/2	-1/2	-1/2	4
	λ_j	0	0	13/2	5/2	3/2	-17

确定进基变量：
$$\theta_1 = \min\limits_j \left\{ \left| \frac{\lambda_j}{a_{1j}} \right| \Big| a_{1j} < 0 \right\} = \min\left\{ \left|\frac{4}{-1}\right|, \left|\frac{1}{-1}\right|, \left|\frac{3}{-1}\right| \right\} = 1$$

第二列的比值最小，则 x_2 进基，$a_{12} = -1$ 为主元素，将 a_{12} 化为 1，a_{22}，λ_2 化为零得到表 2-7(1)，λ_j 仍然保持非负，但 $x_5 = -8 < 0$，原问题不可行，继续迭代。显然只有 $x_5 < 0$，x_5 为出基变量，最小比值
$$\theta_2 = \min\left\{ \left|\frac{\lambda_1}{a_{21}}\right|, -, - \right\} = \left|\frac{3}{-2}\right| = \frac{3}{2}$$

这里只有一个 $a_{21} < 0$，a_{23} 和 a_{24} 都大于零，从而 x_1 进基，用单纯形法迭代，得到表 2-7(2)，$\lambda_j \geqslant 0$ 且 $b_i \geqslant 0$，因而得到最优解为 $\boldsymbol{X} = (4, 1, 0)^T$，最优值 $Z = 17$。

注意：

(1) 对偶单纯形法求解线性规划是一种求解方法，而不是去求对偶问题的最优解。

(2) 初始表中一定要满足对偶问题可行，也就是说检验数满足最优判别准则。

(3) 最小比值中 $\left|\dfrac{\lambda_j}{a_{ij}}\right|$ 的绝对值是使得比值非负，在极小化问题时 $\lambda_j \geqslant 0$，分母 $a_{ij} <$

0，这时必须取绝对值。在极大化问题中，$\lambda_j \leqslant 0$，分母 $a_{ij} < 0$，$\dfrac{\lambda_j}{a_{ij}}$ 总满足非负，这时绝对值符号不起作用，可以去掉。如在本例中将目标函数写成 $\max Z' = -4x_1 - x_2 - 3x_3$，这里 $\lambda_j \leqslant 0$ 在求 θ_k 时就可以不带绝对值符号。

（4）对偶单纯形法与普通单纯形法的换基顺序不一样，普通单纯形法是先确定进基变量后确定出基变量，对偶单纯形法是先确定出基变量后确定进基变量。

（5）普通单纯形法的最小比值是 $\min\limits_{i}\left\{\dfrac{b_i}{a_{ik}} \mid a_{ik} > 0\right\}$，其目的是保证下一个原问题的基本解可行，对偶单纯形法的最小比值是 $\min\limits_{j}\left\{\left|\dfrac{\lambda_j}{a_{lj}}\right| \mid a_{lj} < 0\right\}$，其目的是保证下一个对偶问题的基本解可行。

（6）对偶单纯形法在确定出基变量时，若不遵循 $b_l = \min\{b_i \mid b_i < 0\}$ 规则，任选一个小于零的 b_i 对应的基变量出基，不影响计算结果，只是迭代次数可能不一样。

【例 2-9】用对偶单纯形法求解

$$\max Z = -7x_1 - 3x_2$$

$$\begin{cases} 2x_1 - x_2 + x_3 = -2 \\ -x_1 + 2x_2 + x_4 = -2 \\ x_j \geqslant 0, j = 1,2,3,4 \end{cases}$$

解 取 x_3，x_4 为初始基变量，用对偶单纯形法迭代如表 2-8 所示。

表 2-8

	X_B	x_1	x_2	x_3	x_4	b
(1)	x_3	2	[−1]	1	0	−2→
	x_4	−1	2	0	1	−2
	λ_j	−7	−3↑	0	0	0
(2)	x_2	−2	1	−1	0	2
	x_4	3	0	2	1	−6
	λ_j	−13	0	−3	0	6

表 2-8(2) 中 $x_4 = -6 < 0$ 且第二行的系数全部大于等于零，说明原问题无可行解。

例 2-9 可用性质 2.6 及性质 2.2 来说明，表 2-8(2) 的第二行对应于对偶问题的第二列（相差一个负号），检验数行对应于对偶问题的常数项（相差一个负号），比值 $\dfrac{\lambda_j}{a_{lj}}$ 对应于对偶问题的比值 $\dfrac{b_i}{a_{ik}}$，比值 $\dfrac{\lambda_j}{a_{lj}}$ 失效也说明 $\dfrac{b_i}{a_{ik}}$ 失效，即对偶问题具有无界解，由性质 2.2 知原问题无可行解。

2.4 灵敏度分析与参数分析

当线性规划问题的数据比较准确，约束条件又比较完整时，得到的解对指导实际管理工作的可靠性就大。事实上，在生产过程中，工艺条件、资源数量、市场需求、市场价格等因素都在不断地变化，有些数据也是通过估计或预测得到的，带有不确定性，这时得到的解也就带有一定程度的不准确性。有些数据在一定范围内变化时，最优解可能改变也可能不变。例如，产品 A 市场价格为 6 元/件，一个月后降到 5 元/件，这时产品 A 的生产量就有可能变化或者由于利润太低而不生产产品 A。又如，原材料供应量变化或者改变工艺、增加新的产品等因素的变化，原决策方案就要随之改变。这些现象都是客观存在的。作为企业决策者必须随时掌握市场动态及数据资料的变化情况，及时调整决策方案，有效地利用线性规划这一工具，更好地指导实际工作，达到增加收益、降低成本的目的。

线性规划的**灵敏度分析**(Sensitivity Analysis)也称为**敏感性分析**，它是研究和分析参数(c_j，b_i，a_{ij})的波动对最优解的影响程度，主要研究下面两个方面：

(1) 参数在什么范围内变化时，原最优解或最优基不变；

(2) 模型发生变化(增减约束、变量，参数变化)时，最优解或最优基有何变化。

线性规划的**参数分析**(Parametric Analysis)是研究和分析目标函数或约束中含有参数 μ 在不同的波动范围内最优解和最优值的变化情况。这种含有参数的线性规划也称为参数线性规划。

当模型的参数发生变化后，可以不必对线性规划问题重新求解，直接在原线性规划取得的最优结果的基础上进行分析或求解，既可减少计算量，又可根据参数的变化范围，及时对原决策做出调整和修正。

2.4.1 价值系数的灵敏度分析

为使最优解不变，求 c_j 的变化范围。

设线性规划

$$\max Z = \boldsymbol{CX}$$

$$\begin{cases} \boldsymbol{AX} = b \\ \boldsymbol{X} \geqslant 0 \end{cases}$$

其中 $\boldsymbol{A}_{m \times n}$，线性规划存在最优解，设最优基的逆矩阵为

$$\boldsymbol{B}^{-1} = (\beta_1, \beta_2, \cdots, \beta_m), \beta_i = (\beta_{1i}, \beta_{2i}, \cdots, \beta_{mi})^{\mathrm{T}}$$

检验数为

$$\lambda_j = c_j - C_B B^{-1} P_j, j = 1, 2, \cdots, n$$

要使最优解不变，即当 c_j 变化为 $c_j' = c_j + \Delta c_j$ 后，检验数仍然是小于等于零，即

$$\lambda_j' = c_j' - C_B B^{-1} P_j \leqslant 0$$

这时分 c_j 是非基变量和基变量的系数两种情况讨论。

(1) c_j 是非基变量 x_j 的系数

$$\lambda_j' = c_j' - C_B B^{-1} P_j = c_j + \Delta c_j - C_B B^{-1} P_j$$
$$= c_j - C_B B^{-1} P_j + \Delta c_j = \lambda_j + \Delta c_j \leqslant 0$$

即 $\Delta c_j \leqslant -\lambda_j$，当 $\infty < c_j' \leqslant -\lambda_j + c_j$ 时最优解不变，否则最优解就要改变。

(2) c_i 是基变量 x_i 的系数

因 $c_i \in C_B$，当 c_i 变化为 $c_i + \Delta c_i$ 后 λ_j 同时变化，令

$$\lambda_j' = c_j - C_B' B^{-1} P_j$$
$$= c_j - (C_B + \Delta C_B) B^{-1} P_j$$
$$= c_j - C_B B^{-1} P_j - \Delta C_B B^{-1} P_j$$
$$= \lambda_j - \Delta C_B B^{-1} P_j$$

$$= \lambda_j - (0, \cdots, 0, \Delta c_i, 0, \cdots, 0)(\bar{a}_{1j}, \bar{a}_{2j}, \cdots, \bar{a}_{mj})^T$$
$$= \lambda_j - \Delta c_i \bar{a}_{ij} \leqslant 0$$

当 $\bar{a}_{ij} < 0$ 时有 $\Delta c_i \leqslant \dfrac{\lambda_j}{\bar{a}_{ij}}$，当 $\bar{a}_{ij} > 0$ 时有 $\Delta c_i \geqslant \dfrac{\lambda_j}{\bar{a}_{ij}}$。

令

$$\delta_1 = \max_j \left\{ \frac{\lambda_j}{\bar{a}_{ij}} \mid \bar{a}_{ij} > 0 \right\}$$

$$\delta_2 = \min_j \left\{ \frac{\lambda_j}{\bar{a}_{ij}} \mid \bar{a}_{ij} < 0 \right\}$$

要使得所有 $\lambda_j' \leqslant 0$，有

$$\delta_1 \leqslant \Delta c_i \leqslant \delta_2$$

只要求出上限 δ_2 及下限 δ_1 就可以求出 Δc_i 的变化区间。因 $\lambda_j \leqslant 0$，故 $\delta_1 \leqslant 0$，$\delta_2 \geqslant 0$。具体计算 δ_1，δ_2 时可以按 $\bar{a}_{ij}$ 的符号分成两部分，分别求比值，然后在比值为负号中取最大者就是 δ_1，比值为正号取最小者就是 δ_2，当出现 $\bar{a}_{ij} = 0$ 时，Δc_i 可能无上界或无下界。

【例 2-10】已知线性规划

$$\max Z = x_1 + x_2 + 3x_3$$
$$\begin{cases} x_1 + x_2 + 2x_3 \leqslant 40 \\ x_1 + 2x_2 + x_3 \leqslant 20 \\ x_2 + x_3 \leqslant 15 \\ x_1, x_2, x_3 \geqslant 0 \end{cases}$$

(1) 求最优解；

(2) 分别求 c_1，c_2，c_3 的变化范围，使得最优解不变。

解 (1) 加入松弛变量 x_4，x_5，x_6，用单纯形法求解，最优表如表 2-9 所示。

表 2-9

C_j		1	1	3	0	0	0	b
C_B	X_B	x_1	x_2	x_3	x_4	x_5	x_6	
0	x_4	0	-2	0	1	-1	-1	5
1	x_1	1	1	0	0	1	-1	5
3	x_3	0	1	1	0	0	1	15
λ_j		0	-3	0	0	-1	-2	-50

最优解为 $X = (5, 0, 15)^T$，最优值 $Z = 50$。

(2) x_2 为非基变量，x_1，x_3 为基变量，则

$$\Delta c_2 \leqslant -\lambda_2 = 3$$

c_2 变化范围是 $c_2' \leqslant c_2 + (-\lambda_2) = 1 + 3 = 4$ 或 $c_2' \in (-\infty, 4]$。

对于 c_1：表 2-9 中 x_1 对应行的系数 $\bar{a}_{2j}$ 只有一个负数 $\bar{a}_{26} = -1$，有两个正数 $\bar{a}_{22} = 1$ 及 $\bar{a}_{25} = 1$，则有

$$\delta_1 = \max \left\{ \frac{\lambda_2}{\bar{a}_{22}}, \frac{\lambda_5}{\bar{a}_{25}} \right\} = \max \left\{ \frac{-3}{1}, \frac{-1}{1} \right\} = -1$$

$$\delta_2 = \min \left\{ \frac{\lambda_6}{\bar{a}_{26}} \right\} = \frac{-2}{-1} = 2$$

$$-1 \leqslant \Delta c_1 \leqslant 2$$

c_1 的变化范围是 $c_1 + \delta_1 \leqslant c_1' \leqslant c_1 + \delta_2, 0 \leqslant c_1' \leqslant 3$ 或 $c_1' \in [0,3]$。

对于 c_3：表 2-9 中 x_3 对应行 $\bar{a}_{32} = 1, \bar{a}_{36} = 1$，而 $\bar{a}_{35} = 0$，则有

$$\delta_1 = \max\left\{\frac{\lambda_2}{\bar{a}_{32}}, \frac{\lambda_6}{\bar{a}_{36}}\right\}$$

$$= \max\left\{\frac{-3}{1}, \frac{-2}{1}\right\} = -2$$

Δc_3 无上界，即有 $\Delta c_3 \geqslant -2$，c_3 的变化范围是 $c_3' \geqslant 1$ 或 $c_3' \in [1, +\infty)$。

对 c_3 的变化范围，也可直接从表 2-9 推出，将 $c_3 = 3$ 写成 $c_3' = c_3 + \Delta c_3$。分别计算非基变量的检验数并令其小于等于零

$$\lambda_2' = c_2 - C_B' B^{-1} P_2 = 1 - (0, 1, 3 + \Delta c_3)\begin{bmatrix}2\\1\\1\end{bmatrix} = -3 - \Delta c_3 \leqslant 0$$

$$\lambda_5' = c_5 - C_B' B^{-1} P_5 = -(0, 1, 3 + \Delta c_3)\begin{bmatrix}1\\1\\0\end{bmatrix} = -1$$

$$\lambda_6' = -(0, 1, 3 + \Delta c_3)\begin{bmatrix}1\\-1\\1\end{bmatrix} = -2 - \Delta c_3 \leqslant 0$$

$\lambda_5' = -1 \leqslant 0$，要使 λ_2'，λ_6' 同时小于等于零，解不等式组 $\begin{cases}-3 - \Delta c_3 \leqslant 0 \\ -2 - \Delta c_3 \leqslant 0\end{cases}$ 得 $\Delta c_3 \geqslant -2$，同理，用此方法可求出 c_2 和 c_1 的变化区间。

2.4.2 资源限量的灵敏度分析

为了使最优基 B 不变，求 b_r 的变化范围。设 b_r 的增量为 Δb_r，b 的增量为 $\Delta b = (0, 0, \cdots, 0, \Delta b_r, 0, \cdots, 0)^T$，原线性规划的最优解为 X，基变量为 $X_B = B^{-1}b$，要使最优基 B 不变，即要求 $X_B' = B^{-1}b' \geqslant 0$。

$$\begin{aligned}X_B' &= B^{-1}b' = B^{-1}(b + \Delta b)\\ &= B^{-1}b + B^{-1}\Delta b\\ &= X_B + B^{-1}\Delta b\end{aligned}$$

$$B^{-1}\Delta b = (\beta_1, \beta_2, \cdots, \beta_m)\Delta b = \Delta b_r \begin{bmatrix}\beta_{1r}\\\beta_{2r}\\\vdots\\\beta_{mr}\end{bmatrix}$$

$$X_B' = \begin{bmatrix}\bar{b}_1\\\bar{b}_2\\\vdots\\\bar{b}_m\end{bmatrix} + \Delta b_r \begin{bmatrix}\beta_{1r}\\\beta_{2r}\\\vdots\\\beta_{mr}\end{bmatrix} = \begin{bmatrix}\bar{b}_1 + \Delta b_r \beta_{1r}\\\bar{b}_2 + \Delta b_r \beta_{2r}\\\vdots\\\bar{b}_m + \Delta b_r \beta_{mr}\end{bmatrix} \geqslant 0$$

即要满足

$$\bar{b}_i + \Delta b_r \beta_{ir} \geqslant 0, i = 1, 2, \cdots, m$$

当 $\beta_{ir} < 0$ 时有 $\Delta b_r \leqslant \dfrac{-\bar{b}_i}{\beta_{ir}}$，当 $\beta_{ir} > 0$ 时有 $\Delta b_r \geqslant \dfrac{-\bar{b}_i}{\beta_{ir}}$。令

$$\delta_1 = \max_i \left\{ \dfrac{-\bar{b}_i}{\beta_{ir}} \,\bigg|\, \beta_{ir} > 0 \right\}$$

$$\delta_2 = \min_i \left\{ \dfrac{-\bar{b}_i}{\beta_{ir}} \,\bigg|\, \beta_{ir} < 0 \right\}$$

因而要使得所有 $x'_i \geqslant 0$，Δb_r 必须满足

$$\delta_1 \leqslant \Delta b_r \leqslant \delta_2$$

这个公式与求 Δc_i 的上、下限的公式类似，比值的分子都小于等于零，分母是 B^{-1} 中第 r 列的元素，Δb_r 大于等于比值小于零的最大值，小于等于比值大于零的最小值。当某个 $\beta_{ir} = 0$ 时，Δb_r 可能无上界或无下界。

【例 2-11】 求例 2-10 的 b_1，b_2，b_3 分别在什么范围内变化时，原最优基不变。

解 由表 2-9 知，最优基 B，B^{-1}，X_B 分别为

$$\boldsymbol{B} = (p_4, p_1, p_3) = \begin{bmatrix} 1 & 1 & 2 \\ 0 & 1 & 1 \\ 0 & 0 & 1 \end{bmatrix}, \boldsymbol{B}^{-1} = \begin{bmatrix} \beta_{11} & \beta_{12} & \beta_{13} \\ \beta_{21} & \beta_{22} & \beta_{23} \\ \beta_{31} & \beta_{32} & \beta_{33} \end{bmatrix} = \begin{bmatrix} 1 & -1 & -1 \\ 0 & 1 & -1 \\ 0 & 0 & 1 \end{bmatrix}$$

$$\boldsymbol{X}_B = \begin{bmatrix} \bar{b}_1 \\ \bar{b}_2 \\ \bar{b}_3 \end{bmatrix} = \begin{bmatrix} 5 \\ 5 \\ 15 \end{bmatrix}, -\boldsymbol{X}_B = \begin{bmatrix} -5 \\ -5 \\ -15 \end{bmatrix}$$

对于 b_1：比值的分母取 B^{-1} 的第一列，这里只有 $\beta_{11} = 1$，而 $\beta_{21} = \beta_{31} = 0$，则

$$\delta_1 = \max \left\{ \dfrac{-\bar{b}_1}{\beta_{11}} \right\} = \dfrac{-5}{1} = -5$$

Δb_1 无上界，即 $\Delta b_1 \geqslant -5$，因而 b_1 在 $[35, +\infty)$ 内变化时最优基不变。

对于 b_2：比值的分母取 B^{-1} 的第二列，$\beta_{12} < 0$，$\beta_{22} > 0$，则

$$\delta_1 = \max \left\{ \dfrac{-\bar{b}_2}{\beta_{22}} \right\} = \dfrac{-5}{1} = -5$$

$$\delta_2 = \min \left\{ \dfrac{-\bar{b}_1}{\beta_{12}} \right\} = \dfrac{-5}{-1} = 5$$

$$-5 \leqslant \Delta b_2 \leqslant 5$$

即 b_2 在 $[15, 25]$ 上变化时最优基不变。

对于 b_3：比值的分母取 B^{-1} 的第三列，有

$$\left\{ \dfrac{-\bar{b}_1}{\beta_{13}}, \dfrac{-\bar{b}_2}{\beta_{23}}, \dfrac{-\bar{b}_3}{\beta_{33}} \right\} = \left\{ \dfrac{-5}{-1}, \dfrac{-5}{-1}, \dfrac{-15}{1} \right\} = \{5, 5, -15\}$$

故有 $-15 \leqslant \Delta b_3 \leqslant 5$，$b_3$ 在 $[0, 20]$ 上变化时最优基不变。

若线性规划模型是一个生产计划模型，当求出 c_j 或 b_i 的最大允许变化范围时，就可随时根据市场的变化来掌握生产计划的调整。例如，在例 2-10 中的 c_j 表示单位产品的价格，b_i 表示资源的供应量，只要价格波动范围不超过上述所求的范围，生产方案不变。当超出了上述范围时，就要调整产品的品种。如 $c_2 = 1$ 变为 $c_2 = 5(\Delta c_2 = 4)$，这时

$$\lambda'_2 = c_2 - C_B B^{-1} P_2$$
$$= 5 - (0,1,3)\begin{bmatrix}2\\1\\1\end{bmatrix} = 1 > 0$$

表 2-10 不再是最优表，x_2 进基，继续用单纯形法求最优生产方案。b_i 在允许范围内变化只能说生产的产品品种不变，但生产量有可能改变。如 $b_2=20$ 变为 $b_2=24$，仍在 [15，25]范围内，但生产量应是

$$\boldsymbol{X_B} = \begin{bmatrix}x_4\\x_1\\x_3\end{bmatrix} = B^{-1}b' = \begin{bmatrix}1 & -1 & -1\\0 & 1 & -1\\0 & 0 & 1\end{bmatrix}\begin{bmatrix}40\\24\\15\end{bmatrix} = \begin{bmatrix}1\\9\\15\end{bmatrix}$$

说明第一种产品量应提高到 9 个单位，第一种资源只剩下 1 个单位（$x_4=1$）。

当 $b_2=20$ 变为 $b_2=30$ 时，在[15，25]范围之外，这时基变量

$$\boldsymbol{X_B} = \begin{bmatrix}1 & -1 & -1\\0 & 1 & -1\\0 & 0 & 1\end{bmatrix}\begin{bmatrix}40\\30\\15\end{bmatrix} = \begin{bmatrix}-5\\15\\15\end{bmatrix}$$

不可行，原生产方案不再是最优，用对偶单纯形法迭代重新求最优生产方案。

注意： 上述 c_j 及 b_i 的最大允许变化范围是假定其他参数不变的前提下，单个参数的变化范围，当几个参数同时在各自范围内变化时，最优解或最优基有可能改变。

2.4.3 综合分析

灵敏度分析方法还可以分析工艺系数 a_{ij} 的变化对最优解的影响，对增加约束、变量或减少约束、变量等情形的分析，下面以一个例子来说明这些分析方法。

【例 2-12】 考虑下列线性规划
$$\max Z = 2x_1 - x_2 + 4x_3$$
$$\begin{cases}-3x_1 + 2x_2 + 4x_3 \leqslant 5\\ x_1 + x_2 + x_3 \leqslant 3\\ x_1 - x_2 + x_3 \leqslant 4\\ x_1, x_2, x_3 \geqslant 0\end{cases}$$

求出最优解后，分别对下列各种变化进行灵敏度分析，求出变化后的最优解。

(1) 变右端常数为 $b = \begin{bmatrix}10\\4\\2\end{bmatrix}$。

(2) 改变目标函数中 x_3 的系数为 $c_3=1$。

(3) 改变目标函数中 x_2 的系数为 $c_2=2$。

(4) 改变 x_2 的系数为 $\begin{bmatrix}c'_2\\a'_{12}\\a'_{22}\\a'_{32}\end{bmatrix} = \begin{bmatrix}3\\3\\-1\\2\end{bmatrix}$。

(5) 改变第一个约束为 $-3x_1 - x_2 + 4x_3 \leqslant 3$。

(6) 增加新约束 $-5x_1 + x_2 + 6x_3 \leqslant 5$。

(7) 增加新约束 $5x_1+x_2-2x_3 \leqslant 10$。

解 加入松弛变量 x_4, x_5, x_6, 用单纯形法计算, 最优表如表 2-10 所示。

表 2-10

C_B	C_j		2	−1	4	0	0	0	b
		X_B	x_1	x_2	x_3	x_4	x_5	x_6	
4		x_3	0	5/7	1	1/7	3/7	0	2
2		x_1	1	2/7	0	−1/7	4/7	0	1
0		x_6	0	−2	0	0	−1	1	1
	λ_j		0	−31/7	0	−2/7	−20/7	0	−10

最优解为 $X = (1, 0, 2, 0, 0, 1)^T$, 最优值 $Z = 10$, 最优基及其逆矩阵

$$\boldsymbol{B} = \begin{bmatrix} 4 & -3 & 0 \\ 1 & 1 & 0 \\ 1 & 1 & 1 \end{bmatrix}, \boldsymbol{B}^{-1} = \begin{bmatrix} \frac{1}{7} & \frac{3}{7} & 0 \\ -\frac{1}{7} & \frac{4}{7} & 0 \\ 0 & -1 & 1 \end{bmatrix}$$

(1) 基变量的解为

$$\boldsymbol{X}_B = \boldsymbol{B}^{-1}\boldsymbol{b} = \begin{bmatrix} \frac{1}{7} & \frac{3}{7} & 0 \\ -\frac{1}{7} & \frac{4}{7} & 0 \\ 0 & -1 & 1 \end{bmatrix} \begin{bmatrix} 10 \\ 4 \\ 2 \end{bmatrix} = \begin{bmatrix} \frac{22}{7} \\ \frac{6}{7} \\ -2 \end{bmatrix}$$

基本解不可行, 将求得的 X_B 代替表 2-10 中的常数项, 用对偶单纯形法求解, 如表 2-11 所示。

表 2-11

C_B	C_j		2	−1	4	0	0	0	b
		X_B	x_1	x_2	x_3	x_4	x_5	x_6	
4		x_3	0	5/7	1	1/7	3/7	0	22/7
2		x_1	1	2/7	0	−1/7	4/7	0	6/7
0		x_6	0	[−2]	0	0	−1	1	−2
	λ_j		0	−31/7	0	−2/7	−20/7	0	−100/7
4		x_3	0	0	1	1/7	1/14	5/14	17/7
2		x_1	1	0	0	−1/7	3/7	1/7	4/7
−1		x_2	0	1	0	0	1/2	−1/2	1
	λ_j		0	0	0	−2/7	−9/14	−31/14	−69/7

最优解为 $\boldsymbol{X} = \left(\frac{4}{7}, 1, \frac{17}{7}, 0, 0, 0\right)^T$, 最优值 $Z = \frac{69}{7}$。

(2) 由表 2-10 容易得到基变量 x_3 的系数 c_3 的增量变化范围是 $\Delta c_3 \geqslant -2$, 即 $c_3 \in [2, +\infty)$, 而 $c_3 = 1$ 在允许的变化范围之外, 故表 2-10 的解不是最优解。非基变量的检验数

$$(\lambda_2, \lambda_4, \lambda_5) = (-1, 0, 0) - (1, 2, 0) \begin{bmatrix} \frac{5}{7} & \frac{1}{7} & \frac{3}{7} \\ \frac{2}{7} & -\frac{1}{7} & \frac{4}{7} \\ -2 & 0 & -1 \end{bmatrix} = \left(-\frac{16}{7}, \frac{1}{7}, -\frac{11}{7}\right)$$

x_4 进基，用单纯形法计算得到表 2-12。

表 2-12

C_j		2	-1	1	0	0	0	b
C_B	X_B	x_1	x_2	x_3	x_4	x_5	x_6	
1	x_3	0	5/7	1	[1/7]	3/7	0	2
2	x_1	1	2/7	0	$-1/7$	4/7	0	1
0	x_6	0	-2	0	0	-1	1	1
λ_j		0	$-16/7$	0	1/7	$-11/7$	0	-4
0	x_4	0	5	7	1	3	0	14
2	x_1	1	1	1	0	1	0	3
0	x_6	0	-2	0	0	-1	1	1
λ_j		0	-3	-1	0	-2	0	-6

最优解为 $\boldsymbol{X}=(3,0,0,14,0,1)^{\mathrm{T}}$，最优值 $Z=6$。

(3) c_2 是非基变量 x_2 的系数，由表 2-10 知，$\Delta c_2 \leqslant \dfrac{31}{7}$，$c_2$ 由 -1 变为 2 时 $\Delta c_2 = 3 < \dfrac{31}{7}$，或直接求出 x_2 的检验数

$$\lambda_2' = 2 - (4,2,0)\begin{bmatrix} \dfrac{5}{7} \\ \dfrac{2}{7} \\ -2 \end{bmatrix} = -\dfrac{10}{7} < 0$$

从而最优解不变，即 $\boldsymbol{X}=(1,0,2,0,0,1)^{\mathrm{T}}$。

(4) 这时目标函数的系数和约束条件的系数都变化了，求出 λ_2 判别最优解是否改变。

$$\begin{bmatrix} \overline{a}_{12} \\ \overline{a}_{22} \\ \overline{a}_{32} \end{bmatrix} = \boldsymbol{B}^{-1}\boldsymbol{P}_2' = \begin{bmatrix} \dfrac{1}{7} & \dfrac{3}{7} & 0 \\ -\dfrac{1}{7} & \dfrac{4}{7} & 0 \\ 0 & -1 & 1 \end{bmatrix} \begin{bmatrix} 3 \\ -1 \\ 2 \end{bmatrix} = \begin{bmatrix} 0 \\ -1 \\ 3 \end{bmatrix}$$

$$\lambda_2' = c_2' - C_B B^{-1} P_2' = 3 - (4,2,0)\begin{bmatrix} 0 \\ -1 \\ 3 \end{bmatrix} = 5 > 0$$

x_2 进基，计算结果如表 2-13 所示。

表 2-13

C_j		2	3	4	0	0	0	b
C_B	X_B	x_1	x_2	x_3	x_4	x_5	x_6	
4	x_3	0	0	1	1/7	3/7	0	2
2	x_1	1	-1	0	$-1/7$	4/7	0	1
0	x_6	0	[3]	0	0	-1	1	1
λ_j		0	5	0	$-2/7$	$-20/7$	0	-10
4	x_3	0	0	1	1/7	3/7	0	2
2	x_1	1	0	0	$-1/7$	5/21	1/3	4/3
3	x_2	0	1	0	0	$-1/3$	1/3	1/3
λ_j		0	0	0	$-2/7$	$-25/21$	$-5/3$	$-35/3$

最优解为 $X = \left(\dfrac{4}{3}, \dfrac{1}{3}, 2, 0, 0, 0\right)^T$，最优值 $Z = \dfrac{35}{3}$。

（5）第一个约束变为 $-3x_1 - x_2 + 4x_3 \leqslant 3$，实际上是改变了 a_{12} 及 b_1，这时要求 λ_2' 及 X_B' 判断解的情况。

$$\lambda_2' = c_2 - C_B B^{-1} P_2 = -1 - (4,2,0) \begin{bmatrix} \dfrac{1}{7} & \dfrac{3}{7} & 0 \\ -\dfrac{1}{7} & \dfrac{4}{7} & 0 \\ 0 & -1 & 1 \end{bmatrix} \begin{bmatrix} -1 \\ 1 \\ -1 \end{bmatrix} = -\dfrac{25}{7} < 0$$

$$X_B' = B^{-1} b' = \begin{bmatrix} \dfrac{1}{7} & \dfrac{3}{7} & 0 \\ -\dfrac{1}{7} & \dfrac{4}{7} & 0 \\ 0 & -1 & 1 \end{bmatrix} \begin{bmatrix} 3 \\ 3 \\ 4 \end{bmatrix} = \begin{bmatrix} \dfrac{12}{7} \\ \dfrac{9}{7} \\ 1 \end{bmatrix}$$

$\lambda_2' < 0$，X_B' 可行，最优基不变，最优解为 $X = \left(\dfrac{9}{7}, 0, \dfrac{12}{7}, 0, 0, 1\right)^T$，最优值 $Z = \dfrac{66}{7}$。

注意：当 $\lambda_j' > 0$ 且 $X_B' \geqslant 0$ 时用单纯形法继续迭代，当 $\lambda_j' \leqslant 0$ 且 X_B' 不可行时用对偶单纯形法继续迭代，当 $\lambda_j' > 0$ 且 X_B' 不可行时，需加入人工变量另找可行基。

（6）引入松弛变量 x_7 得

$$-5x_1 + x_2 + 6x_3 + x_7 = 5$$

x_1，x_3 是基变量，利用表 2-10 消去 x_1，x_3，得

$$-\dfrac{13}{7}x_2 - \dfrac{11}{7}x_4 + \dfrac{2}{7}x_5 + x_7 = -2$$

x_7 为新的基变量，基本解 $X = (1, 0, 2, 0, 0, 1, -2)^T$ 不可行，将上式加入表 2-10 中用对偶单纯形法迭代得到表 2-14。

表 2-14

	C_j	2	−1	4	0	0	0	0	
C_B	X_B	x_1	x_2	x_3	x_4	x_5	x_6	x_7	b
4	x_3	0	5/7	1	1/7	3/7	0	0	2
2	x_1	1	2/7	0	−1/7	4/7	0	0	1
0	x_6	0	−2	0	0	−1	1	0	1
0	x_7	0	−13/7	0	[−11/7]	2/7	0	1	−2
	λ_j	0	−31/7	0	−2/7	−20/7	0	0	−10
4	x_3	0	6/11	1	0	5/11	0	1/11	20/11
2	x_1	1	5/11	0	0	6/11	0	−1/11	13/11
0	x_6	0	−2	0	0	−1	1	0	1
0	x_4	0	13/11	0	1	−2/11	0	−7/11	14/11
	λ_j	0	−45/11	0	0	−32/11	0	−2/11	−106/11

最优解为 $X = \left(\dfrac{13}{11}, 0, \dfrac{20}{11}, \dfrac{14}{11}, 0, 1, 0\right)^T$，最优值 $Z = 9\dfrac{7}{11}$。

（7）将原最优解代入约束 $5x_1 + x_2 - 2x_3 \leqslant 10$ 的左边有 $5 \times 1 - 2 \times 2 = 1 < 10$，满足新约束，故最优解不变。

灵敏度分析的关键在于线性规划某些参数或条件发生变化时，需要判断最优表中哪些

数据发生了变化，如何求这些数据，如果不是最优解用什么方法继续计算等问题。前两个问题可以直接用 1.5 的矩阵公式判断和计算。将这些问题简要综合在表 2-15 中。

表 2-15

参数或条件变化	最优表可能发生变化	可行与最优	单纯形法
基变量系数 c_i	所有非基变量的检验数	可行	若非最优，用普通单纯形法
非基变量系数 c_j	只有 x_j 的检验数变化	可行	若非最优，用普通单纯形法
b_i	X_B	基对偶问题可行	若不可行，用对偶单纯形法
基变量系数 a_{ij}	基、基变量、检验数等		视检验数和基本解来确定
非基变量系数 a_{ij}	非基变量系数及 x_j 的检验数	可行	若非最优，用普通单纯形法
若综合变化，参数、增减变量与约束等	用 1.5 介绍的 5 个计算公式判断变化情况		若原问题与对偶问题都不可行，用人工变量法

2.4.4 参数分析

参数分析（Parametric Analysis）是研究线性规划的价值系数与资源限量中附加了一个参数 μ：$C=C'+C''\mu$，$b=b'+b''\mu$，分析参数在不同取值区间内最优解的变化分析，是研究最优解对于参数波动的一种灵敏度分析方法。

【例 2-13】已知线性规划

$$\max Z = 5x_1 + 5x_2 + 6x_3$$
$$\begin{cases} 3x_1 + 4x_2 + 6x_3 \leqslant 60 + 2\mu \\ 4x_1 + 2x_2 + 5x_3 \leqslant 50 + \mu \\ x_1, x_2, x_3 \geqslant 0 \end{cases}$$

(1) 求参数 $\mu=0$ 时的最优解；

(2) 讨论 μ 在区间 $(-\infty, +\infty)$ 内的变化。

解 (1) $\mu=0$ 时就是普通线性规划，加入松弛变量 x_4，x_5，最终单纯形表见表 2-16。最优解为 $X=(8, 9, 0)$，最优值 $Z=67$。

表 2-16

C_B	X_B	C_j x_1	5 x_2	3 x_3	6 x_4	0 x_5	0	b
3	x_2	0	1	9/10	4/10	−3/10		9
5	x_1	1	0	8/10	−2/10	4/10		8
	λ_j	0	0	−7/10	−2/10	−11/10		

(2) 将约束条件右端分解成下列 μ 的线性形式

$$b = b' + b''\mu = \begin{bmatrix} 60 \\ 50 \end{bmatrix} + \begin{bmatrix} 2 \\ 1 \end{bmatrix} \mu$$

由灵敏度分析公式，计算最优表的常数项

$$\bar{b} = B^{-1}(b' + b''\mu) = B^{-1}b' + B^{-1}b''\mu = \begin{bmatrix} 9 \\ 8 \end{bmatrix} + \begin{bmatrix} 4/10 & -3/10 \\ -2/10 & 4/10 \end{bmatrix} \begin{bmatrix} 2 \\ 1 \end{bmatrix} \mu = \begin{bmatrix} 9 \\ 8 \end{bmatrix} + \begin{bmatrix} 1/2 \\ 0 \end{bmatrix} \mu$$

则带参数的单纯形表如表 2-17 所示。

表 2-17

	C_j		5	3	6	0	0	b
	C_B	X_B	x_1	x_2	x_3	x_4	x_5	
(1)	3	x_2	0	1	9/10	4/10	−3/10	$9+1/2\mu$
	5	x_1	1	0	8/10	−2/10	4/10	8
	λ_j		0	0	−7/10	−2/10	−11/10	
(2)	0	x_4	0	−10/3	−3	−4/3	1	$-30-5/3\mu$
	5	x_1	1	4/3	2	1/3	0	$20+2/3\mu$
	λ_j		0	−11/3	−4	−5/3	0	

当 $\mu \geqslant -18$ 时表 2-17 仍然是最优表，最优解是参数的函数 $X=(8,9+0.5\mu,0)^T$，最优值 $Z=67+1.5\mu$。

当 $\mu=-18$ 时最优解为 $X=(8,0,0)^T$，最优值 $Z=40$。

当 $\mu<-18$ 时不可行，用对偶单纯形法，x_2 出基 x_5 进基得到表 2-17(2)，当 $-30\leqslant \mu\leqslant-18$ 时最优解为 $X=(20+2/3\mu,0,0)^T$，最优值 $Z=100+10/3\mu$。

当 $\mu<-30$ 时无可行解。目标函数与参数 μ 的关系如图 2-1 所示。

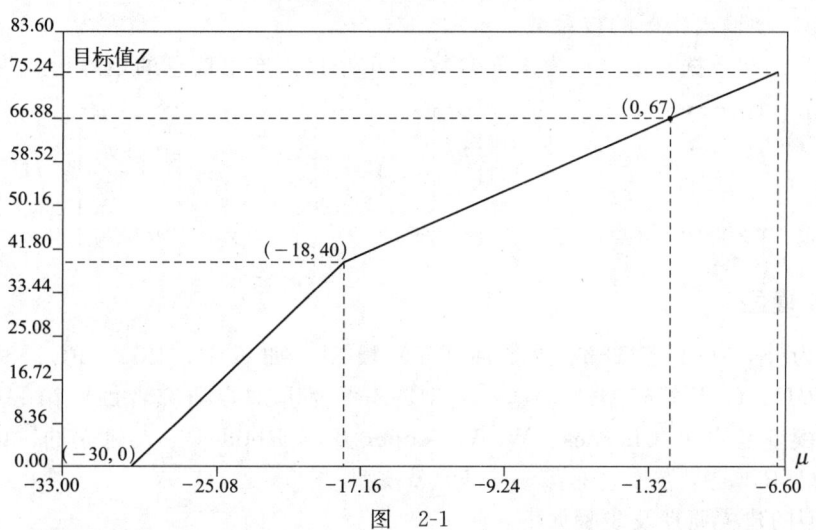

图 2-1

同理，当目标函数中含有参数时，先令参数等于零，再用公式求出检验数，分析参数在不同区间解的关系。

2.5 线性规划的扩展运用：DEA 模型

DEA 是**数据包络分析**（Data Envelopment Analysis）的简称，由美国著名运筹学家、得克萨斯大学教授查恩斯（A. Charnes）、库伯（W. W. Cooper）和罗兹（E. Rhodes）于 1978 年在权威的《欧洲运筹学杂志》上发表了一篇重要论文："Measuring the Efficiency of Decision Making Units"（决策单元的有效性度量），正式提出运筹学这一新的研究领域。

2.5.1 DEA 的基本概念

DEA 主要用来评价相同类型部门或单位（称为**决策单元**）之间的相对有效性，因而这种方法也称为 DEA 有效。DEA 作为一种有效性评价方法,一直为广大理论和应用工作者所瞩目,理论上得到了充实和完善,应用上已广泛深入到各个领域。

线性规划模型由多个投入指标及一个产出指标构成,有些问题则由多个投入与多个产出指标组成一个系统。例如,评价一个国家不同城市的经济实力,资源输入的指标可以是:固定资产投资额、劳动力数、城市占地面积、科技人员比例、工业基础等指标,资源输出的指标可以是:国民生产总值、国民收入、人均收入、居民消费、居民人均住房面积、上交国税等指标,这个问题属于多输出综合评价问题。DEA 正是提供了多输入-多输出指标的有效性综合评价方法。

这里资源的投入和资源的产出是广义的。输入指标和输出指标组成一个指标体系。有了投入和产出信息,就可以采用 DEA 模型进行有效性评价。

设系统中有 n 个具有可比性的决策单元(decision making units,DMU),决策单元就是要评价的对象,如公司、部门、地区或单位;m 项输入指标,s 项输出指标。记:

x_{ij}:为第 j 决策单元 i 项输入指标的投入量,$x_{ij}>0$,$i=1,2,\cdots,m$;$j=1,2,\cdots,n$

v_i:为第 i 项输入指标的权系数,$i=1,2,\cdots,m$

y_{rj}:为第 j 决策单元 r 项输出指标的产出量,$y_{rj}>0$,$r=1,2,\cdots,s$;$j=1,2,\cdots,n$

u_r:为第 r 项输出指标的权系数,$r=1,2,\cdots,s$

x_{ij}、y_{rj} 为已知数据,v_i、u_r 为未知参数。DEA 投入产出信息的矩阵形式为

$$\boldsymbol{X}=\begin{bmatrix} x_{11} & x_{12} & \cdots & x_{1n} \\ x_{21} & x_{22} & \cdots & x_{2n} \\ \vdots & \vdots & & \vdots \\ x_{m1} & x_{m2} & \cdots & x_{mn} \end{bmatrix},\ \boldsymbol{V}=\begin{bmatrix} v_1 \\ v_2 \\ \vdots \\ v_m \end{bmatrix},\ \boldsymbol{Y}=\begin{bmatrix} y_{11} & y_{12} & \cdots & y_{1n} \\ y_{21} & y_{22} & \cdots & y_{2n} \\ \vdots & \vdots & & \vdots \\ y_{s1} & y_{s2} & \cdots & y_{sn} \end{bmatrix},\ \boldsymbol{U}=\begin{bmatrix} u_1 \\ u_2 \\ \vdots \\ u_s \end{bmatrix}$$

2.5.2 C^2R 模型

到目前为止,人们已研究出多种 DEA 模型,如 C^2R、BC^2、FG、ST、C^2GS^2、C^2WS^2、C^2WH、C^2W 等模型[16],这些模型的符号都是取自研究者姓氏第一个字母的组合,如 C^2R 模型是由 A. Charnes、W. W. Cooper 及 E. Rhodes 三人建立的,因而 C^2R 也可以表达为 CCR,是最基本也是第一个 DEA 模型。

C^2R 模型的建模原理及步骤如下:

(1) 模型建立在各决策单元相互比较的基础上,它们具有相对有效性;

(2) 各决策单元的效率评价指数依赖于它的输出综合与输入综合之比,即

$$Z_k=\frac{\sum_{r=1}^{s}u_r y_{rk}}{\sum_{i=1}^{m}v_i x_{ik}} \quad k=1,2,\cdots,n \tag{2-4}$$

式中:分子是第 k 个决策单元输出的总和,分母是输入的总和,效率评价指数 Z_k 即是相对有效性评价值。如果输入与输出都只有一个指标,Z_k 就是生产理论中决策单元 k 的生产率,就不难理解式(2-4)的含义,在多个决策单元系统中是相对生产率指数。

(3) 对第 $k(1 \leqslant k \leqslant n)$ 个决策单元进行有效性评价。评价模型是:以第 k 个决策单元的有效评价值为目标函数并且求最大值(使有效评价值最优),以所有决策单元的有效评价值(包括第 k 个决策单元)小于等于 1 为约束。得到第 k 个决策单元的相对有效评价

模型

$$\max Z_{kp} = \frac{\sum_{r=1}^{s} u_r y_{rk}}{\sum_{i=1}^{m} v_i x_{ik}}$$

$$\begin{cases} \dfrac{\sum_{r=1}^{s} u_r y_{rj}}{\sum_{i=1}^{m} v_i x_{ij}} \leqslant 1, \quad j=1,2,\cdots,n \\ v_i, u_r \geqslant 0, \quad i=1,2,\cdots m; r=1,2,\cdots,s \end{cases} \tag{2-5}$$

用矩阵形式表达上述模型为

$$\max Z_{kP} = \frac{\boldsymbol{U}^{\mathrm{T}} \boldsymbol{Y}_k}{\boldsymbol{V}^{\mathrm{T}} \boldsymbol{X}_k}$$

$$\begin{cases} \dfrac{\boldsymbol{U}^{\mathrm{T}} \boldsymbol{Y}_j}{\boldsymbol{V}^{\mathrm{T}} \boldsymbol{X}_j} \leqslant 1 \\ \boldsymbol{V} \geqslant 0, \boldsymbol{U} \geqslant 0 \end{cases} \tag{2-6}$$

式中 $\boldsymbol{X}_j = (x_{1j}, x_{2j}, \cdots, x_{mj})^{\mathrm{T}}$, $\boldsymbol{Y}_j = (y_{1j}, y_{2j}, \cdots, y_{sj})^{\mathrm{T}}$, $j=1,2,\cdots,n$。

使用 C-C(Charnes-Cooper) 变换, 将分式规划 (2-6) 化为等价的线性规划。令

$$t = \frac{1}{\boldsymbol{V}^{\mathrm{T}} \boldsymbol{X}_k}$$

$$\boldsymbol{\omega} = t\boldsymbol{V} = (\omega_1, \omega_2, \cdots, \omega_m)^{\mathrm{T}}$$

$$\boldsymbol{\mu} = t\boldsymbol{U} = (\mu_1, \mu_2, \cdots, \mu_s)^{\mathrm{T}}$$

式(2-5)、式(2-6)转换为线性规划

$$\max Z_{kp} = \mu_1 y_{1k} + \mu_2 y_{2k} + \cdots + \mu_s y_{sk}$$

$$\begin{cases} \omega_1 x_{11} + \omega_2 x_{21} + \cdots + \omega_m x_{m1} - \mu_1 y_{11} - \mu_2 y_{21} - \cdots \mu_s y_{s1} \geqslant 0 \\ \omega_1 x_{12} + \omega_2 x_{22} + \cdots + \omega_m x_{m2} - \mu_1 y_{21} - \mu_2 y_{22} - \cdots \mu_s y_{s2} \geqslant 0 \\ \cdots \quad \cdots \quad \cdots \quad \cdots \quad \cdots \quad \cdots \quad \cdots \\ \omega_1 x_{1n} + \omega_2 x_{2n} + \cdots + \omega_m x_{mn} - \mu_1 y_{1n} - \mu_2 y_{2n} - \cdots \mu_s y_{sn} \geqslant 0 \\ \omega_1 x_{1k} + \omega_2 x_{2k} + \cdots + \omega_m x_{mk} = 1 \\ \omega_i \geqslant 0, \mu_j \geqslant 0, i=1,2,\cdots,m; j=1,2,\cdots s \end{cases} \tag{2-7}$$

$$\max Z_{kP} = \boldsymbol{\mu}^{\mathrm{T}} \boldsymbol{Y}_k$$

$$\begin{cases} \boldsymbol{\omega}^{\mathrm{T}} \boldsymbol{X}_j - \boldsymbol{\mu}^{\mathrm{T}} \boldsymbol{Y}_j \geqslant 0, j=1,2,\cdots n \\ \boldsymbol{\omega}^{\mathrm{T}} \boldsymbol{X}_k = 1 \\ \boldsymbol{\omega} \geqslant 0, \boldsymbol{\mu} \geqslant 0 \end{cases} \tag{2-8}$$

下面写出式(2-8)的对偶问题。设 $\boldsymbol{\lambda} = (\lambda_1, \lambda_2, \cdots, \lambda_n)^{\mathrm{T}}$ 为前 n 个约束对应的对偶变量, θ 是第 $n+1$ 个约束(最后一个约束)对应的对偶变量, 对偶问题共有 $m+s$ 个约束, 对应的松弛变量记为

$$\boldsymbol{S}^{-} = (s_1^{-}, s_2^{-}, \cdots, s_m^{-})^{\mathrm{T}}, \quad \boldsymbol{S}^{+} = (s_1^{+}, s_2^{+}, \cdots, s_S^{+})^{\mathrm{T}}$$

将式(2-8)前 n 个约束两边同乘以 (-1), 则对偶问题模型为:

$$\min Z_{kD} = \theta$$

$$\begin{cases} -X\lambda + \theta X_k \geqslant 0 & (m\text{ 个约束}) \\ Y\lambda \geqslant Y_k & (s\text{ 个约束}) \\ \lambda \geqslant 0, & \theta\text{ 无符号限制} \end{cases}$$

加入松弛变量有:

$$\min Z_{kD} = \theta$$
$$\begin{cases} X\lambda + S^- = \theta X_k \\ Y\lambda - S^+ = Y_k \\ \lambda \geqslant 0, S^- \geqslant 0, \quad S^+ \geqslant 0, \quad \theta\text{ 无符号限制} \end{cases} \quad (2\text{-}9)$$

式中: X_k、Y_k、λ 都是列向量。Z_{kP}、Z_{kD} 分别是原问题与对偶问题的目标函数。

【性质 2.7】 (1) 若 V^0、U^0 是式(2-6)的最优解,则

$$\omega^0 = t^0 V^0, \quad \mu^0 = t^0 U^0$$

是式(2-8)的最优解。其中

$$t^0 = \frac{1}{(V^0)^T X_K}$$

(2) 若 ω^0、μ^0 是式(2-8)的最优解,则 ω^0、μ^0 也是式(2-6)的最优解。

【性质 2.8】 式(2-8)和式(2-9)都有最优解,并且目标函数值

$$Z_{kP} = Z_{kD} \leqslant 1$$

【性质 2.9】 决策单元的最优效率评价指数 Z_{kP} 与输入、输出指标的量纲无关。

由性质 2.9 知,DEA 方法对指标可以不进行规范化处理(参看第 12 章 12.1.3),不影响评价结果,当然进行规范化转换也可以。

求解 n 个线性规划模型(2-8)或对偶模型(2-9),依据 Z_{kP} 的值对 n 个决策单元进行相对有效性评价。

2.5.3 相对有效性评价

C^2R 模型建立在相互比较的基础上,是相对有效性。由式(2-8)知,$\omega^T X_j - \mu^T Y_j \geqslant 0$ 说明 j 决策单元输入的组合不小于输出的组合,$\omega^T X_k = 1$ 说明被评价决策单元输入的组合等于 1。

定义 2.1 若线性规划(2-8)的最优目标函数值 $Z_{kP} = 1$,则称决策单元 k 为**弱 DEA 有效**(C^2R)。

定义 2.2 若线性规划(2-8)最优解中存在 $\omega^0 > 0$ 及 $\mu^0 > 0$,并且目标函数值 $Z_{kP} = 1$,则称决策单元 k 为 **DEA 有效**(C^2R)。

注意两个定义的区别:

(1) 如果两组变量 ω 及 μ 中同时存在不为零的最优解并且 $Z_{kP} = 1$,则为 DEA 有效。如下例 2-14 中第 1、2 及 3 决策单元是 DEA 有效。

(2) 定义 2.1 中没有变量大于零的要求,可以是 $\omega = 0$,但必须有 $Z_{kP} = 1$,由目标函数知,显然 $\mu \neq 0$。

(3) 如果 DEA 有效则一定弱 DEA 有效,反之不一定成立。

(4) 如果 $Z_{kP} < 1$,则称为非 DEA 有效,如下例中第 4 决策单元。

(5) 由对偶性质,有效性还可以叙述为:当最优值 $\theta = Z_{kD} = 1$ 并且 $S^- + S^+$ 不全为 0 时为弱 DEA 有效,当最优值 $\theta = Z_{kD} = 1$ 并且 $S^- + S^+$ 全为 0 时为 DEA 有效,$\theta < 1$ 时非 DEA 有效。

【例 2-14】 现有 4 个决策单元,3 个输入指标,2 个输出指标,观测值如下:

$$X = \begin{bmatrix} 2 & 5 & 3 & 6 \\ 3 & 1 & 4 & 7 \\ 4 & 3 & 1 & 2 \end{bmatrix}, \quad Y = \begin{bmatrix} 2 & 1 & 3 & 2 \\ 1 & 3 & 3 & 2 \end{bmatrix}$$

对各决策单元进行相对有效性评价。

解 先建立式(2-7)的线性规划模型,然后求解模型,最后进行评价。

本例中 $n=4$,$m=3$,$s=2$;$\boldsymbol{\omega}=(\omega_1,\omega_2,\omega_3)^T$,$\boldsymbol{\mu}=(\mu_1,\mu_2)^T$。

对第一决策单元有

$$X_1 = (2,3,4)^T, \quad Y_1 = (2,1)^T$$

由式(2-7)得到

$$\max Z_{1P} = 2\mu_1 + \mu_2$$

$$\begin{cases} 2\omega_1 + 3\omega_2 + 4\omega_3 - 2\mu_1 - \mu_2 \geqslant 0 \\ 5\omega_1 + \omega_2 + 3\omega_3 - \mu_1 - 3\mu_2 \geqslant 0 \\ 3\omega_1 + 4\omega_2 + \omega_3 - 3\mu_1 - 3\mu_2 \geqslant 0 \\ 6\omega_1 + 7\omega_2 + 2\omega_3 - 2\mu_1 - 2\mu_2 \geqslant 0 \\ 2\omega_1 + 3\omega_2 + 4\omega_3 = 1 \\ \omega_1,\omega_2,\omega_3,\mu_1,\mu_2 \geqslant 0 \end{cases}$$

最优解:$\boldsymbol{\omega}=(0.5,0,0)^T$,$\boldsymbol{\mu}=(0.5,0)^T$,$Z_{1P}=1$。对偶问题的最优解:$(\lambda_1,\lambda_2,\lambda_3,\lambda_4,\theta)=(1,0,0,0,1)$,$Z_{1D}=1$。

对第二决策单元有

$$\max Z_{2P} = \mu_1 + 3\mu_2$$

$$\begin{cases} 2\omega_1 + 3\omega_2 + 4\omega_3 - 2\mu_1 - \mu_2 \geqslant 0 \\ 5\omega_1 + \omega_2 + 3\omega_3 - \mu_1 - 3\mu_2 \geqslant 0 \\ 3\omega_1 + 4\omega_2 + \omega_3 - 3\mu_1 - 3\mu_2 \geqslant 0 \\ 6\omega_1 + 7\omega_2 + 2\omega_3 - 2\mu_1 - 2\mu_2 \geqslant 0 \\ 5\omega_1 + \omega_2 + 3\omega_3 = 1 \\ \omega_1,\omega_2,\omega_3,\mu_1,\mu_2 \geqslant 0 \end{cases}$$

最优解:$\boldsymbol{\omega}=(0.176,0.118,0)^T$,$\boldsymbol{\mu}=(0,0.333)^T$,$Z_{2P}=1$。对偶问题的最优解:$(\lambda_1,\lambda_2,\lambda_3,\lambda_4,\theta)=(0,1,0,0,1)$,$Z_{2D}=1$。

同理,第三决策单元的最优解

$\boldsymbol{\omega}=(0.019,0.235,0)^T$,$\boldsymbol{\mu}=(0.333,0)^T$,$Z_{3P}=1$ 对偶问题的最优解:$(\lambda_1,\lambda_2,\lambda_3,\lambda_4,\theta)=(0,0,1,0,1)$,$Z_{3D}=1$。

第四决策单元的最优解

$\boldsymbol{\omega}=(0,0.138,0.017)^T$,$\boldsymbol{\mu}=(0.189,0)^T$,$Z_{4P}=0.379$,对偶问题的最优解:$(\lambda_1,\lambda_2,\lambda_3,\lambda_4,\theta)=(0,0.034,0.655,0,0.379)$,$Z_{4D}=0.379$。

由定义知,第1、2及3决策单元是DEA有效,第4决策单元的目标函数值小于1,故第4决策单元非DEA有效。

2.5.4 DEA模型的经济含义

(1)投入-产出比最大的决策单元为DEA有效。

当只有一个投入一个产出时,C^2R模型(2-5)目标函数演变为

$$\max Z_k = \frac{uy_k}{vx_k} \qquad\qquad Z_k = \frac{y_k}{x_k} \cdot \max \frac{u}{v}$$

$$\begin{cases} \frac{u}{v} \leqslant \frac{x_j}{y_j}, & j=1,2,\cdots,n \\ u、v>0 \end{cases} \Longrightarrow \begin{cases} \frac{u}{v} \leqslant \frac{x_j}{y_j}, & j=1,2,\cdots,n \\ u、v>0 \end{cases} \Longrightarrow Z_k = \frac{\frac{y_k}{x_k}}{\max\limits_{j} \frac{y_j}{x_j}}$$

可以看出，效率指数 Z_k 是决策单元 k 的生产率与 n 个决策单元的最大生产率之比，是一个相对生产率。当 $Z_k=1$ 时，决策单元 k 的生产率最大（DEA 有效），即投入-产出比最大，$Z_k<1$ 时说明决策单元 k 的生产率不是最大，即为非 DEA 有效。因此效率指数 Z_k 也称为相对效率指数，对决策单元进行 DEA 有效评价是相对有效性评价。

例如，四个决策单元的综合投入产出集合为：
$$\{(X,Y)\} = \{(1,3),(2,3),(3,2),(4,4)\}$$

斜率 $\dfrac{Y}{X}$ 分别为 $\dfrac{3}{1}$、$\dfrac{3}{2}$、$\dfrac{2}{3}$ 和 $\dfrac{4}{4}$，第一单元的斜率最大，即投入-产出比最大，说明四个决策单元中第一决策单元是 DEA 有效，如图 2-2 所示。

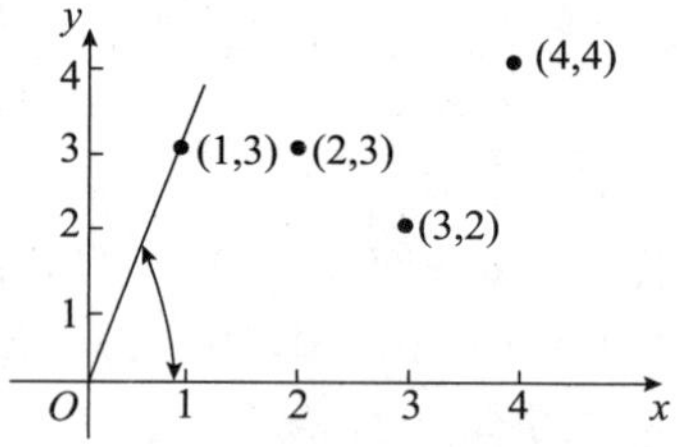

(2) C^2R 模型的 DEA 有效属于技术有效和规模有效。

生产函数是在特定生产技术条件下各种生产要素投入 x 的组合与可能生产的最大产出 y 之间的函数关系。

生产函数所描述的生产可能性边界称之为**生产前沿面**（Production frontier）。

描述生产前沿面的生产函数称为**前沿生产函数**或**边界生产函数**（Frontier production function）。前沿生产函数对于给定的一组投入量，可求出一个决策单位的最大可能产出函数。DEA 模型所描述的函数就是前沿生产函数。

图 2-2

决策单元 k 为 DEA 有效的充要条件是 (X_k,Y_k) 落在生产可能集的某个有效前沿面上。

技术有效（Technical efficiency）是指生产处于最好状态下，对投入 x 后获得最大产出 y。如生产函数 $y=f(x)$ 就是处于技术有效状态。

规模有效（Scale efficiency）是指从**规模报酬**（Returns to Scale）递增到规模报酬递减的点 (x,y) 称为规模有效。

以一个投入一个产出为例，规模有效的几何意义可从图 2-3 中看出，在 $(0,x_1)$ 区间内生产函数上凹（$y''(x) \geqslant 0$，$y'(x)$ 为增函数），说明边际收益 $y'(x)$ 是投资 x 的增函数，厂商有增加投资的积极性，即规模报酬递增。在 (x_1,∞) 区间内生产函数下凹，边际收益是投资 x 的减函数，厂商没有继续增加投资的积极性，即规模报酬递减。在点 $A(x_1,y_2)$ 处是规模收益的最佳点，即"规模有效"，又因为点 $A(x_1,y_2)$ 在生产函数上，因而是技术有效。点 $B(x_2,y_3)$ 是生产函数上的点，是技术有效但不是规模有效，点 $C(x_3,y_1)$ 在生产函数下方，既不是技术有效也不是规模有效。

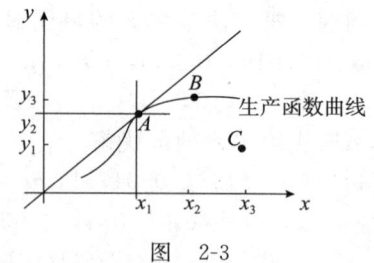

图 2-3

可以证明，C^2R 模型 DEA 有效的决策单元既技术有效又规模有效。

2.5.5 BC^2 模型

BC^2 模型是由 Banker，Charnes 和 Cooper 于 1984 年提出的。假设第 k 决策单元的规

模报酬依赖参数 c_k，C^2R 模型(2-8)变为 BC^2 模型

$$\max W_{kP} = \boldsymbol{\mu}^T \boldsymbol{Y}_k - c_k$$
$$\begin{cases} \boldsymbol{\omega}^T \boldsymbol{X}_j - \boldsymbol{\mu}^T \boldsymbol{Y}_j + c_k \geqslant 0, j=1,2,\cdots n \\ \boldsymbol{\omega}^T \boldsymbol{X}_k = 1 \\ \boldsymbol{\omega} \geqslant 0, \boldsymbol{\mu} \geqslant 0, \quad c_k \text{ 无符号限制} \end{cases} \quad (2\text{-}10)$$

对偶模型为

$$\min W_{kD} = \theta$$
$$\begin{cases} \boldsymbol{X}\boldsymbol{\lambda} + \boldsymbol{S}^- = \theta \boldsymbol{X}_k \\ \boldsymbol{Y}\boldsymbol{\lambda} - \boldsymbol{S}^+ = \boldsymbol{Y}_k \\ \sum_{j=1}^{n} \lambda_j = 1 \\ \boldsymbol{\lambda} \geqslant 0, \boldsymbol{S}^- \geqslant 0, \boldsymbol{S}^+ \geqslant 0, \quad \theta \text{ 无符号限制} \end{cases} \quad (2\text{-}11)$$

式中变量含义同式(2-9)。

C^2R 模型与 BC^2 模型的主要区别：

(1) C^2R 为固定规模报酬，BC^2 为变动规模报酬；

(2) 称落在由 BC^2 对应的生产可能集的某个有效前沿面上的决策单元为技术有效(technical efficiency)。即在 BC^2 模型之下为 DEA 有效的决策单元为技术有效。因此，C^2R 用来判断技术和规模是否同时有效；BC^2 可以用来专门判断技术是否有效；

(3) 给定输入，使得产出最大的模型称为输入模型，给定输出使得投入最小的模型称为输出模型。输入 C^2R 模型与输出 C^2R 模型评价结果相同，而输入 BC^2 模型与输出 BC^2 模型的评价结果可能不一样。

综合运用 C^2R 与 BC^2 可以得到技术效率与规模效率的分解公式。

效率分解

(1) C^2R 模型的最优目标值 Z_{kP} 称为决策单元 k 的生产效率，即整体效率。

(2) BC^2 模型的最优目标值 W_{kP} 称为决策单元 k 的技术效率。

(3) $SE = \dfrac{Z_{kP}}{W_{kP}}$ 称为决策单元 k 的规模效率。

则效率分解公式为

$$Z_{kP} = W_{kP} \cdot SE \quad (2\text{-}12)$$

规模报酬

由 BC^2 模型得到最优解及最优值后，生产规模报酬的 DEA 公式为

$$TRS_k = \frac{\sum_{i=1}^{m} W_{kP} \boldsymbol{\omega}_i x_{ik}}{\sum_{r=1}^{s} \boldsymbol{\mu}_r y_k} = \frac{\left(\sum_{r=1}^{s} \boldsymbol{\mu}_r y_k - c_k\right) \sum_{i=1}^{m} \boldsymbol{\omega}_i x_{ik}}{\sum_{r=1}^{s} \boldsymbol{\mu}_r y_k} = 1 - \frac{c_k}{\sum_{r=1}^{s} \boldsymbol{\mu}_r y_{rk}} \quad (2\text{-}13)$$

式中 c_k 是规模报酬参数，由式(2-10)求解得到。

有效性评价

(1) 式(2-10)的最优目标值 $W_{kP} = \boldsymbol{\mu}^T \boldsymbol{Y}_k - c_k = 1$ 时，则称决策单元 k 为弱 DEA 有效；

(2) 式(2-10)的最优目标值 $W_{kP} = \boldsymbol{\mu}^T \boldsymbol{Y}_k - c_k = 1$ 并且 $\boldsymbol{\omega} > 0$，$\boldsymbol{\mu} > 0$（$\boldsymbol{\omega}$、$\boldsymbol{\mu}$ 不为零向量）

时，则称决策单元k为 DEA 有效。

(3) 式(2-10)的最优目标值 $W_{kP} = \boldsymbol{\mu}^T \boldsymbol{Y}_k - c_k < 1$ 时，则称决策单元 k 为非 DEA 有效。

注意：本节介绍的模型都是输入 DEA 模型，即给定输入使得产出最大，同理可建立输出 DEA 模型。

本节只是作为线性规划的一种应用，简要介绍两个 DEA 模型在经济中的应用分析，更多模型与应用请参看文献[29]。

2.6 WinQSB 软件应用

学习本节内容前请复习表 1-22 中的 LP 常用术语词汇含义。下面以例题的形式介绍 WinQSB 软件在对偶问题中的应用。

【**例 2-15**】已知线性规划

$$\max Z = x_1 + 2x_2 + 4x_3 + x_4$$

$$\begin{cases} 3x_1 + 9x_3 + 5x_4 \leqslant 15 \\ 6x_1 + 4x_2 + x_3 + 7x_4 \leqslant 30 \\ 4x_2 + 3x_3 + 4x_4 \leqslant 20 \\ 5x_1 + x_2 + 8x_3 + 3x_4 \leqslant 40 \\ x_j \geqslant 0, j = 1,2,3,4 \end{cases}$$

(1) 写出对偶线性规划，变量用 y 表示；

(2) 求原问题及对偶问题的最优解；

(3) 分别写出价值系数 c_j 及右端常数的最大允许变化范围；

(4) 目标函数系数改为 $C = (4,2,6,1)$，同时常数改为 $b = (20,40,20,40)$，求最优解；

(5) 删除第四个约束同时删除第三个变量，求最优解；

(6) 增加一个变量 x_5，系数为 $(c_5, a_{15}, a_{25}, a_{35}, a_{45}) = (6,5,4,2,3)$，求最优解；

(7) 目标函数为 $\max Z = (1+\mu)x_1 + (2+3\mu)x_2 + 4x_3 + (1-\mu)x_4$，分析参数的变化区间及对应解的关系，绘制参数与目标值的关系图。

解 启动线性规划与整数规划程序(Linear and Integer Programming)，建立新问题，取名为例 2-15，输入数据得到表 2-18，存盘。

(1) 点击 Format→Switch to Dual Form，得到对偶问题的数据表，点击 Format→Switch to Normal Model Form，得到对偶模型，点击 Edit→Variable Name，分别修改变量名(见图 2-4)，"回车"后得到以 y 为变量名的对偶模型，如图 2-5 所示。

表 2-18

Variable -->	X1	X2	X3	X4	Direction	R.H.S.
Maximize	1	2	4	1		
C1	3		9	5	<=	15
C2	6	4	1	7	<=	30
C3		4	3	4	<=	20
C4	5	1	8	3	<=	40
LowerBound	0	0	0	0		
UpperBound	M	M	M	M		
VariableType	Continuous	Continuous	Continuous	Continuous		

Original Name	New Name
c1	y1
c2	y2
c3	y3
c4	y4

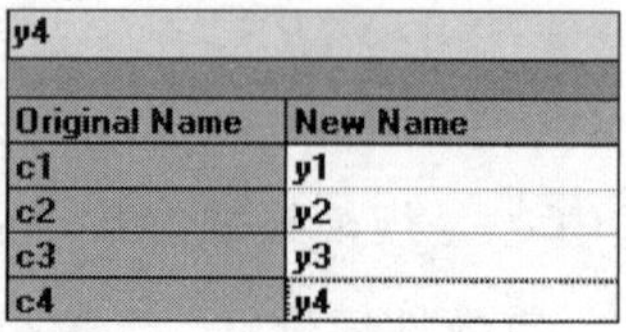

图 2-4

(2) 再求一次对偶返回到原问题，求解模型显示最优解为 $X = (2, 4.25, 1, 0)$，最

优值 $Z=14.5$。查看最优表中影子价格(Shadow Price)对应列的数据就是对偶问题的最优解为 $Y=(0.2833, 0.025, 0.475, 0)$，如表 2-19 所示。还可以利用性质 2.6 求出，显示最终单纯形表，松弛变量检验数的相反数就是对偶问题最优解。

(3) 由表 2-19 最后两列价值系数 $c_j(j=1, 2, 3, 4)$ 最大允许变化范围分别是

$$[0.8333, 4.1667], \quad [1.333, 5.7778],$$
$$[1.1667, 4.5], \quad (-\infty, 3.4917]$$

右端常数 $b_i(i=1, 2, 3, 4)$ 的最大允许变化范围分别是

$$[5, 27.4719], \quad [16.6667, 50],$$
$$[0, 33.3333], \quad [30.75, +\infty)$$

图 2-5

(4) 直接修改表 2-18 的数据，求解后得到最优解为 $X=(3.6667, 4.25, 1, 0)$，最优值 $Z=29.1667$。

表 2-19 最优解详细综合分析报告

	Decision Variable	Solution Value	Unit Cost or Profit c(j)	Total Contribution	Reduced Cost	Basis Status	Allowable Min. c(j)	Allowable Max. c(j)
1	X1	2.0000	1.0000	2.0000	0	basic	0.8333	4.1667
2	X2	4.2500	2.0000	8.5000	0	basic	1.3333	5.7778
3	X3	1.0000	4.0000	4.0000	0	basic	1.1667	4.5000
4	X4	0	1.0000	0	-2.4917	at bound	-M	3.4917
	Objective	Function	(Max.) =	14.5000				
	Constraint	Left Hand Side	Direction	Right Hand Side	Slack or Surplus	Shadow Price	Allowable Min. RHS	Allowable Max. RHS
1	y1	15.0000	<=	15.0000	0	0.2833	5.0000	27.4719
2	y2	30.0000	<=	30.0000	0	0.0250	16.6667	50.0000
3	y3	20.0000	<=	20.0000	0	0.4750	0	33.3333
4	y4	30.7500	<=	40.0000	9.2500	0	30.7500	M

(5) 将数据修改回原问题，点击 Edit→Delete a Contraint，选择要删除的约束 C4，OK。点击 Edit→Delete a Variable，选择要删除的变量 X3，OK。得到如表 2-20 所示的模型，求解得到最优解为 $X=(1.6667, 5, 0)$，最优值 $Z=11.6667$。

(6) 返回到原问题数据表，点击 Edit→Insert a Variable 显示图 2-6，选择变量名和变量插入的位置，在显示的电子表中输入数据 $(6, 5, 4, 2, 3)$，得到最优解为 $X=(0, 3.5, 0, 0, 3)$，最优值 $Z=25$。

表 2-20

Variable ->	X1	X2	X4	Direction	R.H.S.
Maximize	1	2	1		
C1	3		5	<=	15
C2	6	4	7	<=	30
C3		4	4	<=	20
LowerBound	0	0	0		
UpperBound	M	M	M		
VariableType	Continuous	Continuous	Continuous		

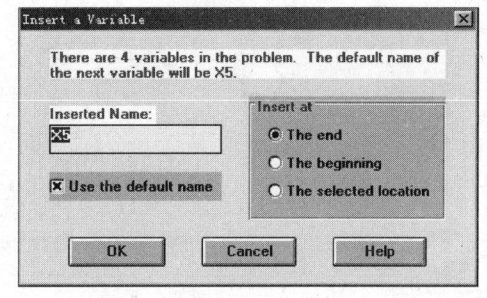

图 2-6

(7) 返回到原问题数据表，先求解。目标函数系数由两部分构成，记住参数 μ 的系数 $(1, 3, 0, -1)$。点击 Results→Perform Parametric Analysis，在图 2-7a 中选择目标函数 (Objective Function)，在图 2-7b 中输入参数 μ 的系数，确定后显示如表 2-21 所示。如果对右端常数进行参数分析则选择 RHS。

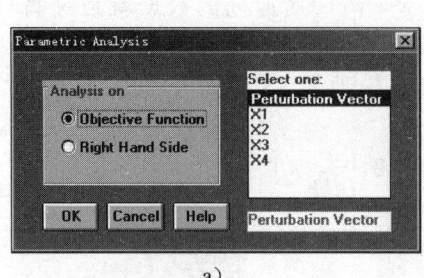 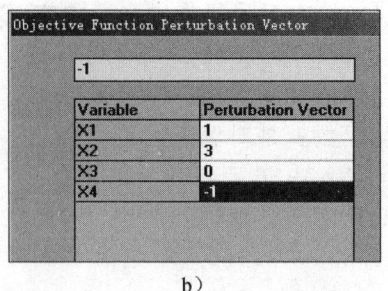

图 2-7

由表 2-21 知，将参数 μ 分成 6 个区间讨论，在不同区间显示了目标函数值的变化区间及其变化率（Slope），出基变量和进基变量（Leaving Variable Entering Variable）。点击 Results→Graphic Parametric Analysis，显示如图 2-8 所示。

表 2-21 没有显示参数在区间内的最优解，这是因为最优解是参数 μ 的函数，只有给定了具体参数值才能得到具体的最优解。利用表 2-21 和图 2-8 可以作许多决策活动分析。

表 2-21

Range	From (Vector)	To (Vector)	From OBJ Value	To OBJ Value	Slope	Leaving Variable	Entering Variable
1	0	1.4783	14.5000	36.3043	14.7500	X3	Slack_C1
2	1.4783	M	36.3043	M	16.6667		
3	0	-0.0952	14.5000	13.0952	14.7500	X1	Slack_C2
4	-0.0952	-0.6667	13.0952	6.6667	11.2500	X2	Slack_C3
5	-0.6667	-1.2222	6.6667	6.6667	0	X3	X4
6	-1.2222	-M	6.6667	M	-3.0000		

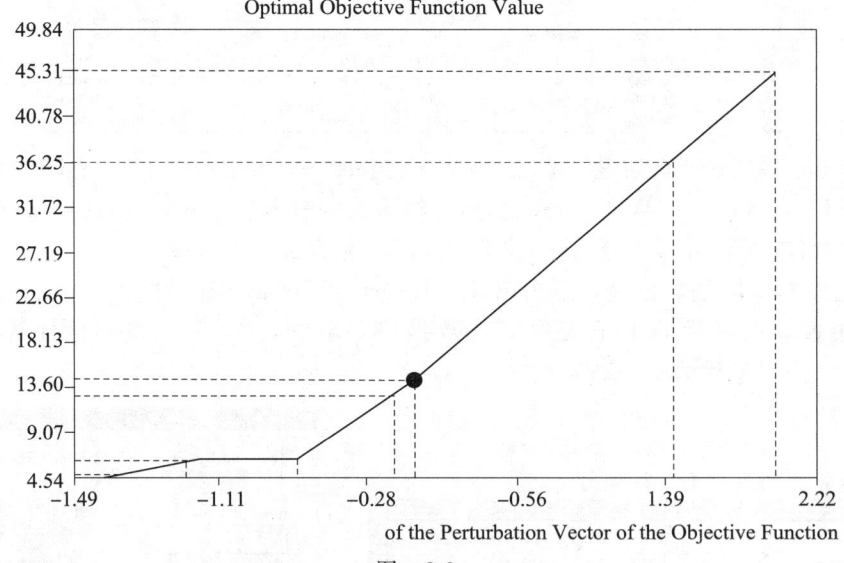

图 2-8

习题

2.1 某人根据医嘱，每天需补充 A、B、C 三种营养，A 不少于 80 单位，B 不少于 150 单位，C 不少于 180 单位。此人准备每天从 6 种食物中摄取这三种营养成分。已知 6 种食物每百克的营养成分含量及食物价格如表 2-22 所示。(1) 试建立此人在满足健康需要的基础上花费最少的数学模型；(2) 假定有一个厂商计划生产一种药丸，售给此人服用，药丸中包含有 A、B、C 三种营养成分。试为厂商制定一个药丸的合理价格，既使此人愿意购买，又使厂商能获得最大利益，建立数学模型。

表 2-22

含量 营养成分 食物	1	2	3	4	5	6	需要量
A	13	25	14	40	8	11	$\geqslant 80$
B	24	9	30	25	12	15	$\geqslant 150$
C	18	7	21	34	10	0	$\geqslant 180$
食物单价(元/100 克)	0.5	0.4	0.8	0.9	0.3	0.2	

2.2 写出下列线性规划的对偶问题

(1) $\min Z = x_1 + 3x_2 + 2x_3$
$\begin{cases} x_1 + 3x_2 + 5x_3 \geqslant 10 \\ 2x_1 + x_2 - x_3 \geqslant 4 \\ x_1, x_2, x_3 \geqslant 0 \end{cases}$

(2) $\max Z = 2x_1 + x_2 + x_3$
$\begin{cases} x_1 + 2x_2 - 4x_3 = 15 \\ -x_1 - 3x_2 + x_3 \leqslant 10 \\ x_1, x_2 \geqslant 0, x_3 \text{ 无约束} \end{cases}$

(3) $\max Z = 2x_1 + x_2 - 4x_3 + 3x_4$
$\begin{cases} 10x_1 + x_2 - x_3 - 4x_4 = 14 \\ 7x_1 + 6x_2 - 2x_3 - 5x_4 \geqslant 20 \\ 4x_1 - 8x_2 + 6x_3 + x_4 = 9 \\ x_1, x_2 \geqslant 0, x_3 \text{ 无约束}, x_4 \leqslant 0 \end{cases}$

(4) $\max Z = 2x_1 + x_2 - 6x_3 + 7x_4$
$\begin{cases} 3x_1 - 2x_2 + x_3 - 6x_4 \leqslant 12 \\ 6x_1 + 5x_3 - x_4 \geqslant 6 \\ -x_1 + 2x_2 - x_3 + 2x_4 \leqslant -2 \\ 8 \leqslant x_1 \leqslant 20 \\ x_1 \geqslant 0, x_2, x_3, x_4 \text{ 无约束} \end{cases}$

2.3 考虑线性规划

$$\min Z = 12x_1 + 20x_2$$
$$\begin{cases} x_1 + 4x_2 \geqslant 4 \\ x_1 + 5x_2 \geqslant 2 \\ 2x_1 + 3x_2 \geqslant 7 \\ x_1, x_2 \geqslant 0 \end{cases}$$

(1) 说明原问题与对偶问题都有最优解；
(2) 通过解对偶问题由最优表中观察出原问题的最优解；
(3) 利用公式 $C_B B^{-1}$ 求原问题的最优解；
(4) 利用互补松弛条件求原问题的最优解。

2.4 证明下列线性规划问题无最优解

$$\min Z = x_1 - 2x_2 - 2x_3$$
$$\begin{cases} 2x_1 + x_2 - 2x_3 = 3 \\ x_1 - 2x_2 + 3x_3 \geqslant 2 \\ x_1, x_2 \geqslant 0, x_3 \text{ 无约束} \end{cases}$$

2.5 已知线性规划

$$\max Z = 15x_1 + 20x_2 + 5x_3$$
$$\begin{cases} x_1 + 5x_2 + x_3 \leqslant 5 \\ 5x_1 + 6x_2 + x_3 \leqslant 6 \\ 3x_1 + 10x_2 + x_3 \leqslant 7 \\ x_1, x_2 \geqslant 0, x_3 \text{ 无约束} \end{cases}$$

的最优解为 $X = \left(\dfrac{1}{4}, 0, \dfrac{19}{4}\right)^{\mathrm{T}}$，求对偶问题的最优解。

2.6 用对偶单纯形法求解下列线性规划

(1) $\min Z = 3x_1 + 4x_2 + 6x_3$
$\begin{cases} x_1 + 2x_2 + 3x_3 \geqslant 10 \\ 2x_1 + 2x_2 + x_3 \geqslant 12 \\ x_1, x_2, x_3 \geqslant 0 \end{cases}$

(2) $\min Z = 5x_1 + 4x_2$
$\begin{cases} x_1 + x_2 \geqslant 6 \\ 2x_1 + x_2 \leqslant 2 \\ x_1, x_2 \geqslant 0 \end{cases}$

(3) $\min Z = 2x_1 + 4x_2$
$\begin{cases} 2x_1 + 3x_2 \leqslant 24 \\ x_1 + 2x_2 \geqslant 10 \\ x_1 + 3x_2 \geqslant 18 \\ x_1, x_2 \geqslant 0 \end{cases}$

(4) $\min Z = 2x_1 + 3x_2 + 5x_3 + 6x_4$
$\begin{cases} x_1 + 2x_2 + 3x_3 + x_4 \geqslant 2 \\ -2x_1 + x_2 - x_3 + 3x_4 \leqslant -3 \\ x_j \geqslant 0, j = 1,2,3,4 \end{cases}$

2.7 某工厂利用原材料甲、乙、丙生产产品 A、B、C，有关资料如表 2-23 所示。

表 2-23

材料消耗 \ 产品 原材料	A	B	C	每月可供原材料(kg)
甲	2	1	1	200
乙	1	2	3	500
丙	2	2	1	600
每件产品利润(元)	4	1	3	

(1) 怎样安排生产，使利润最大。
(2) 若增加 1kg 原材料甲，总利润增加多少。
(3) 设原材料乙的市场价格为 1.2 元/kg，若要转卖原材料乙，工厂应至少叫价多少，为什么。
(4) 单位产品利润分别在什么范围内变化时，原生产计划不变。
(5) 原材料分别单独在什么范围内波动时，仍只生产 A 和 C 两种产品。
(6) 由于市场的变化，产品 B、C 的单件利润变为 3 元和 2 元，这时应如何调整生产计划。
(7) 工厂计划生产新产品 D，每件产品 D 消耗原材料甲、乙、丙分别为 2kg、2kg 及 1kg，每件产品 D 应获利多少时才有利于投产。

2.8 对下列线性规划作参数分析

(1) $\max Z = (3+2\mu)x_1 + (5-\mu)x_2$
$\begin{cases} x_1 \leqslant 4 \\ x_2 \leqslant 6 \\ 3x_1 + 2x_2 \leqslant 18 \\ x_1, x_2 \geqslant 0 \end{cases}$

(2) $\max Z = 3x_1 + 5x_2$
$\begin{cases} x_1 \leqslant 4+\mu \\ x_2 \leqslant 6 \\ 3x_1 + 2x_2 \leqslant 18 - 2\mu \\ x_1, x_2 \geqslant 0 \end{cases}$

2.9 有三个决策单元的输入输出矩阵

$$X = \begin{bmatrix} 9 & 5 & 10 \\ 3 & 6 & 4 \\ 4 & 3 & 9 \end{bmatrix}, \quad Y = \begin{bmatrix} 6 & 2 & 8 \\ 5 & 3 & 5 \end{bmatrix}$$

(1) 建立 C^2R 模型并求解,判断各决策单元的 DEA 有效性。
(2) 建立 BC^2 模型并求解,判断各决策单元的 DEA 有效性。
(3) 指出哪些决策单元是技术有效又规模有效、是技术有效非规模有效、既不是技术有效又非规模有效。
(4) 分别求三个决策单元的整体效率、技术效率、规模效率及规模报酬。

2.10 思考与简答题
(1) 简述影子价格的经济含义。
(2) 在线性规划的灵敏度分析中,当基变量的价值系数变化后,最优表中哪些数据会发生变化,怎样变化。
(3) 当约束条件中非基变量 x_j 变化后,最优表中哪些数据会发生变化。
(4) 当约束限量变化后,最优表中哪些数据会发生变化。
(5) 简述对偶单纯形法的条件及计算步骤,说明在什么情形下线性规划无可行解。
(6) 选择进基变量为什么要遵循最小比值规则,如果不遵循最小比值规则会是什么结果。
(7) 名词解释:生产函数、生产前沿面、前沿生产函数、技术有效、规模有效、生产效率、技术效率、规模效率、DEA 有效。
(8) C^2R 模型与 BC^2 模型有哪些主要区别。
(9) 线性规划的标准形式、典则形式及规范形式有哪些区别。
(10) 简述原问题与对偶问题检验数与基本解之间的关系。

第3章

整 数 规 划

3.1 整数规划的数学模型

一个规划问题中要求部分或全部决策变量是整数,则这个规划称为**整数规划**。要求全部变量取整数值的,称为**纯整数规划**(Pure Integer Programming,IP);要求一部分变量取整数值的,称为**混合整数规划**(Mixed Integer Programming,MIP);决策变量全部取 0 或 1 的规划称为 **0-1 整数规划**(Binary Integer Programming,BIP);如果模型是线性的,称为**整数线性规划**(Integer Linear Programming,ILP)。本章只讨论整数线性规划。

第 1 章例 1-2 的营业员上班问题实质上是一个整数规划问题,用单纯形法求解例 1-2 的线性规划往往得到分数或小数解。很多实际规划问题都属于整数规划问题,如变量是人数、机器设备台数或产品件数等都要求是整数。此外还有一些问题,如对某一个项目要不要投资的决策问题,可选用一个逻辑变量(或称二进制变量)x,当 $x=1$ 表示投资,$x=0$ 表示不投资;又如人员的合理安排问题,当变量 $x_{ij}=1$ 表示安排第 i 人去做 j 工作,$x_{ij}=0$ 表示不安排第 i 人去做 j 工作。逻辑变量也是只允许取整数值的一类变量。

求解整数规划问题时,如果先不考虑对变量的整数约束,作为一般线性规划问题来求解,当解为非整数时再用舍入凑整方法寻求最优解,这样得到的解有可能不是整数规划的可行解或是可行解却不是最优解。

【**例 3-1**】 某人有一背包可以装 10 公斤重、0.025m³ 的物品。他准备用来装甲、乙两种物品,每件物品的重量、体积和价值如表 3-1 所示。问两种物品各装多少件,所装物品的总价值最大。

解 设甲、乙两种物品各装 x_1,x_2 件,则数学模型为

$$\max Z = 4x_1 + 3x_2$$

$$\begin{cases} 1.2x_1 + 0.8x_2 \leqslant 10 \\ 2x_1 + 2.5x_2 \leqslant 25 \\ x_1, x_2 \geqslant 0, \text{且均取整数} \end{cases} \quad (3-1)$$

表 3-1

物品	重量 (公斤/每件)	体积 (m³/每件)	价值 (元/每件)
甲	1.2	0.002	4
乙	0.8	0.002 5	3

如果不考虑 x_1，x_2 取整数的约束（称为式(3-1)的**松弛问题**），线性规划的可行域如图 3-1 中的阴影部分所示。

用图解法求得点 B 为最优解：$X=(3.57, 7.14)$，$Z=35.7$。由于 x_1，x_2 必须取整数值，整数规划问题的可行解集只是图中可行域内的那些整数点。用凑整法求解时需要比较四种组合，但$(4, 7)$，$(4, 8)$，$(3, 8)$ 都不是可行解，$(3, 7)$ 虽属可行解，代入目标函数得 $Z=33$，并非最优。实际上问题的最优解是 $(5, 5)$，$Z=35$。即两种物品各装 5 件，总价值 35 元。

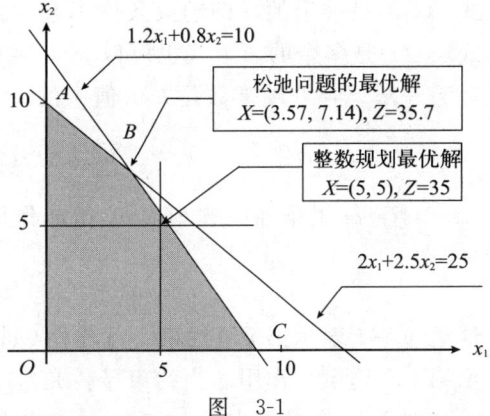

图 3-1

由图 3-1 知，点 $(5, 5)$ 不是可行域的顶点，直接用图解法或单纯形法都无法求出整数规划问题的最优解，因此求解整数规划问题的最优解需要采用其他特殊方法。

有些问题用线性规划数学模型无法描述，可以通过设置逻辑变量建立整数规划的数学模型。

【例 3-2】在例 3-1 中，假设此人还有一只旅行箱，最大载重量为 12 公斤，其体积是 0.02m³。背包和旅行箱只能选择其一，建立下列几种情形的数学模型，使所装物品价值最大：

（1）所装物品不变；

（2）如果选择旅行箱，则只能装载丙和丁两种物品，价值分别是 4 元/件和 3 元/件，载重量和体积的约束为
$$1.8x_1 + 0.6x_2 \leqslant 12$$
$$1.5x_1 + 2x_2 \leqslant 20$$

解 此问题可以建立两个整数规划模型，但用一个模型描述更简单。

引入 0-1 变量（或称逻辑变量）y_i，令
$$y_i = \begin{cases} 1, & \text{采用第 } i \text{ 种方式装载时} \\ 0, & \text{不采用第 } i \text{ 种方式装载时} \end{cases} \quad i=1,2$$

$i=1$，2 分别是采用背包及旅行箱装载。

（1）由于所装物品不变，式(3-1)约束左边不变，整数规划数学模型为
$$\max Z = 4x_1 + 3x_2$$
$$\begin{cases} 1.2x_1 + 0.8x_2 \leqslant 10y_1 + 12y_2 \\ 2x_1 + 2.5x_2 \leqslant 25y_1 + 20y_2 \\ y_1 + y_2 = 1 \\ x_i \geqslant 0, \text{且取整数}, \quad y_i = 0 \text{ 或 } 1; \quad i=1,2 \end{cases} \quad (3\text{-}2)$$

（2）由于不同载体所装物品不一样，但物品价值相同，目标函数不变，数学模型为
$$\max Z = 4x_1 + 3x_2$$
$$\begin{cases} 1.2x_1 + 0.8x_2 \leqslant 10 + My_2 & (3\text{-}3a) \\ 1.8x_1 + 0.6x_2 \leqslant 12 + My_1 & (3\text{-}3b) \\ 2x_1 + 2.5x_2 \leqslant 25 + My_2 & (3\text{-}3c) \\ 1.5x_1 + 2x_2 \leqslant 20 + My_1 & (3\text{-}3d) \\ y_1 + y_2 = 1 \\ x_1, x_2 \geqslant 0, \text{且均取整数}; y_1, y_2 = 0 \text{ 或 } 1 \end{cases}$$

式中，M 为充分大的正数。从上式可知，当使用背包时 ($y_1=1$，$y_2=0$)，式 (3-3b) 和式 (3-3d) 是多余的，即约束条件不起作用；当使用旅行箱时 ($y_1=0$，$y_2=1$)，式 (3-3a) 和式 (3-3c) 是多余的。上式也可以令 $y_1=y$，$y_2=1-y$。

一般地，右端常数是 k 个值中的一个时，类似式 (3-2) 的约束条件为

$$\sum_{j=1}^{n} a_{ij}x_j \leqslant \sum_{i=1}^{k} b_i y_i, \quad \sum_{i=1}^{k} y_i = 1$$

对于 m 组条件中有 $k(\leqslant m)$ 组起作用时，类似式 (3-3) 的约束条件写成

$$\sum_{j=1}^{n} a_{ij}x_j \leqslant b_i + My_i, \quad \sum_{i=1}^{m} y_i = m-k$$

这里 $y_i=1$ 表示第 i 组约束不起作用（如 $y_1=1$，式 (3-3b)、式 (3-3d) 不起作用），$y_i=0$ 表示第 i 个约束起作用。当约束条件是 "$\geqslant$" 符号时右端常数项应为 b_i-My_i，下同。

对于 m 个条件中有 $k(\leqslant m)$ 个起作用时，约束条件写成

$$\sum_{j=1}^{n} a_{ij}x_j \leqslant b_i + My_i, \quad \sum_{i=1}^{m} y_i = m-k$$

【例 3-3】 试引入 0-1 变量将下列各题分别表达为一般线性约束条件

(1) $x_1+x_2 \leqslant 6$ 或 $4x_1+6x_2 \geqslant 10$ 或 $2x_1+4x_2 \leqslant 20$

(2) 若 $x_1 \leqslant 5$，则 $x_2 \geqslant 0$，否则 $x_2 \leqslant 8$

(3) x 取值 $0, 1, 3, 5, 7$

解 (1) 3 个约束只有 1 个起作用

$$\begin{cases} x_1+x_2 \leqslant 6+y_1 M \\ 4x_1+6x_2 \geqslant 10-y_2 M \\ 2x_1+4x_2 \leqslant 20+y_3 M \\ y_1+y_2+y_3 = 2 \\ y_j = 0 \text{ 或 } 1, j=1,2,3 \end{cases} \quad \text{或} \quad \begin{cases} x_1+x_2 \leqslant 6+(1-y_1)M \\ 4x_1+6x_2 \geqslant 10-(1-y_2)M \\ 2x_1+4x_2 \leqslant 20+(1-y_3)M \\ y_1+y_2+y_3 = 1 \\ y_j = 0 \text{ 或 } 1, j=1,2,3 \end{cases}$$

如果要求至少 1 个条件满足，第 1 个式子改为 $y_1+y_2+y_3 \leqslant 2$，第 2 个式子改为 $y_1+y_2+y_3 \geqslant 1$。

(2) 2 组约束只有 1 组起作用

$$\begin{cases} x_1 \leqslant 5+yM \\ x_1 > 5-(1-y)M \\ x_2 \geqslant -yM \\ x_2 \leqslant 8+(1-y)M \\ y = 0 \text{ 或 } 1 \end{cases}$$

(3) 右端常数是 5 个值中的 1 个

$$\begin{cases} x = y_1+3y_2+5y_3+7y_4 \\ y_1+y_2+y_3+y_4 \leqslant 1 \\ y_j = 0 \text{ 或 } 1, j=1,2,3,4 \end{cases}$$

【例 3-4】 企业计划生产 4 000 件某种产品，该产品可以以自己加工、外协加工任意一种形式生产。已知每种生产形式的固定成本、生产该产品的变动成本以及每种生产形式的最大加工数量（件）限制如表 3-2 所示，怎样安排产品的加工使总成本最小。

表 3-2

	固定成本(元)	变动成本(元/件)	最大加工数(件)
本企业加工	500	8	1 500
外协加工 I	800	5	2 000
外协加工 II	600	7	不限

解 设 x_j 为采用第 $j(j=1,2,3)$ 种方式生产的产品数量,生产费用为

$$C_j(x_j) = \begin{cases} k_j + c_j x_j & (x_j > 0) \\ 0 & (x_j = 0) \end{cases}$$

式中,k_j 为固定成本,c_j 为变动成本。设 0-1 变量 y_j,令

$$y_j = \begin{cases} 1 & \text{采用第 } j \text{ 种加工方式,即 } x_j > 0 \text{ 时} \\ 0 & \text{不采用在第 } j \text{ 种加工方式,即 } x_j = 0 \text{ 时} \end{cases} \quad j=1,2,3$$

目标函数为

$$\min Z = (500y_1 + 8x_1) + (800y_2 + 5x_2) + (600y_3 + 7x_3)$$

$$\begin{cases} x_j - My_j \leqslant 0 \quad j=1,2,3 \\ x_1 + x_2 + x_3 \geqslant 4\,000 \\ x_1 \leqslant 1\,500, x_2 \leqslant 2\,000 \\ x_j \geqslant 0, y_j = 1 \text{ 或 } 0, j=1,2,3 \end{cases} \tag{3-4}$$

式中 $x_j - My_j \leqslant 0$ 是处理 x_j 与 y_j 一对变量之间逻辑关系的特殊约束,当 $x_j > 0$ 时,$y_j = 1$,当 $x_j = 0$ 时,为使 Z 最小化,有 $y_j = 0$。

例 3-4 是混合整数规划问题。用 WinQSB 软件求解得到:$X=(0,2\,000,2\,000)^T$,$Y=(0,1,1)^T$,$Z=25\,400$。

3.2 纯整数规划的求解

整数规划的求解要比一般线性规划的求解复杂。常用的方法有**完全枚举法**(Complete Enumeration Method)、**分支定界法**(Branch and Bound Method)、**割平面法**(Cutting-Plane Method)、**隐枚举法**(Implicit Enumeration Method)和**拉格朗日**(Lagrange)松弛法。对于一个复杂的模型,完全枚举不是有效的算法,用得较多的是后面几种。

3.2.1 求解纯整数规划的分支定界法

分支定界法的步骤如下:

(1) 求整数规划的松弛问题最优解。

(2) 若松弛问题的最优解满足整数要求,得到整数规划的最优解,否则转下一步。

(3) 任意选一个非整数解的变量 x_i,在松弛问题中加上约束 $x_i \leqslant [x_i]$ 及 $x_i \geqslant [x_i]+1$ 组成两个新的松弛问题,称为分支。新的松弛问题具有如下特征:当原问题是求最大值时,目标值是分支问题的上界;当原问题是求最小值时,目标值是分支问题的下界。

(4) 检查所有分支的解及目标函数值,若某分支的解是整数并且目标函数值大于(max)等于其他分支的目标值,则将其他分支剪去不再计算,若还存在非整数解并且目标

值大于(max)整数解的目标值,需要继续分支,再检查,直到得到最优解。

【例 3-5】 用分支定界法求解例 3-1。

解 先求对应的松弛问题(记为 LP0)

$$\max Z = 4x_1 + 3x_2$$

$$\text{LP0}: \begin{cases} 1.2x_1 + 0.8x_2 \leqslant 10 \\ 2x_1 + 2.5x_2 \leqslant 25 \\ x_1, x_2 \geqslant 0 \end{cases}$$

用图解法得到最优解 $X=(3.57,7.14)$,$Z_0=35.7$,如图 3-2 所示。

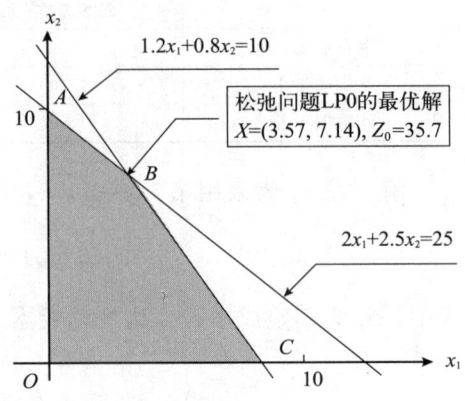

图 3-2

x_1,x_2 不是整数解,任意选一个非整数变量分支。这里选 x_1,在 LP0 中加入约束 $x_1 \leqslant 3$ 及 $x_1 \geqslant 4$,得到线性规划 LP1 和 LP2:

$$\max Z = 4x_1 + 3x_2 \qquad \max Z = 4x_1 + 3x_2$$

$$\text{LP1}: \begin{cases} 1.2x_1 + 0.8x_2 \leqslant 10 \\ 2x_1 + 2.5x_2 \leqslant 25 \\ x_1 \leqslant 3 \\ x_1, x_2 \geqslant 0 \end{cases} \qquad \text{LP2}: \begin{cases} 1.2x_1 + 0.8x_2 \leqslant 10 \\ 2x_1 + 2.5x_2 \leqslant 25 \\ x_1 \geqslant 4 \\ x_1, x_2 \geqslant 0 \end{cases}$$

图解法如图 3-3 所示。选择目标值最大的分支 LP2 进行分支,增加约束 $x_2 \leqslant 6$ 及 $x_2 \geqslant 7$,由图 3-3 知 $x_2 \geqslant 7$ 不可行,因此得到线性规划 LP3,图解法如图 3-4 所示。

$$\max Z = 4x_1 + 3x_2$$

$$\text{LP3}: \begin{cases} 1.2x_1 + 0.8x_2 \leqslant 10 \\ 2x_1 + 2.5x_2 \leqslant 25 \\ x_1 \geqslant 4, x_2 \leqslant 6 \\ x_1, x_2 \geqslant 0 \end{cases}$$

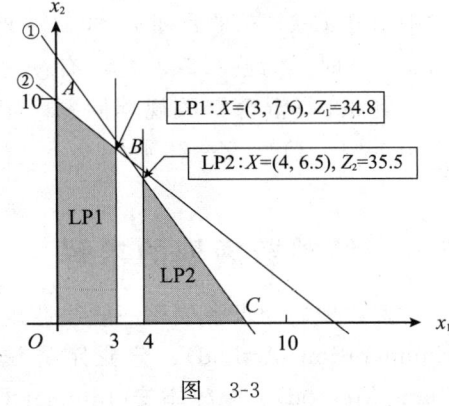

图 3-3

由图 3-4 可知,对 x_1 进行分支,取 $x_1 \leqslant 4$ 及 $x_1 \geqslant 5$,得到两个线性规划 LP4 和 LP5。显然 LP4 的可行解在 $x_1=4$ 的线段上,图解法如图 3-5 所示。

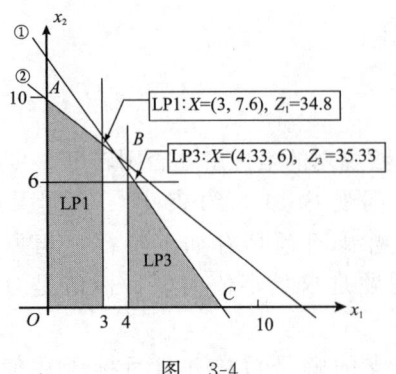

图 3-4

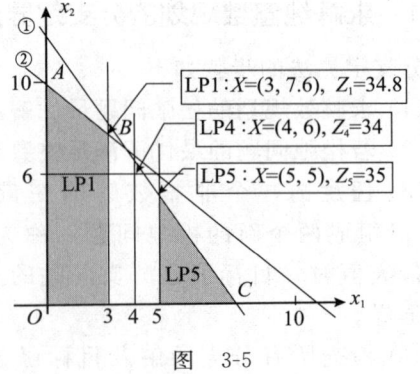

图 3-5

$$\text{LP4}: \begin{cases} \max Z = 4x_1 + 3x_2 \\ 1.2x_1 + 0.8x_2 \leqslant 10 \\ 2x_1 + 2.5x_2 \leqslant 25 \\ x_1 \geqslant 4, x_2 \leqslant 6, x_1 \leqslant 4 \\ x_1, x_2 \geqslant 0 \end{cases} \qquad \text{LP5}: \begin{cases} \max Z = 4x_1 + 3x_2 \\ 1.2x_1 + 0.8x_2 \leqslant 10 \\ 2x_1 + 2.5x_2 \leqslant 25 \\ x_1 \geqslant 5, x_2 \leqslant 6 \\ x_1, x_2 \geqslant 0 \end{cases}$$

从图 3-5 可知，LP4 和 LP5 已是整数解，尽管 LP1 还可以对 x_2 分支，但 Z_1 小于 Z_5，比较目标值 LP5 的解是整数规划的最优解，最优解为 $x_1=5$，$x_2=5$，最优值 $Z=35$。

上述分支过程可用图 3-6 表示。

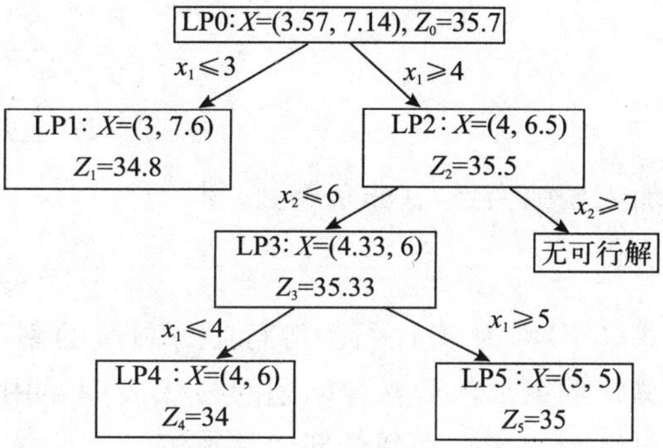

由例 3-5 的求解过程看出，分支定界法求解整数规划要比单纯形法求解线性规划复杂得多，尤其变量较多的大型整数规划问题，即使是计算机计算，所耗时间也令人难以容忍。

由于分支定界法是一种搜索与迭代的方法，选择不同的分支变量和子问题进行分支，难免会对求解的效率有一定的影响。

对于两个变量的整数规划问题，使用网格的方法有时更为简单。在例 3-5 中，松弛问题可行域中的整数点是 IP 的可行解，将目标函数直线平行移动最后接触到的网格点，或平行移动到 B 点后再往回移，首先接触到的网格点就是 IP 的最优解，如图 3-7 所示。

图 3-6

3.2.2 求解 IP 的割平面法

割平面法由高莫雷（R. E. Gomory）于 1958 年提出。其基本思想是放宽变量的整数约束，首先求对应的松弛问题最优解，当某个变量 x_i 不满足整数要求时，寻找一个约束方程并添加到松弛问题中，其作用是切割掉非整数部分，缩小原松弛问题的可行域，最后逼近整数问题的最优解。

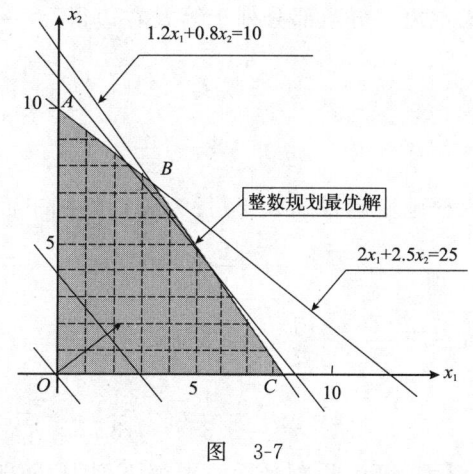

图 3-7

设整数规划

$$\max Z = \sum_{j=1}^n c_j x_j \quad \sum_{j=1}^n a_{ij} x_j = b_i \quad x_j \geqslant 0 \text{ 且为整数}, \quad j=1,2,\cdots,n$$

对应的松弛问题

$$\max Z = \sum_{j=1}^n c_j x_j \quad \sum_{j=1}^n a_{ij} x_j = b_i \quad x_j \geqslant 0, \quad j=1,2,\cdots,n$$

的最优解为 $X=(B^{-1}b, 0)^T$，$\bar{b}=B^{-1}b=(\bar{b}_1, \bar{b}_2, \cdots, \bar{b}_m)^T$。

设 x_i 不为整数，$x_i + \sum_k \bar{a}_{ik} x_k = \bar{b}_i$，$x_k$ 为非基变量。将 $\bar{b}_i$ 及 $\bar{a}_{ik}$ 分离成一个整数与一个非负真分数之和

$$\overline{b}_i = [\overline{b}_i] + f_i, \quad \overline{a}_{ik} = [\overline{a}_{ik}] + f_{ik}, \quad 0 < f_i < 1, \quad 0 \leqslant f_{ik} < 1$$

则有

$$x_i + \sum_k [\overline{a}_{ij}] x_k + \sum_k f_{ik} x_k = [\overline{b}_i] + f_i$$

$$x_i - [\overline{b}_i] + \sum_k [\overline{a}_{ij}] x_k = f_i - \sum_k f_{ik} x_k \tag{3-5}$$

式(3-5)两边都为整数，则有

$$f_i - \sum_k f_{ik} x_k \leqslant f_i < 1$$

$$f_i - \sum_k f_{ik} x_k \leqslant 0 \tag{3-6}$$

加入松弛变量 s_i（非负整数）得

$$s_i - \sum_k f_{ik} x_k = -f_i \tag{3-7}$$

式(3-7)称为以 x_i 行为源行(来源行)的**割平面**，或**分数切割式**，或**高莫雷约束方程**。将高莫雷约束加入到松弛问题的最优表中，用对偶单纯形法计算，若最优解中还有非整数解，再继续切割，直到全部为整数解。

例如 $x_1 + \frac{5}{6} x_3 - \frac{1}{6} x_4 = \frac{5}{3}$ 分解成 $x_1 + \frac{5}{6} x_3 + \left(-1 + \frac{5}{6}\right) x_4 = 1 + \frac{2}{3}$，将整数部分列于等式左边，分数部分列于等式右边得

$$x_1 - x_4 - 1 = \frac{2}{3} - \frac{5}{6} x_3 - \frac{5}{6} x_4$$

$$\frac{2}{3} - \frac{5}{6} x_3 - \frac{5}{6} x_4 \leqslant 0$$

加入松弛变量得到以 x_1 行为源行的割平面

$$s_1 - \frac{5}{6} x_3 - \frac{5}{6} x_4 = -\frac{2}{3} \quad \text{或} \quad 6s_1 - 5x_3 - 5x_4 = -4$$

又如 $x_2 - \frac{2}{3} x_3 + \frac{1}{3} x_4 = \frac{2}{3}$ 分解成 $x_2 + \left(-1 + \frac{1}{3}\right) x_3 + \frac{1}{3} x_4 = \frac{2}{3}$，高莫雷方程是

$$s_2 - \frac{1}{3} x_3 - \frac{1}{3} x_4 = -\frac{2}{3} \quad \text{或} \quad 3s_2 - x_3 - x_4 = -2$$

【**例 3-6**】用割平面法求解下列 IP 问题

$$\max Z = 4x_1 + 3x_2$$

$$\begin{cases} 6x_1 + 4x_2 \leqslant 30 \\ x_1 + 2x_2 \leqslant 10 \\ x_1, x_2 \geqslant 0 \text{ 且为整数} \end{cases}$$

解 放宽变量约束，对应的松弛问题是

$$\max Z = 4x_1 + 3x_2$$

$$\begin{cases} 6x_1 + 4x_2 \leqslant 30 \\ x_1 + 2x_2 \leqslant 10 \\ x_1, x_2 \geqslant 0 \end{cases}$$

加入松弛变量 x_3 及 x_4 后，用单纯形法求解，最优表如表 3-3 所示。

表 3-3

C_j		4	3	0	0	b
C_B	X_B	x_1	x_2	x_3	x_4	
4	x_1	1	0	1/4	−1/2	5/2
3	x_2	0	1	−1/8	3/4	15/4
λ_j		0	0	−5/8	−1/4	

最优解为 $X^{(0)}=(5/2, 15/4)$，不是 IP 的最优解。选择表 3-3 的第一行（也可以选第二行）为源行

$$x_1 + \frac{1}{4}x_3 - \frac{1}{2}x_4 = \frac{5}{2}$$

分离系数后改写成

$$x_1 + \frac{1}{4}x_3 + \left(-1 + \frac{1}{2}\right)x_4 = 2 + \frac{1}{2}$$

$$x_1 - x_4 - 2 = \frac{1}{2} - \frac{1}{4}x_3 - \frac{1}{2}x_4 \leqslant 0$$

加入松弛变量 x_5 得到高莫雷约束方程

$$-x_3 - 2x_4 + x_5 = -2 \tag{3-8}$$

将式(3-8)作为约束条件添加到表 3-3 中，用对偶单纯形法计算，如表 3-4 所示。

表 3-4

C_j		4	3	0	0	0	b
C_B	X_B	x_1	x_2	x_3	x_4	x_5	
4	x_1	1	0	1/4	−1/2	0	5/2
3	x_2	0	1	−1/8	3/4	0	15/4
0	x_5	0	0	−1	[−2]	1	−2→
λ_j		0	0	−5/8	−1/4↑	0	
4	x_1	1	0	1/2	0	−1/4	3
3	x_2	0	1	−1/2	0	3/8	3
0	x_4	0	0	1/2	1	−1/2	1
λ_j		0	0	−1/2	0	−1/8	

最优解为 $X^{(1)}=(3, 3)$，最优值 $Z=21$。所有变量为整数，$X^{(1)}$ 就是 IP 的最优解。如果不是整数解，需要继续切割，重复上述计算过程。

如果在对偶单纯形法中原切割方程的松弛变量仍为基变量，则此基变量所在列化为单位向量后就可以去掉该行该列，再切割。

3.3 0-1 规划的求解

将 BIP(0-1 规划)的变量改为 $0 \leqslant x_j \leqslant 1$ 并且为整数，就可以用分支定界法或割平面法求解。由于 BIP 的特殊性，用隐枚举法求解更为简单。

BIP 的变量只取两个值，当变量较少时用完全枚举法比较有效，变量所有可能取值的组合数为 2^n，可行解数小于等于 2^n。如两个变量，变量全部的组合解为 $(0, 0)$，$(0, 1)$，

(1,0)及(1,1)4个,将4种组合代入约束得到可行解,然后将可行解代入目标函数求出最优解。当变量较多时完全枚举法就不是一种有效的算法。

隐枚举法是在完全枚举法的基础上进行了改进,对于最大值问题求解的基本步骤是:

(1) 寻找一个初始可行解 X_0,得到目标值的下界 Z_0(最小值问题则为上界);

(2) 按完全枚举法列出 2^n 个变量取值的组合,当组合解 X_j 对应的目标值 Z_j 小于 Z_0(max)时则认为不可行,当 Z_j 大于等于 Z_0(max)时,再检验是否满足约束条件,得到 BIP 的可行解;

(3) 依据 Z_j 的值确定最优解。

这里的下界 Z_0 可以动态移动,当某个 Z_j 大于 Z_0 时则将 Z_j 作为新的下界。

【**例 3-7**】用隐枚举法求解下列 BIP 问题

$$\max Z = 6x_1 + 2x_2 + 3x_3 + 5x_4$$

$$\begin{cases} 4x_1 + 2x_2 + x_3 + 3x_4 \leqslant 10 \\ 3x_1 - 5x_2 + x_3 + 6x_4 \geqslant 4 \\ 2x_1 + x_2 + x_3 - x_4 \leqslant 3 \\ x_1 + 2x_2 + 4x_3 + 5x_4 \leqslant 10 \\ x_j = 0 \text{ 或 } 1, j = 1,2,3,4 \end{cases}$$

解 (1) 不难看出,当所有变量等于 0 或 1 的任意组合时,第一个约束满足,说明第一个约束没有约束力,是多余的,从约束条件中去掉。还能通过观察得到 $X_0 = (1,0,0,1)$ 是一个可行解,目标值 $Z_0 = 11$ 是 BIP 问题的下界,构造一个约束 $6x_1 + 2x_2 + 3x_3 + 5x_4 \geqslant 11$,原 BIP 问题变为

$$\max Z = 6x_1 + 2x_2 + 3x_3 + 5x_4$$

$$\begin{cases} 6x_1 + 2x_2 + 3x_3 + 5x_4 \geqslant 11 & \text{(3-9a)} \\ 3x_1 - 5x_2 + x_3 + 6x_4 \geqslant 4 & \text{(3-9b)} \\ 2x_1 + x_2 + x_3 - x_4 \leqslant 3 & \text{(3-9c)} \\ x_1 + 2x_2 + 4x_3 + 5x_4 \leqslant 10 & \text{(3-9d)} \\ x_j = 0 \text{ 或 } 1, j = 1,2,3,4 \end{cases}$$

(2) 列出变量取值 0 和 1 的组合,共 $2^4 = 16$ 个,分别代入约束条件判断是否可行。首先判断式(3-9a)是否满足,如果满足,接下来判断其他约束,否则认为不可行,计算过程如表 3-5 所示。

表 3-5

j	X_j	3-9a	3-9b	3-9c	3-9d	Z_j	j	X_j	3-9a	3-9b	3-9c	3-9d	Z_j
1	(0,0,0,0)	×					9	(1,0,0,0)	×				
2	(0,0,0,1)	×					10	(1,0,0,1)	√	√	√	√	11
3	(0,0,1,0)	×					11	(1,0,1,0)	×				
4	(0,0,1,1)	×					12	(1,0,1,1)	√	√	√	√	14
5	(0,1,0,0)	×					13	(1,1,0,0)	×				
6	(0,1,0,1)	×					14	(1,1,0,1)	√	√	√	√	13
7	(0,1,1,0)	×					15	(1,1,1,0)	√	×			
8	(0,1,1,1)	×					16	(1,1,1,1)	√	√	√	×	

(3) 由表 3-5 知，BIP 问题的最优解为 $X=(1,0,1,1)$，最优值 $Z=14$。

选择不同的初始可行解，计算量会不一样。一般地，当目标函数求最大值时，首先考虑目标函数系数最大的变量等于 1，如例 3-7。当目标函数求最小值时，先考虑目标函数系数最大的变量等于 0。

在表 3-5 的计算过程中，当目标值等于 14 时，将其下界 11 改为 14，可以减少计算量。

3.4 WinQSB 软件应用

WinQSB 软件求解线性整数规划（IP、MIP、BIP）仍然是调用子程序 Linear and Integer Programming，操作时改变变量类型即可。

【例 3-8】用 WinQSB 软件求解例 3-4

$$\min Z = (500y_1 + 8x_1) + (800y_2 + 5x_2) + (600y_3 + 7x_3)$$

$$\begin{cases} x_j - My_j \leqslant 0 \quad j=1,2,3 \\ x_1 + x_2 + x_3 \geqslant 4\,000 \\ x_1 \leqslant 1\,500, x_2 \leqslant 2\,000 \\ x_j \geqslant 0, y_j = 1 \text{ 或 } 0, \quad j=1,2,3 \end{cases}$$

解 (1) 这是一个混合整数规划问题。启动子程序 Linear and Integer Programming，建立新问题，输入类似图 1-13 的选项。本例中，变量数等于 6，约束数等于 4，变量类型选非负连续（Nonnegative Continuous）。将变量 X4，X5，X6 重命名为 Y1，Y2，Y3，输入数据，见表 3-6。其中令 M 为一个较大的数，这里令 M=4 000 是需求量。

表 3-6

Variable -->	X1	X2	X3	y1	y2	y3	Direction	R. H. S.
Minimize	8	5	7	500	800	600		
C1	1			-4000			<=	0
C2		1			-4000		<=	0
C3			1			-4000	<=	0
C4	1	1	1				>=	4000
LowerBound	0	0	0	0	0	0		
UpperBound	1500	2000	M	1	1	1	双击改变变量类型	
VariableType	Continuous	Continuous	Continuous	Binary	Binary	Binary		

(2) 修改 X1，X2 的上界，改变 Y1，Y2，Y3 为 0-1 型变量，如表 3-6 所示。

(3) 求解。点击菜单栏 Solve and Analyze 的下拉菜单 Solve the Problem 得到如表 3-7 所示的最优表。

表 3-7

	Decision Variable	Solution Value	Unit Cost or Profit c(j)	Total Contribution	Reduced Cost	Basis Status
1	X1	0	8.0000	0	1.0000	at bound
2	X2	2,000.0000	5.0000	10,000.0000	0	basic
3	X3	2,000.0000	7.0000	14,000.0000	0	basic
4	y1	0	500.0000	0	500.0000	at bound
5	y2	1.0000	800.0000	800.0000	800.0000	at bound
6	y3	1.0000	600.0000	600.0000	600.0000	at bound
	Objective	Function	(Min.) =	25,400.0000		

	Constraint	Left Hand Side	Direction	Right Hand Side	Slack or Surplus	Shadow Price
1	C1	0	<=	0	0	0
2	C2	-2,000.0000	<=	0	2,000.0000	0
3	C3	-2,000.0000	<=	0	2,000.0000	0
4	C4	4,000.0000	>=	4,000.0000	0	7.0000

最优解为 $X=(0, 2\,000, 2\,000)$，$Y=(0, 1, 1)$，最优值 $Z=25\,400$。生产方案是：本企业不生产，外协加工Ⅰ生产 2 000 件，外协加工Ⅱ生产 2 000 件，总费用为 25 400 元。其他类型的整数规划只要改变变量类型即可完成求解。

习题

3.1 某公司今后三年内有五项工程可以考虑投资。每项工程的期望收入和年度费用（万元）如表 3-8 所示。每项工程都需要三年完成，应选择哪些项目使总收入最大，建立该问题的数学模型。

3.2 选址问题。以汉江、长江为界将武汉市划分为汉口、汉阳和武昌三镇。某商业银行计划投资 9 000 万元在武汉市备选的 12 个点考虑设立支行，如图 3-8 所示。每个点的投资额与一年的收益如表 3-9 所示。计划汉口投资 2～3 个支行，汉阳投资 1～2 个支行，武昌投资 3～4 个支行。

表 3-8

工程	费用（万元）			收入（万元）
	第一年	第二年	第三年	
1	5	1	8	30
2	4	7	2	40
3	5	9	6	20
4	7	5	2	15
5	8	6	9	30
资金拥有量	30	25	30	

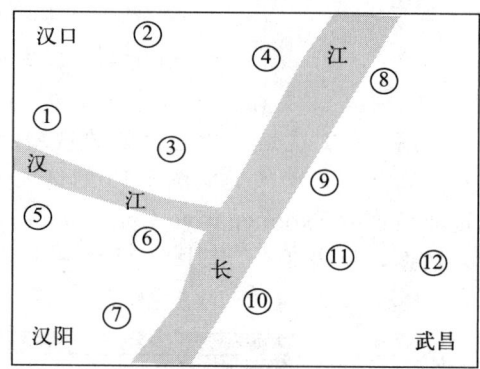

图 3-8

表 3-9

地址 i	1	2	3	4	5	6	7	8	9	10	11	12
投资额（万元）	900	1 200	1 000	750	680	800	720	1 150	1 200	1 250	850	1 000
收益（万元）	400	500	450	350	300	400	320	460	500	510	380	400

为使投资总收益最大建立该问题的数学模型，说明是什么模型，可以用什么方法求解。

3.3 一辆货车的有效载重量是 20 吨，载货有效空间是 8m×2m×1.5m。现有六件不同的货物可供选择运输，每件货物的重量、体积及收入如表 3-10 所示。另外，在货物 4 和货物 5 中优先运货物 5，货物 1 和货物 2 不能混装，货物 3 和货物 6 要么都不装要么同时装，为使货物运输收入最大，建立数学模型。

表 3-10

货物号	1	2	3	4	5	6
重量（吨）	6	5	3	4	7	2
体积（m^3）	3	5	4	5	6	2
收入（百元）	3	7	2	5	8	3

3.4 女子体操团体赛规定：
(1) 每个代表队由 5 名运动员组成，比赛项目是高低杠、平衡木、鞍马及自由体操；
(2) 每个运动员最多只能参加 3 个项目并且每个项目只能参赛一次；
(3) 每个项目至少要有人参赛一次，并且总的参赛人次数等于 10；
(4) 每个项目采用 10 分制记分，将 10 次比赛的得分求和，按其得分高低排名，分数越高成绩越好。已知代表队 5 名运动员各单项的预赛成绩如表 3-11 所示。

表 3-11

	高低杠	平衡木	鞍马	自由体操
甲	8.6	9.7	8.9	9.4
乙	9.2	8.3	8.5	8.1
丙	8.8	8.7	9.3	9.6
丁	8.5	7.8	9.5	7.9
戊	8.0	9.4	8.2	7.7

为安排运动员的参赛项目使团体总分最高，建立该问题的数学模型。

3.5 某电子系统由 3 种元件组成，为了使系统正常运转，每个元件都必须工作良好，如一个或多个元件安装几个备用件将提高系统的可靠性，已知系统运转可靠性为各元件可靠性的乘积，而每一元件的可靠性是备用件数量的函数，具体如表 3-12 所示。3 种元件的价格分别为 30、40 和 50 元/件，重量分别为 2、4 和 6kg/件。而全部备用件的费用预算限制为 220 元，重量限制为 20kg，问每种元件各安装多少个备用件，使系统可靠性最大。试建立该问题的整数（非线性）规划数学模型。

表 3-12

备用件数	元件可靠性		
	1	2	3
0	0.5	0.6	0.7
1	0.6	0.8	0.9
2	0.75	0.9	1.0
3	0.9	1.0	1.0
4	1.0	1.0	1.0

3.6 利用 0-1 变量对下列各题分别表示成一般线性约束条件
(1) $x_1+2x_2 \leqslant 8$，$4x_1+x_2 \geqslant 10$ 及 $2x_1+6x_2 \leqslant 18$ 三个约束中至少两个满足
(2) 若 $x_1 \geqslant 5$，则 $x_2 \geqslant 10$，否则 $x_2 \leqslant 8$
(3) x_1 取值 2，4，6，8 中的一个

3.7 考虑下列数学模型
$$\min Z = f(x_1) + g(x_2)$$
其中
$$f(x_1) = \begin{cases} 10+6x_1 & \text{若 } x_1 > 0 \\ 0 & \text{若 } x_1 = 0 \end{cases} \quad g(x_2) = \begin{cases} 15+10x_2 & \text{若 } x_2 > 0 \\ 0 & \text{若 } x_2 = 0 \end{cases}$$

满足约束条件
(1) $x_1 \geqslant 8$ 或 $x_2 \geqslant 6$
(2) $|x_1-x_2| = 0$，4 或 8
(3) $x_1+2x_2 \geqslant 20$，$2x_1+x_2 \geqslant 20$ 及 $x_1+x_2 \geqslant 20$ 三个约束中至少一个满足
(4) $x_1 \geqslant 0$，$x_2 \geqslant 0$

将此问题归结为混合整数规划的数学模型。

3.8 用分支定界法求解下列 IP 问题

(1) $\max Z = x_1 + 4x_2$
$$\begin{cases} 3x_1 + 2x_2 \geqslant 9 \\ 2x_1 + 4x_2 \leqslant 8 \\ x_1, x_2 \geqslant 0 \text{ 且为整数} \end{cases}$$

(2) $\min Z = x_1 + 2x_2$
$$\begin{cases} 3x_1 + x_2 \leqslant 10 \\ 5x_1 + 6x_2 \geqslant 30 \\ x_1, x_2 \geqslant 0 \text{ 且为整数} \end{cases}$$

3.9 用割平面法求解下列 IP 问题

(1) $\max Z = 2x_1 + x_2$
$$\begin{cases} 4x_1 + 2x_2 \leqslant 14 \\ 2x_1 + x_2 \leqslant 10 \\ x_1, x_2 \geqslant 0 \text{ 且为整数} \end{cases}$$

(2) $\min Z = 2x_1 + 3x_2$
$$\begin{cases} x_1 + 2x_2 \geqslant 9 \\ 2x_1 + x_2 \geqslant 10 \\ x_1, x_2 \geqslant 0 \text{ 且为整数} \end{cases}$$

3.10 用隐枚举法求解下列 BIP 问题

(1) $\max Z = 4x_1 + 3x_2 + 4x_3$
$$\begin{cases} 5x_1 + 2x_2 + x_3 \geqslant 6 \\ 4x_1 + 2x_2 + 3x_3 \leqslant 8 \\ x_j = 0 \text{ 或 } 1, j = 1, 2, 3 \end{cases}$$

(2) $\min Z = 4x_1 + 2x_2 + 5x_3 + 3x_4$
$$\begin{cases} -x_1 + x_2 + 4x_3 + 2x_4 \geqslant 5 \\ 3x_1 - x_2 + 2x_3 - 2x_4 \geqslant 4 \\ x_1 + 3x_2 + 2x_3 + x_4 \leqslant 9 \\ x_j = 0 \text{ 或 } 1, j = 1, 2, 3, 4 \end{cases}$$

3.11 思考与简答题

(1) "整数规划的最优解是求其松弛问题最优解后取整得到"为什么不对。
(2) 解释"分支"与"定界"的含义。
(3) 简述分支定界法的基本步骤。
(4) 高莫雷方程是怎样得到的,在割平面法中起到什么作用。
(5) 割平面法计算过程中,什么时候可以去掉单纯形表中一行和一列。

第4章

目 标 规 划

4.1 目标规划的数学模型

线性规划模型的特征是在满足一组约束条件下,寻求一个目标的最优解(最大值或最小值)。而在现实生活中最优只是相对的,或者说没有绝对意义下的最优,只有相对意义下的满意。1978年诺贝尔经济学奖获得者西蒙(H. A. Simon,美国卡内基-梅隆大学)教授提出"满意行为模型要比最大化行为模型丰富得多",否定了企业的决策者是"经济人"的概念和"最大化"的行为准则,提出了"管理人"的概念和"令人满意"的行为准则,对现代企业管理的决策科学进行了开创性的研究。

4.1.1 引例

目标规划(Goal Programming)研究企业考虑现有的资源条件下,在多个经营目标中去寻求满意解,即使得达到目标的总体结果离事先制定目标的差距最小。

【例4-1】某企业在计划期内计划生产甲、乙、丙三种产品。这些产品分别需要在设备A、B上加工,需要消耗材料C、D,按工艺资料规定,单件产品在不同设备上加工及所需要的资源如表4-1所示。已知在计划期内设备的加工能力各为200台时,可供材料分别为360、300公斤;每生产一件甲、乙、丙产品,企业可获得利润分别为40、30、50元,假定市场需求无限制。

表 4-1

消耗资源 \ 产品	甲	乙	丙	现有资源
设备 A	3	1	2	200
设备 B	2	2	4	200
材料 C	4	5	1	360
材料 D	2	3	5	300
利润(元/件)	40	30	50	

设 x_1、x_2、x_3 分别为甲、乙、丙的产量，则使企业在计划期内总利润最大的线性规划模型为

$$\max Z = 40x_1 + 30x_2 + 50x_3$$

$$\begin{cases} 3x_1 + x_2 + 2x_3 \leqslant 200 \\ 2x_1 + 2x_2 + 4x_3 \leqslant 200 \\ 4x_1 + 5x_2 + x_3 \leqslant 360 \\ 2x_1 + 3x_2 + 5x_3 \leqslant 300 \\ x_1 \geqslant 0, x_2 \geqslant 0, x_3 \geqslant 0 \end{cases}$$

最优解为 $X = (50, 30, 10)$，$Z = 3400$。

现在决策者根据企业的实际情况和市场需求，需要重新制定经营目标，其目标的优先顺序如下：

（1）利润不少于 3 200 元；
（2）产品甲与产品乙的产量比例尽量不超过 1.5；
（3）提高产品丙的产量使之达到 30 件；
（4）设备加工能力不足可以加班解决，能不加班最好不加班；
（5）受到资金的限制，只能使用现有材料而不能再购进。

问企业如何安排生产计划才能达到经营目标。

解 设甲、乙、丙产品的产量分别为 x_1，x_2，x_3。如果按线性规划建模思路，最优解实质是求下列一组不等式的解

$$\begin{cases} 40x_1 + 30x_2 + 50x_3 \geqslant 3200 \\ x_1 - 1.5x_2 \leqslant 0 \\ x_3 \geqslant 30 \\ 3x_1 + x_2 + 2x_3 \leqslant 200 \\ 2x_1 + 2x_2 + 4x_3 \leqslant 200 \\ 4x_1 + 5x_2 + x_3 \leqslant 360 \\ 2x_1 + 3x_2 + 5x_3 \leqslant 300 \\ x_1 \geqslant 0, x_2 \geqslant 0, x_3 \geqslant 0 \end{cases}$$

通过计算不等式无解，即使设备 B 加班 10 小时仍然无解。在实际生产过程中生产方案总是存在的，无解只能说明在现有资源条件下，不可能完全满足所有经营目标。

目标规划是按事先制定的目标顺序逐项检查，尽可能使得结果达到预定目标，即使不能达到目标也使得离目标的差距最小，这就是目标规划的求解思路，对应的解称为**满意解**。下面建立例 4-1 的目标规划数学模型。

设 d^- 为未达到目标值的差值，称为**负偏差变量**（Negative Deviation Variable），d^+ 为超过目标值的差值，称为**正偏差变量**（Positive Deviation Variable），$d^- \geqslant 0$，$d^+ \geqslant 0$。

（1）设 d_1^- 为未达到利润目标的差值，d_1^+ 为超出利润目标的差值。

当利润小于 3 200 时 $d_1^- > 0$ 且 $d_1^+ = 0$，有 $40x_1 + 30x_2 + 50x_3 + d_1^- = 3200$ 成立。

当利润大于 3 200 时 $d_1^+ > 0$ 且 $d_1^- = 0$，有 $40x_1 + 30x_2 + 50x_3 - d_1^+ = 3200$ 成立。

当利润恰好等于 3 200 时 $d_1^- = 0$ 且 $d_1^+ = 0$，有 $40x_1 + 30x_2 + 50x_3 = 3200$ 成立。

实际利润只有上述三种情形之一发生，因而可以将三个等式写成一个等式

$$40x_1 + 30x_2 + 50x_3 + d_1^- - d_1^+ = 3200$$

利润不少于 3 200 理解为达到或超过 3 200，即使不能达到也要尽可能接近 3 200，可以表达成目标函数 $\{d_1^-\}$ 取最小值，则有

$$\begin{cases} \min d_1^- \\ 40x_1 + 30x_2 + 50x_3 + d_1^- - d_1^+ = 3\,200 \end{cases}$$

（2）设 d_2^- 和 d_2^+ 分别为未达到和超过产品比例要求的偏差变量，则产量比例尽量不超过 1.5 的数学表达式为

$$\begin{cases} \min d_2^+ \\ x_1 - 1.5x_2 + d_2^- - d_2^+ = 0 \end{cases}$$

（3）设 d_3^- 和 d_3^+ 分别为产品丙的产量未达到和超过 30 件的偏差变量，则产量丙的产量尽可能达到 30 件的数学表达式为

$$\begin{cases} \min d_3^- \\ x_3 + d_3^- - d_3^+ = 30 \end{cases}$$

（4）设 d_4^- 和 d_4^+ 为设备 A 的使用时间偏差变量，d_5^- 和 d_5^+ 为设备 B 的使用时间偏差变量，最好不加班的含义是 d_4^+ 和 d_5^+ 同时取最小值，等价于 $d_4^+ + d_5^+$ 取最小值，则设备的目标函数和约束为

$$\begin{cases} \min(d_4^+ + d_5^+) \\ 3x_1 + x_2 + 2x_3 + d_4^- - d_4^+ = 200 \\ 2x_1 + 2x_2 + 4x_3 + d_5^- - d_5^+ = 200 \end{cases}$$

（5）材料不能购进表示不允许有正偏差，约束条件为小于等于约束。

由于目标是有序的并且四个目标函数非负，因此目标函数可以表达成一个函数

$$\min Z = P_1 d_1^- + P_2 d_2^+ + P_3 d_3^- + P_4 (d_4^+ + d_5^+)$$

式中，$P_j(j=1,2,3,4)$ 称为目标的优先因子。第一目标优于第二目标，第二目标优于第三目标等，其含义是按 $P_1, P_2, \cdots$ 的次序分别求后面函数的最小值，首先求 d_1^- 的最小值，在此基础上再求 d_2^+ 的最小值，最后求 $d_4^+ + d_5^+$ 的最小值。则问题的目标规划数学模型为

$$\min Z = P_1 d_1^- + P_2 d_2^+ + P_3 d_3^- + P_4 (d_4^+ + d_5^+)$$

$$\begin{cases} 40x_1 + 30x_2 + 50x_3 + d_1^- - d_1^+ = 3\,200 \\ x_1 - 1.5x_2 + d_2^- - d_2^+ = 0 \\ x_3 + d_3^- - d_3^+ = 30 \\ 3x_1 + x_2 + 2x_3 + d_4^- - d_4^+ = 200 \\ 2x_1 + 2x_2 + 4x_3 + d_5^- - d_5^+ = 200 \\ 4x_1 + 5x_2 + x_3 \leqslant 360 \\ 2x_1 + 3x_2 + 5x_3 \leqslant 300 \\ x_1, x_2, x_3 \geqslant 0 \text{ 并且为整数}, \quad d_j^-, d_j^+ \geqslant 0, \quad j = 1, 2, \cdots 5 \end{cases}$$

满意解为 $X = (28, 20, 30)^T$，$d_1^+ = 20$，$d_2^- = 2$，$d_4^- = 36$，$d_5^+ = 16$，其余变量等于零。

4.1.2 数学模型

（1）目标规划数学模型的形式有线性模型、非线性模型、整数模型、交互作用模型等。

（2）一个目标中的两个偏差变量 d_i^- 和 d_i^+ 至少一个等于零，偏差变量向量的叉积等于零，即 $\boldsymbol{d}^- \times \boldsymbol{d}^+ = 0$。

(3) 一般目标规划是将多个目标函数写成一个由偏差变量构成的函数求最小值，按多个目标的重要性，确定优先等级，顺序求最小值。

(4) 按决策者的意愿，事先给定所要达到的目标值，当期望结果不超过目标值时，目标函数求正偏差变量最小；当期望结果不低于目标值时，目标函数求负偏差变量最小；当期望结果恰好等于目标值时，目标函数求正负偏差变量之和最小。

(5) 由目标构成的约束称为**目标约束**，目标约束具有更大的弹性，允许结果与所制定的目标值存在正或负的偏差，如例 4-1 中的 5 个等式约束；如果决策者要求结果一定不能有正或负的偏差，这种约束称为**系统约束**，如例 4-1 的材料约束。

(6) 目标的排序问题。多个目标之间有相互冲突时，决策者首先必须对目标排序。排序的方法有两两比较法、专家评分法等，构造各目标的权系数，依据权系数的大小确定目标顺序。更多求权系数方法请参看第 12 章。

例如两两比较法，现有 5 个目标（有时称为指标），记为 $G_i(i=1, 2, \cdots, 5)$，首先将第一个目标与其他 4 个目标比较，决策者认为第一个目标要比第二个目标重要，比第三目标重要，没有第四目标重要，比第五目标重要，记为 $G_1 > G_2$（或 $G_1 \succ G_2$），$G_1 > G_3$，$G_4 > G_1$，$G_1 > G_5$，符号"$>$"或"$\succ$"表示优于的含义。再将第二个目标与第三、四、五个目标比较，依次进行下去，得到两两比较结果

$$G_1 > G_2, G_1 > G_3, G_4 > G_1, G_1 > G_5, G_3 > G_2, G_4 > G_3,$$
$$G_4 > G_1, G_5 > G_2, G_4 > G_3, G_5 > G_3, G_4 > G_5$$

统计目标出现在符号"$>$"左边的次数，按次数大小确定优先次序。5 个目标的次数分别为 3，0，1，4，2，则优先次序为：$G_4 > G_1 > G_5 > G_3 > G_2$。

(7) 合理的确定目标数。目标规划的目标函数中包含了多个目标，决策者对于具有相同重要性的目标可以合并为一个目标，如果同一目标中还想分出先后次序，可以赋予不同的权系数，按系数大小再排序。例如，在例 4-1 中要求设备 B 的加班时间不超过设备 A 的时间，目标函数可以表达为 $w_4 d_4^+ + w_5 d_5^+$，$w_4 < w_5$，表示尽可能优先设备 A 加班，如果要求设备 B 的加班时间是设备 A 的时间的 1/2，则令 $w_4 = 1$，$w_5 = 2$。

(8) 多目标决策问题。多目标决策研究的范围比较广泛，在决策中，可能同时要求多个目标达到最优。例如，企业在对多个项目投资时期望收益率尽可能最大，投资风险尽可能最小，属于多目标决策问题，本章的目标规划尽管包含有多个目标，但还是按单个目标求偏差变量的最小值，目标函数中不含有决策变量，目标规划只是多目标决策的一种特殊情形。本章不讨论多目标规划的求解方法，只给出 WinQSB 软件求解线性多目标规划的操作步骤，见例 4-3 和例 4-9。

(9) 目标规划的一般模型。设 $x_j(j=1, 2, \cdots, n)$ 为决策变量，一般模型为

$$\min Z = \sum_{k=1}^{K} P_k \left(\sum_{l=1}^{L} w_{kl}^- d_l^- + w_{kl}^+ d_l^+ \right) \tag{4-1a}$$

$$\begin{cases} \sum_{j=1}^{n} a_{ij} x_j \leqslant (=, \geqslant) b_i & (i=1,2,\cdots,m) \tag{4-1b} \\ \sum_{j=1}^{n} c_{lj} x_j + d_l^- - d_l^+ = g_l & (l=1,2,\cdots,L) \tag{4-1c} \\ x_j \geqslant 0 & (j=1,2,\cdots,n) \tag{4-1d} \\ d_l^-, d_l^+ \geqslant 0 & (l=1,2,\cdots,L) \tag{4-1e} \end{cases}$$

式中，P_k 为第 k 级优先因子，$k=1,2,\cdots,K$；w_{kl}^-、w_{kl}^+，为分别赋予第 l 个目标约束的正负偏差变量的权系数；g_l 为目标的预期目标值，$l=1,2,\cdots,L$。(4-1b) 为系统约束，(4-1c) 为目标约束。

【**例 4-2**】某企业集团计划用 1 000 万元对下属 5 家企业进行技术改造，各企业单位的投资额已知，考虑 2 种市场需求变化、现有竞争对手、替代品的威胁等影响收益的 4 个因素，技术改造完成后预测单位投资收益如表 4-2 所示。

表 4-2

		企业 1	企业 2	企业 3	企业 4	企业 5
单位投资额(万元)		12	10	15	13	20
单位投资收益预测(万元)r_{ij}	市场需求 1	4.32	5	5.84	5.2	6.56
	市场需求 2	3.52	3.04	5.08	4.2	6.24
	现有竞争对手	3.16	2.2	3.56	3.28	4.08
	替代品的威胁	2.24	3.12	2.6	2.2	3.24
期望收益($E(r_j)$)(万元)		3.31	3.34	4.27	3.72	5.03

集团制定的目标是：
(1) 希望完成总投资额又不超过预算；
(2) 总期望收益率达到总投资的 30%；
(3) 投资风险尽可能最小；
(4) 保证企业 5 的投资额占 20% 左右。
集团应如何做出投资决策。

解 设 $x_j(j=1,2,\cdots,5)$ 为集团对第 j 家企业投资的单位数。
(1) 总投资约束
$$12x_1+10x_2+15x_3+13x_4+20x_5+d_1^--d_1^+=1\,000$$
(2) 期望收益率约束
$$3.31x_1+3.34x_2+4.27x_3+3.72x_4+5.03x_5+d_2^--d_2^+$$
$$=0.3(12x_1+10x_2+15x_3+13x_4+20x_5)$$
整理得
$$-0.29x_1+0.34x_2-0.23x_3-0.18x_4-0.97x_5+d_2^--d_2^+=0$$
(3) 投资风险约束。投资风险值的大小一般用期望收益率的方差表示，但方差是 x 的非线性函数。这里用离差 $(r_{ij}-E(r_j))$ 近似表示风险值，例如，集团投资 5 家企业后对于市场需求变化第一情形的风险是 $(4.32-3.31)x_1+(5-3.34)x_2+\cdots+(6.56-5.03)x_5$。

则 4 种因素风险最小的目标函数为：$\min \sum_{i=3}^{6}(d_i^-+d_i^+)$，约束条件为
$$\begin{cases} 1.01x_1+1.66x_2+1.57x_3+1.48x_4+1.53x_5+d_3^--d_3^+=0 \\ 0.21x_1-0.3x_2+0.81x_3+0.48x_4+1.21x_5+d_4^--d_4^+=0 \\ -0.15x_1-1.14x_2-0.71x_3-0.44x_4-0.95x_5+d_5^--d_5^+=0 \\ -1.07x_1-0.22x_2-1.67x_3-1.52x_4-1.79x_5+d_6^--d_6^+=0 \end{cases}$$

(4) 企业 5 占 20% 的投资的目标函数为 $\min d_7^-+d_7^+$，约束条件
$$20x_5+d_7^--d_7^+=0.2\times(12x_1+10x_2+15x_3+13x_4+20x_5)$$

即

$$-2.4x_1 - 2x_2 - 3x_3 - 2.6x_4 + 16x_5 + d_7^- - d_7^+ = 0$$

根据目标重要性依次写出目标函数,整理后得到投资决策的目标规划数学模型

$$\min Z = P_1(d_1^- + d_1^+) + P_2 d_2^- + P_3 \Big[\sum_{i=3}^{6}(d_i^- + d_i^+)\Big] + P_4(d_7^- + d_7^+)$$

$$\begin{cases} 12x_1 + 10x_2 + 15x_3 + 13x_4 + 20x_5 + d_1^- - d_1^+ = 1\,000 \\ -0.29x_1 + 0.34x_2 - 0.23x_3 - 0.18x_4 - 0.97x_5 + d_2^- - d_2^+ = 0 \\ 1.01x_1 + 1.66x_2 + 1.57x_3 + 1.48x_4 + 1.53x_5 + d_3^- - d_3^+ = 0 \\ 0.21x_1 - 0.3x_2 + 0.81x_3 + 0.48x_4 + 1.21x_5 + d_4^- - d_4^+ = 0 \\ -0.15x_1 - 1.14x_2 - 0.71x_3 - 0.44x_4 - 0.95x_5 + d_5^- - d_5^+ = 0 \\ -1.07x_1 - 0.22x_2 - 1.67x_3 - 1.52x_4 - 1.79x_5 + d_6^- - d_6^+ = 0 \\ -2.4x_1 - 2x_2 - 3x_3 - 2.6x_4 + 16x_5 + d_7^- - d_7^+ = 0 \\ x_j, d_i^-, d_i^+ \geqslant 0; i = 1, 2, \cdots, 7; j = 1, 2, \cdots, 5 \end{cases}$$

【例 4-3】车间计划生产甲、乙两种产品,每种产品均需经过 A、B、C 三道工序加工。工艺资料如表 4-3 所示。

(1) 车间如何安排生产计划,使产值和利润都尽可能高。

(2) 如果认为利润比产值重要,怎样决策。

表 4-3

工序 \ 产品	产品甲	产品乙	每天加工能力(小时)
A	2	2	120
B	1	2	100
C	2.2	0.8	90
产品售价(元/件)	50	70	
产品利润(元/件)	10	8	

解 设 x_1,x_2 分别为产品甲和产品乙的日产量,得到线性多目标规划模型

$$\max Z_1 = 50x_1 + 70x_2$$
$$\max Z_2 = 10x_1 + 8x_2$$
$$\begin{cases} 2x_1 + 2x_2 \leqslant 120 \\ x_1 + 2x_2 \leqslant 100 \\ 2.2x_1 + 0.8x_2 \leqslant 90 \\ x_1, x_2 \geqslant 0 \end{cases}$$

(1) 将模型化为目标规划问题。首先,通过分别求产值最大和利润最大的线性规划最优解。产值最大的最优解为 $X^{(1)} = (20, 40)$,$Z_1 = 3\,800$;利润最大的最优解为 $X^{(2)} = (30, 30)$,$Z_2 = 540$。

目标确定为产值和利润尽可能达到 3 800 和 540,得到目标规划数学模型

$$\min Z = d_1^- + d_2^-$$

$$\begin{cases} 50x_1 + 70x_2 + d_1^- - d_1^+ = 3\,800 \\ 10x_1 + 8x_2 + d_2^- - d_2^+ = 540 \\ 2x_1 + 2x_2 \leqslant 120 \\ x_1 + 2x_2 \leqslant 100 \\ 2.2x_1 + 0.8x_2 \leqslant 90 \\ x_j, d_j^-, d_j^+ \geqslant 0, j = 1, 2 \end{cases}$$

(2) 给 d_2^- 赋予一个比 d_1^- 的系数大的权系数,如 $\min Z = d_1^- + 2d_2^-$,约束条件不变。

权系数的大小依据重要程度给定，或者根据同一优先级的偏差变量的关系给定，例如，当利润 d_2^- 减少一个单位时，产值 d_1^- 减少 3 个单位，则赋予 d_2^- 权系数 3，则目标函数为 $\min Z = d_1^- + 3d_2^-$。

4.2 目标规划的图解法

当目标规划模型中只含两个决策变量(不包含偏差变量)时，可以用图解法求出满意解。

【例 4-4】企业计划生产甲、乙两种产品，这些产品需要使用两种材料，要在两种不同设备上加工。工艺资料如表 4-4 所示。

企业怎样安排生产计划，尽可能满足下列目标：

（1）力求使利润指标不低于 80 元；

（2）考虑到市场需求，Ⅰ、Ⅱ两种产品的生产量需保持 1∶1 的比例；

（3）设备 A 既要求充分利用，又尽可能不加班；

（4）设备 B 必要时可以加班，但加班时间尽可能少；

（5）材料不能超用。

表 4-4

资源 \ 产品	产品甲	产品乙	现有资源
材料Ⅰ	3	0	12(kg)
材料Ⅱ	0	4	16(kg)
设备 A	2	2	12(h)
设备 B	5	3	15(h)
产品利润(元/件)	20	40	

解 设 x_1, x_2 分别为产品甲和产品乙的产量，目标规划数学模型为

$$\min Z = P_1 d_1^- + P_2(d_2^- + d_2^+) + P_3(d_3^- + d_3^+) + P_3 d_4^+$$

$$\begin{cases} 3x_1 \leqslant 12 & (1) \\ 4x_2 \leqslant 16 & (2) \\ 20x_1 + 40x_2 + d_1^- - d_1^+ = 80 & (3) \\ x_1 - x_2 + d_2^- - d_2^+ = 0 & (4) \\ 2x_1 + 2x_2 + d_3^- - d_3^+ = 12 & (5) \\ 5x_1 + 3x_2 + d_4^- - d_4^+ = 15 & (6) \\ x_1, x_2, d_i^-, d_i^+ \geqslant 0 \quad (i = 1, 2, 3, 4) \end{cases}$$

第一步，以 x_1, x_2 为轴画出平面直角坐标系，系统约束(1)、(2)对应矩形区域，令所有偏差变量等于零，绘制出目标约束直线 (3)～(6)，然后标明偏差变量大于零时点 (x_1, x_2) 所在的区域。例如，目标约束(4)，当 (x_1, x_2) 在直线(4)右下方时 $d_2^+ > 0$，$d_2^- = 0$；反之，当 (x_1, x_2) 在直线左上方时 $d_2^- > 0$，$d_2^+ = 0$。如图 4-1 所示。

第二步，在图 4-1 的矩形区域内按目标的优先次序求函数的最小值。在矩形区域上，$\min d_1^-$ 的解在直线(3)的右上方，如图 4-2 中的阴影部分。阴影部分中 $\min(d_2^- + d_2^+)$ 的解在线段 $\overline{AB}$ 上，在线段 $\overline{AB}$ 上 $\min(d_3^- + d_3^+)$ 的解是点

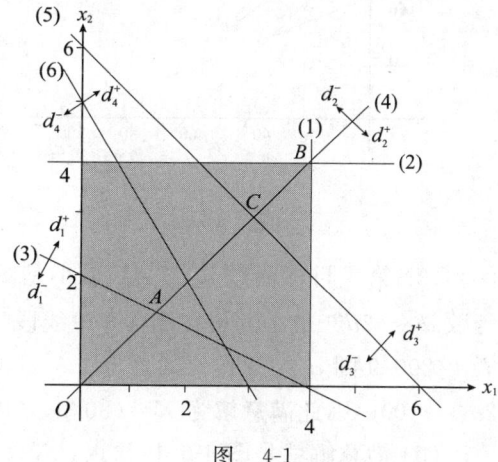

图 4-1

C，其后的 $\min d_4^+$ 的解也是点 C，坐标 $(3,3)$ 为目标规划的满意解，如图 4-2 所示。

第三步，结果分析。满意的生产方案是产品甲、乙各生产 3 件。(1) $d_1^-=0$，$d_1^+=100$，完成利润 180 元，超额 100 元；(2) $d_2^-=d_2^+=0$，满足产品比例要求；(3) 材料 I 消耗 9 公斤，材料 II 消耗 12 公斤，没有超用；(4) $d_3^-=d_3^+=0$，设备 A 的时间恰好用完；(5) $d_4^-=0$，$d_4^+=9$，设备 B 需要加班 9 小时。

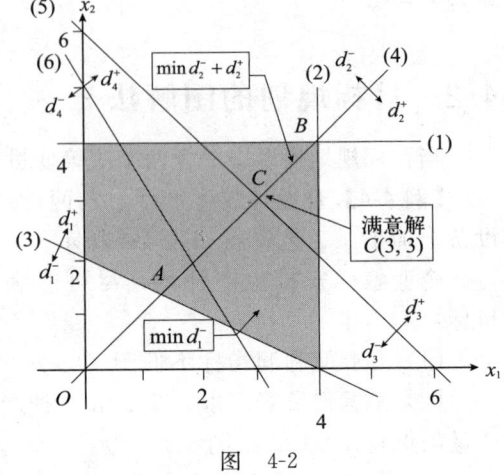

图 4-2

【例 4-5】已知目标规划
$$\min Z = P_1(d_1^- + d_2^+) + P_2(d_3^- + d_3^+) + P_3 d_4^+$$
$$\begin{cases} 10x_1 + 5x_2 + d_1^- - d_1^+ = 400 & (1) \\ 7x_1 + 8x_2 + d_2^- - d_2^+ = 560 & (2) \\ 2x_1 + 2x_2 + d_3^- - d_3^+ = 120 & (3) \\ x_1 + 2.5x_2 + d_4^- - d_4^+ = 100 & (4) \\ x_1、x_2,d_j^-,d_j^+ \geqslant 0, \quad j=1,2,3,4 \end{cases}$$

(1) 求满意解；

(2) 将目标函数改为 $\min Z = P_1(d_1^- + d_1^+) + P_2(d_2^- + 2d_3^+) + P_3 d_4^+$，求满意解；

(3) 将目标函数改为 $\min Z = P_1(d_1^- + d_2^+) + P_2(d_3^- + d_3^+) + P_3 d_4^+ + P_4 d_1^+$，求满意解。

解 (1) 题目没有系统约束，可行域在第一象限，四个约束直线见图 4-3。第一目标最小是图 4-4 中的阴影部分；第二目标最小是图 4-5 中的线段 $\overline{AC}$；第三目标最小是图 4-6 中的线段 $\overline{BC}$，满意解是线段 $\overline{BC}$ 上任意点，端点的解是 $B(100/3, 80/3)$，$C(60,0)$。决策者根据实际情形进行二次选择。

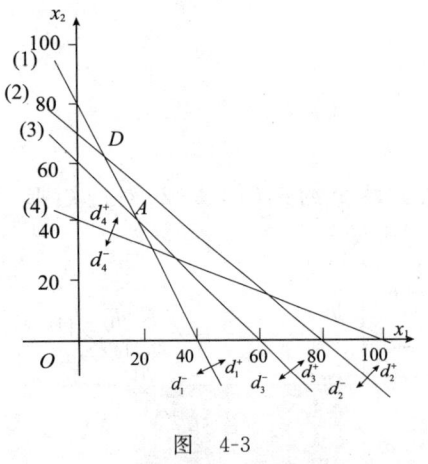

图 4-3

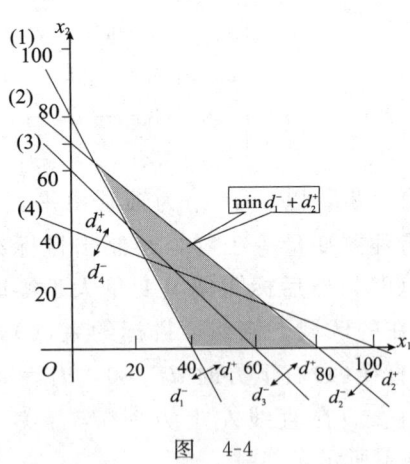

图 4-4

(2) 第一目标函数 $d_1^- + d_1^+$ 最小是图 4-3 直线 (1) 与第一象限相交的部分，第二目标函数 $d_2^- + 2d_3^+$ 最小的解在图 4-3 中线段 $\overline{DA}$ 上，D 点的坐标 $X=(80/9, 560/9)$ 有 $d_2^-=0$，$d_3^+=200/9$ 则 $d_2^- + 2d_3^+ = 400/9$，A 点的坐标 $X=(20,40)$ 有 $d_2^-=100$，$d_3^+=0$ 则 $d_2^- + 2d_3^+ = 100$，因此满意解为 $X=(80/9, 560/9)$。

(3) 满意解就是图 4-6 中 B 点，$X=(100/3, 80/3)$。

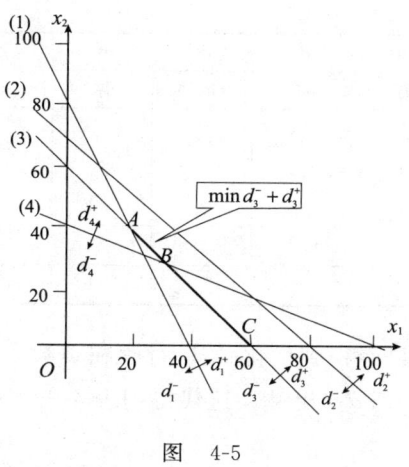

图 4-5

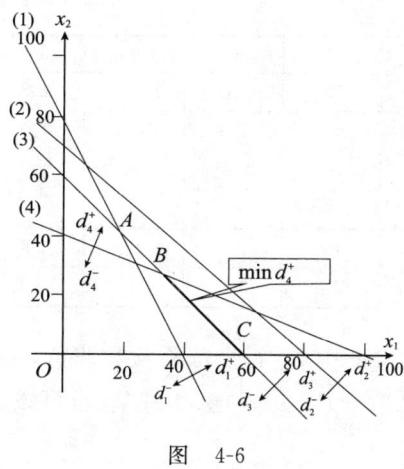

图 4-6

4.3 单纯形法

单纯形法求解目标规划可参照第 1 章的步骤，只是目标规划的检验要按优先级顺序逐级进行，不同的是：

(1) 首先使得检验数中 P_1 的系数非负，再使得 P_2 的系数非负，依次进行；

(2) 当 $P_1,P_2,\cdots,P_k$ 对应的系数全部非负时得到满意解；

(3) 如果 $P_1,P_2,\cdots,P_i$ 行系数非负，而 P_{i+1} 行存在负数，并且负数所在列上面 $P_1,P_2,\cdots,P_i$ 行中存在正数时，得到满意解，计算结束。

【例 4-6】用单纯形法求解下列目标规划问题

$$\min Z = P_1(d_1^- + d_2^+) + P_2 d_3^-$$

$$\begin{cases} x_1 + 2x_2 + d_1^- - d_1^+ = 50 \\ 2x_1 + x_2 + d_2^- - d_2^+ = 40 \\ 2x_1 + 2x_2 + d_3^- - d_3^+ = 80 \\ x_1, x_2, d_i^-, d_i^+ \geqslant 0 \quad (i = 1,2,3) \end{cases}$$

解 以 d_1^-、d_2^-、d_3^- 为基变量，求出检验数，将检验数中优先因子分离出来，每一优先级为一行，列出初始单纯形表，如表 4-5 所示。

表 4-5

C_j		0	0	P_1	0	0	P_1	P_2	0	
C_B	基	x_1	x_2	d_1^-	d_1^+	d_2^-	d_2^+	d_3^-	d_3^+	b
P_1	d_1^-	1	[2]	1	-1					50→
0	d_2^-	2	1			1	-1			40
P_2	d_3^-	2	2					1	-1	80
$C_j - Z_j$	P_1	-1	-2↑		1		1			
	P_2	-2	-2						1	

表 4-5 中，P_1 行中 -2 最小，则 x_2 进基，求最小比值易知 d_1^- 出基，将第二列主元素化为 1，其余元素化为零，得到表 4-6。

表 4-6

C_j		0	0	P_1	0	0	P_1	P_2	0	b
C_B	基	x_1	x_2	d_1^-	d_1^+	d_2^-	d_2^+	d_3^-	d_3^+	
0	x_2	1/2	1	1/2	−1/2					25
0	d_2^-	[3/2]		−1/2	1/2	1	−1			15→
P_2	d_3^-	1		−1	1			1	−1	30
$C_j - Z_j$	P_1			1			1			
	P_2	−1↑		1	−1				1	

表 4-6 中 P_1 行全部检验数非负，表明第一目标已经得到优化。P_2 行存在负数，x_1 的检验数为 $-P_2 < 0$，选 x_1 进基（也可以选 d_1^+ 进基），则 d_2^- 出基，迭代得到表 4-7。

表 4-7

C_j		0	0	P_1	0	0	P_1	P_2	0	b
C_B	基	x_1	x_2	d_1^-	d_1^+	d_2^-	d_2^+	d_3^-	d_3^+	
0	x_2		1	2/3	−2/3	−1/3	1/3			20
0	x_1	1		−1/3	[1/3]	2/3	−2/3			10→
P_2	d_3^-			−2/3	2/3	−2/3	2/3	1	−1	20
$C_j - Z_j$	P_1			1			1			
	P_2			2/3	−2/3↑	2/3	−2/3		1	

在表 4-7 中，P_1 行的系数全部非负，P_2 行存在负数，d_1^+ 的检验数 $-2/3 P_2 < 0$，选 d_1^+ 进基，则 x_1 出基，迭代得到表 4-8。

表 4-8

$C_j →$		0	0	P_1	0	0	P_1	P_2	0	b
C_B	基	x_1	x_2	d_1^-	d_1^+	d_2^-	d_2^+	d_3^-	d_3^+	
0	x_2	2	1			1	−1			40
0	d_1^+	3		−1	1	2	−2			30
P_2	d_3^-	−2				−2	2	1	−1	0
$C_j - Z_j$	P_1			1			1			
	P_2	2				2	−2		1	

注意：表 4-7 中不能选 d_2^+ 进基，检验数 $P_1 - 2/3 P_2$ 应理解为"大于零"，P_1，P_2 是优先级别的比较，而不是"数"的比较。例如，$-3P_2 + 5P_3$ 理解为小于零，$2P_2 - 4P_4$ 理解为大于零等。

表 4-8 中 P_2 行的 (-2) 小于零，但 (-2) 列上面 P_1 行存在正数 1，检验数 $P_1 - 2P_2 > 0$，所有检验数非负，得到满意解为 $X = (0, 40)^T$。

【例 4-7】用单纯形法求解例 4-5(1)及(2)。

解 例 4-5(1) 初始单纯形表见表 4-9，最终单纯形表见表 4-12。满意解 $X = (100/3, 80/3)^T$，对应于图 4-6 点 B。不难看出有多重解，将 d_4^- 进基 x_2 出基，得到另一满意解 $X = (60, 0)^T$，对应于图 4-6 点 C，见表 4-13。

表 4-9

C_j		0	0	P_1	0	0	P_1	P_2	P_2	0	P_3	b
C_B	基	x_1	x_2	d_1^-	d_1^+	d_2^-	d_2^+	d_3^-	d_3^+	d_4^-	d_4^+	
P_1	d_1^-	[10]	5	1	−1							400→
0	d_2^-	7	8			1	−1					560
P_2	d_3^-	2	2					1	−1			120
0	d_4^-	1	2.5							1	−1	100
	P_1	−10↑	−5		1		1					
$C_j − Z_j$	P_2	−2	−2						2			
	P_3										1	

表 4-10

C_j		0	0	P_1	0	0	P_1	P_2	P_2	0	P_3	b
C_B	基	x_1	x_2	d_1^-	d_1^+	d_2^-	d_2^+	d_3^-	d_3^+	d_4^-	d_4^+	
0	x_1	1	1/2	1/10	−1/10							40
0	d_2^-		9/2	−7/10	7/10	1	−1					280
P_2	d_3^-		1	−1/5	1/5			1	−1			40
0	d_4^-		[2]	−1/10	1/10					1	−1	60→
	P_1			1			1					
$C_j − Z_j$	P_2		−1↑	1/5	−1/5				2			
	P_3										1	

表 4-11

C_j		0	0	P_1	0	0	P_1	P_2	P_2	0	P_3	b
C_B	基	x_1	x_2	d_1^-	d_1^+	d_2^-	d_2^+	d_3^-	d_3^+	d_4^-	d_4^+	
0	x_1	1		5/40	−5/40					−1/4	1/4	25
0	d_2^-			−19/40	19/40	1	−1			−9/4	9/4	145
P_2	d_3^-			−3/20	[3/20]			1	−1	−1/2	1/2	10→
0	x_2		1	−1/20	1/20					1/2	−1/2	30
	P_1						1					
$C_j − Z_j$	P_2			3/20	−3/20↑				2	1/2	−1/2	
	P_3										1	

表 4-12

C_j		0	0	P_1	0	0	P_1	P_2	P_2	0	P_3	b
C_B	基	x_1	x_2	d_1^-	d_1^+	d_2^-	d_2^+	d_3^-	d_3^+	d_4^-	d_4^+	
0	x_1	1						5/6	−5/6	−2/3	2/3	100/3
0	d_2^-					1	−1	−19/6	19/6	−2/3	2/3	340/3
0	d_1^+			−1	1			20/3	−20/3	−10/3	10/3	200/3
0	x_2		1					−1/3	1/3	[2/3]	−2/3	80/3→
	P_1						1					
$C_j − Z_j$	P_2							1	1			
	P_3										1	

表 4-13

C_j		0	0	P_1	0	0	P_1	P_2	P_2	0	P_3	
C_B	基	x_1	x_2	d_1^-	d_1^+	d_2^-	d_2^+	d_3^-	d_3^+	d_4^-	d_4^+	b
0	x_1	1	1					1/2	−1/2			60
0	d_2^-		1			1	−1	−7/2	7/2			140
0	d_1^+		5	−1	1			5	−5			200
0	d_4^-		3/2					−1/2	1/2	1	−3/4	40
	P_1						1					
$C_j - Z_j$	P_2							1	1			
	P_3										1	

（2）以表 4-12 为基础，计算出检验数，单纯形法计算如表 4-14 所示。

表 4-14

C_j		0	0	P_1	P_1	P_2	0	0	$2P_2$	0	P_3	
C_B	基	x_1	x_2	d_1^-	d_1^+	d_2^-	d_2^+	d_3^-	d_3^+	d_4^-	d_4^+	b
0	x_1	1						5/6	−5/6	−2/3	2/3	100/3
P_2	d_2^-					1	−1	−19/6	19/6	−2/3	2/3	340/3
P_1	d_1^+			−1	1			20/3	−20/3	−10/3	[10/3]	200/3→
0	x_2		1					−1/3	1/3	2/3	−2/3	80/3
	P_1			2				−20/3	20/3	10/3	−10/3↑	
$C_j - Z_j$	P_2							19/6	−7/6	2/3	−2/3	
	P_3								1		1	
0	x_1	1		1/5	−1/5			−1/2	1/2			20
P_2	d_2^-			1/5	−1/5	1	−1	−9/2	[9/2]			100→
P_3	d_4^+			−3/10	3/10			2	−2	−1	1	20
0	x_2		1	−1/5	1/5			1	−1			40
	P_1			1	1							
$C_j - Z_j$	P_2			−1/5	−1/5		2	1	9/2	−5/2↑		
	P3			3/10				−2		1		
0	x_1	1		8/45	−8/45	−1/9	1/9					80/9
$2P_2$	d_3^+			2/45	−2/45	2/9	−2/9	−1	1			200/9
P_3	d_4^+			−19/90	19/90	4/9	−4/9			−1	1	580/9
0	x_2		1	−7/45	7/45	2/9	−2/9					560/9
	P_1			1	1							
$C_j - Z_j$	P_2			−4/45	4/45	5/9	4/9		2			
	P_3			19/90	−19/90	−4/9	4/9			1		

满意解 $X = (80/9, 560/9)^T$，$d_3^+ = 200/9$，$d_4^+ = 580/9$，$Z = 108.88$。

注意：如果将目标函数 $\min Z = P_1(d_1^- + d_1^+) + P_2(d_2^- + 2d_3^+) + P_3 d_4^+$，改写成

$$\min Z = P_1(d_1^- + d_1^+) + P_2 d_3^+ + P_3 d_2^- + P_4 d_4^+$$

用单纯形法求解得到最终表 4-15。

表 4-15

C_j		0	0	P_1	P_1	P_3	0	0	P_2	0	P_4	b
C_B	基	x_1	x_2	d_1^-	d_1^+	d_2^-	d_2^+	d_3^-	d_3^+	d_4^-	d_4^+	
0	x_1	1		1/5	−1/5			−1/2	1/2			20
P_3	d_2^-			1/5	−1/5	1	−1	−9/2	9/2			100
P_4	d_4^+			−3/10	3/10			2	−2	−1	1	20
0	x_2		1	−1/5	1/5			1	−1			40
$C_j - Z_j$	P_1			1	1							
	P_2								1			
	P_3			−1/5	1/5		1	9/2	−9/2			
	P_4			3/10	−3/10			−2	2	1		

满意解 $X=(20, 40)^T$，对应于图 4-6 中点 A，显然该解是错误的。

该例说明 $\min(d_2^- + 2d_3^+)$ 是将 $(d_2^- + 2d_3^+)$ 作为一个函数整体求最小，而不能按权系数大小顺序求最小，尤其在图解法中容易出现类似错误。

例 4-7(2) 是在原问题中作了部分变动后再求解，等价于第 2 章的灵敏度分析，求解原理基本相同。

4.4 WinQSB 软件应用

4.4.1 目标规划求解

目标规划的运算程序是 Goal Programming(GP)，该程序可以求解线性目标规划、整数线性目标规划和多目标规划问题。

【例 4-8】用软件求解例 4-2。

解 （1）启动程序。点击开始→程序→WinQSB→Goal Programming。

（2）建立新问题。在图 4-7 中分别输入标题、输入目标数 4、变量数 19 及约束数 7。目标数等于优先级别个数，变量数等于决策变量数加偏差变量数。其他选项同线性规划。

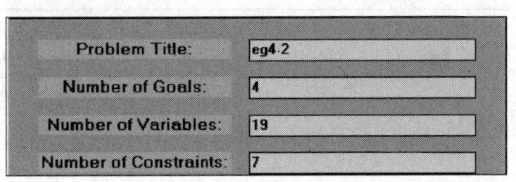

图 4-7

（3）输入数据。系统显示变量为 $x_j (j=1, 2, \cdots, 19)$，为了便于观察将 d_i^-、d_i^+，分别重新命名为 n_i，p_i，如 x_6，x_7 分别重命名为 n_1，p_1。还可以对约束重命名。按表 4-16 输入数据。

表 4-16

Variab	X1	X2	X3	X4	X5	n1	p1	n2	p2	n3	p3	n4	p4	n5	p5	n6	p6	n7	p7	≥cl	R.
Min:G1						1	1														
Min:G2								1													
Min:G3										1	1	1	1	1	1	1	1				
Min:G4																		1	1		
总投资	12	10	15	13	20	1	−1													=	1000
利润率	−0.29	0.34	−0.23	−0.18	−0.97			1	−1											=	0
风险1	1.01	1.66	1.57	1.48	1.53					1	−1									=	0
风险2	0.21	−0.3	0.81	0.48	1.21							1	−1							=	0
风险3	−0.15	−1.14	−0.71	−0.44	−0.95									1	−1					=	0
风险4	−1.07	−0.22	−1.67	−1.52	−1.79											1	−1			=	0
企业5	−2.4	−2	−3	−2.6	16													1	−1	=	0
Lower	0	0	0	0	0	0	0	0	0	0	0	0	0	0	0	0	0	0	0		
Upper	M	M	M	M	M	M	M	M	M	M	M	M	M	M	M	M	M	M	M		
Variab	uous	uous	uous	uous	uous	ous	ous	ous	ous	ous	ous	ous	ous	ous	ous	ous	ous	ous	ous		

(4) 求非负连续解。点击菜单栏 Solve and Analyze/ Solve the Problem，得到满意解
$$X^{(1)} = (25.07, 49.91, 0, 0, 10), G_3 = 251.74$$
$$d_3^+ = p_3 = 123.48, d_4^+ = p_4 = 2.39, d_5^- = n5 = 70.16, d_6^- = n6 = 55.71$$
其余偏差变量等于零。点击 Results/Obtain Alternate Optimal 得到另一个满意解。

(5) 求非负整数解。双击表 4-16 下面 Variable Type 行中 Continuous，将 x_1，x_2，…，x_5 改为非负整数型，偏差变量不需要取整。求解得到满意解
$$X^{(2)} = (30, 50, 0, 0, 7), G_3 = 248, G_4 = 60$$
$$d_2^+ = 1.51, d_3^+ = 124, d_4^+ = 0.23, d_5^- = 68.15, d_6^- = 55.63, d_7^- = 60$$

(6) 结果分析。以第一个解为例，取 $X^{(1)} = (25, 50, 0, 0, 10)$，第一个企业投资 25 个单位资金，投资额为 300 万元，第二个企业投资 50 个单位资金，投资额为 500 万元，第五个企业投资 10 个单位资金，投资额为 200 万元，总投资为 1 000 万元，完成总利润 300 万元，收益率为 30%，总风险系数 252.35。同理可以对解 $X^{(2)}$ 进行分析。由于解不唯一，决策者可以依据实际情形或主观要求对多方案进行选择。

4.4.2 多目标规划求解

多目标规划属于多目标决策的内容，下面以线性多目标规划为例，介绍软件求解方法。

【例 4-9】 企业生产 3 种产品，单位产品资源消耗量和利润如表 4-17 所示。企业的目标是首先要求利润最大，其次是耗电量最小，如何安排生产计划。

表 4-17

	原料 1(kg)	原料 2(kg)	设备(台时)	电量(kw)	利润(元)
产品 A	2	4	7	4	9
产品 B	8	4	6	5	10
产品 C	6	6	8	8	14
资源限量	40	50	80	不限	

解 (1) 设 x_1，x_2，x_3 分别为产品 A、B、C 的产量，则多目标规划数学模型为
$$\max Z_1 = 9x_1 + 10x_2 + 14x_3$$
$$\min Z_2 = 4x_1 + 5x_2 + 8x_3$$
$$\begin{cases} 2x_1 + 8x_2 + 6x_3 \leqslant 40 \\ 4x_1 + 4x_2 + 6x_3 \leqslant 50 \\ 7x_1 + 6x_2 + 8x_3 \leqslant 80 \\ x_1, x_2, x_3 \geqslant 0 \text{ 且为整数} \end{cases}$$

(2) 建立新问题。在图 4-7 中输入标题、目标数 2、变量数 3、约束数 3；下面选项中选择 Maximization、Nonegative Integer。

(3) 修改目标准则、输入数据。点击 Edit/Goal Criteria and Name，将 G2 行的 Maximize 改为 Minimize，如图 4-8 所示。按表 4-18 输入数据。

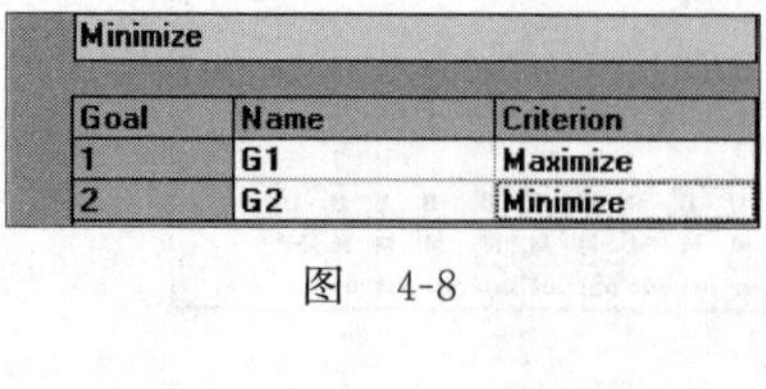

表 4-18

Variable -->	X1	X2	X3	Direction	R. H.
Max:G1	9	10	14		
Min:G2	4	5	8		
C1	2	8	6	<=	40
C2	8	4	6	<=	50
C3	7	6	8	<=	80
LowerBound	0	0	0		
UpperBound	M	M	M		
VariableType	Integer	Integer	Integer		

Minimize		
Goal	Name	Criterion
1	G1	Maximize
2	G2	Minimize

图 4-8

(4) 求解。点击菜单栏 Solve and Analyze/ Solve the Problem，得到满意解为 $X=(7,1,3)$，$Z_1=115$，$Z_2=57$。

读者不难验证，如果去掉电量消耗最小目标，求解普通线性规划得到最优解为 $X=(5,0,5)$，利润 $Z_1=115$，电量消耗 $Z_2=60$，利润相等但耗电量要高。

习题

4.1 已知某实际问题的线性规划模型为
$$\max Z = 100x_1 + 50x_2$$
$$\begin{cases} 10x_1 + 16x_2 \leqslant 200 & （资源1） \\ 11x_1 + 3x_2 \geqslant 25 & （资源2） \\ x_1, x_2 \geqslant 0 \end{cases}$$

假定重新确定这个问题的目标为：

P_1——Z 的值应不低于 1 900；

P_2——资源 1 必须全部利用。

将此问题转换为目标规划问题，列出数学模型。

4.2 工厂生产甲、乙两种产品，由 A、B 两组人员来生产。A 组人员熟练工人比较多，工作效率高，成本也高；B 组人员新手较多工作效率比较低，成本也较低。例如，A 组只生产甲产品时每小时生产 10 件，成本是 50 元，有关资料如表 4-19 所示。

表 4-19

	产品甲		产品乙	
	效率（件/小时）	成本（元/件）	效率（件/小时）	成本（元/件）
A 组	10	50	8	45
B 组	8	45	5	40
产品售价（元/件）	80		75	

二组人员每天正常工作时间都是 8 小时，每周 5 天。一周内每组最多可以加班 10 小时，加班生产的产品每件增加成本 5 元。

工厂根据市场需求、利润及生产能力确定了下列目标顺序：

P_1——每周供应市场甲产品 400 件，乙产品 300 件。

P_2——每周利润指标不低于 500 元。

P_3——两组都尽可能少加班，如必须加班由 A 组优先加班。

建立此生产计划的数学模型。

4.3 某公司要将一批货从三个产地运到四个销地，有关数据如表 4-20 所示。

表 4-20

销地 产地	B_1	B_2	B_3	B_4	供应量
A_1	7	3	7	9	560
A_2	2	6	5	11	400
A_3	6	4	2	5	750
需求量	320	240	480	380	

现要求制定调运计划，且依次满足：

(1) B_3 的供应量不低于需要量；

(2) 其余销地的供应量不低于 85%；

(3) A_3 给 B_3 的供应量不低于 200；

(4) A_2 尽可能少给 B_1；

(5) 销地 B_2、B_3 的供应量尽可能保持平衡；

(6) 使总运费最小。

试建立该问题的目标规划数学模型。

4.4 用图解法求解下列目标规划问题

(1) $\min z = p_1(d_1^- + d_2^+) + P_2 d_3^+$
$$\begin{cases} x_1 + 2x_2 + d_1^- - d_1^+ = 10 \\ x_1 + x_2 + d_2^- - d_2^+ = 6 \\ 4x_1 + 5x_2 + d_3^- - d_3^+ = 20 \\ x_1, x_2, d_i^-, d_i^+ \geq 0 \quad (i = 1, 2, 3) \end{cases}$$

(2) $\min z = p_1(d_1^- + d_2^+) + p_2 d_3^-$
$$\begin{cases} x_1 + x_2 + d_1^- - d_1^+ = 2 \\ 2x_1 + 3x_2 + d_2^- - d_2^+ = 12 \\ 3x_1 + 4x_2 + d_3^- - d_3^+ = 24 \\ x_1, x_2, d_i^-, d_i^+ \geq 0 \quad (i = 1, 2, 3) \end{cases}$$

(3) $\min Z = p_1 d_1^- + p_2(d_2^+ + 2d_3^-)$
$$\begin{cases} 8x_1 + 4x_2 + d_1^- - d_1^+ = 160 \\ x_1 + 2x_2 + d_2^- - d_2^+ = 30 \\ x_1 + 2x_2 + d_3^- - d_3^+ = 40 \\ x_1, x_2, d_i^-, d_i^+ \geq 0, i = 1, 2, 3 \end{cases}$$

(4) $\min z = p_1(d_3^+ + d_4^+) + P_2 d_1^- + P_3 d_2^-$
$$\begin{cases} x_1 + x_2 + d_1^- - d_1^+ = 40 \\ x_1 + x_2 + d_2^- - d_2^+ = 60 \\ x_1 + d_3^- - d_3^+ = 30 \\ x_2 + d_4^- - d_4^+ = 20 \\ x_1, x_2, d_i^-, d_i^+ \geq 0 \quad (i = 1, \cdots, 4) \end{cases}$$

4.5 用单纯形法求解下列目标规划问题

(1) $\min z = p_1(d_1^- + d_2^+) + P_2(d_2^- + d_3^-) + P_3(d_1^+ + d_3^+)$
$$\begin{cases} x_1 + x_2 + 2x_3 + d_1^- - d_1^+ = 40 \\ x_1 + x_2 - x_3 + d_2^- - d_2^+ = 60 \\ x_1 + x_3 + d_3^- - d_3^+ = 30 \\ x_j, d_i^-, d_i^+ \geq 0 \quad (i, j = 1, 2, 3) \end{cases}$$

(2) $\min Z = p_1(2d_1^+ + d_2^-) + p_2 d_3^-$
$$\begin{cases} x_1 + 2x_2 \leq 6 \\ x_1 - x_2 + d_1^- - d_1^+ = 2 \\ -x_1 + 2x_2 + d_2^- - d_2^+ = 2 \\ x_2 + d_3^- - d_3^+ = 4 \\ x_1, x_2, d_i^-, d_i^+ \geq 0, i = 1, 2, 3 \end{cases}$$

4.6 已知目标规划问题

$$\min Z = p_1 d_1^- + P_2 d_2^+ + P_3(5d_3^- + 3d_4^-) + P_4 d_1^+$$

$$\begin{cases} x_1 + 2x_2 + d_1^- - d_1^+ = 6 \\ x_1 + 2x_2 + d_2^- - d_2^+ = 9 \\ x_1 - 2x_2 + d_3^- - d_3^+ = 4 \\ x_2 + d_4^- - d_4^+ = 2 \\ x_1, x_2, d_i^-, d_i^+ \geq 0 \quad (i = 1, 2, 3, 4) \end{cases}$$

(1) 分别用图解法和单纯形法求解；

(2) 分析目标函数分别变为如下两种情况时解的变化。

a) $\min Z = p_1 d_1^- + P_2 d_2^+ + P_3 d_1^+ + P_4(5d_3^- + 3d_4^-)$

b) $\min Z = p_1 d_1^- + P_2 d_2^+ + P_3(w_1 d_3^- + w_2 d_4^-) + P_4 d_1^+$（分析 w_1 和 w_2 的比例变动）

4.7 思考与简答题

(1) 目标规划与线性规划模型有哪些相同与区别。

(2) 简述正负偏差变量的含义，在模型中起什么作用。

(3) 用单纯形法求解目标规划时，按什么规则选进基变量，在什么时候得到满意解停止计算。

(4) 当期望结果不低于目标值时，为什么目标函数不是求正偏差变量最大而是目标函数求负偏差变量最小。

(5) 图解法时，能否首先分别求各目标的最小值然后取解的交集得到满意解，为什么。

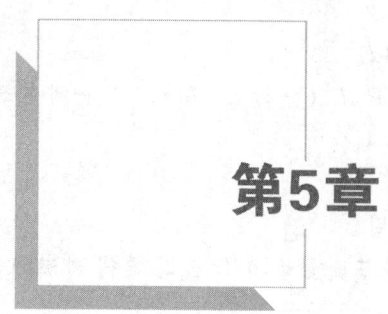

第5章

运输与指派问题

这一章和下一章所讨论的模型都属于网络模型这一类。运输模型(Transportation Model)和指派模型(Assignment Model)具有相似的数学结构,是一种特殊的线性规划模型。许多决策模型都属于该类,其内容丰富,求解方法独特,因此单独以一章来进行讲解。

5.1 运输问题的数学模型及其特征

5.1.1 数学模型

人们在从事生产活动中,不可避免地要进行物资调运工作,如某时期内将生产基地的煤、钢铁、粮食等各类物资,分别运到需要这些物资的地区。根据各地的生产量和需求量及各地之间的运输费用,如何制定一个运输方案,使总的运输费用最小,这样的问题称为**运输问题**。

【例 5-1】如图 5-1 所示的网络图,有 A_1,A_2,A_3 三个产粮区,可供应粮食分别为 10,8,5(万吨),现将粮食运往 B_1,B_2,B_3,B_4 四个地区,其需求量分别为 5,7,8,3(万吨)。箭条旁的数字为产粮地到需求地(销地)的运价(元/吨),图 5-1 也可以用表 5-1 表示,问如何安排一个运输计划,使总的运输费用最少?

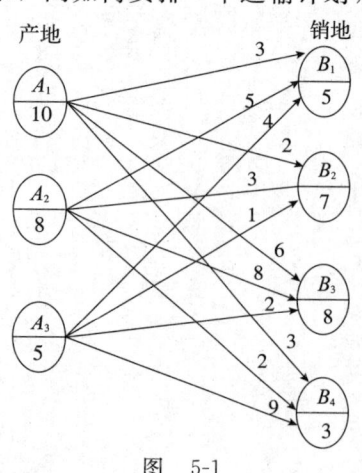

图 5-1

表 5-1 运价表 (元/吨)

需求地 产粮地	B_1	B_2	B_3	B_4	供给量 (万吨)
A_1	3	2	6	3	10
A_2	5	3	8	2	8
A_3	4	1	2	9	5
需求量(万吨)	5	7	8	3	合计:23

解 设 $x_{ij}(i=1,2,3;j=1,2,3,4)$ 为第 i 个产粮地运往第 j 个需求地的运量(万吨),这样得到下列运输问题的数学模型:

(1) 使总的运输费用最小,则目标函数为

$$\min Z = 3x_{11}+2x_{12}+6x_{13}+3x_{14}+5x_{21}+3x_{22}+8x_{23}+2x_{24}+4x_{31}+x_{32}+2x_{33}+9x_{34}$$

实际总运费等于 Z 乘以 10 000。

(2) 各产粮地的供给量与运出量的平衡方程

$$\begin{cases} x_{11}+x_{12}+x_{13}+x_{14}=10 \\ x_{21}+x_{22}+x_{23}+x_{24}=8 \\ x_{31}+x_{32}+x_{33}+x_{34}=5 \end{cases}$$

(3) 供给各需求地的供给量与需求量的平衡方程

$$\begin{cases} x_{11}+x_{21}+x_{31}=5 \\ x_{12}+x_{22}+x_{32}=7 \\ x_{13}+x_{23}+x_{33}=8 \\ x_{14}+x_{24}+x_{34}=3 \end{cases}$$

(4) 粮食的运量应大于或等于零(非负要求),即

$$x_{ij} \geqslant 0, \quad i=1,2,3; \quad j=1,2,3,4$$

【例 5-2】有三台机床加工三种零件,计划第 i 台的生产任务为 $a_i(i=1,2,3)$ 个零件,第 j 种零件的需求量为 $b_j(j=1,2,3)$,第 i 台机床加工第 j 种零件需要的时间为 c_{ij},如表 5-2 所示。问如何安排生产任务使总的加工时间最少。

表 5-2

机床\零件	B_1	B_2	B_3	生产任务 a_i
A_1	5	2	3	50
A_2	6	4	1	60
A_3	7	3	4	40
需要量 b_j	70	30	50	150

解 设 $x_{ij}(i=1,2,3;j=1,2,3)$ 为第 i 台机床加工第 j 种零件的数量,则此问题的数学模型为

$$\min Z = 5x_{11}+2x_{12}+3x_{13}+6x_{21}+4x_{22}+x_{23}+7x_{31}+3x_{32}+4x_{33}$$

$$\begin{cases} x_{11}+x_{12}+x_{13}=50 \\ x_{21}+x_{22}+x_{23}=60 \\ x_{31}+x_{32}+x_{33}=40 \\ x_{11}+x_{21}+x_{31}=70 \\ x_{12}+x_{22}+x_{32}=30 \\ x_{13}+x_{23}+x_{33}=50 \\ x_{ij} \geqslant 0, \quad i=1,2,3; \quad j=1,2,3 \end{cases}$$

从例 5-2 可以看出,有些问题表面上与运输问题没有多大关系,其模型的数学结构与例 5-1 运输问题模型形式相同,我们把这类模型都称为**运输模型**。

5.1.2 模型特征

运输问题的数学模型有它的独特性。假设有 m 个产地,记为 $A_1, A_2, \cdots, A_m$,生产某种物资,可供应的产量分别为 $a_1, a_2, \cdots, a_m$;有 n 个销地(需求地),记为 $B_1, B_2, \cdots, B_n$,其需求量分别为 $b_1, b_2, \cdots, b_n$;供需平衡,即 $\sum_{i=1}^{m} a_i = \sum_{j=1}^{n} b_j$。从第 i 个产

地到 j 个销地的单位物资的运费(运价)为 c_{ij}，在满足各地需要的前提下，求总运输费用最小的调运方案。

设 $x_{ij}(i=1, 2, \cdots, m; j=1, 2, \cdots, n)$ 为第 i 个产地到第 j 个销地的运量，则运输问题的数学模型为

$$\min Z = \sum_{i=1}^{m}\sum_{j=1}^{n} c_{ij} x_{ij} \tag{5-1a}$$

$$\begin{cases} \sum_{j=1}^{n} x_{ij} = a_i & i=1,\cdots,m \\ \sum_{i=1}^{m} x_{ij} = b_j & j=1,\cdots,n \\ x_{ij} \geqslant 0, & i=1,\cdots,m; \quad j=1,\cdots,n \end{cases} \tag{5-1b} \tag{5-1c}$$

当目标是利润时，式(5-1a)改为求最大值；当总供给量大于总需求量时，式(5-1b)改为"$\leqslant$"约束；当总供给量小于总需求量时，式(5-1c)改为"$\leqslant$"约束。

式(5-1)是线性规划模型，在供需平衡条件下，有 $m+n$ 个等式约束有 mn 个变量，约束条件的系数矩阵 A 有 $m+n$ 行 mn 列。目标函数由运价矩阵 $C_{m \times n}$ 与变量矩阵 $X_{m \times n}$ 对应元素相乘求和构成。在第 1 章的线性规划模型中，假设系数矩阵 $A_{m \times n}$ 满足 $r(A)=m$，即 m 个约束方程是相互独立的，因而有 m 个基变量(基矩阵的秩等于 m)，但运输问题的数学模型的基变量数不是 $m+n$，而是 $m+n-1$。

【定理 5.1】 设有 m 个产地 n 个销地且产销平衡的运输问题，则基变量数为 $m+n-1$。

证 由 $\sum_{i=1}^{m} a_i = \sum_{j=1}^{n} b_j$，将式(5-1b)的 m 个约束方程两边相加得

$$\sum_{i=1}^{m}\sum_{j=1}^{n} x_{ij} = \sum_{i=1}^{m} a_i$$

将式(5-1c)的 n 个约束两边相加得

$$\sum_{j=1}^{n}\sum_{i=1}^{m} x_{ij} = \sum_{j=1}^{n} b_j$$

显然前 m 个约束方程之和等于后 n 个约束方程之和，$m+n$ 个约束方程是相关的，系数矩阵

$$A = \begin{matrix} x_{11} & x_{12} & \cdots & x_{1n} & x_{21} & x_{22} & \cdots & x_{2n} & \cdots & x_{m1} & x_{m2} & \cdots & x_{mn} \\ \begin{bmatrix} 1 & 1 & \cdots & 1 & & & & & & & & & \\ & & & & 1 & 1 & \cdots & 1 & & & & & \\ & & & & & & & & \ddots & & & & \\ & & & & & & & & & 1 & 1 & \cdots & 1 \\ 1 & & & & 1 & & & & \cdots & 1 & & & \\ & 1 & & & & 1 & & & \cdots & & 1 & & \\ & & \ddots & & & & \ddots & & & & & \ddots & \\ & & & 1 & & & & 1 & \cdots & & & & 1 \end{bmatrix} \end{matrix}$$

中任意 $m+n$ 阶子式等于零，取第一行到 $m+n-1$ 行与 x_{1n}, x_{2n}, $\cdots$, x_{mn}, x_{11}, x_{12}, $\cdots$, $x_{1,n-1}$ 对应的列(共 $m+n-1$ 列)组成的 $m+n-1$ 阶子式

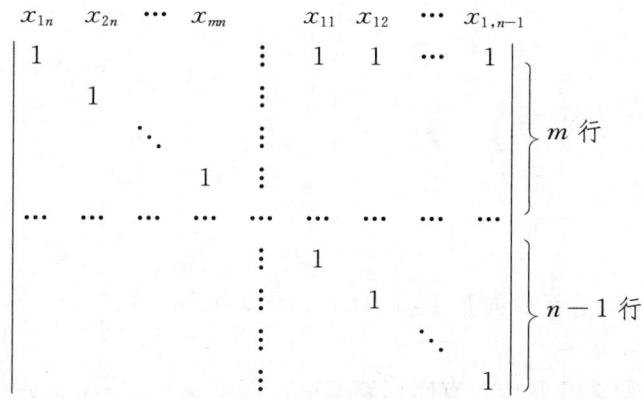

不等于零,故 $r(A)=m+n-1$,所以运输问题有 $m+n-1$ 个基变量。

为了在 mn 个变量中找出 $m+n-1$ 个变量作为一组基变量,就是要在 A 中找出 $m+n-1$ 个线性无关的列向量,下面引用闭回路的概念寻找这些基变量。

称集合 $\{x_{i_1 j_1}, x_{i_1 j_2}, x_{i_2 j_2}, x_{i_2 j_3}, \cdots, x_{i_s j_s}, x_{i_s j_1}\}$($i_1, i_2, \cdots, i_s$;$j_1 j_2, \cdots, j_s$ 互不相同)为一个**闭回路**,集合中的变量称为闭回路的顶点,相邻两个变量的连线为闭回路的边。在表 5-3 及表 5-4 中的变量组构成两个闭回路。

表 5-3 中闭回路是 $\{x_{11}, x_{41}, x_{43}, x_{33}, x_{32}, x_{12}\}$。表 5-4 中闭回路的变量集合是 $\{x_{11}, x_{12}, x_{42}, x_{43}, x_{23}, x_{25}, x_{35}, x_{31}\}$ 共有 8 个顶点,这 8 个顶点间用水平或垂直线段连接起来,组成一条封闭的回路。一条回路中的顶点数一定是偶数,回路遇到顶点必须转 90 度与另一顶点连接,表 5-4 中的变量 x_{32} 及 x_{33} 不是闭回路的顶点,只是连线的交点。

表 5-3

	B_1	B_2	B_3
A_1	x_{11}	x_{12}	
A_2			
A_3		x_{32}	x_{33}
A_4	x_{41}		x_{43}

表 5-4

	B_1	B_2	B_3	B_4	B_5
A_1	x_{11}	x_{12}			
A_2			x_{23}		x_{25}
A_3	x_{31}				x_{35}
A_4		x_{42}	x_{43}		

例如在表 5-4 中取变量组

$$A = \{x_{21}, x_{25}, x_{35}, x_{31}, x_{11}, x_{12}\}, \quad B = \{x_{33}, x_{32}, x_{12}, x_{11}, x_{21}\},$$
$$C = \{x_{21}, x_{23}, x_{12}, x_{11}, x_{32}, x_{33}\}$$

A 不能组成一条闭回路,但 A 中包含有闭回路 $\{x_{21}, x_{25}, x_{35}, x_{31}\}$;$B$ 的变量数是奇数,显然不是闭回路,也不含有闭回路;C 是一条闭回路,若把 C 重新写成 $C = \{x_{21}, x_{23}, x_{33}, x_{32}, x_{12}, x_{11}\}$,不难看出 C 仍是一条闭回路。

若变量组 $\{x_{i_1 j_1}, x_{i_2 j_2}, \cdots, x_{i_r j_r}\}$ 中某一个变量是它所在行或列中出现的唯一变量,则称这个变量是关于变量组的**孤立点**。

在集合 A 中 x_{12} 位于第一行第二列,A 中第二列只有变量 x_{12},故 x_{12} 是变量组 A 的孤立点。变量组 C 中没有孤立点。变量组 B 中 x_{21} 和 x_{33} 是孤立点。

很显然,若一个变量组不包含任何闭回路,则变量组必有孤立点,如变量组 B。一条闭回路中一定没有孤立点,如变量组 C。有孤立点的变量组中不一定没有闭回路,如变量组 A。

记系数矩阵 A 中 x_{ij} 对应的列向量为 P_{ij},由系数矩阵 A 的特征知 P_{ij} 的第 i 个分量及第 $m+j$ 个分量等于 1,其余分量为 0,即

$$\boldsymbol{P}_{ij} = \begin{bmatrix} 0 \\ \vdots \\ 1 \\ \vdots \\ 1 \\ \vdots \\ 0 \end{bmatrix} \begin{matrix} \\ i\ 行 \\ \\ m+j\ 行 \\ \\ \end{matrix}$$

例如 $m=3$，$n=4$，x_{23} 的系数向量 $\boldsymbol{P}_{23}=(0,1,0,0,0,1,0)^{\mathrm{T}}$，$x_{34}$ 的系数向量 $\boldsymbol{P}_{34}=(0,0,1,0,0,0,1)^{\mathrm{T}}$。

【定理 5.2】 若变量组 B 包含有闭回路 $C=\{x_{i_1 j_1},\ x_{i_1 j_2},\cdots,x_{i_s j_1}\}$，则 B 中的变量对应的列向量线性相关。

证 将闭回路 C 中列向量分别乘以正负号线性组合后等于零，即
$$P_{i_1 j_1} - P_{i_1 j_2} + P_{i_2 j_2} - \cdots - P_{i_s j_1} = 0$$
因而 C 中的列向量线性相关，由线性代数知，向量组中部分向量组线性相关则该向量组线性相关，所以 B 中列向量线性相关。

由定理 5.2 可知，当一个变量组中不包含有闭回路，则这些变量对应的系数向量线性无关。

求运输问题的一组基变量，就是要找到 $m+n-1$ 个变量，使得它们对应的系数列向量线性无关，由定理 5.2，找这样的一组变量是很容易的，只要 $m+n-1$ 个变量中不包含闭回路，就可得到一组基变量，因而得到定理 5.3。

【定理 5.3】 $m+n-1$ 个变量组构成基变量的充要条件是它不包含任何闭回路。

定理 5.3 告诉了一个求基变量的简单方法，同时也可以判断一组变量是否可以作为某个运输问题的基变量。这种方法是直接在运价表中进行的，不需要在系数矩阵 A 中去寻找，从而给运输问题求初始基本可行解带来极大的方便。

例如，$m=3$，$n=4$，将运价 c_{ij} 和运量 x_{ij} 放在同一张表中，如表 5-5 所示。

表 5-5

A_i\B_j	B_1	B_2	B_3	B_4	a_i
A_1	c_{11} / x_{11}	c_{12} / x_{12}	c_{13} / x_{13}	c_{14} / x_{14}	a_1
A_2	c_{21} / x_{21}	c_{22} / x_{22}	c_{23} / x_{23}	c_{24} / x_{24}	a_2
A_3	c_{31} / x_{31}	c_{32} / x_{32}	c_{33} / x_{33}	c_{34} / x_{34}	a_3
b_j	b_1	b_2	b_3	b_4	

这个运输问题的基变量数目是 $3+4-1=6$。变量组 $\{x_{11},x_{31},x_{32},x_{24},x_{13},x_{12},x_{22}\}$ 中有 7 个变量，显然不能构成一组基变量，又如 $\{x_{21},x_{22},x_{32},x_{13},x_{24},x_{34}\}$ 中有 6 个变量，但包含有一条闭回路 $\{x_{22},x_{32},x_{34},x_{24}\}$，故不能构成一组基变量。变量组 $\{x_{11},x_{21},x_{22},x_{32},x_{33},x_{34}\}$ 有 6 个变量且不含有任何闭回路，故可以构成此问题的一组基变量。

5.2 运输单纯形法

运输单纯形法(或称表上作业法)是直接在运价表上求最优解的一种方法,条件是:问题求最小值、产销平衡和运价非负。其基本步骤如下:

第一步,求初始基本可行解(初始调运方案),常用的方法有最小元素法、元素差额法(Vogel 近似法)、左上角法;

第二步,求检验数并判断是否得到最优解,常用求检验的方法有闭回路法和位势法,假设目标函数取最小,当非基变量的检验数 λ_{ij} 全都非负时得到最优解(对于 $\max Z$ 有 $\lambda_{ij} \leqslant 0$ 时最优),若存在检验数 $\lambda_{lk} < 0$,说明还没有达到最优,转到第三步;

第三步,调整运量,即换基,选一个变量出基,对原运量进行调整得到新的基本可行解,转到第二步。

5.2.1 初始基本可行解

(1) **最小元素法**。最小元素法的思想是就近优先运送,即最小运价 c_{ij} 对应的变量 x_{ij} 优先赋值 $x_{ij} = \min\{a_i, b_j\}$,然后再在剩下的运价中取最小运价对应的变量赋值并满足约束,依次下去,直到最后得到一个初始基本可行解。

【例 5-3】求表 5-6 所示的运输问题的初始基本可行解。

表 5-6

销地 产地	B_1	B_2	B_3	B_4	产量
A_1	9	3	8	4	70
A_2	7	6	5	1	50
A_3	2	10	9	2	20
销量	10	60	40	30	140

解 表 5-6 中最小元素是 $C_{24} = 1$,令 $x_{24} = \min\{a_2, b_4\} = \min\{50, 30\} = 30$,将 30 填在 c_{24} 的下方,表示 A_2 供应 30 个单位给 B_4。在 x_{14} 和 x_{34} 的位置分别打上"×",表示 B_4 已满足需要,如表 5-7 所示。

表 5-7

B_j A_i	B_1	B_2	B_3	B_4	a_i
A_1	9	3	8	4 ×	70
A_2	7	6	5	1 30	50
A_3	2	10	9	2 ×	20
b_j	10	60	40	30	140

在表 5-7 前三列没有分配的元素中,最小元素是 $c_{31} = 2$,令 $x_{31} = \min\{a_3, b_1\} = \min$

$\{20,10\}=10$，将 10 填在 c_{31} 的下方，在 x_{11} 及 x_{21} 处打上"×"，表示 B_1 的需求量全部满足，如表 5-8 所示。依次进行下去，其结果见表 5-9。

表 5-8

A_i \ B_j	B_1	B_2	B_3	B_4	a_i
A_1	9 ×	3	8	4 ×	70
A_2	7 ×	6	5	1 30	50
A_3	2 10	10	9	2 ×	20
b_j	10	60	40	30	140

表 5-9

A_i \ B_j	B_1	B_2	B_3	B_4	a_i
A_1	9 ×	3 60	8 10	4 ×	70
A_2	7 ×	6 ×	5 20	1 30	50
A_3	2 10	10 ×	9 10	2 ×	20
b_j	10	60	40	30	140

表 5-9 中，除了打"×"的变量共有 $3+4-1=6$ 个，并且不形成闭回路，因此 $\{x_{12}, x_{13}, x_{23}, x_{24}, x_{31}, x_{33}\}$ 是一组基变量，打"×"的变量为非基变量，令非基变量为零，得到一组基可行解，可用矩阵

$$X = \begin{bmatrix} & 60 & 10 & \\ & & 20 & 30 \\ 10 & & 10 & \end{bmatrix}$$

表示，矩阵 X 中空白处对应的变量是非基变量，运量等于零，这组解就是初始调运方案。总运费

$$Z = 3 \times 60 + 8 \times 10 + 5 \times 20 + 1 \times 30 + 2 \times 10 + 9 \times 10 = 500$$

【例 5-4】 求表 5-10 给出的运输问题的初始基本可行解。

表 5-10

	B_1	B_2	B_3	B_4	a_i
A_1	4	10	4	4	20
A_2	7	7	3	8	15
A_3	1	2	10	6	15
b_j	5	10	25	10	50

解 用最小元素法。$x_{31}=5$，$x_{32}=10$，这时 A_3 的产量已运送完毕，同时 B_2 已满足需

求，第二列和第三行的其他变量全部打上记号"×"，出现这种情形必会导致失去基变量，也就是说最后的基变量数小于 $m+n-1$，如表 5-11 所示，为了避免这种情形，必须要在打"×"的变量处任选一个变量作基变量，运量等于 0，如选 $x_{12}=0$，继续用最小元素法，得到表 5-12。

表 5-11

A_i \ B_j	B_1	B_2	B_3	B_4	a_i
A_1	4 ×	10 ×	4 10	4 10	20
A_2	7 ×	7 ×	3 15	8 ×	15
A_3	1 5	2 10	10 ×	6 ×	15
b_j	5	10	25	10	50

表 5-12

A_i \ B_j	B_1	B_2	B_3	B_4	a_i
A_1	4 ×	10 0	4 10	4 10	20
A_2	7 ×	7 ×	3 15	8 ×	15
A_3	1 5	2 10	10 ×	6 ×	15
b_j	5	10	25	10	50

表 5-12 中，没有打"×"的变量恰好是 $3+4-1=6$ 个且不包含闭回路，$\{x_{12}, x_{13}, x_{14}, x_{23}, x_{31}, x_{32}\}$ 是一组基变量，其余打"×"的变量是非基变量，初始基本可行解为

$$\boldsymbol{X} = \begin{bmatrix} & 0 & 10 & 10 \\ & & 15 & \\ 5 & 10 & & \end{bmatrix}$$

从而用最小元素法得到 x_{ij} 的值构成一个（退化的）基本可行解。类似最小元素法还有逐行（列）最小元素法、改进的逐行（列）最小元素法等。

（2）**元素差额法**（Vogel 近似法）。最小元素法只考虑了局部运输费用最小，对整个产销系统的总运输费用来说可能离最优值较远，有时为了节省某一处的运费，可能会导致其他处运费很大。元素差额法对最小元素法进行了改进，考虑到产地到销地的最小运价和次小运价之间的差额，如果差额很大，就选最小运价处先调运，否则会增加总运费。例如下面两种运输方案

$$\boldsymbol{C} = \begin{bmatrix} 8 & 5 & 10 \\ 2 & 1 & 20 \\ 15 & 15 & \end{bmatrix}, \quad \boldsymbol{X}^{(1)} = \begin{bmatrix} 10 & \times \\ 5 & 15 \end{bmatrix}; \quad Z_1 = 105, \quad \boldsymbol{X}^{(2)} = \begin{bmatrix} \times & 10 \\ 15 & 5 \end{bmatrix}, \quad Z_2 = 85$$

前一种按最小元素法求得，总运费 $Z_1=10\times 8+5\times 2+15\times 1=105$；后一种方案考虑到 c_{11} 与 c_{21} 之间的差额是 $8-2=6$，如果不先调运 x_{21}，到后来就有可能 $x_{11}\neq 0$，这样会使总运费增加较大，从而先调运 x_{21}，再是 x_{22}，其次是 x_{12}，这时总运费 $Z_2=10\times 5+15\times 2+5\times 1=85<Z_1$。

基于以上想法，元素差额法求初始基本可行解的步骤如下：

第一步，求出每行次小运价与最小运价之差，记为 $u_i(i=1, 2, \cdots, m)$；同时求出每列次小运价与最小运价之差，记为 $v_j(j=1, 2, \cdots, n)$；

第二步，找出所有行、列差额的最大值，即 $L=\max\{u_i, v_j\}$，差额 L 对应行或列的最小运价处优先调运；

第三步，这时必有一列或一行调运完毕，在剩下的运价中再求最大差额，进行第二次调运，依次进行下去，直到最后全部调运完毕，就得到一个初始调运方案。

用元素差额法求得的基本可行解更接近最优解，所以也称为近似方案。

【例 5-5】用元素差额法求例 5-3 表 5-6 的初始基本可行解。

解 求行差额 $u_i(i=1, 2, 3)$ 及列差额 $v_j(j=1, 2, 3, 4)$。计算公式为

$$u_i = i\text{ 行次小运价} - i\text{ 行最小运价}, \quad v_j = j\text{ 列次小运价} - j\text{ 列最小运价}$$

$\max\{u_i, v_j\}=\max\{1, 4, 7; 5, 3, 3, 1\}=7$，即 $u_3=7$ 最大，第 3 行有两个最小运价是 $c_{31}=c_{34}=2$，任意选一个，如选 c_{31}，则 x_{31} 先调运，$x_{31}=\min\{a_3, b_1\}=\min\{20, 10\}=10$，$x_{11}$ 及 x_{21} 处打"×"。计算结果如表 5-13 所示。

表 5-13

A_i \ B_j	B_1	B_2	B_3	B_4	a_i	u_i
A_1	9 ×	3	8	4	70	1
A_2	7 ×	6	5	1	50	4
A_3	2 / 10	10	9	2	20	【7】
b_j	10	60	40	30		
v_j	5	3	3	1		

求第二个基变量仍然是求差额，因为第一列的 B_1 已满足需求，所以只求 u_1, u_2, u_3 及 v_2, v_3, v_4 即可。

$\max\{u_i, v_j\}=\max\{1, 4, 7; 3, 3, 1\}=7$，即 $u_3=7$ 最大，第 3 行最小运价 $c_{34}=2$，则 $x_{34}=\min\{a_3, b_4\}=\min\{20-10, 30\}=10$，$x_{32}$ 及 x_{33} 处打"×"。计算结果如表 5-14 所示。

表 5-14

A_i \ B_j	B_1	B_2	B_3	B_4	a_i	u_i
A_1	9 ×	3	8	4	70	1
A_2	7 ×	6	5	1	50	4
A_3	2 / 10	10 ×	9 ×	2 / 10	20	【7】
b_j	10	60	40	30		
v_j	—	3	3	1		

剩下只求及 u_1，u_2 及 v_2，v_3，v_4 即可。$u_2=4$ 最大，$x_{24}=20$，x_{14} 处打"×"。依此类推，$x_{12}=60$，$x_{13}=10$，$x_{23}=30$，其初始调运方案见表 5-15 所示。

表 5-15

A_i \ B_j	B_1	B_2	B_3	B_4	a_i	u_i
A_1	9 ×	3 60	8 10	4 ×	70	1
A_2	7 ×	6 ×	5 30	1 20	50	【4】
A_3	2 10	10 ×	9 ×	2 10	20	—
b_j	10	60	40	30		
v_j	—	3	3	3		

表 5-15 的基变量正好是 6 个且不包含闭回路，基本可行解（也是最优解，参看例 5-9）为

$$X = \begin{bmatrix} & 60 & 10 & \\ & & 30 & 20 \\ 10 & & & 10 \end{bmatrix}$$

总运费 $Z=3\times60+8\times10+5\times30+1\times20+2\times10+2\times10=470$。

一般地，元素差额法求初始基本可行解可在同一张表上进行。求得的初始解比用最小元素法得到的初始解更优。类似还有 Russell 近似法。

（3）**左上角法**。左上角法（亦称西北角法）是优先从运价表的左上角的变量赋值，当行或列分配完毕后，再在表中余下部分的左上角赋值，依此类推，直到右下角元素分配完毕。当出现同时分配完一行和一列时，仍然应在打"×"的位置上选一个变量作为基变量，以保证最后的基变量数等于 $m+n-1$。

【**例 5-6**】用左上角法求例 5-3 中表 5-6 的初始基本可行解。

解 左上角元素是 x_{11}，$x_{11}=\min\{a_1,b_1\}=\min\{70,10\}=10$，同时将 x_{21}，x_{31} 的位置打"×"，如表 5-16 所示。

表 5-16

A_i \ B_j	B_1	B_2	B_3	B_4	a_i
A_1	9 10	3	8	4	70
A_2	7 ×	6	5	1 30	50
A_3	2 ×	10	9	2 ×	20
b_j	10	60	40	30	140

表 5-16 余下第一、二、三行及第二、三、四列，左上角元素是 x_{12}，$x_{12}=\min\{70-$

10，60}=60，出现退化，例如选择 x_{13} 为基变量，x_{14}、x_{22}、x_{32} 处打"×"。依次向右下角安排运量，结果见表 5-17。

表 5-17

A_i＼B_j	B_1	B_2	B_3	B_4	a_i
A_1	9 10	3 60	8 0	4 ×	70
A_2	7 ×	6 ×	5 40	1 10	50
A_3	2 ×	10 ×	9 ×	2 20	20
b_j	10	60	40	30	140

得到表 5-17 给出的变量恰好是 6 个且没有闭回路，因此 x_{11}，x_{12}，x_{13}，x_{23}，x_{24}，x_{34} 是基变量，其余是非基变量，基本可行解为

$$X = \begin{bmatrix} 10 & 60 & 0 & \\ & & 40 & 10 \\ & & & 20 \end{bmatrix}$$

用左上角法求得的基本可行解对应的目标函数值（总运费）是

$$Z = 9 \times 10 + 3 \times 60 + 8 \times 0 + 5 \times 40 + 1 \times 10 + 2 \times 20 = 520$$

从左上角法的基本思想可以看出，求运输问题的初始基本可行解的方法有很多，如左下角、右上角、逐行（列）最小元素法等，只要得到的解满足约束条件，满足基变量个数是 $m+n-1$ 且不包含闭回路就可得到一个基本可行解。

注意：可以证明，用最小元素法、元素差额法及左上角法得到的 x_{ij} 的值构成一个基本可行解；任何运输问题都有基本可行解，也有最优解；如果供应量和需求量都是整数，则一定可以得到整数最优解。

5.2.2 求检验数

求出一组基本可行解后，得到初始运输方案表，判断是否为最优方案，仍然是用检验数来判断，记 x_{ij} 的检验数为 λ_{ij}，由第 1 章知，求最小值的运输问题的最优判别准则是：所有非基变量的检验数都非负，则运输方案最优（即为最优解）。

求检验数的方法有两种，闭回路法和位势法。

（1）闭回路法求检验数。求某一非基变量的检验数的方法是：在基本可行解矩阵中，以该非基变量为起点，以基变量为其他顶点，找一条闭回路，由起点开始，分别在顶点上交替标上代数符号＋、−、＋、−、…、−，以这些符号分别乘以相应的运价，其代数和就是这个非基变量的检验数。

例如求表 5-17 中 x_{22} 的检验数 λ_{22}，以 x_{22} 为起点，以基变量为其他顶点的闭回路如下

$$(-)x_{12} \qquad\qquad (+)x_{13}$$
$$(+)x_{22} \qquad\qquad (-)x_{23}$$

从 x_{22} 开始，标上（＋）号，x_{23} 标上（−）号，x_{13} 标上（＋）号，x_{12} 标上（−）号。用这些符号

乘以对应的运价再求和，即
$$\lambda_{22} = c_{22} - c_{23} + c_{13} - c_{12} = 6 - 5 + 8 - 3 = 6$$

再来看一看 $\lambda_{22}=6$ 的经济含义。假如 x_{22} 不是非基变量，将 x_{22} 的值增加一个单位变为 $x_{22}=1$，总费用就增加 $c_{22}x_{22}=6\times1=6$，A_2 的产量是 50，x_{22} 增加了一个单位，x_{23} 必须要减少一个单位，才能满足 $x_{21}+x_{22}+x_{23}+x_{24}=50$，因此 x_{23} 由 40 变为 39 后总费用就减少了 $c_{23}\times1=5$，又由于 x_{23} 减少一个单位，x_{13} 必须要增加一个单位，才能满足 $x_{13}+x_{23}+x_{33}=40$，因而总费用增加了 $c_{13}\times1=8$，同时可以看出，x_{22} 与 x_{13} 增加一个单位后，x_{12} 必须减少一个单位，才能满足 $x_{11}+x_{12}+x_{13}+x_{14}=70$ 和 $x_{12}+x_{22}+x_{32}=60$，总费用减少 $c_{12}\times1=3$。综合上述费用的变化，当 $\Delta x_{22}=1$ 时总费用 $\Delta Z=6-5+8-3=6=\lambda_{22}$，故 λ_{22} 的含义就是当 x_{22} 增加一个单位后总费用 Z 的改变量 ΔZ。

一般地，当某个非基变量 x_{ij} 增加一个单位时，总费用的改变量 $\Delta Z=\lambda_{ij}$，当 $\lambda_{ij}<0$ 时，说明总费用下降了，这时增加 x_{ij} 的值可以降低总费用，当 $\lambda_{ij}>0$ 时，总费用增加，说明增加 x_{ij} 的值总费用也随之上升。

当所有非基变量的检验数全部大于零时，说明不能增加任何非基变量的值，即不能将非基变量换入变成基变量，否则总费用增加，这时的基本可行解就是最优解，其费用最小。当某个非基变量的检验数 $\lambda_{lk}<0$ 时，说明可以增加 x_{lk} 的值，使总费用下降，即将 x_{lk} 由非基变量换入成基变量，这时的基本可行解也就不是最优解，需要对运输方案进行调整。

在具体求检验数时，可以不必将闭回路和代数符号画在表中，避免在同一张表上画出过多的符号。

【例 5-7】用闭回路法求例 5-3 中表 5-9 的检验数。

解 表中打"×"的位置是非基变量，其余是基变量，这里只求非基变量的检验数。

求 λ_{11}，先找出 x_{11} 的闭回路 $\{x_{11}，x_{13}，x_{33}，x_{31}\}$，对应的运价为 $\{C_{11}，C_{13}，C_{33}，C_{31}\}$，再用正负号分别交替乘以运价有 $\{+C_{11}，-C_{13}，+C_{33}，-C_{31}\}$，直接求代数和得
$$\lambda_{11} = C_{11} - C_{13} + C_{33} - C_{31} = 9 - 8 + 9 - 2 = 8$$
同理可求出其他非基变量的检验数：
$$\lambda_{14} = C_{14} - C_{24} + C_{23} - C_{13} = 4 - 1 + 5 - 8 = 0$$
$$\lambda_{21} = C_{21} - C_{23} + C_{33} - C_{31} = 7 - 5 + 9 - 2 = 9$$
$$\lambda_{22} = C_{22} - C_{23} + C_{13} - C_{12} = 6 - 5 + 8 - 3 = 6$$
$$\lambda_{32} = C_{32} - C_{12} + C_{13} - C_{33} = 10 - 3 + 8 - 9 = 6$$
$$\lambda_{34} = C_{34} - C_{24} + C_{23} - C_{33} = 2 - 1 + 5 - 9 = -3$$

这里 $\lambda_{34}<0$，说明这组基本可行解不是最优解。

注意：只要求得的基变量是正确的且数目为 $m+n-1$，则某个非基变量的闭回路存在且唯一，因而检验数唯一。

（2）位势法求检验数。位势法求检验数是根据对偶理论推导出来的一种方法。

设平衡运输问题为
$$\min Z = \sum_{i=1}^{m}\sum_{j=1}^{n} C_{ij}x_{ij}$$

$$\begin{cases} \sum_{j=1}^{n} x_{ij} = a_i, & i=1,2,\cdots,m \\ \sum_{i=1}^{m} x_{ij} = b_j, & j=1,2,\cdots,n \\ x_{ij} \geqslant 0, & i=1,2,\cdots,m;\ j=1,2,\cdots,n \end{cases}$$

设前 m 个约束对应的对偶变量为 $u_i(i=1,2,\cdots,m)$，后 n 个约束对应的对偶变量为 $v_j(j=1,2,\cdots,n)$，则运输问题的对偶问题是

$$\max w = \sum_{i=1}^{m} a_i u_i + \sum_{j=1}^{n} b_j v_j$$

$$\begin{cases} u_i + v_j \leqslant C_{ij}, & i=1,2,\cdots,m;\ j=1,2,\cdots,n \\ u_i, v_j \text{ 无约束}; & i=1,2,\cdots,m;\ j=1,2,\cdots,n \end{cases}$$

加入松弛变量 λ_{ij} 将约束化为等式

$$u_i + v_j + \lambda_{ij} = C_{ij}$$

记原问题基变量 X_B 的下标集合为 I，由第 2 章对偶性质 2.6 知，原问题 x_{ij} 的检验数是对偶问题的松弛变量 λ_{ij}，当 $(i,j) \in I$ 时 $\lambda_{ij}=0$，因而有

$$\begin{cases} u_i + v_j = C_{ij} & (i,j) \in I & (5\text{-}2a) \\ \lambda_{ij} = C_{ij} - (u_i + v_j) & (i,j) \notin I & (5\text{-}2b) \end{cases}$$

式(5-2a)有 $m+n-1$ 个方程，有 $m+n$ 个未知变量 u_i 及 v_j，有一个自由变量，一般地令 $u_1=0$ 就可得到 u_i 及 v_j 的一组解，再由式(5-2b)得到非基变量的检验数，称 u_i, v_j 为运输问题关于基变量组 $\{x_{ij}\}$ 的对偶解，或称**位势**（u_i 为行位势，v_j 为列位势）。不同的基变量组 $\{x_{ij}\}$ 或自由变量的取值不同，得到不同的位势，u_i 及 v_j 有无穷多组解，但对同一组基变量来说，所求得的检验数是唯一的，并与闭回路法求得的检验数相同，这种求检验数的方法称为**位势法**。

【**例 5-8**】用位势法求例 5-3 中表 5-9 的检验数。

解 第一步，利用式(5-2a)求位势 u_1, u_2, u_3 及 v_1, v_2, v_3, v_4，其中 C_{ij} 是基变量对应的运价，基变量共有 6 个，因此有 6 个方程

$$\begin{cases} u_1 + v_2 = C_{12} \\ u_1 + v_3 = C_{13} \\ u_2 + v_3 = C_{23} \\ u_2 + v_4 = C_{24} \\ u_3 + v_1 = C_{31} \\ u_3 + v_3 = C_{33} \end{cases} \Rightarrow \begin{cases} u_1 + v_2 = 3 \\ u_1 + v_3 = 8 \\ u_2 + v_3 = 5 \\ u_2 + v_4 = 1 \\ u_3 + v_1 = 2 \\ u_3 + v_3 = 9 \end{cases}$$

令 $u_1=0$ 得到位势的解

$$\begin{cases} u_1 = 0 \\ u_2 = -3 \\ u_3 = 1 \end{cases} \quad \begin{cases} v_1 = 1 \\ v_2 = 3 \\ v_3 = 8 \\ v_4 = 4 \end{cases}$$

再由公式 $\lambda_{ij} = C_{ij} - (u_i + v_j)$ 求出检验数，其中 C_{ij} 是非基变量对应的运价

$$\lambda_{11} = C_{11} - (u_1 + v_1) = 9 - (0+1) = 8$$
$$\lambda_{14} = C_{14} - (u_1 + v_4) = 4 - (0+4) = 0$$
$$\lambda_{21} = C_{21} - (u_2 + v_1) = 7 - (-3+1) = 9$$
$$\lambda_{22} = C_{22} - (u_2 + v_2) = 6 - (-3+3) = 6$$
$$\lambda_{32} = C_{32} - (u_3 + v_2) = 10 - (1+3) = 6$$
$$\lambda_{34} = C_{34} - (u_3 + v_4) = 2 - (1+4) = -3$$

计算结果与例 5-7 相同。

5.2.3 调整运量

当某个检验数小于零时，基本可行解不是最优解，总运费还可以下降，这时需调整运输量，改进原运输方案，改进运输方案的步骤是：

第一步，确定进基变量，$\lambda_{lk} = \min_{(i,j)} \{\lambda_{ij} | \lambda_{ij} < 0\}$，$x_{lk}$ 进基；

第二步，确定出基变量，在进基变量 x_{lk} 的闭回路中，标有负号的最小运量作为调整量 θ，θ 对应的基变量为出基变量，并打上"×"以示作为非基变量；

第三步，调整运量，在进基变量的闭回路中标有正号的变量加上调整量 θ，标有负号的变量减去调整量 θ，其余变量不变，得到一组新的基本可行解，然后求所有非基变量的检验数重新检验。

以上调整运量的方法为闭回路法，既可使总运费下降，又使新的基本解可行。在第二步确定出基变量时，当出现两个或两个以上最小运量 θ，在其中任选一个作为非基变量，其他 θ 对应的变量仍作为基变量，运量为零，得到退化基本可行解。

【例 5-9】 求例 5-3 运输问题的最优解。

解 利用表 5-9 及例 5-7 的计算结果，$\lambda_{34} = -3 < 0$，这组基本可行解不是最优解。对应的非基变量 x_{34} 进基。x_{34} 的闭回路是 $\{x_{34}, x_{33}, x_{23}, x_{24}\}$，标负号的变量是 x_{33}、x_{24}，取运量最小值即

$$\theta = \min\{x_{33}, x_{24}\} = \min\{10, 30\} = 10$$

x_{33} 最小，x_{33} 是出基变量，调整量 $\theta = 10$，在 x_{34} 的闭回路上 x_{23}、x_{34} 分别加上 10，x_{33}、x_{24} 分别减去 10，并且在 x_{33} 处打上记号"×"作为非基变量，其余变量的值不变，调整后得到一组新的基可行解，如表 5-18 所示。

表 5-18

A_i \ B_j	B_1	B_2	B_3	B_4	a_i
A_1	9 ×	3 60	8 10	4 ×	70
A_2	7 ×	6 ×	5 30	1 20	50
A_3	2 10	10 ×	9 ×	2 10	20
b_j	10	60	40	30	140

重新求所有非基变量的检验数得

$$\lambda_{11} = 5, \quad \lambda_{14} = 0, \quad \lambda_{21} = 6, \quad \lambda_{22} = 6, \quad \lambda_{32} = 9, \quad \lambda_{33} = 3$$

所有检验数 $\lambda_{ij} \geq 0$ 因而得到最优解

$$X = \begin{bmatrix} 0 & 60 & 10 & 0 \\ 0 & 0 & 30 & 20 \\ 10 & 0 & 0 & 10 \end{bmatrix}$$

最小运费

$$Z = \sum_{i=1}^{3} \sum_{j=1}^{4} c_{ij} x_{ij} = 3 \times 60 + 8 \times 10 + 5 \times 30 + 1 \times 20 + 2 \times 10 + 2 \times 10 = 470$$

由于 $\lambda_{14} = 0$,说明该运输问题的最优解不唯一。选择 x_{14} 进基 x_{13} 出基得到一组基本最优解

$$X = \begin{bmatrix} 0 & 60 & 0 & 10 \\ 0 & 0 & 40 & 10 \\ 10 & 0 & 0 & 10 \end{bmatrix}$$

又如,选择 $x_{14} = 5$,在 x_{14} 的闭回路上调整,得到一组最优解

$$X = \begin{bmatrix} 0 & 60 & 5 & 5 \\ 0 & 0 & 35 & 15 \\ 10 & 0 & 0 & 10 \end{bmatrix}$$

显然该最优解不是基本最优解。

下面给出一个完整的计算例子。

【例 5-10】求下列运输问题的最优解

$$\begin{bmatrix} 5 & 8 & 9 & 2 \\ 3 & 6 & 4 & 7 \\ 10 & 12 & 14 & 5 \end{bmatrix} \begin{matrix} 70 \\ 80 \\ 40 \end{matrix}$$
$$\begin{matrix} 45 & 65 & 50 & 30 \end{matrix}$$

解 用最小元素法求得初始基本可行解,如表 5-19 所示。

表 5-19

$A_i \backslash B_j$	B_1	B_2	B_3	B_4	a_i
A_1	5 ×	8 40	9 ×	2 30	70
A_2	3 45	6 ×	4 35	7 ×	80
A_3	10 ×	12 25	14 15	5 ×	40
b_j	45	65	50	30	190

用闭回路法求非基变量的检验数

$\lambda_{11} = C_{11} - C_{21} + C_{23} - C_{33} + C_{32} - C_{12} = 5 - 3 + 4 - 14 + 12 - 8 = -4$

$\lambda_{13} = C_{13} - C_{12} + C_{32} - C_{33} = 9 - 8 + 12 - 14 = -1$

$\lambda_{22} = C_{22} - C_{32} + C_{33} - C_{23} = 6 - 12 + 14 - 4 = 4$

$\lambda_{24} = C_{24} - C_{23} + C_{33} - C_{32} + C_{12} - C_{14} = 7 - 4 + 14 - 12 + 8 - 2 = 11$

$\lambda_{31} = C_{31} - C_{33} + C_{23} - C_{21} = 10 - 14 + 4 - 3 = -3$

$\lambda_{34} = C_{34} - C_{14} + C_{12} - C_{32} = 5 - 2 + 8 - 12 = -1$

因为有 4 个检验数小于零，所以这组基本可行解不是最优解。$\lambda_{11}=\min\{\lambda_{11},\lambda_{13},\lambda_{31},\lambda_{34}\}=-4$ 最小，对应的非基变量 x_{11} 进基。x_{11} 的闭回路是 $\{x_{11}$，x_{12}，x_{32}，x_{33}，x_{23}，$x_{21}\}$，标负号的变量是 x_{12}，x_{33}，x_{21}，取运量最小值即

$$\theta=\min\{x_{12},x_{33},x_{21}\}=\min\{40,15,45\}=15$$

x_{33} 最小，x_{33} 是出基量，调整量 $\theta=15$，在 x_{11} 的闭回路上 x_{11}，x_{32}，x_{23} 分别加上 15，x_{12}，x_{33}，x_{21} 分别减去 15，并且在 x_{33} 处打上记号"×"作为非基变量，其余变量的值不变，调整后得到一组新的基本可行解，如表 5-20 所示。

表 5-20

A_i \ B_j	B_1	B_2	B_3	B_4	a_i
A_1	5 15	8 25	9 ×	2 30	70
A_2	3 30	6 ×	4 50	7 ×	80
A_3	10 ×	12 40	14 ×	5 ×	40
b_j	45	65	50	30	190

重新求所有非基变量的检验数得

$$\lambda_{13}=3,\lambda_{22}=0,\lambda_{24}=7,\lambda_{31}=1,\lambda_{33}=4,\lambda_{34}=-1$$

$\lambda_{34}=-1<0$，说明还没有得到最优解，x_{34} 进基，在 x_{34} 的闭回路中，标负号的变量 x_{14} 和 x_{32}，调整量为

$$\theta=\min\{x_{14},x_{32}\}=\min\{30,40\}=30$$

x_{14} 出基变为非基变量。x_{12}，x_{34} 分别加上 30，x_{14} 和 x_{32} 减去 30，其余变量不变，得到一组新的基本可行解，如表 5-21 所示。

表 5-21

A_i \ B_j	B_1	B_2	B_3	B_4	a_i
A_1	5 15	8 55	9 ×	2 ×	70
A_2	3 30	6 ×	4 50	7 ×	80
A_3	10 ×	12 10	14 ×	5 30	40
b_j	45	65	50	30	190

求非基变量的检验数

$$\lambda_{13}=3,\lambda_{14}=1,\lambda_{22}=0,\lambda_{24}=8,\lambda_{31}=1,\lambda_{33}=4$$

所有检验数 $\lambda_{ij}\geqslant 0$ 因而得到最优解表

$$\boldsymbol{X}=\begin{bmatrix}15 & 55 & 0 & 0\\30 & 0 & 50 & 0\\0 & 10 & 0 & 30\end{bmatrix}$$

最小运费

$$Z = \sum_{i=1}^{3}\sum_{j=1}^{4} c_{ij}x_{ij} = 5\times15 + 8\times55 + 3\times30 + 4\times50 + 12\times10 + 5\times30 = 1\,075$$

在本例中，读者试用元素差额法求得的初始基本可行解就是最优解。由 $\lambda_{22}=0$ 知有多重解，求其他最优解的方法参看例 5-9。

注意：运输单纯形法计算过程中，运量调整后必须将所有非基变量的检验数重新求一次，由于基变量的位置改变了，原检验数也可能发生改变，或由大于等于零变为小于零。

【**例 5-11**】有四项工作指派给甲、乙两人完成，每人完成两项工作。两人完成各项工作的时间（小时）见表 5-22，怎样安排工作使总时间最少。

表 5-22

	A	B	C	D
甲	15	20	9	10
乙	12	16	10	12

解 设 $x_{ij}(i=1,2;j=1,2,3,4)$ 为第 i 人完成第 j 项工作的状态

$$x_{ij} = \begin{cases} 1 & \text{安排第 } i \text{ 人做第 } j \text{ 项工作} \\ 0 & \text{不安排第 } i \text{ 人做第 } j \text{ 项工作} \end{cases} \quad i=1,2;j=1,2,3,4$$

数学模型为

$$\min Z = 15x_{11} + 20x_{12} + \cdots + 10x_{23} + 12x_{24}$$

$$\begin{cases} x_{11} + x_{12} + x_{13} + x_{14} = 2 \\ x_{21} + x_{22} + x_{23} + x_{24} = 2 \\ x_{11} + x_{21} = 1 \\ x_{12} + x_{22} = 1 \\ x_{13} + x_{23} = 1 \\ x_{14} + x_{24} = 1 \\ x_{ij} = 0 \text{ 或 } 1, i=1,2;j=1,2,3,4 \end{cases}$$

用求解 0-1 规划的方法可以得到问题的最优解。采用本章的方法求解更为简单。写出表 5-22 的平衡运输表，如表 5-23 所示，用运输单纯形法求解得到最优表，如表 5-24 所示。

表 5-23

	A	B	C	D	产量
甲	15	20	9	10	2
乙	12	16	10	12	2
销量	1	1	1	1	

表 5-24

	A	B	C	D	产量
甲	0	0	1	1	2
乙	1	1	0	0	2
销量	1	1	1	1	

最优的工作分配是：甲完成工作 C 和 D，乙完成工作 A 和 B，总时间 $Z=47$（小时）。

例 5-11 的任务分配问题可以推广到更一般的情形。有 m 个人完成 n 项工作，每项工作一人完成，第 i 人完成 j_r 项工作，$j_1+j_2+\cdots+j_m=n$，用运输单纯形法求解。

5.2.4 最大值问题

当运输模型求最大值时有两种方法求解。

(1) 将极大化问题转化为极小化问题。设极大化问题的运价表为 $C=(c_{ij})_{m\times n}$，用一个较大的数 M（一般令 $M=\max\{c_{ij}\}$）去减每一个 c_{ij} 得到矩阵 $C'=(c'_{ij})_{m\times n}$，其中 $C'_{ij}=M-$

$c_{ij} \geqslant 0$，将 C' 作为极小化问题的运价表，用运输单纯形法求出最优解，目标函数值为 $Z = \sum_{i=1}^{m} \sum_{j=1}^{n} c'_{ij} x_{ij}$。

例如，下列矩阵 C 是 A_i 到 B_j 的单位货物利润，运输部门如何安排运输方案使总利润最大。

$$C = \begin{bmatrix} 2 & 5 & 8 \\ 9 & 10 & 7 \\ 6 & 5 & 4 \\ 8 & 14 & 9 \end{bmatrix} \begin{matrix} 9 \\ 10 \\ 12 \end{matrix}$$

取 $M = \max\{C_{ij}\} = C_{22} = 10$，$C'_{ij} = 10 - C_{ij}$，则

$$C' = \begin{bmatrix} 8 & 5 & 2 \\ 1 & 0 & 3 \\ 4 & 5 & 6 \end{bmatrix}$$

用最小元素法求初始方案得

$$X = \begin{bmatrix} \times & \times & 9 \\ \times & 10 & \times \\ 8 & 4 & 0 \end{bmatrix}$$

$\lambda_{11} = 8$，$\lambda_{12} = 4$，$\lambda_{21} = 2$，$\lambda_{23} = 2$ 全部非负，得到最优运输方案 X，最大利润 $Z = 8 \times 9 + 10 \times 10 + 6 \times 8 + 5 \times 4 = 240$。

(2) 所有非基变量的检验数 $\lambda_{ij} \leqslant 0$ 时最优。求初始运输方案可采用最大元素法或西北角法。如上例，用最大元素法得到初始运输方案

$$X = \begin{bmatrix} \times & \times & 9 \\ \times & 10 & \times \\ 8 & 4 & 0 \end{bmatrix}$$

求检验数得 $\lambda_{11} = -8$，$\lambda_{12} = -4$，$\lambda_{21} = -2$，$\lambda_{23} = -2$，全部非正，得到最优解，结果与第一种方法相同。

5.2.5 不平衡运输问题

当总产量与总销量不相等时，称为不平衡运输问题。这类运输问题在实际中常常碰到，其求解方法是将不平衡问题化为平衡问题求解。

(1) 产大于销时，即 $\sum_{i=1}^{m} a_i > \sum_{j=1}^{n} b_j$，数学模型为

$$\min Z = \sum_{i=1}^{m} \sum_{j=1}^{n} C_{ij} x_{ij}$$

$$\begin{cases} \sum_{j=1}^{n} x_{ij} \leqslant a_i & i = 1, 2, \cdots, m \\ \sum_{i=1}^{m} x_{ij} = b_j & j = 1, 2, \cdots, n \\ x_{ij} \geqslant 0, & i = 1, 2, \cdots m; j = 1, 2, \cdots, n \end{cases}$$

由于总产量大于总销量，必有部分产地的产量不能全部运送完，必须就地库存，即每

个产地虚设一个仓库，库存量为 $x_{i,n+1}(i=1,2,\cdots,m)$，总的库存量为

$$b_{n+1} = x_{1,n+1} + x_{2,n+1} + \cdots + x_{m,n+1} = \sum_{i=1}^{m} x_{i,n+1} = \sum_{i=1}^{m} a_i - \sum_{j=1}^{n} b_j$$

b_{n+1} 作为一个虚设的销地 B_{n+1} 的销量。各产地 A_i 到 B_{n+1} 的运价为零，即 $c_{i,n+1}=0(i=1,2,\cdots,m)$。则平衡问题的数学模型为

$$\min Z = \sum_{i=1}^{m}\sum_{j=1}^{n} C_{ij} x_{ij}$$

$$\begin{cases} \sum_{j=1}^{n+1} x_{ij} = a_i & i=1,2,\cdots,m \\ \sum_{i=1}^{m} x_{ij} = b_j & j=1,2,\cdots,n+1 \\ x_{ij} \geqslant 0, & i=1,2,\cdots m; j=1,2,\cdots,n+1 \end{cases}$$

具体计算时，在运价表右端增加一列 B_{n+1}，运价为零，销量为 b_{n+1} 即可。

（2）当销大于产时，即 $\sum_{i=1}^{m} a_i < \sum_{j=1}^{n} b_j$，数学模型为

$$\min Z = \sum_{i=1}^{m}\sum_{j=1}^{n} C_{ij} x_{ij}$$

$$\begin{cases} \sum_{j=1}^{n} x_{ij} = a_i & i=1,2,\cdots,m \\ \sum_{i=1}^{m} x_{ij} \leqslant b_j & j=1,2,\cdots,n \\ x_{ij} \geqslant 0, & i=1,2,\cdots,m; j=1,2,\cdots,n \end{cases}$$

由于总销量大于总产量，故一定有些需求地不能完全满足需求，这时虚设一个产地 A_{m+1}，产量为

$$a_{m+1} = x_{m+1,1} + x_{m+1,2} + \cdots + x_{m+1,n} = \sum_{j=1}^{n} x_{m+1,j} = \sum_{j=1}^{n} b_j - \sum_{i=1}^{m} a_i$$

$x_{m+1,j}$ 是 A_{m+1} 到 B_j 的运量，也是 B_j 不能满足需求的数量。A_{m+1} 到 B_j 的运价为零，即 $c_{m+1,j}=0(j=1,2,\cdots,n)$，则平衡问题的数学模型为

$$\min Z = \sum_{i=1}^{m}\sum_{j=1}^{n} C_{ij} x_{ij}$$

$$\begin{cases} \sum_{j=1}^{n} x_{ij} = a_i & i=1,2,\cdots,m+1 \\ \sum_{i=1}^{m+1} x_{ij} = b_j & j=1,2,\cdots,n \\ x_{ij} \geqslant 0, & i=1,2,\cdots,m+1; j=1,2,\cdots,n \end{cases}$$

具体计算时，在运价表的下方增加一行 A_{m+1}，运价为零，产量为 a_{m+1} 即可。

上述两种情形将不等式化为等式的过程，等价于加入松弛变量 $x_{1,n+1}$，$x_{2,n+1}$，$\cdots$，$x_{m,n+1}$ 及 $x_{m+1,1}$，$x_{m+1,2}$，$\cdots$，$x_{m+1,n}$，松弛变量在目标函数中的系数为零，因此目标函数不变。

【例 5-12】 求表 5-25 极小化运输问题的最优解。

表 5-25

	B_1	B_2	B_3	B_4	a_i
A_1	5	9	2	3	60
A_2	—	4	7	8	40
A_3	3	6	4	2	30
A_4	4	8	10	11	50
b_j	20	60	35	45	160 180

解 因为 $\sum_{i=1}^{4} a_i = 180 > \sum_{j=1}^{4} b_j = 160$，所以是一个产大于销的运输问题。表中 A_2 不可达 B_1，用一个很大的正数 M 表示运价 c_{21}。虚设一个销量为 $b_5 = 180 - 160 = 20$ 的销地 B_5，$c_{i5} = 0 (i = 1, 2, 3, 4)$。表的右边增添一列得到表 5-26。用元素差额法求初始基本可行解，得到表 5-27。

表 5-26

	B_1	B_2	B_3	B_4	B_5	a_i
A_1	5	9	2	3	0	60
A_2	M	4	7	8	0	40
A_3	3	6	4	2	0	30
A_4	4	8	10	11	0	50
b_j	20	60	35	45	20	180

表 5-27

	B_1	B_2	B_3	B_4	B_5	a_i
A_1			35	25		60
A_2		40				40
A_3		10		20		30
A_4	20	10			20	50
b_j	20	60	35	45	20	180

请读者自行验证，所有检验数 $\lambda_{ij} \geq 0$，表 5-27 的运输方案最优，最小运费
$$Z = 2 \times 35 + 3 \times 25 + 4 \times 40 + 6 \times 10 + 2 \times 20 + 4 \times 20 + 8 \times 10 = 565$$
产地 A_4 还有 20 个单位没有运送出去。

注意：在例 5-12 中，如果用最小元素法求初始基本可行解时，因为 B_5 列全为零，可以优先运送 B_5，也可以最后运送 B_5，不影响最优方案。

5.2.6 需求量不确定的运输问题

【例 5-13】 在表 5-25 给出的运输问题中，假定 B_1 的需求量是 20 到 60 之间，B_2 的需求量是 50 到 70 之间，试求极小化问题的最优解。

解 先作如下分析：

(1) 总产量为 180，B_1，B_2，B_3，B_4 的最低需求量 $20 + 50 + 35 + 45 = 150$，这时属产

大于销。

（2）B_1，B_2，B_3，B_4 的最高需求是 $60+70+35+45=210$，这时属销大于产。

（3）虚设一个产地 A_5，产量是 $210-180=30$，A_5 的产量只能供应 B_1 或 B_2。

（4）将 B_1 与 B_2 各分成两部分，B_1^1、B_1^2 及 B_2^1、B_2^2，B_1^1 的需求量是 20，B_1^2 的需求量是 40，B_2^1 与 B_2^2 的需求量分别是 50 与 20，因此 B_1^1、B_2^1 必须由 A_1，A_2，A_3，A_4 供应，B_1^2、B_2^2 可由 A_1，A_2，…，A_5 供应。

（5）上述 A_5 不能供应某需求地的运价用大 M 表示，A_5 到 B_1^2、B_2^2 的运价为零。得到如表 5-28 所示的产销平衡表。

表 5-28

	B_1^1	B_1^2	B_2^1	B_2^2	B_3	B_4	a_i
A_1	5	5	9	9	2	3	60
A_2	M	M	4	4	7	8	40
A_3	3	3	6	6	4	2	30
A_4	4	4	8	8	10	11	50
A_5	M	0	M	0	M	M	30
b_j	20	40	50	20	35	45	210

用运输单纯形法计算，得到如表 5-29 所示的最优方案。

表 5-29

	B_1^1	B_1^2	B_2^1	B_2^2	B_3	B_4	a_i
A_1					35	25	60
A_2			40				40
A_3	0		10			20	30
A_4	20	30					50
A_5		10		20			30
b_j	20	40	50	20	35	45	210

表 5-29 中 $x_{31}^1=0$ 是基变量，说明这组解是退化基本可行解，空格处的变量是非基变量。B_1，B_2，B_3，B_4 实际收到产品数量分别是 50，50，35 和 45 个单位。

运输单纯形法求运输问题的最优解要比用普通单纯法求解简单，另外有些问题可以用图上作业法。

5.2.7 中转问题

有时，将产地 A_i 的物资运送到销地 B_j，在运送的过程中不一定是直接到达销地，而是通过其他产地、销地及中间转运地 T_k 最后到达销地，此类问题称为中转问题。

如图 5-2 所示网络图，A_1、A_2、A_3 是产地（称为网络的发点），A_4、A_5 是中转地（称为网络的中间点），A_6 到 A_9 是销地（称为网络的收点），物资只能

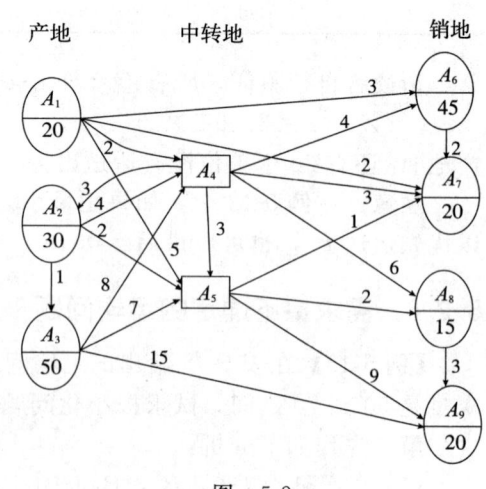

图 5-2

沿两点间弧的方向流动,弧上的数值为两点间的单位运输成本。决策方案是如何将产地的物资运送的销地使总成本最小。

设供应地 A_i 为 m 个,需求地 A_j 为 n 个,中转站 A_k 为 r 个,则产地和销地数都为 $m+n+r$ 个,产销平衡。记 A_i 到 A_j 的弧为 (i,j),单位运输成本记为 c_{ij},不可到达的运价为大 M,本地到达本地的运价为零。如图 5-2 所示,A_2 到 A_4 记为 $(2,4)$,$c_{24}=4$,A_4 到 A_2 记为 $(4,2)$,$c_{42}=3$,$c_{41}=M$,$c_{44}=0$。

设 x_{ij} 为 A_i 到 A_j 的运量 $(i,j=1,2,\cdots,m+n+r)$,则中转运输问题的数学模型为

$$\min Z = \sum_{(i,j)} c_{ij} x_{ij}$$

$$\begin{cases} \sum_{\text{流出弧}} x_{ij} - \sum_{\text{流入弧}} x_{ij} = a_i & i=1,2,\cdots,m \quad \text{发点 } A_i \quad (5\text{-}3\text{a}) \\ \sum_{\text{流出弧}} x_{kj} - \sum_{\text{流入弧}} x_{ik} = 0 & k=1,2,\cdots,r \quad \text{中间点 } A_k \quad (5\text{-}3\text{b}) \\ \sum_{\text{流入弧}} x_{ij} - \sum_{\text{流出弧}} x_{ij} = b_j & j=1,2,\cdots,n \quad \text{收点 } A_j \quad (5\text{-}3\text{c}) \\ x_{ij} \geq 0, i,j=1,2,\cdots,m+n+r \end{cases}$$

如图 5-2 中点 A_3、A_5 及 A_6 的约束分别是

$$x_{34}+x_{35}+x_{39}-x_{23}=50$$
$$x_{57}+x_{58}+x_{59}-x_{15}-x_{25}-x_{35}-x_{45}=0$$
$$x_{16}+x_{46}-x_{67}=45$$

产大于销时将式(5-3a)改为"≤"约束,销大于产时将式(5-3c)改为"≤"约束。

用运输单纯形法求解时需要转化成产销平衡表。各地产量的确定:产地的产量等于 a_i 加总产量,销地和中转地的产量均等于总产量。各地需求量的确定:销地的需求量等于 b_j 加上总需求量,产地与中转地的需求量等于总需求量,得到产销平衡表,见表 51-42。

用 WinQSB 软件计算非常简单,产地输入实际产量和销地输入实际销量,其余输入零即可,参见例 5-20。

5.3 运输模型的应用

运输模型是线性规划模型的一种特例,在生产实践中得到广泛的应用。下面对多时期的综合生产计划编制的应用列举一个例题,较复杂的问题请读者参阅例 5-21 和附录 C 案例 C-5。

【例 5-14】DF 公司在接下来的三个月内每月都要按照销售合同生产出两种产品。这两种产品使用相同的设备并需要投入相同的生产能力。每个月可供使用的生产和存储设备都会发生变化。所以生产能力、单位生产成本以及单位存储成本每个月都不相同,有必要在某些月中多生产一种或者多种产品并存储起来以备需要的时候使用。

对于每一个月来说,表 5-30 中给出了在正常时间(Regular Time,RT)和加班时间(Over Time,OT)内能够生产这两种产品的总数,按照合同需要生产的数量,在正常时间和加班时间内的单位产品成本和每件产品存储到下一个月的存储成本。两种产品的数量用"/"区分开来,产品 1 在"/"的左边而产品 2 在"/"的右边。

表 5-30

月份	最大生产总量		销售 产品1/产品2	产品1/产品2		单位存储成本 (1 000元/件)
				单位生产成本(1 000元/件)		
	RT	OT		RT	OT	
1	10	3	5/3	15/16	18/20	1/2
2	8	2	3/5	17/15	20/18	2/1
3	10	3	4/4	19/17	22/22	

生产管理人员想要开发一个在正常时间(如果正常时间不够的话,就使用加班时间)内生产每一种产品数量的计划进度,目标是在满足合同规定的基础上,3个月的总生产和存储成本最小。开始和在3个月结束后的存储都为零。

(1) 对这个问题进行分析,描述成一个运输问题的产销平衡表,使之可用运输单纯形法求解;

(2) 建立总成本最小的数学模型并求出最优解。

解 (1)这是一个多时期、多品种、多种生产方式的综合平衡计划问题。不同时期的生产能力、需求量、生产成本和存储成本已知,求每个时期在正常时间和加班时间每种产品各生产多少,第1、2期期末两种产品各存储多少,既满足合同的需求量又使总成本最少。

变量 x_{ij} 的含义是:

$i, j = 1, 3, 5$ 表示第1、2、3月正常时间内生产产品1用于第1、2、3月交货的产量

$i = 1, 3, 5, j = 2, 4, 6$ 表示第1、2、3月正常时间内生产产品2用于第1、2、3月交货的产量

$i = 2, 4, 6, j = 1, 3, 5$ 表示第1、2、3月加班时间内生产产品1用于第1、2、3月交货的产量

$i, j = 2, 4, 6$ 表示第1、2、3月加班时间内生产产品2用于第1、2、3月交货的产量

将变量列在表5-31中。表中括号内的数据为产品序号,空格处的变量省略。

表 5-31

i ↓	j →	1	2	3	4	5	6	生产能力 a_i
		1月(1)	1月(2)	2月(1)	2月(2)	3月(1)	3月(2)	
1	1月 RT	x_{11}	x_{12}	x_{13}	x_{14}	x_{15}	x_{16}	10
2	1月 OT	x_{21}	x_{22}	x_{23}	x_{24}	x_{25}	x_{26}	3
3	2月 RT			x_{33}	x_{34}	x_{35}	x_{36}	8
4	2月 OT			x_{43}	x_{44}	x_{45}	x_{46}	2
5	3月 RT					x_{55}	x_{56}	10
6	3月 OT					x_{65}	x_{66}	3
需求量 b_j		5	3	3	5	4	4	

对应的成本为 c_{ij},空格处的成本用大 M 表示。计算表5-31变量对应单位产品的总成本(生产成本+存储成本)。例如 x_{35} 表示第2月正常时间内生产的产品1用于第3月交货

的数量，第 1 种单位产品的成本是 17（千元），在第 3 月交货单位产品的存储成本是 2（千元），因此单位产品总成本 c_{35} 等于 19（千元），又如 x_{26} 对应的成本 $=20+2+1=23$（千元）。注意不同月份的存储成本不相同。生产能力大于合同需求量，属于产大于销的问题，将成本表增加一列，成本等于零，需求量等于 12，得到表 5-32 的平衡运输问题的运价表。利用运输单纯形法求最优解。

表 5-32

	1月(1)	1月(2)	2月(1)	2月(2)	3月(1)	3月(2)	剩余能力	生产能力
1月 RT	15	16	16	18	18	19	0	10
1月 OT	18	20	19	22	21	23	0	3
2月 RT	M	M	17	15	19	16	0	8
2月 OT	M	M	20	18	22	19	0	2
3月 RT	M	M	M	M	19	17	0	10
3月 OT	M	M	M	M	22	22	0	3
需求量	5	3	3	5	4	4	12	36

（2）数学模型为

$$\min Z = \sum_{i=1}^{6}\sum_{j=1}^{6} C_{ij} x_{ij}$$

$$\begin{cases} \sum_{j=1}^{6} x_{ij} \leqslant a_i & i=1,2,\cdots,6 \\ \sum_{i=1}^{6} x_{ij} = b_i & j=1,2,\cdots,6 \\ x_{ij} \geqslant 0 & i,j=1,2,\cdots,6 \end{cases}$$

利用表 5-32 求出最优解，如表 5-33 所示。

表 5-33

	1月(1)	1月(2)	2月(1)	2月(2)	3月(1)	3月(2)	剩余能力	生产能力
1月 RT	5	3	2					10
1月 OT							3	3
2月 RT			1	5		2		8
2月 OT							2	2
3月 RT					4	2	4	10
3月 OT							3	3
需求量	5	3	3	5	4	4	12	36

最优生产计划是：第 1 个月正常时间内生产第 1 种产品 7 件，当月交货 5 件，第 2 个月交货 2 件；生产第 2 种产品 3 件，当月交货，总产量 10 件，不加班。

第 2 个月正常时间内生产第 1 种产品 1 件，当月交货 1 件；生产第 2 种产品 7 件，当月交货 5 件，第 3 个月交货 2 件，总产量 8 件，不加班。

第 3 个月正常时间内生产第 1 种产品 4 件，当月交货；生产第 2 种产品 2 件，当月交货，总产量 6 件，不加班。期末无库存。总成本为 389（千元）。

5.4 指派问题

5.4.1 数学模型

指派问题(Assignment problem)也称分配或配置问题,是资源合理配置或最优匹配问题。

【**例 5-15**】人事部门欲安排四人到四个不同的岗位工作,每个岗位一个人。经考核四人在不同岗位的成绩(百分制)如表 5-34 所示,如何安排他们的工作使总成绩最好。

表 5-34

人员\工作	A	B	C	D
甲	85	92	73	90
乙	95	87	78	95
丙	82	83	79	90
丁	86	90	80	88

解 此工作分配问题可以采用枚举法求解,将所有分配方案求出,总分最大的方案就是最优解。本例的方案有

$4! = 4 \times 3 \times 2 \times 1 = 24$ 种。由于方案数是人数的阶乘,当人数和工作数较多时,计算量非常大。用 0-1 规划模型描述此类分配问题显得非常简单。设

$$x_{ij} = \begin{cases} 1 & \text{分配第 } i \text{ 人做 } j \text{ 工作时} \\ 0 & \text{不分配第 } i \text{ 人做 } j \text{ 工作时} \end{cases}$$

目标函数为

$$\max Z = 85x_{11} + 92x_{12} + 73x_{13} + 90x_{14} + 95x_{21} + 87x_{22}$$
$$+ 78x_{23} + 95x_{24} + 82x_{31} + 83x_{32} + 79x_{33} + 90x_{34}$$
$$+ 86x_{41} + 90x_{42} + 80x_{43} + 88x_{44}$$

要求每人做一项工作,约束条件为

$$\begin{cases} x_{11} + x_{12} + x_{13} + x_{14} = 1 \\ x_{21} + x_{22} + x_{23} + x_{24} = 1 \\ x_{31} + x_{32} + x_{33} + x_{34} = 1 \\ x_{41} + x_{42} + x_{43} + x_{44} = 1 \end{cases}$$

每项工作只能安排一人,约束条件为

$$\begin{cases} x_{11} + x_{21} + x_{31} + x_{41} = 1 \\ x_{12} + x_{22} + x_{32} + x_{42} = 1 \\ x_{13} + x_{23} + x_{33} + x_{43} = 1 \\ x_{14} + x_{24} + x_{34} + x_{44} = 1 \end{cases}$$

变量约束为 $x_{ij} = 0$ 或 1, $i, j = 1, 2, 3, 4$。

观察例 5-15 的模型,属于第 3 章的 0-1 规划模型,又是运输模型的特例,令运输模型中的产量和销量等于"1",运输量等于 0 或 1 得到指派模型,该问题的网络图如

图 5-3 所示。

许多实际问题都可以建立诸如上述形式的模型,例如,m 种设备(人员)加工 m 种零件(工作),每种设备只能加工一种零件,第 i 种设备加工第 j 种零件的时间是 c_{ij}(c_{ij} 称为效率),如何安排设备的生产计划使总时间最少;将销售人员分配到不同的地区,将合同分配给投标人等都属于指派问题。

表 5-34 称为效率表,根据效率表的含义确定指派问题求最大值或求最小值。

下面给出指派问题的一般模型。假设 m 个人恰好做 m 项工作,第 i 个人做第 j 项工作的效率为 $c_{ij} \geqslant 0$,效率矩阵为 $[c_{ij}]$(见表 5-34),如何分配工作使效率最佳(min 或 max)的数学模型为

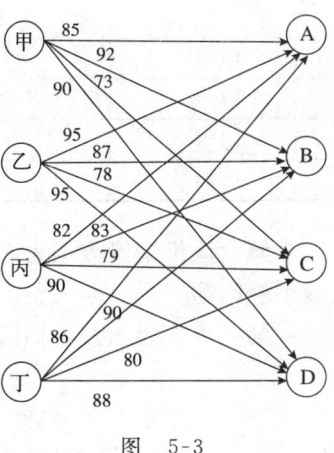

图 5-3

$$\min(\max) Z = \sum_{i=1}^{m} \sum_{j=1}^{m} c_{ij} x_{ij}$$

$$\begin{cases} \sum_{j=1}^{m} x_{ij} = 1 & i = 1, 2, \cdots, m \\ \sum_{i=1}^{m} x_{ij} = 1 & j = 1, 2, \cdots, m \\ x_{ij} = 0 \text{ 或 } 1 & i, j = 1, 2, \cdots, m \end{cases} \tag{5-4}$$

用整数规划方法或运输单纯形法都可以求得式(5-4)的最优解,但计算量较大。匈牙利数学家克尼格(D. König)证明了下面定理 5.4 和定理 5.5,基于这两个定理解指派问题的计算方法被称为**匈牙利算法**,这种算法非常简单有效。

5.4.2 解指派问题的匈牙利算法

匈牙利算法的条件是:问题求最小值、人数与工作数相等及效率非负。

【**定理 5.4**】如果从指派问题效率矩阵 $[c_{ij}]$ 的每一行元素中分别减去(或加上)一个常数 u_i(称为该行的位势),从每一列分别减去(或加上)一个常数 v_j(称为该列的位势),得到一个新的效率矩阵 $[b_{ij}]$,其中 $b_{ij} = c_{ij} - u_i - v_j$,则 $[b_{ij}]$ 的最优解等价于 $[c_{ij}]$ 的最优解,这里 c_{ij} 及 b_{ij} 均非负。

【**定理 5.5**】若矩阵 A 的元素可分成"0"与非"0"两部分,则覆盖零元素的最少直线数等于位于不同行不同列的零元素(称为独立元素)的最大个数。

如果最少直线数等于 m,则存在 m 个独立的零元素,令这些零元素对应的 x_{ij} 等于 1,其余变量等于 0,这时目标函数值等于零,得到最优解。

定理 5.4 告诉我们如何将效率表中的元素转换为有 m 个独立的零元素的方法,定理 5.5 告诉我们效率表中有多少个独立的零元素判别方法。

【**例 5-16**】某公司拟将四种新产品配置到四个工厂生产,四个工厂的单位产品成本(元/件)如表 5-35 所示。求最优生产配置方案。

表 5-35

	产品1	产品2	产品3	产品4
工厂1	58	69	180	260
工厂2	75	50	150	230
工厂3	65	70	170	250
工厂4	82	55	200	280

解 最优配置方案是怎样安排四个工厂的产品加工，使得单件产品总成本最低，是求最小值问题。

第一步，找出效率矩阵每行的最小元素，并分别从每行中减去最小元素，有

$$\begin{bmatrix} 58 & 69 & 180 & 260 \\ 75 & 50 & 150 & 230 \\ 65 & 70 & 170 & 250 \\ 82 & 55 & 200 & 280 \end{bmatrix} \begin{matrix} \min \\ 58 \\ 50 \\ 65 \\ 55 \end{matrix} \Rightarrow \begin{bmatrix} 0 & 11 & 122 & 202 \\ 25 & 0 & 100 & 180 \\ 0 & 5 & 105 & 185 \\ 27 & 0 & 145 & 225 \end{bmatrix}$$

第二步，找出矩阵每列的最小元素，再分别从每列中减去，有

$$\begin{bmatrix} 0 & 11 & 122 & 202 \\ 25 & 0 & 100 & 180 \\ 0 & 5 & 105 & 185 \\ 27 & 0 & 145 & 225 \end{bmatrix} \Rightarrow \begin{bmatrix} 0 & 11 & 22 & 22 \\ 25 & 0 & 0 & 0 \\ 0 & 5 & 5 & 5 \\ 27 & 0 & 45 & 45 \end{bmatrix}$$

$$\min \quad 0 \quad 0 \quad 100 \quad 180$$

第三步，用最少的直线覆盖所有"0"，得

$$\begin{bmatrix} 0 & 11 & 22 & 22 \\ 25 & 0 & 0 & 0 \\ 0 & 5 & 5 & 5 \\ 27 & 0 & 45 & 45 \end{bmatrix}$$

第四步，这里直线数等于3(等于4时停止运算)，要进行下一轮计算。

(1) 从矩阵未被直线覆盖的数字中找出一个最小数 k 并且减去 k，矩阵中 $k=5$。

(2) 直线相交处的元素加上 k，被直线覆盖而没有相交的元素不变，得到下列矩阵

$$\begin{bmatrix} 0 & 6 & 17 & 17 \\ 30 & 0 & 0 & 0 \\ 0 & 0 & 0 & 0 \\ 32 & 0 & 45 & 45 \end{bmatrix}$$

上述矩阵实质是将第三步的矩阵第一行和第三行同时减去5，然后第一列加上5得到。回到第三步画线，最少直线数是4条

$$\begin{bmatrix} 0 & 6 & 17 & 17 \\ 30 & 0 & 0 & 0 \\ 0 & 0 & 0 & 0 \\ 32 & 0 & 45 & 45 \end{bmatrix}$$

第五步，覆盖所有零最少需要4条直线，表明矩阵中存在4个不同行不同列的零元

素。容易看出 4 个"0"的位置

$$\begin{bmatrix} (0) & 6 & 17 & 17 \\ 30 & 0 & (0) & 0 \\ 0 & 0 & 0 & (0) \\ 32 & (0) & 45 & 45 \end{bmatrix} 或 \begin{bmatrix} (0) & 6 & 17 & 17 \\ 30 & 0 & 0 & (0) \\ 0 & 0 & (0) & 0 \\ 32 & (0) & 45 & 45 \end{bmatrix}$$

令对应的变量等于 1，其余变量等于 0，得到两个最优解

$$\boldsymbol{X}^{(1)} = \begin{bmatrix} 1 & & & \\ & & 1 & \\ & & & 1 \\ & 1 & & \end{bmatrix}, \quad \boldsymbol{X}^{(2)} = \begin{bmatrix} 1 & & & \\ & & & 1 \\ & & 1 & \\ & 1 & & \end{bmatrix}$$

有两个最优方案，第一种方案为第一个工厂加工产品 1，第二个工厂加工产品 3，第三个工厂加工产品 4，第四个工厂加工产品 2；

第二种方案为第一个工厂加工产品 1，第二个工厂加工产品 4，第三个工厂加工产品 3，第四个工厂加工产品 2。

单件产品总成本为

$$Z = 58 + 150 + 250 + 55 = 513$$

注意：当人数与工作数较多时，用直观的方法进行画线及找独立的零元素比较困难，这时可按照以下方法进行：

（1）检查效率矩阵 C 的每行、每列，在零元素最少的行（列）中任选一个零元素，对这个零元素打上括号，表示该"0"已作标记，将该"0"所在行、列其他零元素全部打上记号"×"，同时对打括号及"×"的零元素所在行或列画一条直线。

（2）重复第（1）步，在剩下的没有被直线画去的行、列中再找最少的零元素，打上括号、打上记号"×"及画线，直到所有零元素被直线画去。

（3）如果效率矩阵每行都有一个打括号的零元素，按上述步骤得到的打括号的零元素都位于不同行不同列，令对应打括号零元素的 $x_{ij}=1$ 就找到了问题的最优解；如果效率矩阵中打括号的零元素个数小于 m，再利用定理 5.4 对矩阵进行变换。

5.4.3 其他变异问题

对于求最大值、人数与任务数不相等以及不可接受的配置（某个人不能完成某项任务）等特殊指派问题，对效率矩阵通过适当变换使得满足匈牙利算法的条件再求解。

如果指派问题求最大值，用一个较大的数 M 去减效率矩阵 C 中所有元素得到效率矩阵 $\boldsymbol{B}=(b_{ij})$，$b_{ij}=\mathrm{M}-c_{ij}$，求矩阵 $\boldsymbol{B}$ 的最小值，矩阵 $\boldsymbol{B}$ 与矩阵 $\boldsymbol{C}$ 的最优解相同。通常令这个较大的数 M 等于效率矩阵中的最大元素。

【例 5-17】 求例 5-15 的最优分配方案。

解 令 $\mathrm{M}=\max\{c_{ij}\}=95$，$b_{ij}=95-c_{ij}\geqslant 0$，则

$$\boldsymbol{B} = \begin{bmatrix} 10 & 3 & 22 & 5 \\ 0 & 8 & 17 & 0 \\ 13 & 12 & 16 & 5 \\ 9 & 5 & 15 & 7 \end{bmatrix}$$

求此问题的最小值。求解过程如下

$$\begin{bmatrix} 10 & 3 & 22 & 5 \\ 0 & 8 & 17 & 0 \\ 13 & 12 & 16 & 5 \\ 9 & 5 & 15 & 7 \end{bmatrix} \Rightarrow \begin{bmatrix} 7 & 0 & 19 & 2 \\ 0 & 8 & 17 & 0 \\ 8 & 7 & 11 & 0 \\ 4 & 0 & 10 & 2 \end{bmatrix} \Rightarrow \begin{bmatrix} 7 & (0) & 9 & 2 \\ (0) & 8 & 7 & 0 \\ 8 & 7 & 1 & (0) \\ 4 & 0 & (0) & 2 \end{bmatrix}$$

最优分配方案为甲分配到 B 岗位，乙分配到 A 岗位，丙分配到 D 岗位，丁分配到 C 岗位，总成绩为 357。

设分配问题中人数为 m，工作数为 n，当 $m>n$ 时虚拟 $m-n$ 项工作，对应的效率为零；当 $m<n$ 时虚拟 $n-m$ 个人，对应的效率为零，化为人数与工作数相等的平衡问题后再求解。如有 5 个人分配做 3 项工作，则虚拟 2 项工作，效率表变化如下

$$\begin{bmatrix} 5 & 8 & 9 \\ 10 & 15 & 17 \\ 9 & 4 & 3 \\ 16 & 17 & 18 \\ 8 & 6 & 11 \end{bmatrix} \Rightarrow \begin{bmatrix} 5 & 8 & 9 & 0 & 0 \\ 10 & 15 & 17 & 0 & 0 \\ 9 & 4 & 3 & 0 & 0 \\ 16 & 17 & 18 & 0 & 0 \\ 8 & 6 & 11 & 0 & 0 \end{bmatrix}$$

再用匈牙利算法求解。

当某人不能完成某项任务时，令对应的效率为一个大 M 即可。

【例 5-18】某商业集团计划在市内四个点投资四个专业超市，考虑的商品有电器、服装、食品、家具及计算机 5 个类别。通过评估，家具超市不能放在第 3 个点，计算机超市不能放在第 4 个点，不同类别的商品投资到各点的年利润（万元）预测值见表 5-36。该商业集团如何做出投资决策使年利润最大。

表 5-36

商品＼地点	1	2	3	4
电器	120	300	360	400
服装	80	350	420	260
食品	150	160	380	300
家具	90	200	—	180
计算机	220	260	270	—

解 这是求最大值、人数与任务数不相等及不可接受的配置的一个综合指派问题，分别对表 5-36 进行转换。

(1) 令 $c_{43}=c_{54}=0$；

(2) 转换成求最小值问题，令 $M=420$，得到效率表（机会损失表）；

(3) 虚拟一个地点 5。

转换后得到表 5-37。用匈牙利算法求解得到最优解为

$$X = \begin{bmatrix} & & & 1 & \\ & 1 & & & \\ & & 1 & & \\ & & & & 1 \\ 1 & & & & \end{bmatrix}, \quad Z = 1\,350$$

表 5-37

商品＼地点	1	2	3	4	5
电器	300	120	60	20	0
服装	340	70	0	160	0
食品	270	260	40	120	0
家具	330	220	420	240	0
计算机	200	160	150	420	0

最优投资方案为地点 1 投资建设计算机超市，地点 2 投资建设服装超市，地点 3 投资建设食品超市，地点 4 投资建设电器超市，年利润总额预测值为 1 350 万元。

5.5 WinQSB 软件应用

5.5.1 一般运输模型

运输问题的运算程序是 Network Modeling（网络模型），选项为 Network Flow 或 Transportation Problem。

【例 5-19】用 WinQSB 软件求解表 5-38 最小值的运输问题，其中 A_2 不可达 B_2。

表 5-38

	B_1	B_2	B_3	B_4	a_i
A_1	8	10	5	8	50
A_2	6	—	7	6	40
A_3	12	14	15	10	80
b_j	60	30	70	20	

解 这是一个销大于产的问题，用软件求解不必化为平衡问题，令 $c_{22}=M$，操作步骤如下：

（1）启动程序。点击开始→程序→WinQSB→Network Modeling。

（2）建立新问题。在图 5-4 中分别选择 Transportation Problem、Minimization、Spreadsheet，输入标题、产地数为 3 和销地数为 4。

（3）输入表 5-38 的数据到表 5-39 中，并重命名产地和销地。

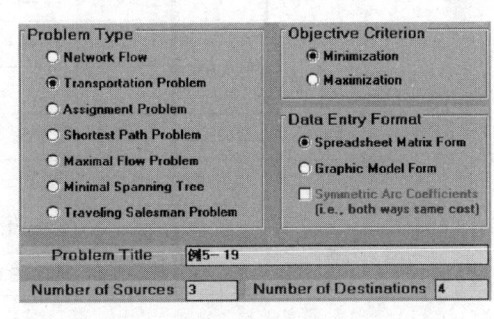

图 5-4

表 5-39

From \ To	B1	B2	B3	B4	Supply
A1	8	10	5	8	50
A2	6	M	7	6	40
A3	12	14	15	10	80
Demand	60	30	70	20	

（4）求解，点击菜单栏 Solve and Analyze，下拉菜单有四个选择求解方法：Solve the

Problem(只求出最优解)、Solve the Display Steps-Network(网络图求解并显示迭代步骤)、Solve the Display Steps-Tableau(表格求解并显示迭代步骤)、Select Initial Solution Method(选择求初始解方法)。求初始解有八种方法选择：

- Row Minimum(RM)逐行最小元素法
- Modified Row Minimum(MRM)修正的逐行最小元素法
- Column Minimum(CM)逐列最小元素法
- Modified Column Minimum(MCM)修正的逐列最小元素法
- NorthWest Corner Method(NWC)西北角法
- Matrix Minimum(MM)矩阵最小元素法，即最小元素法
- Vogel's Approximation Method(VAM)Vogel近似法
- Russell's Approximation Method(RAM)Russell近似法

如果不选择，系统缺省方法是RM。

例如，选择最小元素法(MM)、Solve the Display Steps-Tableau，得到如表 5-40 所示的初始表。由表 5-40 可以看到进基、出基变量，还可以得到位势即对偶变量(Dual P_i、Dual P_j)求出检验数。继续迭代得到最优方案表，总运费 $Z=1470$，B2 有 10 个单位不能满足需求，如表 5-41 所示。

表 5-40

From \ To	B1	B2	B3	B4	Supply	Dual P(i)
A1	8	10	5 50	8	50	0
A2	6 40	+1M	7 $C_{ij}=-2$**	6	40	4
A3	12 20	14 30	15 10*	10 20	80	10
Unfilled_Demand	+1M	+1M	+1M 10	+1M	−60	−5+1M
Demand	30	70	20	−10		
Dual P(j)	2	4	5	0		

Objective Value=10M+1500 (Minimization)
** Entering: A2 to B3   * Leaving: A3 to B3

表 5-41

1-04-200	From	To	Shipment	Unit Cost	Total Cost	Reduced Cost
1	A1	B3	50	5	250	0
2	A2	B1	20	6	120	0
3	A2	B3	20	7	140	0
4	A3	B1	40	12	480	0
5	A3	B2	20	14	280	0
6	A3	B4	20	10	200	0
7	Unfilled_Demand	B2	10	0	0	0
	Total	Objective	Function	Value =	1470	

(5) 显示图解结果。点击菜单栏 Results→Graphic Solution，系统以网络流的形式显

示最优调运方案,如图 5-5 所示。

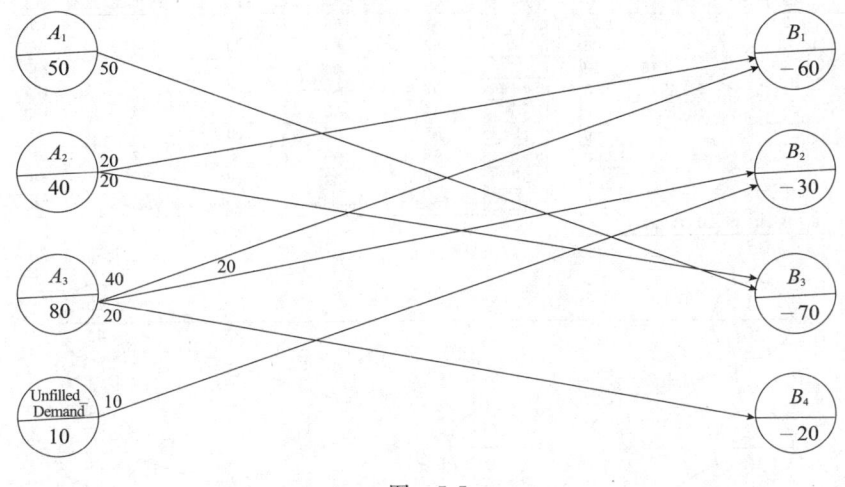

图 5-5

还可以进行 What-If 分析、参数分析。如果有多重解,系统能显示其他基本可行解。

5.5.2 中转问题

WinQSB 软件处理中转问题有两种方法,第一种方法首先化为平衡运价表,用运输单纯形法求解,调用的子程序仍然是 Network Modeling→Transportation Problem。以图 5-2 所示的网络图为例,平衡表的形式见表 5-42。

第二种方法是将问题看做一般网络流,不需要将问题转换为表 5-42 的平衡形式,中转站与需求地的供应量为零,供应地与中转站的需求量为零,运价按实际发生的运价输入,本地到本地及不可到达等没有运价的为空白,不要输入任何数据。假定从某地到另一地来回的运价相等,调用的子程序是 Network Modeling→Network Flow。

【例 5-20】求解图 5-2 所示的中转运输问题(min)。

解 (1)建立新问题,在图 5-4 的选项框中选择 Network Flow,节点数输入 9,如图 5-6所示。

表 5-42

From \ To	A1	A2	A3	A4	A5	A6	A7	A8	A9	Supply
A1				2	5	3	2			120
A2			1	4	2					130
A3				8	7				15	150
A4		3			3	4	3	6		100
A5						1	2	9		100
A6						2				100
A7										100
A8									3	100
A9										100
Demand	100	100	100	100	100	145	120	115	120	

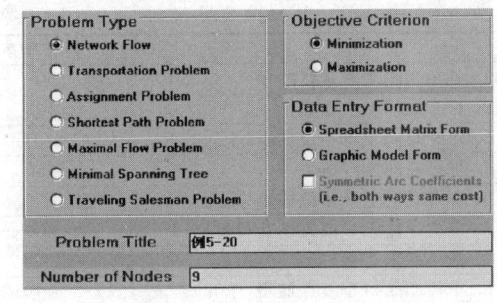

图 5-6

(2)输入表 5-43 的数据,并对节点重命名为 A_1,A_2,…,A_9。

(3)求解,与例 5-19 的步骤相同,显示表 5-44 的最优解,显示图 5-7 的最优运输网络图。

表 5-43

From \ To	A1	A2	A3	A4	A5	A6	A7	A8	A9	Supply
A1					2	5	3	2		20
A2			1	4	2					30
A3				8	7				15	50
A4		3			3	4	3	6		0
A5							1	2	9	0
A6							2			0
A7										0
A8									3	0
A9										0
Demand	0	0	0	0	45	20	15	20		

表 5-44

6-12-200	From	To	Flow	Unit Cost	Total Cost	Reduced Cost
1	A1	A6	20	3	60	0
2	A2	A5	30	2	60	0
3	A3	A4	25	8	200	0
4	A3	A5	25	7	175	0
5	A4	A6	25	4	100	0
6	A5	A7	20	1	20	0
7	A5	A8	35	2	70	0
8	A8	A9	20	3	60	0
Total	Objective	Function	Value =		745	

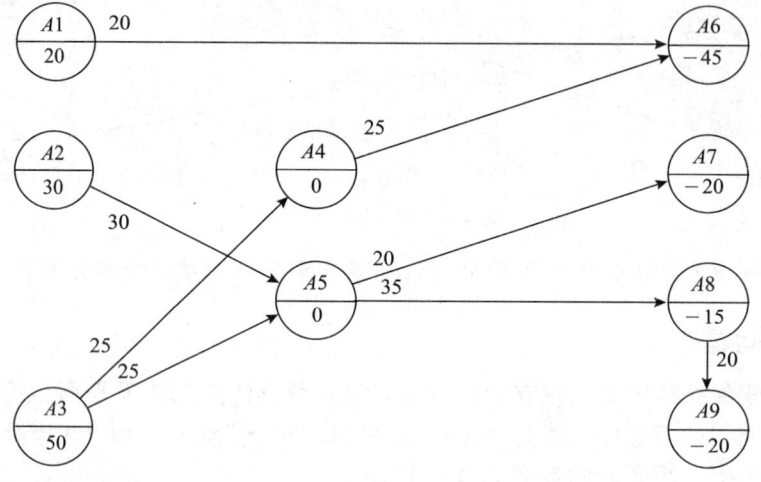

图 5-7

注意：如果输出的图形不美观或节点位置不理想，可以手动调整，调整方法参见第 6 章 6.5.2。

5.5.3 综合生产计划问题

【例 5-21】企业未来四个季度的需求量、生产能力及有关费用如表 5-45 所示。

表 5-45

	第一季度	第二季度	第三季度	第四季度
1. 各期预测需求量(件)	500	950	1600	650
2. 正常时间生产能力	400	500	850	450
3. 正常时间生产单位成本(千元)	1.1	1.3	1.2	1.4
4. 加班时间生产能力	150	150	150	90
5. 加班时间生产单位成本(千元)	1.5	1.5	1.5	1.5
6. 期初存量(+)或延期交货量(-)	300			
7. 最小期末存量(安全存量)				350
8. 单位产品每季度存储费(千元)	0.2	0.2	0.2	0.2
9. 转包(外协)生产能力	300	300	300	300
10. 转包生产单位产品成本(千元)	1.8	1.8	1.8	1.8

试制定全年总费用最小的生产计划。

解 根据例 5-14 的方法可以将此问题化为类似表 5-31 及表 5-32 的平衡运输问题求解。WinQSB 软件提供了这类综合生产计划的求解程序，直接输入表 5-45 的数据，系统自动求解并输出运输问题的平衡表。下面介绍 winQSB 软件的操作方法。

(1) 启动程序。点击开始→程序→winQSB→Aggregate Planning。

(2) 建立新问题。在选项对话框中选中 Transportation Model、Overtime Allowed 及 Subcontracting Allowed，输入标题、计划期数(4)和期初存量(300)。如果期初还要补充上期的缺货量(延迟交货，Backorder)，则输入负数，如图 5-8 所示。

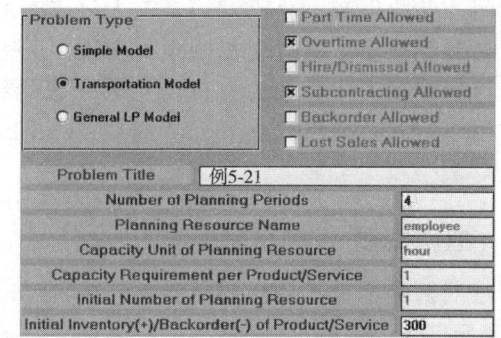

图 5-8

(3) 输入数据。将表 5-45 的数据输入到表 5-46 中，可以对计划期的名称重新命名。

表 5-46

DATA ITEM	第一季度	第二季度	第三季度	第四季度
Forecast Demand	500	950	1600	650
Regular Time Capacity in Unit	400	500	850	450
Regular Time Cost per Unit	1.1	1.3	1.2	1.4
Overtime Capacity in Unit	150	150	150	90
Overtime Cost per Unit	1.5	1.5	1.5	1.5
Initial Inventory (+) or Backorder (-)	300			
Minimum Ending Inventory (Safety Stock)				350
Unit Inventory Holding Cost	0.2	0.2	0.2	0.2
Subcontracting Capacity in Unit	300	300	300	300
Unit Subcontracting Cost	1.8	1.8	1.8	1.8

(4) 求解并显示结果。点击菜单栏 Solve and Analyze → Solve the Problem，显示表 5-47 的生产计划表。点击菜单栏 Results→Show Transportation Tableau，显示类似运输问题运价-运量最优表(表 5-48 只显示部分内容)，得到更详细的计划表。如第一季度：期初库存量在第一季度交货；正常时间生产 400 件，第一、二季度分别交货 200 件；加班生产 150 件用于第二季度交货 100 件，第三季度交货

表 5-47

08-08-2003 01:33:28	Demand	Regular Production	Overtime Production	Subcontracting Production	Total Production	Ending Inventory
Initial						300.00
第一季度	500.00	400.00	150.00	110.00	660.00	460.00
第二季度	950.00	500.00	150.00	300.00	950.00	460.00
第三季度	1,600.00	850.00	150.00	300.00	1,300.00	160.00
第四季度	650.00	450.00	90.00	300.00	840.00	350.00
Total	3700.00	2200.00	540.00	1,010.00	3750.00	1430.00

50 件；外协生产 110 件用于第四季度末库存。全部满足需求，总费用 $Z=5\,654$(千元)。

表 5-48

	第一季度 Demand	第二季度 Demand	第三季度 Demand	第四季度 Demand	Ending Inventory	Unused Capacity	Total Capacity
Initial Inventory	0.00 300	0.20	0.40	0.60	0.80	0	300
第一季度 Regular time	1.10 200	1.30 200	1.50	1.70	1.90	0	400
第一季度 Overtime	1.50	1.70 100	1.90 50	2.10	2.30	0	150
第一季度 Subcontract	1.80	2.00	2.20	2.40	2.60 110	190	300
第二季度 Regular time	M	1.30 500	1.50	1.70	1.90	0	500

如果将生产计划周期的时间和费用再细分，生产时间分为正常时间、低于正常时间、加班时间、外协生产、分段时间、工人每小时的生产能力，费用除了上述时间内生产费用外还包括储存费用、延迟交货的损失费用、失去销售量的损失费、雇用或解雇费用等复杂问题的计划编制工作，系统将自动化为一般的线性规划模型求解，不需要人工建立模型。这时在图 5-8 中选择 Simple model 或 General LP model 即可完成计划的编制。请参阅附录 C 案例 C-5。

5.5.4 指派问题

指派问题的运算子程序仍然是 Network Modeling，选项为 Assignment Problem。

【例 5-22】用 WinQSB 软件求解例 5-18。

解 用 WinQSB 软件求解时不必对效率矩阵进行人工转换，系统会自动转换，直接输入表 5-36 中的数据。

（1）启动程序。点击开始→程序→WinQSB→Network Modeling。

（2）建立新问题。在图 5-9 中分别选择 Assignment Problem、Maximization，输入标题、人数（目标数）为 5 及任务数（配置数）为 4。

（3）输入表 5-36 中的数据，对网络节点重命名后得到表 5-49。

（4）求解并显示结果，与例 5-19 步骤（4）相同，点击 Solve the Display Steps-Tableau 时显示匈牙利算法每一步迭代表，本例中的初始表见表 5-50。表 5-50 就是在表 5-37 的每列减去最小数得到的结果。最优解如表 5-51 所示，点击菜单栏 Results→Graphic Solution，以网络图的形式显示结果。

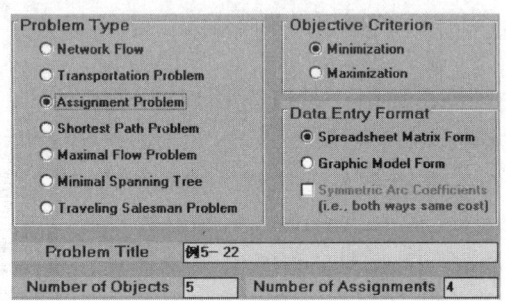

图 5-9

表 5-49

From \ To	地点1	地点2	地点3	地点4
电器	120	300	360	400
服装	80	350	420	260
食品	150	160	380	300
家具	90	200	0	180
计算机	220	260	270	0

表 5-50

Hungarian Method for 例 5.21 - Iteration 1

From \ To	地点1	地点2	地点3	地点4	Dummy
电器	100	50	60	0	0
服装	140	0	0	140	0
食品	70	190	40	100	0
家具	130	150	420	220	0
计算机	0	90	150	400	0

表 5-51

From	To	Assignment	Unit Profit	Total Profit	Reduced Cost
电器	地点4	1	400	400	0
服装	地点2	1	350	350	0
食品	地点3	1	380	380	0
家具	Unused_Supply	1	0	0	0
计算机	地点1	1	220	220	0
Total	Objective	Function	Value =	1350	

习题

5.1 用元素差额法直接给出表 5-52 及表 5-53 下列两个运输问题的近似最优解。

表 5-52

	B_1	B_2	B_3	B_4	B_5	a_i
A_1	19	16	10	21	9	18
A_2	14	13	5	24	7	30
A_3	25	30	20	11	23	10
A_4	7	8	6	10	4	42
b_j	15	25	35	20	5	

表 5-53

	B_1	B_2	B_3	B_4	a_i
A_1	5	3	8	6	16
A_2	10	7	12	15	24
A_3	17	4	8	9	30
b_j	20	25	10	15	

5.2 求如表 5-54 及表 5-55 所示的运输问题的最优方案。

表 5-54

	B_1	B_2	B_3	B_4	a_i
A_1	10	5	2	3	70
A_2	4	3	1	2	80
A_3	5	6	4	4	30
b_j	60	60	40	20	

表 5-55

	B_1	B_2	B_3	B_4	a_i
A_1	9	15	4	8	10
A_2	3	1	7	6	30
A_3	2	10	13	4	20
A_4	4	5	8	3	40
b_j	20	15	50	15	

(1) 用闭回路法求检验数(表 5-54)。

(2) 用位势法求检验数(表 5-55)。

5.3 求下列运输问题的最优解。

(1) C_1 目标函数求最小值；(2) C_2 目标函数求最大值。

$$C_1 = \begin{bmatrix} 3 & 5 & 9 & 2 \\ 6 & 4 & 8 & 5 \\ 11 & 13 & 12 & 7 \end{bmatrix} \begin{matrix} 50 \\ 25 \\ 30 \end{matrix} \qquad C_2 = \begin{bmatrix} 7 & 10 & 15 & 20 \\ 14 & 13 & 9 & 6 \\ 5 & 8 & 7 & 10 \end{bmatrix} \begin{matrix} 60 \\ 30 \\ 90 \end{matrix}$$
$$\begin{matrix} 15 & 45 & 20 & 40 \end{matrix} \qquad \qquad \begin{matrix} 60 & 30 & 50 & 40 \end{matrix}$$

(3) 目标函数最小值。B_1 的需求为 $30 \leqslant b_1 \leqslant 50$，$B_2$ 的需求为 40，B_3 的需求为 $20 \leqslant b_3 \leqslant 60$，$A_1$ 不可达 B_4，B_4 的需求为 30。

$$\begin{bmatrix} 4 & 9 & 7 & - \\ 6 & 5 & 3 & 2 \\ 8 & 4 & 9 & 10 \end{bmatrix} \begin{matrix} 70 \\ 20 \\ 50 \end{matrix}$$

5.4 汽车客运公司有豪华、中档和普通三种型号的客车 5 辆、10 辆和 15 辆，每辆车上均载客 40 人，汽运公司每天要送 400 人到 B_1 城市，送 600 人到 B_2 城市。每辆客车每天只能送一次，从客运公司到 B_1 和 B_2 城市的票价如表 5-56 所示。

表 5-56

	甲(豪华)	乙(中档)	丙(普通)
到 B_1 城市(元/人)	80	60	50
到 B_2 城市(元/人)	65	50	40

(1) 试建立总收入最大的车辆调度方案数学模型；

(2) 写出平衡运价表；

(3) 求最优调运方案。

5.5 某试验设备厂按合同规定在当年前四个月末分别提供同一型号的干燥箱 50 台、40 台、60 台、80 台给用户。该厂每月的生产能力是 65 台，如果生产的产品当月不能交货，每台每月必须支付维护及存储费 0.15 万元，已知四个月内每台生产费分别是 1 万元、1.25 万元、0.87 万元、0.98 万元，试安排这四个月的生产计划，使既能按合同如期交货，又能使总费用最小。

(1) 建立此问题的数学模型；

(2) 将此问题化为运输问题，建立平衡运价表；

(3) 求最优解。

5.6 假设在例 5-16 中四种产品的需求量分别是 1 000 件、2 000 件、3 000 件和 4 000 件，求最优生产配置方案。

5.7 求解下列最小值的指派问题，其中第(2)题某人要做两项工作，其余 3 人每人做一项工作。

(1) $C = \begin{bmatrix} 12 & 6 & 9 & 15 \\ 20 & 12 & 18 & 26 \\ 35 & 18 & 10 & 25 \\ 6 & 10 & 15 & 20 \end{bmatrix}$

(2) $C = \begin{bmatrix} 26 & 38 & 41 & 52 & 27 \\ 25 & 33 & 44 & 59 & 21 \\ 20 & 30 & 47 & 56 & 25 \\ 22 & 31 & 45 & 53 & 20 \end{bmatrix}$

5.8 求解下列最大值的指派问题。

(1) $C = \begin{bmatrix} 10 & 9 & 6 & 17 \\ 15 & 14 & 10 & 20 \\ 18 & 13 & 13 & 19 \\ 16 & 8 & 12 & 26 \end{bmatrix}$

(2) $C = \begin{bmatrix} 9 & 6 & 5 & 10 \\ 4 & - & 8 & 5 \\ 7 & 10 & 9 & 12 \\ 6 & 15 & 7 & 16 \\ 9 & 8 & 6 & 8 \end{bmatrix}$

5.9 学校举行游泳、自行车、长跑和登山四项接力赛，已知五名运动员完成各项目的成绩（分钟）如表 5-57 所示。从中选拔一个接力队，使预期的比赛成绩最好。

表 5-57

	游泳	自行车	长跑	登山
甲	20	43	33	29
乙	15	33	28	26
丙	18	42	38	29
丁	19	44	32	27
戊	17	34	30	28

5.10 思考与简答题

(1) 如何运用 Vogel 近似法求极大化运输问题的初始解。

(2) 运输问题和指派问题的数学模型有哪些相同和区别。

(3) 简述运输单纯形法中非基变量检验数的经济含义。

(4) 位势法求非基变量检验数的公式：$\lambda_{ij} = c_{ij} - u_i - v_j$，试说明 λ_{ij}，c_{ij}，u_i 及 v_j 与对偶问题的对应关系。

(5) 运输问题中，为什么一组基变量不包含有任何闭回路，如果包含闭回路会怎样。

(6) 例 5-11 讨论的模型是不是指派问题模型，为什么。

(7) 匈牙利算法的条件是什么，不满足条件时如何求解。

(8) 如果将指派问题的效率矩阵每行(列)乘以一个大于零的数 k_i，最优解是否变化。

(9) 指派问题求最大值时，能否采用将目标函数乘以"-1"的方法转化为求最小值用匈牙利法求解，为什么。

(10) 证明定理 5.4。

第6章

网络模型

许多研究的对象往往可以用一个图表示,研究的目的归结为图的极值问题,如第 5 章例 5-1 的运输问题和例 5-15 的配置问题。本章继续讨论其他几种图的极值问题的网络模型。

运筹学中研究的图具有下列特征:

(1) 用点表示研究对象,用边(有方向或无方向)表示对象之间某种关系;

(2) 强调点与点之间的关联关系,不讲究图的比例大小与形状;

(3) 每条边上都赋有一个权,其图称为赋权图。实际中权可以代表两点之间的距离、费用、利润、时间、容量等不同的含义;

(4) 建立一个网络模型,求最大值或最小值。

图 6-1

如图 6-1 所示,点集合记为 $V = \{v_1, v_2, \cdots, v_6\}$,边用 $[v_i, v_j]$ 表示或简记为 $[i, j]$,集合记为 $E = \{[1, 2], [1, 3], \cdots, [5, 6]\}$,边上的数字称为权,记为 $w[v_i, v_j]$、$w[i, j]$ 或 w_{ij},集合记为 $W = \{w_{12}, w_{13}, w_{14}, \cdots, w_{56}\}$。

连通的赋权图称为网络图,记为

$$G = \{V, E, W\}$$

网络图 6-1 可以提出许多极值问题。

(1) 点 v_i 表示自来水工厂及用户,v_i 与 v_j 之间的边表示两点间可以铺设管道,权为 v_i 与 v_j 间铺设管道的距离或费用,极值问题是如何铺设管道,将自来水送到其他 5 个用户并且使总的费用最小,属于最小树问题。

(2) 从某个点 v_i 出发到达另一个点 v_j,怎样安排路线使得总距离最短或总费用最小,属于最短路问题。

(3) 将某个点 v_i 的物资或信息送到另一个点 v_j,使得流量最大,属于最大流问题。

(4) 售货员从某个点 v_i 出发走过其他所有点后回到原点 v_i，如何安排路线使总路程最短，属于货郎担问题或旅行售货员问题。

(5) 邮递员从邮局 v_i 出发要经过每一条边将邮件送到用户手中，最后回到邮局 v_i，如何安排路线使总路程最短，属于中国邮递员问题。

(6) 在哪个点设置一个物资配送网络中心最好，属于服务点最优设置问题。

另外还有二分图的匹配问题及第 7 章的网络计划问题等都涉及网络极值问题。

6.1 最小树问题

6.1.1 树的概念

一个无圈并且连通的无向图称为树图或简称**树**(Tree)。如图 6-2 是图 6-1 的一个管道铺设方案路线图，其特征是任意两点之间都有唯一的一条链（路）连通起来，是一棵树。类似组织机构、家谱、学科分支、因特网、通信网络及高压线路网络等都能表示成一个树图。

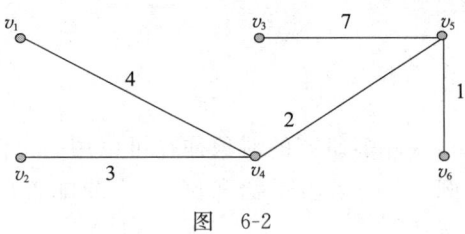

图 6-2

可以证明，一棵树的边数等于点数减 1；在树中任意两个点之间添加一条边就形成圈；在树中去掉任意一条边图就变为不连通。

在一个连通图 G 中，取部分边连接 G 的所有点组成的树称为 G 的**部分树**或**支撑树**(Spanning Tree)。图 6-2 是图 6-1 的部分树。图 6-3 中 3 个图都不是图 6-1 的部分树。图 6-3a 中 $\{v_1, v_2, v_3, v_4\}$ 形成一个圈（回路），图 6-3b 中 $\{v_1, v_2, v_3, v_4\}$ 与 $\{v_5, v_6\}$ 之间不连通，图 6-3c 没有包含点 v_1。

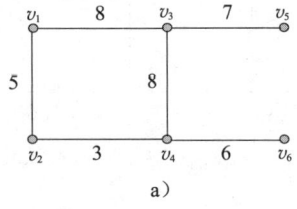 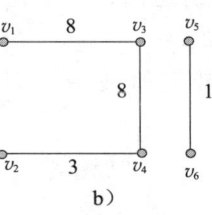 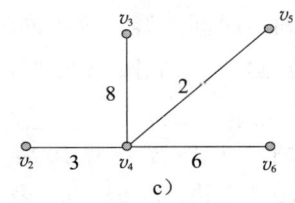

图 6-3

6.1.2 最小部分树

将网络图 G 边上的权看做两点间的长度（距离、费用、时间），定义 G 的部分树 T 的长度等于 T 中每条边的长度之和，记为 $C(T)$。G 的所有部分树中长度最小的部分树称为**最小部分树**，或简称为**最小树**。如果一个连通图 G 本身不是一棵树，那么 G 的部分树不唯一。最小树问题就是在所有部分树中寻找树长最短的部分树。

最小部分树可以直接用作图的方法求解，常用的有破圈法和加边法。

破圈法 任取一圈，去掉圈中最长边，直到无圈。

【**例 6-1**】用破圈法求图 6-1 的最小树。

解 破圈法步骤如下：

(1) 在图 6-1 中任意取一个圈，如 $\{v_1, v_3, v_4\}$，去掉最长边 $[v_1, v_3]$，见图 6-4a。

(2) 在图 6-4a 中任取一圈 $\{v_1, v_2, v_4\}$，去掉最长边 $[v_1, v_2]$，见图 6-4b。
(3) 在图 6-4b 中取圈 $\{v_3, v_5, v_6, v_4\}$，去掉最长边 $[v_3, v_4]$，见图 6-4c。
(4) 在图 6-4c 中取圈 $\{v_3, v_5, v_6\}$，去掉最长边 $[v_3, v_5]$，见图 6-4d。
(5) 在图 6-4d 中取圈 $\{v_4, v_5, v_6\}$，去掉最长边 $[v_4, v_6]$，见图 6-4e，已经没有圈，计算停止。

图 6-4e 就是图 6-1 的最小部分树，最小树长为 $C(T) = 4 + 3 + 5 + 2 + 1 = 15$。

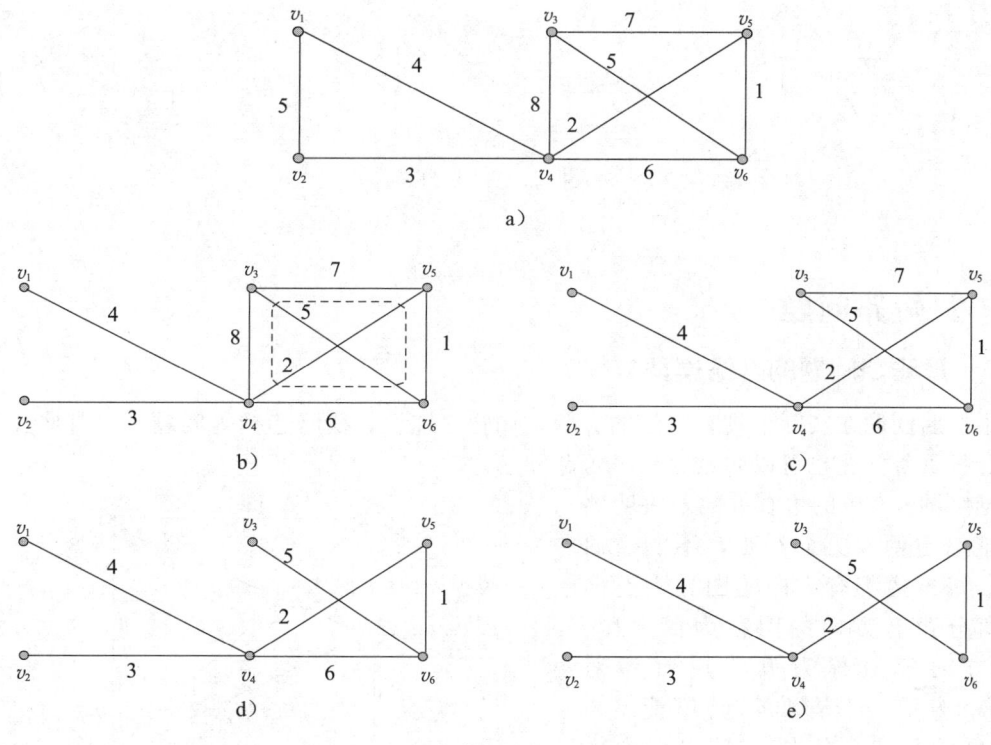

图 6-4

当一个圈中有多个相同的最长边时，不能同时都去掉，只能去掉其中任意一条边。最小部分树有可能不唯一，但最小树的长度相同。

加边法 取图 G 的 n 个孤立点 $\{v_1, v_2, \cdots, v_n\}$ 作为一个支撑图，从最短边开始往支撑图中添加，见圈回避，直到连通（有 $n-1$ 条边）。

加边法是去掉图的所有边，根据边的长度按升序添加，加边的过程中不能形成圈，当所有点都连通时得到最小树。因此这种加边避圈的方法也称为避圈法。

【例 6-2】用加边法求图 6-1 的最小树。

解 去掉所有边得到支撑图 6-5a。首先添加最短边 $[v_5, v_6]$，再添加次短边 $[v_4, v_5]$，依次进行下去，见图 6-5。最后所有点都连通起来，得到最小树图 6-5f，最小树的长度为 15。

在图 6-5e 中，如果添加边 $[v_1, v_2]$ 就形成圈 $\{v_1, v_2, v_4\}$，这时就应避开添加边 $[v_1, v_2]$，添加下一条最短边 $[v_3, v_6]$。破圈法和加边法得到树的形状可能不一样，但最小树的长度相等。

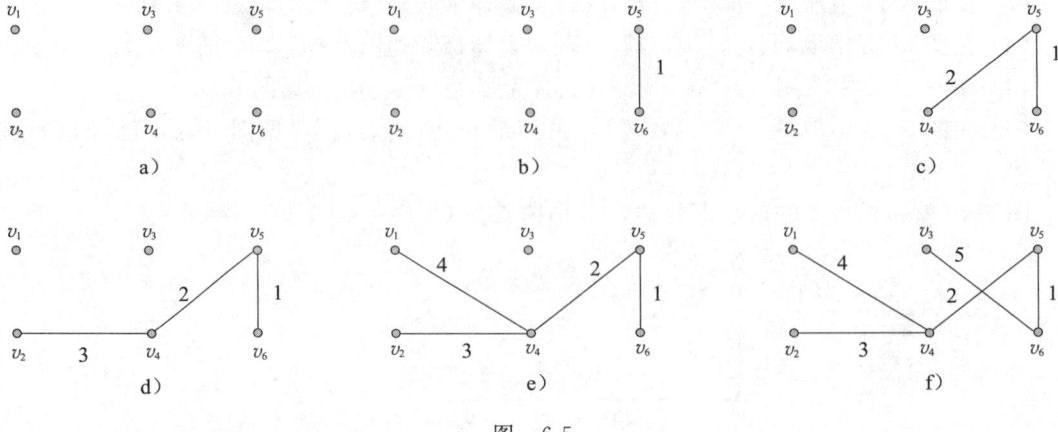

图 6-5

6.2 最短路问题

6.2.1 最短路问题的网络模型

最短路问题在实际中具有广泛的应用,如管道铺设、线路选择等问题,还有些如设备更新、投资等问题也可以归结为求最短路问题。

网络图 6-6 中的边有方向,表明路线只能沿着箭头方向行走,不能逆向而行。每条边都有方向的图称为有向图,部分边有方向的图称为混合图。将有方向的边称为弧并用有序对 (v_i, v_j) 表示,v_i 是弧的起点(箭尾),v_j 是弧的终点(箭头)。图 6-6 中的 (v_2, v_3) 与 (v_3, v_2) 表示两条不同的弧。

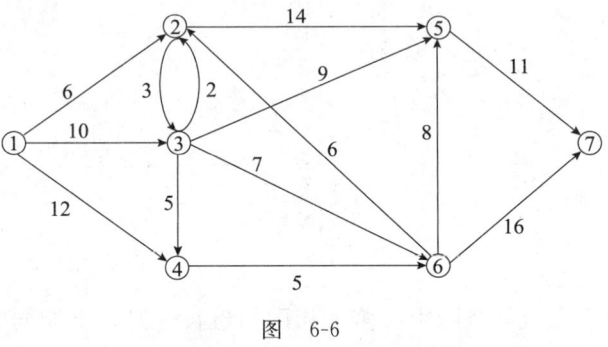

图 6-6

【例 6-3】图 6-6 中的权 c_{ij} 表示 v_i 到 v_j 的距离(费用、时间),从 v_1 修一条公路或架设一条高压线到 v_7,如何选择一条路线使距离最短,建立该问题的网络数学模型。

解 设 x_{ij} 为选择弧 (i,j) 的状态变量,选择弧 (i,j) 时 $x_{ij}=1$,不选择弧 (i,j) 时 $x_{ij}=0$,得到最短路问题的网络模型:

$$\min Z = \sum_{(i,j) \in E} c_{ij} x_{ij}$$

$$\begin{cases} x_{12} + x_{13} + x_{14} = 1 \\ \sum_{(k,i) \in E} x_{ki} - \sum_{(i,j) \in E} x_{ij} = 0 \quad i = 2,3,\cdots,6 \\ x_{57} + x_{67} = 1 \\ x_{ij} = 0 \text{ 或 } 1, (i,j) \in E \end{cases}$$

模型中变量个数等于图的弧数,约束个数等于图的点数,如点 v_3 的约束是

$$x_{13} + x_{23} - x_{32} - x_{34} - x_{35} - x_{36} = 0$$

该模型是一个整数线性规划模型，可以采用第 3 章的方法求解。对于最短路问题来说，在图上计算更为简单。

6.2.2 有向图的 Dijkstra 算法

Dijkstra(狄克斯屈拉)算法的基本思想是：若起点 v_s 到终点 v_t 的最短路经过点 v_1、v_2、v_3，则 v_1 到 v_t 的最短路是 $p_{1t}=\{v_1,v_2,v_3,v_t\}$，$v_2$ 到 v_t 的最短路是 $p_{2t}=\{v_2,v_3,v_t\}$，v_3 到 v_t 的最短路是 $p_{3t}=\{v_3,v_t\}$。具体计算是在图上进行一种标号迭代的过程。

设弧 (i,j) 的长度为 $c_{ij} \geqslant 0$，v_i 到 v_j 的最短路记为 p_{ij}，最短路长记为 L_{ij}。

点标号 $b(j)$ 表示起点 v_s 到点 v_j 的最短路长(距离)，网络的起点 v_s 标号为 $b(s)=0$。

弧标号 $k(i,j)=b(i)+c_{ij}$。

(1) 找出所有起点 v_i 已标号终点 v_j 未标号的弧，集合为 $B=\{(i,j)|v_i$ 已标号；v_j 未标号$\}$，如果这样的弧不存在或 v_t 已标号则计算结束；

(2) 计算集合 B 中弧的标号：$k(i,j)=b(i)+c_{ij}$；

(3) $b(l)=\min\limits_{j}\{k(i,j)|(i,j)\in B\}$，在弧的终点 v_l 标号 $b(l)$，返回步骤(1)。

完成步骤(1)~(3)为一轮计算，每一轮计算至少得到一个点的标号，最多通过 n(图的点数)轮计算得到最短路。

【例 6-4】 用 Dijkstra 算法求图 6-6 所示 v_1 到 v_7 的最短路及最短路长。

解 起点 v_1 标号 $b(1)=0$。

第一轮，起点已标号终点未标号的弧集合 $B=\{(1,2),(1,3),(1,4)\}$，$k(1,2)=b(1)+c_{12}=0+6=6$，$k(1,3)=0+10=10$，$k(1,4)=0+12=12$，将弧的标号用圆括号填在弧上。

$$\min\{k(1,2),k(1,3),k(1,4)\}=\min\{6,10,12\}=6$$

$k(1,2)=6$ 最小，在弧 $(1,2)$ 的终点 v_2 处标号 $\boxed{6}$，见图 6-7a。

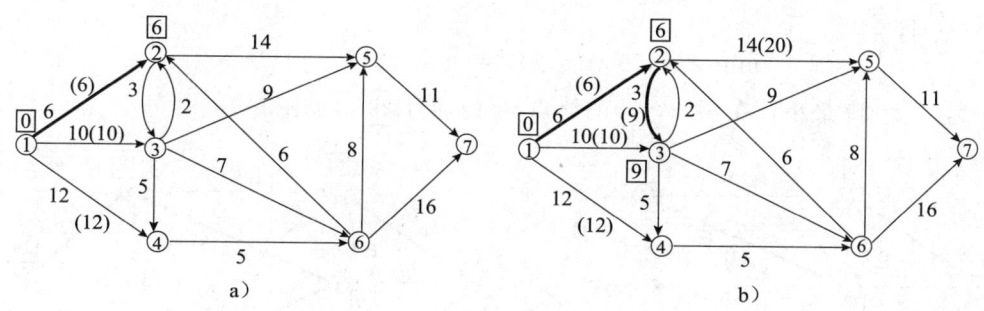

图 6-7

第二轮，在图 6-7a 中，$B=\{(1,3),(1,4),(2,3),(2,5)\}$，$k(1,3)$ 与 $k(1,4)$ 在第一轮中已计算，$k(2,3)=6+3=9$，$k(2,5)=6+14=20$，对弧 $(2,3)$ 及 $(2,5)$ 标号。

$$\min\{k(1,3),k(1,4),k(2,3),k(2,5)\}=\min\{10,12,9,20\}=9$$

$k(2,3)=9$ 最小，在弧 $(2,3)$ 的终点 v_3 处标号 $\boxed{9}$，见图 6-7b。注意，这里弧 $(3,2)$ 不在集合 B 中。

第三轮，在图 6-7b 中，$B=\{(1,4),(2,5),(3,4),(3,5),(3,6)\}$，$k(1,4)$ 与 k

(2，5)在前两轮中已计算，$k(3,4)=9+5=14$，$k(3,5)=9+9=18$，$k(3,6)=9+7=16$，对弧(3，4)、(3，5)及(3，6)标号。

$$\min\{k(1,4),k(2,5),k(3,4),k(3,5),k(3,6)\} = \min\{12,20,14,18,16\} = 12$$

$k(1,4)=12$ 最小，在弧(1，4)的终点 v_4 处标号 $\boxed{12}$，见图 6-8a。

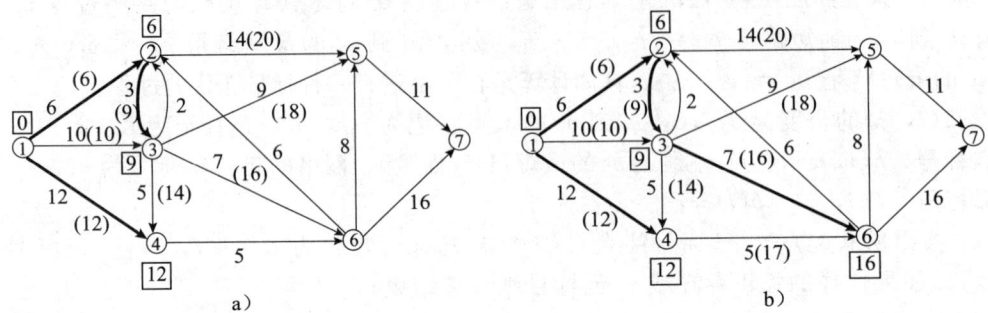

图 6-8

第四轮，在图 6-8a 中，$B=\{(2,5),(3,5),(3,6),(4,6)\}$，$k(2,5)$，$k(3,5)$，$k(3,6)$ 前面已计算，$k(4,6)=12+5=17$，对弧(4，6)标号。

$$\min\{k(2,5),k(3,5),k(3,6),k(4,6)\} = \min\{20,18,16,17\} = 16$$

$k(3,6)=16$ 最小，在弧(3，6)的终点 v_6 处标号 $\boxed{16}$，见图 6-8b。

第五轮，在图 6-8b 中，$B=\{(2,5),(3,5),(6,5),(6,7)\}$，$k(2,5)$ 与 $k(3,5)$ 前面已计算，$k(6,5)=16+8=24$，$k(6,7)=16+16=32$，对弧(6，5)及(6，7)标号。

$$\min\{k(2,5),k(3,5),k(6,5),k(6,7)\} = \min\{20,18,24,32\} = 18$$

$k(3,5)=18$ 最小，在弧(3，5)的终点 v_5 处标号 $\boxed{18}$，见图 6-9a。

第六轮，在图 6-9a 中，$B=\{(6,7),(5,7)\}$，$k(6,7)=32$，$k(5,7)=18+11=29$，对弧(5，7)标号。

$$\min\{k(6,7),k(5,7)\} = \min\{32,29\} = 29$$

$k(5,7)=29$ 最小，在弧(5，7)的终点 v_7 处标号 $\boxed{29}$，见图 6-9b。

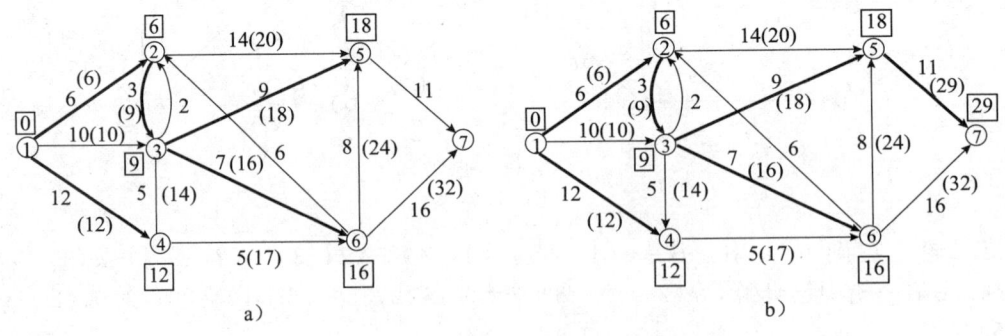

图 6-9

图 6-9b 的终点 v_7 已标号，说明已得到 v_1 到 v_7 的最短路，计算结束。从终点 v_7 沿着加粗的箭头逆向追踪，v_1 到 v_7 的最短路为：$p_{17}=\{v_1,v_2,v_3,v_5,v_7\}$，最短路长为 $L_{17}=29$。

从例 6-4 的计算可以看到：

(1) Dijkstra 算法可以求某一点 v_i 到其他各点 v_j 的最短路，只要将 v_j 看做路线的终点，使 v_j 得到标号，如果 v_j 不能得到标号，说明 v_i 不可到达 v_j。

图 6-9b 的每个点都得到标号，说明 v_1 到其他各点的最短路已经找到，如 v_1 到 v_6 的最短路是 $p_{16} = \{v_1, v_2, v_3, v_6\}$，最短路长为 16。

(2) Dijkstra 算法可以求任意两点之间的最短路（最短路存在），只要将两个点看做路线的起点和终点，然后进行标号。

(3) 最短路线可能不唯一，但最短路长相等。

(4) Dijkstra 算法的条件是弧长非负，问题求最小值，对于最大值问题无效。

6.2.3 无向图的 Dijkstra 算法

如果 v_i 与 v_j 之间存在一条无方向的边相关联，说明 v_i 与 v_j 两点之间可以互达。当 v_i 与 v_j 之间至少有两条边相关联时，留下一条最短边，去掉其他关联边。对于无向图最短路的求解 Dijkstra 算法同样有效。

标号方法与有向图相同，路线的起点标号 $\boxed{0}$，将标号的第一步改为：

找出所有一端 v_i 已标号另一端 v_j 未标号的边，集合为 $B = \{[i, j] | v_i \text{ 已标号 } v_j \text{ 未标号}\}$，如果这样的边不存在或 v_t 已标号则计算结束。点标号和边标号的计算公式相同。

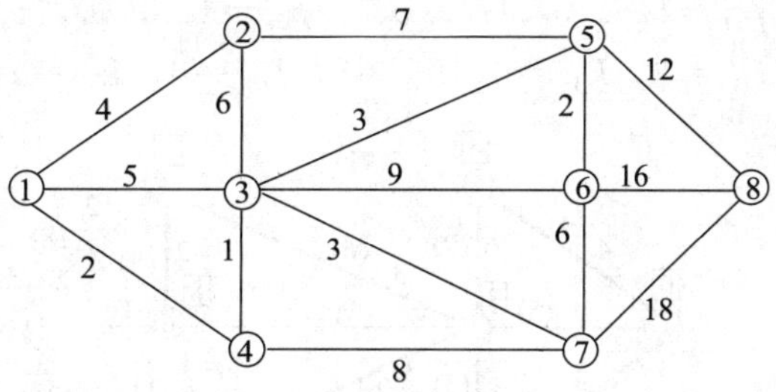

【例 6-5】用 Dijkstra 算法求图 6-10 所示的 v_1 到其他各点的最短路。

解 起点 v_1 标号 $\boxed{0}$。

第一轮，一端已标号另一端未标号的边集合 $B = \{[1, 2], [1, 3], [1, 4]\}$，$k(1, 2) = b(1) + c_{12} = 0 + 4 = 4$，$k(1, 3) = 0 + 5 = 5$，$k(1, 4) = 0 + 2 = 2$，将边的标号用圆括号填在边上。

$$\min\{k(1,2), k(1,3), k(1,4)\} = \min\{4, 5, 2\} = 2$$

$k(1, 4) = 2$ 最小，点 v_4 标号 $\boxed{2}$，见图 6-11a。

第二轮，图 6-11a 中，$B = \{[1, 2], [1, 3], [4, 3], [4, 7]\}$，$k(4, 3) = 2 + 1 = 3$，$k(4, 7) = 2 + 8 = 10$，

$$\min\{k(1,2), k(1,3), k(4,3), k(4,7)\} = \min\{4, 5, 3, 10\} = 3$$

$k(4, 3) = 3$ 最小，点 v_3 标号 $\boxed{3}$，见图 6-11b。

图 6-10

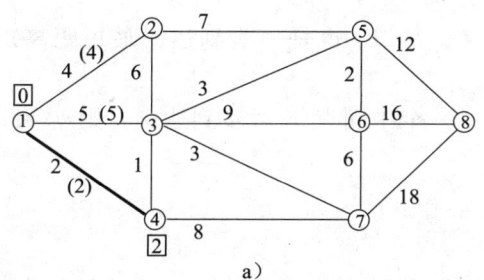
a)

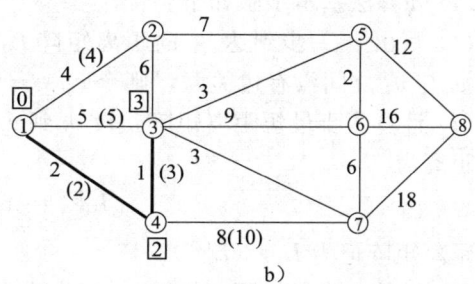
b)

图 6-11

继续标号,第三轮得到点 v_2 的标号,见图 6-12a。第四轮得到两个点 v_5 与 v_7 的标号,见图 6-12b。第五轮得到点 v_6 的标号,见图 6-13a。第六轮得到点 v_8 的标号,见图 6-13b。所有点得到标号,计算结束。

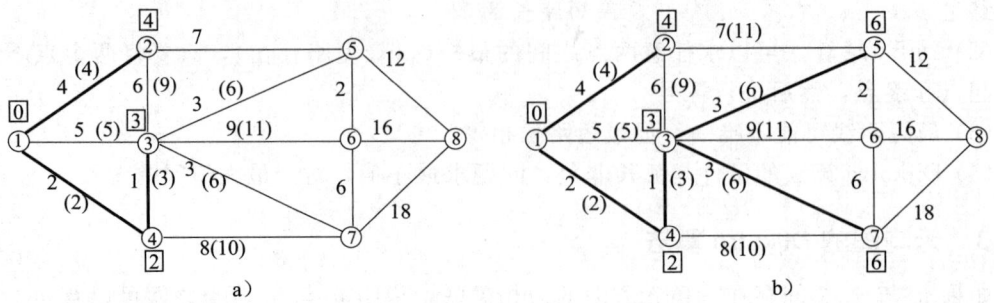

图 6-12

根据图 6-13b 所示,v_1 到 v_2,v_3,…,v_8 的最短路分别是:$p_{12}=\{v_1,v_2\}$,$p_{13}=\{v_1,v_4,v_3\}$,$p_{14}=\{v_1,v_4\}$,$p_{15}=\{v_1,v_4,v_3,v_5\}$,$p_{16}=\{v_1,v_4,v_3,v_5,v_6\}$,$p_{17}=\{v_1,v_4,v_3,v_7\}$,$p_{18}=\{v_1,v_4,v_3,v_5,v_8\}$。最短路长分别是:$L_{12}=4$,$L_{13}=3$,$L_{14}=2$,$L_{15}=6$,$L_{16}=8$,$L_{17}=6$,$L_{18}=18$。

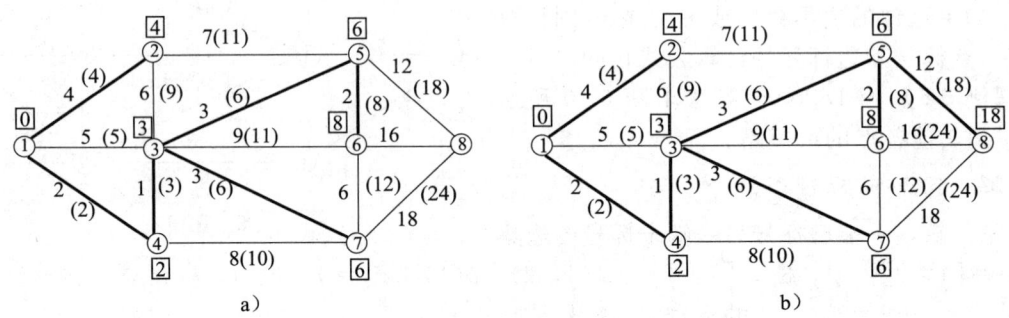

图 6-13

6.2.4 最短路的 Floyd 算法

Floyd(弗洛伊德)算法是更一般的算法。该算法是一种矩阵(表格)迭代方法,对于求任意两点间最短路(例 6-6)、混合图的最短路、有负权图的最短路(例 6-7)等一般网络问题来说比较有效。

Floyd 算法基本步骤如下:

(1) 写出 v_i 一步到达 v_j 的距离矩阵 $L_1=(L_{ij}^{(1)})$,L_1 也是一步到达的最短距离矩阵。如果 v_i 与 v_j 之间没有边关联,则令 $c_{ij}=+\infty$。

(2) 计算两步最短距离矩阵。设 v_i 到 v_j 经过一个中间点 v_r 两步到达 v_j,则 v_i 到 v_j 的最短距离为

$$L_{ij}^{(2)} = \min_r \{c_{ir}+c_{rj}\} \tag{6-1}$$

最短距离矩阵记为 $L_2=(L_{ij}^{(2)})$。

(3) 计算 k 步最短距离矩阵。设 v_i 经过中间点 v_r 到达 v_j,v_i 经过 $k-1$ 步到达点 v_r 的最短距离为 $L_{ir}^{(k-1)}$,v_r 经过 $k-1$ 步到达点 v_j 的最短距离为 $L_{rj}^{(k-1)}$,则 v_i 经 k 步到达 v_j 的

最短距离为

$$L_{ij}^{(k)} = \min_r \{L_{ir}^{(k-1)} + L_{rj}^{(k-1)}\} \tag{6-2}$$

最短距离矩阵记为 $L_k = (L_{ij}^{(k)})$。

(4) 比较矩阵 L_k 与 L_{k-1}，当 $L_k = L_{k-1}$ 时得到任意两点间的最短距离矩阵 L_k。

设图的点数为 n 并且 $c_{ij} \geq 0$，迭代次数 k 由式(6-3)估计得到。

$$2^{k-1} - 1 < n - 2 \leq 2^k - 1$$

$$k - 1 < \frac{\lg(n-1)}{\lg 2} \leq k \tag{6-3}$$

应当注意，这里的 k 是迭代次数，不一定等于 v_i 到达 v_j 最短路中间所经过的点数，中间点最多等于 $2^{k-1} - 1$，经过一条边看做是一步，则最多走 2^{k-1} 步，区分公式中的"步"与实际经过的"步"之间的关系，就不难理解式(6-2)的含义。

【例 6-6】 图 6-14 是一张 8 个城市的铁路交通图，铁路部门要制作一张两两城市间的距离表。这个问题实际就是求任意两点间的最短路问题。

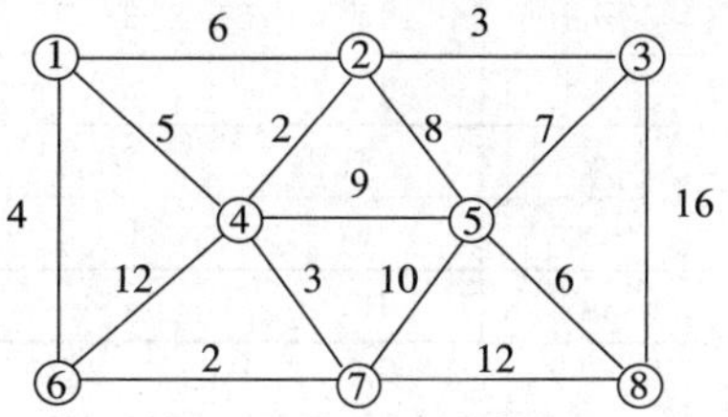

解 (1) 依据图 6-14，写出任意两点间一步到达距离表 L_1，见表 6-1。本例 $n=8$，$\frac{\lg 7}{\lg 2} = 2.807$，因此计算到 L_3。

图 6-14

表 6-1 最短距离表 L_1

	v_1	v_2	v_3	v_4	v_5	v_6	v_7	v_8
v_1	0	6	∞	5	∞	4	∞	∞
v_2	6	0	3	2	8	∞	∞	∞
v_3	∞	3	0	∞	7	∞	∞	16
v_4	5	2	∞	0	9	12	3	∞
v_5	∞	8	7	9	0	∞	10	6
v_6	4	∞	∞	12	∞	0	2	∞
v_7	∞	∞	∞	3	10	2	0	12
v_8	∞	∞	16	∞	6	∞	12	0

(2) 由式(6-1)得到矩阵 L_2，见表 6-2。

表 6-2 最短距离表 L_2

	v_1	v_2	v_3	v_4	v_5	v_6	v_7	v_8
v_1	0	6	9	5	14	4	6	∞
v_2	6	0	3	2	8	10	5	14
v_3	9	3	0	5	7	∞	17	13
v_4	5	2	5	0	9	5	3	15
v_5	14	8	7	9	0	12	10	6
v_6	4	10	∞	5	12	0	2	14
v_7	6	5	17	3	10	2	0	12
v_8	∞	14	13	15	6	14	12	0

表 6-2 计算示例。$L_{ij}^{(2)}$ 等于表 6-1 中第 i 行与第 j 列对应元素相加取最小值。例如，v_4 经过两步(最多一个中间点)到达 v_3 的最短距离是

$$L_{43}^{(2)} = \min\{c_{41}+c_{13}, c_{42}+c_{23}, c_{43}+c_{33}, c_{44}+c_{43}, c_{45}+c_{53}, c_{46}+c_{63}, c_{47}+c_{73}, c_{48}+c_{83}\}$$
$$= \min\{5+\infty, 2+3, \infty+0, 0+\infty, 9+7, 12+\infty, 3+\infty, \infty+16\} = 5$$

(3) 由式(6-2)得到矩阵 L_3，见表 6-3。

表 6-3 最短距离表 L_3

	v_1	v_2	v_3	v_4	v_5	v_6	v_7	v_8
v_1	0	6	9	5	14	4	6	18
v_2	6	0	3	2	8	7	5	14
v_3	9	3	0	5	7	10	8	13
v_4	5	2	5	0	9	5	3	15
v_5	14	8	7	9	0	12	10	6
v_6	4	7	10	5	12	0	2	14
v_7	6	5	8	3	10	2	0	12
v_8	18	14	13	15	6	14	12	0

表 6-3 计算示例。$L_{ij}^{(3)}$ 等于表 6-2 中第 i 行与第 j 列对应元素相加取最小值。例如，v_3 经过三步(最多 3 个中间点 4 条边)到达 v_6 的最短距离是

$$L_{36}^{(3)} = \min\{L_{31}^{(2)}+L_{16}^{(2)}, L_{32}^{(2)}+L_{26}^{(2)}, L_{33}^{(2)}+L_{36}^{(2)}, \cdots, L_{38}^{(2)}+L_{86}^{(2)}\}$$
$$= \min\{9+4, 3+10, 0+\infty, 5+5, 7+12, \infty+0, 17+2, 13+14\} = 10$$

由表 6-2 及表 6-1 可知，最短距离由 4 条边长之和构成

$$L_{34}^{(2)} + L_{46}^{(2)} = (L_{32}^{(1)}+L_{24}^{(1)}) + (L_{47}^{(1)}+L_{76}^{(1)}) = c_{32}+c_{24}+c_{47}+c_{76} = 3+2+3+2 = 10$$

则 v_3 到 v_6 的最短路线是 $v_3 \to v_2 \to v_4 \to v_7 \to v_6$。

表 6-3 就是最优表，即任意两点间的最短距离。取表中下三角到得 8 个城市间的铁路交通距离表。

【例 6-7】求图 6-15 中任意两点间的最短距离。

解 图 6-15 是一个混合图，有 3 条边的权是负数，有两条边无方向。依据图 6-15，写出任意两点间一步到达距离表 L_1。表中第一列的点表示弧的起点，第一行的点表示弧的终点，无方向的边表明可以互达，如表 6-4 所示。计算过程见表 6-5 至表 6-7。

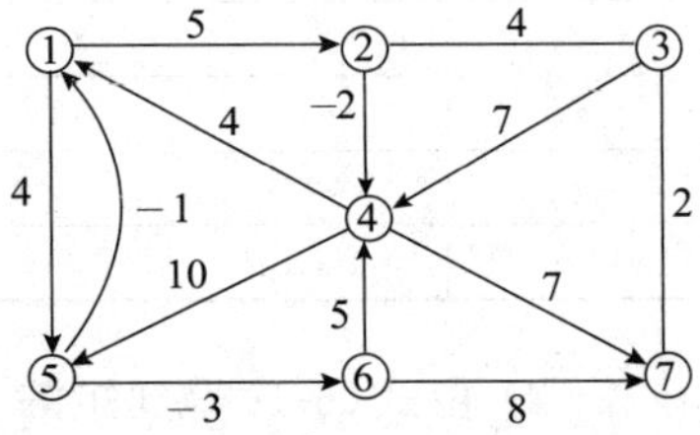

图 6-15

表 6-4 一步到达距离表 L_1

	v_1	v_2	v_3	v_4	v_5	v_6	v_7
v_1	0	5	∞	∞	4	∞	∞
v_2	∞	0	4	-2	∞	∞	∞
v_3	∞	4	0	7	∞	∞	2
v_4	4	∞	∞	0	10	∞	7
v_5	-1	∞	∞	∞	0	-3	∞
v_6	∞	∞	∞	5	∞	0	8
v_7	∞	∞	2	∞	∞	∞	0

表 6-5 最短距离表 L_2

	v_1	v_2	v_3	v_4	v_5	v_6	v_7
v_1	0	5	9	3	4	1	∞
v_2	2	0	4	-2	8	∞	5
v_3	11	4	0	2	17	∞	2
v_4	4	9	9	0	8	7	7
v_5	-1	4	∞	2	0	-3	5
v_6	9	∞	10	5	15	0	8
v_7	∞	6	2	9	∞	∞	0

表 6-6　最短距离表 L_3

	v_1	v_2	v_3	v_4	v_5	v_6	v_7
v_1	0	5	9	3	4	1	9
v_2	2	0	4	-2	6	3	5
v_3	6	4	0	2	10	9	2
v_4	4	9	9	0	8	5	7
v_5	-1	4	7	2	0	-3	5
v_6	9	14	10	5	13	0	8
v_7	8	6	2	4	14	16	0

表 6-7　最短距离表 L_4

	v_1	v_2	v_3	v_4	v_5	v_6	v_7
v_1	0	5	9	3	4	1	9
v_2	2	0	4	-2	6	3	5
v_3	6	4	0	2	10	7	2
v_4	4	9	9	0	8	5	7
v_5	-1	4	7	2	0	-3	5
v_6	9	14	10	5	13	0	8
v_7	8	6	2	4	12	9	0

经计算 $L_4 = L_5$，L_4 是最优表。表 6-7 不是对称表，v_i 到 v_j 与 v_j 到 v_i 的最短距离不一定相等。对于有负权图情形，式(6-3)失效。

6.2.5　最短路应用举例

【例 6-8】设备更新问题。企业在使用某设备时，每年年初可购置新设备，也可以使用一年或几年后卖掉重新购置新设备。已知 4 年年初购置新设备的价格分别为 2.5 万元、2.6 万元、2.8 万元和 3.1 万元。设备使用了 1～4 年后设备的残值分别为 2 万元、1.6 万元、1.3 万元和 1.1 万元，使用时间在 1～4 年内的维修保养费用分别为 0.3 万元、0.8 万元、1.5 万元和 2 万元。试确定一个设备更新策略，在下例两种情形下使 4 年的设备购置和维护总费用最小。

（1）第 4 年年末设备一定处理掉；（2）第 4 年年末设备不处理。

解　画网络图。用点 $(1, i, \cdots, j)$ 表示第 1 年年初购置设备使用到第 i 年年初更新，经过若干次更新使用到第 j 年年初，第 1 年年初和第 5 年年初分别用①及⑤表示。使用过程用弧连接起来，弧上的权表示总费用（购置费＋维护费－残值），如图 6-16 所示。

由题意，将费用汇总在表 6-8 中。

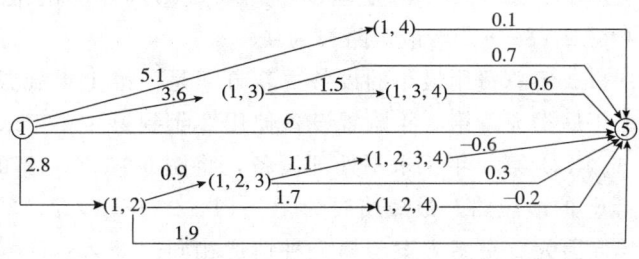

图 6-16

表 6-8　费用表　　　　　　　　　　（单位：万元）

	1	1,2	1,3	1,4	1,2,3	1,2,4	1,3,4	1,2,3,4	5(处理)	5(不处理)
1		2.8	3.6	5.1					6.0	7.1
1,2					0.9	1.7			1.9	3.2
1,3							1.5		0.7	2.3
1,4									0.1	2.1
1,2,3								1.1	0.3	1.9
1,2,4									-0.2	1.8
1,3,4									-0.6	1.4
1,2,3,4									-0.6	1.4
5										

下面对网络图 6-16 和表 6-8 稍作说明。其中点(1, 3)表示第 1 年购置设备使用两年到第 3 年年初更新购置新设备，这时有 2 种更新方案，使用 1 年到第 4 年年初、使用 2 年到第 5 年年初，更新方案用弧表示，见图 6-17a。点(1, 2, 3)表示第 1 年购置设备使用一年到第 2 年年初又更新，使用一年到第 3 年年初再更新，这时仍然有 2 种更新方案，使用 1 年到第 4 年年初和使用 2 年到第 5 年年初，见图 6-17b。点(1, 3)和点(1, 2, 3)不能合并成一个点，虽然都是第 3 年年初购置新设备，购置费用相同，但残值不同。点(1, 3)的残值等于 1.6(使用了两年)，点(1, 2, 3)的残值等于 2(使用了一年)。点(1, 3)到点(1, 3, 4)的总费用为

第 3 年的购置费＋第 1 年的维护费－设备使用 2 年后的残值＝2.8＋0.3－1.6＝1.5

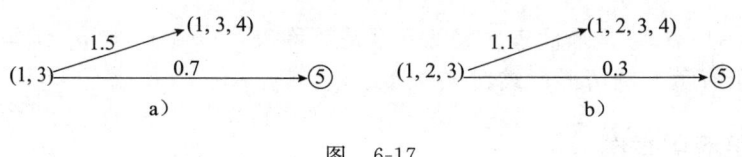

图　6-17

点(1, 3)到点⑤的总费用为

第 3 年的购置费＋第 1 年的维护费＋第 2 年的维护费－设备使用 2 年后的残值－第 4 年年末的残值＝2.8＋0.3＋0.8－1.6－1.6＝0.7

图 6-16 中的点(1, 3, 4)和点(1, 2, 3, 4)可以合并。表 6-8 最后一列是第 4 年年末不处理设备的费用。

(1) 第 4 年年末处理设备，求点①到点⑤的最短路。得到最短路线为①→(1, 2)→(1, 2, 3)→⑤，最短路长为 4。

4 年总费用最小的设备更新方案是：第 1 年购置设备使用 1 年，第 2 年更新设备使用 1 年后卖掉，第 3 年购置设备使用 2 年到第 4 年年末，4 年的总费用为 4 万元。

(2) 第 4 年年末不处理设备，将图 6-16 第 4 年的数据换成表 6-8 最后一列，求点①到点⑤的最短路。最短路线为①→(1, 2)→(1, 2, 3)→⑤，最短路长为 5.6，即总费用为 5.6 万元。更新方案与第一种情形相同。

实际中，残值与设备原值有关，这类问题请参阅附录 C 案例 C-6。

【例 6-9】服务网点设置问题。以图 6-14 为例，现提出这样一个问题，在交通网络中建立一个快速反应中心，应选择哪一个城市最好。类似地，在一个网络中设置一所学校、医院、消防站、购物中心，还有厂址选择、总部选址、公司销售中心选址等问题都属于最佳服务网点设置问题。

解　对于不同的问题，寻求最佳服务点有不同的标准。像图 6-14 只有两点间的距离，可以采用"使最大服务距离达到最小"为标准，计算步骤如下。

第一步，利用 Floyd 算法求出任意两点之间的最短距离表(见表 6-3)。

第二步，计算最短距离表中每行的最大距离的最小值，即

$$L = \min_i \max_j \{L_{ij}\}$$

L 所在行对应的点就是最佳服务点，也称为网络的中心。

引用例 6-6 计算的结果，对表 6-3 每行取最大值再取最小值，见表 6-9 倒数第二列。

表 6-9

	v_1	v_2	v_3	v_4	v_5	v_6	v_7	v_8	$\max L_{ij}$	总运量
v_1	0	6	9	5	14	4	6	18	18	3 220
v_2	6	0	3	2	8	7	5	14	14	2 465
v_3	9	3	0	5	7	10	8	13	13	2 955
v_4	5	2	5	0	9	5	3	15	15	**2 450**
v_5	14	8	7	9	0	12	10	6	14	3 780
v_6	4	7	10	5	12	0	2	14	14	2 960
v_7	6	5	8	3	10	2	0	12	**12**	2 560
v_8	18	14	13	15	6	14	12	0	18	5 040
产量	80	50	70	40	30	35	60	65		

表 6-9 中倒数第二列最小值为 12，位于第七行，则 v_7 为网络的中心，最佳服务点应设置在 v_7。

如果每个点还有一个权数，例如一个网点的人数、需要运送的物质数量、产量等，这时采用"使总运量最小"为标准，计算方法是将上述第二步的最大距离改为总运量，总运量的最小值对应的点就是最佳服务点。

表 6-9 中最后一行是点 v_j 的产量，将各行的最小距离分别乘以产量求和得到总运量，见表 6-9 最后一列，最小运量为 2 450，最佳服务点应设置在 v_4。

6.3 最大流问题

6.3.1 基本概念

图 6-18 所示的网络图中定义了一个发点 v_1，称为源（Source，Supply Node），定义了一个收点 v_7，称为汇（Sink，Demand Node），其余点 v_2，v_3，…，v_6 为中间点，称为转运点（Transshipment Node）。如果有多个发点和收点，则虚设发点和收点转化成一个发点和收点。图中的权是该弧在单位时间内的最大通过能力，称为弧的**容量**（Capacity）。最大流问题是在单位时间内安排一个运送方案，将发点的物质沿着弧的方向运送到收点，使总运输量最大。

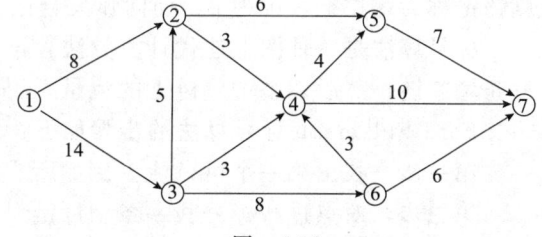

图 6-18

最大流问题在实际中是一种常见的问题。这里之所以称为流，因为它是流动的，如常见的人流、物流、水流、气流、电流及信息流等。这些流在某一时间内的通过量是有限的，如长江武汉段的水流量最大通过能力为 65 000m³/s，某大桥每小时最多只能通过 4 000 辆汽车。

设 c_{ij} 为弧(i,j)的容量，f_{ij} 为弧(i,j)的**流量**。容量是弧(i,j)单位时间内的最大通过能力，流量是弧(i,j)单位时间内的实际通过量，流量的集合 $f=\{f_{ij}\}$ 称为网络的流。发点到收点的总流量记为 $v=\text{val}(f)$，v 也是网络的流量。

最大流问题可以建立类似式(5-3)形式的线性规划数学模型。图 6-18 最大流问题的线性规划数学模型为

$$\max v = f_{12} + f_{13}$$
$$\begin{cases} f_{12} + f_{13} - f_{57} - f_{47} - f_{67} = 0 \\ \sum_{v_m} f_{im} - \sum_{v_m} f_{mj} = 0 \quad 所有中间点 \; v_m \\ 0 \leqslant f_{ij} \leqslant c_{ij} \quad 所有弧(i,j) \end{cases} \quad (6-4)$$

由线性规划理论知,满足式(6-4)约束条件的解$\{f_{ij}\}$称为可行解,在最大流问题中称为**可行流**。

可行流满足下列三个条件:

(1) $0 \leqslant f_{ij} \leqslant c_{ij}$ 所有弧(i, j)

(2) $\sum_{v_m} f_{im} = \sum_{v_m} f_{mj}$ 所有中间点 v_m

(3) $v = \sum_{v_s} f_{sj} = \sum_{v_t} f_{it}$ 发点 v_s 流出的总流量等于流入收点 v_t 的总流量

条件(2)和条件(3)也称为**流量守恒**(Conservation of Flow)条件。如果存在有流入发点的流和收点流出的流,应从式中减去,条件(3)变为

$$\sum_{v_s} f_{sj} - \sum_{v_s} f_{is} = \sum_{v_t} f_{it} - \sum_{v_t} f_{tj}$$

解式(6-4)可以得到最优解,这里介绍直接在图上用标号算法求最大流。

6.3.2 Ford-Fulkerson 标号算法

从发点到收点的一条路线(弧的方向不一定都同向)称为**链**,从发点到收点的方向规定为链的方向。与链的方向相同的弧称为**前向弧**。与链的方向相反的弧称为**后向弧**。

设 f 是一个可行流,如果存在一条从发点 v_s 到收点 v_t 的链,满足:

(1) 所有前向弧上 $f_{ij} < c_{ij}$

(2) 所有后向弧上 $f_{ij} > 0$

则该链称为**增广链**,记为 μ,前向弧集合记为 μ^+,后向弧集合记为 μ^-。

标号算法是一种图上迭代计算方法,该算法首先给出一个初始可行流,通过标号找出一条增广链,然后调整增广链上的流量,得到更大的流量。

Ford-Fulkerson 标号算法的步骤如下:

第一步,找出第一个可行流,例如所有弧的流量 $f_{ij} = 0$。

第二步,对点进行标号找一条增广链

(1) 发点标号(∞)

(2) 选一个点 v_i 已标号并且另一端未标号的弧沿着某条链向收点检查

a) 如果弧的方向向前(前向弧)并且有 $f_{ij} < c_{ij}$,则 v_j 标号 $\theta_j = c_{ij} - f_{ij}$

b) 如果弧的方向指向 v_i(后向弧)并且有 $f_{ji} > 0$,则 v_j 标号 $\theta_j = f_{ji}$

当收点已得到标号时,说明已找到增广链,依据 v_i 的标号反向跟踪得到一条增广链。
当收点不能得到标号时,说明不存在增广链,计算结束。

第三步,调整流量

(1) 求增广链上点 v_i 的标号的最小值,得到调整量 $\theta = \min_j \{\theta_j\}$

(2) 调整流量

$$f_1 = \begin{cases} f_{ij} & (i,j) \notin \mu \\ f_{ij} + \theta & (i,j) \in \mu^+ \\ f_{ij} - \theta & (i,j) \in \mu^- \end{cases} \quad (6-5)$$

得到新的可行流 f_1，去掉所有标号，返回到第二步从发点重新标号寻找增广链，直到收点不能标号为止。

设可行流 f 的流量为 v，如果存在增广链，由式(6-5)知，通过调整增广链上的流量，得到的可行流 f_1 的流量 $v_1 = v + \theta > v$。如果不存在增广链，可行流是最大流，得到定理 6.1。

【**定理 6.1**】可行流 f 是最大流的充分必要条件是不存在发点到收点的增广链。

【**例 6-10**】求图 6-18 发点 v_1 到收点 v_7 的最大流及最大流量。

解 (1) 给出一个初始可行流，弧的流量放在括号内，如图 6-19 所示。

(2) 标号寻找增广链。

发点标号 ∞，用"□"表示标在发点 v_1 处。v_1 已标号，与 v_1 相邻的两个点 v_2 和 v_3 都没有标号，任意选一个点检查，如选 v_2。v_2 能否得到标号要看是否满足 Ford-Fulkerson 标号算法步骤二的条件 a)或 b)中的一个。

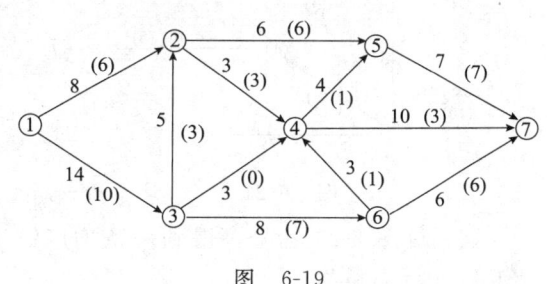

图 6-19

弧(1,2)的箭头指向 v_2 是前向弧，因为 $f_{12} = 6 < c_{12} = 8$ 满足条件 a)，因此 v_2 可以标号，给 v_2 标号 $\theta_2 = c_{12} - f_{12} = 8 - 6 = 2$，见图 6-20a。

选择已标号点 v_2，与 v_2 相邻并且没有标号的点有 v_3、v_4 和 v_5，逐个检查能否标号，如果某个点能标号就一直向前，不必要相邻点都标号，如果点不能标号再检查下一个点。弧(2,4)和(2,5)是前向弧，流量等于容量不满足条件 a)，v_4 和 v_5 不能标号。再检查 v_3，弧(3,2)是后向弧有 $f_{32} = 3 > 0$，满足条件 b)，给 v_3 标号 $\theta_3 = f_{32} = 3$。

选择已标号点 v_3，由条件 a)，v_4 和 v_5 都能标号，选择 v_4 标号 $\theta_4 = c_{34} - f_{34} = 3$，接下来给 v_7 标号 $\theta_7 = c_{47} - f_{47} = 10 - 3 = 7$，见图 6-20b。

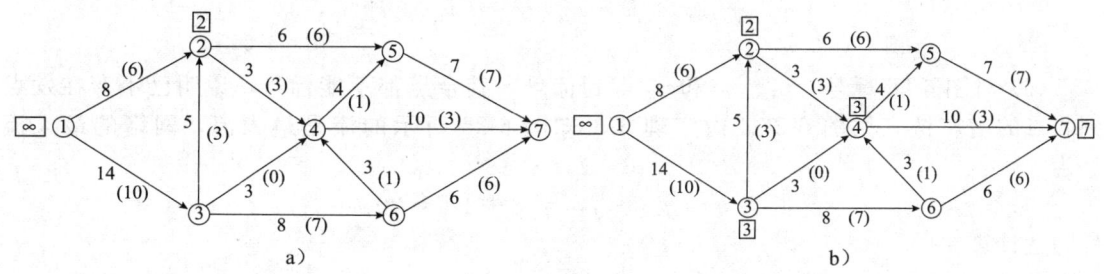

图 6-20

v_7 已标号说明找到一条增广链，沿着标号的路线追踪得到增广链 $\mu\{(1,2),(3,2),(3,4),(4,7)\}$，$\mu^+ = \{(1,2),(3,4),(4,7)\}$，$\mu^- = \{(3,2)\}$，调整量为增广链上点标号的最小值

$$\theta = \min\{\infty, 2, 3, 3, 7\} = 2$$

(3) 调整增广链上的流量。在图 6-19 中，弧(1,2)、(3,4)及(4,7)上的流量分别加

上 2，弧 (3，2) 上的流量减去 2，其余弧上的流量不变，得到图 6-21。

(4) 对图 6-21 标号。发点标号 ∞，v_2 不能标号，v_3 标号 $\theta_3 = c_{13} - f_{13} = 4$。$v_2$、$v_4$ 和 v_6 都可以标号，当选择 v_2 标号 $\theta_2 = c_{32} - f_{32} = 4$ 时，v_4 和 v_5 不能标号，不能说明不存在增广链，这时应回头选择 v_4 或 v_6 标号。这里选择 v_4 标号 $\theta_4 = c_{34} - f_{34} = 1$，继续标号选择 v_7 标号 $\theta_7 = c_{47} - f_{47} = 5$。得到发点到收点的增广链 $\mu = \mu^+ = \{(1, 3), (3, 4), (4, 7)\}$，见图 6-22。调整量为

$$\theta = \min\{\infty, 4, 1, 5\} = 1$$

对图 6-21 的流量进行调整，增广链上弧的流量加上 1，其余弧的流量不变得到图 6-23。

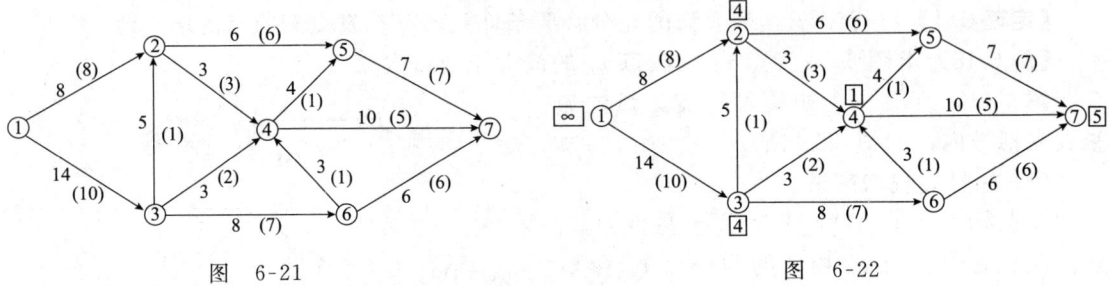

图 6-21　　　　　　　　　图 6-22

(5) 对图 6-23 标号，得到一条增广链 $\mu = \{(1, 3), (3, 6), (6, 4), (4, 7)\}$，见图 6-24。调整量为

$$\theta = \min\{\infty, 3, 1, 2, 4\} = 1$$

对图 6-23 的流量进行调整，增广链上弧的流量加上 1，其余弧的流量不变得到图 6-25。

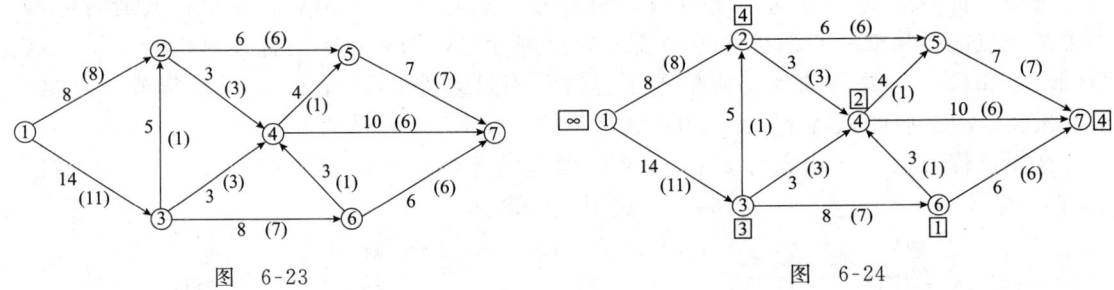

图 6-23　　　　　　　　　图 6-24

(6) 对图 6-25 标号。v_1、v_3 和 v_2 得到标号，其余点都不能标号，说明已不存在发点到收点的增广链，见图 6-26。由定理 6.1 知图 6-25 所示的流是最大流，网络的最大流量为

$$v = f_{12} + f_{13} = 8 + 12 = 20$$

标号法计算完成。

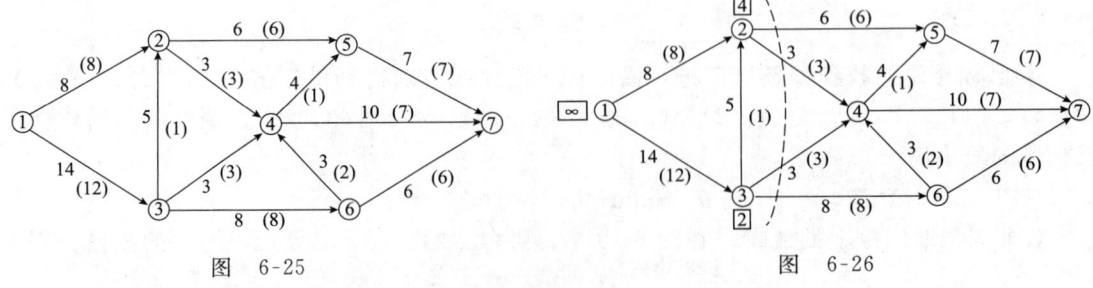

图 6-25　　　　　　　　　图 6-26

对于无向图最大流的计算，将所有弧都理解为是前向弧，对一端 v_i 已标号另一端 v_j 未标号的边只要满足 $C_{ij}-f_{ij}>0$ 则 v_j 就可标号($C_{ij}-f_{ij}$)，调整流量的方法与有向图计算相同。

6.3.3 割集与割量

割集是分割网络发点与收点的一组弧集合，从网络中去掉这组弧就断开网络，发点就不能到达收点。

一般地，将网络的点集 V 分割成两部分 V_1 及 $\overline{V}_1$，其中发点 $v_s\in V_1$，收点 $v_t\in\overline{V}_1$，称箭尾在 V_1 中箭头在 $\overline{V}_1$ 中弧的集合为分割网络发点与收点的割集，记为(V_1, $\overline{V}_1$)。割集中弧的容量之和称为**割量**（割集的容量），记为 $C(V_1,\overline{V}_1)$。对点集 V 的不同分割得到不同的割量，割量最小的割集称为**最小割集**。

图 6-26 中，取点集 $V_1=\{v_1,v_2\}$ 及 $\overline{V}_1=\{v_3,v_4,v_5,v_6,v_7\}$，对应的割集 ($V_1$, $\overline{V}_1$)={(1,3),(2,4),(2,5)}，割量 $C(V_1,\overline{V}_1)=14+3+6=23$。

又如，取虚线分割的点集 $V_2=\{v_1,v_2,v_3\}$ 及 $\overline{V}_2=\{v_4,v_5,v_6,v_7\}$，对应的割集 ($V_2$, $\overline{V}_2$)={(2,5),(2,4),(3,4),(3,6)}，割量 $C(V_2,\overline{V}_2)=6+3+3+8=20$。

可以证明下列最大流最小割定理成立。

【**定理 6.2**】网络的最大流量等于它的最小割量。

当最大流已求出时，将最后一张图已标号点与未能标号的点组成两个点集，对应的割集就是最小割集。$C(V_2,\overline{V}_2)$ 是最小割量，并且刚好等于最大流量。割集 (V_2, $\overline{V}_2$) 中每一条弧的流量等于容量（饱和弧）。因此，网络的最大流量取决于最小割集中弧的容量，如果想增加网络的流量，首先应扩大这些弧的容量。

6.3.4 最小费用流

有时网络的弧不仅给出容量还给出单位流量的费用，求一个可行流，满足流量达到一个固定数使总费用最小，就是**最小费用流**问题。第 5 章的运输问题是最小费用流的特例，只是弧的容量没有限制，流量等于产量（销量）之和。另一个问题是满足流量到达最大使总费用最小，称为**最小费用最大流**问题。

设弧(i,j)的单位流量费用为 $d_{ij}\geqslant 0$，弧的容量为 $c_{ij}\geqslant 0$。图 6-27 是一个运输网络图，将工厂 v_1、v_2 及 v_3 的物质（数量不限）运往 v_6，v_4 和 v_5 是中转点，弧上的数字为(c_{ij},d_{ij})。

(1) 制定一个总运量等于 15 总运费最小的运输方案；属于最小费用流问题。

(2) 制定使运量最大并且总运费最小的运输方案，属于最小费用最大流问题。

虚拟一个发点 v_s，弧的费用等于零，容量等于以弧的终点为起点弧的容量之和，得到一个发点一个收点的网络图，见图 6-28。当运输方案唯一，得到的费用也就是最小费用，

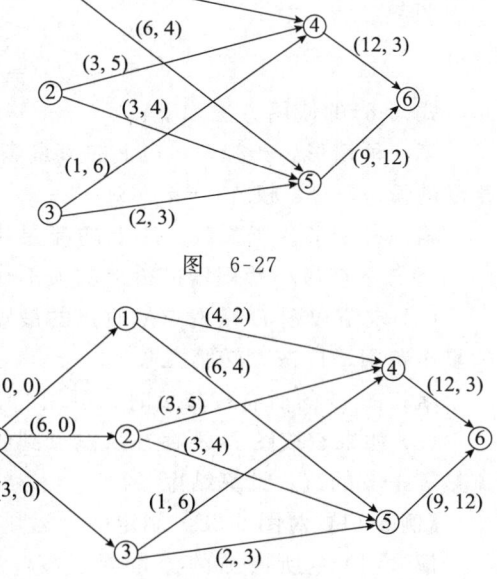

图 6-27

图 6-28

如果方案不唯一，对应的费用不一定最小。最小费用流的求解是将问题化为最短路问题求解。

设可行流 f 的一条增广链为 μ，称

$$d(\mu)=\sum_{\mu^+}d_{ij}-\sum_{\mu^-}d_{ij}$$

为增广链 μ 的费用。第一个求和式是增广链中前向弧的费用之和，第二个求和式是增广链中后向弧的费用之和。$d(\mu)$ 最小的增广链称为最小费用增广链。

最小费用流的算法通常采用对偶算法，其基本思路是，给定一个初始流量 $v^{(0)}$，找出其最小费用流 $f^{(0)}$，如初始流量为零的流 $f^{(0)}=\{0\}$ 是最小费用流。然后利用 Ford-Fulkerson 标号算法寻找一条从发点到收点的最小费用增广链，调整量为 θ，调整后的流量为 $v^{(0)}+\theta$。不断寻找最小费用增广链和调整流量，直到流量等于事先给定的流量 v 为止。

可以证明，流量为 $v^{(k-1)}$ 的可行流 $f^{(k-1)}$，其最小费用增广链的调整量为 θ，则调整后的可行流 $f^{(k)}$ 是流量为 $v^{(k)}=v^{(k-1)}+\theta$ 的最小费用流。

最大流的标号算法关键是找增广链，而对增广链的调整量是多少没有什么要求，更不用考虑费用。最小费用流的标号算法（对偶算法）的关键不仅要找增广链，更重要的是寻找所有增广链中费用最小的那条增广链。

设给定的流量为 v，最小费用流的标号算法步骤如下。

第一步，取初始流量为零的可行流 $f^{(0)}=\{0\}$，令网络中所有弧的权等于 d_{ij} 得到一个赋权图 D，用 Dijkstra 算法求出最短路，这条最短路就是初始最小费用增广链 μ。

第二步，调整流量。在最小费用增广链上调整流量的方法与前面最大流算法一样，前向弧上令 $\theta_j=c_{ij}-f_{ij}$，后向弧上令 $\theta_j=f_{ij}$，调整量为 $\theta=\min\{\theta_j\}$。调整后得到最小费用流 $f^{(k)}$，流量为 $v^{(k)}=v^{(k-1)}+\theta$，当 $v^{(k)}=v$ 时计算结束，否则转第三步继续计算。

第三步，作赋权图 D 并寻找最小费用增广链。

（1）最小费用流 $f^{(k-1)}$ 的流量为 $v^{(k-1)}<v$ 时，将网络的费用转化为权 w_{ij}，其含义等价于最短路中的距离。对可行流 $f^{(k-1)}$ 的最小费用增广链上的弧 (i,j) 作如下变动

$$w_{ij}=\begin{cases}d_{ij} & f_{ij}<c_{ij} \\ +\infty & f_{ij}=c_{ij}\end{cases},\quad w_{ji}=\begin{cases}-d_{ij} & f_{ij}>0 \\ +\infty & f_{ij}=0\end{cases} \tag{6-6}$$

式(6-6)的使用方法如下：

第一种情形，当弧 (i,j) 上的流量满足 $0<f_{ij}<c_{ij}$ 时，在点 v_i 与 v_j 之间添加一条方向相反的弧 (j,i)，权为 $(-d_{ij})$。

第二种情形，当弧 (i,j) 上的流量满足 $f_{ij}=c_{ij}$ 时将弧 (i,j) 反向变为 (j,i)，权为 $(-d_{ij})$。不在最小费用增广链上的弧不作任何变动，得到一个赋权网络图 D。

（2）求赋权图 D 从发点的收点的最短路，如果最短路存在，则这条最短路就是 $f^{(k-1)}$ 的最小费用增广链，转第二步。

赋权图 D 的所有权非负时，可用 Dijkstra 算法求最短路，存在负权时用 Floyd 算法。

（3）如果赋权图 D 不存在从发点到收点的最短路，说明 $v^{(k-1)}$ 已是最大流量，不存在流量等于 v 的流，计算结束。

【例 6-11】 对图 6-28，制定一个运量 $v=15$ 及运量最大总运费最小的运输方案。

解 （1）令所有弧的流量等于零，得到初始可行流 $f^{(0)}=\{0\}$，流量 $v^{(0)}=0$，总运费 $d(f^{(0)})=0$。

(2) 因为 $f^{(0)}=\{0\}$，由式(6-6)赋权图就是图 6-28，弧的权数等于费用 b_{ij}。求出最短路线，即最小费用增广链 μ_1：Ⓢ→①→④→⑥，见图 6-29a。调整量 $\theta=4$，对 $f^{(0)}=\{0\}$ 进行调整得到 $f^{(1)}$，括号内的数字为弧的流量，网络流量 $v^{(1)}=4$，总运费

$$d(f^{(1)}) = 0\times 4 + 2\times 4 + 3\times 4 = 20$$

见图 6-29b。

(3) $v^{(1)}=4<15$，没有得到最小费用流。在图 6-29b 中，弧 $(s,1)$ 和 $(4,6)$ 满足条件 $0<f_{ij}<c_{ij}$，添加两条边 $(1,s)$ 和 $(6,4)$，权分别为 "0" 和 "-3"，边 $(1,s)$ 可以去掉，弧 $(1,4)$ 上有 $f_{ij}=c_{ij}$ 说明已饱和，将弧 $(1,4)$ 反向变为 $(4,1)$，权为 "-2"，见图 6-29c。用 Floyd 算法得到最小费用增广链 μ_2：Ⓢ→②→④→⑥，调整量 $\theta=3$，调整后得到最小费用流 $f^{(2)}$，流量 $v^{(2)}=7$，总运费

$$d(f^{(2)}) = 2\times 4 + 3\times 7 + 5\times 3 = 44$$

见图 6-29d。

(4) $v^{(2)}=7<15$，对最小费用增广链 μ_2 上的弧进行调整，在图 6-29c 中，弧 $(s,2)$ 和 $(4,6)$ 满足条件 $0<f_{ij}<c_{ij}$，添加两条边 $(2,s)$ 和 $(6,4)$，权分别为 "0" 和 "-3"，边 $(2,s)$ 可以去掉，弧 $(6,4)$ 已经存在，弧 $(2,4)$ 上有 $f_{ij}=c_{ij}$ 说明已饱和，将弧 $(2,4)$ 反向变为 $(4,2)$，权为 "-5"，见图 6-29e。用 Floyd 算法得到最小费用增广链 μ_3：Ⓢ→③→④→⑥，调整量 $\theta=1$，调整后得到最小费用流 $f^{(3)}$，流量 $v^{(3)}=8$，总运费

$$d(f^{(3)}) = 2\times 4 + 3\times 8 + 5\times 3 + 6\times 1 = 53$$

见图 6-29f。

(5) 类似地，得到图 6-29g，最小费用增广链 μ_4：Ⓢ→③→⑤→⑥，调整量 $\theta=2$，流量 $v^{(4)}=10$，见图 6-29h。

(6) 由图 6-29g 及 h，得到图 6-29i，最小费用增广链 μ_5：Ⓢ→①→⑤→⑥，调整量 $\theta=6$，取 $\theta=5$，流量 $v^{(5)}=v=15$ 得到满足，最小费用流见图 6-29j，问题 1 计算结束。

(7) 求最小费用最大流。对图 6-29i 的最小费用增广链 μ_5，取调整量 $\theta=6$ 对流量调整，得到图 6-30a 及赋权图 6-30b。

(8) 图 6-30b 的最小费用增广链 μ_6：Ⓢ→②→⑤→⑥，调整量 $\theta=1$，流量 $v^{(6)}=17$，最小费用流为 $f^{(6)}$ 及赋权图，见图 6-30c 及 d。图 6-30d 不存在从 v_s 发点到 v_6 的最短路，则图 6-30c 的流就是最小费用最大流，最大流量 $v=17$，最小的总运费为

$$d(f) = 2\times 4 + 4\times 6 + 5\times 3 + 4\times 1 + 6\times 1 + 3\times 2 + 3\times 8 + 12\times 9 = 195$$

3 个工厂分别运送 10、4 及 3 个单位物质到 v_6，总运量为 17，运费为 195。

显然，最小费用流问题可以建立一个线性规划模型，运输问题、指派问题、最大流问题、最短路问题及网络计划等都是最小费用流的特例。

6.3.5 最大流应用举例

二分图的最大匹配问题。二分图或称二部图，是指图 G 的点集分成两个子集 X 和 Y 后，G 中所有边一端在 X 中而另一端在 Y 中。如图 6-31 中的 3 个图都是二分图。图 6-31a 中的点集分为 $X=\{v_1, v_3, v_5\}$ 与 $Y=\{v_2, v_4, v_6, v_7\}$。第 5 章的图 5-3 也是一个二分图。

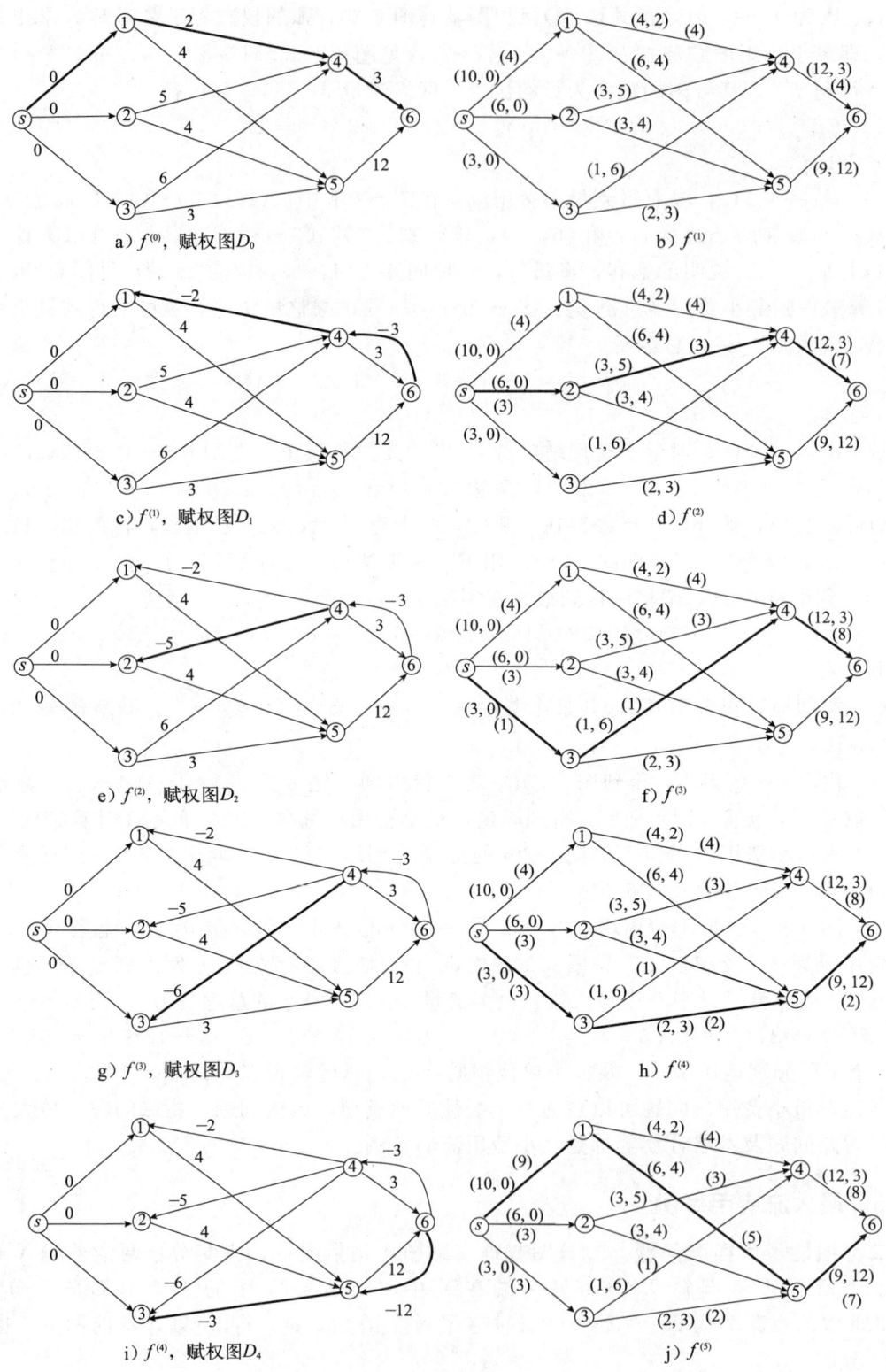

图 6-29

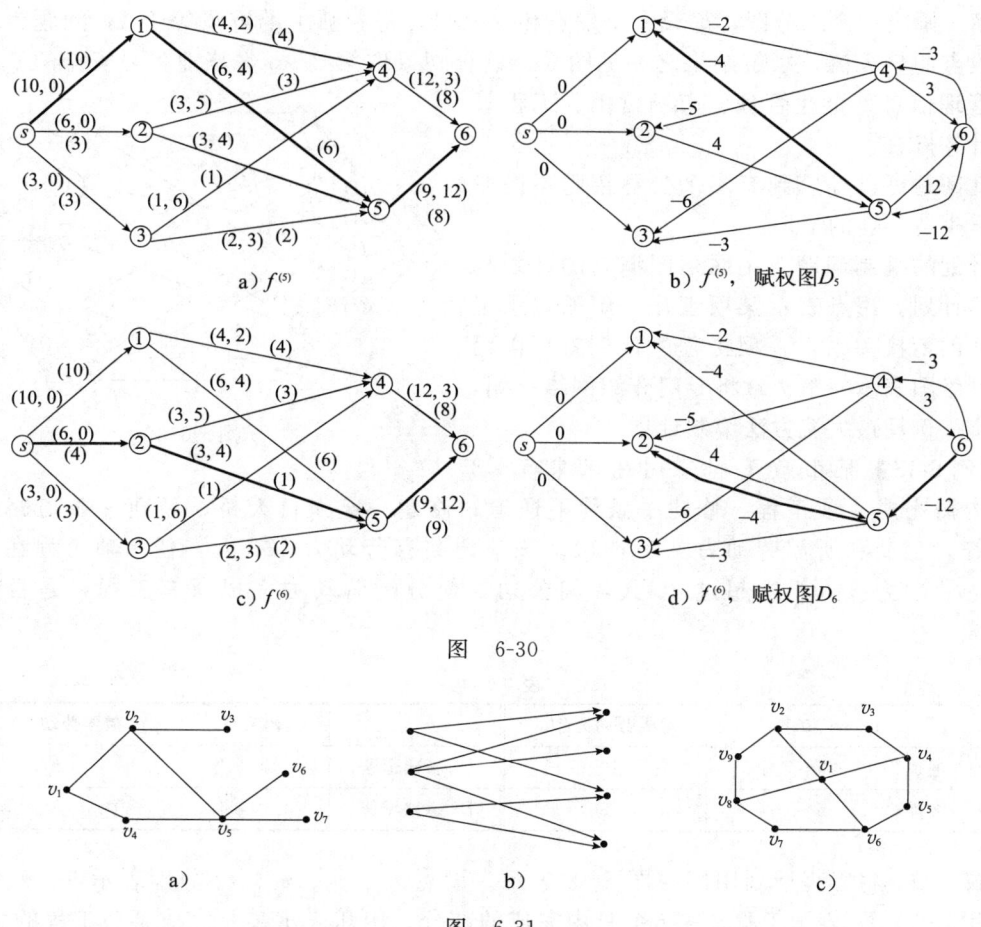

图 6-30

图 6-31

一个图 G 中边的子集 M，如果 M 中的任意两条边没有公共的端点，称 M 是一个匹配，注意，空集也是一个匹配。边数最多的匹配称为最大匹配。第 5 章的指派问题就属于最大匹配问题。

求一个图的最大匹配就是在图中寻找没有公共端点的最多的边集合 M。对于二分图可以化为最大流问题求解。

【例 6-12】某公司需要招聘 5 个专业的毕业生各一个，通过本人报名和筛选，公司最后认为有 6 人都达到录取条件。这 6 人所学专业见表 6-10，表中打"√"表示该生所学专业。公司应招聘哪几位毕业生，如何分配他们的工作。

表 6-10

毕业生	A. 市场营销	B. 工程管理	C. 管理信息	D. 计算机	E. 企业管理
1	√	√			
2			√	√	
3		√			√
4	√				√
5		√	√		
6				√	√

解 画出一个二分图，虚设一个发点和一收点，每条弧上的容量等于1，问题为求发点到收点的最大流，求解结果之一见图 6-32。公司录取第 2～6 号毕业生，安排的工作依次为管理信息、企业管理、市场营销、工程管理和计算机。

此问题可以推广到有多个公司招聘不同专业的学生若干名的情形。

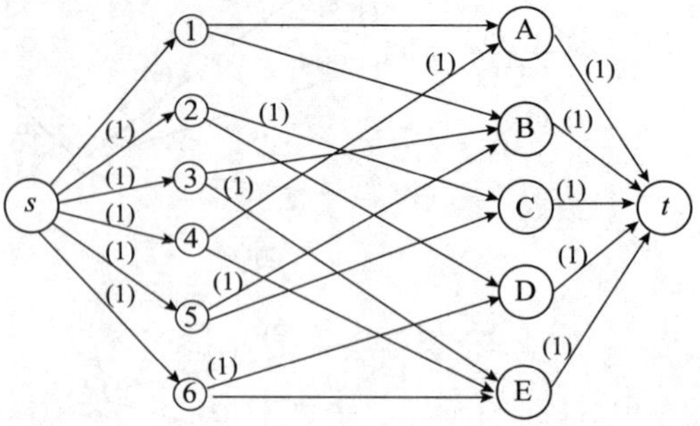

计划的编制问题。用网络图编制的计划称为网络计划。用点表示某项工作，用弧表示工作之间的衔接关系，一项工程的计划就可以用一个网络图表示。第 7 章将专门介绍网络计划，这里举一例用最大流方法编制计划。

【例 6-13】某市政工程公司在未来 5～8 月份内需完成 4 项工程：修建一条地下通道；修建一座人行天桥；新建一条道路及道路维修。工期和所需劳动力见表 6-11。该公司共有劳动力 120 人，任一项工程在一个月内的劳动力投入不能超过 80 人，问公司如何分配劳动力完成所有工程，是否能按期完成。

图 6-32

表 6-11

	工期	需要劳动力（人）		工期	需要劳动力（人）
A. 地下通道	5～7 月	100	C. 新建道路	5～8 月	200
B. 人行天桥	6～7 月	80	D. 道路维修	8 月	80

解 （1）将工程计划用网络图 6-33 表示。设点 v_5、v_6、v_7、v_8 分别表示 5～8 月份，A_i、B_i、C_i、D_i 表示工程在第 i 个月内完成的部分，用弧表示某月完成某项工程的状态，弧的容量为劳动力限制。合理安排每个月各工程的劳动力，在不超过现有人力的条件下，尽可能保证工程按期完成，就是求图 6-33 从发点到收点的最大流问题。

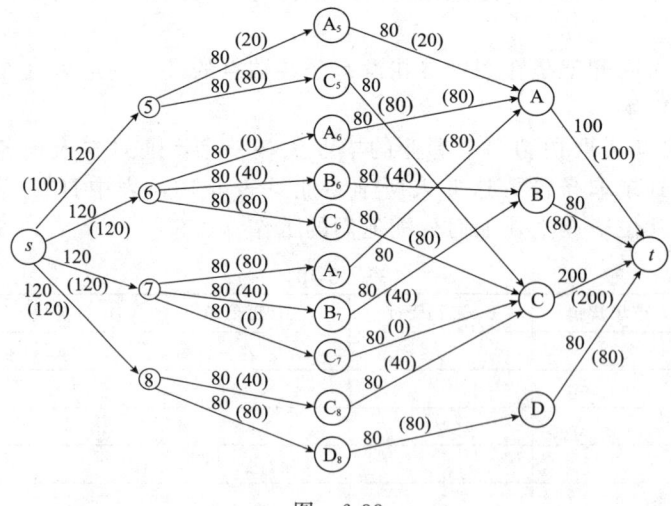

图 6-33

用 Ford-Fulkerson 标号算法求解得到图 6-33，括号内的数字为弧的流量。每个月的劳动力分配见表 6-12。5 月份有剩余劳动力 20 人，4 项工程恰好按期完成。

表 6-12

月份	投入劳动力	项目 A(人)	项目 B(人)	项目 C(人)	项目 D(人)
5	100	20		80	
6	120		40	80	
7	120	80	40		
8	120			40	80
合计	460	100	80	200	80

6.4 旅行售货员与中国邮路问题

6.4.1 旅行售货员问题

一个推销商从 n 个城市 $v_1, v_2, \cdots, v_n$ 中某一个城市如 v_1 出发，到其他 $n-1$ 个城市推销产品，每个城市都必须访问到并且只访问一次最后回到 v_1，如何安排他的旅行路线使总距离最短，就是**旅行售货员问题**或**货郎担问题**。

设 c_{ij} 为城市 i 到城市 j 的距离，定义 0-1 变量

$$x_{ij} = \begin{cases} 1 & 从城市 i 到城市 j \\ 0 & 否则 \end{cases}$$

则旅行售货员问题的 0-1 规划数学模型为

$$\min Z = \sum_{i=1}^{n}\sum_{j=1}^{n} c_{ij} x_{ij} \quad i \neq j$$

$$\begin{cases} \sum_{i=1}^{n} x_{ij} = 1 & j = 1, 2, \cdots, n (i \neq j) \\ \sum_{j=1}^{n} x_{ij} = 1 & i = 1, 2, \cdots, n (i \neq j) \\ x_{ij} + x_{ji} \leq 1 & i \neq j \\ x_{ij} + x_{jk} + x_{ki} \leq 2 & i \neq j \neq k \\ \quad \vdots \\ x_{ij} + x_{jk} + x_{kl} + \cdots + x_{pi} \leq n-2 & i \neq j \neq \cdots \neq p \\ x_{ij} = 0 \text{ 或 } 1 & i, j = 1, 2, \cdots, n \end{cases}$$

旅行售货员问题虽然能用整数规划、动态规划等方法求解，当 n 较大时求解就不一定有效。一种可行的方法是求最小的 Hamilton 回路。

设图 $G = [V, E]$，若一个回路 H 过每个点一次且仅一次，则称 **H** 是 G 的一个 **Hamilton 回路**。与点 v_i 相关联的边数称为点的次(degree)，记为 $d(v_i)$，次为奇数的点称为奇点，次为偶数的点称为偶点。若 G 中任意两个点 v_i、v_j 满足 $d(v_i) + d(v_j) \geq n$（n 为图 G 的点数并且 $n \geq 3$），则 G 中存在 Hamilton 回路。

旅行售货员所走的路线就是一个由 n 个城市构成的交通图 G 的一个 Hamilton 回路，旅行售货员问题就是寻找一个总距离最小的 Hamilton 回路。下面用例题介绍一种求满意解(不一定最优)的修正方法。

【例 6-14】某电动汽车公司与学校合作，拟定在校园内开通无污染无噪音的"绿色交通"路线。图 6-34 是某大学教学楼和学生宿舍楼的分布图，其中 C、F 之间是两条单向通道，边上的数字为汽车通过两点间的正常时间（分钟）。电动汽车公司如何设计一条路线，使汽车通过每一处教学楼和宿舍楼一次后总时间最少。

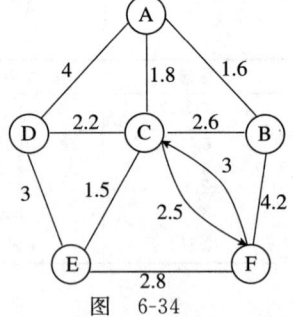

图 6-34

解 （1）显然图 6-34 存在 Hamilton 回路，将图表示成距离矩阵 C，顺序为 A，B，…，F，两点间没有边连接的时间为 ∞。

（2）类似解指派问题（匈牙利算法）的第一步，每行每列分别减去该行该列最小元素，得到矩阵 C_1，C_1 与 C 的解相同。

$$C = \begin{array}{c} \\ v_1 \\ v_2 \\ v_3 \\ v_4 \\ v_5 \\ v_6 \end{array} \begin{array}{cccccc} v_1 & v_2 & v_3 & v_4 & v_5 & v_6 \\ \left[\begin{array}{cccccc} \infty & 1.6 & 1.8 & 4 & \infty & \infty \\ 1.6 & \infty & 2.6 & \infty & \infty & 4.2 \\ 1.8 & 2.6 & \infty & 2.2 & 1.5 & 2.5 \\ 4 & \infty & 2.2 & \infty & 3 & \infty \\ \infty & \infty & 1.5 & 3 & \infty & 2.8 \\ \infty & 4.2 & 3 & \infty & 2.8 & \infty \end{array}\right] \end{array}, \quad C_1 = \left[\begin{array}{cccccc} \infty & 0 & 0.2 & 1.7 & \infty & \infty \\ 0 & \infty & 1 & \infty & \infty & 1.6 \\ 0.3 & 1.1 & \infty & 0 & 0 & 0 \\ 1.8 & \infty & 0 & \infty & 0.8 & \infty \\ \infty & \infty & 0 & 0.8 & \infty & 0.3 \\ \infty & 1.4 & 0.2 & \infty & 0 & \infty \end{array}\right]$$

（3）采用最近城市法（nearest neighbor heuristic），在 C_1 中取一个初始 Hamilton 回路 H_1，起步可以从任意点开始，不妨从 v_1 出发，下一步到离 v_1 最近的点 v_2，依次取 v_3，v_6，v_5，v_4，v_1，回路 $H_1 = \{v_1, v_2, v_3, v_6, v_5, v_4, v_1\}$ 的距离为

$$C(H_1) = 1.6 + 2.6 + 2.5 + 2.8 + 3 + 4 = 16.5$$

（4）修正回路 H_1。在矩阵 C_1 中从 v_1 到 v_2 的距离 $c_{12} = 0$ 最短，去掉 C_1 的第一行第二列，为避免出现子回路 $v_1 \to v_2 \to v_1$，令 $c_{21} = \infty$ 得到矩阵 C_2。在 C_2 中第一行减去最小元素 1，第一列减去最小元素 0.3 得到矩阵 C_3。

$$C_2 = \begin{array}{c} \\ v_2 \\ v_3 \\ v_4 \\ v_5 \\ v_6 \end{array} \begin{array}{ccccc} v_1 & v_3 & v_4 & v_5 & v_6 \\ \left[\begin{array}{ccccc} \infty & 1 & \infty & \infty & 1.6 \\ 0.3 & \infty & 0 & 0 & 0 \\ 1.8 & 0 & \infty & 0.8 & \infty \\ \infty & 0 & 0.8 & \infty & 0.3 \\ \infty & 0.2 & \infty & 0 & \infty \end{array}\right] \end{array}, \quad C_3 = \left[\begin{array}{ccccc} \infty & 0 & \infty & \infty & 0.6 \\ 0 & \infty & 0 & 0 & 0 \\ 1.5 & \infty & \infty & 0.8 & \infty \\ \infty & 0 & 0.8 & \infty & 0.3 \\ \infty & 0.2 & \infty & 0 & \infty \end{array}\right]$$

在 C_3 中，按最近城市法 v_2 下一步应达到 v_3，从 C_3 看出最后一个点不能是 v_5 和 v_6，下一步 v_3 不能选 v_4 只能选 v_5 和 v_6，如果依次选 v_5，v_6，v_4，v_1 不能构成 Hamilton 回路，如果依次选 v_6、v_5、v_4、v_1 则回路与 H_1 相同，没有改进。

因此在 C_3 中，v_2 下一步应达到 v_6，取回路 $H_2 = \{v_1, v_2, v_6, v_5, v_3, v_4, v_1\}$，距离为

$$C(H_2) = 1.6 + 4.2 + 2.8 + 1.5 + 2.2 + 4 = 16.3$$

（5）与第（4）步一样，去掉 C_3 中第一行和第五列，并且令 $c_{61} = \infty$（C_3 中已是 ∞），得到矩阵 C_4。矩阵 C_4 中每行每列都有零，在 C_4 中找一个与 H_1、H_2 不同的 Hamilton 回路，有两条不同的回路 $\{v_1, v_2, v_6, v_5, v_4, v_3, v_1\}$ 和 $\{v_1, v_2, v_6, v_3, v_5, v_4, v_1\}$，取第一条回路 $H_3 = \{v_1, v_2, v_6, v_5, v_4, v_3, v_1\}$，即 v_6 下一步达到 v_5，距离为

$$C(H_3) = 1.6 + 4.2 + 2.8 + 3 + 2.2 + 1.8 = 15.6$$

$$C_4 = \begin{matrix} & v_1 & v_3 & v_4 & v_5 \\ v_3 \\ v_4 \\ v_5 \\ v_6 \end{matrix} \begin{bmatrix} 0 & \infty & 0 & 0 \\ 1.5 & 0 & \infty & 0.8 \\ \infty & 0 & 0.8 & \infty \\ \infty & 0.2 & \infty & 0 \end{bmatrix}, \quad C_5 = \begin{matrix} & v_1 & v_3 & v_4 \\ v_3 \\ v_4 \\ v_5 \end{matrix} \begin{bmatrix} 0 & \infty & 0 \\ 1.5 & 0 & \infty \\ \infty & 0 & 0.8 \end{bmatrix}$$

去掉 C_4 中第四行第四列,得到矩阵 C_5。C_5 中不存在与 H_1、H_2、H_3 不同的回路,H_3 为最小 Hamilton 回路。

电动汽车公司的行车路线是 A→B→F→E→D→C→A,汽车在校园行驶一圈需要 15.6 分钟。

从例题的计算看出,最后结果很大程度上依赖于前面走过的路线,如第一步从某个点出发到另一个点确定后,就不能再变动,其结果可能不是最小 Hamilton 回路。在例 6-14 中,由矩阵 C_1 第一步从 v_2 开始到 v_1 取一个 Hamilton 回路,最后结果就与例题结果不同。开始可以取不同的 Hamilton 回路,重复计算几次,从中筛选较优的结果。

6.4.2 中国邮路问题

一个邮递员从邮局出发,将邮件投递到他管辖的所有街道最后回到邮局,如何安排他的行驶路线使总路长最短,这个问题由中国数学家管梅谷教授 1962 年提出,因此称为**中国邮路问题**。旅行售货员与中国邮路问题不同之处是前者遍历图的所有点,后者是遍历图的所有边。

设连通图 $G=[V,E]$,如果存在一条回路,不重复包含 G 的每一条边,这条回路称为**欧拉(Euler)回路**,具有欧拉回路的图称为**欧拉图**,全为偶点的图是欧拉图。

图 6-35a 中有 4 个奇点 v_1, v_2, v_6, v_7,不存在欧拉回路,无论邮局在哪一个点,邮递员要经过每一条边至少有一条边重复经过。如果将图 6-35a 增加四条边变为图 6-35b,四条虚线就等价于邮递员重复经过的边,图 6-35b 所有点都是偶点,因而是欧拉图,存在欧拉回路。

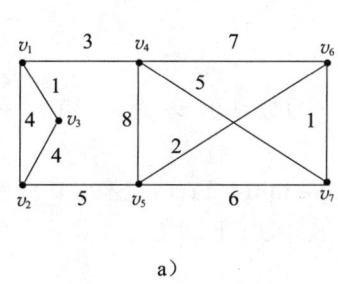
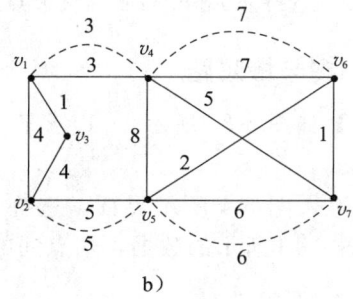

图 6-35

中国邮路问题变为在一个具有奇点的图中,如何将奇点连起来变为偶点成为欧拉图,使各边长之和最短。

【例 6-15】 求解图 6-35a 的中国邮路问题。

解 (1) 虚拟边将所有奇点变为偶点,如图 6-35b 所示。虚拟边就是邮递员重复经过的街道。

(2) 调整虚拟边。初始欧拉回路不一定是最短回路。判断最短回路的准则是:(a)每条边最多重复一次,即相邻两点间最多虚拟一条边;(b)所有回路中虚拟边长之和不超过回路边长之和的一半。

在图 6-35b 中，回路 $H_1 = \{v_4, v_5, v_7, v_6, v_4\}$ 的边长 $d(H_1) = 8+6+1+7 = 22$，其中虚拟边长为 13，超过 $d(H_1)$ 的一半，将虚拟边 (v_4, v_6) 和 (v_5, v_7) 去掉，在 v_6 与 v_7 之间加一条虚拟边。这时 v_4 和 v_5 变成了奇点，将虚拟边 (v_1, v_4) 和 (v_2, v_5) 改为虚拟边 (v_1, v_3) 和 (v_2, v_3)，如图 6-36a 所示。

（3）检查图 6-36a，回路 $H_2 = \{v_1, v_2, v_3, v_1\}$ 的边长 $d(H_2) = 4+4+1 = 9$，虚拟边长为 5，需要调整，将虚拟边 (v_1, v_3) 和 (v_2, v_3) 去掉，在 (v_1, v_2) 之间添加虚拟边 (v_1, v_2)，如图 6-36b 所示。

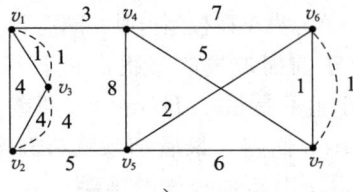 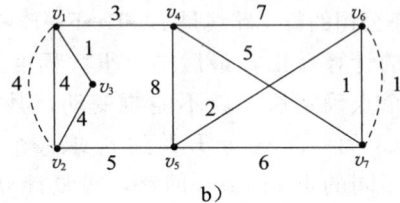

图 6-36

（4）继续检查，所有回路满足最短回路的准则，图 6-36b 是最短的欧拉回路，其中边 (v_1, v_2) 和 (v_6, v_7) 各重复一次。

6.5 WinQSB 软件应用

本章所有计算都调用子程序 Network Modeling。在图 5-4 中，最小部分树选择 Minimal Spanning Tree，最短路问题选择 Shortest Path Problem，最大流问题选择 Maximal Flow Problem，最小费用最大流问题选择 Network Flow，旅行售货员问题选择 Traveling Salesmen Problem。使用图形输入及输出时，为了使图形美观，在菜单栏中选择 Format→Switch to Graphic Model，选择 Edit→Node 调整节点位置，参看下面最小费用最大流的输入方法。

6.5.1 最小树与最短路

【**例 6-16**】 如图 6-37 所示，(1)求最小部分树；(2)分别求 v_1 到 v_{10} 和 v_9 到 v_5 的最短路及最短路长。

解 (1)进入图 5-4 所示界面，选择 Minimal Spanning Tree，输入节点数 10。对照图 6-37 输入表 6-13 所示的数据，两点间的权数只输入一次(上三角)。

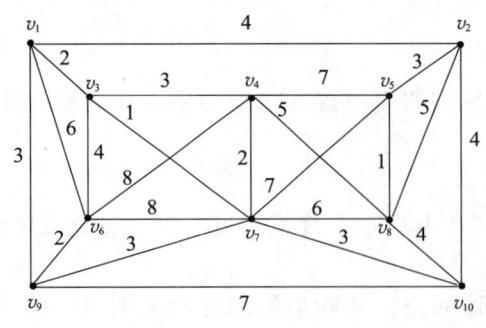

图 6-37

表 6-13

From	1	2	3	4	5	6	7	8	9	10
1		4	2		6				3	
2				3			5			4
3				3		4	1			
4						7	8	2	5	
5							7	1		
6							8		2	
7								6	3	3
8										6
9										7
10										

点击菜单栏 Solve and Analyze，输出表 6-14 最小树结果，最小树长为 21。点击菜单栏 Results→Graphic Solution，显示最小部分树，见图 6-38。

表 6-14

From Node	Connect To	Distance/Cost	From Node	Connect To	Distance/Cost
1	2	4	3	7	1
1	3	2	5	8	1
4	7	2	1	9	3
2	5	3	7	10	3
6	9	2			
Total	Minimal	Connected	Distance	or Cost	=	21

(2) 进入第 5 章图 5-4 所示界面，选择 Shortest Path Problem，如果是有向图就按弧的方向输入数据，本例是无向图，每一条边必须输入两次，无向边变为两条方向相反的弧，见表 6-15。点击 Solve and Analyze 后系统提示用户选择图的起点和终点，系统默认从第 1 个点到最后一个点，用户选择后系统不仅输出 v_1 到 v_{10} 的路径和路长，还显示了 v_1 到各点的最短路长，见表 6-16。点击 Results→Graphic Solution，显示 v_1 到各点的最短路线图(略)。同理，选择 v_9 到 v_5 得到最短路长为 10，路径为 $v_9 \rightarrow v_7 \rightarrow v_5$。

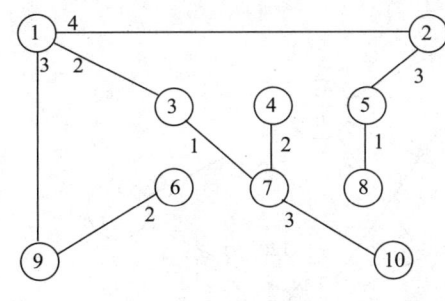

图 6-38

表 6-15

From \ To	Node1	Node2	Node3	Node4	Node5	Node6	Node7	Node8	Node9	Node10
Node1		4	2			6			3	
Node2	4				3			5		4
Node3	2			3			4	1		
Node4			3		7		8	2	5	
Node5		3		7			7	1		
Node6	6		4	8				8	2	
Node7			1	2	7	8		6	3	3
Node8		5		5	1		6			6
Node9	3					2	3			7
Node10			4				3	6	7	

表 6-16

	From	To	Distance/Cost	Cumulative
1	Node1	Node3	2	2
2	Node3	Node7	1	3
3	Node7	Node10	3	6
	From Node1	To Node10	=	6
	From Node1	To Node2	=	4
	From Node1	To Node3	=	2
	From Node1	To Node4	=	5
	From Node1	To Node5	=	7
	From Node1	To Node6	=	5
	From Node1	To Node7	=	3
	From Node1	To Node8	=	8
	From Node1	To Node9	=	3

表 6-17

	From	To	Net Flow	From	To	Net Flow
1	1	2	8	7	3	6	8
2	1	3	12	8	4	7	8
3	2	4	3	9	5	7	6
4	2	5	6	10	6	4	2
5	3	2	1	11	6	7	6
6	3	4	3				
Total	Net Flow	From	1	To	7	=	20

6.5.2 最大流与最小费用流

最大流问题选择 Maximal Flow Problem，选择表格输入格式，输入节点数。输入数据时，按箭条方向输入相应的容量，如果是无方向的边，则要对称输入容量。求解与最短路方法相同，如例 6-10 系统输出表 6-17 的结果，点击 Results→Graphic Solution，输出最大流网络图(略)。

最小费用最大流问题。以图 6-27 为例，计算步骤如下。

(1) 进入图 5-4 所示界面，选择 Network Flow、Minimization、Graphic Model Form，

输入标题及节点数 6。

(2) 编辑网络图。在图形输入界面点击 Edit→Node，右端出现图 6-39 所示编辑界面，在 Node Name 的对话框中输入节点名称，在 Location 的对话框中输入节点位置，系统提供 10 行 10 列的方格表，例如将节点 1 放在第 1 行第 1 列，则输入"1, 1"两个数，中间用逗号分开。在 Capacity 对话框中输入节点容量，起点输入以该点为起点所有弧的容量之和，中间点容量为零，终点输入到该点容量之和的相反数，每输入一个节点的信息后一定要点击"OK"，如图 6-39 所示。

(3) 点击 Edit→Arc/Connection/Link，右端出现图 6-40 所示编辑界面，编辑节点与节点的连接关系。系统开始默认所有节点之间都没有弧连接，如果节点 i 与节点 j 有一条弧，则在 Link Coefficient 的对话框中输入单位流量费用 d_{ij}，在 Flow UpperBound 对话框中输入容量 c_{ij}，点击"OK"完成一条弧的编辑。所有弧编辑完后得到图 6-41 的网络图。图 6-41 弧边上的数据是单位费用，括号中的数据是流量的下界和上界。

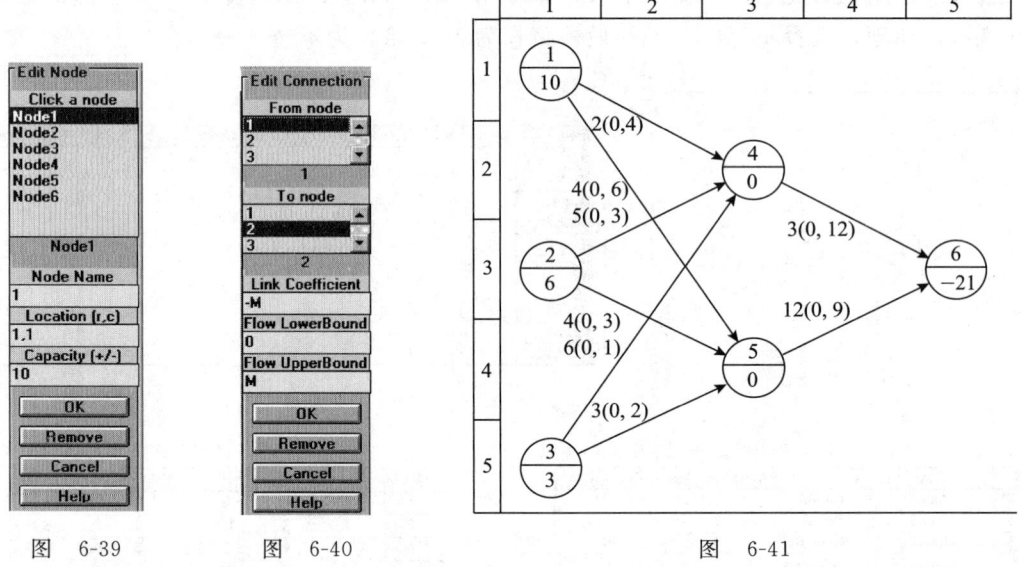

图 6-39　　　　　图 6-40　　　　　　　　　图 6-41

(4) 点击 Solve and Analyze 得到表 6-18 的计算结果，点击 Results→Graphic Solution 输出最小费用最大流网络图(略)。

表 6-18

12-20	From	To	Flow	Unit Cost	Total Cost	Reduced Cost
1	1	6	2	0	0	0
2	1	4	4	2	8	5-1M
3	1	5	4	4	16	0
4	2	4	3	5	15	8-1M
5	2	5	3	4	12	0
6	3	4	1	6	6	10-1M
7	3	5	2	3	6	0
8	4	6	8	3	24	0
9	5	6	9	12	108	16-1M
10	Unfilled_Demand	6	2	0	0	0
	Total	Objective	Function	Value =	195	

6.5.3　旅行售货员问题

选择 Traveling Salesmen Problem。目标函数类型选择 Minimization。输入数据时注意

弧的方向，无向边对称输入数据，有向弧按弧的方向输入。

【例 6-17】 用 WinQSB 软件求解例 6-14。

解 数据见表 6-19。点击 Solve and Analyze 后系统提示用户选择求解方法，对于较大的旅行售货员问题目前还没有有效的解法，系统提供了 3 种近似解法和 1 种分支定界法。分支定界法能得到最优解，对于大型问题求解时间可能达数小时，此方法仍然非有效。3 种近似方法为最近城市法（nearest neighbor heuristic）、逐步包围法（cheapest insertion heuristic，这里是意译）、两两交换改进法（two-way exchange improvement heuristic），不同的方法得到的结果可能不一样，原则是取最短回路的解。

表 6-19

From \ To	A	B	C	D	E	F
A		1.60	1.80	4		
B	1.60		2.60			4.20
C	1.80	2.60		2.20	1.50	2.50
D	4		2.20		3	
E			1.50	3		2.80
F		4.20			3	2.80	

本例中，用最近城市法无解，用逐步包围法回路长度为 16.8，用两两交换法和用分支定界法的回路长度为 15.6，作为求解的结果。点击 Results→Graphic Solution 得到旅行路线图。

习题

6.1 如图 6-42 所示，建立求最小部分树的 0-1 整数规划数学模型。

6.2 如图 6-43 所示，建立求 v_1 到 v_6 的最短路问题的 0-1 整数规划数学模型。

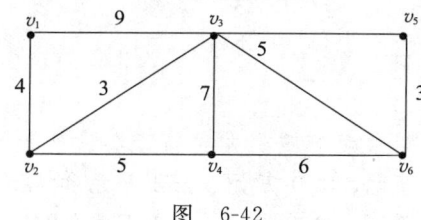

图 6-42

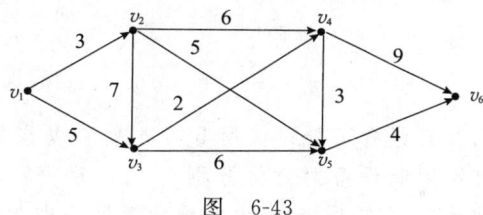

图 6-43

6.3 如图 6-43 所示，建立求 v_1 到 v_6 的最大流问题的线性规划数学模型。

6.4 求图 6-44 的最小部分树，图 6-44a 用破圈法，图 6-44b 用加边法。

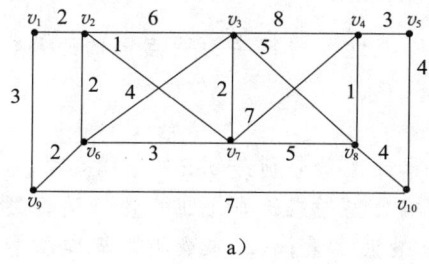

a)

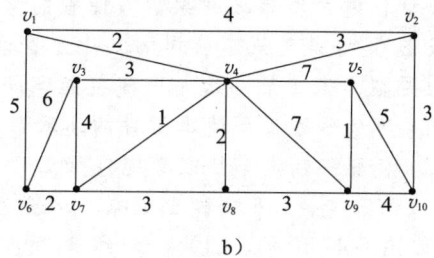

b)

图 6-44

6.5 某乡政府计划未来 3 年内，使所管辖的 10 个村的村与村之间都有水泥公路相通。根据勘测，10 个村之间修建公路的费用如表 6-20 所示。乡镇府如何选择修建公路的路线使总成本最低。

表 6-20

	两村庄之间修建公路的费用(万元)								
	1	2	3	4	5	6	7	8	9	10
1		12.8	10.5	8.5	12.7	13.9	14.8	13.2	12.7	8.9
2			9.6	7.7	13.1	11.2	15.7	12.4	13.6	10.5
3				13.8	12.6	8.6	8.5	10.5	15.8	13.4
4					11.4	7.5	9.6	9.3	9.8	14.6
5						8.3	8.9	8.8	8.2	9.1
6							8.0	12.7	11.7	10.5
7								14.8	13.6	12.6
8									9.7	8.9
9										8.8
10										

6.6 在图 6-45 中，求 A 到 H、I 的最短路及最短路长，并对图 6-45a 和图 6-45b 的结果进行比较。

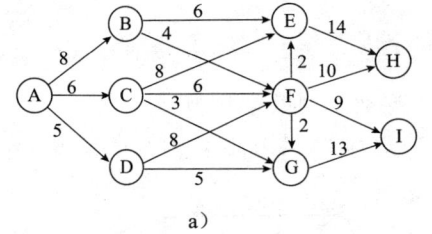
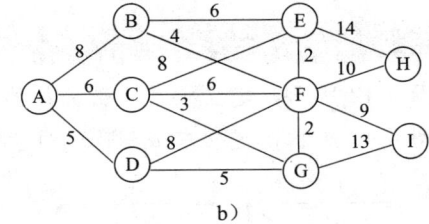

图 6-45

6.7 已知某设备可继续使用 5 年，也可以在每年年末卖掉重新购置新设备。已知 5 年年初购置新设备的价格分别为 3.5 万元、3.8 万元、4.0 万元、4.2 万元和 4.5 万元。使用时间在 1～5 年内的维护费用分别为 0.4 万元、0.9 万元、1.4 万元、2.3 万元和 3 万元。试确定一个的设备更新策略，使 5 年的设备购置和维护总费用最小。

6.8 图 6-46 是世界某 6 大城市之间的航线，边上的数字为票价(百美元)，用 Floyd 算法设计任意两城市之间票价最便宜的路线表。

6.9 设图 6-46 是某汽车公司的 6 个零配件加工厂，边上的数字为两点间的距离(公里)。现要在 6 家工厂中选一个建装配车间。

(1) 应选哪家工厂使零配件的运输最方便；

(2) 装配一辆汽车 6 家零配件加工厂所提供零件重量分别是 0.5 吨、0.6 吨、0.8 吨、1.3 吨、1.6 吨和 1.7 吨，运价为 2 元/吨公里。应选那个工厂使总运费最小。

6.10 如图 6-47 所示，(1)求 v_1 到 v_{10} 的最大流及最大流量；(2)求最小割集和最小割量。

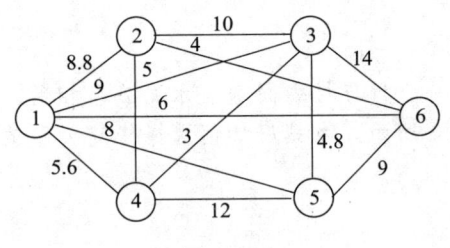
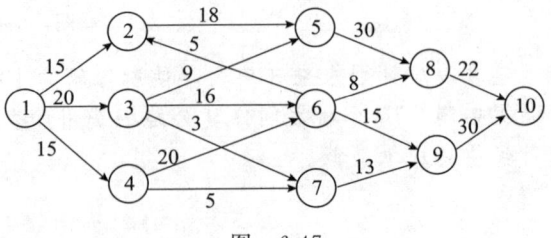

图 6-46　　　　　图 6-47

6.11 将 3 个天然气田 A_1、A_2、A_3 的天然气输送到 2 个地区 C_1、C_2，中途有 2 个加压站 B_1、B_2，天然气管线如图 6-48 所示。输气管道单位时间的最大通过量 c_{ij} 及单位流量的费用 d_{ij} 标在弧上(c_{ij}，d_{ij})。求(1)流量为 22 的最小费用流；(2)最小费用最大流。

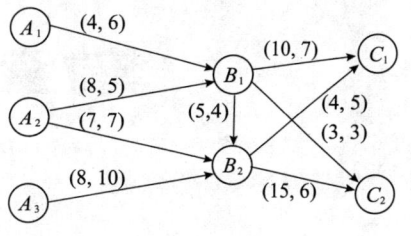

图 6-48

6.12 如图 6-46 所示，(1)求解旅行售货员问题；(2)求解中国邮路问题。

6.13 思考与简答题

(1) 运筹学研究的图有哪些特征。
(2) 什么是树形图。
(3) 简述求有向图最短路的 Dijkstra 算法的基本步骤。
(4) Dijkstra 算法在求有向图与无向图最短路时有什么不同。
(5) 什么是网络最大流问题？最大流与最大流量有何区别。
(6) 简述最大流问题 Ford-Fulkerson 标号算法的基本思路。
(7) 求最小树有哪几种方法，分别简述各种方法的求解思路。
(8) 简述增广链的含义。
(9) 什么是最小割集，最小割集的经济含义是什么。
(10) 旅行售货员问题与中国邮路问题有何区别。

第7章

网 络 计 划

用网络图编制的计划称为**网络计划**(Network Programming，NP)。网络计划技术由**计划评审技术**(Program Evaluation and Review Technique，PERT)和**关键路线法**(Critical Path Method，CPM)组成。PERT 是主要针对完成工作的时间不能确定，而是一个随机变量时的计划编制方法，活动的完成时间通常用三点估计法，注重计划的评价和审查。CPM 以经验数据确定工作时间，将其视为确定的数值，主要研究项目的费用与工期的相互关系。通常将这两种方法融为一体，统称为网络计划、网络计划技术(PERT/CPM)。

网络计划主要应用于新产品研制与开发、大型工程项目的计划编制与计划的优化，是项目管理和项目安排领域目前比较科学的一种计划编制方法，比甘特图(Gantt Chart)或称横道图(bar chart)计划方法有许多优点。

网络计划有利于对计划进行控制、管理、调整和优化，更清晰地了解工作之间的相互联系和相互制约的逻辑关系，掌握关键工作和计划的全盘情况。

网络计划便于计算有关网络时间，MS Project 就是项目管理标准专用软件，WinQSB 也提供了网络计划计算子程序。

7.1 绘制网络图

7.1.1 项目网络图的基本概念

网络计划的重要标志是网络图。将项目中所有活动之间的衔接关系用箭条(弧)和节点连接起来，弧边的权是完成该活动的时间，这种描述项目计划的网络图称为计划网络图或项目网络图(Project Network)。

1. **项目**(Project)，也称为工程。它是一项科研试制项目、施工任务、生产任务以及较复杂项目。一个大项目根据不同部门的任务可以分解成若干个子项目。子项目之间相对独立。

2. **工序**，也称为活动、任务或作业(Activity)。工序是指项目中消耗时间或资源的独立的活动,其划分是相对的,可以粗一些,也可以细一些。例如,要新建一座工厂(项目),工厂由3个车间(A_1、A_2、A_3)、一座办公楼A_4和一栋宿舍A_5组成,工序粗分则项目由5道工序$A_i(i=1,2,\cdots,5)$组成,工序细分时,A_i再分解成由若干工序组成的子项目。

虚工序,即虚设的工序。用来表达相邻工序之间的衔接关系或技术关系,不需要时间和资源。

3. **紧前工序**(Immediate Predecessor Activity),紧接某项工序的先行(前道)工序。

4. **紧后工序**(Immediate Successor Activity),紧接某项工序的后续工序。

紧前工序是前道工序,前道工序不一定是紧前工序;同理,紧后工序是后续工序,后续工序不一定是紧后工序。

5. **事件**(Event),表示工序之间的连接和工序的开始或结束的一种标志,本身不需要消耗时间或资源,或消耗量可以忽略。

6. **项目网络图**,由工序和事件组成的具有一个发点和一个收点的有向赋权图。

项目网络图有两种编制方法,一种是箭线法,用节点表示事件用箭条表示工序(Activity-on-Arc)的网络图称为**箭线网络图**;另一种是节点法,用箭条表示事件用节点表示工序(Activity-on-Node)的网络图称为**节点网络图**。根据需要,网络图可以分为总图、分图和工序流程图。

7. **路线**,在项目网络图中,从最初事件到最终事件由各项工序连贯组成的一条有向路。

【**例 7-1**】某项目由 8 道工序组成,工序明细表见表 7-1。分别用箭线法和节点法绘制该项目的网络图。

表 7-1 工序明细表

序号	代号	工序名称	紧前工序	时间(天)	序号	代号	工序名称	紧前工序	时间(天)
1	A	基础工程		40	5	E	装修工程	C	25
2	B	构件安装	A	50	6	F	地面工程	D	20
3	C	屋面工程	B	30	7	G	设备安装	B	50
4	D	专业工程	B	20	8	H	试运转	E、F、G	20

解 箭线法网络图见图 7-1a。图的节点就是事件,例如事件3(节点v_3),表示工序B的完成,同时表示工序C、G、D的开始,描述了工序B与工序C、G、D的前后关系,只有当工序B完工后,工序C、G、D才能开始。工序B是工序C、G、D的紧前工序,A和B是C、G、D的前道工序;B的紧后工序是C、G、D,B的后续工序是C、G、D、E、F和H。

节点法网络图见图 7-1b。图的箭条是事件,节点是工序。箭条描述了工序之间的紧前和紧后关系。

在图 7-1a 中,从事件 1 到事件 7 有 3 条路线,不难看出,最长的路线$\{v_1,v_2,v_3,v_4,v_6,v_7\}$的距离是 165(天),也是项目的完成时间,网络计划中称这条路线为关键路线,关键路线上的工序称为关键工序。

在没有特别说明的情况下,本章用箭线法绘制网络图。

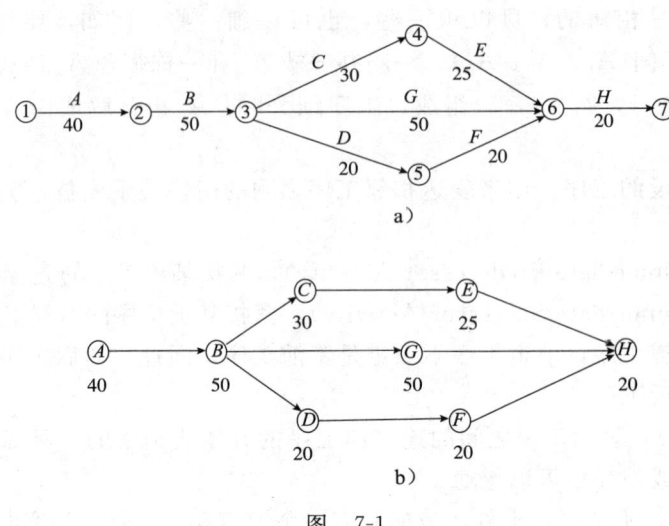

图 7-1

7.1.2 绘制网络图

编制网络计划大致上分四个步骤：

第一步，编制工序明细表。收集和整理资料，将项目分解成若干道工序，确定工序的紧前和紧后关系，估计完成工序所需要的时间、劳动力、费用等资源，编制出工序明细表，如表 7-1 所示。

第二步，绘制项目网络图。依据工序明细表的关系，绘制如图 7-1 所示的网络图，一般从项目的开工工序开始，由左向右画图到项目所有工序完工为止。也可以从右向左画图，或从任意一道工序开始，只要不违背工序的逻辑关系即可。

第三步，计算时间参数。计算各工序和事件的有关时间，如工序的最早、最迟开工时间。

第四步，计划的优化和调整。对计划的时间和资源进一步优化，尽可能达到以最少的资源完成计划，或在现有的资源条件下以最短的时间、最小的费用完成计划。在计划的实施过程中，有必要进行监督、控制、调整和修改。

编制网络图的基本规则和方法如下：

(1) 用弧 (i, j) 表示一道工序，事件 i 是工序的开始，事件 j 是工序的完成，规定 $i<j$。见图 7-1a。

(2) 紧后工序画在紧前工序之后。如 a 是 b、c 的紧前工序，则 b、c 是 a 的紧后工序，见图 7-2a。如 a、b 是 c、d 的紧前工序，网络图见图 7-2b。

(3) 添加虚工序。虚工序用虚箭条表示，在下列两种情形下必须添加虚工序。

第一种情形是紧前工序与紧后工序不是一一对应关系，即多道工序有相同的紧前工序又有不相同的紧前工序。例如，c 的紧前工序是 a，d 的紧前工序是 a 和 b，工序 a 是 c、d 的公共紧前工序，b 是 d 而不是 c 的紧前工序，不能画成图 7-2b 的形式，正确的画法应该是图 7-2c。

第二种情形是事件 i、j 之间有多道工序，即有相同的开工和完工事件，这种工序称为平行工序，网络图中的弧 (i, j) 表示唯一一道工序，这时应虚拟一道工序，例如 $(2, 6)$

之间有工序 a、b，对工序 a 或 b 分解成两道工序，如将 b 分成工序 b 和 c，见图 7-2d。

（4）网络图只有一个发点（项目的开始点）一个收点（项目的结束点）。如图 7-2e 所示，a、b 是项目的开始工序，c、d、e 是项目的结束工序，则应合成如图 7-2f 所示的一个始点及一个终点。

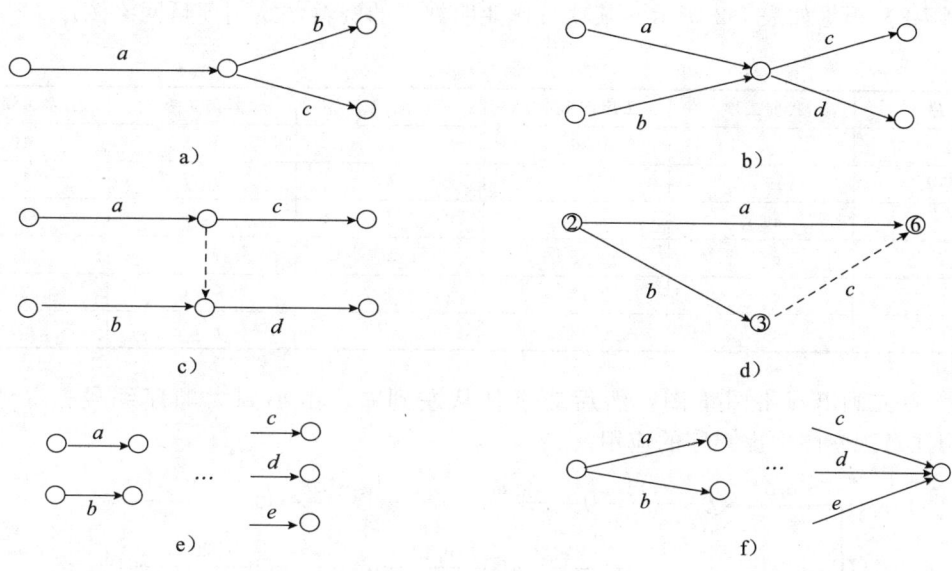

图 7-2

注意：满足 $i<j$ 时网络图就不会出现回路，满足一个发点一个收点就不会出现缺口，因此编制项目网络图的规则可以归纳为：工序开始事件编号小于结束事件编号、紧前工序与紧后工序是相邻工序、不能有平行工序、网络图只有一个始点一个终点。

节点网络图只有当项目的开始或结束工序不唯一时，才虚设一个开始工序或一个结束工序，中间不存在虚工序。

网络图尽可能做到美观清晰，避免箭线相交，根据需要对工序进行分解或合并简化。对于一项较大项目，往往需要经过多次修改和调整才能绘制出一张好的网络图。

7.1.3 工序时间的估计

完成工序 (i,j) 所需要的时间记为 $t(i,j)$ 或 t_{ij}，当时间 t_{ij} 不能确定，而是一个随机的变量时，需要估计 t_{ij} 的期望值，常用的方法是三点估计法。

三点估计法是事先估计出工序的三种可能完成时间，其期望值就作为工序时间的估计值。

三种时间是：(1)完成工序 (i,j) 的最短时间，称为**最乐观时间**，记为 a_{ij}；(2)完成工序 (i,j) 的正常时间，称为**最可能时间**，记为 m_{ij}；(3)完成工序 (i,j) 的最长时间，称为**悲观时间**，记为 b_{ij}。三种时间发生的概率分别为 1/6、4/6、1/6，则工序 (i,j) 完成时间的期望值和方差为：

$$\bar{t}_{ij} = E(t_{ij}) = \frac{a_{ij} + 4m_{ij} + b_{ij}}{6} \tag{7-1}$$

$$\sigma_{ij}^2 = D(t_{ij}) = \left(\frac{b_{ij} - a_{ij}}{6}\right)^2 \tag{7-2}$$

三点估计法计算简单，但是估计结果非常粗糙，工序完成最短和最长时间是两个极端值，是小概率事件。实际应用中可以对这两个极端值进行修正。例如，最短时间5～7天的概率为10%，最长时间10～12天的概率为20%，正常时间为9天的概率为70%，则期望值为 $6 \times 0.1 + 11 \times 0.2 + 9 \times 0.7 = 9.1$（天）。

【例 7-2】 根据如表 7-2 所示的某项目作业明细表的资料，绘制项目网络图。

表 7-2

工序	紧前工序	工序时间（天）	工序	紧前工序	工序时间（天）
a	—	6	g	a, b	10
b	—	9	h	e, f	12
c	a	13	i	d, h	8
d	c	5	j	i	17
e	c	16	k	h, g	20
f	a, b	12	l	g	25

解 首先画出网络图草图，然后对事件从左到右、由小到大顺序编号。得到网络图 7-3。注意观察图中虚工序的应用。

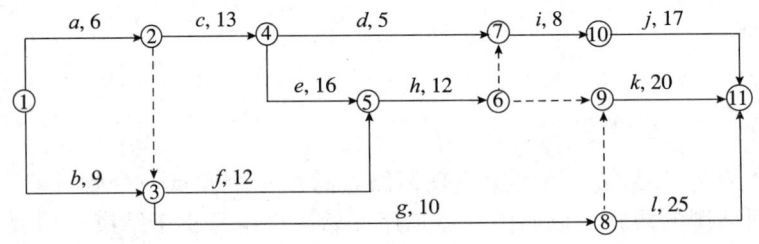

图 7-3

【例 7-3】 项目资料见表 7-3。

表 7-3

工序	紧前工序	工序的三种时间（天）			工序	紧前工序	工序的三种时间（天）		
		a	m	b			a	m	b
a	—	6	7	9	f	c	18	24	26
b	—	5	8	10	g	e	30	35	42
c	—	11	12	14	h	d	20	26	30
d	a, b, c	15	17	19	i	f	14	17	22
e	a	9	10	12	j	f	28	34	38

(1) 计算各工序时间期望值和方差。
(2) 绘制该项目的网络图。

解 (1) 由式(7-1)、式(7-2)，工序时间的期望值和方差见表 7-4。

表 7-4

工序	a	b	c	d	e	f	g	h	i	j
期望值	7.17	7.83	12.17	17	10.17	23.33	35.33	25.67	17.33	33.67
方差	0.25	0.69	0.25	0.44	0.25	1.78	4	2.78	1.78	2.78

(2) 绘制项目的网络图 7-4，图中工序 i、j 是平行工序，必须添加一道虚工序。

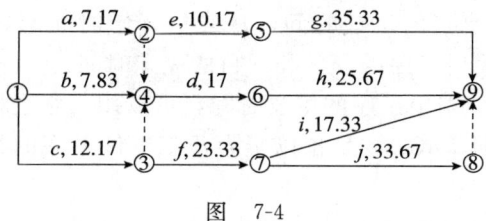

图 7-4

7.2 网络时间参数

7.2.1 时间参数公式及其含义

能很方便地计算出网络的有关时间，是网络计划技术的优点之一。假设项目的开始时间点为"0"，如 12 月 1 日项目开工，则 12 月 1 日这一天为第"0"天而不是第 1 天。

(1) 工序(i,j)的**最早开始时间**(Earliest Start Time for an Activity)$T_{ES}(i,j)$，是指紧前工序的最早可能完工时间的最大值，其计算公式为

$$T_{ES}(i,j) = \max_{\theta<i<j}\{T_{ES}(\theta,i) + t(\theta,i)\} \tag{7-3}$$

式中，θ 是工序(i,j)的紧前工序的开工事件变量，$t(\theta,j)$是工序(θ,j)的时间。任何工序可以开工的前提条件是其紧前工序都必须全部完工，但紧前工序完工后其紧后工序不一定立即开工。立即开工时间就是最早开始时间，因此 $T_{ES}(i,j)$ 也称为最早可能开始时间。

(2) 工序(i,j)的**最早结束时间**(Earliest Finish Time for an Activity)$T_{EF}(i,j)$，其计算公式为

$$T_{EF}(i,j) = T_{ES}(i,j) + t(i,j) \tag{7-4}$$

(3) 工序(i,j)的**最迟必须开始时间**(Latest Start Time for an Activity)$T_{LS}(i,j)$，是指为了不影响紧后工序如期开工，工序最迟必须开工的时间，其计算公式为

$$T_{LS}(i,j) = \min_{i<j<\varphi}\{T_{LS}(j,\varphi) - t(i,j)\} = \min_{i<j<\varphi}\{T_{LS}(j,\varphi)\} - t(i,j) \tag{7-5}$$

式中，φ 是工序(i,j)的紧后工序的结束事件变量，$\min T_{LS}(j,\varphi)$是工序(i,j)所有紧后工序最迟开始时间的最小值，也是工序(i,j)最迟必须结束时间。

(4) 工序(i,j)的**最迟必须结束时间**(Latest Finish Time for an Activity)$T_{LF}(i,j)$，其计算公式为

$$T_{LF}(i,j) = T_{LS}(i,j) + t(i,j) = \min_{i<j<\varphi} T_{LS}(j,\varphi) \tag{7-6}$$

(5) 工序(i,j)的**总时差**或松弛时间(Slack for an Activity)$S(i,j)$，是工序(i,j)的最迟开始(结束)时间与最早开始(结束)时间之差，其计算公式为

$$\begin{aligned}S(i,j) &= T_{LS}(i,j) - T_{ES}(i,j) = T_{LF}(i,j) - T_{EF}(i,j) \\ &= T_{LF}(i,j) - T_{ES}(i,j) - t(i,j)\end{aligned} \tag{7-7}$$

总时差 $S(i,j)$ 是工序(i,j)的相对机动时间，不一定就能按总时差拖后开工。由计算公式可以看出，总时差与工序(i,j)的紧前工序结束时间和紧后工序的开始时间有关。

(6) 工序(i,j)的**单时差**或自由时间(Free for an Activity)$F(i,j)$，是指在不影响紧后工序的最早开始时间的条件下，工序(i,j)的开始时间可以推迟的时间，其计算公式为

$$F(i,j) = \min_{\varphi}\{T_{ES}(j,\varphi)\} - T_{EF}(i,j) \tag{7-8}$$

$F(i,j)$ 是工序 (i,j) 真正的机动时间，从最早开始时间起，拖延开工时间只要不超过 $F(i,j)$，就不会影响紧后工序的开工和项目的完工时间。

上述 6 个参数是网络计划中工序的主要时间，可以用一张表格列出。

（7）事件 j 的**最早时间** $T_E(j)$，是指以 j 为开工事件工序的最早开始时间，其计算公式为

$$T_E(j) = \max_{i}\{T_E(i) + t(i,j)\} = T_{ES}(j,\varphi) \tag{7-9}$$

其含义与工序的最早开始时间相同，数值等于以 j 为开工事件工序的最早开始时间。

（8）事件 i 的**最迟时间** $T_L(i)$，是指以 i 为完工事件工序的最迟必须结束时间，其计算公式为

$$T_L(i) = \min_{j}\{T_L(j) - t(i,j)\} = T_{LF}(\theta,i) \tag{7-10}$$

其含义是在不影响以 i 为开工事件的所有工序的最迟开始时间，紧前工序必须结束的时间。

（9）**关键工序**和**关键路线**。总时差等于零的工序称为关键工序，关键工序的最早开始和最迟开始时间相同，没有推迟时间。网络图中由关键工序组成的从发点到收点的路线称为关键路线。关键路线可能不唯一，在采取一定的技术和组织措施后，关键路线可能发生变化。

（10）**项目的完工期**。所有工序完工后项目才完工，最后一道工序完工的时间就是项目的完工期，数值上等于关键路线上各关键工序的时间之和。将问题视为最短路问题，项目的完工期就等于最长路线的长度。

网络参数可以在表上计算也可以在图上计算。图上计算时，最早时间用符号"□"标在弧（或事件）上，最迟时间用符号"△"标在弧（或事件）上。

7.2.2 计算实例

【**例 7-4**】以网络图 7-3 为例。
（1）在图上计算各工序的最早开始和最迟开始时间。
（2）用表格计算工序的 6 个时间参数。
（3）指出项目的关键工序和关键路线。
（4）求项目的完工时间。

解 （1）如图 7-5 所示，首先计算工序的最早开始时间，项目的开始时间设为"0"，网络的起点标号 $\boxed{0}$，由式（7-3）按事件的顺序逐道工序计算到网络的终点。虚工序时间为"0"，时间参数一起计算，显然，具有相同开工事件工序的最早开始时间相等。

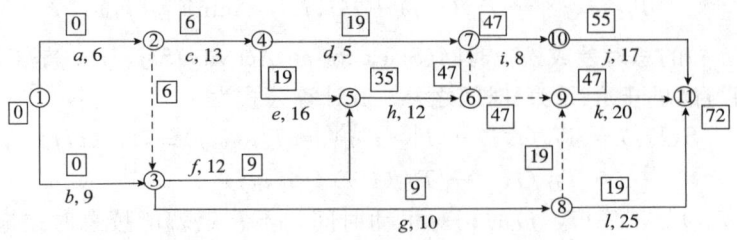

图 7-5

计算过程如下

$T_{ES}(1,2) = T_{ES}(1,3) = 0$

$T_{ES}(2,3) = T_{ES}(1,2) + t_{12} = 0 + 6 = 6$

$T_{ES}(2,4) = T_{ES}(1,2) + t_{12} = 0 + 6 = 6$

$T_{ES}(3,5) = T_{ES}(3,8) \max\{T_{ES}(1,3) + t_{13}, T_{ES}(2,3) + t_{23}\} = \max\{9,6\} = 9$

$T_{ES}(4,5) = T_{ES}(4,7) = T_{ES}(2,4) + t_{24} = 6 + 13 = 19$

$T_{ES}(5,6) = \max\{T_{ES}(4,5) + t_{45}, T_{ES}(3,5) + t_{35}\} = \max\{35,21\} = 35$

$T_{ES}(6,7) = T_{ES}(6,9) = T_{ES}(5,6) + t_{56} = 35 + 12 = 47$

$T_{ES}(7,10) = \max\{T_{ES}(4,7) + t_{47}, T_{ES}(6,7) + t_{67}\} = \max\{24,47\} = 47$

$T_{ES}(10,11) = T_{ES}(7,8) + t_{78} = 47 + 8 = 55$

$T_{ES}(8,9) = T_{ES}(8,11) = T_{ES}(3,8) + t_{38} = 9 + 10 = 19$

$T_{ES}(9,11) = \max\{T_{ES}(6,9) + t_{69}, T_{ES}(8,9) + t_{89}\} = \max\{47,19\} = 47$

工序的最早结束时间等于最早开始时间加上工序时间，网络的终点 v_{11} 是项目的结束点，3 道结束工序的最早完工时间是

$T_{EF}(8,11) = T_{ES}(8,11) + t_{8,11} = 19 + 25 = 44$

$T_{EF}(9,11) = T_{ES}(9,11) + t_{9,11} = 47 + 20 = 67$

$T_{EF}(10,11) = T_{ES}(10,11) + t_{10,11} = 55 + 17 = 72$

项目的完工期是完成所有工序的最短周期，即

$T = \max\{T_{EF}(10,11), T_{EF}(9,11), T_{EF}(8,11)\} = 72(\text{天})$

已经计算出完成项目的最短时间是 72 天，保证项目能在 72 天完成的前提下，工序的最迟必须开始时间应从网络的终点向起点逆序计算。

网络结束事件标号 72，也是 3 道工序 (8,11)、(9,11) 和 (10,11) 最迟必须完工时间。由式 (7-5) 计算各工序的最迟开始时间，见图 7-6。

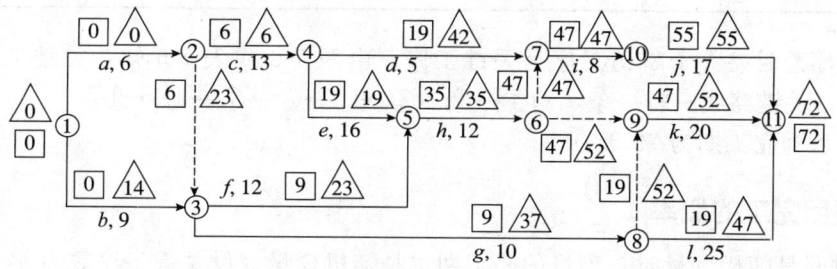

图 7-6

计算过程如下

$T_{LE}(10,11) = T - t_{10,11} = 72 - 17 = 55$

$T_{LE}(9,11) = T - t_{9,11} = 72 - 20 = 52$

$T_{LE}(8,11) = T - t_{8,11} = 72 - 25 = 47$

$T_{LE}(8,9) = T_{LE}(9,11) - t_{89} = 52 - 0 = 52$

$T_{LE}(7,10) = T_{LE}(10,11) - t_{7,10} = 55 - 8 = 47$

$T_{LE}(6,9) = T_{LE}(9,11) - t_{69} = 52 - 0 = 52$

$T_{LE}(6,7) = T_{LE}(7,10) - t_{67} = 47 - 0 = 47$

$T_{LE}(4,7) = T_{LE}(7,10) - t_{47} = 47 - 5 = 42$

$$T_{LE}(5,6) = \min\{T_{LE}(6,7), T_{LE}(6,9)\} - t_{56} = 47 - 12 = 35$$
$$T_{LE}(4,5) = T_{LE}(5,6) - t_{45} = 35 - 16 = 19$$
$$T_{LE}(3,5) = T_{LE}(5,6) - t_{35} = 35 - 12 = 23$$
$$T_{LE}(3,8) = \min\{T_{LE}(8,9), T_{LE}(8,11)\} - t_{38} = 47 - 10 = 37$$
$$T_{LE}(2,4) = \min\{T_{LE}(4,7), T_{LE}(4,5)\} - t_{24} = 19 - 13 = 6$$
$$T_{LE}(2,3) = \min\{T_{LE}(3,5), T_{LE}(3,8)\} - t_{23} = 23 - 0 = 23$$
$$T_{LE}(1,3) = \min\{T_{LE}(3,5), T_{LE}(3,8)\} - t_{13} = 23 - 9 = 14$$
$$T_{LE}(1,2) = \min\{T_{LE}(2,4), T_{LE}(2,3)\} - t_{12} = 6 - 6 = 0$$

（2）表格形式见表 7-5。

表 7-5

工序	(i, j)	t_{ij}	$T_{ES}(i,j)$	$T_{EF}(i,j)$	$T_{LS}(i,j)$	$T_{LF}(i,j)$	$S(i,j)$	$F(i,j)$	关键工序
a	(1, 2)	6	0	6	0	6	0	0	是
b	(1, 3)	9	0	9	14	23	14	0	
c	(2, 4)	13	6	19	6	19	0	0	是
d	(4, 7)	5	19	24	42	47	23	23	
e	(4, 5)	16	19	35	19	35	0	0	是
f	(3, 5)	12	9	21	23	35	14	14	
g	(3, 8)	10	9	19	37	47	28	0	
h	(5, 6)	12	35	47	35	47	0	0	是
i	(7, 10)	8	47	55	47	55	0	0	是
j	(10, 11)	17	55	72	55	72	0	0	是
k	(9, 11)	20	47	67	52	72	5	5	
l	(8, 11)	25	19	44	47	72	28	28	

（3）工序总时差等于零的工序是关键工序，由图 7-6 或表 7-5 知，关键工序为 a, c, e, h, i, j；关键路线只有一条，即 ①→②→④→⑤→⑥→⑦→⑩→⑪。

（4）项目的完工期为 72 天。

7.2.3 项目完工的概率

工序时间是随机变量时，项目的完工期也是随机变量。设关键工序数为 n，X_k 为关键工序 k 所需时间的随机变量，则 X_k 相互独立，期望值和方差为

$$\mu_k = E(X_k) = t(k) = \frac{a_k + 4m_k + b_k}{6}$$

$$\sigma_k^2 = D(X_k) = \left(\frac{b_k - a_k}{6}\right)^2$$

项目的完工期是一随机变量 $X = \sum_{k=1}^{n} X_k$，期望值和方差为

$$\mu_n = \sum_{k=1}^{n} E(X_k)$$

$$\sigma_n^2 = \sum_{k=1}^{n} \sigma_k^2 \tag{7-11}$$

令
$$Z_n = \frac{X - \mu_n}{\sigma_n} \tag{7-12}$$

则由李雅普诺夫中心极限定理知
$$\lim_{n \to \infty} F_n(X) = \lim P\{Z_n \leqslant X\} = \int_{-\infty}^{X} \frac{1}{\sqrt{2\pi}} e^{-\frac{t^2}{2}} dt$$

即当 n 很大时 Z_n 近似服从 $N(0,1)$ 分布，则有 $X = \sum X_K = \sigma_n Z_n + \mu_n$ 近似服从 $N(\mu_n, \sigma_n^2)$ 分布，即 $X \sim N(\mu_n, \sigma_n^2)$。

设给定一个时间 X_0，则项目完工时间不超过 X_0 的概率为
$$p\{X \leqslant X_0\} = \int_{-\infty}^{X_0} N(\mu_n, \sigma_n^2) dt = \int_{-\infty}^{\frac{X_0 - \mu_n}{\sigma_n}} N(0,1) dt = \Phi\left(\frac{X_0 - \mu_n}{\sigma_n}\right) \tag{7-13}$$

要使项目完工的概率为 p_0，至少需要多少时间 X_0，由
$$p\{X \leqslant X_0\} = \int_{-\infty}^{Z} N(0,1) dt = p_0 \tag{7-14}$$

查正态分布表求出 Z，又 $Z = \frac{X_0 - \mu_n}{\sigma_n}$，得
$$X_0 = Z\sigma_n + \mu_n$$

当 $X_0 = \mu_n$ 时，$p = 0.5$。

【例 7-5】 根据例 7-3 所示的资料，
(1) 求工序的最早开始和最迟开始时间；
(2) 求项目完工期的期望值及其方差；
(3) 求项目在 72 天内完工的概率；
(4) 要求完工的概率为 0.98，至少需要多少天。

解 (1) 由图 7-4，工序的最早开始和最迟开始时间见图 7-7。

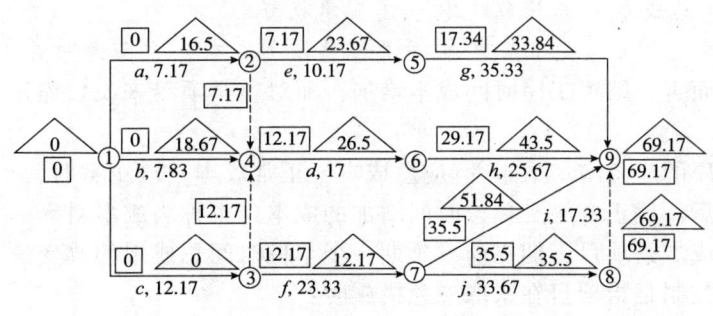

图 7-7

(2) 关键工序是 c、f 和 j，由表 7-4 及式(7-11)知，项目完工期的期望值、方差、标准差分别为
$$\mu = 12.17 + 23.33 + 33.67 = 69.17$$
$$\sigma^2 = 0.25 + 1.78 + 2.76 = 4.79, \quad \sigma = 2.1886$$

注意，完工期的标准差不能将各关键工序的标准差求和，而是将关键工序的方差求和后开平方。

(3) $X_0 = 72$，$(X_0 - \mu)/\sigma = (72 - 69.17)/2.1886 = 1.293$。

由式(7-13)，查正态分布表有

$$p\{X \leqslant 72\} = \Phi\left(\frac{X_0 - \mu}{\sigma}\right) = \Phi(1.293) = 0.9014$$

(4) 已知概率 $P_0 = 0.98$，由式(7-15)，查正态分布表有

$$p\{X \leqslant X_0\} = \Phi(Z) = 0.98, \quad Z = 2.05$$

$$X_0 = Z\sigma + \mu = 2.05 \times 2.1886 + 69.17 = 73.65(\text{天})$$

要使项目完工的概率为 0.98，至少需要 73.65 天。

7.3 网络计划的优化与调整

7.3.1 时间-成本控制

网络计划不仅仅是编制网络图和计算网络时间，更重要的是根据实际需要对计划进行优化和调整。时间-成本控制就是网络优化的一种。

前面所述的工序时间称为工序的**正常时间**(Normal Time)，项目的完工期称为正常完工期。正常时间内完成工序的成本称为**正常成本**(Normal Cost)。当提出将完工期缩短到正常时间以下时，就要对原计划进行调整，缩短工序的时间，采取一些应急处理措施，如增加设备、加班、雇用临时工、采用高新技术和改进工艺以提高效率。这些应急措施必然要增加成本，因采取应急措施而额外增加的成本加上正常成本称为工序的**应急成本**或**赶工成本**(Crash Cost)。工序时间不能无限缩短，工序的最短完成时间称为**应急时间**(Crash Time)。

缩短项目的完工时间虽然要增加应急成本，但同时也会增加收益。如提前完工获得的奖金、缩短工期而降低间接成本、由于项目提前完工就可以提前投产获得收益，有些公共项目还能获得更多社会效益。

$$\text{总成本} = \text{总应急成本} - \text{总应急收益}$$
$$= \text{总正常成本} + \text{总应急增加成本} - \text{总应急收益}$$

就单个工序而言，缩短工序时间成本增加，而对整个项目来说，缩短完工期有可能减少总成本。

单位时间工序的应急增加成本 = (应急成本 − 正常成本) ÷ (正常时间 − 应急时间)，这是采取应急措施后，比正常施工单位时间增加的成本，也称为成本斜率。

项目的边际成本是项目工期提前或延期一个单位时间总成本的改变量。

时间－成本控制是指项目在采取应急措施时：

(1) 完工期为多少时总成本最低；

(2) 给定项目缩短时间，如何调整计划使总成本最低；

(3) 在不超过预算(总成本)的条件下，项目完工的最短时间是多少。

线性规划为解决这一问题提供了有效的求解方法。对于小型项目可以用边际成本分析方法求解。

下面用例题介绍边际成本法。

【例 7-6】 项目工序的正常时间、应急时间及对应的费用见表 7-6。表中正常成本是在正常时间完成工序所需要的成本，应急成本是在采取应急措施时完成工序的成本。每天的应急成本是工序缩短一天额外增加的成本。

表 7-6

工序	紧前工序	时间(天)		成本(万元)		时间的最大缩量(天)	应急增加成本(万元/天)
		正常	应急	正常	应急		
A		19	15	52	80	4	7
B	A	21	19	62	90	2	14
C	B	24	22	24	30	2	3
D	B	25	23	38	60	2	11
E	B	26	24	18	26	2	4
F	C	25	23	88	102	2	7
G	D, E	28	23	19	39	5	4
H	F	23	23	30	30	0	—
I	G, H	27	26	40	55	1	15
J	I	18	14	17	21	4	1
K	I	35	30	25	35	5	2
L	J	28	25	30	60	3	10
M	K	30	26	45	57	4	3
N	L	25	20	18	28	5	2
总成本				506	713		

(1) 绘制项目网络图,按正常时间计算完成项目的总成本和工期;

(2) 按应急时间计算完成项目的总成本和工期;

(3) 按应急时间的项目完工期,调整计划使总成本最低;

(4) 已知项目缩短 1 天额外获得奖金 5 万元,减少间接费用 1 万元,求总成本最低的项目完工期,也称为最低成本日程。

解 (1) 项目网络图及时间参数见图 7-8。项目的完工期为 210 天,将表 7-6 正常成本一列相加得到总成本为 506 万元。

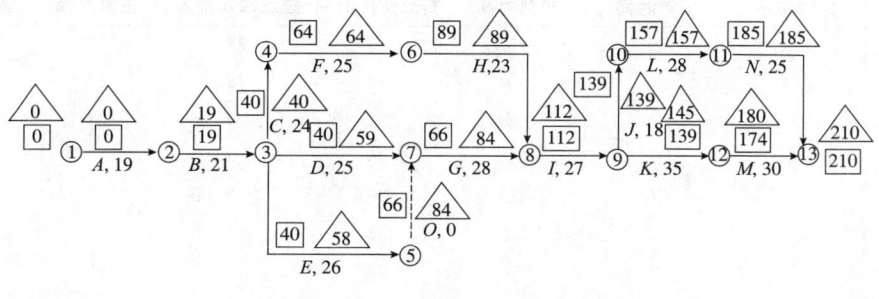

图 7-8

(2) 项目网络图不变,时间参数见图 7-9,完工期 187 天,将表 7-6 应急成本一列相加得到总成本为 713 万元。

(3) 在第 2 个问题中,按应急时间项目最早完成时间是 187 天,所有工序都按应急时间施工,总成本增加了 207 万元。实际上,非关键工序没有必要都按应急时间施工。图 7-9 中,非关键工序是 D、E、G、K 和 M,可以看出,将工序 D、E、G 按正常时间施工时,最早开始和最迟开始时间不相等,说明按正常时间施工不影响项目的完工期(187 天),见图 7-10a。工序 K 和 M 按正常时间共要缩短时间 6 天,见图 7-10b。

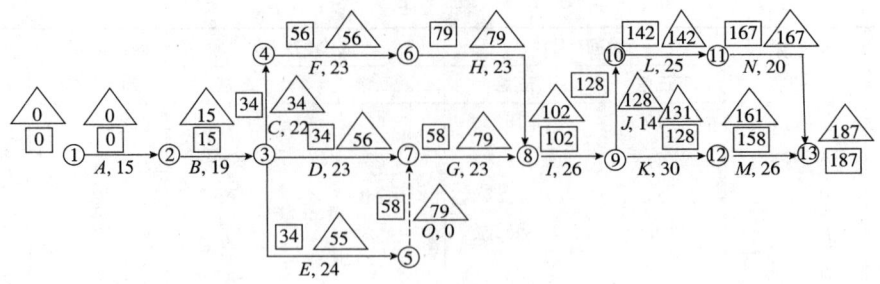

图 7-9

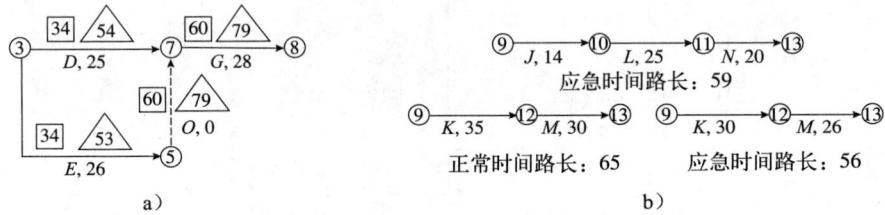

图 7-10

由表 7-6，工序 K 缩短一天的应急费用为 2，可以缩短 5 天，工序 M 缩短一天的应急费用为 3，可以缩短 4 天。则最优的决策方案是：

关键工序 A、B、C、F、H、I、J、L、N 全部按应急时间施工，总成本等于各工序应急成本之和；工序 D、E、G 按正常时间施工，成本等于各工序正常成本之和；工序 K 缩短 5 天工序 M 缩短 1 天，成本等于正常成本加应急时间增加的成本。按项目完工期 187 天施工的最小成本是 654 万元，成本分析见表 7-7。调整后有两条关键路线，见图 7-11。

表 7-7

工序	关键工序	正常时间	应急时间	实际使用时间	应急增加成本	正常成本	实际总成本
A	是	19	15	15	28	52	80
B	是	21	19	19	28	62	90
C	是	24	22	22	6	24	30
D		25	23	25	0	38	38
E		26	24	26	0	18	18
F	是	25	23	23	14	88	102
G		28	23	28	0	19	19
H	是	23	23	23	0	30	30
I	是	27	26	26	15	40	55
J	是	18	14	14	4	17	21
K	是	35	30	30	10	25	35
L	是	28	25	25	30	30	60
M	是	30	26	29	3	45	48
N	是	25	20	20	10	18	28
合计				187	148	506	654

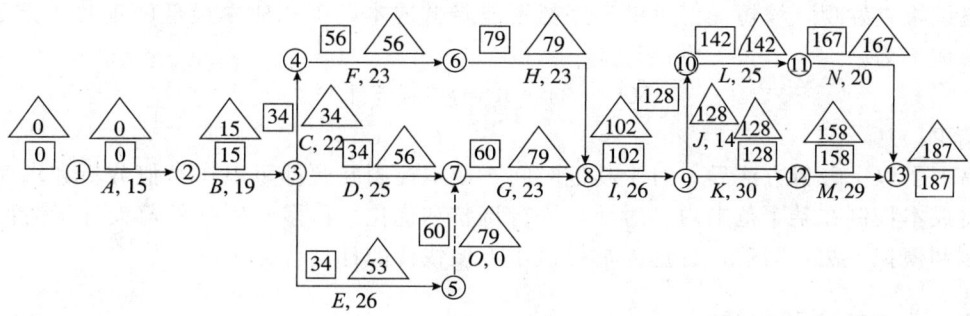

图 7-11

(4) 由第(1)个问题的计算可知,按正常时间施工的成本最低(506万元),如果按第(3)问的计算结果成本提高了148万元,现在提前一天完工可以获得收益6万元(奖金＋间接成本,不包括项目本身的利润),工期缩短23天获得收益138万元,小于应急增加的成本。正确的决策是应急施工获得的收益不小于增加的成本。

考虑缩短关键工序的时间,根据表7-6和图7-8,选择一天应急增加的成本小于等于6的关键工序采取应急措施来缩短时间,这样的工序有 C、J、N,工序 C 缩短2天,工序 J 缩短4天,工序 N 缩短2天。对图7-8进行第一次调整得到图7-12。得到两条关键路线,工序 K 和 M 变为关键工序,项目完工期为202天,缩短了8天。总成本变动额为

$$2\times 3+4\times 1+2\times 2-8\times 6=-34(万元)$$

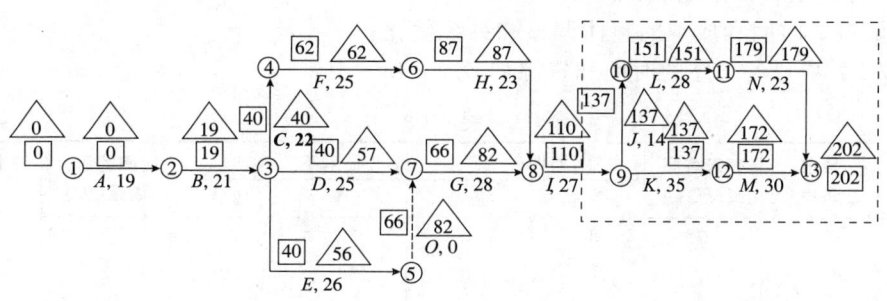

图 7-12

总成本是否还能降低,只要检查图7-12虚线围起来的部分。要缩短工期必须两条关键路线同时缩短时间,上面一条路线工序 N 还能缩短3天,因此下面一条路线只对工序 K 缩短3天,对图7-12调整得到图7-13。项目的完工期为199天,又缩短了3天,总成本变动额为

$$3\times 2+3\times 2-3\times 6=-6(万元)$$

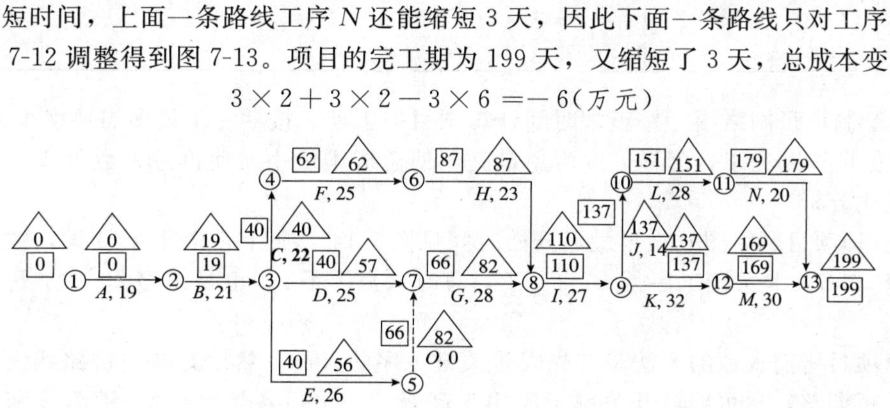

图 7-13

继续检查发现，缩短任何关键工序都不能降低成本，则总成本最低的项目工期是 199 天，总成本为

$$506 - 34 - 6 = 466(万元)$$

计算结束。

掌握了以上分析方法后，对于其他时间－成本控制问题都可以作类似分析和求解。例如，将成本控制在某个范围内，对计划进行调整和优化。许多专用软件都设计了时间－成本控制和模拟方法，为项目管理人员提供了方便快捷的计划优化工具。

7.3.2 资源的合理配置

完成工序的正常时间和正常成本是在固定资源条件下估计出来的，如工序在正常情况下需要 15 人 5 台设备 20 天完成，总成本是 5 万元。在一定的条件和范围内，工序的时间、资源和成本三者之间相互制约相互转化和相互替代，先进的施工设备（或增加设备）能缩短工序时间，减少施工人员和工资，增加设备成本和施工成本，增加由于缩短施工时间带来的收益。根据项目的实际情况和具体要求，对项目进行资源合理配置、系统优化是网络计划的重要任务之一。

资源合理配置大致有以下几个方面：

（1）资源一定，如何组织、安排和调配资源保证项目按期完成；

（2）资源不足时，如何协调内部资源和采取应急措施（加班、雇工、增加设备、改进施工工艺）保证项目按期完成；

（3）资源、时间和成本的整体调整和系统优化。

【例 7-7】 项目各工序的时间和资源如表 7-8 所示。

表 7-8

工序	紧前工序	每天需要资源（人）	时间（天）		成本（万元）		时间的最大缩量（天）	应急增加成本（万元/天）
			正常	应急	正常	应急		
A		5	10	8	30	70	2	20
B	A	12	8	6	130	150	2	10
C	B	20	10	7	100	130	3	10
D	A	12	7	6	40	50	1	10
E	D	20	10	8	50	80	2	15
F	C, E	10	3	3	60	60	0	—
G	E	7	13	9	70	86	4	4

（1）绘制项目网络图，按正常时间计算项目完工期，按期完工最多需要多少人；

（2）保证按期完工，怎样采取应急措施，使总成本最小又使得总人数最少，对计划进行系统优化分析。

解 （1）项目网络图及最早最迟开始时间见图 7-14。项目完工期为 40 天，关键工序是 A、D、E 和 G，非关键工序是 B、C、F，总时差都等于 9，也是工序 B、C、F 的全部机动时间。

计算项目所需人数的方法是首先安排关键工序的人员，然后对非关键路线上工序的开始时间进行调整，尽可能避开关键工序用工高峰期，最后各条路线（关键路线和非关键路线）上同一时间施工的最多人数就是项目所需人数。

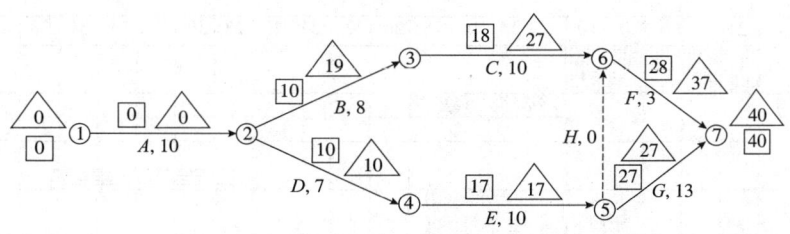

图 7-14

对计划的资源配置优化使用时间坐标网络图更为方便。**时间坐标网络图**是网络图与横道图(甘特图)相结合的一种特殊网络图,它兼备了网络图的逻辑性和横道图的直观性,横坐标为项目进度时间,纵坐标为工序,绘制方法见图 7-15。

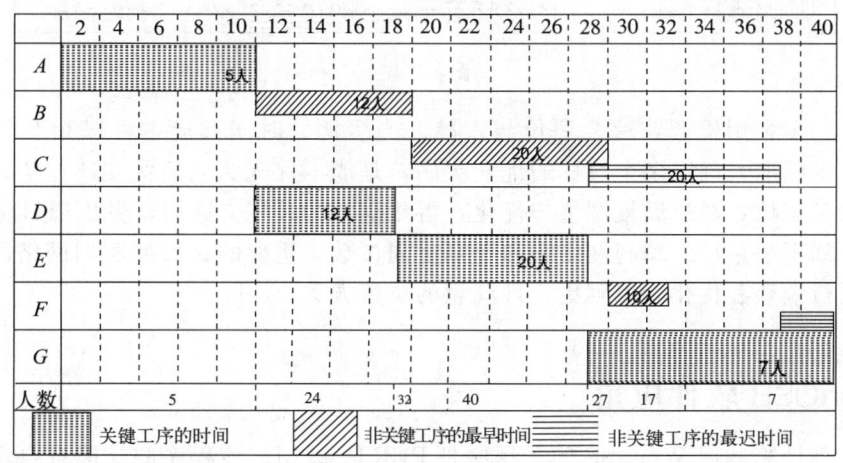

图 7-15

从图 7-15 看出,如果非关键工序都按最早时间开始,第 11 天到第 28 天是用工高峰期,第 19 天到第 27 天为 40 人,按此计划施工需要 40 人。显然这种方案不是网络计划的目的,计算网络时间的目的是为我们提供调整和优化计划的依据。减少施工人数的方法是利用非关键工序的时间差"削峰填谷",调整非关键工序的开始时间,如果允许,某些非关键工序还可以分段作业、交叉作业,均衡利用资源。

将工序 B 按最早时间开始,工序 C、F 按最迟时间开始,调整后最多需要 32 人,见图 7-16。

(2) 由图 7-16,只有 1 天时间需要 32 人,对计划整体优化可以从以下几个方案考虑。

第一,对工序 B 或 E 采取应急措施,缩短工序时间 1 天,能够使总人数降到 27 人,由表 7-8 可知,工序 B 一天的应急成本比工序 E 低,因此工序 B 缩短 1 天,第 17 天完工,增加成本 10 万元。

第二,如果项目完工期推迟 1 天完工的成本比工序 B 的应急成本低,可以考虑对关键工序 E 推迟一天开始,即第 19 天开始,项目完工期为 41 天。

第三,从图 7-16 看出,人员并没有得到均衡利用,在某个时间段内就可以利用富裕的资源到关键工序,缩短关键工序的时间,而在用工高峰期时将缩短的关键工序时间用到其他工序上。

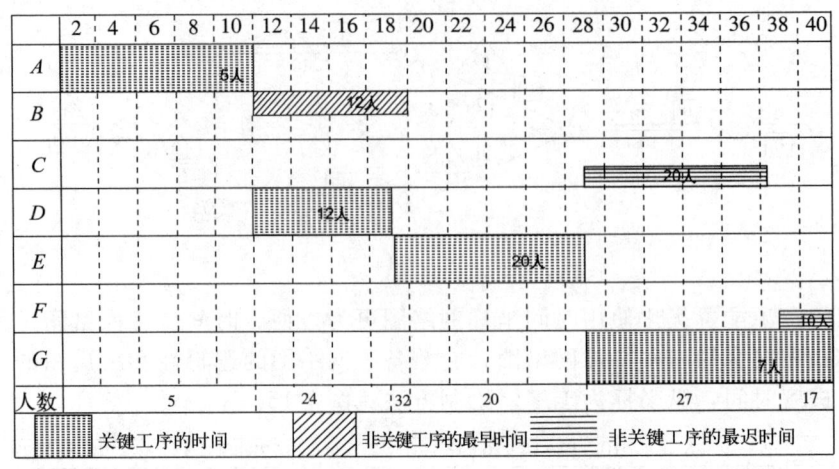

图 7-16

第四，均衡利用资源，综合评价与审核。当资源、时间和成本可以相互转化和替代时，制定评价标准，确定多个目标的优先次序，是成本优先、工期优先还是资源优先，通过综合评价与审核，经过反复调整与优化，得到满意的计划方案后，做出项目施工决策。

网络计划不是单纯的编制网络图和计算时间参数，重要的是如何利用网络图和时间参数对计划进行调整和优化，得到更合理满意的决策方案。

7.4 WinQSB 软件应用

网络计划计算调用 WinQSB 的子程序是 PERT_CPM。该程序的功能有自动绘制节点网络图、时间的三点估计、网络参数计算、最低成本日程、项目完工期与成本之间的模拟运算、甘特图（时间坐标网络图）、项目施工进度分析等功能。

【例 7-8】某项目工序资料如表 7-9 所示。

表 7-9

工 序	紧前工序	时间（周）		成本（万元）		时间的最大缩量（周）	应急增加成本（万元/周）
		正常	应急	正常	应急		
A		8	6	50	60	2	5
B		20	16	100	140	4	10
C	A	9	7	80	130	2	25
D	B	9	6	41	50	3	3
E	B, C	13	11	60	90	2	15
F	C, D	8	6	80	120	2	0
G	E, F	15	12	60	84	3	8
总成本				471	674		

（1）绘制网络图、甘特图并计算时间参数。

（2）以正常时间为标准，分别计算提前一周完工增加收益 6 万元和 9 万元时的成本最低的完工期。

（3）给定预算成本 544 万元，求项目完工期。

（4）显示项目施工成本进度表并作图，分析项目施工到 20 周时工序完成情况。

解 调用子程序 PERT_CPM，新建文件后，输入标题、工序数（Number of Activity）、时间单位，然后在图 7-17 显示的选项中进行选择，当有三种估计时间时选择 Probabilistic PERT，图的右下方自动显示工序时间为三点分布，右上方数据不需要选择。本例工序时间为确定型，选择 Deterministic CPM。在图右上方选择正常时间、应急时间、正常成本和应急成本，如例 7-4 只有时间则只选择 Normal Time 即可。在图的左下方数据输入格式有两种：表格形式和图形模式，如果选择 Graphic Model，系统显示一张 $n\times n$（n 为工序数）的方阵表格，在对应的方格中双击，系统自动按工序 A、B、…顺序显示，输入时间数据，画箭条将工序连接起来。

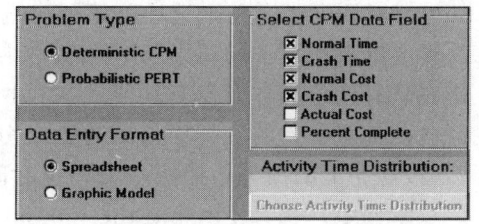

图 7-17

本例选择表格输入形式（Spreadsheet），将表 7-9 的数据输入，得到表 7-10。

表 7-10

Activity Number	Activity Name	Immediate Predecessor (list number/name, separated by ',')	Normal Time	Crash Time	Normal Cost	Crash Cost
1	A		8	6	50	60
2	B		20	16	100	140
3	C	A	9	7	80	130
4	D	B	9	6	41	50
5	E	B,C	13	11	60	90
6	F	C,D	8	6	80	120
7	G	E,F	15	12	60	84

（1）点击菜单栏 Solve and Analyze，下拉菜单有 3 个选择求解方法：求解正常时间关键路径、应急时间的关键路径和应急赶工分析。

选择 Solve Critical Path Using Normal Time，显示表 7-11 所示的时间参数计算结果。

点击 Graphic Activity Analysis 或图标显示网络图 7-18，圆圈中的数据分别为工序的最早开始、最早结束、最迟开始和最迟结束时间。

点击 Show Critical Path 显示关键工序、关键路线和完工期（略）。

点击 Gantt Chat 或图标显示甘特图（略）。

表 7-11

07-31-2004 23:26:31	Activity Name	On Critical Path	Activity Time	Earliest Start	Earliest Finish	Latest Start	Latest Finish	Slack (LS-ES)
1	A	no	8	0	8	7	15	7
2	B	Yes	20	0	20	0	20	0
3	C	no	9	8	17	15	24	7
4	D	Yes	9	20	29	20	29	0
5	E	no	13	20	33	24	37	4
6	F	Yes	8	29	37	29	37	0
7	G	Yes	15	37	52	37	52	0
Project	Completion	Time	=	52	weeks			
Total	Cost of	Project	=	$471	[Cost on	CP =	$281]	
Number of	Critical	Path(s)	=	1				

（2）点击菜单栏 Results→Perform Crashing Analysis 或图标显示图 7-19 所示的选项，这是网络计划优化的主要部分。

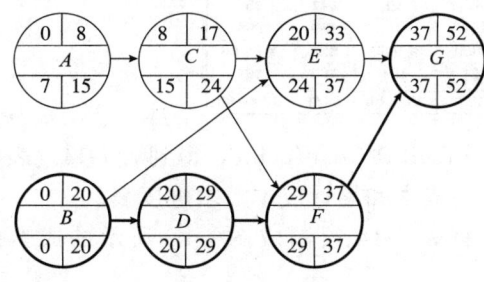

图 7-18 图 7-19

图 7-19 右上方显示了正常时间和应急时间的完工期和相应的成本。在 Crashing Option 对话框中有三个选项，第一个选项为给定项目完工期求总成本；第二个选项为给定预算成本求项目工期；第三个选项是给定一个完工期，求最低成本日程。第一、二个选项是在只有应急成本而没有其他成本和收益时，模拟分析工期与成本之间的关系。

图的左下方的三个输入框的含义分别是，设定一个完工期 T、延迟一个单位时间（对 T 而言）完工的损失、缩短一个单位时间（对 T 而言）的收益。

本例中，选择 Finding the minimum cost schedule，左下方第一个输入框中按图右上方应急完工时间 40（关键工序的应急时间之和）输入，第二个输入框中输入 6，这是因为延迟一周完工损失 6 万元，等价于提前一周增加收入 6 万元（见图 7-19）。因此不能在第一个输入框中输入正常完工时间 52，第三个框中输入 6。

计算结果见表 7-12。工序 D 缩短 3 周，增加成本 9 万元，最低成本日程为 49 周，总成本为

$$471+9-3\times 6=462(万元)$$

表 7-12

08-01-2004 01:51:05	Activity Name	Critical Path	Normal Time	Crash Time	Suggested Time	Additional Cost	Normal Cost	Suggested Cost
1	A	no	8	6	8	0	$50	$50
2	B	Yes	20	16	20	0	$100	$100
3	C	no	9	7	9	0	$80	$80
4	D	Yes	9	6	6	$9	$41	$50
5	E	no	13	11	13	0	$60	$60
6	F	Yes	8	6	8	0	$80	$80
7	G	Yes	15	12	15	0	$60	$60
Late	Penalty:							$54
Overall	Project:				49	$9	$471	$534

同理，提前一周完工增加收益 9 万元时，在输入框中分别输入 40 和 9，计算结果是工序 D、G 分别缩短 3 周，增加成本 33 万元，最低成本日程为 46 周，总成本为

$$471+33-6\times 9=450(万元)$$

（3）点击图 7-19 选项框中 Meeting the desired bugget cost，输入 544，得到表 7-13 的计算结果。结果显示所有工序都是关键工序，其中工序 B、D 和 G 需要赶工，完工期为 42 周。

表 7-13

08-01-2004 02:22:57	Activity Name	Critical Path	Normal Time	Crash Time	Suggested Time	Additional Cost	Normal Cost	Suggested Cost
1	A	Yes	8	6	8.0000	¥0.00	$50	¥50.00
2	B	Yes	20	16	16	$40	$100	$140
3	C	Yes	9	7	9	0	$80	$80
4	D	Yes	9	6	6	$9	$41	$50
5	E	Yes	13	11	13	0	$60	$60
6	F	Yes	8	6	8.0000	¥0.00	$80	¥80.00
7	G	Yes	15	12	12	$24	$60	$84
Overall	Project:				42.00	¥73.00	$471	¥544.00

（4）按正常时间求解后，点击菜单栏 Results→PERT/Cost-Table，得到表 7-14。表中显示了从第 1 周到第 52 周最早开始、最迟开始每周成本和累计成本需求进度表。

点击菜单栏 Results→PERT/Cost-Graphic，将表 7-14 绘制成图 7-20 所示的成本曲线图。

表 7-14

08-01-2004	Project Time in week	Cost Schedule Based on ES	Cost Schedule Based on LS	Total Cost Based on ES	Total Cost Based on LS
1	1	¥11.25	$5	¥11.25	$5
2	2	¥11.25	$5	¥22.50	$10
3	3	¥11.25	$5	¥33.75	$15
31	31	¥14.62	¥14.62	¥341.77	¥323.31
32	32	¥14.62	¥14.62	¥356.38	¥337.92
33	33	¥14.62	¥14.62	¥371.00	¥352.54
50	50	$4	$4	¥463.00	¥463.00
51	51	$4	$4	¥467.00	¥467.00
52	52	$4	$4	¥471.00	¥471.00

说明：表中数据货币单位不一致是因为操作系统为中文、应用软件是英文造成的，不用管它。

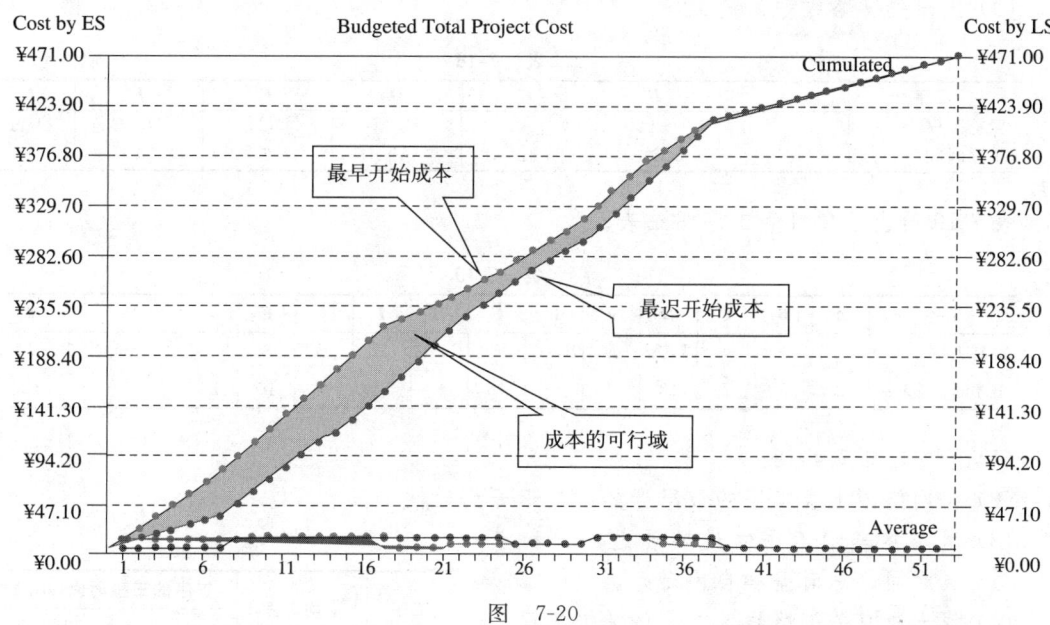

图 7-20

点击 Results→Project Completion Analysis 并输入 20，显示表 7-15 工序完成进度表。

当工序时间是随机变量时，在图 7-17 的选项中选择 PERT，系统不仅能计算时间参数、绘制网络图，还可以进行概率分析，对给定的完工时间求完工概率并模拟。操作方法留给读者练习(见习题 7.8)。

表 7-15

08-01-2004 08:16:59	Activity Name	On Critical Path	Activity Time	Latest Start	Latest Finish	Planned % Completion
1	A	no	8	7	15	100
2	B	Yes	20	0	20	100
3	C	no	9	15	24	55.5556
4	D	Yes	9	20	29	0
5	E	no	13	24	37	0
6	F	Yes	8	29	37	0
7	G	Yes	15	37	52	0
Overall	Project:			0	52	38.4615

习题

7.1 (1) 分别用节点法和箭线法绘制表 7-16 的项目网络图，并填写表中的紧前工序。

表 7-16

工序	A	B	C	D	E	F	G
紧前工序							
紧后工序	D, E	G	E	G	G	G	—

(2) 用箭线法绘制表 7-17 的项目网络图，并填写表中的紧后工序。

表 7-17

工序	A	B	C	D	E	F	G	H	I	J	K	L	M
紧前工序	—	—	—	B	B	A,B	B	D,G	C,E,F,H	D,G	C,E	I	J,K,L
紧后工序													

7.2 根据项目工序明细表 7-18，

(1) 画出网络图。

(2) 计算工序的最早开始、最迟开始时间和总时差。

(3) 找出关键路线和关键工序。

表 7-18

工序	A	B	C	D	E	F	G
紧前工序	—	A	A	B,C	C	D,E	D,E
工序时间(周)	9	6	12	19	6	7	8

7.3 表 7-19 给出了项目的工序明细表。

表 7-19

工序	A	B	C	D	E	F	G	H	I	J	K	L	M	N
紧前工序	—	—	—	A,B	B	B,C	E	D,G	E	E	H	F,J	I,K,L	F,J,L
工序时间(天)	8	5	7	12	8	17	16	8	14	5	10	23	15	12

(1) 绘制项目网络图。

(2) 在网络图上求工序的最早开始、最迟开始时间。

(3) 用表格表示工序的最早最迟开始和完成时间、总时差和自由时差。

(4) 找出所有关键路线及对应的关键工序。

(5) 求项目的完工期。

7.4 已知项目各工序的三种估计时间如表 7-20 所示。

(1) 绘制网络图并计算各工序的期望时间和方差。

(2) 求关键工序和关键路线。

(3) 求项目完工时间的期望值。

(4) 假设完工期服从正态分布，求项目在 56 小时内完工的概率。

(5) 使完工的概率为 0.98，最少需要多长时间。

表 7-20

工序	紧前工序	工序的三种时间(小时)		
		a	m	b
A	—	9	10	12
B	A	6	8	10
C	A	13	15	16
D	B	8	9	11
E	B,C	15	17	20
F	D,E	9	12	14

7.5 表 7-21 给出了工序的正常、应急的时间和成本。(1) 绘制项目网络图，按正常时间计算完成项目的总成本和工期。

(2) 按应急时间计算完成项目的总成本和工期。

(3) 按应急时间的项目完工期，调整计划使总成本最低。

(4) 已知项目缩短 1 天额外获得奖金 4 万元，减少间接费用 2.5 万元，求总成本最低的项目完工期。

表 7-21

工序	紧前工序	时间(天)		成本		时间的最大缩量(天)	应急增加成本(万元/天)
		正常	应急	正常	应急		
A		15	12	50	65	3	5
B	A	12	10	100	120	2	10
C	A	7	4	80	89	3	3
D	B, C	13	11	60	90	2	15
E	D	14	10	40	52	4	3
F	C	16	13	45	60	3	5
G	E, F	10	8	60	84	2	12

7.6 继续讨论表 7-21。假设各工序在正常时间条件下需要的人数分别为 9、12、12、6、8、17、14。

(1) 画出时间坐标网络图。

(2) 按正常时间计算项目完工期，按期完工需要多少人。

(3) 保证按期完工，怎样采取应急措施，使总成本最小又使得总人数最少，对计划进行系统优化分析。

7.7 用 WinQSB 软件求解例 7-5。

7.8 用 WinQSB 软件求解例 7-6。

7.9 思考与简答题。

(1) 什么是网络计划，PERT 与 CPM 有什么区别。

(2) 网络计划一般工作流程是哪几步。

(3) 网络计划有哪些优点和缺点。

(4) 项目网络图有哪两种形式，它们有什么特征和异同。

(5) 绘制网络图有哪些规则及注意事项。

(6) 什么是虚工序，在哪些场所需要添加虚工序。

(7) 紧前工序与紧后工序的关系，紧前工序与前道工序、紧后工序与后续工序的关系。

(8) 三点估计法的时间期望值和方差的计算公式，这种方法有什么优点和不足。

(9) 时间参数的含义及其计算公式，时间参数之间的关系。

(10) 总时差与单时差的含义，它们之间有什么区别。

(11) 什么是关键工序、关键路线、项目完工期。

(12) 如何计算项目完工的概率，给定概率求完工期。

(13) 什么是正常时间、正常成本、应急时间、应急成本、总成本、边际成本、成本斜率。

(14) 时间-成本控制包含哪些内容。

(15) 资源合理配置有哪些内容，大致从几个方面采取措施，使计划整体达到最优或满意。

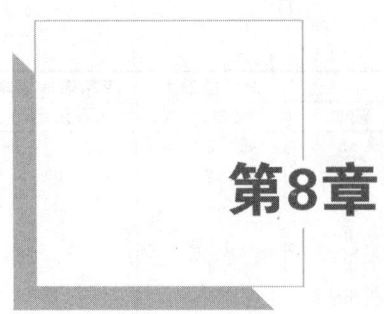

第8章

动 态 规 划

在决策中,往往将问题分成若干阶段,对不同阶段采取不同的决策,使全过程达到整体最优。例如,例 6-8 的设备更新问题中,将问题分为 4 个阶段(一年一个阶段),每一年年初决策者在多个可选方案中做出决策(更新或不更新),使 4 年的总成本最低。又如,例 4-2 的投资问题,将问题分为 5 个阶段(一个企业一个阶段),集团对每个企业各投资多少使总收益最大。这些都是多阶段决策问题。

动态规划(Dynamic Programming)是求多阶段决策问题最优解的一种数学方法,是解决多阶段决策问题的一种思路。

8.1 动态规划数学模型

8.1.1 动态规划的原理

【例 8-1】 如图 8-1 所示,弧边上的权为两点间的距离,求点 v_1 到 v_{10} 的最短路线及最短路长。

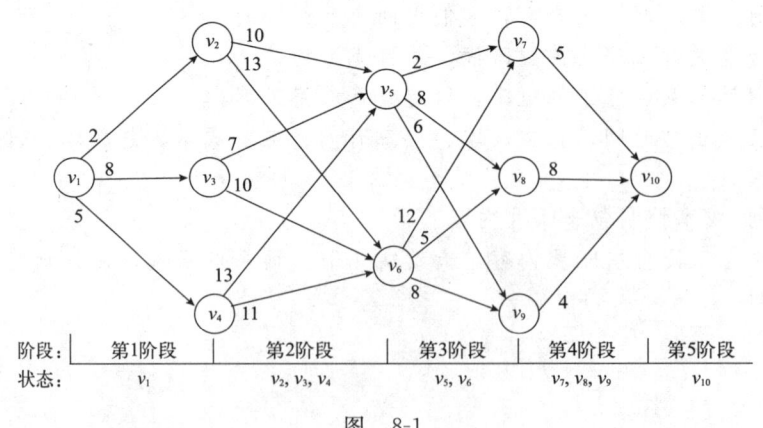

图 8-1

该问题可以采用第 6 章介绍的方法求解,也可以用动态规划方法求解。具体求解过程稍后给出，现对照图 8-1 引出有关基本概念。

例 8-1 的最短路问题具有下列特征。

（1）问题具有多阶段决策的特征。如图 8-1 按空间划分为 4 个阶段，图中第 5 阶段是虚拟的一个边界阶段。

（2）每一阶段都有相应的"状态"与之对应。如图 8-1 所示，各阶段的状态为上一阶段的结束点，或该阶段的起点组成的集合。第 1 阶段的状态为 v_1，第 2 阶段的状态为 v_2、v_3、v_4，第 3 阶段的状态为 v_5、v_6，第 4 阶段的状态为 v_7、v_8、v_9，第 5 阶段的状态为 v_{10}，也是问题的结束。

（3）每一阶段的某个状态都面临有若干个决策，选择不同的决策将会导致下一阶段不同的状态，同时，不同的决策将会导致这一阶段不同的距离。

如图 8-1 的第 1 阶段状态 v_1，其决策是到达下一阶段点的选择。状态 v_1 有 3 种选择，决策允许集合为 $\{v_2, v_3, v_4\}$，也是第 2 阶段的状态集合。又如第 2 阶段状态 v_3，到下一阶段的选择有 v_5 和 v_6，决策允许集合为 $\{v_5, v_6\}$。同一阶段各状态的决策集合可能相同也可能不同。

（4）每一阶段的最短路长（最优解）问题可以递推地归结为下一阶段各个可能状态的最优解问题，各子问题与原问题具有完全相同的结构。

动态规划解决问题的关键是将问题归结为一个递推过程，建立一个递推指标函数求最优解。如果不能建立递推函数则动态规划方法无效。

图 8-1 的递推指标函数为
$$V_k = V_k(s_k, x_k, x_{k+1}, \cdots, x_n) = v_k(s_k, x_k) + V_{k+1}$$
最优指标函数为
$$f_k(s_k) = \min_{x_k \in D_k(s_k)} \{v_k(s_k, x_k) + f_{k+1}(s_{k+1})\} \tag{8-1}$$

式中，$f_k(s_k)$ 为阶段 k 状态为 s_k 时到终点 v_{10} 的最短距离；$f_{k+1}(s_{k+1})$ 为 $k+1$ 阶段状态为 s_{k+1} 到终点 v_{10} 的最短距离；$v_k(s_k, x_k)$ 是状态为 s_k 选择决策 x_k 时 s_k 到 x_k 的距离；$D_k(s_k)$ 为状态 s_k 的决策集合。

式（8-1）的递推关系理解为：阶段 k 状态为 s_k 到终点 v_{10} 的最短距离归结为该状态选择决策 x_k 后的距离 $v_k(s_k, x_k)$ 加上 x_k 到 v_{10} 的最短距离求最小值。例如，求 v_3 到 v_{10} 的最短距离 $f_2(v_3)$
$$f_2(v_3) = \min_{x_2 \in \{v_5, v_6\}} \{v_2(v_3, v_5) + f_3(v_5), v_2(v_3, v_6) + f_3(v_6)\}$$

为当求出 $k+1$ 阶段各状态的最优解（到终点的最短距离），利用式（8-1）就可以求出第 k 阶段各状态的最优解，依此类推，最后求出第 1 阶段状态 v_1 的最优解（v_1 到 v_{10} 的最短距离）。

式（8-1）是动态规划的基本方程或称为最优性方程，$f_{k+1}(s_{k+1})$ 同样可以写成与式（8-1）相同的形式，这里将 $f_{k+1}(s_{k+1})$ 嵌入到 $f_k(s_k)$ 中，动态规划的这种特殊形式叫做不变嵌入。

式（8-1）还描述了动态规划的最优性原理：如果点 x_k 到终点 v_{10} 的最短路线通过点 v_l，则点 v_l 到终点 v_{10} 的最短路线也在这条路线上。

动态规划基本原理是将一个问题的最优解转化为求子问题的最优解，研究的对象是决策过程的最优化，其变量是流动的时间或变动的状态，最后到达整个系统最优。

基本原理一方面说明原问题的最优解中包含了子问题的最优解，另一方面给出了一种求解问题的思路,将一个难以直接解决的大问题,分割成一些规模较小的相同子问题,每一个子问题只解一次,并将结果保存起来以后直接引用,避免每次碰到时都要重复计算,以便各个击破,分而治之,即分治法,是一种解决最优化问题的算法策略。

动态规划求解可分为三个步骤:分解、求解与合并。

动态规划的这种原理在管理过程中得到了广泛的应用。例如,编制年度计划分为 12 个阶段,多个项目投资问题可以看做一个项目一个阶段。

8.1.2 基本概念

动态规划数学模型由阶段、状态、决策与策略、状态转移方程及指标函数等 5 个要素组成。

(1) **阶段**(Stage) 表示决策顺序的时段序列,阶段可以按时间或空间划分,阶段数 k 可以是确定数、不定数或无限数。

(2) **状态**(State) 描述决策过程当前特征并且具有无后效性的量。状态可以是数量,也可以是字符,数量状态可以是连续的,也可以是离散的。每一状态可以取不同值,状态变量记为 S_k。各阶段所有状态组成的集合称为状态集。

状态的无后效性是指给定某一阶段状态后,决策过程由此阶段开始以后的演变不受此阶段以前历史状态的影响。

(3) **决策**(Decision) 从某一状态向下一状态过度时所做的选择。决策变量记为 x_k,x_k 是所在状态 s_k 的函数。

在状态 s_k 下,允许采取决策的全体称为决策允许集合,记为 $D_k(S_k)$。各阶段所有决策组成的集合称为决策集。

策略(Strategy) 从第 1 阶段开始到最后阶段全过程的决策构成的序列称为策略,第 k 阶段到最后阶段的决策序列称为子策略。

图 8-1 中,策略就是点 v_1 到 v_{10} 的一条路线,共有 18 个策略(18 条路线)。最优策略是点 v_1 到 v_{10} 的最短路线。子策略可以是其他点到 v_{10} 的路线,显然策略也是子策略。

(4) **状态转移方程**(State Transformation Function) 某一状态以及该状态下的决策,与下一状态之间的函数关系,记为 $s_{k+1}=T(s_k,x_k)$。

某一阶段的状态与下一阶段的状态有某种对应关系,是状态的转移规律,与所处状态及选择的决策有关。如图 8-1 中,$k+1$ 阶段的状态等于 k 阶段某个状态下的决策。

(5) **指标函数或收益函数**(Return Function) 是衡量对决策过程进行控制的效果的数量指标,具体可以是收益、成本、距离等指标。分为 k 阶段指标函数、k 子过程指标函数及最优指标函数。

从 k 阶段状态 s_k 出发,选择决策 x_k 所产生的第 k 阶段指标,称为 k **阶段指标函数**,记为 $v_k(s_k,x_k)$。从 k 阶段状态 s_k 出发,选择决策 $x_k,x_{k+1},\cdots,x_n$ 所产生的过程指标,称为 k **子过程指标函数**或简称过程指标函数,记为 $V_k(s_k,x_k,x_{k+1},\cdots,x_n)$ 或 V_k,n 为阶段数。从 k 阶段状态 s_k 出发,对所有的子策略,最优的过程指标函数称为**最优指标函数**,记为 $f_k(s_k)$,通常取 V_k 的最大值或最小值。

在图 8-1 中,$v_k(s_k,x_k)$ 的含义是在状态 s_k 下选择决策 x_k 时的距离,如 $v_2(v_4,v_5)=13$。V_k 的含义是在状态 s_k 下选择某一条路线到 v_{10}(决策序列)的距离,如 $V_2(v_3,v_6,v_8,v_{10})=10+5+8=23$。最优指标函数是某一点到 v_{10} 的最短距离。

动态规划要求子过程指标满足递推关系

$$V_k(s_k,x_k,x_{k+1},\cdots,x_n)=V_k[v(s_k,x_k),V_{k+1}(s_{k+1},x_{k+1},\cdots,x_n)] \quad (8\text{-}2)$$

常用的指标函数有连和形式和连乘形式。连和形式为

$$V_K=V_K(s_k,x_k,x_{k+1},\cdots,x_n)=v_k(s_k,x_k)+V_K(s_{k+1},x_{k+1},\cdots,x_n)=\sum_{j=k}^{n-1}v_j(s_j,x_j)+V_n \quad (8\text{-}3)$$

连乘形式为($v_j \neq 0$)

$$V_K=V_K(s_k,x_k,x_{k+1},\cdots,x_n)=v_k(s_k,x_k)\cdot V_K(s_{k+1},x_{k+1},\cdots,x_n)=\prod_{j=k}^{n-1}v_j(s_j,x_j)\cdot V_n \quad (8\text{-}4)$$

例 8-1 的指标函数属于连和形式。

最优指标函数 $f_k(s_k)$ 是取式(8-3)或式(8-4)的最优值。式(8-3)的最优指标函数是

$$f_k(s_k)=\mathop{\text{Opt}}_{x_k \in D_k(s_k)}\{v_k(s_k,x_k)+f_{k+1}(s_{k+1})\}, \quad k=1,2,\cdots,n \quad (8\text{-}5)$$

式(8-4)的最优指标函数是

$$f_k(s_k)=\mathop{\text{Opt}}_{x_k \in D_k(s_k)}\{v_k(s_k,d_k)\cdot f_{k+1}(s_{k+1})\}, \quad k=1,2,\cdots,n \quad (8\text{-}6)$$

式中 Opt=optimization，表示"max"或"min"。式(8-3)至式(8-6)就是动态规划的基本方程。为了使递推方程有递推起点，需要确定最后一个状态 s_n 的最优指标 $f_n(s_n)$ 的值，称 $f_n(s_n)$ 为终端条件。一般地，连和形式 $f_n(s_n)=0$，连乘形式 $f_n(s_n)=1$，但也有例外，如式(8-3)和式(8-4)中的 V_n 不等于 0 或 1。在图 8-1 中，添加一个阶段 5，终端条件是终点 v_{10} 到 v_{10} 的最短距离，即 $f_5(v_{10})=0$。

动态规划数学模型由式(8-5)或式(8-6)、边界条件及状态转移方程构成。如连和形式的数学模型为

$$\begin{cases} f_k(s_k)=\mathop{\text{Opt}}_{x_k \in D_k(s_k)}\{v_k(s_k,x_k)+f_{k+1}(s_{k+1})\}, \quad k=1,2,\cdots,n \\ f_n(s_n)=0 \\ s_{k+1}=T(s_k,x_k) \end{cases}$$

由式(8-5)和式(8-6)的形式知，计算顺序是从最后一个阶段开始到第一阶段结束，这种方法称为**逆序法**。也可以将基本方程改为向前递推，如式(8-1)改为

$$f_k(s_k)=\mathop{\min}_{x_k \in D_k(s_k)}\{v_k(s_k,x_k)+f_{k-1}(s_{k-1})\}$$

当计算顺序是从第一阶段开始到最后一个阶段结束，这种方法称为**顺序法**。

现在用逆序法列表求解例 8-1。

$k=n=5$ 时，

$$f_5(v_{10})=0$$

$k=4$，递推方程为

$$f_4(s_4)=\mathop{\min}_{x_4 \in D_4(s_4)}\{v_4(s_4,x_4)+f_5(s_5)\}$$

$f_5(s_5)$ 到 $f_4(s_4)$ 的递推过程见表 8-1。

表 8-1

s_4	$D_4(s_4)$	s_5	$v_4(s_4,x_4)$	$v_4(s_4,x_4)+f_5(s_5)$	$f_4(s_4)$	最优决策 x_4^*
v_7	$v_7 \to v_{10}$	v_{10}	5	5+0=5*	5	$v_7 \to v_{10}$
v_8	$v_8 \to v_{10}$	v_{10}	8	8+0=8*	8	$v_8 \to v_{10}$
v_9	$v_9 \to v_{10}$	v_{10}	4	4+0=4*	4	$v_9 \to v_{10}$

第 4 阶段各状态的决策唯一，最优值等于对应的距离。

$k=3$，递推方程为

$$f_3(s_3) = \min_{x_3 \in D_3(s_3)} \{v_3(s_3,x_3) + f_4(s_4)\}$$

$f_4(s_4)$ 到 $f_3(s_3)$ 的递推过程见表 8-2。

表 8-2

s_3	$D_3(s_3)$	s_4	$v_3(s_3,x_3)$	$v_3(s_3,x_3)+f_4(s_4)$	$f_3(s_3)$	最优决策 x_3^*
v_5	$v_5\to v_7$	v_7	2	2+5=7*	7	$v_5\to v_7$
	$v_5\to v_8$	v_8	8	8+8=16		
	$v_5\to v_9$	v_9	6	6+4=10		
v_6	$v_6\to v_7$	v_7	12	12+5=17	12	$v_6\to v_9$
	$v_6\to v_8$	v_8	5	5+8=13		
	$v_6\to v_9$	v_9	8	8+4=12*		

$k=2$，递推方程为

$$f_2(s_2) = \min_{x_2 \in D_2(s_2)} \{v_2(s_2,x_2) + f_3(s_3)\}$$

$f_3(s_3)$ 到 $f_2(s_2)$ 的递推过程见表 8-3。

表 8-3

s_2	$D_2(s_2)$	s_3	$v_2(s_2,x_2)$	$v_2(s_2,x_2)+f_3(s_3)$	$f_2(s_2)$	最优决策 x_2^*
v_2	$v_2\to v_5$	v_5	10	10+7=17*	17	$v_2\to v_5$
	$v_2\to v_6$	v_6	13	13+12=25		
v_3	$v_3\to v_5$	v_5	7	7+7=14*	14	$v_3\to v_5$
	$v_3\to v_6$	v_6	10	10+12=22		
v_4	$v_4\to v_5$	v_5	13	13+7=20*	20	$v_4\to v_5$
	$v_4\to v_6$	v_6	11	11+12=23		

$k=1$，递推方程为

$$f_1(s_1) = \min_{x_1 \in D_1(s_1)} \{v_1(s_1,x_1) + f_2(s_2)\}$$

$f_2(s_2)$ 到 $f_1(s_1)$ 的递推过程见表 8-4。

表 8-4

s_1	$D_1(s_1)$	s_2	$v_1(s_1,x_1)$	$v_1(s_1,x_1)+f_2(s_2)$	$f_1(s_1)$	最优决策 x_1^*
v_1	$v_1\to v_2$	v_2	2	2+17=19*	19	$v_1\to v_2$
	$v_1\to v_3$	v_3	8	8+14=22		
	$v_1\to v_4$	v_4	5	5+20=25		

第 1 阶段计算结束，表明已得到最优策略，最优值是表 8-4 中 $f_1(s_1)$ 的值，从 v_1 到 v_{10} 的最短路长为 19。最短路线从表 8-4 到表 8-1 回溯，查看最后一列最优决策，得到最短路径为 $v_1\to v_2\to v_5\to v_7\to v_{10}$。

直接在图上计算更为简单，见图 8-2。

注意：动态规划是一种求解思路，注重决策过程，而不是一种算法。不同的问题得到的模型也不一样。学习动态规划就是要掌握它的这种原理和思路，分析问题的条件，确定模型的 5 个要素，利用递推关系求最优解。

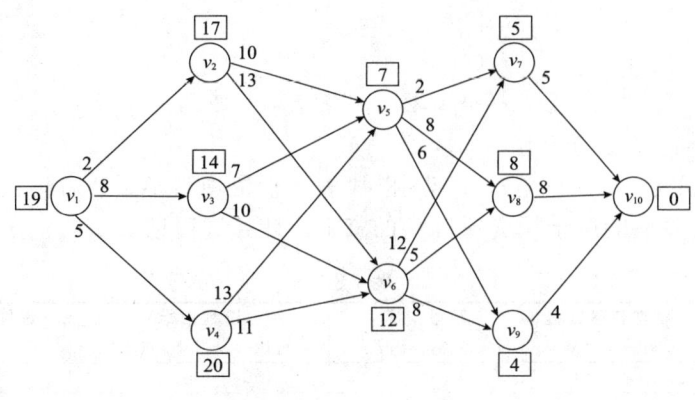

图 8-2

8.2 资源分配问题

资源分配问题是将数量一定的一种或若干种资源(原材料、资金、设备、劳动力等),合理地分配给若干使用者,使总收益最大。

【例 8-2】公司有资金 8 万元,投资 A、B、C 三个项目,单位投资为 2 万元。每个项目的投资效益率与投入该项目的资金有关。三个项目 A、B、C 的投资效益(万元)和投入资金(万元)的关系见表 8-5。

求对三个项目的最优投资分配,使总投资效益最大。

表 8-5

项目 投入资金	A	B	C
2 万元	8	9	10
4 万元	15	20	28
6 万元	30	35	35
8 万元	38	40	43

解 设 x_k 为第 k 个项目的投资,该问题的静态规划模型为

$$\max Z = v_1(x_1) + v_2(x_2) + v_3(x_3)$$

$$\begin{cases} x_1 + x_2 + x_3 = 8 \\ x_j = 0, 2, 4, 6, 8 \end{cases}$$

$v_k(x_k)$ 为第 k 个项目投资 x_k 的收益,具体数据见表 8-5。模型的变量和收益函数都是离散的,直接求解非常困难,用完全枚举法并不可行。将问题转化为动态规划求解则简单有效。

阶段 k:每投资一个项目作为一个阶段,$k=1, 2, 3, 4$。$k=4$ 为虚设的阶段。

状态变量 s_k:投资第 k 个项目前的资金数

决策变量 x_k:第 k 个项目的投资额

决策允许集合:$0 \leq x_k \leq s_k$

状态转移方程:$s_{k+1} = s_k - x_k$

阶段指标:$v_k(s_k, x_k)$ 见表 8-5 中的数据

递推方程:$f_k(x_k) = \max\{v_k(s_k, x_k) + f_{k+1}(s_{k+1})\}$

终端条件:$f_4(s_4) = 0$

数学模型为

$$f_k(x_k) = \max\{v_k(s_k, x_k) + f_{k+1}(s_{k+1})\}, k = 3, 2, 1$$

$$\begin{cases} s_{k+1} = s_k - x_k \\ f_4(x_4) = 0 \\ x_k = 0, 2, 4, 6, 8, k = 1, 2, 3 \end{cases}$$

$k=4$，终端条件 $f_4(s_4)=0$。

$k=3$，$0 \leqslant x_3 \leqslant s_3$，$s_4 = s_3 - x_3$。第 3 阶段表示投资项目 A、B 后再投资项目 C，s_3 表示投资完项目 A、B 后能用于投资项目 C 的资金。计算过程见表 8-6。

表 8-6

状态 s_3	决策 $x_3(s_3)$	状态转移方程 $s_4 = s_3 - x_3$	阶段指标 $v_3(s_3, x_3)$	过程指标 $v_3(s_3, x_3) + f_4(s_4)$	最优指标 $f_3(s_3)$	最优决策 x_3^*
0	0	0	0	0+0=0	0	0
2	0	2	0	0+0=0	10	2
	2	0	10	10+0=10*		
4	0	4	0	0+0=0	28	4
	2	2	10	10+0=10		
	4	0	28	28+0=28*		
6	0	6	0	0+0=0	35	6
	2	4	10	10+0=10		
	4	2	28	28+0=28		
	6	0	35	35+0=35*		
8	0	8	0	0+0=0	43	8
	2	6	10	10+0=10		
	4	4	28	28+0=28		
	6	2	35	35+0=35		
	8	0	43	43+0=43*		

表 8-6 的最优决策说明将剩余资金全部投入项目 C。

$k=2$，$0 \leqslant x_2 \leqslant s_2$，$s_3 = s_2 - x_2$，计算过程见表 8-7。

表 8-7

s_2	$x_2(s_2)$	s_3	$v_2(s_2, x_2)$	$f_3(s_3)$	$v_2(s_2, x_2) + f_3(s_3)$	$f_2(s_2)$	x_2^*
0	0	0	0	0	0+0=0	0	0
2	0	2	0	10	0+10=10*	10	0
	2	0	9	0	9+0=9		
4	0	4	0	28	0+28=28*	28	0
	2	2	9	10	9+10=19		
	4	0	20	0	20+0=20		
6	0	6	0	35	0+35=35	37	2
	2	4	9	28	9+28=37*		
	4	2	20	10	20+10=30		
	6	0	35	0	35+0=35		
8	0	8	0	43	0+43=43	48	4
	2	6	9	35	9+35=44		
	4	4	20	28	20+28=48*		
	6	2	35	10	35+10=45		
	8	0	40	0	40+0=40		

$k=1$，$0 \leqslant x_1 \leqslant s_1$，$s_2=s_1-x_1$。第 1 阶段为开始投资项目 A，有资金 8 万元，计算过程见表 8-8。

表 8-8

s_1	$x_1(s_1)$	s_2	$v_1(s_1, x_1)$	$f_2(s_2)$	$v_1(s_1, x_1)+f_2(s_2)$	$f_1(s_1)$	x_1^*
8	0	8	0	48	0+48=48*	48	0
	2	6	8	37	8+37=45		
	4	4	15	28	15+28=43		
	6	2	30	10	30+10=40		
	8	0	38	0	38+0=38		

最优解为 $s_1=8$，$x_1^*=0$，$s_2=s_1-x_1=8$，$x_2^*=4$，$s_3=s_2-x_2^*=4$，$x_3^*=4$，$s_4=s_3-x_3^*=0$。投资的最优策略：项目 A 不投资，项目 B 投资 4 万元，项目 C 投资 4 万元，最大效益为 48 万元。

【例 8-3】 某种设备可在高低两种不同的负荷下进行生产，设在高负荷下投入生产的设备数量为 x，产量为 $g=10x$，设备年完好率为 $a=0.75$；在低负荷下投入生产的设备数量为 y，产量为 $h=8y$，年完好率为 $b=0.9$。假定开始生产时完好的设备数量 $s_1=100$。

制定一个 5 年计划，确定每年投入高、低两种负荷下生产的设备数量，使 5 年内产品的总产量达到最大。

解 动态规划求解过程如下。

阶段 k：运行年份（$k=1, 2, \cdots, 6$），$k=1$ 表示第 1 年年初，$k=6$ 表示第 5 年年末（即第 6 年年初）。

状态变量 s_k：第 k 年年初完好的机器数（$k=1, 2, \cdots, 6$），也是第 $k-1$ 年年末完好的机器数，其中 s_6 表示第 5 年年末（即第 6 年年初）的完好机器数，$s_1=100$。

决策变量 x_k：第 k 年年初投入高负荷运行的机器数。

状态转移方程：$s_{k+1}=0.75x_k+0.9(s_k-x_k)$

决策允许集合：$D_k(s_k)=\{x_k \mid 0 \leqslant x_k \leqslant s_k\}$

阶段指标：$v_k(s_k, x_k)=10x_k+8(s_k-x_k)$

终端条件：$f_6(s_6)=0$

递推方程：
$$f_k(s_k) = \max_{x_k \in D_k(s_k)} \{v_k(s_k, x_k)+f_{k+1}(s_{k+1})\}$$
$$= \max_{0 \leqslant x_k \leqslant s_k} \{10x_k+8(s_k-x_k)+f_{k+1}[0.75x_k+0.9(s_k-x_k)]\}$$

$f_k(x_k)$ 表示第 k 年年初分配 x_k 台设备用于高负荷生产时到第 5 年年末的最大产量。计算过程如下。

$$f_5(s_5) = \max_{0 \leqslant x_5 \leqslant s_5} \{10x_5+8(s_5-x_5)+f_6(s_6)\}$$
$$= \max_{0 \leqslant x_5 \leqslant s_5} \{10x_5+8(s_5-x_5)\}$$
$$= \max_{0 \leqslant x_5 \leqslant s_5} \{2x_5+8s_5\} = 10s_5 \qquad x_5^*=s_5 \text{ 时最优}$$

$$f_4(s_4) = \max_{0 \leqslant x_4 \leqslant s_4} \{10x_4+8(s_4-x_4)+f_5(s_5)\}$$

$$= \max_{0 \leqslant x_4 \leqslant s_4} \{10x_4 + 8(s_4 - x_4) + 10s_5\}$$

$$= \max_{0 \leqslant x_4 \leqslant s_4} \{10x_4 + 8(s_4 - x_4) + 10(0.75x_4 + 0.9(s_4 - x_4))\}$$

$$= \max_{0 \leqslant x_4 \leqslant s_4} \{0.5x_4 + 17s_4\} = 17.5s_4 \qquad x_4^* = s_4 \text{ 时最优}$$

$$f_3(s_3) = \max_{0 \leqslant x_3 \leqslant s_3} \{10x_3 + 8(s_3 - x_3) + f_4(s_4)\}$$

$$= \max_{0 \leqslant x_3 \leqslant s_3} \{10x_3 + 8(s_3 - x_3) + 17.5s_4\}$$

$$= \max_{0 \leqslant x_3 \leqslant s_3} \{10x_3 + 8(s_3 - x_3) + 17.5(0.75x_3 + 0.9(s_3 - x_3))\}$$

$$= \max_{0 \leqslant x_3 \leqslant s_3} \{-0.625x_3 + 23.75s_3\} = 23.75s_3 \qquad x_3^* = 0 \text{ 时最优}$$

$$f_2(s_2) = \max_{0 \leqslant x_2 \leqslant s_2} \{10x_2 + 8(s_2 - x_2) + f_3(s_3)\}$$

$$= \max_{0 \leqslant x_2 \leqslant s_2} \{10x_2 + 8(s_2 - x_2) + 23.75s_3\}$$

$$= \max_{0 \leqslant x_2 \leqslant s_2} \{10x_2 + 8(s_2 - x_2) + 23.75(0.75x_2 + 0.9(s_2 - x_2))\}$$

$$= \max_{0 \leqslant x_2 \leqslant s_2} \{-1.5625x_2 + 29.375s_2\} = 29.375s_2 \qquad x_2^* = 0 \text{ 时最优}$$

$$f_1(s_1) = \max_{0 \leqslant x_1 \leqslant s_1} \{10x_1 + 8(s_1 - x_1) + f_2(s_2)\}$$

$$= \max_{0 \leqslant x_1 \leqslant s_1} \{10x_1 + 8(s_1 - x_1) + 29.375s_2\}$$

$$= \max_{0 \leqslant x_1 \leqslant s_1} \{10x_1 + 8(s_1 - x_1) + 29.375(0.75x_1 + 0.9(s_1 - x_1))\}$$

$$= \max_{0 \leqslant x_1 \leqslant s_1} \{-2.406x_1 + 34.4375s_1\} = 34.4375s_1 \qquad x_1^* = 0 \text{ 时最优}$$

因为 $s_1 = 100$，5 年的最大总产量为 $f_1(s_1) = 25.7525 \times 100 = 3443.75$。

由 $x_1^* = x_2^* = x_3^* = 0$，$x_4^* = s_4$，$x_5^* = s_5$，设备的最优分配策略：第 1 年至第 3 年将设备全部用于低负荷运行，第 4 年和第 5 年将设备全部用于高负荷运行。每年投入高负荷运行的机器数以及每年年初完好的机器数为

$$s_1 = 100$$
$$x_1^* = 0, \qquad s_2 = 0.75x_1 + 0.9(s_1 - x_1) = 90$$
$$x_2^* = 0, \qquad s_3 = 0.75x_2 + 0.9(s_2 - x_2) = 81$$
$$x_3^* = 0, \qquad s_4 = 0.75x_3 + 0.9(s_3 - x_3) = 73$$
$$x_4^* = s_4 = 73, \qquad s_5 = 0.75x_4 + 0.9(s_4 - x_4) = 55$$
$$x_5 = s_5 = 55, \qquad s_6 = 0.75x_5 + 0.9(s_5 - x_5) = 41$$

第 5 年年末还有 41 台完好设备。

例 8-3 对终端 s_6 没有限制，有时会对最后一年年末完好设备数施以约束，例如 $s_6 \geqslant 50$，这时决策变量 x_5 的决策允许集合为

$$D_5(s_5) = \{x_5 \mid 0.75x_5 + 0.9(s_5 - x_5) \geqslant 50, \ x_5 \geqslant 0\}$$

即

$$0 \leqslant x_5 \leqslant 3.65s_5 - 200$$

一般地，设一个周期为 n 年，高负荷生产时设备的完好率为 a，单台产量为 g；低负荷

完好率为 b，单台产量为 h。若有 t 满足

$$\sum_{i=0}^{n-t-1} a^i \leqslant \frac{g-h}{g(b-a)} \leqslant \sum_{i=0}^{n-t} a^i \tag{8-7}$$

则最优设备分配策略是：从 $1 \sim t-1$ 年，年初将全部完好设备投入低负荷运行，从 $t \sim n$ 年，年初将全部完好设备投入高负荷运行，总产量达到最大。

在例 8-3 中，$n=5$，$a=0.75$，$b=0.9$，$g=10$，$h=8$，$(g-h)/g(b-a)=1.3333$。式(8-7)的求和式是完好率 a 的 i 次方累加，由 $a^0=1<1.3333<a^0+a^1=1.75$ 知，$n-t-1=0$，$t=4$，则 $1 \sim 3$ 年低负荷运行，$4 \sim 5$ 年为高负荷运行。

8.3 生产与存储问题

在一项具有 n 个时期的生产计划中，决策者如何制定生产(或采购)策略，确定不同时期的生产量(或采购量)和存储量，在满足产品需求量的条件下，使得总成本(生产成本＋存储成本)最小，这一问题就是生产与存储问题。

设：

x_k 为第 k 时期该产品的生产量，生产限量为 X_k；

d_k 为第 k 时期产品的需求量；

$C_k(x_k)$ 为第 k 个时期生产 x_k 件产品的成本(包括固定成本 S_k 和可变成本 $a_k x_k$)；

$H_k(s_k)$ 为第 k 时期开始时有存储量 s_k 所需要的存储成本；

M 为各期产品量存储上限，不允许缺货，则有存量下限非负，有时也设定了一个下限(安全存量)。

其他假设：第 1 期期初和第 n 期期末的存储量为零(也可以为一常数)，各期产品在期末交货。

则此问题的数学模型为

$$\min Z = \sum_{k=1}^{n} [C_k(x_k) + H_k(s_k)]$$

$$\begin{cases} s_1 = 0, s_{n+1} = 0 \\ 0 \leqslant s_k = \sum_{j=1}^{k-1} x_j - \sum_{j=1}^{k-1} d_j \quad M, k = 2, \cdots, n \\ 0 \leqslant x_k \leqslant X_k, \quad k = 1, 2, \cdots, n \\ x_k \geqslant 0 \text{ 且为整数} \end{cases}$$

下面用动态规划方法求解此问题。将问题看做是一个 n 阶段决策问题，决策变量 x_k 表示第 k 阶段的生产量，状态变量 s_k 表示第 k 阶段开始的存储量。最优指标函数 $f_k(s_k)$ 为第 k 阶段初存储量为 s_k 时，从第 k 阶段到第 n 阶段的最小总成本。动态规划的数学模型为

$$f_k(s_k) = \min_{x_k} \{C_k(x_k) + H_k(s_k) + f_{k+1}(s_{k+1})\} \quad k = 1, 2, \cdots, n$$

$$\begin{cases} f_{n+1}(s_{n+1}) = 0 \\ s_{k+1} = s_k + x_k - d_k \end{cases}$$

最后求出 $f_1(s_1)$ 就是最小总成本。

【**例 8-4**】一个工厂生产某种产品，$1 \sim 6$ 月份生产成本和产品需求量的变化情况见表 8-9。

表 8-9

月份(k)	1	2	3	4	5	6
需求量(d_k)	20	30	35	40	25	45
单位产品成本(c_k)	15	12	16	19	18	16

没有生产准备成本，单位产品一个月的存储费为 $h_k=0.6$ 元，月底交货，分别求下列两种情形 6 个月总成本最小的生产方案。

（1）1 月月初与 6 月月底存储量为零，不允许缺货，仓库容量为 $S=50$ 件，生产能力无限制；

（2）其他条件不变，1 月初存量为 10。

解 动态规划求解过程如下。

　　阶段 k：月份，$k=1, 2, \cdots, 7$

　　状态变量 s_k：第 k 个月初的存储量

　　决策变量 x_k：第 k 个月的生产量

　　状态转移方程：$s_{k+1}=s_k+x_k-d_k$

　　决策允许集合：$D_k(s_k)=\{x_k \mid x_k \geqslant 0, 0 \leqslant s_k+x_k-d_k \leqslant 50\}$

　　阶段指标：$v_k(s_k, x_k)=c_k x_k+h_k s_k=c_k x_k+0.6 s_k$

　　终端条件：$f_7(s_7)=0$，$s_7=0$

　　递推方程：
$$f_k(x_k)=\min_{x_k \in D_k(s_k)}\{v_k(s_k,x_k)+f_{k+1}(s_{k+1})\}$$
$$=\min_{x_k \in D_k(s_k)}\{v_k(s_k,x_k)+f_{k+1}(s_k+x_k-d_k)\}$$

当 $k=6$ 时，因为 $s_7=0$，有 $s_7=s_6+x_6-d_6=s_6+x_6-45=0$，$x_6=45-s_6$，$s_6 \leqslant 45$，所以

$$f_6(s_6)=\min_{x_6=45-s_6}\{16x_6+0.6s_6+f_7(s_7)\}$$
$$=\min_{x_6=45-s_6}\{16x_6+0.6s_6\}$$
$$=-15.4s_6+720 \qquad\qquad x_6^*=45-s_6$$

当 $k=5$ 时，由 $0 \leqslant s_6 \leqslant 45$，$0 \leqslant s_5+x_5-d_5=s_5+x_5-25 \leqslant 45$，得 $25-s_5 \leqslant x_5 \leqslant 70-s_5$，由于 $s_5 \leqslant 50$，则当 $25-s_5<0$ 时 x_5 的值取"0"，决策允许集合为

$$D_5(s_5)=\{x_5 \mid \max[0, 25-s_5] \leqslant x_5 \leqslant 70-s_5\}$$

则有

$$f_5(s_5)=\min_{x_5 \in D_5(s_5)}\{18x_5+0.6s_5+f_6(s_6)\}$$
$$=\min_{x_5 \in D_5(s_5)}\{18x_5+0.6s_5-15.4s_6+720\}$$
$$=\min_{x_5 \in D_5(s_5)}\{2.6x_5-14.8s_5+1\,105\} \quad \text{（其中 } s_6=s_5+x_5-25\text{）}$$
$$=\begin{cases} -17.4s_5+1\,170 & s_5 \leqslant 25 \text{ 时，取下界：} x_5^*=25-s_5 \\ -14.8s_5+1\,105 & s_5 > 25 \text{ 时，取下界：} x_5^*=0 \end{cases}$$

当 $k=4$ 时，$0 \leqslant s_5 \leqslant 25$，$0 \leqslant s_4+x_4-40 \leqslant 25$，有 $40-s_4 \leqslant x_4 \leqslant 65-s_4$，决策允许集合为

$$D_4(s_4)=\{x_4 \mid \max[0, 40-s_4] \leqslant x_4 \leqslant 65-s_4\}$$

$$f_4(s_4) = \min_{x_4 \in D_4(s_4)} \{19x_4 + 0.6s_4 + f_5(s_5)\}$$

$$= \min_{x_4 \in D_4(s_4)} \{19x_4 + 0.6s_4 - 17.4s_5 + 1\,170\}$$

$$= \min_{x_4 \in D_4(s_4)} \{1.6x_4 - 16.8s_4 + 1\,866\}$$

$$= \begin{cases} -18.4s_4 + 1\,930 & s_4 \leqslant 40, x_4^* = 40 - s_4 \\ -16.8s_4 + 1\,866 & 40 \leqslant s_4 \leqslant 50, x_4^* = 0 \end{cases}$$

当 $25 < s_5 \leqslant 50$, $x_5 = 0$, $25 \leqslant s_4 + x_4 - 40 \leqslant 50$, 有

$$D_4(s_4) = \{x_4 \mid 65 - s_4 \leqslant x_4 \leqslant 90 - s_4\}$$

$$f_4^{(1)}(s_4) = \min_{x_4 \in D_4(s_4)} \{19x_4 + 0.6s_4 + f_5(s_5)\}$$

$$= \min_{x_4 \in D_4(s_4)} \{19x_4 + 0.6s_4 - 14.8s_5 + 1\,105\}$$

$$= \min_{x_4 \in D_4(s_4)} \{4.2x_4 - 14.2s_4 + 1\,697\}$$

$$= -18.4s_4 + 1\,970 \qquad \text{取下界}: x_4^* = 65 - s_4$$

显然该决策不可行，$x_5 = 0$，$s_4 + x_4 = 65 = d_4 + d_5$，$s_5 = s_4 + x_4 - d_4 = 65 - 40 = 25$，与 $s_5 > 25$ 矛盾。因此有

$$f_4(s_4) = \begin{cases} -18.4s_4 + 1\,930 & 0 \leqslant s_4 \leqslant 40, \quad x_4^* = 40 - s_4 \text{ 并且 } 0 \leqslant s_5 \leqslant 25, x_5 = 25 - s_5 \\ -16.8s_4 + 1\,866 & 40 < s_4 \leqslant 50, \quad x_4^* = 0 \text{ 并且 } 0 \leqslant s_5 \leqslant 25, x_5 = 25 - s_5 \end{cases}$$

当 $k = 3$ 时，$0 \leqslant s_4 \leqslant 40$，$0 \leqslant s_3 + x_3 - 35 \leqslant 40$，有

$$D_3(s_3) = \{x_3 \mid \max[0, 35 - s_3] \leqslant x_3 \leqslant 75 - s_3\}$$

$$f_3(s_3) = \min_{x_3 \in D_3(s_3)} \{16x_3 + 0.6s_3 + f_4(s_4)\}$$

$$= \min_{x_3 \in D_3(s_3)} \{16x_3 + 0.6s_3 - 18.4s_4 + 1\,930\}$$

$$= \min_{x_3 \in D_3(s_3)} \{-2.4x_3 - 17.8s_3 + 2\,574\}$$

$$= -15.4s_3 + 2\,394 \qquad \text{取上界}: x_3^* = 75 - s_3$$

当 $40 \leqslant s_4 \leqslant 50$ 时，$40 \leqslant s_3 + x_3 - 35 \leqslant 50$，有

$$D_3(s_3) = \{x_3 \mid 75 - s_3 \leqslant x_3 \leqslant 85 - s_3\}$$

$$f_3(s_3) = \min_{x_3 \in D_3(s_3)} \{16x_3 + 0.6s_3 + f_4(s_4)\}$$

$$= \min_{x_3 \in D_3(s_3)} \{16x_3 + 0.6s_3 - 16.8s_4 + 1\,866\}$$

$$= \min_{x_3 \in D_3(s_3)} \{-0.8x_3 - 16.2s_3 + 2\,454\}$$

$$= -15.4s_3 + 2\,386 \qquad \text{取上界}: x_3^* = 85 - s_3$$

取决策 $x_3^* = 85 - s_3$，$f_3(s_3) = -15.4s_3 + 2\,386$。

当 $k = 2$ 时，由 $40 \leqslant s_4 \leqslant 50$，$0 \leqslant s_3 \leqslant 50$，$0 \leqslant s_2 + x_2 - 30 \leqslant 50$，有 $30 - s_2 \leqslant x_2 \leqslant 80 - s_2$，$x_2$ 的决策允许集合为

$$D_2(s_2) = \{x_2 \mid \max[0, 30 - s_2] \leqslant x_2 \leqslant 80 - s_2\}$$

$$f_2(s_2) = \min_{30 - s_2 \leqslant x_2 \leqslant 65 - s_2} \{12x_2 + 0.6s_2 + f_3(s_3)\}$$

$$= \min_{30 - s_2 \leqslant x_2 \leqslant 65 - s_2} \{12x_2 + 0.6s_2 - 15.4s_3 + 2\,386\}$$

$$= \min_{30-s_2 \leqslant x_2 \leqslant 65-s_2} \{-3.4x_2 - 14.8s_2 + 2\,848\}$$

$$= -11.4s_2 + 2\,576 \qquad\qquad 取上界:x_2^* = 80 - s_2$$

当 $k=1$ 时,由 $0 \leqslant s_2 \leqslant 50$,$0 \leqslant s_1 + x_1 - 20 \leqslant 50$,$20 - s_1 \leqslant x_1 \leqslant 70 - s_1$,只要期初存储量 $s_1 \leqslant 20$,则 x_1 的决策允许集合为

$$D_1(s_1) = \{x_1 \mid 20 - s_1 \leqslant x_1 \leqslant 70 - s_1\}$$

$$f_1(s_1) = \min_{x_1 \in D_1(s_1)} \{15x_1 + 0.6s_1 + f_2(s_2)\}$$

$$= \min_{x_1 \in D_1(s_1)} \{15x_1 + 0.6s_1 - 11.4s_2 + 2\,584\}$$

$$= \min_{x_1 \in D_1(s_1)} \{3.6x_1 - 10.8s_1 + 2\,804\}$$

$$= -14.4s_1 + 2\,876 \qquad\qquad 取下界:x_1^* = 20 - s_1$$

(1) 期初存储量 $s_1 = 0$,由各阶段的最优决策 x_j^* 及状态转移方程,回溯可求出最优策略。$x_1 = 20$,$s_2 = s_1 + x_1 - d_1 = 0 + 20 - 20 = 0$,$x_2 = 80$,$s_3 = s_2 + x_2 - d_2 = 0 + 80 - 30 = 50$,$x_3 = 85 - 50 = 35$,$s_4 = s_3 + x_3 - d_3 = 50 + 35 - 35 = 50 > 40$,$x_4 = 0$,$s_5 = 50 - 0 - 40 = 10 < 25$,$x_5 = 25 - s_5 = 15$,$s_6 = 10 + 15 - 25 = 0$,$x_6 = 45$。总成本为 2 876。1~6 月份生产与存储详细计划表见表 8-10 所示。

(2) 期初存储量 $s_1 = 10$,与前面计算类似,得到 $x_1 = 10$,$x_2 = 80$,$x_3 = 35$,$x_4 = 0$,$x_5 = 15$,$x_6 = 45$。

表 8-10

月份(k)	1	2	3	4	5	6	合计
需求量(d_k)	20	30	35	40	25	45	195
单位产品成本(c_k)	15	12	16	19	18	16	
单位存储费 h_k	0.6	0.6	0.6	0.6	0.6	0.6	
产量 x_k	20	80	35	0	15	45	195
期初存量 s_k	0	0	50	50	10	0	110
生产成本 $C_K(x_k)$	300	960	560	0	270	720	2 810
存储成本 $H_k(s_k)$	0	0	30	30	6	0	66
合 计							2 876

在实际生产过程中,问题可能比例 8-4 复杂得多。例如,各期的变动成本和存储成本是一个函数式,甚至是非线性函数,各期有不同的生产量和存储量限制,允许延期交货但要支付缺货费用等情形,请读者参阅例 8-10、例 5-21 和附录 C 案例 C-5 等内容。

8.4 背包问题

背包问题在例 3-1 已提到,这里用动态规划方法求解只有一个约束条件(一维背包问题)的整数规划最优解,即背包只有重量或体积限制。

设数学模型为

$$\max Z = c_1 x_1 + c_2 x_2 + \cdots + c_n x_n$$

$$\begin{cases} w_1 x_1 + w_2 x_2 + \cdots + w_n x_n \leqslant W \\ x_i \geqslant 0\ 且为整数, \quad i = 1, \cdots, n \end{cases}$$

式中，c_k 为第 k 种物品的单位价值；w_k 为第 k 种物品的单位重量或体积；W 为背包的重量或体积限制。动态规划的有关要素如下：

阶段 k：第 k 次装载第 k 种物品 ($k=1, 2, \cdots, n$)

状态变量 s_k：第 k 次装载时背包还可以装载的重量（或体积）

决策变量 x_k：第 k 次装载第 k 种物品的件数

决策允许集合：$D_k(s_k) = \{d_k \mid 0 \leqslant x_k \leqslant s_k/w_k,\ x_k\ 为整数\}$

状态转移方程：$s_{k+1} = s_k - w_k x_k$

阶段指标：$v_k = c_k x_k$

终端条件：$f_{n+1}(s_{n+1}) = 0$

递推方程：
$$f_k(s_k) = \max\{c_k x_k + f_{k+1}(s_{k+1})\}$$
$$= \max\{c_k x_k + f_{k+1}(s_k - w_k x_k)\}$$

【例 8-5】用动态规划方法求解下列整数规划

$$\max Z = 60x_1 + 40x_2 + 60x_3$$
$$\begin{cases} 3x_1 + 2x_2 + 5x_3 \leqslant 10 \\ x_1, x_2, x_3 \geqslant 0\ 且为整数 \end{cases}$$

解 终端条件：$f_4(x_4) = 0$

$k=3$ 时，递推方程为
$$f_3(s_3) = \max_{0 \leqslant x_3 \leqslant s_3/w_3}\{c_3 x_3 + f_4(s_4)\} = \max_{0 \leqslant x_3 \leqslant s_3/5}\{60 x_3\}$$

计算过程见表 8-11。

表 8-11

s_3	$D_3(s_3) = \left\{x_3 \mid \left[\dfrac{s_3}{5}\right]\right\}$	s_4	$60x_3 + f_4(s_4)$	$f_3(s_3)$	x_3^*
0	0	0	0+0=0	0	0
1	0	1	0+0=0	0	0
⋮	⋮	⋮	⋮	⋮	0
5	0	5	0+0=0		1
	1	0	60+0=60*	60	
⋮	⋮	⋮	⋮	⋮	1
10	0	10	0+0=60		2
	1	5	60+0=60	120	
	2	0	120+0=120*		

表 8-11 省略了部分内容，最优决策是：s_3 为 0~4 时，$x_3=0$；s_3 为 5~9 时，$x_3=1$，$s_3=10$ 时，$x_3=2$。

$k=2$ 时，递推方程为
$$f_2(s_2) = \max_{0 \leqslant x_2 \leqslant s_2/w_2}\{c_2 x_2 + f_3(s_3)\} = \max_{0 \leqslant x_2 \leqslant s_2/2}\{40 x_2 + f_3(s_2 - 2x_2)\}$$

$w_2 = 2$，$D_2(s_2) = \left\{x_2 \mid 0 \leqslant x_2 \leqslant \left[\dfrac{s_2}{2}\right]\right\}$，决策集为 $\{0, 1, 2, 3, 4, 5\}$。计算过程见表 8-12。

表 8-12

s_2	$D_2(s_2)$	s_3	$40x_2+f_3(s_3)$	$f_2(s_2)$	x_2^*
0	0	0	$0+f_3(0)=0+0=0$*	0	0
1	0	1	$0+0=0$	0	0
2	0	2	$0+0=0$	40	1
	1	0	$40+0=40$*		
3	0	3	$0+0=0$	40	1
	1	1	$40+0=40$*		
4	0	4	$0+0=0$	80	2
	1	2	$40+0=40$		
	2	0	$80+0=80$*		
5	0	5	$0+60=60$	80	2
	1	3	$40+0=40$		
	2	1	$80+0=80$*		
⋮	⋮	⋮	⋮	⋮	
10	0	10	$0+120=120$	200	5
	1	8	$40+60=100$		
	2	6	$80+60=140$		
	3	4	$120+0=120$		
	4	2	$160+0=160$		
	5	0	$200+0=200$*		

第 2 阶段的最优决策见表 8-13。

表 8-13

s_2	0	1	2	3	4	5	6	7	8	9	10
$f_2(s_2)$	0	0	40	40	80	80	120	120	160	160	200
x_2	0	0	1	1	2	2	3	3	4	4	5

$k=1$ 时，递推方程为

$$f_1(s_1) = \max_{0 \leqslant x_1 \leqslant s_1/w_1} \{c_1 x_1 + f_2(s_2)\} = \max_{0 \leqslant x_1 \leqslant s_1/3} \{60x_1 + f_2(s_1 - 3x_1)\}$$

$s_1=10$，$w_1=3$，$D_1(s_1)=\{0,1,2,3\}$，计算结果见表 8-14。

表 8-14

s_1	$D_1(s_1)$	s_2	$60x_1+f_2(s_2)$	$f_1(s_1)$	x_1^*
10	0	10	$0+f_2(10)=0+200=200$*	200	0，2
	1	7	$60+120=180$		
	2	4	$120+80=200$*		
	3	1	$180+0=180$		

由表 8-14、表 8-13、表 8-11，得到两个最优解：$X_1=(0,5,0)$，$X_2=(2,2,0)$，最优值 $Z=200$。

关于二维背包问题（两个约束）见例 8-6。

8.5 其他动态规划模型

8.5.1 求解线性规划模型

对于线性规划、整数规划这种静态问题用动态规划方法求解时，阶段数等于变量数，状态变量是资源限量，阶段指标是目标函数项。

【例 8-6】 用动态规划方法求解下列线性规划

$$\max Z = 6x_1 + 5x_2 + 8x_3$$

$$\begin{cases} 3x_1 + 2x_2 \leqslant 20 \\ x_1 + 4x_2 + 4x_3 \leqslant 14 \\ x_1, x_2, x_3 \geqslant 0 \end{cases}$$

解 首先将问题转化为动态规划模型。

阶段数为 3，决策变量为 x_k，状态变量为第 k 阶段初各约束条件右端常数的剩余值，用 s_{1k} 和 s_{2k} 表示，状态转移方程为

$$s_{1,k+1} = s_{1k} - a_{1k}x_k, \quad s_{2,k+1} = s_{2k} - a_{2k}x_k$$

阶段指标是 $c_k x_k$，递推方程为

$$f_k(s_{1k}, s_{2k}) = \max_{x_k \in D(s_{ik})} \{c_k x_k + f_{k+1}(s_{k+1})\}$$

终端条件 $f_4(s_{14}, s_{24}) = 0$

$k=3$ 时，决策变量允许集合 $D_3(s_{i3}) = \left\{ x_3 \mid 0 \leqslant x_3 \leqslant \min\left(\frac{s_{13}}{a_{13}}, \frac{s_{23}}{a_{23}}\right) \right\}$，$a_{13} = 0, a_{23} = 4$，有

$$D_3(s_{i3}) = \left\{ x_3 \mid 0 \leqslant x_3 \leqslant \frac{s_{23}}{4} \right\}$$

$$f_3(s_{13}, s_{23}) = \max_{0 \leqslant x_3 \leqslant s_{23}/4} \{c_3 x_3\} = \max_{0 \leqslant x_3 \leqslant s_{23}/4} \{8x_3\} = 2s_{23} \qquad x_3^* = \frac{s_{23}}{4}$$

$k=2$ 时，决策变量 x_2 的允许集合 $D_2(s_{i2}) = \left\{ x_2 \mid 0 \leqslant x_2 \leqslant \min\left(\frac{s_{12}}{a_{12}}, \frac{s_{22}}{a_{22}}\right) \right\}$，$a_{12} = 2$，$a_{22} = 4$，有

$$D_2(s_{i2}) = \left\{ x_2 \mid 0 \leqslant x_2 \leqslant \min\left(\frac{s_{12}}{2}, \frac{s_{22}}{4}\right) \right\}$$

状态转移方程为 $s_{13} = s_{12} - 2x_2$，$s_{23} = s_{22} - 4x_2$

$$f_2(s_{12}, s_{22}) = \max_{0 \leqslant x_2 \leqslant \min\left\{\frac{s_{12}}{2}, \frac{s_{22}}{4}\right\}} \{c_2 x_2 + f_3(s_{13}, s_{23})\} = \max_{0 \leqslant x_2 \leqslant \min\left\{\frac{s_{12}}{2}, \frac{s_{22}}{4}\right\}} \{5x_2 + 2s_{23}\}$$

$$= \max_{0 \leqslant x_2 \leqslant \min\left\{\frac{s_{12}}{2}, \frac{s_{22}}{4}\right\}} \{5x_2 + 2(s_{22} - 4x_2)\}$$

$$= \max_{0 \leqslant x_2 \leqslant \min\left\{\frac{s_{12}}{2}, \frac{s_{22}}{4}\right\}} \{2s_{22} - 3x_2\}$$

$$= 2s_{22} \qquad x_2^* = 0$$

$k=1$ 时，决策变量 x_1 的允许集合

$$D_1(s_{i1}) = \left\{ x_1 \mid 0 \leqslant x_1 \leqslant \min\left(\frac{s_{11}}{a_{11}}, \frac{s_{21}}{a_{21}}\right) \right\}$$

$$= \left\{ x_1 \mid 0 \leqslant x_1 \leqslant \min\left(\frac{20}{3}, 14\right) \right\}$$

状态转移方程为

$$s_{12} = s_{11} - 3x_1 = 20 - 3x_1$$

$$s_{22} = s_{21} - x_1 = 14 - x_1$$

$$f_1(s_{11}, s_{21}) = \max_{0 \leqslant x_1 \leqslant \min\left(\frac{20}{3}, 14\right)} \{c_1 x_1 + f_2(s_{12}, s_{22})\}$$

$$= \max_{0 \leqslant x_1 \leqslant \min\left(\frac{20}{3}, 14\right)} \{6x_1 + 2(14 - x_1)\}$$

$$= \max_{0 \leqslant x_1 \leqslant \min\left(\frac{20}{3}, 14\right)} \{4x_1 + 2 \times 14\}$$

$$= \frac{164}{3} \qquad x_1^* = \frac{20}{3}$$

$x_1 = \frac{20}{3}$, $s_{12} = 0$, $s_{22} = 14 - \frac{20}{3} = \frac{22}{3}$, $x_2 = 0$, $s_{13} = 0$, $s_{23} = \frac{22}{3}$, $x_3 = \frac{s_{23}}{4} = \frac{11}{6}$, 最优解

$$X = \left(\frac{20}{3}, 0, \frac{11}{6}\right)^T, \quad Z = \frac{164}{3}$$

引用例 8-6 的求解思路，加上变量取整数约束，可求解同时具有重量和体积限制的二维背包问题。

8.5.2 求解非线性规划模型

用动态规划方法求解非线性规划模型的思路与例 8-6 类似。

【例 8-7】 用动态规划方法求解下列非线性规划

$$\max Z = x_1 x_2 x_3$$

$$\begin{cases} x_1 + 5x_2 + 2x_3 \leqslant 20 \\ x_1, x_2, x_3 \geqslant 0 \end{cases}$$

解 阶段数为 3，决策变量为 x_k，状态变量 s_k 为第 k 阶段初约束条件右端常数的剩余值，状态转移方程为 $s_{k+1} = s_k - a_k x_k$，阶段指标是 x_k，递推方程为

$$f_k(s_k) = \max_{x_k \in D_k(s_k)} \{x_k \cdot f_{k+1}(s_{k+1})\}$$

终端条件 $f_4(s_4) = 1$

$k=3$ 时，决策变量允许集合 $D_3(s_3) = \left\{x_3 \mid 0 \leqslant x_3 \leqslant \frac{s_3}{a_3} = \frac{s_3}{2}\right\}$

$$f_3(s_3) = \max_{0 \leqslant x_3 \leqslant \frac{s_3}{2}} \{x_3 f_4(s_4)\}$$

$$= \max_{0 \leqslant x_3 \leqslant \frac{s_3}{2}} \{x_3\} = \frac{s_3}{2} \qquad x_3^* = \frac{s_3}{2}$$

$k=2$ 时，决策变量允许集合 $D_2(s_2) = \left\{x_2 \mid 0 \leqslant x_2 \leqslant \frac{s_2}{a_2} = \frac{s_2}{5}\right\}$

状态转移方程为 $s_3 = s_2 - 5x_2$

$$f_2(s_2) = \max_{0 \leqslant x_2 \leqslant \frac{s_2}{5}} \{x_2 f_3(s_3)\}$$

$$= \max_{0 \leqslant x_2 \leqslant \frac{s_2}{5}} \left\{\frac{1}{2} x_2 s_3\right\}$$

$$= \max_{0 \leqslant x_2 \leqslant \frac{s_2}{5}} \left\{\frac{1}{2} x_2 (s_2 - 5x_2)\right\} = \frac{1}{40} s_2^2 \qquad x_2^* = \frac{s_2}{10}$$

$k=1$ 时，决策变量允许集合 $D_1(s_1) = \left\{x_1 \mid 0 \leqslant x_1 \leqslant \frac{s_1}{a_1} = 20\right\}$

状态转移方程为 $s_2 = 20 - x_1$

$$f_1(s_1) = \max_{0 \leq x_1 \leq 20} \{x_1 f_2(s_2)\} = \max_{0 \leq x_1 \leq 20} \left\{\frac{1}{40} x_1 s_2^2\right\}$$

$$= \max_{0 \leq x_1 \leq 20} \left\{\frac{1}{40} x_1 (20 - x_1)^2\right\}$$

$$= \max_{0 \leq x_1 \leq 20} \left\{\frac{1}{40} x_1^3 - x_1^2 + 10 x_1\right\}$$

$$= \frac{800}{27} \qquad x_1^* = \frac{20}{3}$$

$x_1 = \frac{20}{3}$,$s_2 = 20 - x_1 = \frac{40}{3}$,$x_2 = \frac{s_2}{10} = \frac{4}{3}$,$s_3 = s_2 - 5x_2 = \frac{20}{3}$,$x_3 = \frac{s_3}{2} = \frac{10}{3}$,得到最优解

$$X = \left(\frac{20}{3}, \frac{4}{3}, \frac{10}{3}\right)^\mathrm{T}, \quad Z = \frac{800}{27}$$

这里连乘形式的递推方程的终端条件应等于 1。例 8-7 形式的模型可应用到系统可靠性问题,见习题 8.10。

8.5.3 设备更新问题

设备更新问题在例 6-8 曾用求最短路算法求解,该问题也能用动态规划方法求解。设一台设备已使用了(役龄)T 年,对一台使用寿命为 n 年的设备,怎样制定在 n 年中每年是更新(Replace)还是继续使用(Keep)策略,使 n 年的总收益最大或总成本最低。下面以总成本最低为标准讨论设备更新的动态规划求解方法。

$P(t)$:第 t 年新设备的购置成本,$t = 0, 1, 2, \cdots, n$

$C(t)$:设备第 t 年的维修费用。这里的 t 从 T 年后开始计算,$t = 0, 1, 2, \cdots, n$,新设备的役龄为 $t = 0$。如设备已使用了两年($T = 2$),继续使用时第 1 年 t 等于 0,不是等于 1

$S(t)$:旧设备第 t 年出售的价格

$R(t)$:在 n 年年末,役龄为 t 的设备残值

阶段 k:设备运行年份

状态变量 s_k:设备的役龄 t

决策变量 x_k:$x_k = \begin{cases} R & \text{更新} \\ K & \text{继续使用} \end{cases}$

状态转移方程:

$$s_{k+1} = \begin{cases} 1 & x_k = R \\ x_k + 1 & x_k = K \end{cases}$$

阶段指标是更新或继续使用的总成本

$$v_k = \begin{cases} P(s_k) + C(0) - S(s_k) & x_k = R \\ C(s_k) & x_k = K \end{cases}$$

$$= \begin{cases} P(t) + C(0) - S(t) & x_k = R \\ C(t) & x_k = K \end{cases}$$

终端条件:$f_n(t) = -R(t)$

递推方程:

$$f_k(s_k) = \min \begin{cases} P(s_k) + C(0) - S(s_k) + f_{k+1}(s_{k+1}) & x_k = R \\ C(s_k) + f_{k+1}(s_{k+1}) & x_k = K \end{cases}$$

$$= \min \begin{cases} P(t) + C(0) - S(t) + f_{k+1}(t+1) & x_k = R \\ C(t) + f_{k+1}(t+1) & x_k = K \end{cases}$$

例题略。

8.6 WinQSB 软件应用

用 WinQSB 软件求解动态规划问题时，调用子程序 Dynamic Programming（DP）。该程序有 3 个子块，最短路问题（Stagecoach Problem）、背包问题（Knapsack Problem）和生产与存储问题（Production and Inventory Scheduling）。

8.6.1 最短路问题

【例 8-8】用 WinQSB 软件求解例 8-1。

解 （1）调用子程序 DP，新建问题。在图 8-3 中选择第一项，输入标题和节点数。

（2）输入数据。按图 8-1 弧的方向将距离输入到表 8-15 中。两点间没有弧连接时不输入数据。

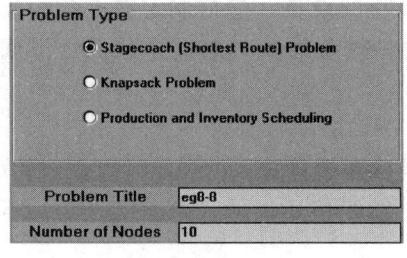

图 8-3

表 8-15

From \ To	v1	v2	v3	v4	v5	v6	v7	v8	v9	v10
v1		2	8	5						
v2					10	13				
v3					7	10				
v4					13	11				
v5							2	8	6	
v6							12	5	8	
v7										5
v8										8
v9										4
v10										

（3）求解。点击菜单栏 Solve and Analyze→Solve the Problem，选择路线 $v_1 \to v_{10}$，得到表 8-16 的结果。

表 8-16

09-05-2004 Stage	From Input State	To Output State	Distance	Cumulative Distance	Distance to v10
1	v1	v2	2	2	19
2	v2	v5	10	12	17
3	v5	v7	2	14	7
4	v7	v10	5	19	5
From v1	To v10	Min. Distance		= 19	CPU = 0

8.6.2 背包问题

【例 8-9】用 WinQSB 软件求解下列背包问题。已知 1 吨集装箱最大载重量为 800 公斤，有 5 种物品各 10 件，单位物品重量和价值见表 8-17，求价值最大的装载方案。

表 8-17

物品	1	2	3	4	5
物品限量（件）	10	10	10	10	10
单位物品重量（公斤）	20	15	40	60	30
单位物品价值（元）	40	25	60	70	50

解 在图 8-3 中选择第二项，输入标题和物品的品种数 5。按表 8-18 的形式输入数据。第一列为物品名称，第二列为物品限量和集装箱载重量限制，第三列为单位物品重量。最后一列是物品价值函数，如果只输入 40、25 等数据，系统将看做是与数量无关的

固定价值。

表 8-18

Item (Stage)	Item Identification	Units Available	Unit Capacity Required	Return Function (X: Item ID) (e.g., 50X, 3X+100, 2.15X^2+5)
1	a	10	20	40a
2	b	10	15	25b
3	c	10	40	60c
4	d	10	60	70d
5	e	10	30	50e
Knapsack	Capacity =	800		

求解结果见表 8-19。表 8-19 表示 5 种物品分别装 10 件、9 件、4 件、0 件及 10 件,总价值为 1 365(元),集装箱还有 5 公斤的剩余能力。

表 8-19

09-05-2004 Stage	Item Name	Decision Quantity (X)	Return Function	Total Item Return Value	Capacity Left
1	a	10	40a	400	600
2	b	9	25b	225	465
3	c	4	60c	240	305
4	d	0	70d	0	305
5	e	10	50e	500	5
Total		Return	Value =	1365	CPU = 0.42

8.6.3 生产与存储问题

【例 8-10】一个工厂生产某种产品,1~6 月份生产成本和产品需求量的变化情况见表 8-20。

表 8-20

月份(k)	1	2	3	4	5	6
需求量(件)	20	30	35	40	25	45
生产能力(件)	50	50	50	40	40	40
单位产品成本(元/件)	15	12	16	19	18	16
单位产品存储成本(元/件×月)	1	1	1.5	1.5	1.8	1.8

每批生产准备成本为 $C=3\,000$ 元,月底交货。分别求下列两种情形 6 个月总成本最小的生产方案。

(1) 1 月初与 6 月底存储量为零,仓库容量为 $S=50$ 件,不允许缺货及生产能力无限制。

(2) 1 月初存储量有 20 件产品,仓库容量为 $S=40$ 件。不允许缺货,生产能力见表 8-20。

解 在图 8-3 中选择第 3 项,输入标题和生产时期数。

(1) 输入数据。依照表 8-20 将数据输入到表 8-21 中。表 8-21 的第二列为各期的需求量,第三列为各期的生产能力,能力无限制输入 M,第四列为存储容量限制,第五列为生产时的固定成本,第六列为变动成本函数,P 是产量、H 是存量、B 是缺货量。求解得到表 8-22。

表 8-21

Period (Stage)	Period Identification	Demand	Production Capacity	Storage Capacity	Production Setup Cost	Variable Cost Function (P,H,B: Variables) (e.g., 5P+2H+10B, 3(P-5)^2+100H)
1	1	20	M	50	3000	15P+H
2	2	30	M	50	3000	12P+H
3	3	35	M	50	3000	16P+1.5H
4	4	40	M	50	3000	19P+1.5H
5	5	25	M	50	3000	18P+1.8H
6	6	45	M	50	3000	16P+1.8H
Initial	Inventory =	0				

表 8-22

05-2…	Period Description	Net Demand	Starting Inventory	Production Quantity	Ending Inventory	Setup Cost	Variable Cost Function (P,H,B)	Variable Cost	Total Cost
1	1	20	0	50	30	¥ 3,000.00	15P+H	¥ 780.00	¥ 3,780.00
2	2	30	30	0	0		12P+H	0	0
3	3	35	0	75	40	¥ 3,000.00	16P+1.5H	¥ 1,260.00	¥ 4,260.00
4	4	40	40	0	0		19P+1.5H	0	0
5	5	25	0	70	45	¥ 3,000.00	18P+1.8H	¥ 1,341.00	¥ 4,341.00
6	6	45	45	0	0		16P+1.8H	0	0
Total		195	115	195	115	¥ 9,000.00		¥ 3,381.00	¥ 12,381.00

最优生产策略是第1、3、5月分别生产50件、75件、70件，总成本为12 381元。

（2）在表8-21中，最后一行初始存储量（Initial Inventory）改为"20"，修改生产能力和存储容量。计算结果见表8-23。

表 8-23

Period	Period Description	Net Demand	Starting Inventory	Production Quantity	Ending Inventory	Setup Cost	Variable Cost Function (P,H,B)	Variable Cost	Total Cost
1	1	0	0	0	0	0	15P+H	0	0
2	2	30	0	50	20	¥3,000.00	12P+H	¥620.00	¥3,620.00
3	3	35	20	50	35	¥3,000.00	16P+1.5H	¥852.50	¥3,852.50
4	4	40	35	35	30	¥3,000.00	19P+1.5H	¥710.00	¥3,710.00
5	5	25	30	0	5	0	18P+1.8H	¥9.00	¥9.00
6	6	45	5	40	0	¥3,000.00	16P+1.8H	¥640.00	¥3,640.00
Total		175	90	175	90	¥12,000.00		¥2,831.50	¥14,831.50

如果要求第6个月末存储量为10，则将第6个月的需求量加10即可。

习题

8.1 在设备负荷分配问题中，$n=10$，$a=0.7$，$b=0.85$，$g=15$，$h=10$，期初有设备1 000台。试利用式(8-7)确定10个时期的设备最优负荷方案。

8.2 如图8-4，求A到F的最短路线及最短距离。注意A到C_2、C_3不满足无后效性。

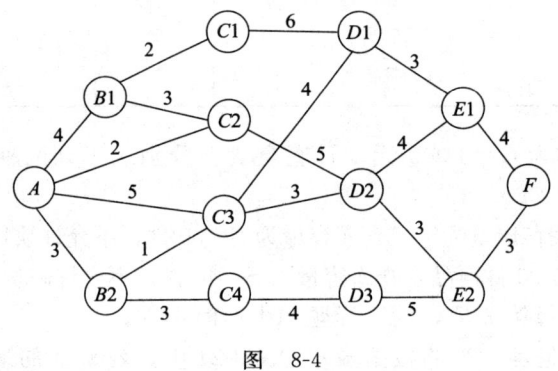

图 8-4

8.3 求解下列非线性规划

(1) $\max Z = x_1 x_2 x_3$
$\begin{cases} x_1 + x_2 + x_3 = C \\ x_j \geqslant 0, j=1,2,3 \end{cases}$

(2) $\min Z = x_1 + x_2^2 + x_3^2$
$\begin{cases} x_1 + x_2 + x_3 = C \\ x_1, x_2, x_3 \geqslant 0, C > 1 \end{cases}$

(3) $\max Z = 2x_1 + 3x_2 + x_3^2$
$\begin{cases} x_1 + x_2 + x_3 = 10 \\ x_1, x_2, x_3 \geqslant 0 \end{cases}$

(4) $\max Z = x_1 x_2 x_3$
$\begin{cases} x_1 + 4x_2 + 2x_3 = 10 \\ x_j \geqslant 0, j=1,2,3 \end{cases}$

(5) $\max Z = x_1 x_2 x_3$
$\begin{cases} 2x_1 + 4x_2 + x_3 \leqslant 10 \\ x_j \geqslant 0, j=1,2,3 \end{cases}$

(6) $\max Z = x_1^2 + 2x_1 + 2x_2^2 + x_3$
$\begin{cases} x_1 + x_2 + x_3 = 8 \\ x_1, x_2, x_3 \geqslant 0 \end{cases}$

8.4 用动态规划求解下列线性规划问题

$$\max Z = 2x_1 + 4x_2$$

$$\begin{cases} 2x_1 + x_2 \leqslant 6 \\ x_1 \leqslant 2 \\ x_2 \leqslant 4 \\ x_1, x_2 \geqslant 0 \end{cases}$$

8.5 10吨集装箱最多只能装9吨,现有3种货物供装载,每种货物的单位重量及相应单位价值如表8-24所示。应该如何装载货物使总价值最大。

表 8-24

货物编号	1	2	3
单位加工时间	2	3	4
单位价值	3	4	5

8.6 有一辆货车载重量为10吨,用来装载货物A、B时成本分别为5元/吨和4元/吨。现在已知每吨货物的运价与该货物的重量有如下线性关系

$$A: P_1 = 15 - x_1; \quad B: P_2 = 18 - 2x_2$$

其中x_1,x_2分别为货物A、B的重量。如果要求货物满载,A和B各装载多少,才能使总利润最大。

8.7 现有一面粉加工厂,每星期上五天班。生产成本和需求量见表8-25。

表 8-25

星期(k)	1	2	3	4	5
需求量(d_k)单位:袋	10	20	25	30	30
每袋生产成本(c_k)	8	6	9	12	10

面粉加工没有生产准备成本,每袋面粉的存储费为$h_k = 0.5$元,按天交货,分别比较下列两种方案的最优性,求成本最小的方案。
(1) 星期一早上和星期五晚的存储量为零,不允许缺货,仓库容量为$S = 40$袋;
(2) 其他条件不变,星期一初存量为8。

8.8 某企业计划委派10个推销员到4个地区推销产品,每个地区分配1~4个推销员。各地区月收益(单位:万元)与推销员人数的关系如表8-26所示。

企业如何分配4个地区的推销人员使月总收益最大。

表 8-26

人数＼地区	A	B	C	D
1	40	50	60	70
2	70	120	200	240
3	180	230	230	260
4	240	240	270	300

8.9 有一个车队总共有车辆100辆,分别送两批货物去A、B两地,运到A地去的利润与车辆数目满足关系$100x$,x为车辆数,车辆抛锚率为30%,运到B地的利润与车辆数y关系为$80y$,车辆抛锚率为20%,总共往返3轮。请设计使总利润最高的车辆分配方案。

8.10 系统可靠性问题。一个工作系统由n个部件串联组成,见图8-5。只要有一个部件失灵,整个系统就不能工作。为提高系统的可靠性,可以增加部件的备用件。例如,用5个部件1并联起来作为一个部件与部件2串联,如果其中一个部件失灵其他4个部件仍能正常工作。由于系统成本(或重量、体积)的限制,应如何选择各个部件的备件数,使整个系统的可靠性最大。

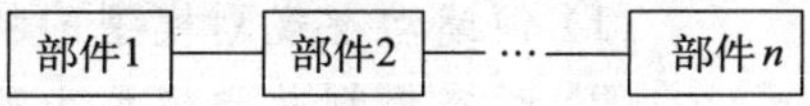

图 8-5

假设部件$i(i = 1, 2, \cdots, n)$上装有x_i个备用件,该部件正常工作的概率为$P_i(x_i)$。设装一个部件i的备用件的成本为c_i,要求备件的总费用为C。那么该问题模型为

$$\max P = \prod_{i=1}^{n} p_i(x_i)$$

$$\begin{cases} \sum_{i=1}^{n} c_i x_i \leqslant C \\ x_j \geqslant 0 \text{ 且为整数}, i = 1, 2, \cdots, n \end{cases} \tag{8-8}$$

同理，如果一个复杂的工作系统由 n 个部件并联组成的，只有当 n 个部件都失灵，整个系统就不能工作，见图 8-6。

假设 $p_i(x_i)$ 为第 i 个部件失灵的概率，为提高系统的可靠性，可以增加部件的备用件。由于系统成本（或重量、体积）的限制，应如何选择各个部件的备件数，使整个系统的可靠性最大。系统的可靠性为 $1 - \prod_{i=1}^{n} p_i(x_i)$，则该问题的数学模型归结为

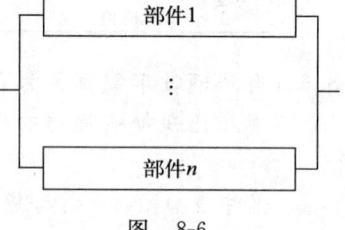

图 8-6

$$\min P = \prod_{i=1}^{n} p_i(x_i)$$

$$\begin{cases} \sum_{i=1}^{n} c_i x_i \leqslant C \\ x_i \geqslant 0 \text{ 且为整数}, i = 1, 2, \cdots, n \end{cases} \tag{8-9}$$

利用式(8-8)或式(8-9)求解下列问题。

(1) 工厂设计的一种电子设备，其中有一系统由三个电子元件串联组成。已知这三个元件的价格和可靠性如表 8-27 所示，要求在设计中所使用元件的费用不超过 200 元，试问应如何设计使设备的可靠性达到最大。

(2) 公司计划在 5 周内必须采购一批原料，而估计在未来的 5 周内价格有波动，其浮动价格和概率根据市场调查和预测得出，如表 8-28 所示，试求在哪一周以什么价格购入，使其采购价格的期望最小，并求出期望值。

表 8-27

元件	单价	可靠性
1	40	0.95
2	35	0.8
3	20	0.6

表 8-28

单价	概率
550	0.1
650	0.25
800	0.3
900	0.35

8.11 思考与简答题

(1) 简述动态规划模型的特点。
(2) 动态规划数学模型由哪些要素构成。
(3) 动态规划求解的基本步骤是什么。
(4) 简述动态规划的基本原理。
(5) 为什么说动态规划是解决多阶段决策问题的一种思路。
(6) 名词解释：阶段、状态、决策、策略、状态转移方程、指标函数、最优指标函数。
(7) 什么是顺序法和逆序法。
(8) 什么是无后效性。
(9) 指标函数的连和形式与连乘形式各是怎样的函数。
(10) 状态转移方程是哪些变量的函数。

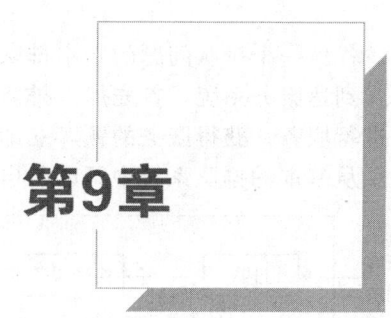

第9章

排　队　论

排队论(Queuing Theory)又称**随机服务系统理论**(Random Service System Theory)，是研究排队系统的数学理论和方法，是运筹学的一个重要分支。具体地说，它是在研究各种排队系统概率规律性的基础上，解决相应排队系统的最优设计和最优控制问题。

9.1 排队论的基本概念

9.1.1 排队系统的描述

排队是在日常生活和生产中经常遇到的现象。例如，上、下班搭乘公共汽车，顾客到商店购买物品，病员到医院看病等就常常出现排队和等待现象。除了上述有形的排队之外，还有大量的所谓"无形"排队现象，如水库的存储调节，车站、码头等交通枢纽的车船堵塞和疏导等。排队的不一定是人，也可以是物，例如，通信卫星与地面若干待传递的信息；生产线上的原料、半成品等待加工，要降落的飞机因跑道被占用而在空中盘旋等。

上述各种问题虽互不相同，却都有要求得到某种服务的人或物和提供服务的人或机构。排队论里把要求服务的对象统称为"顾客"，而把提供服务的人或机构称为"服务台"或"服务员"。不同的顾客与服务组成了各式各样的排队系统，表 9-1 是一些排队系统的例子。

表 9-1　排队系统范例

顾客	要求的服务	服务机构
1. 借书的学生	借书	图书管理员
2. 打电话	通话	交换台
3. 提货者	提货	仓库管理员
4. 待降落的飞行器	降落	指挥塔台
5. 储户	存款、取款	储蓄窗口、ATM
6. 河水进入水库	放水、调整水位	水库管理员
7. 购票旅客	购票	售票窗口
8. 十字路口的汽车	通过路口	红绿灯或交警

任何一个排队问题的基本排队过程都可以用图 9-1 表示。每个顾客由顾客源按一定的方式到达服务系统，首先加入排队队列等待接受服务，服务台按一定规则从队列中选择顾客进行服务，获得服务的顾客立即离开。

从基本的排队系统中可以引申出许多其他形式的排队系统，如图 9-2 至图 9-5 所示。

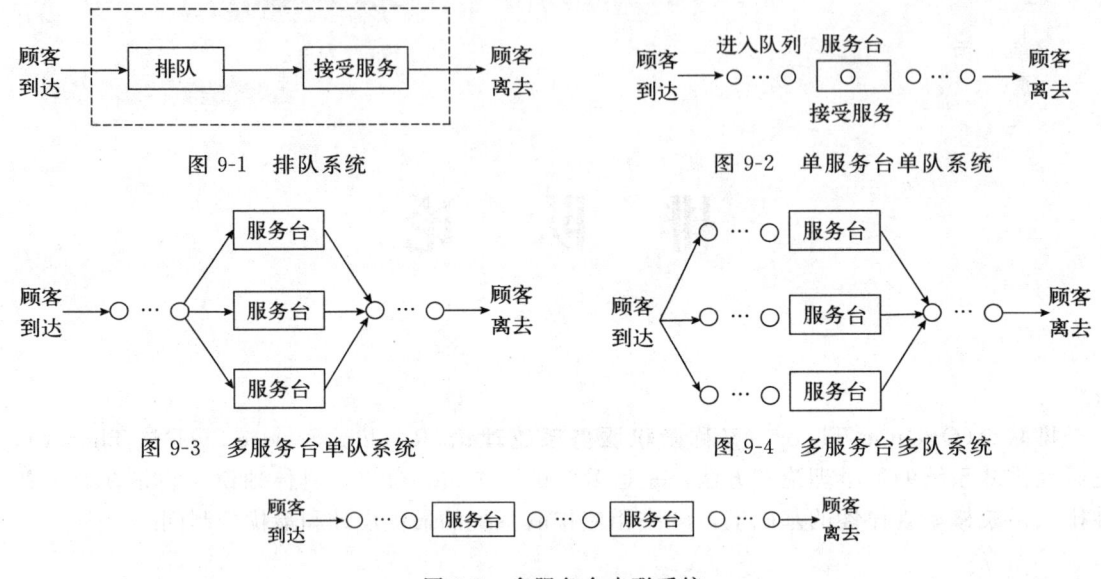

图 9-1　排队系统

图 9-2　单服务台单队系统

图 9-3　多服务台单队系统

图 9-4　多服务台多队系统

图 9-5　多服务台串联系统

任一排队系统都是一个随机聚散服务系统。"聚"表示顾客的到达，"散"表示顾客的离去，所谓随机性则是排队系统的一个普遍特点，是指顾客的到达情况（如相继到达时间间隔）与每个顾客接受服务的时间往往是事先无法确切知道的，或者说是随机的。一般来说，排队论所研究的排队系统中，到达时间间隔和服务时间两个量中至少有一个是随机的，因此，排队论又称为随机服务系统理论。

9.1.2　排队系统的基本组成

通常，排队系统由输入过程、排队规则和服务机构三个部分组成。

1. 输入过程

输入过程是指要求服务的顾客按怎样的规律到达排队系统的过程，有时也称为顾客流。一般可以从三个方面来描述一个输入过程：

(1) 顾客总体数，又称顾客源、输入源。顾客源可以是有限的，也可以是无限的。如到售票处购票的顾客总数可以认为是无限的，而某个工厂因故障待修的机床则是有限的。

(2) 顾客到达的形式。这是描述顾客是怎样来到系统的，是单个到达，还是成批到达。大学生到图书馆借书是单个到达的例子，而购买的材料入库则可以看成是成批到达。

(3) 顾客流的概率分布，或称顾客相继到达的时间间隔分布。这是首先需要确定的指标。顾客流的概率分布一般有定长分布、二项分布、泊松流和负指数分布等。

2. 排队规则

排队分为有限排队和无限排队两类。前者是指系统的空间是有限的，当系统被占满时，后面再来的顾客将不能进入系统；后者是指系统中的顾客数可以是无限的，队列可以排到无限长，顾客到达后均可进入系统排队或接受服务。具体又分为以下三种。

（1）等待制。指顾客到达系统后，所有服务台都不空，顾客加入排队行列等待服务，一直等到服务完毕以后才离去。如排队等待售票，故障设备等待维修等。等待制中，服务台选择顾客进行服务时通常有如下四种规则：

先到先服务（First Come First Serve，FCFS）。按顾客到达的先后顺序对顾客进行服务，这是最普遍的情形。

后到先服务（Last Come First Serve，LCFS）。仓库中叠放的钢材，后放上去的先被领走，重大消息优先刊登，都属于这种情形。

随机服务（Service in Random Order，SIRO）。当服务台空闲时，不按排队序列而随意指定某个顾客去接受服务，如电话交换台接通呼叫就是一例。

有优先权的服务（Priority，PR）。如老人、小孩先进车站，重病号先就诊，遇到重要数据需要立即中断其他数据的处理等，均属于这种规则。

（2）损失制。指当顾客到达系统时，所有服务台都已被占用，顾客不愿等待而离开系统。如电话拨号后出现忙音，顾客不愿等待而挂断电话，如要再打则需重新拨号。

（3）混合制。这是等待制与损失制相结合的一种服务规则，一般是指允许排队，但又不允许队列无限长下去。大体有以下三种：

队长有限。当等待服务的顾客人数超过规定数量时，后来的顾客就自动离去，另求服务，即系统的等待空间是有限的。

等待时间有限。即顾客在系统中的等待时间不超过某一给定的长度 T，当等待时间超过时间 T 时，顾客将自动离去，并且不再回来。

逗留时间（等待时间与服务时间之和）有限。

3．服务台

服务台可以从以下三个方面来描述：

（1）服务机构数量及构成形式。从数量上说，服务台有单台和多台之分。从构成形式上看，有单队单服务台式、单队多服务台并联式、多队多服务台并联式、单队多服务台串联式等，如图9-2至图9-5所示。

（2）服务方式。指在某一时刻接受服务的顾客数，有单个服务和成批服务两种。

（3）服务时间的分布。在多数情况下，对某一个顾客的服务时间是一随机变量，与顾客到达的时间间隔分布一样，服务时间的分布有定长分布、负指数分布、爱尔朗分布（Erlang Distribution）等。

9.1.3 排队系统的主要数量指标、记号和符号

1．排队系统的主要数量指标

研究排队系统的主要目的是通过了解系统运行的状况，对系统进行调整和控制，使系统处于最优运行状态。因此，首先需要弄清系统的运行状况。描述一个排队系统运行状况的主要数量指标有：

（1）**队长和队列长**（排队长）。队长是指系统中的顾客数（排队等待的顾客数与正在接受服务的顾客数之和）；队列长是指系统中正在排队等待服务的顾客数。队长和队列长一般都是随机变量。队长的分布是顾客和服务员都关心的，特别是对系统设计人员来说，如

果能知道队长的分布，就能确定队长超过某个数的概率，从而确定合理的等待空间。

(2) **等待时间**和**逗留时间**。从顾客到达时刻起到他开始接受服务止这段时间称为等待时间。等待时间是个随机变量，也是顾客最关心的指标，因为顾客通常是希望等待时间越短越好。从顾客到达时刻起到他接受完服务止这段时间称为逗留时间，也是随机变量，顾客同样非常关心。

(3) **忙期**和**闲期**。忙期是指从顾客到达空闲着的服务机构起，到服务再次成为空闲止的这段时间，服务机构连续忙的时间。这是个随机变量，是服务员最为关心的指标，因为它关系到服务员的服务强度。与忙期相对的是闲期，即服务机构连续保持空闲的时间。在排队系统中，忙期和闲期总是交替出现的。

除了上述几个基本数量指标外，还会用到其他一些重要指标。如在损失制或系统容量有限的情况下，由于顾客被拒绝，而使服务系统受到损失的顾客损失率及服务强度等，也都是十分重要的指标。

2. 排队系统中的常用记号

$N(t)$：时刻 t 系统中的顾客数（又称为系统的状态），即队长

$N_q(t)$：时刻 t 系统中排队的顾客数，即队列长

$T(t)$：时刻 t 到达系统的顾客在系统中的逗留时间

$T_q(t)$：时刻 t 到达系统的顾客在系统中的等待时间

上面给出的这些数量指标一般是和系统运行的时间有关的随机变量，直接求出它们的瞬时分布一般是很困难的。一般地，排队系统在运行了一段时间后，都会趋于一个平稳状态，在平稳状态下，队长的分布、等待时间的分布和忙期的分布都和系统所处的时刻无关，而且系统的初始状态的影响也会消失。因此，我们在本章中将主要讨论统计平衡性质。

L：平均队长，即稳态系统任一时刻顾客数的期望值

L_q：平均等待队长，即稳态系统任一时刻等待服务的顾客数的期望值

W：平均逗留时间，即在任一时刻进入稳态系统的顾客逗留时间的期望值

W_q：平均等待时间，即在任一时刻进入稳态系统的顾客等待时间的期望值

这四项主要性能指标的值越小，说明系统排队越少，等待时间越少，因而系统性能越好。它们是顾客与服务系统的管理者都非常关注的。

λ：顾客到达的平均速率，即单位时间内平均到达的顾客数

$1/\lambda$：平均到达时间间隔

μ：平均服务速率，即单位时间内服务完毕离去的顾客数

$1/\mu$：平均服务时间

s：系统中服务台的个数

ρ：服务强度，即每个服务台单位时间内的平均服务时间，一般有 $\rho=\lambda/(s\mu)$

N：稳态系统任一时刻的状态（即系统中所有顾客数）

U：任一顾客在稳态系统中的逗留时间

Q：任一顾客在稳态系统中的等待时间

$P_n=P\{N=n\}$：稳态系统任一时刻状态为 n 的概率；特别当 $n=0$ 时，$P_n=P_0$，即稳态系统所有服务台全部空闲的概率

λ_e：有效平均到达率，即期望每单位时间内来到系统（包括未进入系统）的概率

3. 排队系统的符号表示

为了区别各种排队系统，根据输入过程、排队规则和服务机构的变化对排队模型进行描述或分类，可给出很多模型。1953 年肯道尔(Kendall)提出一个分类方法，称为 Kendall 符号，其形式是

$$X/Y/Z$$

在 1971 年一次关于排队论符号标准化国际会议上，将 Kendall 符号扩充为以下标准形式

$$X/Y/Z/A/B/C \text{ 或 } [X/Y/Z]:[A/B/C]$$

各符号的意义为

(1) X：表示顾客相继到达时间间隔的概率分布，可取 M、D、E_K、G 等，其中：

M——表示到达过程为泊松过程或负指数分布；

D——表示定长输入；

E_k——表示 K 阶爱尔朗分布；

G——表示一般相互独立的随机分布。

(2) Y：表示服务时间分布，所用符号与 X 相同。

(3) Z：表示服务台个数，取正整数。1 表示单个服务台，$s(s>1)$ 表示多个服务台。

(4) A：表示系统中顾客容量限额，或称等待空间容量。若系统中有 K 个等待位子 ($0<K<\infty$)，当 $K=0$ 时，说明系统不允许等待，即为损失制；若 $K=\infty$ 时为等待制系统；K 为有限整数时，表示为混合制系统。

(5) B：表示顾客源限额，可取正整数或 ∞，即有限与无限两种。

(6) C：表示服务规则，如 FCFS、LCFS 等。

例如 $[M/M/1]:[\infty/\infty/FCFS]$ 表示顾客到达的时间间隔是负指数分布，服务时间是负指数分布，一个服务台，排队系统和顾客源的容量都是无限，实行先到先服务的一个服务系统。

9.2 排队系统常用分布

在排队系统中，顾客相继到达的时间间隔与服务的时间分布主要有负指数分布、泊松分布和爱尔朗分布等。

9.2.1 负指数分布

由概率论可知，如果随机变量 T 服从负指数分布，则其分布函数为

$$F_T(t) = 1 - e^{-\lambda t} \quad t \geqslant 0, \quad \lambda \geqslant 0$$

密度函数为

$$f_T(t) = \lambda e^{-\lambda t} \quad t \geqslant 0, \quad \lambda \geqslant 0$$

T 的期望值为

$$E(T) = \int_0^\infty t f_T(t) \mathrm{d}t = \int_0^\infty t \lambda e^{-\lambda t} \mathrm{d}t = \frac{1}{\lambda}$$

T 的方差为

$$D(T) = \frac{1}{\lambda^2}$$

负指数分布具有以下重要性质：
(1) 密度函数 $f_T(t)$ 对时间 t 严格递减；
(2) 无记忆性或马尔可夫性，即
$$P\{T>t+s|T>s\}=P\{T>t\}$$
该性质说明一个顾客到来所需的时间与过去一个顾客到来所需的时间 s 无关，这种情形下的顾客到达是纯随机的；

(3) 当顾客到达过程是泊松流时，顾客相继到达的间隔时间 T 必服从负指数分布，该性质将在定理 9.1 中予以证明。

9.2.2 泊松分布

若随机变量 X 的概率密度为
$$P[X=n]=\frac{\lambda^n e^{-\lambda}}{n!} \quad (\lambda>0, n=0,1,2,\cdots)$$
则称 X 服从参数为 λ 的泊松分布，记为 $X\sim P(\lambda)$。其均值和方差分别为
$$E(X)=\lambda, \quad D(X)=\lambda$$

1. 泊松过程的定义

泊松过程是应用最为广泛的一类随机过程，它常用来描述排队系统中顾客到达的过程、城市中的交通事故、保险公司的理赔次数等。泊松过程是构造更复杂的随机过程的基本构件，是一个非常重要的随机过程。

记 $N(t)$ 表示在时间区间 $[0, t)(t>0)$ 内发生的事件数，若 $N(t)$ 是一个随机变量，则 $\{N(t)|t\in(0, T)\}$ 就称为一个随机过程。

【**定义 9.1**】对于随机过程 $\{N(t), t\geq 0\}$，若满足：

(1) 独立增量性，即对任意 n 个参数 $t_n>t_{n-1}>t_{n-2}>\cdots>t_1\geq 0$，增量 $N(t_2)-N(t_1)$，$N(t_3)-N(t_2)$，$\cdots$，$N(t_n)-N(t_{n-1})$ 相互独立；

(2) 增量平稳性，即在长度为 t 的时间区间内恰好到达 k 个顾客的概率仅与区间长度 t 有关，而与区间起始点无关。对任意 $a\in(0,\infty)$，在 $(a, a+t)$ 与 $(0, t)$ 内恰好到达 k 个顾客的概率相等
$$P\{N(a+t)-N(a)=k\}=P\{N(t)-N(0)=k\}=P_k(t)$$

(3) 普遍性，即当 t 充分小时，有
$$P\{N(t)=1\}=\lambda t+o(t)$$
$$P\{N(t)=0\}=1-\lambda t+o(t)$$
$$P\{N(t)\geq 2\}=o(t)$$

则称上述过程为泊松过程，其中 λ 为泊松过程的参数，且 $N(t)$ 服从泊松分布。

2. 排队系统与泊松过程

若 $N(t)$ 为时间区间 $[0, t)(t>0)$ 内到达系统的顾客数，则 $N(t)$ 是一个随机变量，且 $\{N(t)|t\in(0, T)\}$ 为一个随机过程。若该随机过程满足：

(1) 在不相重叠的区间内，顾客的到达数是相互独立的；

(2) 在时间区间 $[t, t+\Delta t)$ 内有顾客的到达数只与区间长度 Δt 有关，而与区间起始点 t 无关；

(3) 对于充分小的 Δt，在时间区间 $[t, t+\Delta t)$ 内有 2 个或 2 个以上的顾客到达的概率

极小,以至于可以忽略,即
$$\sum_{k=2}^{\infty} P_k(t,t+\Delta t) = o(\Delta t)$$
则认为顾客到达系统的过程是泊松过程,且
$$P\{N(t)=k\} = \frac{(\lambda t)^k}{k!}\mathrm{e}^{-\lambda t} \quad k=0,1,2,\cdots;t>0$$
$$E[N(t)] = \lambda t \quad D(N(t)) = \lambda t$$
式中,λ 表示单位时间内到达系统的顾客数。

下面的定理,说明了泊松流与负指数分布之间的关系。

【定理 9.1】 在排队系统中,如果到达的顾客数服从以 λt 为参数的泊松分布,则顾客相继到达的时间间隔服从以 λ 为参数的负指数分布。

证 设泊松流中顾客相继到达的时间间隔为随机变量 T,并且在时刻 0 有一个顾客到达,则下一个顾客将在时刻 T 到达。T 的分布函数为
$$F_T(t) = P\{T \leqslant t\} = 1 - P\{T > t\}$$
其中 $P\{T>t\}$ 表示在 $[0,t)$ 内没有顾客到达的概率,因此
$$P\{T > t\} = \mathrm{e}^{-\lambda t}$$
所以,T 的分布函数为
$$F_T(t) = 1 - \mathrm{e}^{-\lambda t}$$
T 的密度函数为
$$f_T(t) = \lambda \mathrm{e}^{-\lambda t}$$
因此,顾客相继到达的时间间隔服从以 λ 为参数的负指数分布。

由定理 9.1 可以看出,"到达的顾客数是一个以 λ 为参数的泊松流"与"顾客相继到达的时间间隔服从以 λ 为参数的负指数分布"是等价的。

9.2.3 k 阶爱尔朗分布

【定理 9.2】 设 $X_1, X_2, \cdots, X_k$ 是 k 个互相独立的,具有相同参数 μ 的负指数分布随机变量,则随机变量
$$X = X_1 + X_2 + \cdots + X_k$$
服从 k 阶爱尔朗分布,X 的密度函数为
$$f(t) = \frac{k\mu(k\mu t)^{k-1}}{(k-1)!}\mathrm{e}^{-k\mu t} \quad t>0$$
记为 $X \sim E_k(\mu)$ 或简记为 $X \sim E_k$。随机变量 X 的均值和方差分别为
$$E(X) = \frac{1}{\mu}, \quad D(X) = \frac{k}{\mu^2}$$
例如,如果顾客连续接受串联的 k 个服务台的服务,各服务台的服务时间相互独立,且均服从参数为 μ 的负指数分布,则顾客接受 k 个服务台总共所需的时间就服从 k 阶爱尔朗分布。

9.3 单服务台模型

在本节中将讨论顾客到达过程是泊松过程,服务时间服从负指数分布的单服务台排队

系统，分为以下三种情形讨论：
(1) 基本模型，即$[M/M/1]:[\infty/\infty/FCFS]$；
(2) 有限队列模型，即$[M/M/1]:[N/\infty/FCFS]$；
(3) 有限顾客源模型，即$[M/M/1]:[\infty/m/FCFS]$。

9.3.1 基本模型

基本模型适用于以下条件：
(1) 输入过程：顾客源是无限的，顾客的到达过程是泊松过程；
(2) 排队规则：单队，对队长无限制，先到先服务；
(3) 服务机构：单服务台，服务时间服从负指数分布。

此外，还假定服务时间和顾客相继到达的间隔时间相互独立。

设单位时间到达系统的顾客数为 λ，单位时间被服务完的顾客数为 μ。由于是单服务台，且顾客源无限，因此，在各种状态的情况下，系统的"出生率"为 λ，系统的"死亡率"为 μ。系统在稳态情况下的状态转移如图 9-6 所示。

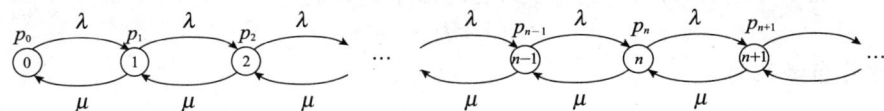

图 9-6 基本模型状态转移图

1. 系统状态概率 $P_n(t)$ 的计算

根据图 9-6 状态转移图，可以得出如下平衡方程

$$\mu P_1 - \lambda P_0 = 0$$
$$\lambda P_0 + \mu P_2 - (\lambda + \mu) P_1 = 0$$
$$\cdots\cdots$$
$$\lambda P_{n-1} + \mu P_{n+1} - (\lambda + \mu) P_n = 0 \quad (n=1,2,\cdots) \tag{9-1}$$

式(9-1)可以有以下直观的解释：

以系统中的顾客数 $0, 1, 2, \cdots, n-1, n, n+1, \cdots$ 作为系统的状态，系统位于各个状态的概率分别为 $P_0, P_1, P_2, \cdots, P_{n-1}, P_n, P_{n+1}, \cdots$。式(9-1)表示系统位于某一状态的概率仅与其相邻状态的概率以及从相邻状态转移到该状态的概率有关。

由式(9-1)可以递推求解 $P_1, P_2, \cdots, P_n, \cdots$ 得到

$$P_1 = \frac{\lambda}{\mu} P_0$$
$$P_2 = -\frac{\lambda}{\mu} P_0 + \left(1 + \frac{\lambda}{\mu}\right) P_1 = \left(\frac{\lambda}{\mu}\right)^2 P_0$$
$$P_n = \left(\frac{\lambda}{\mu}\right)^n P_0 \quad (n=1,2,\cdots)$$

设 $\rho = \frac{\lambda}{\mu} < 1$

$$P_1 = \rho P_0, P_2 = \rho^2 P_0, \cdots, P_n = \rho^n P_0$$

由 $\sum_{n=0}^{\infty} P_n = 1$，有

$$P_0 = 1 - \rho \tag{9-2}$$
$$P_n = (1-\rho)\rho^n \quad n \geqslant 1 \tag{9-3}$$

式中，ρ 表示平均到达率与平均服务率之比，称为服务强度。

【例 9-1】 高速公路收费处设有一个收费通道，汽车到达服从泊松分布，平均到达速率为 150 辆/小时，收费时间服从负指数分布，平均收费时间为 15 秒/辆。求

(1) 收费处空闲的概率；

(2) 收费处忙的概率；

(3) 系统中分别有 1，2，3 辆车的概率。

解 根据题意，$\lambda = 150$ 辆/小时，$1/\mu = 15$ 秒 $= 1/240$（小时/辆），即 $\mu = 240$（辆/小时）。$\rho = \lambda/\mu = 150/240 = 5/8$，则有

(1) 系统空闲的概率为：$P_0 = 1-\rho = 1-(5/8) = 3/8 = 0.375$

(2) 系统忙的概率为：$1-P_0 = 1-(1-\rho) = \rho = 5/8 = 0.625$

(3) 系统中有 1 辆车的概率为：$P_1 = \rho(1-\rho) = 0.625 \times 0.375 = 0.234$

(4) 系统中有 2 辆车的概率为：$P_2 = \rho^2(1-\rho) = 0.234 \times 0.625 = 0.146$

(5) 系统中有 3 辆车的概率为：$P_3 = \rho^3(1-\rho) = 0.146 \times 0.625 = 0.091$

2. 系统的运行指标

(1) 系统中的平均顾客数（系统中顾客数的期望值）

$$L = \sum_{k=0}^{\infty} k P_k = \sum_{k=0}^{\infty} k\rho^k(1-\rho) = (1-\rho)\sum_{k=0}^{\infty} k\rho^k$$
$$= (1-\rho)\frac{\rho}{(1-\rho)^2} = \frac{\rho}{1-\rho} \tag{9-4}$$

即队长为系统中顾客数的期望值（系统中各种状态的加权平均值）。

(2) 队列中的平均顾客数

$$L_q = \sum_{k=1}^{\infty} (k-1)P_k = \sum_{k=1}^{\infty} (k-1)\rho^k(1-\rho) = (1-\rho)\sum_{k=1}^{\infty} (k-1)\rho^k$$
$$= (1-\rho)\frac{\rho^2}{(1-\rho)^2} = \frac{\rho^2}{1-\rho} \tag{9-5}$$

$$L_q = \rho L \tag{9-6}$$

(3) 顾客在系统中的平均逗留时间

从理论上可以证明，当相继顾客到达的间隔时间服从参数为 λ 的负指数分布，顾客在系统中接受服务的时间服从参数为 μ 的负指数分布时，顾客在系统中的逗留时间服从参数为 $\mu-\lambda$ 的负指数分布。根据负指数分布的均值计算公式有

$$W = E(X) = \frac{1}{\mu - \lambda} \tag{9-7}$$

(4) 顾客在队列中的平均逗留时间

顾客在系统中的逗留时间，由在队列中等待的时间和在服务台中接受服务的时间组成，因此，顾客在队列中等待时间的期望值，等于顾客在系统中逗留时间的期望值，减去在系统中接受服务时间的期望值，即

$$W_q = W - \frac{1}{\mu} = \frac{1}{\mu - \lambda} - \frac{1}{\mu} = \frac{\mu - (\mu - \lambda)}{\mu(\mu - \lambda)}$$

$$= \frac{\lambda}{\mu(\mu-\lambda)} = \frac{\rho}{\mu-\lambda} = \rho W \qquad (9\text{-}8)$$

上述指标间的关系如下

$$L = \lambda W$$
$$L_q = \lambda W_q$$
$$W = W_q + \frac{1}{\mu}$$
$$L = L_q + \rho = L_q + \frac{\lambda}{\mu} \qquad (9\text{-}9)$$

上述四公式称为 Little 公式,它们在 $M/M/s$ 及 $M/G/1$ 等排队模型中均成立。该公式有非常直观的含义:若系统处于稳定状态,那么系统中的平均人数就等于顾客在系统中的平均逗留时间乘以系统的平均到达率。

【**例 9-2**】轻轨进站口售票处设有一个售票窗口,乘客到达服从泊松分布,平均到达速率为 200 人/小时,售票时间服从负指数分布,平均售票时间为 15 秒/人。求 L、L_q、W 和 W_q。

解 根据题意,$\lambda = 200$ 人/小时,$\mu = 240$ 人/小时,$\rho = \lambda/\mu = 5/6$。

$$L = \frac{\rho}{1-\rho} = \frac{\frac{5}{6}}{1-\frac{5}{6}} = 5$$

$$L_q = \rho L = \frac{5}{6} \times 5 = 4.17$$

$$W = \frac{1}{\mu-\lambda} = \frac{1}{240-200} = 0.025(\text{小时}) = 90(\text{秒})$$

$$W_q = \rho W = \frac{5}{6} \times 90 = 75(\text{秒})$$

9.3.2 有限队列模型

当队列的容量从无限值变为有限值 N 时,基本模型 $[M/M/1]:[\infty/\infty/\text{FCFS}]$ 就转化成为有限队列模型 $[M/M/1]:[N/\infty/\text{FCFS}]$。如果系统的最大容量为 N,对于单服务台的情形,排队等待的顾客最多为 $N-1$,在某一时刻一顾客到达时,如系统中已有 N 个顾客,那么这个顾客就被拒绝进入系统。$[M/M/1]:[N/\infty/\text{FCFS}]$ 系统状态转移如图 9-7 所示。

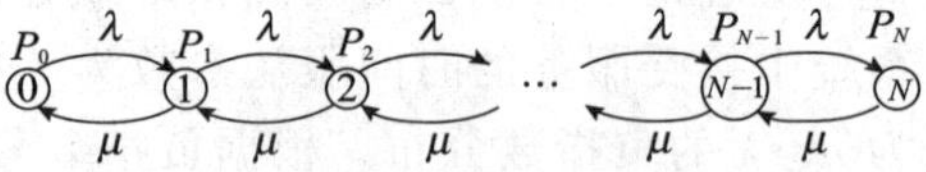

1. 系统状态概率的计算

由状态转移图 9-7,可以建立系统概率平衡方程如下

图 9-7 有限队列模型状态转移图

$$\begin{cases} \mu P_1 = \lambda P_0 \\ \mu P_{k+1} + \lambda P_{k-1} = (\lambda+\mu) P_k, k \leqslant N-1 \\ \mu P_N = \lambda P_{N-1} \end{cases} \qquad (9\text{-}10)$$

其中 $P_0 + P_1 + \cdots + P_N = 1$

令 $\rho = \lambda/\mu$,得

$$P_0 = \frac{1-\rho}{1-\rho^{N+1}} \quad \rho \neq 1 \tag{9-11}$$

$$P_k = \rho^k \frac{1-\rho}{1-\rho^{N+1}} \quad k \leqslant N \tag{9-12}$$

当 $\rho = 1$ 时

$$\sum_{k=0}^{N} \rho^k = N+1$$

$$P_k = \rho^k P_0 = P_0$$

于是

$$P_0 = \frac{1}{\sum_{k=0}^{N} \rho^k} = \frac{1}{N+1} \tag{9-13}$$

$$P_k = P^k \frac{1}{N+1} \quad k = 1, 2, \cdots, N \tag{9-14}$$

2. 系统的运行指标

根据式(9-11)和式(9-12)可以导出系统的各个指标，对于 $\rho \neq 1$，有

(1) 系统中的平均顾客数

$$L = \sum_{k=0}^{N} k P_k = \frac{\rho}{1-\rho} - \frac{(N+1)\rho^{N+1}}{1-\rho^{N+1}} \tag{9-15}$$

(2) 队列中的平均顾客数

$$L_q = \sum_{k=1}^{N} (k-1) P_k = L - \rho(1-P_N) = L - (1-P_0) \tag{9-16}$$

令 $\lambda_e = \lambda(1-P_N)$，$\rho_e = \frac{\lambda_e}{\mu}$，其中 λ_e 称为**有效到达率**，即单位时间内到达并能进入队列的平均顾客数；ρ_e 称为有效服务强度。由式(9-16)，有

$$L_q = L - \rho_e \tag{9-17}$$

(3) 顾客在系统中的平均逗留时间

$$W = \frac{L}{\lambda_e} = \frac{L}{\lambda(1-P_N)} \tag{9-18}$$

(4) 顾客在队列中的平均逗留时间

$$W_q = \frac{L_q}{\lambda_e} = \frac{L-\rho_e}{\lambda_e} = \frac{L}{\lambda_e} - \frac{1}{\mu} = W - \frac{1}{\mu} \tag{9-19}$$

从式(9-17)～式(9-19)可以看出，在有限队列模型中，如果考虑有效到达速率 λ_e 和有效服务强度 ρ_e，有限队列模型和基本模型运行指标的形式是相同的。

【**例 9-3**】咨询中心有一位咨询工作人员，每次只能咨询一人，另外有 4 个座位供前来咨询的人等候。某人到来发现没有座位，就会离去。前来咨询者到达服从泊松流，到达的平均速率为 4 人/小时，咨询人员的平均咨询时间为 10 分钟/人。咨询时间服从负指数分布。求：

(1) 咨询者到达不用等待就可咨询的概率；

(2) 咨询中心的平均人数以及等待咨询的平均人数；

(3) 咨询者来咨询中心一次平均花费的时间以及平均等待的时间；

(4) 咨询者到达后因客满而离去的概率；

(5) 增加一个座位可以减少的顾客损失率。

解 这是一个 $[M/M/1]:[N/\infty/FCFS]$ 系统，其中 $N=4+1=5$，$\lambda=4$ 人/小时，$\mu=6$ 人/小时，$\rho=2/3$。

(1) $P_0 = \dfrac{1-\rho}{1-\rho^{N+1}} = \dfrac{1-\dfrac{2}{3}}{1-\left(\dfrac{2}{3}\right)^6} = 0.365$

$\lambda_e = \lambda(1-P_N) = \lambda(1-\rho^N P_0) = 4 \times \left[1-\left(\dfrac{2}{3}\right)^5 \times 0.365\right] = 3.808$

(2) $L = \dfrac{\rho}{1-\rho} - \dfrac{(N+1)\rho^{N+1}}{1-\rho^{N+1}} = \dfrac{\dfrac{2}{3}}{1-\dfrac{2}{3}} - \dfrac{(5+1)\left(\dfrac{2}{3}\right)^6}{1-\left(\dfrac{2}{3}\right)^6} = 2 - 0.577 = 1.423$

$L_q = L - \dfrac{\lambda_e}{\mu} = 1.423 - \dfrac{3.808}{6} = 0.788$

(3) $W = \dfrac{L}{\lambda_e} = \dfrac{1.423}{3.808} = 0.374 \text{(小时)} = 22.4 \text{(分钟)}$

$W_q = \dfrac{L_q}{\lambda_e} = \dfrac{0.788}{3.808} = 0.207 \text{(小时)} = 12.4 \text{(分钟)}$

(4) $P_5 = \rho^5 P_0 = \left(\dfrac{2}{3}\right)^5 \times 0.365 = 0.048$

因客满而离去的概率为 0.048。

(5) 当 $N=6$ 时

$$P_0 = \dfrac{1-\rho}{1-\rho^{N+1}} = \dfrac{1-\dfrac{2}{3}}{1-\left(\dfrac{2}{3}\right)^7} = 0.354$$

$$P_6 = \rho^6 P_0 = \left(\dfrac{2}{3}\right)^6 \times 0.354 = 0.0311$$

$$P_5 - P_6 = 0.0480 - 0.0311 = 0.0169 = 1.69\%$$

即增加一个座位可以减少顾客损失率 1.69%。

9.3.3 有限顾客源模型

有限顾客源模型表示为 $[M/M/1]:[\infty/m/FCFS]$。该模型中，设顾客总数为 m，当顾客需要服务时，就进入队列等待；服务完毕后，重新回到顾客源中。如此循环往复。

典型的有限顾客源问题是机器维修问题。有 m 台机器在运转，单位时间内平均出现故障的机器数即为顾客平均到达率 λ，修理工修理一台设备的平均时间即为平均服务时间 μ，已修复的机器仍然可能再出现故障。

实际上，在这类问题中，由于顾客源的数量是有限的，因此队列的长度也是有限的，并且队列的长度必定小于顾客源总数。

在无限源系统中，顾客的平均到达速率 λ 是整个顾客源的性质，与单独的顾客无关。而在有限源系统中，由于一个顾客要反复接受服务，因此有必要假定每一个顾客在单位时间内需要接受服务的平均次数是相同的，设为 λ。这样，有限源系统顾客到达的平均速率就与顾客源中的顾客数有关。以机器维修问题为例，设机器总数为 m 台，每台机器在单位时间内发生故障的平均次数为 λ，已经发生故障正在等待修理及正在接受修理的机器数为 n，则在单位时间内出现故障的平均机器数（即有限源系统顾客的平均到达速率）为

$$\lambda_e = \lambda(m-n)$$

在稳态的情况下，考虑状态间的转移率。当由状态 0 转移到状态 1，每台设备由正常状态转移为故障状态，其转移率为 λP_0，现有 m 台设备由无故障状态转移为有一台设备（不论哪一台）发生故障，其转移率为 $m\lambda P_0$ 台。至于由状态 1 转移到状态 0，其状态转移率为 μP_1，所以在状态 0 时有平衡方程 $m\lambda P_0 = \mu P_1$。状态转移图如图 9-8 所示。

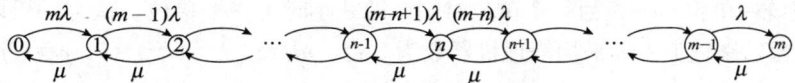

图 9-8　有限顾客源模型状态转移图

1. 系统状态概率的计算

由图 9-8 得到系统概率平衡方程组

$$\begin{cases} \mu P_1 = m\lambda P_0 \\ \mu P_{n+1} + (m-n+1)\lambda P_{n-1} = [(m-n)\lambda + \mu] P_n, 1 \leqslant n \leqslant m-1 \\ \mu P_m = \lambda P_{m-1} \end{cases} \quad (9\text{-}20)$$

用递推方法解该方程组，并注意到

$$\sum_{k=0}^{m} P_k = 1 \left(\text{不要求 } \rho = \frac{\lambda}{\mu} < 1\right)$$

得

$$P_0 = \frac{1}{\sum_{i=0}^{m} \frac{m!}{(m-i)!} \rho^i} \quad (9\text{-}21)$$

$$P_n = \frac{m!}{(m-n)!} \rho^n P_0 \quad (9\text{-}22)$$

2. 有限源系统的运行指标

在求得系统中出现顾客数的概率后，即可求得系统的运行指标（推导过程略）

$$L = m - \frac{\mu}{\lambda}(1 - P_0) \quad (9\text{-}23)$$

$$L_q = m - \left(1 + \frac{1}{\rho}\right)(1 - P_0) = L - (1 - P_0) \quad (9\text{-}24)$$

$$W = \frac{m}{\mu(1-P_0)} - \frac{1}{\lambda} \quad (9\text{-}25)$$

$$W_q = W - \frac{1}{\mu} \quad (9\text{-}26)$$

在机器维修问题中，L 是待检修及正在检修的平均机器数，而

$$m - L = \frac{\mu}{\lambda}(1 - P_0)$$

表示正常运行的平均机器数。

【例 9-4】 某车间有 5 台机器，每台机器的连续运转时间服从负指数分布，一天（8 小时）平均连续运行时间 120 分钟。有一个修理工，每次修理时间服从负指数分布，平均每次 96 分钟。求：

(1) 修理工忙的概率（记为 P_b）；
(2) 5 台机器都出故障的概率；
(3) 出故障的平均台数；
(4) 平均停工时间；
(5) 平均等待修理时间；
(6) 评价这个系统的运行情况。

解 首先统一单位，一天为一个单位时间，即 8 小时为一个单位。认为一天内来修理的机器数平均为 4 台，修理工一天平均修理机器数为 5 台。$m=5$，$\lambda=4$，$\mu=5$，$\rho=\lambda/\mu=0.8$。

(1) $P_0 = \left[\dfrac{5!}{5!}(0.8)^0 + \dfrac{5!}{4!}(0.8)^1 + \dfrac{5!}{3!}(0.8)^2 + \dfrac{5!}{2!}(0.8)^3 + \dfrac{5!}{1!}(0.8)^4 + \dfrac{5!}{0!}(0.8)^5\right]^{-1}$

$= \dfrac{1}{136.8} = 0.0073$

则有 $P_b = 1 - P_0 = 1 - 0.0073 = 0.9927$

(2) $P_5 = \dfrac{5!}{0!}(0.8)^5 P_0 = 0.287$

(3) $L = m - \dfrac{1}{\rho}(1-P_0) = 5 - \dfrac{1}{0.8}(1-0.0073) = 3.76$

(4) $W = \dfrac{m}{\mu(1-P_0)} - \dfrac{1}{\lambda} = \dfrac{5}{5\times(1-0.0073)} - \dfrac{1}{4} = 0.7427$（天）$= 356$（分钟）

(5) $W_q = W - \dfrac{1}{\mu} = 0.7427 - \dfrac{1}{5} = 0.5427$（天）$= 260$（分钟）

(6) 由计算结果看出，系统的修理工几乎没有空闲时间，机器的停工时间 W 是平均运行时间的 3 倍，系统的服务效率很低。

9.4 多服务台模型

$[M/M/s]$ 模型是研究单队、并列的多服务台排队系统。符合下列条件：

(1) 输入过程：顾客源是无限的，顾客的到达过程是泊松过程；
(2) 排队规则：单队，先到先服务；
(3) 服务机构：多服务台，各服务台工作相对独立，且服务时间均服从参数为 μ 的负指数分布。

如同单服务台系统一样，分为以下几种情况进行讨论：

(1) 基本模型，即 $[M/M/s]:[\infty/\infty/\text{FCFS}]$；
(2) 有限队列模型，即 $[M/M/s]:[N/\infty/\text{FCFS}]$；
(3) 有限顾客源模型，即 $[M/M/s]:[\infty/m/\text{FCFS}]$。

9.4.1 基本模型

基本的多服务台模型与基本的单服务台模型的规定相同。另外规定各服务台工作相互独立且服务速率相同,即 $\mu_1 = \mu_2 = \cdots = \mu_s$。于是整个系统的平均服务速率为 $s\mu$。令

$$\rho = \frac{\lambda}{s\mu}$$

则当 $\rho<1$ 时系统不会排成无限的队列,称 ρ 为系统的服务强度或服务机构的平均利用率。

这个系统的特点是,系统的服务速率与系统中的顾客数有关。当系统中的顾客数 k 不大于服务台个数,即 $1 \leqslant k \leqslant s$ 时,系统中的顾客全部在服务台中,这时系统的服务速率为 $k\mu$;当系统中的顾客数 $k > s$ 时,服务台中正在接受服务的顾客数仍为 s 个,其余顾客在队列中等待服务,这时系统的服务速率为 $s\mu$。为了求得系统的状态概率,先做出系统的状态转移图,如图9-9所示。

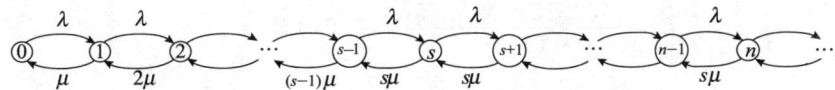

图 9-9　基本模型状态转移图

由图 9-9 可以得到系统状态 $0, 1, \cdots, s, \cdots, n$ 的稳态概率方程

$$\lambda P_0 = \mu P_1$$
$$\lambda P_0 + 2\mu P_2 = (\lambda + \mu) P_1$$
$$\vdots$$
$$\lambda P_{s-1} + s\mu P_{s+1} = (\lambda + s\mu) P_s$$
$$\vdots$$
$$\lambda P_{n-1} + s\mu P_{n+1} = (\lambda + s\mu) P_n$$
$$\vdots \tag{9-27}$$

由式(9-27)以及 $\sum_{n=1}^{\infty} P_n = 1$,可以解得

$$P_0 = \left[\left(\sum_{n=0}^{s-1} \frac{\lambda^n}{\mu^n n!} \right) + \frac{1}{s!} \left(\frac{\lambda}{\mu} \right)^s \left(\frac{1}{1-\rho} \right) \right]^{-1} \tag{9-28}$$

$$P_n = \begin{cases} \dfrac{\lambda^n}{\mu^n n!} P_0 & 1 \leqslant n \leqslant s \\ \dfrac{\lambda^n}{\mu^n s! s^{n-s}} P_0 & n > s \end{cases} \tag{9-29}$$

用与单服务台系统同样的方法,可以得到 $[M/M/s]:[\infty/\infty/FCFS]$ 的运行指标

$$L_q = \frac{\lambda^s \rho P_0}{\mu^s s! (1-\rho)^2} \tag{9-30}$$

$$L = L_q + \frac{\lambda}{\mu} \tag{9-31}$$

$$W = \frac{L}{\lambda} \tag{9-32}$$

$$W_q = \frac{L_q}{\lambda} \tag{9-33}$$

【例 9-5】银行有三个窗口办理个人储蓄业务,顾客到达服从泊松流,到达速率为 0.9 人/分钟,办理业务时间服从负指数分布,每个窗口的平均服务速率为 0.4 人/分钟。顾客到达后取得一个排队号,依次由空闲窗口按号码顺序办理储蓄业务。求:

(1) 所有窗口都空闲的概率；
(2) 平均队长；
(3) 平均等待时间及逗留时间；
(4) 顾客到达后必须等待的概率。

解 这是一个 $[M/M/3]:[\infty/\infty/FCFS]$ 系统，$\lambda/\mu=2.25$，$\rho=\lambda/s\mu=0.75$。

(1) 所有窗口都空闲的概率，即求 P_0

$$P_0 = \left[\frac{(2.25)^0}{0!} + \frac{(2.25)^1}{1!} + \frac{(2.25)^2}{2!} + \frac{(2.25)^3}{3!} \times \frac{1}{1-0.75}\right]^{-1} = 0.0748$$

(2) 平均队长，即求 L 的值，先求 L_q 再求 L

$$L_q = \frac{(2.25)^3 \times 0.75}{3! \times (1-0.75)^2} \times 0.0748 = 1.70$$

$$L = L_q + \frac{\lambda}{\mu} = 1.70 + 2.25 = 3.95$$

(3) 平均等待时间和平均逗留时间，即求 W_q 和 W 的值

$$W_q = \frac{L_q}{\lambda} = \frac{1.70}{0.9} = 1.89 (\text{分钟})$$

$$W = W_q + \frac{1}{\mu} = 1.89 + \frac{1}{0.4} = 4.39 (\text{分钟})$$

(4) 顾客到达后必须等待概率，即求 $n \geq 3$ 的概率

$$P[n \geq 3] = \frac{(2.25)^3}{3!(1-0.75)} \times 0.0748 = 0.57$$

9.4.2 有限队列模型

设系统容量为 $N(N \geq s)$，当系统中的顾客数 $n \leq N$ 时，到达的顾客进入系统；当 $n > N$ 时，到达的顾客就被拒绝。设顾客到达的速率为 λ，每个服务台服务的速率为 μ，$\rho = \lambda/s\mu$。由于系统不会无限制地接纳顾客，对 ρ 不必加以限制。

系统的状态转移图如图 9-10 所示，这时状态个数为有限值 $0, 1, 2, \cdots, N-1, N$。

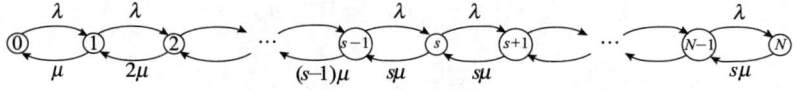

图 9-10 有限队列模型状态转移图

稳定状态的状态概率转移方程为

$$\lambda P_0 = \mu P_1$$
$$\lambda P_0 + 2\mu P_2 = (\lambda + \mu)P_1$$
$$\vdots$$
$$\lambda P_{s-2} + s\mu P_s = [\lambda + (s-1)\mu]P_{s-1}$$
$$\lambda P_{s-1} + s\mu P_{s+1} = (\lambda + s\mu)P_s$$
$$\lambda P_s + s\mu P_{s+2} = (\lambda + s\mu)P_{s+1}$$
$$\vdots$$
$$\lambda P_{N-1} = s\mu P_N \tag{9-34}$$

由式(9-34)及 $\sum_{n=0}^{N} P_n = 1$，得到系统稳态的状态概率

$$P_0 = \left[\sum_{k=0}^{s} \frac{(s\rho)^k}{k!} + \frac{s^s}{s!} \cdot \frac{\rho(\rho^s - \rho^N)}{1-\rho} \right]^{-1} \quad \rho \neq 1 \tag{9-35}$$

当 $\rho=1$ 时 P_0 的表达式可以用单服务台有限容量系统类似的方法求得。

$$P_n = \begin{cases} \dfrac{(s\rho)^n}{n!} P_0 & (0 \leqslant n \leqslant s) \\ \dfrac{s^s \rho^n}{s!} P_0 & (s \leqslant n \leqslant N) \end{cases} \tag{9-36}$$

由此可以求出系统的运行指标

$$L_q = \frac{\rho(s\rho)^s}{s!(1-\rho)^2} [1 - \rho^{N-s} - (N-s)\rho^N - s(1-\rho)] P_0 \tag{9-37}$$

$$L = L_q + s\rho(1 - P_N) \tag{9-38}$$

$$W_q = \frac{L_q}{\lambda(1 - P_N)} \tag{9-39}$$

$$W = W_q + \frac{1}{\mu} \tag{9-40}$$

特别地，当 $N=s$ 时，系统的队列最大长度为 0，即顾客到达时，如果服务台有空闲，则进入服务台接受服务，如果服务台没有空，顾客则当即离去。这样的系统称为"即时制"。许多服务设施，如旅馆、停车场等都具有这样的特征。

【例 9-6】 某旅馆有 10 个床位，旅客到达服从泊松流，平均速率为 6 人/天，旅客平均逗留时间为 2 天，求：

(1) 旅馆客满的概率；

(2) 每天客房平均占用数。

解 这是一个即时制的 $[M/M/10]:[10/\infty/FCFS]$ 系统，其中

$$N = s = 10, \lambda = 6, \mu = 0.5, \frac{1}{\mu} = 2, s\rho = \frac{\lambda}{\mu} = \frac{6}{0.5} = 12, \frac{\rho(\rho^s - \rho^N)}{1-\rho} = 0$$

$$P_0 = \left[\frac{(12)^0}{0!} + \frac{(12)^1}{1!} + \frac{(12)^2}{2!} + \frac{(12)^3}{3!} + \cdots + \frac{(12)^{10}}{10!} \right]^{-1} = 0.0018$$

$$P_{10} = \frac{(s\rho)^N}{N!} P_0 = \frac{(12)^{10}}{10!} \times 0.0018 = 0.3019$$

旅馆 10 个床位全满的概率为 0.3019。

$$L = s\rho(1 - P_s) = 12 \times (1 - 0.3019) = 8.3772$$

平均占用 8.377 个床位。客房占用率为 83.77%。

9.4.3 有限顾客源模型

设顾客源为有限数 m，服务台个数为 s，且 $m > s$。这个模型的典型例子是机器维修问题，机器数量为 m 台，修理工数量为 s 人。与单服务台系统一样，顾客到达率是按每个顾客来考虑的，在机器维修问题中，每个顾客的到达率 λ 是每台机器在单位运行时间内发生故障的期望次数，当正常运行的机器数为 m 时，发生故障的机器数为 $m\lambda$。系统中的顾客数 n 就是发生故障的机器数，当 $n \leqslant s$ 时，所有发生故障的机器都在修理中，而有 $s-n$ 个修理工空闲；当 $s < n \leqslant m$ 时，有 $n-s$ 台机器在停机等待修理，而修理工都在繁忙状态。假定这 s 个修理工的技术相同，修理时间都服从参数为 μ 的负指数分布，并假定故障的修复时间和正在生产的机器是否发生故障是相互独立的。

由状态转移图可以得到状态概率与运行指标(推导过程从略):

(1) 状态概率

$$P_0 = \frac{1}{m!} \frac{1}{\sum_{k=0}^{s} \frac{1}{k!(m-k)!}\left(\frac{s\rho}{m}\right)^k + \frac{s^s}{s!}\sum_{k=s+1}^{m} \frac{1}{(m-k)!}\left(\frac{\rho}{m}\right)^k} \tag{9-41}$$

其中

$$\rho = \frac{m\lambda}{s\mu}$$

$$P_n = \begin{cases} \dfrac{m!}{(m-n)!n!}\left(\dfrac{\lambda}{\mu}\right)^n P_0 & 0 \leqslant n \leqslant s \\ \dfrac{m!}{(m-n)!s!s^{n-s}}\left(\dfrac{\lambda}{\mu}\right)^n P_0 & s+1 \leqslant n \leqslant m \end{cases} \tag{9-42}$$

(2) 运行指标

$$L = \sum_{n=1}^{m} n P_n \tag{9-43}$$

$$L_q = \sum_{n=s+1}^{m} (n-s) P_n \tag{9-44}$$

定义有效到达速率 λ_e 为单位时间内出现故障的机器数,有

$$\lambda_e = \lambda(m - L)$$

可以证明

$$L = L_q + \frac{\lambda_e}{\mu} = L_q + \frac{\lambda}{\mu}(m - L) \tag{9-45}$$

$$W = L/\lambda_e \tag{9-46}$$

$$W_q = L_q/\lambda_e \tag{9-47}$$

【例 9-7】车间有 5 台机器,每台机器的故障率为 1 次/小时,有 2 个修理工负责修理这 5 台机器,工作效率相同,为 4 台/小时。求:

(1) 等待修理的平均机器数;
(2) 等待修理及正在修理的平均机器数;
(3) 每小时发生故障的平均机器数;
(4) 平均等待修理的时间;
(5) 平均停工时间。

解 这是一个 $[M/M/2]:[\infty/5/\text{FCFS}]$ 模型,其中

$$m = 5, \lambda = 1, \mu = 4, s = 2, \rho = \frac{m\lambda}{s\mu}, \frac{s\rho}{m} = \frac{\lambda}{\mu} = \frac{1}{4}, \frac{\rho}{m} = \frac{1}{8}$$

由式(9-41)得到

$$P_0 = \frac{1}{m!} \frac{1}{\sum_{k=0}^{s} \frac{1}{k!(m-k)!}\left(\frac{s\rho}{m}\right)^k + \frac{s^s}{s!}\sum_{k=s+1}^{m} \frac{1}{(m-k)!}\left(\frac{\rho}{m}\right)^k}$$

$$= \frac{1}{5!} \times \left[\frac{1}{0!5!}\left(\frac{1}{4}\right)^0 + \frac{1}{1!4!}\left(\frac{1}{4}\right)^1 + \frac{1}{2!3!}\left(\frac{1}{4}\right)^2 + \frac{2^2}{2!} \times \frac{1}{2!}\left(\frac{1}{8}\right)^3 + \frac{2^2}{2!} \times \frac{1}{1!}\left(\frac{1}{8}\right)^4 + \frac{2^2}{2!} \times \frac{1}{0!}\left(\frac{1}{8}\right)^5\right]^{-1}$$

$$= 0.314\ 9$$

由式(9-42)可以计算得到(计算过程略)

$$P_1 = 0.394, P_2 = 0.197, P_3 = 0.074, P_4 = 0.018, P_5 = 0.002$$

系统的各项运行指标如下

(1) $L_q = \sum_{n=s+1}^{m}(n-c)P_n = P_3 + 2P_4 + 3P_5 = 0.118$

(2) $L = \sum_{n=1}^{m} nP_n = P_1 + 2P_2 + 3P_3 + 4P_4 + 5P_5 = 1.092$

(3) $\lambda_e = \lambda(m - L) = 1 \times (5 - 1.092) = 3.908$

(4) $W_q = \dfrac{L_q}{\lambda_e} = \dfrac{0.118}{3.908} = 0.03$（小时）$= 1.8$（分钟）

(5) $W = \dfrac{L}{\lambda_e} = \dfrac{1.902}{3.908} = 0.28$（小时）$= 16.8$（分钟）

9.5 其他服务时间分布模型

9.5.1 一般分布模型

该模型表示为$[M/G/1]:[\infty/\infty/FCFS]$，其基本条件是

(1) 输入过程：顾客源是无限的，到达过程是参数（强度）为λ的泊松过程；

(2) 排队规则：单队，对队长无限制，先到先服务；

(3) 服务机构：单服务台，G表示服务时间T的分布为任意的概率分布，但已知期望值$E(T)$和方差$D(T)$。

该模型被称为"单服务台泊松到达、任意服务时间的排队模型"。

在稳态情况下，当$\rho = \lambda E(T) < 1$时，可以证明

$$L = \rho + \frac{\rho^2 + \lambda^2 \text{Var}(T)}{2(1-\rho)} \tag{9-48}$$

此公式又称 P-K(Pollaczek-Khint chine)公式。只要知道λ、$E(T)$和$\text{Var}(T)$，无论服务时间T服从什么分布，均可用 P-K 公式求出平均队长L。其他运行指标为（推导过程略）

$$P_0 = 1 - \frac{\lambda}{\mu} \quad L_q = \frac{\rho^2 + \lambda^2 D(T)}{2(1-\rho)}$$

$$W_q = \frac{L_q}{\lambda} \quad W = W_q + \frac{1}{\mu} \tag{9-49}$$

【例 9-8】某维修站有一技工修理出故障机器。现已知机器按泊松流发生故障，平均故障率为每小时 5 台，机器排队有两种类型，一种修理时间为 9 分钟，另一种是 12 分钟，由资料统计知，1/3 故障需要修理 12 分钟。试求此维修站的运行指标。

解 服务时间可以看成是二项分布

$$E(T) = \frac{1}{\mu} = 9 \times \frac{2}{3} + 12 \times \frac{1}{3} = 10(\text{分钟}), \quad \mu = 6(\text{台}/\text{小时})$$

$$D(T) = \left(9^2 \times \frac{2}{3} + 12^2 \times \frac{1}{3} - 10^2\right) \times \frac{1}{60} = \frac{1}{30}$$

利用 P-K 公式求得

$$P_0 = 1 - \frac{\lambda}{\mu} = 1 - \frac{5}{6} = \frac{1}{6}$$

由 $\rho = \dfrac{5}{6}$, $\lambda = 5$, $D(T) = \dfrac{1}{30}$, 得

$$L = \left[\rho + \dfrac{\rho^2 + \lambda^2 \operatorname{Var}(T)}{2(1-\rho)}\right]$$

$$= \dfrac{5}{6} + \dfrac{\left(\dfrac{5}{6}\right)^2 + 5^2 \times \dfrac{1}{30}}{2\left(1 - \dfrac{5}{6}\right)} \approx 3.35 (台)$$

$$L_q = \dfrac{\rho^2 + \lambda^2 \operatorname{Var}(T)}{2(1-\rho)} = 0.5 \times 5 = 2.5 (台)$$

$$W_q = \dfrac{L_q}{\lambda} = \dfrac{2.5}{5} = 0.5 (小时)$$

$$W = W_q + \dfrac{1}{\mu} = 0.67 (小时)$$

9.5.2 定长分布模型

该模型表示为 $[M/D/1]:[\infty/\infty/FCFS]$, D 表示服务时间为固定长度, 即为常数, 它是 $[M/G/1]:[\infty/\infty/FCFS]$ 模型的一个特例。该模型被称为单服务台泊松到达、定长服务时间的排队模型。由于服务时间是个常量, 故 $D(T) = 0$。因此, 只需将 $[M/G/1]:[\infty/\infty/FCFS]$ 模型中的方差改为 0, 即可得到定长排队模型的各个指标。

【例 9-9】 某汽车冲洗站有一套自动冲洗设备, 冲洗每辆汽车所需时间为 6 分钟, 到此冲洗站来冲洗汽车的到达过程服从泊松分布, 每小时平均到达 6 辆, 求该排队系统的有关运行指标。

解 由于服务时间定长, 因此该服务系统是一个 $[M/D/1]:[\infty/\infty/FCFS]$ 排队系统, 其中 $\lambda = 6$ 辆/小时, $\mu = 60/6 = 10$ 辆/小时, 代入式(9-49)计算得:

$$P_0 = 1 - \dfrac{\lambda}{\mu} = 1 - \dfrac{6}{10} = 0.4$$

$$L_q = \dfrac{\rho^2}{2(1-\rho)} = \dfrac{(0.6)^2}{2(1-0.6)} = 0.45 (辆)$$

$$L = L_q + \rho = \dfrac{\rho^2}{2(1-\rho)} + \rho = 1.05 (辆)$$

$$W_q = \dfrac{L_q}{\lambda} = \dfrac{0.45}{6} = 0.075 (小时)$$

$$W = W_q + \dfrac{1}{\mu} = 0.075 + \dfrac{1}{10} = 0.175 (小时)$$

9.5.3 爱尔朗分布模型

该模型表示为 $[M/E_k/1]:[\infty/\infty/FCFS]$, 其中, 每一个顾客必须依次经过 k 个服务台, 接受 k 次服务后才构成一个完整的服务过程。该模型假设每个服务台的服务时间 T_i 服从相同的负指数分布(参数为 $k\mu$)。则总的服务时间

$$T = \sum_{i=1}^{k} T_i$$

服从 k 阶爱尔朗分布。其他条件与基本 $[M/M/1]$ 模型相同。

类似于以前的讨论可得此模型的如下数量指标

$$P_0 = 1-\rho \quad \left(\rho = \frac{\lambda}{\mu}\right) \tag{9-50}$$

$$W_q = \frac{(k+1)\rho}{k\mu 2(1-\rho)} = \frac{\lambda}{\mu(\mu-\lambda)} - \frac{(k-1)\lambda}{2k\mu(\mu-\lambda)} \tag{9-51}$$

$$L_q = \lambda W_q = \frac{(k+1)\rho^2}{2k(1-\rho)} \tag{9-52}$$

$$L = L_q + \frac{\lambda}{\mu} = \frac{(k+1)\rho^2}{2k(1-\rho)} + \rho \tag{9-53}$$

$$W = W_q + \frac{1}{\mu} \quad 或 \quad W = \frac{L}{\lambda} \tag{9-54}$$

【例 9-10】 一个质量检查员平均每小时收到 2 件送来检验的样品，每件样品要依次完成 5 项检验才能判定是否合格。据统计，每项检验所需时间的期望值都是 4 分钟，每项检验的时间和送检产品的到达时间间隔都服从负指数分布。求检验过程的各项指标。

解 该检验系统是一个 $[M/E_5/1]:[\infty/\infty/\text{FCFS}]$ 排队系统，其中

$$\lambda = \frac{2}{60} = \frac{1}{30} \text{ 件 / 分钟}, \frac{1}{\mu} = 20 \text{ 分钟 / 件}, \rho = \frac{\lambda}{\mu} = \frac{2}{3}$$

则

$$P_0 = 1-\rho = 1/3$$

$$L_q = \frac{(5+1)\times(2/3)^2}{2\times5\times(1-2/3)} = \frac{4}{5}(\text{件})$$

$$L = L_q + \rho = \frac{22}{15}(\text{件})$$

$$W_q = \frac{L_q}{\lambda} = 24(\text{分钟})$$

$$W = W_q + \frac{1}{\mu} = 44(\text{分钟})$$

9.6 排队系统的优化

9.6.1 排队系统经济分析

以完全消除排队现象为研究目标是不现实的，这会造成服务人员和设施的严重浪费，但是设施的不足和低水平的服务，又会引起太多的等待，从而导致生产和社会性损失。从经济角度考虑，排队系统的费用包含以下两个方面：一个是服务费用，它是服务水平的递增函数；另一个是顾客等待费用（机会损失），它是服务水平的递减函数。两者的总和呈一条 U 形曲线，如图 9-11 所示。

一般情形下，提高服务水平可减少顾客的等待费用，但常常增加了服

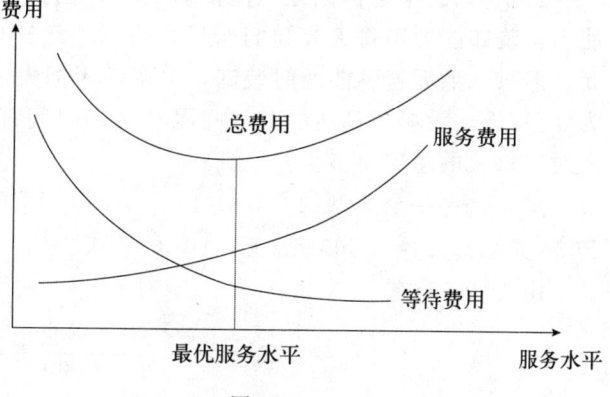

图 9-11

务机构的成本。因此，系统优化的目标是使两者的费用之和为最小，并确定达到最优值的服务水平。排队系统的优化问题常常分为两类：一类称之为系统的静态最优设计，目的在于使设备达到最大效益，或者说，在保证一定服务质量指标的前提下，要求机构最为经济；另一类叫做系统动态最优控制，是指一个给定排队系统，如何运营可使某个目标函数得到最优。归纳起来，排队系统常见的优化问题有：

(1) 确定最优服务率 μ^*；
(2) 确定最佳服务台数量 s^*；
(3) 选择最为合适的服务规则；
(4) 或是确定上述几个量的最佳组合。

由于系统的动态最优控制问题需要较多的数学知识，所以本节着重介绍静态最优设计问题。在优化问题的处理方法上，一般根据变量的类型是离散的还是连续的，相应地采用边际分析方法或经典的微分法，对较为复杂的优化问题需要用非线性规划或动态规划等方法。

9.6.2 最优服务率的确定

1. 基本模型

取目标函数 Z 为单位时间服务成本与顾客在系统逗留费用之和的期望值最小

$$\min Z = c_s\mu + c_w L \tag{9-55}$$

式中，c_s 为当 $\mu=1$ 时服务机构单位时间的费用，c_w 为每个顾客在系统停留单位时间的费用。

将式(9-4)中 L 的值代入得

$$z = c_s\mu + c_w \frac{\lambda}{\mu - \lambda} \tag{9-56}$$

令

$$\frac{\mathrm{d}z}{\mathrm{d}\mu} = c_s - c_w \frac{\lambda}{(\mu - \lambda)^2} = 0$$

解得

$$\mu^* = \lambda + \sqrt{\frac{c_w \lambda}{c_s}} \tag{9-57}$$

可以证明，式(9-57)是式(9-55)的最小值点。

【例 9-11】 某地欲兴建一座港口码头，但只有一个装卸船只的位置，现要求设计装卸能力，装卸能力用每天装卸的船只数表示。已知单位装卸能力每天平均生产成本为 2 000 元，船只到港后若不能及时装卸，停留一天损失运输费 1 500 元。预计船只的平均到达率为 3 只/天。设船只到达的时间间隔和装卸时间都服从负指数分布。问港口装卸能力为多大时，每天的总支出最少？

解 这是一个典型的 $[M/M/1]:[\infty/\infty/FCFS]$ 设计最优装卸能力的问题。其中 c_s=2 000 元/天；c_w=1 500 元/天；λ=3 只/天。

由式(9-57)有

$$\mu^* = 3 + \sqrt{\frac{1\,500 \times 3}{2\,000}} = 4.5(只/天)$$

即最优装卸能力为 4.5 只/天。

2. 有限队列模型

在这种情形下，系统中如果已有 N 个顾客，则后来的顾客即被拒绝，P_N 为被拒绝的概率，$1-P_N$ 为能接受服务的概率，$\lambda(1-P_N)$ 为单位时间实际进入服务机构顾客的平均数。在稳定状态下，$\lambda(1-P_N)$ 也等于单位时间内实际服务完成的平均顾客数。设每服务 1 人能收入 G 元，单位时间收入的期望值是 $\lambda(1-P_N)G$ 元。取纯利润最大

$$\max Z = \lambda(1-P_N)G - c_s\mu = \lambda G \frac{1-\rho^N}{1-\rho^{N+1}} - c_s\mu$$

$$= \lambda \mu G \frac{\mu^N - \lambda^N}{\mu^{N+1} - \lambda^{N+1}} - c_s\mu \tag{9-58}$$

令 $\dfrac{dz}{d\mu}=0$，得

$$\rho^{N+1} \frac{N - (N+1)\rho + \rho^{N+1}}{(1-\rho^{N+1})^2} = \frac{c_s}{G} \tag{9-59}$$

从公式中可以求出最优解 μ^*。上式中 c_s、G、λ 和 N 都是给定的，但要解出 μ^* 是很困难的。通常是通过数值计算来求得，或将式(9-59)左边(对一定的 N)作为 ρ 的函数，对给定的 c_s/G 求得 μ^*。

【例 9-12】 考虑一个 $[M/M/1]:[N/\infty/FCFS]$ 系统，$\lambda=10$ 人/小时，$\mu=30$ 人/小时，$N=2$。管理者想改进服务机构，方案一是增加等待空间 $N=3$；方案二是提高平均服务率到 $\mu=40$ 人/小时。设服务每个顾客的平均收益不变，问哪个方案将获得更大的收益。当 λ 增加到每小时 30 人，又将是什么结果。

解 由于服务每个顾客的平均收益不变，因此，服务机构单位时间的平均收益与单位时间实际进入系统的平均人数成正比(不考虑服务成本)。

对于方案一，单位时间内实际进入系统的顾客的平均数为：

$$\lambda(1-P_3) = \lambda \frac{1-\rho^3}{1-\rho^4} = 10 \times \frac{1-(1/3)^3}{1-(1/3)^4} = 9.75 (\text{人}/\text{小时})$$

对于方案二，单位时间内实际进入系统的顾客的平均数为：

$$\lambda(1-P_2) = \lambda \frac{1-\rho^2}{1-\rho^3} = 10 \times \frac{1-(1/4)^2}{1-(1/4)^3} = 9.52 (\text{人}/\text{小时})$$

因此，采取扩大等待空间的方法将获得更多的收益。

当 λ 增加到每小时 30 人时，由 $\rho=1$ 有

$$\lambda(1-P_3) = 30 \times \frac{3}{3+1} = 22.5 (\text{人}/\text{小时})$$

$$\lambda(1-P_2) = 30 \times \frac{1-(3/4)^2}{1-(3/4)^3} = 22.7 (\text{人}/\text{小时})$$

因此，采取提高服务率到 $\mu=40$ 人/小时，将获得更多的收益。

3. 有限顾客源模型

考虑机械故障问题。设共有 m 台机器，各台连续运转时间服从负指数分布，有 1 个修理工人，修理时间服从负指数分布。当服务率 $\mu=1$ 时的修理费用为 c_s，单位时间第 k 台机器运转可得收入 G 元，平均运转台数为 $m-L$，取单位时间纯利润最大

$$\max Z = (m-L)G - c_s\mu = \frac{mG}{\rho} \frac{E_{m-1}\left(\dfrac{m}{\rho}\right)}{E_m\left(\dfrac{m}{\rho}\right)} - c_s\mu \tag{9-60}$$

式中，$E_m(x) = \sum_{k=0}^{m} \frac{x^k}{k!} e^{-x}$ 称为泊松部分和，$\rho = \frac{m\lambda}{\mu}$，而

$$\frac{d}{dx} E_m(x) = E_{m-1}(x) - E_m(x) \tag{9-61}$$

为了求出最优服务率 μ^*，令 $\frac{dz}{d\mu} = 0$，得

$$\frac{E_{m-1}\left(\frac{m}{\rho}\right) E_m\left(\frac{m}{\rho}\right) + \frac{m}{\rho}\left[E_m\left(\frac{m}{\rho}\right) E_{m-2}\left(\frac{m}{\rho}\right) - E_{m-1}^2\left(\frac{m}{\rho}\right)\right]}{E_m^2\left(\frac{m}{\rho}\right)} = \frac{c_s \lambda}{G} \tag{9-62}$$

当给定 c_s、G、λ 和 m 时，要由上式解出 μ^* 是很困难的，通常是利用泊松分布表通过数值计算求得，或将式（9-62）左边（对一定的 m）作为 ρ 的函数，对给定的 $c_s\lambda/G$，求得 μ^*/λ。

9.6.3 最优服务设施数的确定

在多台服务的排队系统中，服务台数是一个可控因素。增加服务台数目，可以提高服务水平，但也会因此而增加与之有关的费用。这里仅以基本模型 $[M/M/s]:[\infty/\infty/\text{FCFS}]$ 为例。在稳态情形下，取单位时间全部费用（服务成本与等待费用之和）的期望值最小

$$\min Z = c_s s + c_w L \tag{9-63}$$

式中，s 为服务台数，c_s 为每服务台单位时间的成本，c_w 为每个顾客在系统停留单位时间的费用。因为 c_s 和 c_w 都是给定的，唯一可以变动的是服务台数 s，所以 Z 是 s 的函数 $Z(s)$。由于 s 不是连续变量，所以不能用微分法，通常采用边际分析方法。根据 $Z(s^*)$ 是最小的特点，有

$$\begin{cases} Z(s^*) \leqslant Z(s^* - 1) \\ Z(s^*) \leqslant Z(s^* + 1) \end{cases} \tag{9-64}$$

将式（9-63）代入，得

$$\begin{cases} c_s s^* + c_w L(s^*) \leqslant c_s(s^* - 1) + c_w L(s^* - 1) \\ c_s s^* + c_w L(s^*) \leqslant c_s(s^* + 1) + c_w L(s^* + 1) \end{cases} \tag{9-65}$$

化简后得

$$L(s^*) - L(s^* + 1) \leqslant c_s/c_w \leqslant L(s^* - 1) - L(s^*) \tag{9-66}$$

通过试算，可得到满足上述条件的最优的服务台数目 s^*。

【例 9-13】假定在 $[M/M/s]:[\infty/\infty/\text{FCFS}]$ 系统中，$\lambda = 10$，$\mu = 3$，成本是 $c_s = 5$，$c_w = 25$，求使得总费用最小的服务台个数。

解 由所给条件得

$$\rho = \frac{\lambda}{s\mu} = \frac{10}{3s}$$

为使 $\rho < 1$，必须有 $s > 3$。因为

$$P_0 = \frac{1}{\sum_{n=0}^{s-1} \frac{(10/3)^n}{n!} + \frac{(10/3)^s}{s!} \left(\frac{3s}{3s - 10}\right)}$$

$$L(s) = L_q + \frac{\lambda}{\mu} = \frac{(\lambda/\mu)^s \lambda\mu}{(s-1)!(\mu s - \lambda)^2} P_0 + \frac{\lambda}{\mu}$$

$$= \frac{(10/3)^s \times 10 \times 3}{(s-1)!(3s-10)^2} P_0 + \frac{10}{3}$$

对于不同的 s 值计算 $L(s)$，结果如表 9-2 所示。又因为 $c_s/c_w = 5/25 = 0.2$，由 $L(s)-L(s+1) \leqslant c_s/c_w \leqslant L(s-1)-L(s)$ 及表 9-2 知

$$0.13 < 0.2 < 0.46$$

故 $s^* = 6$，即使用 6 个服务台最好。

表 9-2

s	$L(s)$	$L(s)-L(s+1)$	$L(s-1)-L(s)$
4	6.62	2.64	—
5	3.98	0.46	2.64
6	3.52	0.13	0.46
7	3.39	—	0.13

9.7 WinQSB 软件应用

排队论的运算子程序是 Queuing Analysis(QA)，该程序具有各种排队模型的求解与性能分析、灵敏度分析、服务能力分析、成本分析等功能。

9.7.1 基本操作方法

建立新问题后，系统显示如图 9-12 所示的选项，系统默认时间单位为小时。输入格式有两种，如果选择简单排队系统（Simple M/M System，顾客到达的时间间隔和服务时间服从负指数分布），系统显示如表 9-3 所示的数据输入格式，表 9-3 的大致含义列在表的右边。当选择一般排队系统（General Queuing System）时，系统显示如表 9-4 所示的数据输入格式。

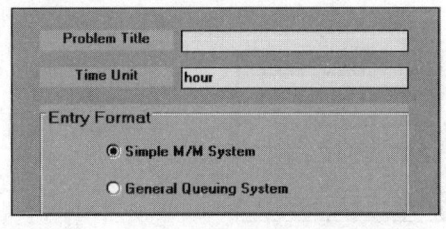

图 9-12

表 9-3

Data Description	ENTRY
Number of servers	服务台数
Service rate (per server per hour)	平均服务率
Customer arrival rate (per hour)	平均到达率
Queue capacity (maximum waiting space)	队列容量（最大等待空间）
Customer population	顾客源
Busy server cost per hour	每小时忙时的成本
Idle server cost per hour	每小时空闲的成本
Customer waiting cost per hour	每小时顾客等待成本
Customer being served cost per hour	每小时服务顾客的成本
Cost of customer being balked	损失顾客的成本
Unit queue capacity cost	单位队列容量成本

表 9-4

Data Description	ENTRY
Number of servers	服务台数
Service time distribution (in hour)	Exponential服务时间分布，双击选择
Location parameter (a)	输入第1个参数
Scale parameter (b>0) (b=mean if a=0)	输入第2个参数（如果有）
(Not used)	输入第3个参数（如果有）
Service pressure coefficient	服务强度系数
Interarrival time distribution (in hour)	Exponential到达时间间隔分布，双击选择
Location parameter (a)	输入第1个参数
Scale parameter (b>0) (b=mean if a=0)	输入第2个参数（如果有）
(Not used)	输入第3个参数（如果有）
Arrival discourage coefficient	到达阻尼系数
Batch (bulk) size distribution	General/Arbitrary，批量分布，双击选择
Mean (u)	输入第1个参数
Standard deviation (s>0)	输入第2个参数（如果有）
(Not used)	输入第3个参数（如果有）
Queue capacity (maximum waiting space)	队列容量，无限为M
Customer population	顾客源，无限为M
Busy server cost per hour	单位时间忙时的成本
Idle server cost per hour	单位时间空闲的成本
Customer waiting cost per hour	单位时间顾客等待的成本
Customer being served cost per hour	单位时间服务顾客的成本
Cost of customer being balked	损失顾客的成本
Unit queue capacity cost	队列容量单位成本

表 9-4 中的服务时间和到达间隔分布系统默认为负指数分布，若要改变分布，双击空格系统显示如图 9-13 所示的分布选项，含义见表 9-5。

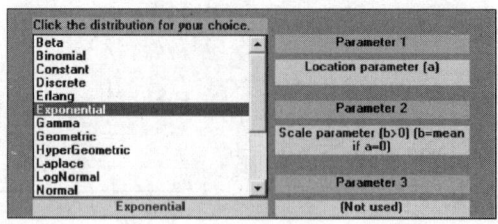

图 9-13

表 9-5

Beta	贝塔分布	Binomia	二项分布
Constant	常数	Discrete	离散分布
Erlang	爱尔朗分布	Exponential	指数分布
Gamma	伽马分布	Geometric	几何分布
HyperGeometric	超几何分布	Laplace	拉普拉斯分布
LogNorma	对数正态分布	Normal	正态分布
Pareto	帕累托分布	Poisson	泊松分布
Power Function	功效函数	Triangula	三角分布
Uniform	均匀(一致)分布	Weibull	威布尔分布
General/ arbitrary	一般分布/任意分布		

9.7.2 软件操作举例

【例 9-14】用 WinQSB 软件求解例 9-4。

解 顾客到达的间隔时间和服务时间都服从负指数分布，在图 9-12 中选择第一项（简单排队系统），在表 9-3 中输入有关数据，见表 9-6。

求解得到表 9-7，与例 9-4 的结果相同。

表 9-6

Data Description	ENTRY
Number of servers	1
Service rate (per server per hour)	5
Customer arrival rate (per hour)	4
Queue capacity (maximum waiting space)	M
Customer population	5
Busy server cost per hour	

表 9-7

11-20	Performance Measure	Result
1	System: M/M/1//5	From Formula
2	Customer arrival rate (lambda) per hour =	4.0000
3	Service rate per server (mu) per hour =	5.0000
4	Overall system effective arrival rate per hour =	4.9635
5	Overall system effective service rate per hour =	4.9635
6	Overall system utilization =	99.2701 %
7	Average number of customers in the system (L) =	3.7591
8	Average number of customers in the queue (Lq) =	2.7664
9	Average number of customers in the queue for a busy system (Lb) =	2.7868
10	Average time customer spends in the system (W) =	0.7574 hours
11	Average time customer spends in the queue (Wq) =	0.5574 hours
12	Average time customer spends in the queue for a busy system (Wb) =	0.5615 hours
13	The probability that all servers are idle (Po) =	0.7300 %
14	The probability an arriving customer waits (Pw) or system is busy (Pb) =	99.2700 %

表 9-7 中，有 3 项指标需要说明一下。

P_b 或 P_w：系统忙的概率。具体含义是，系统所有服务台都在服务的概率，或系统的顾客数大于等于服务台数，或某个顾客到来时系统已有 s 个顾客的概率，或顾客到达系统时需要等待的概率。$P_b = 1 - P_0$。

L_b：系统忙时队列中顾客的平均数。与 L_q 的关系为 $L_q = L_b P_b$。

W_b：系统忙时顾客在队列中等待的平均时间。与 W_q 的关系为 $W_q = W_b P_b$。

【例 9-15】用 WinQSB 软件求解例 9-6。

解 在表 9-3 中，服务台数输入 10，到达率输入 6，服务率输入 0.5。客满时顾客离去，不会发生排队现象，表 9-3 中第 4 行的 queue capacity 指队列容量而不是队长，因此输入 0。用公式手工计算 $N=8$，软件计算时队列容量不包括服务台数，如例 9-3 的队列容量等于 4，而不是等于 5。数据见表 9-8。

求解结果见表 9-9，其中 Overall system utilization 是客房利用率，P_b 是客满的概率。

表 9-8

Data Description	ENTRY
Number of servers	10
Service rate (per server per day)	0.5
Customer arrival rate (per day)	6
Queue capacity (maximum waiting space)	0
Customer population	M

表 9-9

12-20	Performance Measure	Result
1	System: M/M/10/10	From
2	Customer arrival rate (lambda) per day =	6.0000
3	Service rate per server (mu) per day =	0.5000
4	Overall system effective arrival rate per day =	4.1884
5	Overall system effective service rate per day =	4.1884
6	Overall system utilization =	83.7690 %
7	Average number of customers in the system (L) =	8.3769
8	Average number of customers in the queue (Lq) =	0
9	Average number of customers in the queue for a busy system (Lb) =	0
10	Average time customer spends in the system (W) =	2.0000 days
11	Average time customer spends in the queue (Wq) =	0 day
12	Average time customer spends in the queue for a busy system (Wb) =	0 day
13	The probability that all servers are idle (Po) =	0.0018 %
14	The probability an arriving customer waits (Pw) or system is busy (Pb) =	30.1925 %
15	Average number of customers being balked per day =	1.8116

【例 9-16】用 WinQSB 软件求解例 9-9。

解 $\lambda=6$ 辆/小时，$\mu=60/6=10$ 辆/小时。在图 9-12 中选择 General Queueing System，输入数据见表 9-10。服务台数为 1，服务时间分布选择常数，值为 $1/\mu=0.1$（小时），到达时间间隔分布为负指数分布，值为 $1/\lambda=0.16666$。其他数据不用输入。求解结果见表 9-11。

表 9-10

Data Description	ENTRY
Number of servers	1
Service time distribution (in hour)	Constant
Constant value	0.1
(Not used)	
(Not used)	
Service pressure coefficient	
Interarrival time distribution (in hour)	Exponential
Location parameter (a)	0
Scale parameter (b>0) (b=mean if a=0)	0.16666

表 9-11

10-20	Performance Measure	Result
1	System: M/D/1	From Formula
2	Customer arrival rate (lambda) per hour =	6.0002
3	Service rate per server (mu) per hour =	10.0000
4	Overall system effective arrival rate per hour =	6.0002
5	Overall system effective service rate per hour =	6.0002
6	Overall system utilization =	60.0024 %
7	Average number of customers in the system (L) =	1.0501
8	Average number of customers in the queue (Lq) =	0.4501
9	Average number of customers in the queue for a busy system (Lb) =	0.7501
10	Average time customer spends in the system (W) =	0.1750 hours
11	Average time customer spends in the queue (Wq) =	0.0750 hours
12	Average time customer spends in the queue for a busy system (Wb) =	0.1250 hours
13	The probability that all servers are idle (Po) =	39.9976 %
14	The probability an arriving customer waits (Pw) or system is busy (Pb) =	60.0024 %

注意图 9-12 中的两种模型的输入格式，选择 Simple M/M System 时，到达参数是单位时间内到达的顾客数，服务参数是单位时间内服务的顾客数，都是"率"。选择 General Queuing System 时，到达参数是时间间隔分布（$1/\lambda$），服务参数是服务时间分布（$1/\mu$），有时需要输入多个分布参数，如服务时间是正态分布，第一个参数是服务一个顾客所需时间的期望值，第二个参数是标准差。

系统除了计算一般排队指标外，还提供了参数分析、成本分析及排队模拟等功能，其操作方法留给读者进行练习。

习题

9.1 某蛋糕店有一服务员，顾客到达服从 $\lambda=30$ 人/小时的泊松分布，当店里只有一个顾客时，平均服务时间为 1.5 分钟，当店里有 2 个或 2 个以上顾客时，平均服务时间缩减至 1 分钟。两种服务时间均服从负指数分布。试求：
(1) 此排队系统的状态转移图；
(2) 稳态下的概率转移平衡方程组；
(3) 店内有 2 个顾客的概率；
(4) 该系统的其他数量指标。

9.2 某商店每天开 10 个小时，一天平均有 90 个顾客到达商店，商店的服务平均速度是每小时服务 10 个，若假定顾客到达服从泊松分布，商店服务时间服从负指数分布，试求：
(1) 在商店前等待服务的顾客平均数。
(2) 在队长中多于 2 个人的概率。
(3) 在商店中平均有顾客的人数。
(4) 若希望商店平均顾客只有 2 人，平均服务速度应提高到多少。

9.3 为开办一个小型理发店，目前只招聘了一个服务员，需要决定等待理发的顾客的位子应设立多少。假设需要理发的顾客到来的规律服从泊松流，平均每 4 分钟来一个，而理发的时间服从指数分布，平均每 3 分钟 1 人。如果要求理发的顾客因没有等待的位子而转向其他理发店的人数占要理发的人数比例为 7% 时，应该安放几个位子供顾客等待。

9.4 某服务部平均每小时有 4 个人到达，平均服务时间为 6 分钟。到达服从泊松流，服务时间为负指数分布。由于场地受限制，服务部最多不能超过 3 人，求：
(1) 服务部没有人到达的概率；
(2) 服务部的平均人数；
(3) 等待服务的平均人数；
(4) 顾客在服务部平均花费的时间；
(5) 顾客平均排队的时间。

9.5 某车间有 5 台机器，每台机器连续运转时间服从负指数分布，平均连续运转时间为 15 分钟。有一个修理工，每次修理时间服从负指数分布，平均每次 12 分钟。求该排队系统的数量指标 P_0、L_q、L、W_q、W 和 P_5。

9.6 证明：一个 $[M/M/2]$：$[\infty/\infty/\text{FCFS}]$ 的排队系统要比两个 $[M/M/1]$：$[\infty/\infty/$

FCFS]的排队系统优越。试从队长 L 这个指标证明。

9.7 某博物馆有 4 个大小一致的展厅。来到该博物馆参观的观众服从泊松分布，平均 96 人/小时。观众大致平均分散于各展厅，且在各展厅停留的时间服从 $1/\mu=15$ 分钟的负指数分布，在参观完 4 个展厅后离去。问该博物馆的每个展厅应按多大容量设计，使在任何时间内观众超员的概率小于 5%。

9.8 两个技术程度相同的工人共同照管 5 台自动机床，每台机床平均每小时需照管一次，每次需一个工人照管的平均时间为 15 分钟。每次照管时间及每相继两次照管间隔都相互独立且为负指数分布。试求每人平均空闲时间、系统四项主要指标和机床利用率。

9.9 某储蓄所有一个服务窗口，顾客按泊松分布平均每小时到达 10 人，为任一顾客办理存款、取款等业务的时间 T 服从 $N\sim(0.05, 0.01^2)$ 的正态分布。试求储蓄所空闲的概率及其主要工作指标。

9.10 某检测站有一台自动检测机器性能的仪器，检测每台机器都需 6 分钟。送检机器按泊松分布到达，平均每小时 4 台。试求该系统的主要工作指标。

9.11 一个电话间的顾客按泊松流到达，平均每小时到达 6 人，平均通话时间为 8 分钟，方差为 8 分钟，直观上估计通话时间服从爱尔朗分布，管理人员想知道平均队列长度和顾客平均等待时间是多少。

9.12 对某服务台进行实测，得到如下数据

系统中的顾客数(n)	0	1	2	3
记录到的次数(m_0)	161	97	53	34

平均服务时间为 10 分钟，服务一个顾客的收益为 2 元，服务机构运行单位时间成本为 1 元，问服务率为多少时可使单位时间平均总收益最大。

9.13 某检验中心为各工厂服务，要求进行检验的工厂（顾客）的到来服从泊松流，平均到达率为 $\lambda=48$（次/天）；工厂每次来检验由于停工造成损失 6 元；服务（检验）时间服务负指数分布，平均服务率为 $\mu=25$（次/天）；每设置一个检验员的服务成本为每天 4 元，其他条件均适合 $[M/M/s]:[\infty/\infty/FCFS]$ 系统。问应设几个检验员可使总费用的平均值最少。

9.14 思考与简答题

(1) 排队论又称随机服务系统理论，解释随机服务系统的含义。

(2) 排队论的主要任务是什么。

(3) 排队系统由哪几部分构成。

(4) 排队规则有哪几种。

(5) 解释 Kendell 符号 $[X/Y/Z]:[A/B/C]$ 的含义。

(6) 队长与队列长、等待时间与逗留时间各有什么区别。

(7) 解释平均到达率、平均服务率、平均服务时间和顾客到达间隔时间等概念。

(8) 解释泊松分布、泊松过程、泊松流的含义及其关系。

(9) 排队系统中，负指数分布与泊松分布有何关系。

(10) 什么是爱尔朗分布，数值特征是什么。

第10章

存 储 论

存储论也称库存论(Inventory Theory)，是研究物资最优存储策略及存储控制的理论。物资的存储是工业生产和经济运转的必然现象。例如，军事部门将武器弹药存储起来，以备战时急用；在生产过程中，工厂为了保证正常生产，不可避免地要存储一些原材料和半成品，暂时不能销售时就会出现产品存储；又如商店存储的商品、人们存储的食品和日常用品等。

任何工商企业，如果物资存储过多，不但积压流动资金，而且还占用仓储空间，增加保管成本。如果存储的物资是过时的或陈旧的，更会给企业带来巨大经济损失。反之，若物资存储过少，企业就会失去销售机会而减少利润，或由于缺少原材料而被迫停产，或由于缺货需要临时增加人力和成本。寻求合理的存储量、订货量和订货时间是存储论研究的重要内容。

由此提出什么时间供货(简称期的问题)，每次供货多少(简称量的问题)的存储控制策略问题。

企业从外部订货或自己生产，使物资存储增加，就是物资的供应，或称为输入；企业销售产品使存储减少就是物资的需求，或称为输出。

存储论中的订货一词具有广义的含义。不仅从外单位组织货源，有时由本单位组织生产或是车间之间、班组之间甚至前后工序之间的产品交接，都称为订货。

存储控制系统中的存量与单位时间内的需求量有关。需求可看作存储系统中的输出，需求可以是均匀连续的，例如在连续自动装配线上每分钟装配50件产品或部件；需求也可以是间断成批的，例如铸造车间每隔一段时间提供一定数量的铸件给加工车间。若需求量事先可以确定，则称为**确定性需求**；若需求量是随机的，如商店出售的商品，顾客什么时间需要以及需要多少事先都难以确定，则称为**随机需求**。

物资从输入进入存储再到输出整个系统称为**存储控制系统**或简称为存储系统，在存储系统中，将物资保持在预期的一定水平，使生产过程或流通过程不间断并有效地进行，对输入过程中的订货时间和订货数量进行控制，称为**存储控制策略**。例如 t 循环策略，它是以固定周期 t 补充相同存储量；连续盘存的固定订货量 (s, Q) 策略；连续盘存上、下界存量(s, S)策略；定期盘存固定订货区间(R, S)策略以及定期盘存有选择的再补充订货(R, s, S)策略等。另外还有诸如多品种库存系统的 ABC 控制方法、供应链管理、多级库存系统管理、物料需求计划等存储控制策略。

最优存储策略主要是利用数学工具，将存储问题按某种准则抽象成数学模型，然后求出最佳的期和量的数值。如果模型中的期和量都是确定值，则称为确定型模型，如果期或量是随机变量，则称为随机型模型。

10.1 确定型经济订货批量模型

本节假定在单位时间内（或称计划期）的需求量为已知常数，货物供应速率、订货费、存储费和缺货费已知，其订货策略是将单位时间分成 n 等分的时间区间 t，在每个区间开始订购或生产相同的货物量，形成 t 循环存储策略。在建立存储模型时定义的参数及其含义如下所示。

D：**需求速率**，单位时间内的需求量(Demand per Unit Time)。

P：**生产速率或再补给速率**(Production or Replenishment Rate)，$P > D$。如果所需货物能一次性得到满足，供应速率可以看作是无穷大，称为瞬时供货，当货物只能按某一速率供应时，称为边供应边需求。

A：**生产准备成本**(Fixed Ordering or Setup Cost)，一次订货或生产所发生的固定成本。准备成本包括发出订货单、电信往来、旅差、采购、收货、验收、调整设备、进仓等项目所发生的成本，生产前的组织、准备、工艺设计、设备的调整、更换或制造工模夹具、生产后的清洗保养等成本。准备成本与订货次数有关，计量单位是每次订货或生产所发生的固定成本。

C：**单位货物获得成本**(Unit Acquisition Cost)，是货物价格或生产单位产品的成本。

H：**单位时间内单位货物持有（存储）成本**(Holding Cost per Unit per Unit Time)，包括仓库保管费（如占用仓库的租金或仓库设施的运行费、维修费、管理人员工资等）、货物占用流动资金的利息、保险费、存储物资变坏、陈旧及降价等造成的损失费。如果品种繁多，一般按货物平均库存资金的百分比（或称为存储费率）计算。例如，存储费率为 2%，货物平均库存占用资金为 4 万元，则 $H = 0.02 \times 4 = 0.08$（万元）。

B：**单位时间内单位货物的缺货成本**(Shortage Cost per Unit Short per Unit Time)，指因缺货不能满足需求带来的损失成本。如失去销售机会的损失费、原材料供不应求造成停工的损失、不能履行合同按期交货的罚款成本，不允许缺货时，缺货成本看做是无穷大。

暂时缺货现象在实际中是存在的，例如顾客在购买某商品因缺货时是能够容忍的。允许缺货的存储策略有得有失。因缺货而耽误需求会造成缺货损失，另一方面，由于允许缺货就可减少存储量和订货次数，节省存储费和订货费。企业除支付缺货费外没有其他损失时，在每个周期内有缺货现象对企业有利。

t：**订货区间**(Order Interval)，周期性订货的时间间隔期，也称为订货周期。

L：**提前期**(Order Lead Time)，从提出订货到所订货物且进入存储系统之间的时间间隔，也称为订货提前时间或拖后时间。如 9 月 15 日订货，10 月 15 日收到货，则提前期为 30 天。提前期实际上是为了保证某一时刻能补充存储必须提前订货的时间期。如果需要时马上可以得到补充,则提前期为零。

Q:**订货批量**(Order Quantity)或**生产批量**(Production Lot Size),一批订货或生产的货物数量。

S:**最大缺货量**(Maximum Backorder),即最大缺货订单,允许缺货时,由于缺货暂时不能满足需求,货物到达后补充其缺货量,就是延期交货量。这种缺货形式称为缺货预约或缺货补充。如果缺货后即使货物到达也不再补充,这时就失去订单或销售量。两种情形都有缺货成本。

R:**再订货点**(Reorder Point),当提前期不等于零时,货物的存储量降到某一水平时就要再次提出订货,这一存储量称为再订货点。

n:**单位时间内的订货次数**(Order Frequency per Unit Time),显然有 $n=1/t$。

模型的目标函数是以总成本(总订货成本+总存储成本+总缺货成本)最小这一准则建立的。根据不同的供货速率和不同要求的存储量(允许缺货和不允许缺货)建立不同的存储模型,求出最优存储策略(即最优解)。这种需求量确定的模型称为确定型储存模型。

10.1.1 经济批量模型

总成本最小的订货批量,称为**经济订货批量**(Economic Ordering Quantity, EOQ),其模型称为经济批量模型。

确定型经济批量模型将单位时间分为 n 等份,即分为 n 次订货,订货周期 $t=1/n$,每次订货数量为 Q,一个周期内允许暂时缺货,货物到达后补充缺货数量,以生产速率 P 供应。

已知:单位时间的需求量 D、生产速率 P、一次生产准备成本 A、单位货物获得成本 C、单位时间内单位货物持有(存储)成本 H、单位时间内单位货物的缺货成本 B。

求:最优存储策略。这里的最优存储策略就是求订货周期 t、订货批量 Q 及最大缺货量 S 各为多少,使单位时间的总成本最低。

设 t_3 为一个周期 t 内存量大于零的时间长度,$t-t_3$ 为存量小于零的时间长度,t_3 内的生产供应时间长度为 t_1,在 $t-t_3$ 内的生产供应时间长度为 t_2,存储量变化如图 10-1 所示。

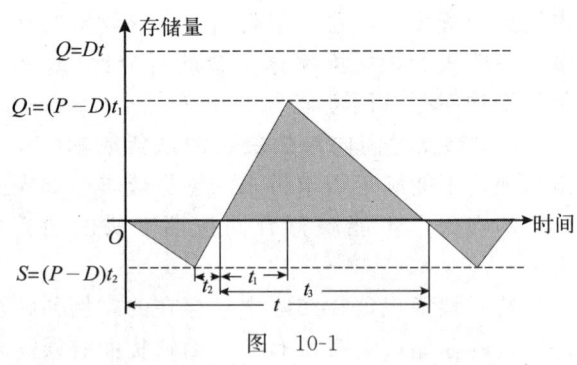

图 10-1

在周期 t 内,$t-t_3$ 是缺货周期,t_1+t_2 是生产时间,生产量等于 t 内的需求量,即 $P(t_1+t_2)=Dt$,在 t_1 内的生产量等于 t_3 内的需求量,即 $Pt_1=Dt_3$,故最高存储量为 $(P-D)t_1$,t 内的平均存储量等于图 10-1 中存量大于零对应三角形的面积(累计存量)除以 t,即 $\dfrac{(P-D)t_1t_3}{2t}$,存储费为 $\dfrac{H(P-D)t_1t_3}{2t}$。

在 $t-t_3$ 内,生产量等于缺货量(需求量),即 $(t-t_3)D=t_2P$,最大缺货量为 $(P-D)t_2$,t 内平均缺货量等于图 10-1 中存量小于零对应三角形的面积(累计存量)除以 t,即 $\dfrac{(P-D)(t-t_3)t_2}{2t}$,缺货费为 $\dfrac{B(P-D)(t-t_3)t_2}{2t}$,生产成本为 CQ,一次准备成本为 A,单

位时间内的准备成本为 $nA=A/t$，则在单位时间内使总成本最小的存储模型为

$$\min f = \frac{1}{2t}H(P-D)t_1t_3 + \frac{1}{2t}B(P-D)(t-t_3)t_2 + \frac{A}{t} + \frac{CQ}{t}$$

$$\begin{cases} Q = Dt \\ Pt_1 = Dt_3 \\ D(t-t_3) = Pt_2 \\ Q,t,t_1,t_2,t_3 \geqslant 0 \end{cases}$$

由约束条件消去变量 Q，t_1，t_2 得到无条件极值

$$\min f(t,t_3) = \frac{1}{2Pt}HD(P-D)t_3^2 + \frac{1}{2Pt}BD(P-D)(t-t_3)^2 + \frac{A}{t} + CD \quad (10\text{-}1)$$

令 $\partial f/\partial t=0$，$\partial f/\partial t_3=0$，解方程组

$$\frac{\partial f}{\partial t} = -\frac{HD(P-D)t_3^2}{2Pt^2} + \frac{1}{4P^2t^2}[4BPD(P-D)(t-t_3)t - 2BPD(P-D)(t-t_3)^2] - \frac{A}{t^2} = 0$$

$$\frac{\partial f}{\partial t_3} = \frac{2HD(P-D)t_3}{2Pt} - \frac{2BD(P-D)(t-t_3)}{2Pt} = 0$$

得到最优解

$$t^* = \sqrt{\frac{2A}{HD}}\sqrt{\frac{H+B}{B}}\sqrt{\frac{P}{P-D}} \quad (10\text{-}2)$$

$$Q^* = Dt^* = \sqrt{\frac{2AD}{H}}\sqrt{\frac{H+B}{B}}\sqrt{\frac{P}{P-D}} \quad (10\text{-}3)$$

$$f^* = \sqrt{2HAD}\sqrt{\frac{B}{H+B}}\sqrt{\frac{P-D}{P}} + CD \quad (10\text{-}4)$$

$$t_3^* = \sqrt{\frac{2A}{HD}}\sqrt{\frac{B}{H+B}}\sqrt{\frac{P}{P-D}} \quad (10\text{-}5)$$

式(10-4)中，CD 为物品的购置成本或产品的总变动成本，是常数。可以证明 t^*、t_3^* 是式(10-1)的最小值点，f^* 是最小值。

最大存储量 Q_1 及最大缺货量 S 为

$$Q_1 = (P-D)t_1 = \frac{D(P-D)t_3}{P} = \sqrt{\frac{2AD}{H}}\sqrt{\frac{B}{H+B}}\sqrt{\frac{P-D}{P}} \quad (10\text{-}6)$$

$$S = (P-D)t_2 = \frac{D(P-D)(t-t_3)}{P} = \sqrt{\frac{2HAD}{B(H+B)}}\sqrt{\frac{P-D}{P}} \quad (10\text{-}7)$$

若令

$$a = \sqrt{\frac{H+B}{B}} \quad (10\text{-}8)$$

$$b = \sqrt{\frac{P}{P-D}} \quad (10\text{-}9)$$

则有

$$t^* = \sqrt{\frac{2A}{HD}}ab, \quad t_3^* = \sqrt{\frac{2A}{HD}}\frac{b}{a}, \quad Q^* = \sqrt{\frac{2AD}{H}}ab, \quad f^* = \sqrt{2HAD}\frac{1}{ab} + CD$$

【例 10-1】某加工车间计划加工一种零件，这种零件需要先在车床上加工，每月可加工 5 000 件，然后在铣床上加工，每月加工 1 000 件，组织一次车加工的准备成本为 40

元，车加工后的在制品保管费为每月每件 0.5 元，如果铣加工生产间断，为了保证完成任务，需组织铣加工加班生产，每件产品增加成本 2 元。不计生产成本，

试求：(1)车加工的最优生产计划；(2)车加工的在制品最大存储量；(3)铣加工的最大缺货量；(4)一个月的总成本。

解 已知 $D=1\,000$，$P=5\,000$，$A=40$，$H=0.5$，$B=2$

(1) 由式(10-2)，得

$$t^* = \sqrt{\frac{2A}{HD}} \sqrt{\frac{H+B}{B}} \sqrt{\frac{P}{P-D}}$$

$$= \sqrt{\frac{2 \times 40}{0.5 \times 1\,000}} \sqrt{\frac{0.5+2}{2}} \sqrt{\frac{5\,000}{5\,000-1\,000}} = 0.5(月)$$

同理，$Q^* = Dt^* = 1\,000 \times 0.5 = 500$。最优生产方案为 15 天组织一次车加工，生产量为 500 件。

(2) 由式(10-6)，车加工的在制品最大存储量 $Q_1 = 320$(件)，存量大于零的时间为 $t_3^* = 0.4$(月)。

(3) 由式(10-7)，最大缺货量 $S=80$，缺货时间为 $t^* - t_3^* = 0.1$(月)。

(4) 由式(10-4)，一个月的总成本

$$f^* = \sqrt{2HAD} \sqrt{\frac{B}{H+B}} \sqrt{\frac{P-D}{P}}$$

$$= \sqrt{2 \times 0.5 \times 40 \times 1\,000} \sqrt{\frac{2}{0.5+2}} \sqrt{\frac{5\,000-1\,000}{5\,000}} = 160(元)$$

总成本与持有成本、订货成本及缺货成本的关系见图 10-2。

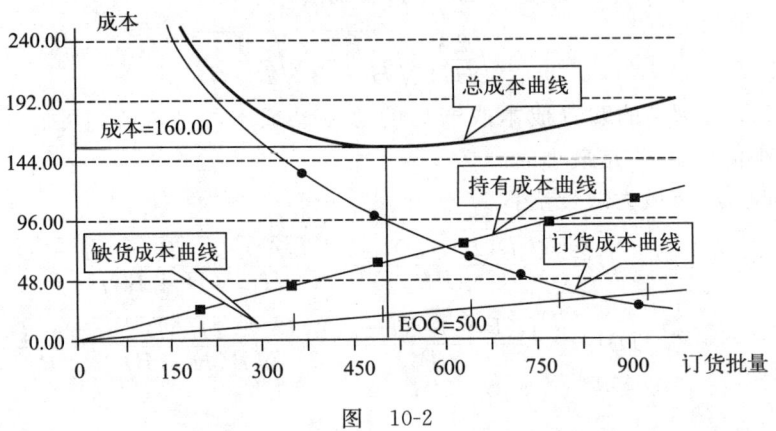

图 10-2

10.1.2 几种特殊经济批量模型

1. 不允许缺货的经济批量模型

此模型的特征是：以速率 $P(P>D)$ 均匀连续地进行供应，存储量逐渐补充，不允许缺货。存储量变化情况如图 10-3 所示。

图 10-3 中的 t_1 为一个供货周期 t 内的生产时间，产量为 $Q = Pt_1 = Dt$，当存储量为零时开始生产，存量以速率 $P-D$ 增加，当产量达到 Dt 时停止生产，然后存量以速率 D 减少，直到存量为零时又开始生产。进行与式(10-1)类似的分析，总成本最小的数学模型为

$$\min f(Q) = \frac{1}{2}HQ\left(1-\frac{D}{P}\right) + \frac{1}{Q}AD + CD \tag{10-10}$$

式中，右边第一项是总持有成本，第二项是总准备（订货）成本，第三项是购置成本。求解可以得到

$$t^* = \frac{Q^*}{D} = \sqrt{\frac{2A}{HD}}\sqrt{\frac{P}{P-D}} \tag{10-11}$$

$$Q^* = \sqrt{\frac{2AD}{H}}\sqrt{\frac{P}{P-D}} \tag{10-12}$$

$$f^* = \sqrt{2HAD}\sqrt{\frac{P-D}{P}} + CD \tag{10-13}$$

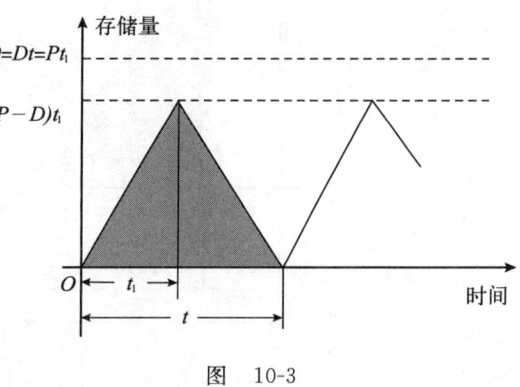

图 10-3

由 $Q=Pt_1$ 得到一个周期的生产时间

$$t_1^* = \frac{Q^*}{P} = \sqrt{\frac{2AD}{HP(P-D)}} \tag{10-14}$$

令式（10-2）至式（10-4）中的缺货成本 $B\to\infty$，式（10-8）的 $a\to 1$，$1/a\to 1$ 则式（10-2）至式（10-4）趋于式（10-11）至式（10-13）。因此，不允许缺货模型是允许缺货模型的特例（$B\to\infty$）。

【例 10-2】 某公司每年需要招聘新的工作人员 60 名（假定这 60 名工作人员在一年内是均匀需要的）。被招聘的工作人员在上岗之前需要办班集中培训，公司每年最多可以培训 100 人。开设一次培训班的成本是 1 800 元。每位应聘的工作人员在培训期间及上岗之前的年薪是 5 400 元。公司不愿意在不需要时招聘并训练这些人员，公司如何制定一年的培训计划，既保证不缺编而储备部分人员，又使得全年的总成本最小。

解 已知 $D=60$，$P=100$，$A=1\,800$，$H=5\,400$，由式（10-11）至式（10-13）得

$$Q^* = \sqrt{\frac{2AD}{H}}\sqrt{\frac{P}{P-D}} = \sqrt{\frac{2\times 1\,800\times 60\times 100}{5\,400\times(100-60)}} = 10(人)$$

$$t^* = \frac{Q^*}{D} = \frac{10}{60} = 0.166\,7(年)\approx 61(天)$$

$$f^* = \sqrt{2HAD}\sqrt{\frac{P-D}{P}} = \sqrt{\frac{2\times 5\,400\times 1\,800\times 60\times(100-60)}{100}} = 21\,600(元)$$

即约 2 个月举办一次培训班，全年共组织 6 次，每次招聘 10 人进行培训，全年总成本为 21 600 元。

2. 瞬时供货，允许缺货的经济批量模型

此模型的特征是：供货速率无穷大，一次性供给订货量 Q；当存量降到零时，不一定非要立即补充，允许一段时间缺货，但到货后应将缺货数量马上全部补齐，即缺货预约。存储量变化如图 10-4 所示。最大存储量为 Q_1，最大缺货量为 S，订货量 $Q=Q_1+S$。

总成本最小的数学模型为

$$\min f(Q_1,t) = \frac{1}{2Dt}HQ_1^2 + \frac{1}{2Dt}B(Dt-Q_1)^2 + \frac{A}{t} + CD \tag{10-15}$$

式中，右边第一项是总持有成本，第二项是总缺货成本，第三项是总准备（订货）成本，第四项是购置成本。

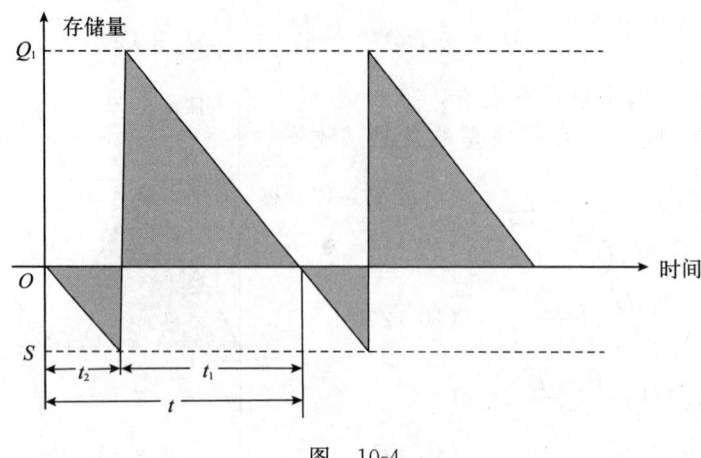

图 10-4

求解可以得到

$$Q_1^* = \sqrt{\frac{2AD}{H}}\sqrt{\frac{B}{H+B}} \tag{10-16}$$

$$t^* = \sqrt{\frac{2A}{HD}}\sqrt{\frac{H+B}{B}} \tag{10-17}$$

$$Q^* = Dt^* = \sqrt{\frac{2AD}{H}}\sqrt{\frac{H+B}{B}} \tag{10-18}$$

$$f^* = \sqrt{2HAD}\sqrt{\frac{B}{H+B}} + CD \tag{10-19}$$

$$S^* = Q^* - Q_1^* = \sqrt{\frac{2AD}{B}}\sqrt{\frac{H}{H+B}} \tag{10-20}$$

$$t_1^* = \frac{Q_1^*}{D} = \sqrt{\frac{2A}{HD}}\sqrt{\frac{B}{H+B}} \tag{10-21}$$

令式(10-2)至式(10-4)中的供货速率 $P \to \infty$，式(10-9)的 $b \to 1$，$1/b \to 1$，则式(10-2)至式(10-4)趋于式(10-17)至式(10-19)。因此，瞬时供货模型是边供应边需求模型的特例 ($P \to \infty$)。

【例 10-3】某工厂按照合同每月向外单位供货 100 件，每次生产准备结束成本为 5 元，每件年存储费为 4.8 元，每件生产成本为 20 元，若不能按期交货每件每月罚款 0.5 元(不计其他损失)，试求总成本最小的生产方案。

解 计划期为一个月，已知 $D=100$，$H=4.8/12=0.4$，$B=0.5$，$A=5$，$C=20$，由式(10-16)至式(10-20)得

$$t^* = \sqrt{\frac{2\times 5 \times (0.4+0.5)}{0.4 \times 0.5 \times 100}} \approx 0.67(月) \approx 20(天)$$

$$Q^* = Dt^* = 100 \times 0.67 = 67(件)$$

$$f^* = \sqrt{\frac{2\times 0.4 \times 0.5 \times 5 \times 100}{0.4+0.5}} + 20 \times 100 = 2\,014.9(元)$$

$$Q_1^* = \sqrt{\frac{2\times 5 \times 100 \times 0.5}{0.4(0.4+0.5)}} \approx 37(件)$$

$$S^* = Q^* - Q_1^* = 30(件)$$

即工厂每隔 20 天组织一次生产，产量为 67 件，最大存储量为 37 件，最大缺货量为 30 件。

3. 瞬时供货，不允许缺货的经济批量模型

此模型的特征是：供货速率为无穷大，不允许缺货。存储量变化如图 10-5 所示。

总成本最小的数学模型为

$$\min f(Q) = \frac{1}{2}HQ + \frac{1}{Q}AD + CD \tag{10-22}$$

式中，右边第一项是总持有成本，第二项是总准备（订货）成本，第三项是购置成本。

求解可以得到

$$t^* = \frac{Q^*}{D} = \sqrt{\frac{2A}{HD}} \tag{10-23}$$

$$Q^* = \sqrt{\frac{2AD}{H}} \tag{10-24}$$

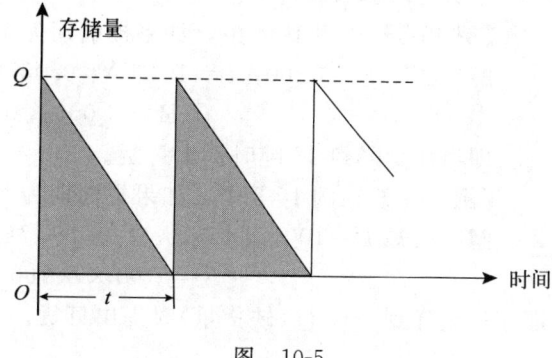

图 10-5

$$f^* = \sqrt{2HAD} + CD = HQ^* + CD \tag{10-25}$$

由 $n = 1/t$ 可得最优订货次数

$$n^* = \frac{1}{t^*} = \sqrt{HD/2A}$$

令式(10-2)至式(10-4)中的供货速率 $P \to \infty$，缺货成本 $B \to \infty$，式(10-8)和式(10-9)的 $a \to 1$，$1/a \to 1$，$b \to 1$，$1/b \to 1$，则式(10-2)至式(10-4)趋于式(10-23)至式(10-25)。因此，瞬时供货不允许缺货模型是边供应边需求允许缺货模型的特例（$B \to \infty$，$P \to \infty$）。

【例 10-4】某企业全年需某种材料 1 000 吨，单价为 500 元/吨，每吨年保管费为 50 元，每次订货手续费为 170 元，求最优存储策略。

解 计划期为一年，已知 $D = 1\,000$，$H = 50$，$A = 170$，$C = 500$。由式(10-23)至式(10-25)可得

$$Q^* = \sqrt{\frac{2 \times 1\,000 \times 170}{50}} \approx 82 (吨)$$

$$t^* = \sqrt{\frac{2 \times 170}{1\,000 \times 50}} \approx 0.082 (年) = 30 (天)$$

$$f^* = \sqrt{2 \times 50 \times 170 \times 1\,000} + 500 \times 1\,000 \approx 504\,123 (元)$$

即每隔一个月进货 1 次，全年进货 12 次，每次进货 82 吨，总成本为 504 123 元。

10.1.3 再订货点

提前期 L 不为零时，若从订货到收货之间相隔时间为 L，那么就不能等到存量为零再去订货，否则就会发生缺货。为了保证这段时间存量不小于零，问存量降到什么水平就要提出订货，这一水平称为再订货点。

对于不允许缺货情形，再订货点 R 为

$$R = DL \tag{10-26}$$

即当降到 DL 时就要发出订货申请的信号，当 $t^* < L \leq 2t^*$ 时，订货点应该是 $R = D(L -$

t^*），此时会出现有两张未到货的订单，同样可讨论 $L>2t^*$ 的情形。

对于允许缺货情形，再订货点是使缺货量不超过最大缺货量 S 的存储量水平，这时的再订货点可能小于零。再订货点 R 为

$$R = DL - S \tag{10-27}$$

当 $L=0$ 时，$R=-S$。

【例 10-5】在例 10-4 中，如果提前期为 10 天，求再订货点。

解 已知 $D=1\,000$，$L=10(天)=0.027(年)$，由式(10-26)得

$$R = 1\,000 \times 0.027 = 27(吨)$$

即当存量降到 27 吨时提出订货。

【例 10-6】在例 10-3 中，如果提前期为 5 天，求再订货点。

解 已知 $D=100$，$L=5(天)=0.166\,7(月)$，$S=30$，由式(10-27)得

$$R = 100 \times 0.166\,7 - 30 \approx -13(件)$$

即当存量降到 -13 件（缺货量）时提出订货。

10.1.4 存储策略分析

不同的存储策略对应不同的订货量及总成本。现将前面讨论的四种存储策略的对比分析汇总在表 10-1 中。

表 10-1

模型	订货策略	订货量 Q^i	订货周期 t^i	总成本 f^i（不计购置成本）
1	允许缺货，供应速率 P 一定 $a=\sqrt{\dfrac{H+B}{B}}>1$，$b=\sqrt{\dfrac{P}{P-D}}>1$	$Q^1=\sqrt{\dfrac{2AD}{H}}ab$	$t^1=\sqrt{\dfrac{2A}{HD}}ab$	$f^1=\dfrac{\sqrt{2HAD}}{ab}$
2	不允许缺货，供应速率 P 一定	$Q^2=\sqrt{\dfrac{2AD}{H}}b<Q^1$	$t^2=\sqrt{\dfrac{2A}{HD}}b<t^1$	$f^2=af^1>f^1$
3	允许缺货，供应速率无穷大	$Q^3=\sqrt{\dfrac{2AD}{H}}a<Q^1$	$t^3=\sqrt{\dfrac{2A}{HD}}a<t^1$	$f^3=bf^1>f^1$
4	不允许缺货，供应速率无穷大	$Q^4=\sqrt{\dfrac{2AD}{H}}<Q^1$	$t^4=\sqrt{\dfrac{2A}{HD}}<t^1$	$f^4=abf^1>f^1$ $f^4>f^3$，$f^4>f^2$

由表 10-1 知，允许缺货、以一定的供应速率供货（模型 1）的存储策略的订货量最大，订货周期最长，成本最低；不允许缺货，供应速率无穷大（模型 4）的存储策略成本最高。表 10-1 给出了实际中选择存储策略的顺序。

掌握了上述四种模型的推导原理后，还可以推导出其他许多变形的经济批量模型，如缺货不补充、缺货部分补充、缺货成本与时间无关（商场缺货时顾客放弃购买而损失销售利润）等模型。

10.2 经济批量模型参数分析

10.2.1 灵敏度分析

灵敏度分析，主要分析模型中各因素发生变动时对订货批量或总成本的影响程度，下面仅以不允许缺货、瞬时供货（模型 4）为例说明其分析方法。

1. 需求量对经济订货批量及总成本的影响

设需求量增加 δ 倍，变化后的需求量为 $D'=\delta D$，则变化后的订货批量为

$$Q' = \sqrt{\frac{2AD'}{H}} = \sqrt{\frac{2AD}{H}}\sqrt{\delta}$$

总成本为(不计货物成本)

$$f' = \sqrt{2HAD'} = \sqrt{2HAD}\sqrt{\delta} \tag{10-28}$$

这说明 D 增加 δ 倍，订货批量和总成本只增加 $\sqrt{\delta}$ 倍。如在例 10-4 中，当 $D'=1\,500$ 时，$\delta=1.5$，则 $Q'=Q^*\sqrt{\delta}=82\times\sqrt{1.5}\approx 100$。

2. 经济订货批量对总成本的影响

如果需求量或各项成本在计划前预测不精确，那么按式(10-24)得到的最优批量就会有偏差，记偏差为 δQ^*，即实际订货批量为 $Q=Q^*+\delta Q^*=(1+\delta)Q^*$。由式(10-22)得到实际总成本为

$$\begin{aligned} f(Q) &= \frac{1}{2}H(1+\delta)Q^* + \frac{AD}{(1+\delta)Q^*} \\ &= \frac{1}{2}H(1+\delta)\sqrt{\frac{2AD}{H}} + \frac{AD}{1+\delta}\sqrt{\frac{H}{2AD}} \\ &= \left[1 + \frac{\delta^2}{2(1+\delta)}\right]\sqrt{2HAD} \\ &= \left[1 + \frac{\delta^2}{2(1+\delta)}\right]f(Q^*) \end{aligned}$$

总成本增加率为

$$i = \frac{f(Q)-f(Q^*)}{f(Q^*)} = \frac{\delta^2}{2(1+\delta)} \tag{10-29}$$

因 $\delta > -1$（$\delta = -1$ 说明订货量减少 100% 就是不订货）有 $i > 0$，总成本增加，但无论是增加还是减少，总成本的变化幅度比 δ 小得多，如 $\delta = 0.15$ 时，$i = 0.009\,78$，即当订货量增加 15% 时总成本约增加 1%。

3. 各成本的变化对总成本的影响

设预测值 H 和 A 的偏差分别为 $\delta_1 H$ 和 $\delta_2 A$，则实际持有成本、订货成本分别为 $H'=(1+\delta_1)H$ 和 $A'=(1+\delta_2)A$。方便起见，令 $K_1=1+\delta_1$，$K_2=1+\delta_2$，则实际订货批量应为

$$Q = \sqrt{\frac{2A'D}{H'}} = \sqrt{\frac{2K_2 AD}{K_1 H}} = Q^*\sqrt{\frac{K_2}{K_1}}$$

现在的问题是订货时往往是按预测的成本 H、A 来订货，订货量为 Q^*，而实际结算时的总成本是按实际的成本 H' 和 A' 结算，这时的总成本为

$$\begin{aligned} f(Q) &= \frac{Q^*}{2}H' + \frac{D}{Q^*}A' = \frac{1}{2}\sqrt{\frac{2AD}{H}}HK_1 + \sqrt{\frac{H}{2AD}}DAK_2 \\ &= \frac{K_1+K_2}{2}\sqrt{2HAD} = \left(1 + \frac{\delta_1+\delta_2}{2}\right)f(Q^*) \end{aligned} \tag{10-30}$$

总成本增加率是 H 与 A 增加率之和的一半，即 $i=(\delta_1+\delta_2)/2$。

以上不论哪一种情况，结果表明，总成本的变化率要比参数的变化率小。这一结论还可从弹性的角度来解释。例如，总成本对存储成本 H 的弹性为

$$\varepsilon = \frac{\partial f}{\partial H} \frac{H}{f} = \frac{Q}{2} \left(\frac{H}{QH/2 + DA/Q} \right) < 1$$

说明 $f(Q)$ 对 H 是非弹性的。

【例 10-7】 企业年需要某钢板 1 500 吨，单价 $C = 5 500$ 元/吨，$H = 50$ 元/(年×吨)，$A = 240$ 元/次，不允许缺货，则按 EOQ 模型计算每次订货量是 120 吨，总成本 6 000 元（不考虑购置成本），每次需要 66 万元的流动资金购置材料。企业决策者分析了资金状况，决定减少每次订货量增加订货次数，增加的总成本可以超过 5%左右，问每次应采购多少吨钢板。

解 由式(10-29)，$i = 0.05$，$\frac{\delta^2}{2(1+\delta)} = 0.05 \Rightarrow \delta^2 - 0.1\delta - 0.1 = 0$，解方程得到 $\delta_1 = 0.37$ 及 $\delta_2 = -0.27$，取负数解 δ_2，订货量为

$$Q' = Q^*(1 + \delta_2) = 120(1 - 0.27) = 87.6 (吨)$$

新的订货策略是每次订货 87.6 吨，每次材料购置费为 48.18 万，总成本为 6 300 元，比经济订货批量成本增加了 300 元。

10.2.2 批量折扣分析

上一节中的几种模型都是假定货物单价与订货批量无关，但有时物资供应部门为了鼓励顾客多购物资，规定凡是每批购买数量达到一定范围时，就可以享受价格上的优惠，这种价格上的优惠叫做批量折扣。

有批量折扣时，对顾客来说有利有弊。一方面可以从中得到折扣收益，订货批量大，可以减少订货次数，节省订货成本；另一方面会造成物资积压，占用流动资金和增加存储成本。是否选择有折扣的批量或选择何种折扣，仍然是选择总成本最小的方案。

假设在 $[Q_i, Q_{i+1})$ 内的物资单价为 $C_i (i = 1, 2, \cdots, m; Q_1 = 0, Q_{m+1} \to +\infty)$ 则在区间 $[Q_i, Q_{i+1})$ 内的总成本为（模型 4）

$$f(Q) = \frac{1}{2} HQ + \frac{1}{Q} AD + C_i D$$

$f(Q)$ 对 Q 求导数时 $C_i D$ 这项为 $\frac{\partial f}{\partial C} \frac{\mathrm{d}C}{\mathrm{d}Q}$，而 C 是 Q 的函数，此项不为零。但在某一区间内，C 为常数，故在这些区间内仍然有

$$\frac{\partial f}{\partial Q} = \frac{1}{2} H - \frac{1}{Q^2} AD$$

令上式等于零，便得

$$Q^* = \sqrt{\frac{2AD}{H}}$$

总成本为

$$f(Q^*) = \frac{1}{2} Q^* H + \frac{1}{Q^*} AD + C^* D = \sqrt{2HAD} + C^* D$$

式中，C^* 为 Q^* 所在区间的物资单价，由于有批量折扣，$f(Q^*)$ 不一定是 $(0, \infty)$ 内的最小值，因此还要计算出其他区间的总成本，再经过比较，选择总成本最小的 Q 作为最优解。

订货量在第 i 个区间内时的总成本为

$$f(Q_i) = \frac{1}{2}HQ_i + \frac{1}{Q_i}AD + C_iD$$

如果 $f(Q^*)<f(Q_i)$，则 Q^* 为最优解，若 $f(Q^*)>f(Q_i)$，则选择 $f(Q_L)=\min\{f(Q_i)\}$ 中的 Q_L 为最优解。当 $Q_L>Q^*$ 时，总成本减少额

$$\Delta f = AD\left(\frac{1}{Q^*} - \frac{1}{Q_L}\right) + (C_L - C^*)D - \frac{1}{2}H(Q_L - Q^*)$$

上述模型只考虑了存储费的增加，没有考虑流动资金的利息。

【例 10-8】 某商店计划从工厂购进一种产品，预测年销量为 500 件，每批订货手续为 50 元，工厂制定的单价为（元/件）

$$C_i = \begin{cases} 40 & 0 < Q < 100 \\ 39 & 100 \leqslant Q < 200 \\ 38 & 200 \leqslant Q < 300 \\ 37 & 300 \leqslant Q \end{cases}$$

每件产品年存储费为 20，求最优存储策略。

解 已知 $D=500$，$H=20$，$A=50$，经济订货批量

$$Q^* = \sqrt{\frac{2\times 50\times 500}{20}} = 50(件)$$

Q^* 在 (0，100) 内，故价格 $C^*=40$，按经济订货批量订货的总成本

$$f(50) = \sqrt{2\times 20\times 50\times 500} + 40\times 500 = 21\,000$$

利用式 (10-22)，分别算出 Q 等于 100 200 300 时的总成本

$$f(100) = \frac{1}{2}\times 20\times 100 + \frac{1}{100}\times 50\times 500 + 39\times 500 = 20\,750$$

$$f(200) = \frac{1}{2}\times 20\times 200 + \frac{1}{200}\times 50\times 500 + 38\times 500 = 21\,125$$

$$f(300) = \frac{1}{2}\times 20\times 300 + \frac{1}{300}\times 50\times 500 + 37\times 500 = 21\,583.33$$

$f(100)$ 最小，最优解为 $Q=100$。即接受每批订货 100 件的折扣批量，全年分 5 次订货，最小成本为 20 750 元，比没有折扣的成本少 250 元。

10.3 单时期随机需求模型

单时期随机需求问题（Single-Period Stochastic Demand Problem）也称**报童问题**（Newsboy Problem），此问题的特点是：将单位时间看做一个时期，在这个时期内只订货一次以满足整个时期的需求量，这种模型我们称为单时期随机需求模型。该问题研究的是易变质产品（Perishable Product）的需求问题，其含义是：如果本期的产品没有用完，到下一期该产品就要贬值，价格降低、利润减少，甚至比获得该产品的成本还要低；如果本期产品不能满足需求，则因缺货或失去销售机会而带来损失，无论是**供大于求**（Overstock）还是**供不应求**（Understock）都有损失，研究目的是该时期订货多少使预期的总损失最少或总盈利最大。此类问题在现实中大量存在，如报纸、书刊、服装、食品、计算机硬件等时令性产品的订货。

假定从订货到收货的时间为零，由于需求是随机的，从而允许缺货。以下将物资、货

物等名称统称为"产品"。

在建立此问题的模型时定义的参数及其含义如下所示。

x：一个时期的需求量，是随机变量并且非负。期望需求量为 $E(x)$，方差记为 $D(x)$。

$f(x)$：需求量为 x 的概率密度函数（Probability Density Function），$\int_0^\infty f(x)\mathrm{d}x = 1$，$x$ 是连续型随机变量。

$F(x)$：x 的分布函数或累计密度函数（Cumulative Density Function）。

$$F(x) = \int_0^x f(t)\mathrm{d}t, f(x) = F'(x)$$

$p(x_i)$：需求量为 x_i 的概率，记为 p_i，$\sum_{i=0}^\infty p_i = 1$，$x$ 是离散型随机变量。

Q：一个时期的订货批量。

C：**单位产品的获得成本**（Unit Acquisition Cost），即产品的单价。

P：**单位产品售价**（Unit Selling Price），收益为 $(P-C)$。

S：**单位产品的残值**（Unit Salvage Value）。

B：**单位产品缺货成本**（Unit Shortage Cost），指由于缺货而带来的额外损失，如违约金、失去部分信誉造成后期销量减少等损失，它不包含机会损失 $(P-C)$。如果除了机会损失外没有其他成本则 B 等于零。

H：供过于求时单位产品一个时期内的持有成本，供不应求时等于零。

P_s：**缺货概率**（Probability of Shortage）。

SL：**服务水平**（Service Level），一个时期内不缺货的概率（% of no shortage），有 $SL=1-P_s$。

C_o：供过于求时单位产品总成本（Unit Overstock Cost），有 $C_o=C-S+H$。

C_u：供不应求时单位产品总成本（Unit Understock Cost），有 $C_u=P-C+B$。

10.3.1 离散型随机存储模型

在一个时期 T 内，需求量 x 是一个随机变量，假设 x 的取值为 x_1，x_2，…，相应的概率 $p(x_i)$ 已知，最优存储策略是使在 T 内总成本的期望值最小或收益期望值最大。

1. 总成本的期望值最小的订货量

当订货批量 $Q \geqslant x_i$ 时发生存储，总持有成本期望值为 $C_o \sum_{x_i \leqslant Q}(Q-x_i)p_i$

当订货批量 $Q < x_i$ 时发生短缺，总缺货成本期望值为 $C_u \sum_{Q_i < x_i}(x_i-Q)p_i$

由于一个时期的订货费是常数，单位产品的获得成本已包含在 C_o 及 C_u 中，因此建立总成本最小订货模型只包含上述两项成本，则总成本的期望值为

$$f(Q) = C_o \sum_{x_i \leqslant Q}(Q-x_i)p_i + C_u \sum_{Q < x_i}(x_i-Q)p_i \tag{10-31}$$

为方便起见，不妨假设 x 的取值为非负整数。则式(10-31)取最小值的必要条件是

$$f(Q-1) \geqslant f(Q^*) \text{ 和 } f(Q+1) \geqslant f(Q^*)$$

因此 Q^* 为满足

$$f(Q+1) = C_u \sum_{x_i=0}^{Q+1}(Q+1-x_i)p_i + C_o \sum_{x_i=Q+2}^\infty (x_i-Q-1)p_i \geqslant f(Q)$$

及
$$f(Q-1) = C_u \sum_{x_i=0}^{Q-1}(Q-1-x_i)p_i + C_o \sum_{x_i=Q}^{\infty}(x_i-Q+1)p_i \geqslant f(Q)$$

中的 Q 值，解不等式得到使 $\sum_{x_i=0}^{Q-1} p_i \leqslant \dfrac{C_u}{C_u+C_o}$ 成立的最大需求量 x_i 值加 1，或使 $\dfrac{C_u}{C_u+C_o} \leqslant \sum_{x_i=0}^{Q} p_i$ 成立的最小需求量 x_i 即为 Q^*。如果 x 取值不是非负整数，则求和式 $\sum_{x_i=0}^{Q} p_i$ 就写成 $\sum_{x_i \leqslant Q} p_i$。

一般地，最佳订货批量 Q^* 是满足下式
$$\frac{C_u}{C_u+C_o} \leqslant \sum_{x_i \leqslant Q} p_i \tag{10-32}$$
成立的最小 Q 值。

式中，$C_o = C - S + H$，$C_u = P - C + B$。$\sum_{x_i \leqslant Q} p_i = F(Q) = P(x \leqslant Q)$ 是需求量不超过订货量的概率，即不出现缺货的概率。$SL = \dfrac{C_u}{C_u+C_o}$ 是为顾客提供服务所要到达的水平，称为最优服务水平。

式(10-32)的含义给出了一个订货原则：选择的最小订货量使得避免缺货的概率不低于这一服务水平，总成本的期望值最小。

注意：Q^* 值的具体计算方法：将 $x_i (x_i < x_{i+1}, i=1, 2, \cdots)$ 对应的概率 p_i 逐个累加，当累加概率刚刚达到或超过 SL 时对应的需求量 x 就是最佳订货量 Q^*。

有时问题不是很清晰地给出 C、P、S、B 等参数，从而给计算 SL 带来一种模糊的感觉，这时就不要局限于 C_o 和 C_u 的计算公式。此时 C_o 等于供过于求时单件产品的所有损失成本，C_u 等于供不应求时单件产品的所有损失成本，见例 10-11 和例 10-13。

2. 总收益期望值最大的订货量

当订货批量 $Q \geqslant x$ 时，收益为
$$Px - CQ + S(Q-x) - H(Q-x) = (P-S+H)x - C_o Q$$

收益期望值
$$\sum_{x_i \leqslant Q} [(P-S+H)x_i - C_o Q] p_i$$

当订货批量 $Q < x$ 时，收益为
$$PQ - CQ - B(x-Q) = C_u Q - Bx$$

收益期望值
$$\sum_{Q < x_i} [C_u Q - Bx_i] p_i$$

总收益期望值为
$$f(Q) = \sum_{x_i \leqslant Q} [(P-S+H)x_i - C_o Q] p_i + \sum_{Q < x_i} [C_u Q - Bx_i] p_i \tag{10-33}$$

特别地，当 $H=0$ 及 $B=0$ 时，总收益期望值为
$$f(Q) = \sum_{x_i \leqslant Q} [(P-S)x_i - (C-S)Q] p_i + \sum_{Q < x_i} (P-C)Q p_i \tag{10-34}$$

仿照期望成本最小的方法，求出满足
$$f(Q-1) \leqslant f(Q^*) \text{ 和 } f(Q+1) \leqslant f(Q^*)$$
的 Q^* 值。由式(10-33)有
$$f(Q-1) = \sum_{x_i \leqslant Q-1}[(P-S+H)x_i - C_o(Q-1)]p_i + \sum_{x_i \geqslant Q}[C_u(Q-1) - Bx_i]p_i$$
$$= \sum_{x_i \leqslant Q-1}[(P-S+H)x_i - C_oQ]p_i + \sum_{x_i \geqslant Q}[C_uQ - Bx_i]p_i + C_o\sum_{x_i \leqslant Q-1}p_i - C_u\sum_{x_i \geqslant Q}p_i$$
$$= f(Q) + C_o\sum_{x_i \leqslant Q-1}p_i - C_u\sum_{x_i \geqslant Q}p_i + (-P+S-H+C_o+C_u-B)Qp(Q)$$
$$= f(Q) + C_o\sum_{x_i \leqslant Q-1}p_i - C_u[1 - \sum_{x_i \leqslant Q-1}p_i]$$

容易验证式中 $-P+S-H+C_o+C_u-B=0$，$p(Q)$ 是 $x=Q$ 的概率。
$$f(Q) + C_o\sum_{x_i \leqslant Q-1}p_i - C_u[1 - \sum_{x_i \leqslant Q-1}p_i] \leqslant f(Q)$$
令化简得到
$$\sum_{x_i \leqslant Q-1}p_i \leqslant \frac{C_u}{C_o+C_u}$$

同理，由 $f(Q+1) \leqslant f(Q^*)$ 得到式(10-32)。

【例 10-9】 某报社为了扩大销售量，招聘了一大批固定零售售报员。为了鼓励他们多卖报纸，报社采取的销售策略是：售报员每天早上从报社设置的售报点以现金买进报纸，每份 0.7 元，零售价每份 1 元，利润归售报人所有，如果当天没有售完第二天早上退还报社，报社按每份报纸 0.1 元退款。如果某人一个月(按 30 天计算)累计订购 7 000 份，将获得 200 元的奖金。

某人应聘当售报员，开始他不知道每天应买进多少份报纸，更不知道能否拿到奖金。报社发行部告诉他一个售报员以前 500 天的售报统计数据，见表 10-2。

表 10-2

售报量 x_i(份)	40～80	81～120	121～160	161～180	181～200	201～220	221～240	240 以上
天数	20	50	60	70	80	100	70	50

(1) 售报员每天应准备多少份报纸最佳，一个月收益的期望值是多少。
(2) 他能否得到奖金，如果一定要得到奖金，一个月收益期望值是多少。
(3) 如果报社按每份报纸 0.3 元退款，应订购多少份报纸，解释订购量变动的原因。

解 计算最优服务水平。已知 $C=0.7$，$P=1$，$S=0.1$。如果当天订货量小于需求量，除了机会成本外没有其他成本，因此 $B=0$，持有成本 $H=0$，则有
$$C_o = C - S + H = 0.7 - 0.1 = 0.6, \quad C_u = P - C + B = 1 - 0.7 = 0.3$$
$$SL = \frac{C_u}{C_u + C_o} = \frac{0.3}{0.3 + 0.6} = 0.333$$

计算频率和累计频率。售报量取各区间的中值，频率等于对应天数除以 500，见表 10-3。

表 10-3

需求量 x_i(份)	60	100	140	170	190	210	230	240
天数	20	50	60	70	80	100	70	50
频率	0.04	0.1	0.12	0.14	0.16	0.2	0.14	0.1
累计频率	0.04	0.14	0.26	0.4	0.56	0.76	0.9	1

(1) 由表 10-3 知当需求量等于 170 时，这时的累计频率等于 0.4，大于 SL，则最佳订购量是 170 份报纸。

计算期望收益。由式(10-34)得

$$f(Q) = \sum_{x_i \leqslant Q}[(P-S)x_i - (C-S)Q]p_i + \sum_{x_i > Q}(P-C)Qp_i$$

$$= \sum_{x_i \leqslant Q}[(1-0.1)x_i - (0.7-0.1) \times 170]p_i + \sum_{x_i > Q}[(1-0.7) \times 170]p_i$$

$$= \sum_{x_i \leqslant 170}[0.9x_i - 102]p_i + 51\sum_{x_i > 170}p_i$$

$$= (0.9 \times 60 - 102) \times 0.04 + (0.9 \times 100 - 102) \times 0.1 + (0.9 \times 140 - 102) \times 0.12$$
$$+ (0.9 \times 170 - 102) \times 0.14 + 51 \times (0.16 + 0.2 + 0.14 + 0.1)$$

$$= 37.5$$

则此售报员每天的收益期望值为 37.5 元，一个月的收益期望值 1 125 元。

(2) 售报员每天订购 170 份报纸，一个月也只有 5 100 份，显然得不到奖金。要想得到奖金，他必须每天至少订购 234 份报纸。令 $Q=234$ 代入式(10-34)，类似上面的计算，得到每天的收益期望值是 22.5 元，一个月的收益期望值为 $22.5 \times 30 + 200 = 875$(元)，低于最佳订购量的期望收益，说明售报员不能为了得到奖金而增加报纸的订购量。

(3) $C=0.7$，$P=1$，$S=0.3$，则有

$$C_o = C - S = 0.7 - 0.3 = 0.4, C_u = P - C - B = 1 - 0.7 = 0.3$$

$$SL = \frac{C_u}{C_u + C_o} = \frac{0.3}{0.3 + 0.4} = 0.428$$

这时应订 190 份报纸，订购量增加了 20 份。残值 S 由 0.1 增加到 0.3，不缺货的概率(即最优服务水平 SL)由 0.333 提高到 0.428，缺货的概率 Ps(Ps=1−SL)由 0.667 减少到 0.572，因此要增加订货量。

【例 10-10】某设备上有一关键零件常需更换，更换需求量 x 服从泊松分布，根据以往的经验平均需求量为 5 件，此零件的价格为 100 元/件。若零件用不完，到期末就完全报废，若备件不足，待零件损坏后再去订购就会造成停工损失 180 元，试确定期初应备多少备件最好。

解 已知 $C=100$，$B=180$，$S=0$，由于零件是企业内部使用，售价 $P=C=100$，这时的机会成本看做是零，因此有

$$C_o = C - S = 100, C_u = P - C + B = 180$$

泊松分布函数为

$$P(x) = \frac{\lambda^x}{x!}e^{-\lambda}, x = 0,1,2,\cdots$$

平均需求量 $\lambda=5$，服务水平为

$$SL = \frac{C_u}{C_u + C_o} = \frac{180}{180 + 100} = 0.642\ 8$$

计算泊松分布的累计概率 $\sum_{x \leqslant Q}P(x) = \sum_{x=0}^{Q}\frac{5^x}{x!}e^{-5}$，查泊松分布表，当 $Q=6$ 时

$$\sum_{x=0}^{6}p(x) = p(0) + \cdots p(6) = 0.006\ 7 + 0.033\ 7 + \cdots + 0.175\ 4 + 0.146\ 2 = 0.762\ 1$$

即期初应准备 6 件零件最好。

当期初存量为 I 时，使总成本最小的订货量为 Q^*-I，Q^* 为期初存量为零时的订货量。

10.3.2 连续型随机存储模型

离散型存储策略的分析方法同样适合连续型。设需求量 x 的概率密度 $f(x)$ 满足

$$\int_0^{+\infty} f(x)\mathrm{d}x = 1, x \geqslant 0$$

当 $x \leqslant Q$ 时，总存储成本期望值为 $C_o \int_0^Q (Q-x)f(x)\mathrm{d}x$

当 $x > Q$ 时，总缺货成本期望值为 $C_u \int_Q^{+\infty} (x-Q)f(x)\mathrm{d}x$

总成本期望值为

$$f(Q) = C_o \int_0^Q (Q-x)f(x)\mathrm{d}x + C_u \int_Q^{+\infty} (x-Q)f(x)\mathrm{d}x \tag{10-35}$$

最优解 Q^* 是满足

$$F(Q) = \int_0^Q f(x)\mathrm{d}x = \frac{C_u}{C_u + C_o} \tag{10-36}$$

成立的 Q 值。

下面证明式(10-36)。求 $f(Q)$ 对 Q 的导数，由公式

$$g(y) = \int_{a(y)}^{b(y)} f(x,y)\mathrm{d}x$$

$$\frac{\mathrm{d}g(y)}{\mathrm{d}y} = \int_{a(y)}^{b(y)} \frac{\partial f(x,y)}{\partial y}\mathrm{d}x + f(b(y),y)\frac{\mathrm{d}b(y)}{\mathrm{d}y} - f(a(y),y)\frac{\mathrm{d}a(y)}{\mathrm{d}(y)}$$

在式(10-35)第一个积分中令 $f(x, y)=(Q-x)f(x)$，$a(y)=0$，$b(y)=Q$，第二个积分中令 $f(x, y)=(x-Q)f(x)$，$a(y)=Q$，$b(y)=+\infty$，则有

$$\frac{\mathrm{d}f(Q)}{\mathrm{d}Q} = C_o \int_0^Q f(x)\mathrm{d}x - C_u \int_Q^\infty f(x)\mathrm{d}x$$

$$= C_o \int_0^Q f(x)\mathrm{d}x - C_u [1 - \int_0^Q f(x)\mathrm{d}x]$$

$$= -C_u + (C_u + C_o)\int_0^Q f(x)\mathrm{d}x$$

令 $\mathrm{d}f(Q)/\mathrm{d}Q = 0$，得到式(10-36)。

【例 10-11】 电脑商在经营过程中发现，同一型号的计算机硬盘上市后不久其价格平均每周下降 5%，到了一定时期后新的型号或更大容量的硬盘占据了主要市场，电脑商决定一周订货一次，避免由于价格的变动带来损失。

假设硬盘的进价为 C，利润率是 10%，如果一周内还有库存，则下一周利润率只有 3%。根据以往销售经验，一周内硬盘的销售量服从[50, 100]上的均匀分布，问电脑商一周内应订购多少硬盘最好。

解 已知获得成本为 C，售价为 $P=1.1C$，$B=0$。当订货量大于需求量时利润损失是 $0.07C$（如果没有库存，下一周重新进货可以获得 10% 的利润），产品实际已贬值，残值是 $S=C-0.07C=0.93C$，因此有

$$C_o = C - S = 0.07C, C_u = P - C = 0.1C, SL = 0.5882$$

[50,100]上均匀分布的概率密度函数和分布函数

$$f(x) = \begin{cases} \dfrac{1}{50} & 50 \leqslant x \leqslant 100 \\ 0 & \text{其他} \end{cases}$$

$$F(Q) = P(x \leqslant Q) = \int_{50}^{Q} \frac{1}{50} \mathrm{d}x = \frac{Q-50}{50} = 0.5882$$

得到 $Q=79.4$，即电脑商一周内应订购 79 件硬盘最好。

【例 10-12】某时装商店计划冬季到来之前订购一批款式新颖的皮制服装。每套皮装进价是 800 元，估计可以获得 80% 的利润，冬季一过则只能按进价的 50% 处理。根据市场需求预测，该皮装的销售量服从参数为 1/80 的指数分布，求最佳订货量。

解 已知 $C=800$，$P=1.8\times 800=1\,440$，$S=0.5\times 800=400$，$B=0$，则

$$C_u = P - C + B = 1\,440 - 800 = 640, C_o = C - S = 800 - 400 = 400$$

$$SL = \frac{C_u}{C_u + C_o} = \frac{640}{640 + 400} = 0.6154$$

指数分布的概率密度函数

$$f(x) = \begin{cases} \dfrac{1}{80} \mathrm{e}^{-\frac{x}{80}} & x > 0 \\ 0 & \text{其他} \end{cases}$$

令

$$F(Q) = \int_{80}^{Q} \frac{1}{80} \mathrm{e}^{-\frac{x}{80}} \mathrm{d}x = 1 - \mathrm{e}^{-\frac{Q}{80}} = 0.6154$$

得到 $Q=-80\ln 0.3846 \approx 76$，最佳订货量为 76 件。

【例 10-13】假设在例 10-12 中，季节过后商店经理不想处理剩余皮装，而是库存到下一个冬季再销售，利润率只有 50%，还要支付 8% 的流动资金利息，15% 的库存费，需求量服从期望值为 70、均方差为 30 的正态分布，求最佳订货量。

解 已知 $C=800$，$P=1.8\times 800=1\,440$，C_o 包含利润损失成本、利息成本和存储成本，则

$$C_u = P - C + B = 1\,440 - 800 = 640$$
$$C_o = (0.3 + 0.08 + 0.15)\times 800 = 424$$

或残值 $S=800-424=376$，$C_o = C - S = 800 - 376 = 424$

$$SL = \frac{C_u}{C_u + C_o} = \frac{640}{640 + 424} = 0.6015$$

由 $x \sim N(70, 30)$，$F(Q) = F_0\left(\dfrac{Q-70}{30}\right) = 0.6015$，查正态分布表得到 $\dfrac{Q-70}{30} = 0.26$，$Q = 30\times 0.26 + 70 \approx 78$，即最佳订货量为 78 件。

读者从上面两例领会了残值的计算方法、C_u 和 C_o 的含义后，才能正确运用式(10-32)及式(10-36)。

当期初存量为 $I>0$ 时，则实际订货量减去 I 即可。

*10.4 多时期存储控制系统

在单位时间内需求量是随机变量，分多次订货，什么时间订货、每次订货数量由存储

水平来控制，构成多时期存储控制系统。适用于能无限期保持可出售状态产品（称为稳定性产品，过期不贬值）的存储问题，与上一节讲的易变质产品相对。本节介绍几种系统的存储控制策略方法。

10.4.1 连续盘存的(s, Q)存储控制系统

对库存量I连续不断的进行检查，当存量降到某一水平s（再订货点）时，立即提出订货，订货量为一固定常数Q，这种系统称为连续盘存的固定订货量系统（Continuous Review Fixed-Order-quantity System），简称(s, Q)系统，对应的存储策略称为(s, Q)策略，其模型称为(s, Q)模型。

例如，超市售货系统，电子扫描装置及时记录了顾客购买的商品品种和数量，当某一特定产品库存水平一降到再订货点时计算机马上发出新的订购信号，这种系统就是(s, Q)系统。

传统的(s, Q)系统使用的是双堆系统（Two bin System），将产品分成两堆存放，第1堆的数量等于s，第2堆用于提取，当第2堆清空便触发订货，新的订货到达之前从第1堆中提取，在这期间仍然有可能缺货。双堆系统目前很大程度上已被计算机化库存系统取代。

(s, Q)模型的假设：

(1) 单位时间内的需求量x是随机变量，概率分布$f(x)$、$p(x_i)$已知，平均（期望）需求量为D。

(2) 单位时间内多次提出订货，提前期L大于零（固定常数或服从某一分布），提前期内的平均需求量是L的函数，记为$d(L)$。

(3) 在提前期内允许缺货及缺货补充。缺货成本分三部分。

第一部分产品的缺货成本是以单位时间计算，如一件产品一年的缺货成本是10元。

第二部分产品是只要缺货就要支付缺货成本，与缺货时间长短无关，如产品缺货就失去销售机会而失去销售利润，这种情形是普遍存在的。

第三部分是一次缺货的成本，与缺货量无关，与缺货次数有关，记为B_1。

无论哪一种缺货，每次订货量不变。记

p：可延期交货产品所占的比例；π：对应单件产品的缺货成本；

q：因缺货而失去销售机会的产品所占的比例；θ：对应单件产品的缺货成本。

则有$p+q=1$，单件产品缺货成本的期望值记为$B=p\pi+q\theta$。

(4) 一次订货的准备成本为A。

(5) 单位时间内单位产品的持有成本为H。

(6) 瞬时供货，供货速率看做是无穷大。

(7) 安全存储量为SS（Safety Stock），是为了满足提前期内的平均需求后额外增加的存储量，即$s=d(L)+SS$。因此再订货点等于提前期内的平均需求量加上安全存量。

在以上假设条件下，求决策变量s和Q的最优解。引用模型3的分析方法，得到s与Q的近似迭代计算公式。存量变化如图10-6所示。

单位时间内订货次数为D/Q，期望准备成本为AD/Q，如果包含产品成本则加上CD。

单位时间内期望持有成本为$H[Q/2+s-d(L)+qb]$。

式中，$b=\int_s^\infty (x-s)f(x)dx=\int_s^\infty xf(x)dx-s[1-F(s)]$是提前期内缺货量的期望值，$f(x)$是需求量$x$的概率密度函数。因缺货补充，$pb$这一部分是延期交货量不进入库存，

qb 这一部分是失去的销售量,货到后直接进入库存。安全存量 $SS=s-d(L)$。

单位时间内缺货成本为

$$\frac{BbD}{Q}+\frac{P_sB_1D}{Q}$$

式中,P_s 为提前期内缺货的概率,$P_s=P(x>s)=\int_s^\infty f(x)\mathrm{d}x=1-F(s)$,$F(s)$ 是提前期内不出现缺货的概率,B_1 是一次缺货的固定成本。

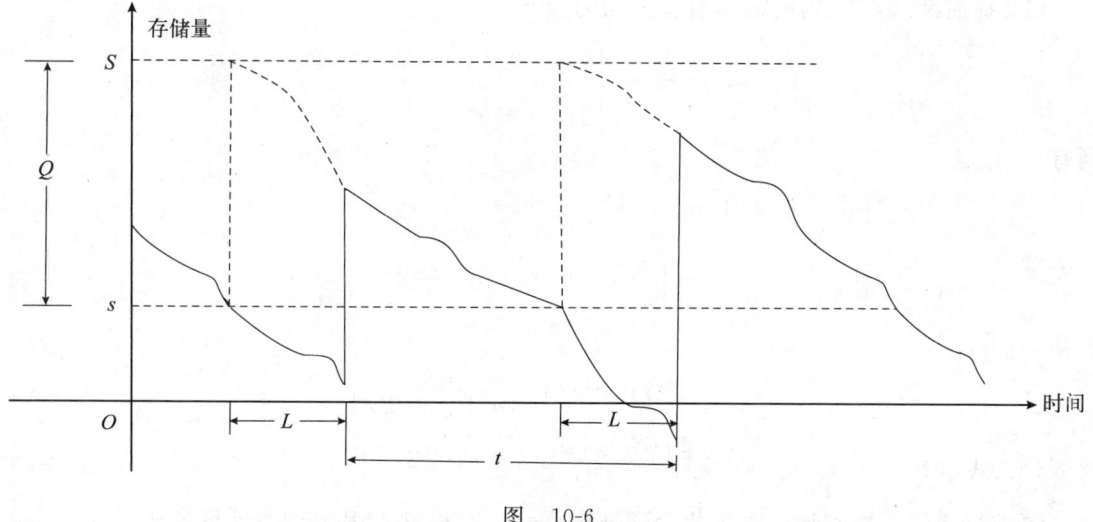

图 10-6

单位时间内的总成本期望值最小的数学模型为

$$\min C(s,Q)=\frac{AD}{Q}+H\left[\frac{Q}{2}+s-d(L)+qb\right]+\frac{BbD}{Q}+\frac{P_sB_1D}{Q} \tag{10-37}$$

分别令 $C(s,Q)$ 对 s 及 Q 的偏导数等于零

$$\frac{\partial C}{\partial s}=H\left[1-q\int_s^\infty f(x)\mathrm{d}x\right]-\frac{BD\int_s^\infty f(x)\mathrm{d}x}{Q}-\frac{DB_1f(s)}{Q}=0$$

$$\frac{\partial C}{\partial Q}=-\frac{AD}{Q^2}+\frac{H}{2}-\frac{BbD}{Q^2}-\frac{P_sB_1D}{Q^2}=0$$

式中,积分项是 b 对 s 的导数,P_s 对 s 的导数等于 $-f(s)$。

解联立方程得到最优解 (s,Q) 的迭代公式

$$Q=\sqrt{2D[A+Bb+P_sB_1]/H} \tag{10-38}$$

$$\int_s^\infty f(x)\mathrm{d}x=1-F(s)=\frac{HQ-B_1Df(s)}{qHQ+BD} \tag{10-39}$$

求最优解 (s,Q) 的迭代步骤如下:

第一步,令 $Q^{(1)}=\sqrt{2DA/H}$,并且 $\varepsilon=0.001$;

第二步,将 $Q=Q^{(1)}$ 代入式(10-39)求解 s;

第三步,计算 b 及 P_s;

第四步,将 b 及 P_s 代入式(10-38)求解 Q;

第五步,如果 $|Q-Q^{(1)}|<\varepsilon$ 得到最优解,否则转第二步继续迭代,直到收敛。

式(10-38)和式(10-39)是一般的计算公式,尽管可以通过迭代得到比较精确的解,不难看出,计算量较大。对于一些特殊情形,迭代公式要简单一些。

如果没有一次性订购缺货成本($B_1=0$),则式(10-38)和式(10-39)变为

$$Q=\sqrt{\frac{2D(A+Bb)}{H}} \tag{10-40}$$

$$\int_s^\infty f(x)\mathrm{d}x = \frac{HQ}{qHQ+BD} \tag{10-41}$$

(1) 提前期$[0,L]$内的需求量服从均匀分布

$$f(x)=\begin{cases}\dfrac{1}{a}, & 0\leqslant x\leqslant a\\ 0, & \text{其他}\end{cases}$$

则有

$$\int_s^\infty f(x)\mathrm{d}x = 1-\frac{s}{a}$$

$$b=\int_s^\infty (x-s)f(x)\mathrm{d}x = \frac{a}{2}+\frac{s^2}{2a}-s$$

得到

$$s=aF(s)=a\left(1-\frac{HQ}{qHQ+BD}\right) \tag{10-42}$$

将b代入式(10-40)得 $Q=\sqrt{\dfrac{2AD+DBa+DBs^2/a-2DBs}{H}} \tag{10-43}$

再进行迭代。特别地,当缺货全部补充($q=0$)时得到Q和s近似计算公式

$$\begin{cases}Q=\sqrt{\dfrac{2AD}{H}}\sqrt{\dfrac{DB}{DB-HA}}\\ s=a\left(1-\dfrac{HQ}{BD}\right)\end{cases} \tag{10-44}$$

(2) 提前期$[0,L]$内的需求量服从均值为λ的指数分布

$$f(x)=\frac{1}{\lambda}\mathrm{e}^{-x/\lambda} \quad x\geqslant 0$$

则有

$$\int_s^\infty f(x)\mathrm{d}x = \mathrm{e}^{-s/\lambda}$$

$$b=\int_s^\infty (x-s)f(x)\mathrm{d}x = \lambda \mathrm{e}^{-s/\lambda}$$

得到

$$s=-\lambda\ln\frac{HQ}{qHQ+BD} \tag{10-45}$$

$$Q=\sqrt{\frac{2D}{H}(A+\lambda B\mathrm{e}^{-s/\lambda})} \tag{10-46}$$

用上面的迭代方法求解。特别地,当$q=0$时有

$$\begin{cases}Q=\lambda+\sqrt{\lambda^2+\dfrac{2DA}{H}}\\ s=-\lambda\ln\dfrac{HQ}{BD}\end{cases} \tag{10-47}$$

(3) 提前期$[0, L]$内的需求量服从均值为μ方差为σ^2的正态分布

$$f(x) = \frac{1}{\sigma\sqrt{2\pi}}\exp\left\{-\frac{1}{2}\left(\frac{x-\mu}{\sigma}\right)^2\right\} \quad x \geqslant 0$$

$$\int_s^\infty f(x) = 1 - F(s) = G\left(\frac{s-\mu}{\sigma}\right)$$

$$b = \int_s^\infty (x-s)f(x)\mathrm{d}x = \sigma f\left(\frac{s-\mu}{\sigma}\right) + (\mu-s)G\left(\frac{s-\mu}{\sigma}\right) \tag{10-48}$$

$$G = 1 - \int_{-\infty}^{\frac{s-\mu}{\sigma}} \frac{1}{\sqrt{2\pi}}\exp\left\{-\frac{1}{2}x^2\right\}\mathrm{d}x$$

$$Q = \sqrt{\frac{2D(A+Bb)}{H}} \tag{10-49}$$

通过迭代可以求出(s, Q)的近似解。

【例10-14】FK汽车销售公司是FK汽车销售代理商,每次从发出订单到收到订货的时间间隔相同。每辆汽车一年的持有成本(存储费、保养费、利息等)是2 000元。每次订购准备成本(订货手续费、运费等)是500元。缺货时顾客愿意下期提货的占$p=80\%$,这时公司给予价格优惠,利润损失$\pi=1\,000$元,缺货时顾客放弃购买的占$q=20\%$,公司利润损失$\theta=6\,000$元。

(1) 年销售量是$[0, 1\,200]$上的均匀分布,提前期为常数10天,$L=10/365\approx 0.027$(年),求(s, Q)策略。

(2) 年销售量服从均值为600的指数分布,提前期为常数10天,求(s, Q)策略。

解 由题意知$H=2\,000$,$A=500$,$B=0.8\times1\,000+0.2\times6\,000=2\,000$。

(1) 年平均需求量$D=1\,200/2=600$,提前期内的平均需求量为$d(L)=600\times0.027=16.2$,需求量概率密度函数为

$$f(x) = \begin{cases} \dfrac{1}{32.4}, & 0 \leqslant x \leqslant 32.4 \\ 0, & \text{其他} \end{cases}$$

$$Q^{(1)} = \sqrt{\frac{2DA}{H}} = \sqrt{\frac{2\times 600\times 500}{2\,000}} = 17.320\,5$$

将$Q^{(1)}=17.320\,5$代入式(10-42),得

$$s^{(1)} = a\left(1 - \frac{HQ^{(1)}}{qHQ^{(1)} + BD}\right) = 32.4\left(1 - \frac{2\,000\times 17.32}{0.2\times 2\,000\times 17.32 + 2\,000\times 600}\right) = 31.47$$

将$s^{(1)}=31.47$代入式(10-43)和式(10-42)迭代,依次得到

$Q^{(2)}=17.776\,8$,$s^{(2)}=31.45$;$Q^{(3)}=17.800\,7$,$s^{(3)}=31.44$;…;$Q^{(5)}=17.802$,$s^{(5)}=31.44$。

可以认为$Q\approx 18$,$s\approx 31$。安全存量$SS=s-d(L)=31-16=15$。

FK汽车销售公司的订货策略是,当存量降到31辆时马上订货,每次订货18辆汽车,安全库存量是15辆。

简单算法:令$q=0$,用式(10-44)直接计算得到

$$Q = \sqrt{\frac{2AD}{H}}\sqrt{\frac{DB}{DB - HA}} = \sqrt{\frac{2\times 500\times 600^2\times 2\,000}{2\,000(600\times 2\,000 - 2\,000\times 500)}} = 17.808$$

$$s = a\left(1 - \frac{HQ}{BD}\right) = 32.4\left(1 - \frac{2\,000\times 17.808}{2\,000\times 600}\right) = 31.438\,4$$

与 $q=0.2$ 时迭代的结果几乎相同,当 $q=1$ 时,$Q=17.79$ 和 $s=31.47$,仍然有较好的近似。因此在实际工作中,有两种缺货成本时,计算出期望缺货成本,用 $q=0$ 的公式求最优解,计算量要小得多。

(2) 提前期内的平均需求量为 $d(L)=600\times 0.027=16.2$ 的指数分布,$\lambda=16.2$。

利用式(10-45)和式(10-46)迭代与利用式(10-47)直接计算的结果几乎相同(留给读者验证),$Q=39.916$,$s=43.9$。

FK 汽车销售公司的订货策略是:当存量降到 44 辆时马上订货,每次订货 40 辆汽车,安全库存量是 28 辆。

10.4.2 连续盘存的 (s,S) 存储控制系统

(s,S) 储存控制系统是考虑到在交易期间已有顾客的订单,为了使缺货的概率小一些,对库存量给定一个下限 s 和一个上限 S,连续检查当前库存量 I,当 $I \leqslant s$ 时提出订货,使存量达到预定的目标水平 S。其他假设与 (s,Q) 系统相同。

(s,S) 系统的求解可以由 (s,Q) 系统的解实现。(s,S) 的最优解为

$$s = s' + O/2 \text{ 和 } S = s' + Q \tag{10-50}$$

式中,O 是顾客的平均订货量,s'、Q 是 (s,Q) 模型的最优解,当 $O=0$ 时,(s,S) 模型就是 (s,Q) 模型。

【例 10-15】在例 10-14 中,有关成本不变。(1)年需求量的期望值为 $D=800$ 辆,提前期的需求量为 $N(50,62)$,求 (s,Q) 策略;(2)假设手中平均有 20 辆汽车的订单,求存量的下限 s 和上限 S,如果目前存量是 60,则订货量是多少。

解 (1) 注意,题目给出的年需求量和提前期需求量分布不一样,没有给出提前期的长度。利用式(10-48)和式(10-49),(s,Q) 模型的最优解为 $s=61.5$,$Q=22$。最优订货策略是,当存量降到约 62 辆时马上提出订货,订货量 22 辆,安全存量是 12 辆。

(2) 由式(10-50),$s=62+20/2=72$,$S=62+22=84$,目前存量是 60 时则应订货 $84-60=24$ 辆汽车。

对比上面两个问题,第一问的订货时间是"立即",订货量是固定的;第二问的订货时间是"$I\leqslant s$",再订货点高 $O/2$,订货量由当前存储量 I 决定。由图 10-6 知,S 是目标存储量,实际最大存储量不一定达到 S。

10.4.3 定期盘存的 (R,S) 存储控制系统

(R,S) 存储控制系统是以某一固定周期 R 定期检查存储量,订货量为 $Q=S-I$。其中 S 是系统预期目标存储水平(存储量上限),I 是当前库存量,决策变量为 R 和 S。这种系统称为定期盘存固定订货区间系统(Periodic Review Fixed-order-interval System)。

设 J 为每次盘存的成本,R 为盘存周期即订货周期,$d(L)$、$d(R)$ 分别为 L 与 R 时间内的平均(期望)需求量,其他假设和成本分析同 (s,Q) 模型。则 (R,S) 模型为

$$\min C(R,S) = \frac{J+A}{R} + H\left(S - d(L) - \frac{d(R)}{2} + qp\right) + \frac{Bb + P_s B_1}{R} \tag{10-51}$$

式中,第 1 项是准备成本,第 2 项为持有成本,最后一项是缺货成本,$B = p\pi + q\theta$,P_s 为缺货的概率。b 是 R 时间内缺货量的期望值:$b = \int_s^\infty (x-s)f(x)\mathrm{d}x$,$1/R$ 是单位时间内的

订货次数。

最优解(R, S)可以通过下式搜索得到

$$\int_s^\infty f(x)\mathrm{d}x = \frac{HR - B_1 f(S)}{qHR + B} \tag{10-52}$$

搜索步骤如下：

(1) 令 $Q = \sqrt{\dfrac{2DA}{H}}$，$R = \dfrac{Q}{D}$；

(2) 用式(10-52)解出 S；

(3) 在区间$(0.1R, 10R)$内，利用式(10-51)和式(10-52)搜索 R 和 S 的近似最优解。

特别地，当 $B_1 = 0$ 及 $q = 0$ 时有

$$\int_s^\infty f(x)\mathrm{d}x = \frac{HR}{B}$$

10.4.4 定期盘存的(R, s, S)存储控制系统

(R, s, S)系统的特征是：在每一个盘存周期 R 开始时定期检查存储量 I，当 I 小于等于再订货点 s 时就发出订单，订货量 $Q = S - I$，S 是系统预期目标储存水平，当 I 大于 s 时不订货。这种系统称为定期盘存有选择的再补充订货系统(Periodic Review Optional Replenishment System)，决策变量是 R, s, S。求解决策变量的最优解的准则依然是使总成本最小。

参照(R, S)模型，得到(R, s, S)模型

$$\min C(R, s, S) = \frac{J}{R} + \frac{A}{R'} + H\left(S - d(L) - \frac{d(R')}{2} + qp\right) + \frac{Bb + P_s B_1}{R'} \tag{10-53}$$

式中 R' 是期望订货区间，通常 $R \neq R'$，如某次盘存的存储量大于 s 则不订货。(R, S)模型的订货策略是设置了上限 S，只要存储量小于 S 就要订货，而(R, s, S)模型的订货策略是设置了下限 s，只要存储量不大于 s 才订货，否则不订货。

式(10-53)的最优解仍然是通过搜索得到。搜索步骤如下：

(1) 利用(s, Q)模型求出(s, Q)的最优解，令 $S = s + Q$ 及 $R = Q/D$。将(R, s, S)作为初始解代入式(10-53)求出初始成本 C。

(2) 将 R 代入式(10-52)求解 S，再求出式(10-53)的成本并比较，当新的解(R, s, S)比初始解要好，则替代初始解。

(3) 在区间$(0.1R, 10R)$、$(0.1s, 10s)$和$(0.1S, 10S)$内搜索，寻找更好的解。

存储策略的内容非常丰富，如本章开始提到的其他一些策略，有兴趣的读者请参阅有关文献。四种策略的关系如表10-4所示。

表 10-4

策略	盘存周期	再订货点	订货量	订货量特征
(s, Q)	连续	s	Q	常数
(s, S)	连续	$I \leqslant s$	$Q = S - I$	变数
(R, S)	定期 R	$I < S$	$Q = S - I$	变数
(R, s, S)	定期 R	$I \leqslant s$	$Q = S - I$	变数

10.5 WinQSB 软件应用

WinQSB 软件可以求解表 10-5 所列 8 个方面的存储问题，内容丰富。

表 10-5

1. Deterministic Demand Economic Order Quantity(EOQ)Problem	确定型需求经济订货批量问题
2. Deterministic Demand Quantity Discount Analysis Problem	确定型需求批量折扣分析问题
3. Single-period Stochastic Demand(Newsboy)Problem	单时期随机需求(报童)问题
4. Multiple-Period Dynamic Demand Lot Sizing Problem	多时期动态需求批量问题
5. Continuous Review Fixed-Order-Quantity(s,Q)System	连续盘存的固定订货量系统
6. Continuous Review Order-Up-To(s,S)System	连续盘存上、下界存量系统
7. Periodic Review Fixed-Order-Interval(R,S)System	定期盘存固定订货区间系统
8. Periodic Review Optional Replenishment(R,s,S)System	定期盘存有选择的再补充订货系统

(1) 启动程序。调用的子程序是 Inventory Theory and System(存储论及存储控制系统)。

(2) 建立新问题。系统显示类似表 10-5 的选项，系统缺损时间单位是年，用户可以修改时间单位，如季度、月、周及天等。当选择第 4 项时，要求用户输入周期数。下面分别介绍应用方法。

10.5.1 确定需求模型

对于确定需求模型，选择表 10-5 的第 1 或第 2 项能完成 10.1 和 10.2 两节所有模型的计算。

【例 10-16】已知某汽车车身厂一年钢板的需求量 $D=15\,000$ 吨，一次订货成本 $A=5\,000$ 元，钢板价格 $C=6\,000$ 元/吨，钢板的持有成本 $H=200$ 元/(吨×年)，订货提前期为 $L=15$ 天，一年按 365 天计算，$L=0.041\,1$ 年。

求下列各种情形的订货策略：

(1) 瞬时供货，不允许缺货；

(2) 瞬时供货，允许缺货，货到后补充，缺货费 $B=200$ 元/吨；

(3) 供货速率为每天 100 吨，允许缺货，缺货费 $B=200$ 元/吨；

(4) 瞬时供货，不允许缺货。订货量一次达到 1 000 吨时价格优惠 1%，以后每增加 2 000 吨价格优惠 0.5%，最多优惠 3%。工厂考虑到库存容量限制，当存储量达到 1 000 吨时持有成本将达到 $H=500$ 元/(吨×年)。

解 (1) 选择表 10-5 中第 1 个选项后，输入如表 10-6 所示的数据。瞬时供货和不允许缺货时系统缺损值是大 M。

求解显示如表 10-7 所示的结果。点击 Results→Graphic Cost Analysis 显示成本变化图；点击 Results→Graphic Inventory Profile 显示存储量变化图；点击 Results→Preform Parametric Analysis 显示如图 10-7 所示的参数分析选项，输入所选参数的取值区间和步长，系统模拟所有取值的经济订货批量及各项成本。

表 10-6

DATA ITEM	ENTRY
Demand per year	15000
Order or setup cost per order	5000
Unit holding cost per year	200
Unit shortage cost per year	M
Unit shortage cost independent of time	M
Replenishment or production rate per year	M
Lead time for a new order in year	0.0411
Unit acquisition cost without discount	6000
Number of discount breaks (quantities)	
Order quantity if you known	

表 10-7

7-2004	Input Data	Value	Economic Order Analysis	Value
1	Demand per year	15000	Order quantity	866.0254
2	Order (setup) cost	$5000.0000	Maximum inventory	866.0254
3	Unit holding cost per year	$200.0000	Maximum backorder	0
4	Unit shortage cost per year	M	Order interval in year	0.0577
5			Reorder point	616.5
6	Unit shortage cost independent of time	0	Total setup or ordering cost	$86602.5400
7	Replenishment/production rate per year	M	Total holding cost	$86602.5400
8			Total shortage cost	0
9				
10	Lead time in year	0.0411	Subtotal of above	$173205.1000
11	Unit acquisition cost	$6000.0000		
12			Total material cost	$90000000.0000
13				
14			Grand total cost	$90173210.0000

由表 10-7 知，订货策略：每次订货批量为 866 吨，订货间隔期是 0.057 7 年，约 21 天订货一次，再订货点是 616 吨，各项成本见表 10-7。

（2）允许缺货时，将表 10-6 中 Unit shortage cost per year 一栏的 M 改为 200。求解后得到订货策略：每次订货批量为 1 225 吨，订货间隔期是 0.081 6 年，约 30 天订货一次，再订货点是 4 吨，最大缺货量为 612 吨。

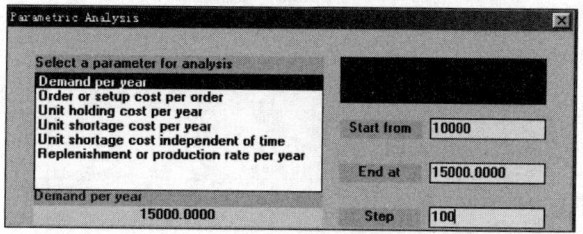

图 10-7

（3）供应速率 $P=36\ 500$ 吨，将表 10-6 中 Unit shortage cost per year 一栏的 M 改为 200 及 Replanishment rate per year 一栏的 M 改为 36 500。求解后得到订货策略：每次订货批量为 1 596 吨，订货间隔期是 0.106 4 年，约 39 天订货一次，再订货点是 146 吨，最大缺货量为 470 吨。

（4）选择表 10-5 中第 2 个选项后，输入表 10-8 所示数据，点击 Edit→Discount Breaks，输入表 10-9 中的数据。求解后得到订货策略：每次订货 1 000 吨，订货间隔期是 0.066 7 年，约 24 天订货一次。

表 10-8

DATA ITEM	ENTRY
Demand per year	15000
Order or setup cost per order	5000
Unit holding cost per year	500
Unit shortage cost per year	M
Unit shortage cost independent of time	
Replenishment or production rate per year	M
Lead time for a new order in year	0.0411
Unit acquisition cost without discount	6000
Number of discount breaks (quantities)	5
Order quantity if you known	

表 10-9

Number	Discount Break	Discount %
1	1000	1
2	3000	1.5
3	5000	2
4	7000	2.5
5	9000	3

10.5.2 单时期离散型随机需求模型

单时期随机需求模型的求解选择表 10-5 中第 3 项。

【例 10-17】 求解例 10-9 的 3 个问题。

解 选择表 10-5 中第 3 项后，系统显示表 10-10 所示的数据输入格式。首先双击第一行，系统显示图 10-8 所示的需求分布。

在图 10-8 中选择 Discrete，在表 10-10 的第 2 行输入随机变量取值个数 8，第 3 行输入随机变量的取值/概率，共 8 组数据。求解得到表 10-11。

（1）由表 10-11 的第 13 行知，最优服务水平为 40%，由第 11 行和第 14 行知，售报员每天应订购 170 份报纸，收益期望值为 37.5 元。

（2）在表 10-10 中 Order quantity if you know 一行输入 234（给定每天售报量），求解后由表 10-11 的第 18、19 行可知，最优服务水平为 90%，但收益期望值只有 22.5 元。

表 10-10

DATA ITEM	ENTRY
	60/0.04,100/0.1,140/0.12,170/0.14,190/0.16,210/0.2,230/0.14,240/0.1
Demand distribution (in year)	Discrete ← 双击选择需求分布
Mean (u)	8
Standard deviation (s>0)	60/0.04,100/0.1,140/0.12,170/0.14,190
(Not used)	
Order or setup cost	
Unit acquisition cost	0.7
Unit selling price	1
Unit shortage (opportunity) cost	
Unit salvage value	0.1
Initial inventory	
Order quantity if you know	234
Desired service level (%) if you know	

图 10-8

(3) 只要修改表 10-10 的数据即可。

图 10-8 的分布含义见表 9-5（第 9 章）。

10.5.3 单时期连续型随机需求模型

【例 10-18】 用 WinQSB 软件求解例 10-12。

解 在图 10-8 中选择 Exponential，系统的指数分布为

$$f(x) = \frac{1}{b} e^{-\frac{x-a}{b}}$$

因此表 10-12 中第 2 行 $a=0$，第 3 行 $b=80$。求解得到 $Q=76$(件)。

表 10-11

06-2(	Input Data or Result	Value
1	Demand distribution (in year)	Discrete
2	Demand mean	181.6
3	Demand standard deviation	48.2228
4	Order or setup cost	0
5	Unit cost	$0.7000
6	Unit selling price	$1.0000
7	Unit shortage (opportunity) cost	0
8	Unit salvage value	$0.1000
9	Initial inventory	0
10		
11	Optimal order quantity	170
12	Optimal inventory level	170
13	Optimal service level	40%
14	Optimal expected profit	$37.5000
15		
16	If known order quantity =	234
17	Maximum inventory level	234
18	Service level	90%
19	Expected profit	$22.5000

表 10-12

DATA ITEM	ENTRY
Demand distribution (in year)	Exponential
Location parameter (a)	
Scale parameter (b>0)	80
(Not used)	
Order or setup cost	
Unit acquisition cost	800
Unit selling price	1440
Unit shortage (opportunity) cost	
Unit salvage value	400
Initial inventory	
Order quantity if you know	
Desired service level (%) if you know	

10.5.4 多时期动态需求批量问题

对于不同时期的需求量、准备成本、变动成本、持有成本和缺货成本各不相同的动态存储策略问题，在表 10-5 中选择第 4 项。

【例 10-19】 已知 1 月月初有 30 件库存产品，要求 4 月月末有 10 件库存产品，其他资料如表 10-13 所示。要求制定 4 个月的生产与存储策略。

表 10-13

月份	需求量	准备成本	单位变动成本	单位持有成本	单位缺货成本
1	60	10	2.5	0.5	1
2	80	13	2.6	0.5	1.2
3	90	12	2.7	0.6	1.2
4	100	15	4	0.6	1.3

解 选择表 10-5 中第 4 项，将表 10-13 的数据输入到表 10-14 中。点击 Solve and Analyze 系统显示如图 10-9 所示的方法选项，共有 10 种求解准则，如选 EOQ 准则，并输入期初和期末存储量，如果期末允许缺货，则期末存储量输入负数。

求解结果见表 10-15。

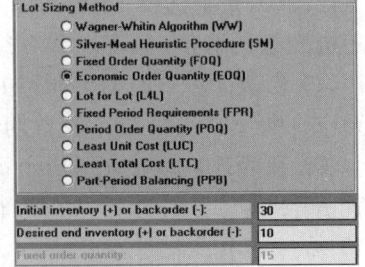

图 10-9

表 10-14

year	Demand	Setup Cost	Unit Variable Cost	Unit Holding Cost	Unit Backorder Cost
1	60	10	2.5	0.5	1
2	80	13	2.6	0.5	1.2
3	90	12	2.7	0.6	1.2
4	100	15	4	0.6	1.3

表 10-15

-10-20	Demand	Production (Lot Size)	Setup	Expected Inventory	Expected Backorder	Cumulative Cost
Initial				30.0000		
1	60.0000	72.0000	Yes	42.0000	0	$211.0000
2	80.0000	72.0000	Yes	34.0000	0	$428.2000
3	90.0000	72.0000	Yes	16.0000	0	$644.2000
4	100.0000	94.0000	Yes	10.0000	0	$1041.2000
Solution	Method:	EOQ		Total Cost =		$1041.2000

关于多时期随机需求控制系统的求解问题，在表 10-5 中选择第 5~8 项。

习题

10.1 某企业每月甲零件的生产量为 1 000 件，该零件月需求量为 600 件，每次准备成本 50 元，每件月存储费为 10 元，缺货费 5 元，求最优生产批量及生产周期。

10.2 某产品 10 月份需要量为 720 件，若要订货，可以以每天 50 件的速率供应。存储费为 4 元/(月·件)，订货手续费为 134 元，求最优订货批量及订货周期。

10.3 某公司预计年销售计算机 2 000 台，每次订货费为 800 元，存储费为 25 元/(年·台)，缺货费为 100 元/年·台。
试求：(1) 提前期为零时的最优订货批量及最大缺货量；(2) 提前期为 10 天时的订货点及最大存储量。

10.4 某化工厂每年需要甘油 100 吨，订货的固定成本为 100 元，甘油单价为 7 800 元/吨，每吨年保管费为 32 元，求：(1) 最优订货批量；(2) 年订货次数；(3) 总成本。

10.5 工厂每月需要甲零件 4 000 件，每件零件 120 元，月存储费率为 0.5%，每批订货费为 300 元，求：(1) 经济订货批量及订货周期；(2) 提前期为 6 天时的再订货点。

10.6 求图 10-1 中缺货周期及缺货周期内的生产时间 t_2。

10.7 将式 (10-1) 表达为 (Q, S) 的函数，推导出最优订货量和订货周期。

10.8 将式 (10-15) 表达为 (Q, S) 的函数，推导出最优订货量和订货周期。

10.9 将式 (10-22) 消去变量 Q 化为 t 的函数 $f(t)$，推导出最优解 Q^* 及 t^*。

10.10 证明式 (10-15) 的持有成本小于式 (10-22) 的持有成本，并验证当习题 10.4 的缺货费为 100 元时的情形。

10.11 证明：在式 (10-24) 中，当 Q^* 在 14% 范围内变化为 Q 时，总成本约增加 1%。

10.12 在习题 10.4 中，假定工厂考虑流动资金问题，决定宁可使总成本超过最小成本 5% 作存储策略，求此时的订货批量。

10.13 假定习题 10.5 中的需求现在是 1 500 件，存储费和订货费不变，问现在的经济订货批量和订货周期各是原来的多少倍。

10.14 证明：在式 (10-18) 中，当订货费、存储费和缺货费同时增加 δ 倍时，经济订货批量不变。

10.15 商店拟定在第二、三季度采购一批空调。预计销售量的概率如表 10-16 所示。

表 10-16

需求量 x_i(百台)	0	1	2	3	4	5
概率 p_i	0.01	0.15	0.25	0.30	0.20	0.09

已知每销售 100 台空调可获利润 4 500 元，如果当年未售完，就要转到下一年度销售，每 100 台的存储费为 500 元，问商店应采购多少台空调最佳。

10.16 航空公司有一班从武汉到广州的航班，票价是 1 500 元，185 个座位。由于经常出现一部分旅客放弃预订座位的情况，所以航空公司接受的预订稍大于 185。万一出现有多于 185 人来乘坐这趟航班的情况，航空公司就会在旅客中征集愿意乘坐晚些时候航班的志愿者，并赠送他一张价值 500 元的代用券作为补偿，这张代用券可以用于将来任何时候的该航空公司的航班。

根据以往类似航班的经验，放弃预订座位的乘客数服从 [0，8] 上的均匀分布。请您为航空公司确定应接受多少座位的预订。

10.17 由于电脑不但价格变化快而且更新快，某电脑商尽量缩短订货周期，计划 10 天订货一次。某周期内每台电脑可获得进价 15% 的利润，如果这期没有售完，则他只能按进价的 90% 出售并且可以售完。到了下一期电脑商发现一种新产品上市了，价格上涨了 10%，他的利润率只有 10%，如果没有售完则他可以按进价的 95% 出售并且可以售完。假设市场需求量的概率不变。问电脑商的订货量是否发生变化，为什么。

10.18 鲜花商店准备在 9 月 10 日教师节到来之前比以往多订购一批鲜花，用来制作"园丁颂"的花篮。每只花篮的材料、保养及制作成本是 60 元，售价为 120 元/只。9 月 10 日过后只能按 20 元/只出售。据历年经验，其销售量服从期望值为 200、均方差为 150 的正态分布。该商店应准备制作多少花篮使利润最大，期望利润是多少。

10.19 某涂料工厂每月需要某种化工原料的概率服从 75~100 吨之间的均匀分布，原料单价为 4 000 元/吨，每批订货的固定成本为 5 000 元，每月仓库存储一吨的保管费为 60 元，每吨缺货费为 4 300 元，提前期 $L=6$ 天。求缺货补充的 (s, Q) 存储策略。

10.20 若 $H=0.15$，$B=1$，$A=100$，$L=1/10$（年），在 L 这段时间内的需求量服从 $\mu=1 000$，$\sigma^2=625$ 的正态分布，年平均需要量 $R=10 000$ 件，求缺货补充的 (s, Q) 存储策略。

10.21 在习题 10.19 中，假设在提前期 L 内平均有订单 10 吨。求缺货补充的 (s, S) 存储策略。

10.22 思考与简答题

(1) 确定型与随机型存储模型如何判断。

(2) 什么是 EOQ 模型。

(3) 名词解释：生产准备成本、提前期、再订货点。

(4) 一定的供货速率，比较允许缺货与不允许的订货批量、订货周期。

(5) 供货速率无穷大时，比较允许缺货与不允许的订货批量、总成本。

(6) 供货速率无穷大，缺货后部分补充，补充的概率为 P，不补充的概率为 $1-P$，试推导存储模型。

(7) 当缺货成本增加 1% 时，总成本是不是也增加 1%，为什么。

(8) 解释最优服务水平的经济含义。

(9) 离散型随机模型中，订货量等于累计概率与 SL 最接近的需求量，这种方法对不对。

(10) (s, Q) 模型与 (s, S) 模型有何关系。

第11章

决 策 论

决策(Decision Making)是一种对已知目标和方案的选择过程,是人们已知要实现的目标,根据一定的决策准则,在供选方案中做出决策的过程。诺贝尔奖获得者西蒙认为,管理就是决策,他认为决策是对稀有资源备选分配方案进行选择排序的过程。学者格利高里(Gregory)在《决策分析》中提及,决策是对决策者将采取的行动方案的选择过程。

朴素的决策思想自古都有,在中外历史上不乏有名的决策案例。但在落后的生产方式下,决策主要凭借个人的知识、智慧和经验。随着生产和科学技术的发展,越来越要求决策者在瞬息多变的条件下,对复杂的问题迅速做出决断,这就要求对不同类型的决策问题,有一套科学的决策原则、程序和相应的机构、方法。决策的重要性不言自明,轻则关系个人利益,重则牵动企业国家。无论是在日常生活,或是经营活动中,人们不可避免地随时都要做出决策,正因为如此,一门专门研究决策科学的学问形成,称为决策科学。决策科学包括决策心理学、决策的数量化方法、决策评价以及决策支持系统、决策自动化等。

随着计算机和信息通信技术的发展,决策分析的研究也得到极大的促进。随之产生的计算机辅助决策支持系统(Decision Support System),使许多问题可以在计算机的帮助下得以解决,在一定程度上代替了人们对一些常见问题的决策分析过程。

11.1 决策分析的基本问题

11.1.1 决策分析的基本概念

决策 国际上对决策有许多不同的定义,但基本上分为两派,即狭义决策和广义决策。狭义决策认为决策就是做决定,单纯强调最终结果;广义决策认为将管理过程的行为都纳入决策范畴,决策贯穿于整个管理过程中。本书中的决策,在狭义决策分析的基础上扩大概念,运用系统论的理念,将决策过程看做一个系统,讨论在决策系统中我们如何科学地做出决策。

决策目标 决策者希望达到的状态,工作努力的目的。一般而言,在管理决策中决策者追求的是利益最大化。

决策准则　决策判断的标准，备选方案的有效性度量。

决策属性　决策方案的性能、质量参数、特征和约束，如技术指标、重量、年龄、声誉等，用于评价其达到目标的程度和水平。

科学决策过程　任何科学决策的形成都必须执行科学的决策程序，如图 11-1 所示。决策最忌讳的就是决策者拍脑袋决策，只有经历过如图 11-1 所示的"预决策→决策→决策后"三个阶段的决策，才能称为科学的决策。

决策系统　状态空间、策略空间、损益函数构成了决策系统。

(1) 状态空间。不以人的意志为转移的客观因素，设一个状态为 S_i，有 m 种不同状态，其集合记为

$$S = \{S_1, S_2, S_3 \cdots, S_m\} = \{S_i\} \quad i = 1, \cdots, m$$

其中，S 称为状态空间；S 的元素 S_i 称为状态变量。

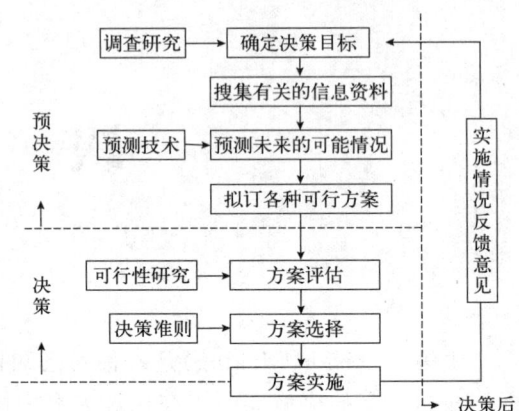

图 11-1　科学决策过程

(2) 策略空间。人们根据不同的客观情况，可能做出主观的选择，记一种策略方案为 U_i，有 n 种不同的策略，其集合为

$$U = \{u_1, u_2, \cdots, u_n\} = \{u_j\} \quad j = 1, \cdots, n$$

其中，U 称为策略空间；U 的元素 U_j 称为决策变量。

(3) 损益函数。当状态处在 S_i 情况下，人们做出 U_j 决策，从而产生的损益值 V_{ij}，显然 V_{ij} 是 S_i，U_j 的函数，即

$$V_{ij} = v(S_i, u_j) \quad i = 1, 2, \cdots, m; j = 1, 2, \cdots, n$$

当状态变量是离散型变量时，损益值构成的矩阵叫损益矩阵。

$$\mathbf{V} = (V_{ij})_{m \times n} = \begin{bmatrix} V(S_1, U_1) & V(S_1, U_2) & \cdots & V(S_1, U_n) \\ V(S_2, U_1) & V(S_2, U_2) & \cdots & V(S_2, U_n) \\ \vdots & \vdots & & \vdots \\ V(S_m, U_1) & V(S_m, U_2) & \cdots & V(S_m, U_n) \end{bmatrix}$$

上述三个主要素组成了决策系统，决策系统可以表示为三个主要素的函数

$$D = D(S, U, V)$$

人们将根据不同的判断标准原则，求得实现系统目标的最优(或满意)决策方案。

11.1.2　决策分析的基本原则

最优化原则　在系统环境条件下，试图追寻最优解，寻找到实现目标的最优方案。在现实生活中，往往因为客观条件的影响，使得人们无法得到最优解，只能退而求其次，找到次优解，即求得相对满意解，因此，这一原则亦可称为"满意"原则。

系统原则　由于将决策者、决策环境、状态看做一个系统，因此在决策分析时，应以系统的总体目标为核心，满足系统优化，从整体出发。

可行性原则　决策必须可行，决策必须通过可行性研究，因为只有通过可行性研究才

能够保证决策目标的实现。

信息对称原则 由于信息不对称而产生的程度误差,将会很大程度上影响到决策选择乃至系统目标的实现。在决策后阶段,及时的信息反馈沟通将是确保决策策略修正改进的重要保证。

11.1.3 决策分析的基本分类

按决策的涉及和影响范围分类,决策可分为战略决策、策略决策和执行决策;或者分为战略、战役(管理)和战术(业务)决策三种。

战略决策 在企业中属于最高层次的决策,是一类关系到全局性、方向性和根本性的决策。战略决策产生的影响是深远的,对决策系统的各个方面,都在较长时间范围内产生影响,如企业的长期发展规划、生产规模与市场开拓选择等问题。

策略决策 属于中层决策,是为保证战略决策目标的实现,各个管理方面进行的决策,如企业人力资源管理、物流配套系统的决策等。

战术决策 属于基层决策,主要根据策略决策的要求对实际日常生产中执行行为方案的选择,是局部性的、暂时性的决策,如企业为提高日常工作的效率,对流水线节拍的确定,对产品质检标准的确定,或对零件是否外包的决策。

按状态空间分类,决策可分为确定型、非确定型和风险决策三种。

确定型决策 是状态空间唯一确定的决策,即 $m=1$。在此种决策中,决策环境完全确定,问题的未来发展只有一种确定的结果,决策者分析各种可行方案所得的结果,从中选择一个最佳方案,如企业生产中的下料问题。通常此类总是可以用线性规划、网络图等求解。

非确定型决策 是指因其所处理事件的未来各种自然状态具有不确定性,即 $m \geqslant 2$,其未来的状态无法确定,如股市行情走势,股票看涨看跌是不确定的。在非确定型决策问题中又可以分为两类:

完全不确定型。决策者对将发生结果无法确定。

风险型决策。未来的状态无法确定,但是各种状态发生的概率是已知的,即状态 S_i 的概率分布已知,可以用概率来表示随机性状态。

按决策的结构分类,决策可以分为程序化、非程序化、半程序化决策三种,三者之间的区别如表 11-1 所示。

表 11-1 程序化、非程序化、半程序化决策

决策类型	传统方法	现代方法
程序化	现有的规章制度	运筹学、管理信息系统(MIS)
半程序化	经验、直觉	灰色系统、模糊数学等方法
非程序化	经验、应急创新能力	人工智能、风险应变能力培训

程序决策 是反复出现,有章可循,有明确判别准则和目标,按一定制度可反复进行的决策。

非程序化决策 是对偶然发生或初次发生的问题进行决策,没有固定的程序与方法,更多地需要决策者的创造力。

半程序化决策 介于程序化决策与非程序化决策之间,用于解决一些灰色或模糊管理问题。

按描述问题的方法分类，决策可分为定性与定量的决策。

描述决策对象的指标均可量化，可用数学模型来表示的决策叫做**定量决策**，反之，为**定性决策**，两者均不可少，互为补充。在实际工作中，人们越来越倾向于将定性问题定量化描述求解问题。

按目标的数量分类，决策可分为单目标决策和多目标决策。

单目标决策　是决策目标仅有一个，如果目标不止一个，则称为**多目标决策**。在单目标决策中，目标唯一，求最优值；而在多目标决策中，有多个目标，可能各目标值之间存在冲突，不可能全部最优，必然要进行目标排序或赋权，求出满意或均衡解。

按决策过程的连续性分类，决策可分为单级(静态)决策和序贯(动态)决策。

序贯决策　处理多个连续时间的决策问题，前后时间段的决策相互影响，总体决策不是各时间段的简单叠加。动态规划、马尔可夫过程都属于动态决策分析方法。

按决策者数量分类，决策可分为个人决策和群决策。

决策者为一个人时，称为**个人决策**或单一决策；当决策者由两个或两个以上的人组成时，所作决策称为**群决策**，群决策中出现的所有决策均需进行集结、整合。

将以上分类综合在表 11-2 中。

表　11-2

按影响范围	战略决策、策略(战役)决策、执行(战术)决策
按状态空间	确定型决策、非确定型决策(完全不确定型决策、风险型决策)
按决策结构	程序化决策、半程序化决策、非程序化决策
按描述方法	定性化决策、定量化决策
按目标数量	单目标决策、多目标决策
按连续性	单级(静态)决策、序贯(动态)决策
按决策者数量	个人决策、群决策
按问题大小	宏观决策、微观决策

11.2　确定型和非确定型决策

11.2.1　确定型决策

确定型决策的未来状态是已知的，只需从备选的决策方案中，挑选出最优方案即可。这种问题只需按照经济、技术的常规方法进行，线性规划、动态规划、网络模型都是求解该类问题的方法，在此不再赘述，仅以一例说明。

【**例 11-1**】某企业根据市场需要，需添置一台数控机床，可采用的方式有三种：

甲方案：引进外国进口设备，固定成本 1 000 万元，产品每件可变成本为 12 元；

乙方案：用较高级的国产设备，固定成本 800 万元，产品每件可变成本为 15 元；

丙方案：用一般的国产设备，固定成本 600 万元，产品每件可变成本为 20 元。

试确定在不同生产规模情况下的购置机床的最优方案。

解　此题为确定型决策。利用经济学知识，选取最优决策。最优决策也就是在不同生产规模条件下，选择总成本较低的方案。各方案的总成本线如图 11-2 所示。

$$TC_甲 = F_甲 + Cv_甲 Q = 1\,000 + 12Q$$
$$TC_乙 = F_乙 + Cv_乙 Q = 800 + 15Q$$
$$TC_丙 = F_丙 + Cv_丙 Q = 600 + 20Q$$

图中出现了 A、B、C 三个交点，其中 A 点经济意义为在 A 点采用甲方案与丙方案成本相同，即 $TC_甲 = TC_丙$，$F_甲 + Cv_甲 \ Q_A = F_丙 + Cv_丙 \ Q_A$

$$Q_A = \frac{F_甲 - F_丙}{Cv_丙 - Cv_甲} = \frac{1\,000 - 600}{20 - 12} = 50(万件)$$

即当生产规模为 50 万件时，采用甲方案与采用丙方案成本相同。

同理，对 B 点有 $TC_乙 = TC_丙$，$F_乙 + Cv_乙 \ Q_B = F_丙 + Cv_丙 \ Q_B$

$$Q_B = \frac{F_乙 - F_丙}{Cv_丙 - Cv_乙} = \frac{800 - 600}{20 - 15} = 40(万件)$$

即当生产规模为 40 万件时，采用乙方案与采用丙方案成本相同。

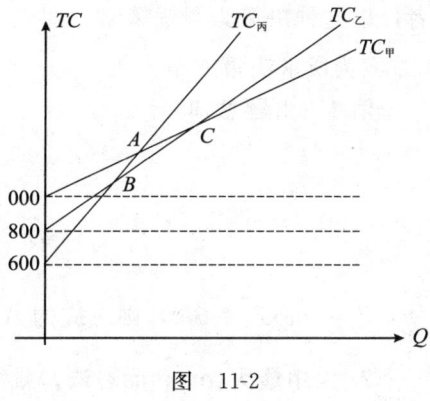

图 11-2

对 C 点有 $TC_甲 = TC_乙$，$F_甲 + Cv_甲 \ Q_C = F_乙 + Cv_乙 \ Q_C$

$$Q_C = \frac{F_甲 - F_乙}{Cv_乙 - Cv_甲} = \frac{1\,000 - 800}{15 - 12} = \frac{200}{3}(万件)$$

即当生产规模为 $\frac{200}{3}$ 万件时，采用甲方案与采用乙方案成本相同。

由图 11-2 可知，当生产规模 $\leqslant Q_B$ 时，采用丙方案；当 $Q_B <$ 生产规模 $\leqslant Q_C$ 时，采用乙方案；当 $Q_C <$ 生产规模时，采用甲方案。

则本例的最优方案为，当生产规模产量小于 40 万件时，采用丙方案；当生产规模产量大于 40 万件，小于 $\frac{200}{3}$ 万件时，采用乙方案；当生产规模产量大于 $\frac{200}{3}$ 万件时，采用甲方案。

11.2.2 非确定型决策

由于在非确定型决策中，各种决策环境是不确定的，所以对于同一个决策问题，用不同的方法求值，将会得到不同的结论。在现实生活中，同一个决策问题，决策者的偏好不同，也会使得处理相同问题的方法或准则不同。通过下面的例子，用不同的准则求解说明常用五种非确定型决策方法。

【例 11-2】某公司为经营业务的需要，决定在现有生产条件不变的情况下，生产一种新产品，现可供开发生产的产品有 Ⅰ、Ⅱ、Ⅲ、Ⅳ 四种不同产品，对应的方案为 A_1、A_2、A_3、A_4。由于缺乏相关资料背景，对产品的市场需求只能估计为大中小三种状态，而且对于每种状态出现的概率也无法预测。每种方案在各种自然状态下的效益值表如表 11-3 所示。

1. 小中取大(max min)法(Wald 法)，或称为悲观主义准则

该方法首先求出在各种情况下的目标最小值，再从这些决策的最小值中取一个最大值。

表 11-3 效益值表 （单位：万元）

自然状态 效益 a_{ij} 供选方案　i	需求量大 S_1	需求量中 S_2	需求量小 S_3
A_1：生产产品Ⅰ	800	320	−250
A_2：生产产品Ⅱ	600	300	−200
A_3：生产产品Ⅲ	300	150	50
A_4：生产产品Ⅳ	400	250	100

这是由于决策者认为自身实力有限,分析所有情况下的最坏结果,再选择其中最好者,以这种决策为最优策略。即先求出 $Z_i = \min_j \{a_{ij}\}$,再求出 $Z_l^* = \max_i Z_i$,则 Z_l^* 对应的 l 方案为所求决策方案。

解 1 由题意知

$$Z_i = \min_j \{a_{ij}\} = \begin{Bmatrix} -250 \\ -200 \\ 50 \\ 100 \end{Bmatrix}$$

$Z_4 = \max\limits_i Z_i = 100$,则对应的 A_4 方案为决策方案,即生产产品Ⅳ。

2. 大中最大(max max)法,或称为乐观主义准则

该方法取各种情况的目标最大值中的最大值,即先求出 $Z_i = \max_j \{a_{ij}\}$,再求出 $Z_l^* = \max_i Z_i$,则 Z_l^* 对应的 l 方案为所求决策方案。这是由于决策者可能为了取得最大收益,而宁愿冒风险。

解 2 由题意知

$$Z_i = \max_j \{a_{ij}\} = \begin{Bmatrix} 800 \\ 600 \\ 300 \\ 400 \end{Bmatrix}$$

$Z_1^* = \max\limits_i Z_i = 800$,则对应的 A_1 方案为决策方案,即生产产品Ⅰ。

3. 最小机会损失法(Savage法),或称后悔值准则

该方法从机会损失值,即当某种情况发生,决策者所选方案的收益与因此放弃的可能最大收益之间的差额最小的角度考虑。

(1) 首先找到 a_{ij} 在自然状态 S_j 下的最大收益值 $\max\limits_i \{a_{ij}\}$;

(2) 分别求出在各种 S_j 条件下,各方案的机会损失 a'_{ij} 等于最大收益值减去本方案收益值,即 $a'_{ij} = \{\max\limits_i \{a_{ij}\} - a_{ij}\}$;

(3) 编制机会损失表,找出每个方案的最大机会损失 Z_i,$Z_i = \max\limits_j \{a'_{ij}\}$;

(4) 选择最小的机会损失值 $Z_l^* = \min\limits_i \{Z_i\}$,对应的方案 l 即为所决策方案。

解 3 由条件可知其机会损失值表为表 11-4。

表 11-4 机会损失值表

供选方案	机会损失值			最大机会损失 Z_i
	S_1	S_2	S_3	
A_1	0	0	350	350
A_2	200	20	300	300
A_3	500	170	50	500
A_4	400	70	0	400

$Z_2^* = \min\limits_i \{Z_i\} = 300$,则应选对应的 A_2 方案为决策方案,即生产产品Ⅱ。

4. 等可能法(Laplace 法)

该方法认为每种情况发生概率相等，均为 $\frac{1}{m}$，取收益的期望值最大者为最优方案，即

$$E(A_i) = \sum_{i=1}^{m} \frac{1}{m} a_{ij} = \frac{1}{m} \sum_{i=1}^{m} a_{ij}$$

$$E(A_l^*) = \max\{E(A_i)\}$$

解 4 由题意知，用等可能法求解

$$E(A_1) = 800 \times \frac{1}{3} + 320 \times \frac{1}{3} + (-250) \times \frac{1}{3} = 290$$

$$E(A_2) = 600 \times \frac{1}{3} + 300 \times \frac{1}{3} + (-200) \times \frac{1}{3} = \frac{700}{3}$$

$$E(A_3) = 300 \times \frac{1}{3} + 150 \times \frac{1}{3} + 50 \times \frac{1}{3} = \frac{500}{3}$$

$$E(A_4) = 400 \times \frac{1}{3} + 250 \times \frac{1}{3} + 100 \times \frac{1}{3} = 250$$

$E(A_l^*) = \max\{E(A_i)\} = 290$，则应选择对应的 A_1 方案为决策方案，即生产产品 I。

5. 折中法

由于 max min 法和 max max 法过于极端，因此采用此种折中的方法。

该方法给出乐观系数 α，$\alpha \in [0, 1]$，$\alpha \to 0$ 说明决策者接近悲观；$\alpha \to 1$ 说明决策者接近乐观。

$$H(a_i) = \alpha \max_j \{a_{ij}\} + (1-\alpha) \min_j \{a_{ij}\}$$

$$\max_{a_j \in A} H(a_i) = H(a_l^*)$$

A_l 为最佳方案。在这种方法中 α 的取值对最终决策选择影响颇大，需要结合实际情况给出。

max min 法是当 $\alpha = 0$ 时状态，max max 是 $\alpha = 1$ 时状态。

解 5 设 $\alpha = 0.3$，由表 11-3 知

$$H_1 = 0.3 \times 800 + (1-0.3) \times (-250) = 65$$

$$H_2 = 0.3 \times 600 + (1-0.3) \times (-200) = 40$$

$$H_3 = 0.3 \times 300 + (1-0.3) \times 50 = 125$$

$$H_4 = 0.3 \times 400 + (1-0.3) \times 100 = 190$$

$$H(a_4^*) = \max_i H(a_i) = 190$$

则应选择对应的 A_4 方案为决策方案，即生产产品 IV。

另外，用矩阵描述更简单，设

$$P_{\max} = (\max a_{1j}, \max a_{2j}, \cdots, \max a_{mj})^{\mathrm{T}}$$

$$P_{\min} = (\min a_{1j}, \min a_{2j}, \cdots, \min a_{mj})^{\mathrm{T}}$$

$$H = (P_{\max} P_{\min})(\alpha, 1-\alpha)^{\mathrm{T}} = (H_1, H_2, \cdots, H_m)^{\mathrm{T}}$$

$$H = \begin{Bmatrix} 800 & -250 \\ 600 & -200 \\ 300 & 50 \\ 400 & 100 \end{Bmatrix} (0.3, 0.7)^{\mathrm{T}} = \begin{Bmatrix} 65 \\ 40 \\ 125 \\ 190 \end{Bmatrix}$$

结论同上。

11.3 风险型决策

风险型决策是指决策者在目标明确的前提下,对客观情况并不完全了解,存在着决策者无法控制的两种或两种以上的自然状态,但对于每种自然状态出现的概率大体可以估计,并可算出在不同状态下的效益值。主要应用于战略决策或非程序化决策,如投资方案决策、产品研发决策等。

11.3.1 期望值准则

期望值准则是通过比较和评价效益期望值,选择决策方案,而效益期望值因为各种自然状态不同而有所不同。具体方法如下:

(1) 根据不同自然状态下的效益值 v_{ij} 和各种自然状态 s_j 出现的概率 P_j,求效益期望值 EMV。效益期望值=∑条件效益值×概率,即 $EMV_i = \sum v_{ij} p_j$

(2) 比较效益期望值的大小,选择最大效益期望值所对应的方案为决策方案

$$EMV^* = \max\{EMV_i\}$$

【例 11-3】 在例 11-2 中,假设市场需求大、中、小的概率如表 11-5 所示,那么工厂应生产哪种产品,才能使其收益最大。

表 11-5　效益表　　　　　　　　　　　　　　　　　(单位:万元)

效益＼自然状态及概率＼方案	需求量较大 $p_1=0.35$	需求量中等 $p_2=0.4$	需求量较小 $p_3=0.25$
A_1:生产产品 I	800	320	−250
A_2:生产产品 II	600	300	−200
A_3:生产产品 III	300	150	50
A_4:生产产品 IV	400	250	100

解 (1) 先求效益期望值

$$EMV_1 = 800 \times 0.35 + 320 \times 0.4 + (-250) \times 0.25 = 345.5$$
$$EMV_2 = 600 \times 0.35 + 300 \times 0.4 + (-200) \times 0.25 = 280$$
$$EMV_3 = 300 \times 0.25 + 150 \times 0.4 + 50 \times 0.24 = 177.5$$
$$EMV_4 = 400 \times 0.35 + 250 \times 0.4 + 100 \times 0.25 = 265$$

(2) $\max\{EMV_1, EMV_2, EMV_3, EMV_4\} = EMV_1 = EMV^*$

即生产产品 I。

此外,可以用矩阵方法求解更方便,记 V 为条件效益矩阵,P 为概率矩阵,EMV 为效益期望值,则 $EMV = VP^T$,代入例 11-3 有

$$EMV = VP^T = \begin{bmatrix} 800 & 320 & -250 \\ 600 & 300 & -200 \\ 300 & 150 & 50 \\ 400 & 250 & 100 \end{bmatrix} \begin{bmatrix} 0.35 \\ 0.4 \\ 0.25 \end{bmatrix} = \begin{bmatrix} 345.5 \\ 280 \\ 177.5 \\ 265 \end{bmatrix}$$

$\max EMV = 345.5$(万元),因此选择相应方案,即生产产品 I。

如果效益值表是机会损失值或成本,则选择期望值最小者为决策方案。

11.3.2 决策树法

决策树是由决策点、事件点及结果构成的树形图，一般应用于序列决策中，以最大收益期望值或最低期望成本作为决策准则。决策树通过图解方式求解在不同条件下各方案的效益值，然后通过比较做出决策。

决策树基本模型如图 11-3 所示。

□：表示决策点，也称为树根，由它引发的分枝称为方案分枝，方案分枝称为树枝。m 条分枝表示有 m 种供选方案。

○：表示策略点，其上方数字表示该方案的最大收益期望值，由其引出的 n 条线称为概率枝，表示有 n 种自然状态，其发生的概率标明在分枝上。

△：表示每个方案在相应自然状态的效益值。

┼：表示经过比较选择此方案被否决，称为剪枝。

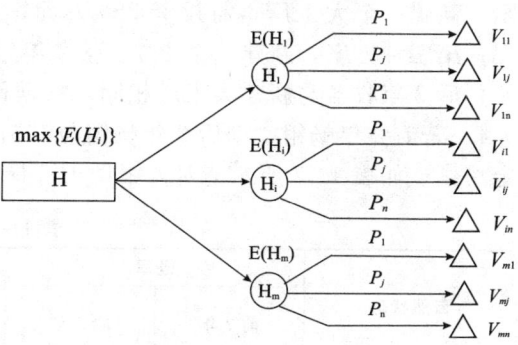

图 11-3 决策树

决策方法：

(1) 根据题意做出决策树图；

(2) 从右向左计算各方案期望值，其中 $E(H_i) = \sum_{j=1}^{n} p_j V_{ij} (i=1,2,\cdots,m)$，并进行标注；

(3) 对期望值进行比较，选出最大效益期望值，写在□上方，表明其所对应方案为决策方案，同时在其他方案上打上┼删除。

【例 11-4】 某厂投入不同数额的资金对机器进行改造，改造有三种方法，分别为购新机器、大修和维护。根据经验，相关投入额及不同销路情况下的效益值如表 11-6 所示，请选择最佳方案。

表 11-6 效益值表 （单位：万元）

供选方案	投资额 T_i	销路好 $p_1=0.6$	销路不好 $p_2=0.4$
A_1：购新	12	25	-20
A_2：大修	8	20	-12
A_3：维护	5	15	-8

解 (1) 根据题意，做出决策树，见图 11-4。

(2) 计算各方案的效益期望值，$E(A_i) = \sum_j p_j V_{ij} - T_i$

$E(A_1) = 0.6 \times 25 + 0.4 \times (-20) - 12 = -5$

$E(A_2) = 0.6 \times 20 + 0.4 \times (-12) - 8 = -0.8$

$E(A_3) = 0.6 \times 15 + 0.4 \times (-8) - 5 = 0.8$

(3) 最大值为 $E(A_3)$，选对应方案 A_3，即维护机器，并将 A_1、A_2 剪枝。

例 11-4 这种类型称为单级决策问题。在

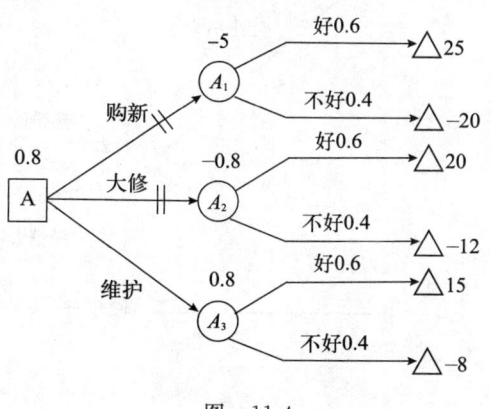

图 11-4

序列决策中，常常需要根据阶段的不同做出不同的多次决策，包括两级或两级以上的决策称为多级决策问题。

【例 11-5】 某公司由于市场需求增加决定扩大公司规模，供选方案有三种：第一种方案，新建一个大工厂，需投资 250 万元；第二种方案，新建一个小工厂，需投资 150 万元；第三种方案，新建一个小工厂，2 年后若产品销路好再考虑扩建，扩建需追加 120 万元，后 3 年收益与新建大工厂相同。根据预测该产品前 2 年畅销和滞销的概率分别为 0.6、0.4。若前 2 年畅销，则后 3 年畅销与滞销概率为 0.8、0.2；若前 2 年滞销，则后 3 年一定滞销。如表 11-7 所示请对方案做出选择。

表 11-7　效益值表　　　　　　　　　　　　（单位：万元）

自然状态	概率		供选方案与效益			
	前 2 年	后 3 年	大工厂	小工厂	先小后大	
					前 2 年	后 3 年
畅销	0.6	畅销 0.8 滞销 0.2	150	80	80	150
滞销	0.4	畅销 0 滞销 1	−50	20	20	−50

解　(1) 决策树见图 11-5。
(2) 计算节点 5、6、7、8、10 的期望值
$E(5)=[150×0.8+(-50)×0.2]×3=330, E(6)=[-50×1.0]×3=-150$
$E(7)=[80×0.8+20×0.2]×3=204, E(8)=[20×1.0]×3=60$
$E(10)=[20×1.0]×3=60$

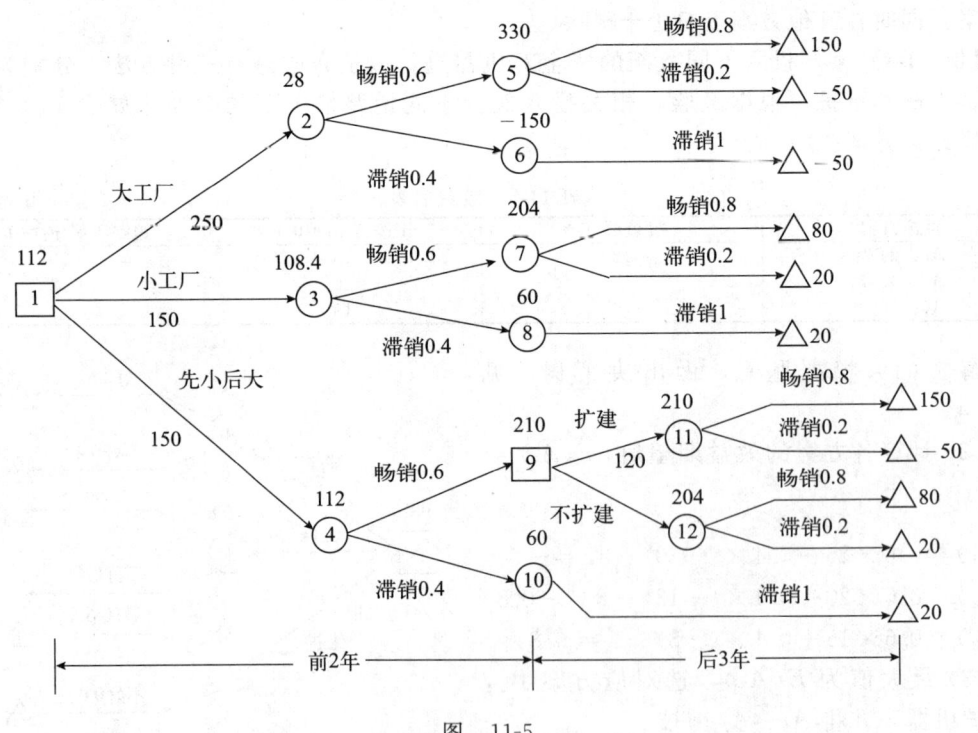

图 11-5

由于存在二级决策，即□是决策点，则应该首先计算出结点 11、12 的效益期望值，决定是否扩建。

$$E(11)=[150\times 0.8+(-50)\times 0.2]\times 3-120=210$$
$$E(12)=[80\times 0.8+20\times 0.2]\times 3=204$$

由于 $E(11)>E(12)$，因此取最大值对应的方案，即在□决策点上，删去不扩建方案，选择扩建方案。

求结点 2、3、4 的效益期望值，分别为

$$E(2)=[150\times 0.6+(-50)\times 0.4]\times 2+[330\times 0.6+(-150)\times 0.4]-250=28$$
$$E(3)=[80\times 0.6+20\times 0.4]\times 2+[204\times 0.6+60\times 0.4]-150=108.4$$
$$E(4)=[80\times 0.6+20\times 0.4]\times 2+[210\times 0.6+60\times 0.4]-150=112$$

(3) 比较方案，$E(4)$ 最大，则□取最大值 112，对应的方案是先小后大作为选定方案，即先建小厂，当前两年畅销时再扩建为大工厂的方案为最终方案。

11.3.3 贝叶斯决策

在风险型决策中，除了通过估计，也可能通过购买或调查获取新信息，对自然状态的发生概率进行估计和修正，做出决策。概率的估计精度直接影响到决策的效益期望值大小。这种决策要用到贝叶斯全概率公式，因此称为贝叶斯决策。

将依据过去的信息或经验由决策者估计的概率称为主观概率；用随机试验确定出的概率称为客观概率。未收到新信息时根据已有信息和经验，估计出的概率分布称为先验概率；收到新信息，修正后的概率分布称为后验概率。

贝叶斯决策的步骤为：

(1) 先验分析。根据先验概率按照期望值准则做出决策，得到效益期望值 EMV_1。

(2) 后验分析。经过试验调查计算所得结果对先验概率分布作修正，得出后验概率分布，再作新决策得到效益期望值 EMV_2。

若对效益型指标而言 $EMV_2-EMV_1>$ 调查费用，则认为调查是合算的。

如图 11-6 所示，设调查后得到结果为 l 种，即 Z_1，Z_2，…，Z_l，效益函数为 $f(S_i,N_j)$。根据过去经验可知当自然状态为 N_j 条件下调查结果为 Z_k 的条件概率

$$P(Z_k|N_j)(k=1,2,\cdots,l;j=1,2,\cdots,n) \quad (11-1)$$

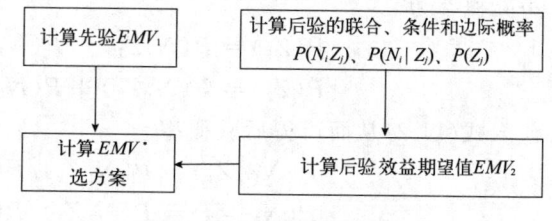

图 11-6 后验分析流程图

再利用贝叶斯公式和全概率公式，求当结果为 Z_K 的条件下自然状态为 N_j 的条件概率

$$P(N_j|Z_k)=\frac{P(Z_k|N_j)P(N_j)}{\sum_{i=1}^{n}P(Z_k|N_i)P(N_i)} \quad (k=1,2,\cdots,l;\ j=1,2,\cdots,n) \quad (11-2)$$

在后验分析中用 $P(N_j|Z_k)$ 代替先验分析中的 $P(N_j)$，利用期望值准则计算出

$$E_{ik}=\sum_{j=1}^{n}f(S_i,N_j)P(N_j|Z_k),i=1,2,\cdots,m;k=1,2,\cdots,l$$
$$E_k=\max_j\{E_{ij}\},i=1,2,\cdots,m$$

根据全概率公式,可知结果为 Z_k 的概率为 $P(Z_k) = \sum_{i=1}^{m} P(Z_k|N_i)P(N_i)$。因此,后验分析的效益期望值为

$$EMV_2 = \sum_{k=1}^{l} E_k P(Z_k)$$

【例 11-6】 某民营企业对一台机器的换代问题作决策,有三种方案:A_1 为买另一台新机器;A_2 为对老机器进行改建;A_3 是维护老机器。输入不同质量的原料,三种方案的收益如表 11-8 所示。约有 30% 的原料是质量好的,还可以花 600 元对原料的质量进行测试,这种测试可靠性如表 11-9 所示。求最优方案。

表 11-8　收益值表　（单位：万元）

原料质量 N_i	购新机器 A_1	改建老机器 A_2	维护老机器 A_3
N_1 好(0.3)	3	1.0	0.8
N_2 差(0.7)	−1.5	0.5	0.6

表 11-9　测试可靠性

$P(Z_k|N_i)$		原料的实际质量	
		N_1 好	N_2 差
测试结果	Z_1 好	0.8	0.3
	Z_2 差	0.2	0.7

解　(1) 若不进行测试,各方案的先验收益为

$EMV_1 = 3 \times 0.3 + (-1.5) \times 0.7 = -0.15, EMV_2 = 1.0 \times 0.3 + 0.5 \times 0.7 = 0.65$
$EMV_3 = 0.8 \times 0.3 + 0.6 \times 0.7 = 0.66$

$EMV_i^* = EMV_3 = 0.66$ 万元,应选方案 3,维护老机器。

(2) 计算后验概率。

已知 $P(Z_k|N_j)$,求联合概率

$$P(N_1 Z_1) = P(Z_1|N_1)P(N_1) = 0.8 \times 0.3 = 0.24$$
$$P(N_1 Z_2) = P(Z_2|N_1)P(N_1) = 0.2 \times 0.3 = 0.06$$
$$P(N_2 Z_1) = P(Z_1|N_2)P(N_2) = 0.3 \times 0.7 = 0.21$$
$$P(N_2 Z_2) = P(Z_2|N_2)P(N_2) = 0.7 \times 0.7 = 0.49$$

边际概率为

$$P(Z_1) = P(N_1 Z_1) + P(N_2 Z_1) = 0.24 + 0.21 = 0.45$$
$$P(Z_2) = P(N_1 Z_2) + P(N_2 Z_2) = 0.06 + 0.49 = 0.55$$

代入式(11-2)从而可得后验概率

$$P(N_1|Z_1) = P(N_1 Z_1)/P(Z_1) = 0.24/0.45 = 0.533$$
$$P(N_1|Z_2) = P(N_1 Z_2)/P(Z_2) = 0.06/0.55 = 0.109$$
$$P(N_2|Z_1) = P(N_2 Z_1)/P(Z_1) = 0.21/0.45 = 0.467$$
$$P(N_2|Z_2) = P(N_2 Z_2)/P(Z_2) = 0.49/0.55 = 0.891$$

则有

$$\boldsymbol{E}_k = \begin{bmatrix} 0.533 & 0.467 \\ 0.109 & 0.891 \end{bmatrix} \begin{bmatrix} 3 & 1.0 & 0.8 \\ -1.5 & 0.5 & 0.6 \end{bmatrix}$$
$$= \begin{bmatrix} 0.8985 & 0.7665 & 0.7066 \\ -1.0095 & 0.5545 & 0.6218 \end{bmatrix}$$

$E_k^* = \begin{pmatrix} 0.8985 \\ 0.6218 \end{pmatrix}$,即当测试结果为原料的质量好,则购买新机器;若测试结果为原材料的

质量差，则维护老机器。

$$EMV_2 = PE_k^* = \begin{pmatrix} 0.45 & 0.55 \end{pmatrix} \begin{pmatrix} 0.8985 \\ 0.6218 \end{pmatrix} = 0.747$$

$$EMV_2^* = EMV_2 - C = 0.747 - 0.06 = 0.687$$

$$EMV_2^* > EMV_1^*$$

即应花 600 元进行测试，测试后若质量好，购入新机器生产；若质量差，维护老机器生产。

当状态只有两个时，后验概率及期望收益可用快捷公式计算。记先验概率向量为 P，条件概率矩阵为 A，后验概率矩阵为 B，收益矩阵为 V，有

$$\boldsymbol{P} = \begin{bmatrix} p_1 \\ p_2 \end{bmatrix}, \boldsymbol{A} = \begin{bmatrix} a_{11} & a_{12} \\ a_{21} & a_{22} \end{bmatrix}, \boldsymbol{B} = \begin{bmatrix} \dfrac{p_1 a_{11}}{p_1 a_{11} + p_2 a_{21}} & \dfrac{p_2 a_{21}}{p_1 a_{11} + p_2 a_{21}} \\ \dfrac{p_1 a_{11}}{p_1 a_{12} + p_2 a_{22}} & \dfrac{p_2 a_{21}}{p_1 a_{12} + p_2 a_{22}} \end{bmatrix}$$

则先验收益期望值向量 $EMV_1 = P^\mathrm{T} V$，后验收益矩阵 $E = BV$。

11.4 效用理论

11.4.1 效用的概念

贝努利(D. Berneulli)首次提出效用的概念，他用如图 11-7 所示曲线来表示人们对钱财的真实价值的考虑与其钱财拥有量之间有对数关系。效用是一种相对的指标值，它的大小表示决策者对风险的态度，对某事物的倾向、偏差等主观因素的强弱程度。

在不同程度的风险下，不同的效益值可能具有相同的价值；在相同程度的风险下，不同的决策者的态度可能不同，即相同的效益值在不同决策者心目中的价值也可能不同。而这个效益值在人们心目中的价值被称为这个效益值的效用，用于量度决策者对风险的态度。

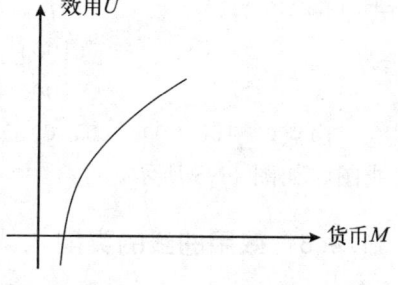

图 11-7 贝努利效用曲线

一般来说效用值在[0，1]之间取值，凡是决策者最看好、最倾向、最愿意的事物(事件)的效用值可取 1；反之，效用值取 0。当各方案期望值相同时，一般用最大效用值决策准则，选择效用值最大的方案。

11.4.2 效用曲线的绘制

在直角坐标系内，以横坐标 x 表示决策方案的效益值，纵坐标 y 表示效用值，将某决策者对风险的态度的变化关系画成曲线，称为决策者的效用曲线。

确定效用曲线的基本方法有两种。一种是直接提问法，需要决策者回答提问，主观衡量，应用较少。第二种是对比提问法，此法使用较多。

设现有 A_0、A_1 两种方案供选。A_0 表示决策者不需要花费任何风险可获益 x_0，而 A_1 有两种自然状态，可以概率 P 获得收益 x_1，以概率 $(1-P)$ 获得收益 x_2，且 $x_1 > x_0 > x_2$。

令 y_i 表示效益 x_i 的效用值。则 x_0、x_1、x_2 的效用值分别表示为 y_0、y_1、y_2。若在某

条件下，决策者认为 A_0、A_1 两方案等价，则有
$$Py_1 + (1-P)y_2 = y_0 \tag{11-3}$$
用对比提问法来测定决策者的风险效用曲线，可提问如下：

(1) x_0、x_1、x_2 不变，改变 P，问"当 P 为何值时，A_0、A_1 等价"；

(2) P、x_1、x_2 不变，改变 x_0，问"当 x_0 为何值时，A_0、A_1 等价"；

(3) P、x_0、x_1/x_2 不变，改变 x_2/x_1，问"当 x_2 为何值时，A_0、A_1 等价"。

一般采用改进 $V-M$(Von Neumann-Morgenstern)方法，固定 $P=0.5$、x_1 和 x_2，改变 x_0 三次，得出相应的 y 的值，确定三点，作效用曲线。

【例 11-7】 设 $x_1=-100$，$x_2=400$，取 $y(x_1)=0$，$y(x_2)=1$，绘制效用曲线。

解 由式(11-3)得
$$0.5y(x_1) + 0.5y(x_2) = y_0 \tag{11-4}$$

第一次提问："x_0 为何值时，式(11-4)成立？"答："0"。0 在 -100 与 400 的中间，由式(11-4)得到
$$y(0) = 0.5y(-100) + 0.5y(400) = 0.5 \times 0 + 0.5 \times 1 = 0.5$$

第二次提问："x_0 为何值时，式(11-4)成立？"答："200"。200 在 $x_1=0$ 与 $x_2=400$ 的中间，则式(11-4)变为
$$y(200) = 0.5y(0) + 0.5y(400)$$
$$y(200) = 0.5 \times 0.5 + 0.5 \times 1 = 0.75 \tag{11-5}$$

第三次提问："x_0 为何值时，式(11-4)成立？"答："100"。100 在 0 与 200 之间，则式(11-4)变为
$$y(100) = 0.5y(0) + 0.5y(200)$$
$$y(100) = 0.5 \times 0.5 + 0.5 \times 0.75 = 0.625 \tag{11-6}$$

由点$(-100, 0)$、$(0, 0.5)$、$(100, 0.625)$、$(200, 0.75)$、$(400, 1)$ 可绘制效用曲线图，如图 11-8 所示。

11.4.3 效用曲线的类型

不同决策者对待风险的态度不同，因而会得到不同形状的效用曲线。效用曲线一般可分为保守型、中间型、风险型，如图 11-9 所示。

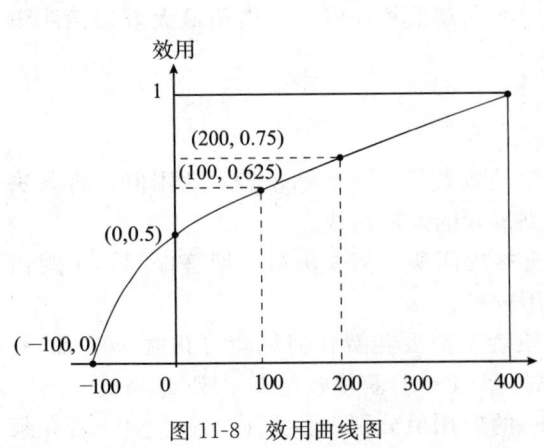

图 11-8 效用曲线图

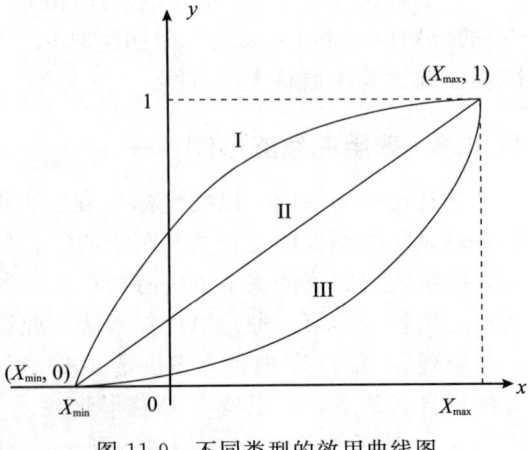

图 11-9 不同类型的效用曲线图

图 11-9 中 Ⅰ 为保守型，其特点为：当收益值较小时，效用值增加较快；随收益值增大时，效用值增加速度变慢。这表明决策者不求大利，谨慎小心，保守。

图 11-9 中 Ⅱ 为中间型，其特点为：收益值和效用值成正比，表明决策者完全按机遇办事，心平气和。

图 11-9 中 Ⅲ 为风险型，其特点为：当收益值较小时，效用值增加较慢；随收益值增大时，效用值增加速度变快。这表明决策者对增加收益反应敏感，愿冒较大风险，谋求大利，不怕冒险。

11.4.4 效用曲线的应用

【例 11-8】若某决策问题的决策树如图 11-10 所示，其决策者的效用期望值同时附在效益期望值后，请做出决策。

解 （1）计算效益期望值分别为

$$E(2) = 0.5 \times 300 + 0.5 \times (-200) = 50$$
$$E(3) = 0.5 \times 200 + 0.5 \times (-100) = 50$$

根据最大效益期望值准则，无法判断优劣。

（2）计算效用值分别为

$$y_1 = 0.5 \times 1 + 0.5 \times 0 = 0.5$$
$$y_2 = 0.5 \times 0.9 + 0.5 \times 0.3 = 0.6$$

A_2 方案效用值 $>A_1$ 方案效用值，因此取 A_2 方案为决策方案。

绘制效用曲线图如图 11-11 所示，由此可知，该决策者偏向于保守型，不求大利，谨慎小心。

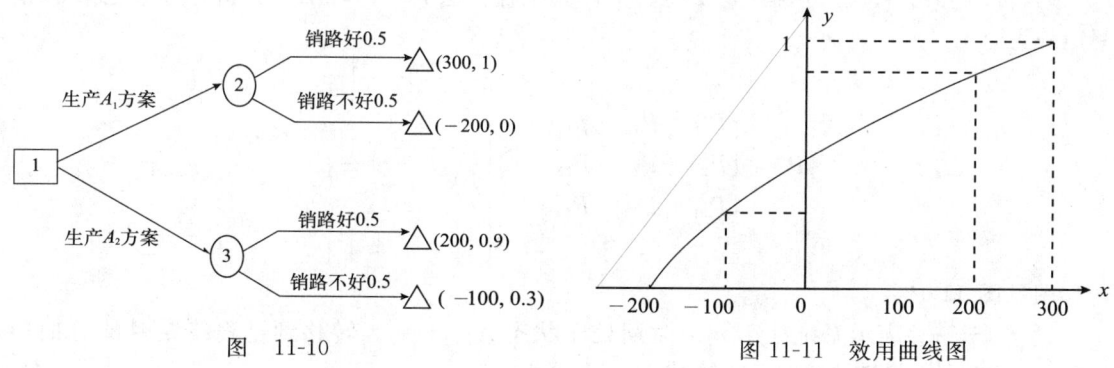

图 11-10　　　　　　　　　图 11-11　效用曲线图

11.5　马尔可夫决策

11.5.1　马尔可夫决策模型

在非确定型决策问题中，其不确定因素有时会服从某种统计特性，利用这种统计特性来进行决策，称其为随机性决策问题。在此类问题中，系统的状态概率是不断变化的。

马尔可夫过程的基本思想是根据当前状态的概率分布来推断未来状态的分布，并以此做出判断和决策。

用 $X(t)$ 表示系统的状态，状态序列 $\{X(t); t \in T\}$ 为一随机过程，$U_{(i)}^n$ 为第 n 期状态 i

的决策集合。如果系统当前的转移概率只与当前的运行状态有关，而与以前的状态无关，即对随机过程$\{X(t); t\in T\}$，若对任意的$0<t_1<t_2<\cdots<t_n<t_{n+1}$及$t_i\in T$，$X(t_{n+1})$关于$X(t_1), X(t_2), \cdots, X(t_n)$的条件概率恰好等于$X(t_{n+1})$关于$X(t_n)$的条件概率，用数学符号表示为

$$P\{X(t_{n+1})=j \mid X(t_n)=i_n, U_{(i)}^n; t_n \text{ 以前各时期的状态和决策}\}$$
$$= P\{X(t_{n+1})=j \mid X(t_n)=i_n, U_{(i)}^n\} \quad (11-7)$$

则称$\{X(t); t\in T\}$具有马尔可夫性。

具有马尔可夫性的随机过程称为马尔可夫过程，$\{X(t); t\in T\}$所有可能全体取值称为过程的状态空间，最简单的马尔可夫过程是马尔可夫链。其时间为离散的，如果状态空间也是有限的，则此链为有限的马尔可夫链。对于有限的马尔可夫链，如果过程还是平稳的，即状态概率与时间t无关，则此马尔可夫链是齐次的。求解具有离散的马尔可夫过程的决策问题，就是求出每一时间的最优策略，使马尔可夫方程的值达到最大（或最小）。

具有离散的马尔可夫过程的决策问题称为马尔可夫决策问题，求解这类决策问题，必须找出一段时间的值函数，而最优解就是给出每个时期策略，使此值函数达到最大（或最小）。

首先必须要确定状态转移概率和转移概率矩阵，记P_{ij}为状态的一步转移概率，即

$$P\{X(t+1)=j \mid X(t)=i, U_{(i)}^t\} \cdots P\{X(1)=j \mid X(0)=j, U_{(i)}^0\}$$

【例 11-9】有3家电器公司分别生产三种不同牌子的空调。各自展开广告攻势促销本公司产品。各公司所占的市场比例是随时间变化的。随机过程$\{X(t); t\in T\}$构成以$X(t)=\{1, 2, 3\}$为状态空间的马尔可夫链。假设在任一时刻，公司1能留住它的1/2的老顾客，其余的则对半购买另两家公司的产品；公司2的一半顾客能留下，30%转向公司1，20%转向公司3；公司3有3/4能留下，其余流向公司2。马尔可夫链一步状态转移概率矩阵为

$$\boldsymbol{P} = \begin{bmatrix} P_{11} & P_{12} & P_{13} \\ P_{21} & P_{22} & P_{23} \\ P_{31} & P_{32} & P_{33} \end{bmatrix} = \begin{bmatrix} \dfrac{1}{2} & \dfrac{1}{4} & \dfrac{1}{4} \\ \dfrac{3}{10} & \dfrac{1}{2} & \dfrac{1}{5} \\ 0 & \dfrac{1}{4} & \dfrac{3}{4} \end{bmatrix}$$

转移图见图 11-12。

设$f_n(i, \pi_n)$表示系统在第n个时期处于状态$X(n)=i$，转移到过程终结时的总期望报酬；r_{ij}表示从状态$X(n)=i$转移到下一个状态$X(n+1)=j$相应的报酬，则有

$$f_n(i, \pi_n) = \sum_{j=1}^{n} P_{ij}[r_{ij} + f_{n+1}(j, \pi_{n+1})]$$
$$i=1, 2, \cdots, m; n=1, 2, \cdots \quad (11-8)$$

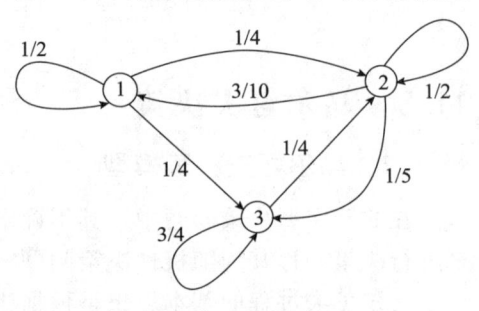

图 11-12 转移图

π_n表示从第n个时期到过程终结的决策规则δ的序列$\{\delta_n, \delta_{n+1}, \cdots\}$，$\pi_n = (\delta_n, \pi_{n+1})$，其中$\delta_n$为第$n$个时期的决策规则。

若令 $q(i) = \sum_{j=1}^{m} P_{ij} r_{ij} (i = 1, 2, \cdots, m)$，$q(i)$ 表示由状态 i 作一次转移的期望报酬，即状态的即时期望报酬，则式(11-8)可改写成

$$f_n(i, \pi_n) = q(i) + \sum_{j=1}^{m} P_{ij} f_{n+1}(j, \pi_{n+1}) \tag{11-9}$$

此式为马尔可夫决策问题的基本方程。

若 π_{n+1} 和 δ_n 已给定，记 $f_n(i)$ 为 $f_i(n)$，$q_{(i)}$ 为 q_i，则式(11-9)可写为

$$f_i(n) = q_i + \sum_{j=1}^{m} P_{ij} f_j(n+1)$$

若记数从末端开始，上式的逆序写法为

$$f_i(n) = q_i + \sum_{j=1}^{m} P_{ij} f_j(n-1) \quad i = 1, 2, \cdots, m; n = 1, 2, \cdots \tag{11-10}$$

令

$$F(n) = \begin{bmatrix} f_1(n) \\ f_2(n) \\ \vdots \\ f_m(n) \end{bmatrix}, Q = \begin{bmatrix} q_1 \\ q_2 \\ \vdots \\ q_m \end{bmatrix}, P = \begin{bmatrix} P_{11} & P_{12} & \cdots & P_{1m} \\ P_{21} & P_{22} & \cdots & P_{2m} \\ & & \vdots & \\ P_{m1} & P_{m2} & \cdots & P_{mm} \end{bmatrix}$$

则式(11-10)的矩阵形式为

$$F(n) = Q + PF(n-1) \quad n = 1, 2, \cdots \tag{11-11}$$

现在推导多步转移概率公式。记 $P_{ij}(k)$ 表示从初始状态 i，经过 k 步后转移到状态 j 的转移概率，即 $P_{ij}(k) = \{X(k) = j | X(0) = i\}$。当一个状态转移过程经过 $k+1$ 步从状态 i 转移到 j，假设此过程经过 k 步到达某一状态 s，最后一步从 s 转移到 j，这一步的转移概率为 P_{sj}，则此过程的转移概率为

$$P_{ij}(k+1) = \sum_{s=1}^{m} P_{is}(k) P_{sj} \tag{11-12}$$

显然 $0 \leqslant P_{ij}(k) \leqslant 1$，且 $\sum_{j=1}^{m} P_{ij}(k) = 1$。令 $P(k) = [P_{ij}(k)]$ 为 k 步转移矩阵，$P = [P_{ij}]$ 为一步转移概率矩阵，则有

$$P(k+1) = P(k)P \quad P(0) = I \quad k = 0, 1, 2, \cdots$$

因此可得

$$P(0) = I, P(1) = P, P(2) = P^2, \cdots$$

$$P(k+1) = P^{k+1} = P^r P^{k+1-r} = P(r) P(k+1-r) \tag{11-13}$$

其中 r 为正整数，且满足 $0 \leqslant r \leqslant k+1$。

记随机过程的状态概率为 $g_i(n)(n = 0, 1, 2, \cdots; i = 1, 2, \cdots, m)$ 它表示当系统在 $n = 0$ 时的状态为已知时，经过 n 次转移之后，系统处于状态 i 的概率。即

$$g_j(n+1) = \sum_{i=1}^{m} g_i(n) P_{ij} \quad (j = 1, 2, \cdots, m) \tag{11-14}$$

若定义一个状态概率行向量 $G(n)$，其分量为 $g_j(n)$，$G(n) = [g_1(n), g_2(n), \cdots, g_m(n)]$，由式(11-14)可得

$$\begin{cases} G(n+1) = G(n)P \\ G(n) = G(n-1)P = G(0)P^n \end{cases} \tag{11-15}$$

因此，只要知道初始状态和转移概率矩阵，就可以求出 n 步以后系统所处的状态 $G(n)$。

遍历性　如果一个齐次的马尔可夫链$\{X(n), n=1, 2, \cdots\}$的 n 步转移概率为$P_{ij}(n)$，对于一切状态 i、j，存在着不依赖于初始状态 i 的常数 P_j，使得

$$\lim_{n \to \infty} P_{ij}(n) = P_j$$

成立，则称此马尔可夫链具有遍历性。也就是说，一个具有遍历性的马尔可夫链，当转移的次数 n 极大时，此系统转移到状态 j 的概率为一个常数 P_j，而与初始状态无关。

【定理 11.1】 对于状态空间有限的马尔可夫链$\{X(n), n=0, 1, 2, \cdots\}$，若存在正整数 n，使得对于一切的 $i, j=1, 2, \cdots, m$，有 $P_{ij}(n_0)>0$，则此马尔可夫链是遍历的，且此常数概率值 P_j 是方程组 $P_j = \sum_{i=1}^{m} P_i P_{ij}$ 在满足条件 $P>0$ 和 $\sum_{j=1}^{m} P_j = 1$ 时的唯一解。

对于具有遍历性的马尔可夫链，经若干步转移后到达稳定状态，对式(11-15)取极限

$$\begin{cases} G = \lim_{n \to \infty} G(n+1) = \lim_{n \to \infty} G(n)P = GP \\ G = \lim_{n \to \infty} G(n) = G(0) \lim_{n \to \infty} P^n \end{cases} \tag{11-16}$$

由式(11-16)可以看出，系统稳态概率向量 G 有两种计算公式，一种是利用方程组 $G=GP$ 及 $\sum_{i=1}^{m} g_i = 1$ 求解 G；第二种是利用式(11-16)的第二个公式，由于满足遍历性，P^n 的极限存在。下面的引理给出了求 P^n 的一种方法。

【引理】 设 m 阶矩阵 P 具有 m 个线性无关的特征向量 $\boldsymbol{B}=(b_1, b_2, \cdots, b_m)$，对应的特征值为 $\lambda_1, \lambda_2, \cdots, \lambda_m$，则 $\boldsymbol{B}$ 可逆且有 $P=B\Lambda B^{-1}$，$P^n=B\Lambda^n B^{-1}$，其中 $\Lambda = \text{diag}(\lambda_1, \lambda_2, \cdots, \lambda_m)$。

【例 11-10】 在例 11-9 中，假设 3 个公司开始的市场占有率为$(0.3, 0.35, 0.35)$，求：(1)5 个月后的市场占有率(状态)；(2)长期以后(稳态)的市场占有率。

解　(1) $G(0)=(0.3, 0.35, 0.35)$，由 $G(5)=G(0)P^{(5)}$ 得

$$G(5) = G(0)P^5 = (0.3, 0.35, 0.35) \begin{bmatrix} \frac{1}{2} & \frac{1}{4} & \frac{1}{4} \\ \frac{3}{10} & \frac{1}{2} & \frac{1}{5} \\ 0 & \frac{1}{4} & \frac{3}{4} \end{bmatrix}^5$$

$$= (0.3, 0.35, 0.35) \begin{bmatrix} 0.213 & 0.333 & 0.454 \\ 0.218 & 0.334 & 0.448 \\ 0.182 & 0.333 & 0.485 \end{bmatrix} = (0.204, 0.333, 0.463)$$

(2) 求长期以后的市场占有率 G 有两种方法。

第一种方法：设 $G=(g_1, g_2, g_3)$，利用式(11-16)解方程组

$$(g_1, g_2, g_3) = (g_1, g_2, g_3) \begin{bmatrix} 0.5 & 0.25 & 0.25 \\ 0.3 & 0.5 & 0.2 \\ 0 & 0.25 & 0.75 \end{bmatrix} \text{ 及 } g_1 + g_2 + g_3 = 1$$

$$\begin{cases} 0.5g_1 + 0.3g_2 = g_1 \\ 0.25g_1 + 0.5g_2 + 0.25g_3 = g_2 \\ 0.25g_1 + 0.2g_2 + 0.75g_3 = g_3 \\ g_1 + g_2 + g_3 = 1 \end{cases} \Rightarrow \begin{cases} 0.5g_1 - 0.3g_2 = 0 \\ -0.25g_1 + 0.5g_2 - 0.25g_3 = 0 \\ -0.25g_1 - 0.2g_2 + 0.25g_3 = 0 \\ g_1 + g_2 + g_3 = 1 \end{cases}$$

容易证明，前3个方程不是独立的，取第1、2、4个方程求解即可，解得 $G = \left[\frac{1}{5}, \frac{1}{3}, \frac{7}{15}\right]$，即长期后(稳态)三个公司的市场占有率分别为 1/5、1/3 及 7/15。

第二种方法：求转移概率矩阵 P 的特征值及特征向量。由 $|\lambda I - P| = 0$ 得

$$\begin{vmatrix} \lambda - 0.5 & -0.25 & -0.25 \\ -0.3 & \lambda - 0.5 & 0.2 \\ 0 & -0.25 & \lambda - 0.75 \end{vmatrix} = (\lambda - 0.25)(\lambda - 0.5)(\lambda - 1) = 0$$

特征值及特征向量矩阵为

$$\boldsymbol{\Lambda} = \begin{bmatrix} \frac{1}{4} & & \\ & \frac{1}{2} & \\ & & 1 \end{bmatrix}, \boldsymbol{B} = \begin{bmatrix} 0.408\,25 & 0.537\,73 & 0.607\,36 \\ -0.816\,5 & 0.806\,6 & 0.607\,36 \\ 0.408\,25 & -0.806\,6 & 0.607\,36 \end{bmatrix},$$

$$\boldsymbol{B}^{-1} = \begin{bmatrix} 0.979\,8 & -0.816\,5 & -0.163\,3 \\ 0.743\,86 & 0 & -0.743\,86 \\ 0.329\,29 & 0.548\,82 & 0.768\,35 \end{bmatrix}$$

$$\lim_{n \to \infty} P^n = \lim_{n \to \infty} B \Lambda^n B^{-1} = \lim_{n \to \infty} B \begin{bmatrix} \left(\frac{1}{4}\right)^n & & \\ & \left(\frac{1}{2}\right)^n & \\ & & 1 \end{bmatrix} B^{-1}$$

$$= \begin{bmatrix} 0.199\,998 & 0.333\,331 & 0.466\,665 \\ 0.199\,998 & 0.333\,331 & 0.466\,665 \\ 0.199\,998 & 0.333\,331 & 0.466\,665 \end{bmatrix}$$

$G = G(0) \lim_{n \to \infty} P^n = (0.3, 0.35, 0.35) \lim_{n \to \infty} P^n = [0.199\,99, 0.333\,33, 0.466\,66]$

与第一种计算方法结果相同。

状态相通性 如果对状态 i 和状态 j 在某个正整数 n_0 使得 $P_{ij}(n_0) > 0$，即从状态 i 出发，经过 n_0 步能以正的概率到达 j，则称状态 i 可达状态 j，记为 $i \to j$，当 $i \to j$，$j \to i$ 同时成立时，称状态 i 与 j 互通。注意，两状态相通，但两方向的转移步数并不一定相同。

【**定理 11.2**】若 $i \to k$，$k \to j$ 则 $i \to j$(证明略)。

推论1：若 $i \to k_1$，$k_1 \to k_2$，$\cdots$，$k_n \to j$，则有 $i \to j$。

推论2：若 $i \leftrightarrow k_1$，$k_1 \leftrightarrow k_2$，$\cdots$，$k_{n-1} \leftrightarrow k_n$，$k_n \leftrightarrow j$，则有 $i \leftrightarrow j$。

在任意马尔可夫链中总可以找到若干状态集合的子集，在这些子集内所有状态相通，这些子集构成一个遍历集，而不属于遍历集的状态称为瞬时状态。

【**例 11-11**】设有一个状态集合 $S = \{1, 2, 3, 4, 5\}$，其一步转移概率矩阵为

$$P = \begin{bmatrix} \frac{1}{5} & \frac{2}{5} & 0 & 0 & \frac{2}{5} \\ \frac{1}{3} & \frac{2}{3} & 0 & 0 & 0 \\ 0 & 0 & \frac{5}{8} & \frac{3}{8} & 0 \\ 0 & 0 & \frac{3}{4} & \frac{1}{4} & 0 \\ \frac{1}{2} & 0 & 0 & 0 & \frac{1}{2} \end{bmatrix}$$

则此状态集中 $S_1=\{1,2\}$ 和 $S_2=\{3,4\}$ 构成遍历集，而 $S_3=\{5\}$ 为瞬时状态，如果一个马尔可夫链所有的状态构成一个遍历集，则此链为遍历链。若系统中的某些状态一旦进入后不能离开，则称此状态为吸收状态；若马尔可夫链的所有遍历状态都是吸收状态，则称为吸收链。

若系统进入某一状态集合后，只能在此集合中不断转移，但不超出这个集合，则称此集合为马尔可夫链的一个循环链。每个马尔可夫过程至少有一个循环链，且只有一个循环链的马尔可夫过程必是遍历的。

11.5.2 马尔可夫决策的基本方程组

研究遍历马尔可夫链的瞬态行为，需要求出其基本方程组，为此必须用到 z 变换分析方法。

z 变换可将差分方程转化为对应的普遍方程，一个非负离散的时间函数 $f(n)$ 的 z 变换为

$$f(z) = \sum_{n=0}^{\infty} f(n) z^n$$

函数 $f(n)$ 与其 z 变换是一一对应的，同时，原函数与其 z 变换间可以相互转化，表 11-10 是一些常用函数的 z 变换表。

表 11-10

离散时间函数	z 变换	离散时间函数	z 变换
$f(n)$	$f(z)$	1	$\frac{1}{1-z}$
$f_1(n)f_2(n)$	$f_1(z)f_2(z)$	n	$\frac{z}{(1-z)^2}$
$kf(n)$	$kf(z)$	a^n	$\frac{1}{1-az}$
$f(n-1)$	$zf(z)$	na^n	$\frac{az}{(1-az)^2}$
$f(n+1)$	$z^{-1}[f(z)-f(0)]$	$a^n f(n)$	$f(az)$

利用表 11-10，对式(11-15)进行 z 变换

$$G(n+1) = G(n)P \xrightarrow{z\text{变换}} G(z) = G(0)(I-zP)^{-1} \tag{11-17}$$

可以证明，矩阵 $(I-zP)$ 的逆是存在的，对其进行逆 z 变换，可将 $(I-zP)^{-1}$ 还原为离

散时间函数，用 $H(n)$ 表示。$H(n)$ 由两部分组成，前半部为常数，称为常态分量，另一部分与系统的转移次数 n 有关，称为瞬态分量，当 n 充分大时，瞬态分量趋于 0，即 $H(n)=S+T(n)$，其中 $T(n)$ 随 $n \to \infty$ 而趋于 0，代入式(11-17)，可得

$$G(n) = G(0)S + G(0)T(n)$$

在有报酬的马尔可夫过程中，由式(11-11)可得 $F(n+1)=Q+PF(n)$，进行 z 变换分析有

$$z^{-1}[F(z) - F(0)] = \frac{Q}{1-z} + PF(z)$$

从而可得

$$F(z) = \frac{z}{1-z}(I-zP)^{-1}Q + (I-zP)^{-1}F(0)$$

进行逆 z 变换后可得

$$F(n) = SQn + T(1)Q + SF(0) \tag{11-18}$$

设 $V=SQ$，则 $v_i = \sum_{j=1}^{M} s_{ij}q_j$。如记 $T(1)Q+SF(0)$ 为向量 F，其分量为 f_i，则对一个充分大的 n，式(11-18)可改写为 $f_i(n)=nv+f_i (i=1, 2, \cdots, m)$。又由式(11-10)有

$$f_i(n) = q_i + \sum_{j=1}^{m} p_{ij} f_j(n-1) = q_i + \sum_{j=1}^{m} p_{ij}[(n-1)v + f_j] \quad i=1,2,\cdots,m$$

则

$$nv + f_i = q_i + \sum_{j=1}^{m} p_{ij}[(n-1)v + f_j] \quad i=1,2,\cdots,m$$

$$v + f_i = q_i + \sum_{j=1}^{m} p_{ij} f_j \quad i=1,2,\cdots,m \tag{11-19}$$

式(11-19)中存在 $(m+1)$ 个未知量(f_i 与 v)，m 个方程组，这就是马尔可夫决策问题的基本方程组。

11.5.3 马尔可夫决策问题的改进算法

式(11-19)中有 $m+1$ 个未知量，m 个方程。令 $f_m=0$，可以证明，减少一个未知数的方程组所求的 f_i 是满足需求的，称为策略的相对值。策略改进算法的计算步骤如下：

(1) 选择一个初始策略 π_n，每一个状态 $i(i=1, 2, \cdots, m)$ 选择一个决策规则 δ_n 使其决策 $u_{(i)}^k = \delta_n(i)$，令 $n=0$；

(2) 对已知策略 π_n，令 $f_m^{(n)}=0$，求解式(11-19)，得到相应的策略获利 $v^{(n)}$ 和相对值 $f_i^{(n)}(i=1, 2, \cdots, m; n=0, 1, 2, \cdots)$；

(3) 应用上一策略已求得的 $f_m^{(n)}$，寻求一个新的策略规则 δ_{n+1}，对每一个状态 i，使

$$q_i^{\delta_{n+1}(i)} + \sum_{j=1}^{m} p_{ij}^{\delta_{n+1}(i)} f_j^{(n)} - f_i$$

极大，由此得新的策略 π_{n+1}；

(4) 若所得策略 π_{n+1} 与前次迭代所得策略 π_n 完全相等，即 $\pi_{n+1}=\pi_n$，则停止迭代，得到最优策略；否则回到步骤 2，令 $n=n+1$。

【例 11-12】某水泥厂有一台窑炉处于两种运行状态，即运转和故障，窑炉工人每年定期检查设备一次。若窑炉正常则选择维护或不维护；若窑炉故障则选择大修或常规维修，

其转移概率与相应的报酬如表 11-11 所示，试求该厂应采取的最佳策略使在无限期的未来每年所获平均收入最大。

表 11-11 转移概率和报酬

状态 i	决策 $U_{(i)}^{K}=\delta(i)$	转移概率		报酬		期望即时报酬
		$p_{i1}^{\delta(i)}$	$p_{i2}^{\delta(i)}$	$r_{i1}^{\delta(i)}$	$r_{i2}^{\delta(i)}$	$q_i^{\delta(i)}$
1（运转）	1（不维护）	0.5	0.5	50	0	25
	2（维护）	0.9	0.1	48	0	43.2
2（故障）	1（大修）	0.8	0.2	−5	0	−4
	2（常规维修）	0.6	0.4	−3	0	−1.8

解 此问题共有两种状态，每个状态有两种决策，因此共有四种可行决策，记 $u_{(1)}^1$ 为运转时不维护；$u_{(1)}^2$ 为运转时维护；$u_{(2)}^1$ 为故障时大修；$u_{(2)}^2$ 为故障时进行常规维修。

期望即时报酬：$q_1^1 = \sum_{j=1}^m p_{ij} r_{ij} = 0.5 \times 50 + 0.5 \times 0 = 25$，同理有 $q_1^2 = 43.2$，$q_2^1 = -4$，$q_2^2 = -1.8$。

第一步，选取初始策略 π_0；令 $\delta_0(1) = u_{(1)}^1$，$\delta_0(2) = u_{(2)}^1$，即当运转时不维护，而故障时大修，则有 $\boldsymbol{P} = \begin{bmatrix} 0.5 & 0.5 \\ 0.8 & 0.2 \end{bmatrix}$，$\boldsymbol{Q} = \begin{bmatrix} 25 \\ -4 \end{bmatrix}$。

第二步，开始定值运算，并估计初始策略 $\begin{cases} v + f_1 = 25 + 0.5 f_1 + 0.5 f_2 \\ v + f_2 = -4 + 0.8 f_1 + 0.2 f_2 \end{cases}$，令 $f_2 = 0$，解方程组，得 $v^{(0)} = 13.85$，$f_1^{(0)} = 22.3$，$f_2^{(0)} = 0$。

第三步，进入策略改进程序，求改进策略。

对状态 1 寻求策略 $u_1^{(k)}$ 使 $q_1^k + p_{11}^k f_1^{(0)} + P_{12}^k f_2^{(0)} - f_1^{(0)}$ 最大，即

$$\begin{cases} 25 + 0.5 \times 22.3 + 0.5 \times 0 - 22.3 = 13.85 \\ 43.2 + 0.9 \times 22.3 + 0.1 \times 0 - 22.3 = 39.97 \end{cases}$$

选取决策 $u_{(1)}^2$，当窑炉运转，采取维护策略。

对状态 2 寻求新策略 u_2^k，使 $q_2^k + p_{21}^k f_1^{(0)} + P_{12}^k f_2^{(0)} - f_2^{(0)}$ 最大，即

$$\begin{cases} -4 + 0.8 \times 22.3 + 0.2 \times 0 - 0 = 13.84 \\ -1.8 + 0.6 \times 22.3 + 0.4 \times 0 - 0 = 11.58 \end{cases}$$

选取决策 $u_{(2)}^1$，当窑炉故障时，采取大修策略。

由以上计算结果，求得改进策略为：$\delta_1(1) = u_{(1)}^2$，$\delta_1(2) = u_{(2)}^1$。策略 π_1 与策略 π_0 不同，所以还没有得到最优策略，需继续迭代。

第四步，再进行定值运算求 $v^{(1)}$，$f_1^{(1)}$，$f_2^{(1)}$

$$\begin{cases} v^{(1)} + f_1^{(1)} = 43.2 + 0.9 \times f_1^{(1)} + 0.1 \times f_2^{(1)} \\ v^{(1)} + f_2^{(1)} = -4 + 0.8 \times f_1^{(1)} + 0.2 \times f_2^{(1)} \end{cases}$$

令 $f_2^{(1)} = 0$，可解得方程：$v^{(1)} = 37.96$，$f_1^{(1)} = 52.4$，$f_2^{(1)} = 0$。

第五步，寻求改进策略 π_2。

对状态 1，有

$$\begin{cases} 25 + 0.5 \times 52.4 + 0.5 \times 0 - 52.4 = -1.2 \\ 43.2 + 0.9 \times 52.4 + 0.9 \times 0 - 52.4 = 37.96 \end{cases}$$

所以仍取策略 $u_1^{(2)}$。

对状态2，有

$$\begin{cases} -4 & + & 0.8 \times 52.4 + 0.2 \times 0 - 0 = & 37.92 \\ -1.8 & + & 0.6 \times 52.4 + 0.4 \times 0 - 0 = & 29.84 \end{cases}$$

仍取策略 $u_2^{(1)}$。

因此得到 $\delta_2(1) = u_1^{(2)}$, $\delta_2(2) = u_2^{(1)}$。这与前一次迭代结果完全一样，因而得到最优策略即为 π_1，工厂未来每年期望报酬为 37.96 万元。

在实际问题中，决策者经常需要考虑在一个比较长的时期如何进行决策的问题，这时就需要考虑长期收益的折扣问题，即贴现率。设贴现率为 α，则未来 n 时期后一个单位货币相当于当前的 α^n 倍（$0<\alpha<1$）。$\alpha = \dfrac{1}{1+i}$（i 为当前利率）。

对有折扣的马尔可夫决策问题，式(11-11)应改为

$$F(n+1) = Q + \alpha P F(n) \tag{11-20}$$

仍用 z 变换进行分析，可以证明 $\lim\limits_{n \to \infty} f_i(n) = f_i$。则式(11-10)可改为

$$f_i = q_i + \alpha \sum_{j=1}^{m} p_{ij} f_j \quad (i = 1, 2, \cdots, m)$$

这就是具有折扣的马尔可夫策略问题的基本方程组。容易发现，求解有折扣的马尔可夫决策的基本步骤与无折扣的情形基本相同。

11.6 WinQSB 软件应用

WinQSB 软件用于决策分析的子程序是 Decision Analysis(DA)。主要功能包括贝叶斯分析、效益表分析、二人零和博弈（第12章）、决策树等问题的求解，见图 11-13。马尔可夫决策需另外调用子程序 MarKov Process(MKP)。

11.6.1 效益表分析

效益表分析是已知策略各状态的效益和概率，分析 7 种决策准则下的决策结果。

【例 11-13】用 WinQSB 软件求解例 11-2 及例 11-3。

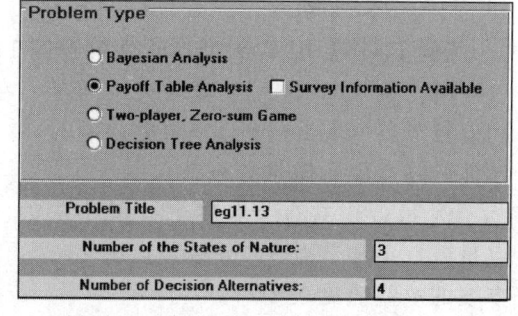

图 11-13

解 （1）建立新问题后，系统显示如图 11-13 所示的对话框，选择 Payoff Table Analysis，输入标题、自然状态数 3 和供选方案数 4，将数据输入到表 11-12 中，第一行是输入先验概率，例 11-2 没有先验概率。

（2）点击 Solve the Problem，系统显示如图 11-14 所示的界面，提示将用到的各种决策准则得到对应的决策结果，输入乐观系数 0.3。

求解结果见表 11-13。点击 Results→Show Payoff Table Decision，显示各决策准则的详细分析结果，见表 11-14。点击 Show Regret Table 显示后悔值表，点击 Show Decision Tree Gragh 显示决策树图。

表 11-12

Decision \ State	需求量大	需求量中	需求量小
Prior Probability			
产品1	800	320	-250
产品2	600	300	-200
产品3	300	150	50
产品4	400	250	100

表 11-13

09-13-2004 Criterion	Best Decision	Decision Value
Maximin	产品4	$100
Maximax	产品1	$800
Hurwicz (p=0.3)	产品4	$190
Minimax Regret	产品2	$300
Expected Value	产品1	$290
Equal Likelihood	产品1	¥290.00
Expected Regret	产品1	¥116.67
Expected Value without any Information =		$290
Expected Value with Perfect Information =		¥406.67
Expected Value of Perfect Information =		¥116.67

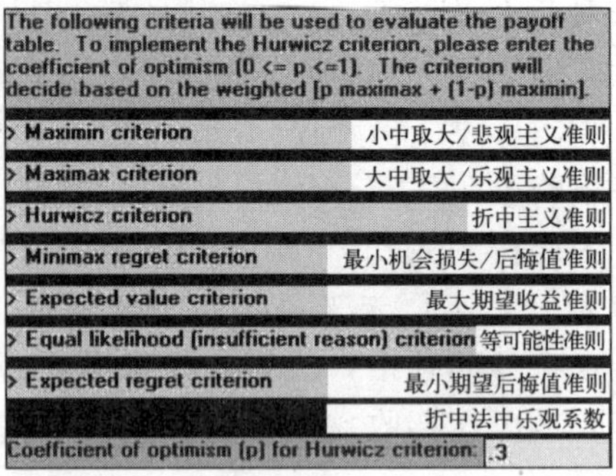

The following criteria will be used to evaluate the payoff table. To implement the Hurwicz criterion, please enter the coefficient of optimism (0 <= p <=1). The criterion will decide based on the weighted [p maximax + (1-p) maximin].

- Maximin criterion — 小中取大/悲观主义准则
- Maximax criterion — 大中取大/乐观主义准则
- Hurwicz criterion — 折中主义准则
- Minimax regret criterion — 最小机会损失/后悔值准则
- Expected value criterion — 最大期望收益准则
- Equal likelihood (insufficient reason) criterion — 等可能性准则
- Expected regret criterion — 最小期望后悔值准则

折中法中乐观系数
Coefficient of optimism (p) for Hurwicz criterion: .3

图 11-14

在表 11-12 中第一行输入概率 0.35、0.4、0.25，例 11-3 结果见表 11-15。

表 11-14

9-13-200	Maximin Value	Maximax Value	Hurwicz (p=0.3) Value	Minimax Regret Value	Equal Likelihood Value	Expected Value	Expected Regret
产品1	($250)	$800**	¥65.00	$350	¥290.00	$290**	¥116.67**
产品2	($200)	$600	¥40.00	$300**	¥233.33	¥233.33	¥173.33
产品3	$50	$300	¥125	$500	¥166.67	¥166.67	¥240.00
产品4	$100**	$400	$190**	$400	¥250.00	$250	¥156.67

表 11-15

3-13-200	Maximin Value	Maximax Value	Hurwicz (p=0.3) Value	Minimax Regret Value	Equal Likelihood Value	Expected Value	Expected Regret
产品1	($250)	$800**	¥65.00	$350	¥290.00**	$345.50**	¥87.50**
产品2	($200)	$600	¥40.00	$300**	¥233.33	$280	$153
产品3	$50	$300	¥125	$500	¥166.67	$177.50	$255.50
产品4	$100**	$400	$190**	$400	¥250.00	$265	$168

11.6.2 决策树

【例 11-14】 用 WinQSB 软件求解例 11-5。

解 例 11-5 是一个多级决策问题，在 WinQSB 中将节点分为决策点（Decision node）和分枝节点（Chance node）两类，同时将事件的终点也看做是分枝节点。

例 11-5 中共有节点数 23，其中决策点是节点 1 和节点 9，分枝节点有 21 个。方案的效益值见表 11-7。

（1）建立新问题。在图 11-13 中选择 Decision Tree Analysis，输入标题和节点总数 23。

（2）输入数据。输入表 11-7 中的数据，见表 11-16。

表 11-16

Node/Event Number	Node Name or Description	Node Type (enter D or C)	Immediate Following Node (numbers separated by ',')	Node Payoff (+ profit, - cost)	Probability (if available)
1	Event1	D	2,3,4		
2	Event2	C	5,6	-250	
3	Event3	C	7,8	-150	
4	Event4	C	9,10	-150	
5	Event5	C	13,14	300	0.6
6	Event6	C	15	-100	0.4
7	Event7	C	16,17	160	0.6
8	Event8	C	18	40	0.4
9	Event9	D	11,12	160	0.6
10	Event10	C	23	40	0.4
11	Event11	C	19,20	-120	
12	Event12	C	21,22		
13	Event13	C		450	0.8
14	Event14	C		-150	0.2
15	Event15	C		-150	1
16	Event16	C		240	0.8
17	Event17	C		60	0.2
18	Event18	C		60	1
19	Event19	C		450	0.8
20	Event20	C		-150	0.2
21	Event21	C		240	0.8
22	Event22	C		60	0.2
23	Event23	C		60	1

表 11-16 中第二列为节点类型，决策点输入字母"D"，分枝点（状态）输入字母"C"。节点 1 和节点 9 输入"D"，其他节点输入"C"。第三列输入紧后节点；第四列输入成本或效益，其中节点 2、3、4、11 输入成本，节点 5 到 10 为 2 年的效益，将表 11-7 的效益乘以 2 后再输入，节点 13

到 23 为 3 年的效益，乘以 3 后再输入。

（3）求解问题。点击 Solve and Analyze→Solve the Problem，显示如表 11-17 所示的计算结果。点击 Results→Show Decision Tree Analysis，显示如图 14-15 所示的决策树。

表 11-17

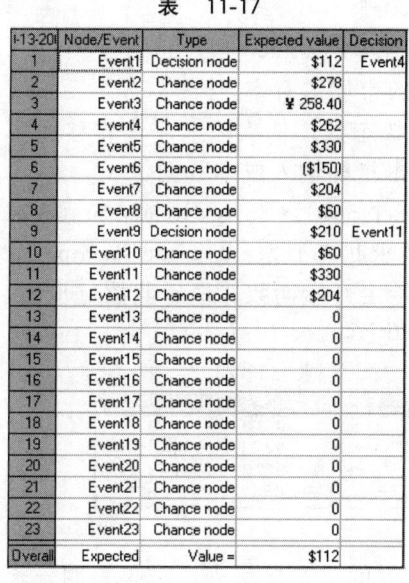

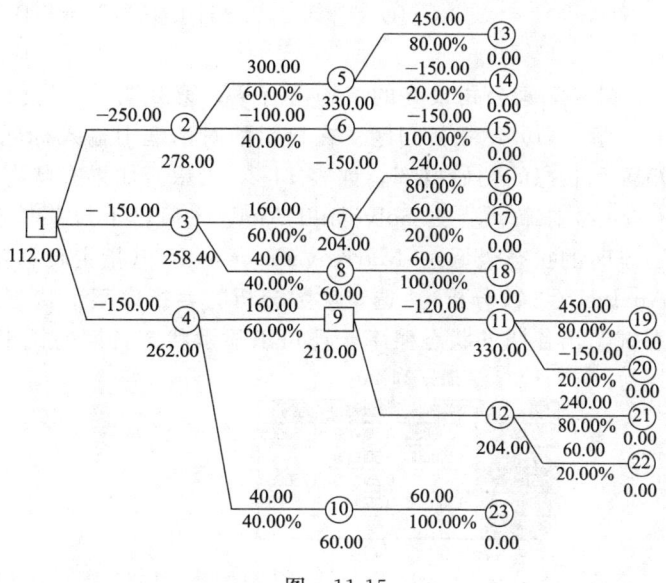

图 11-15

11.6.3 贝叶斯分析

WinQSB 软件作贝叶斯分析只能计算后验概率，收益期望值需手工计算。

【例 11-15】用 WinQSB 软件求例 11-6 的后验概率。

解 （1）建立新问题。在图 11-13 中选择 Bayesian Analysis，输入标题、状态数 2 及试验指标数 2。

（2）输入数据。在表 11-18 中，第一行输入先验概率，第二、三行输入条件概率，对状态和试验指标重命名。

（3）计算后验概率。点击 Solve the Problem 得到如表 11-19 所示的后验概率表。在 Results 下，点击 Show Marginal Probability 显示边际概率，点击 Show Joint Probability 显示联合概率，点击 Show Decision Tree Gragh 显示决策树图。

表 11-18

Outcome \ State	状态1：优质	状态2：劣质
Prior Probability	0.3	0.7
指标1：结果好	0.8	0.3
指标2：结果差	0.2	0.7

表 11-19

Indicator\State	状态1：优质	状态2：劣质
指标1：结果好	0.5333	0.4667
指标2：结果差	0.1091	0.8909

11.6.4 马尔可夫过程

马尔可夫过程分析程序需要调用子程序 MarKov Process(MKP)。该程序在给定状态的一步转移概率矩阵、初始状态概率和各状态下的成本(收益)时，系统可以计算 $n(n=1, 2, \cdots)$ 步后的状态概率、稳定状态概率、期望成本(收益)及绘制状态概率变化图。

【例 11-16】有 3 家通信器材公司分别生产三种不同牌子的手机。各自开展广告宣传本公司产品。各公司所占的市场比例是随时间变化的。顾客的流动服从马尔可夫过程。已知初始市场占有率 $G(0)$ 及转移概率矩阵 P 为

$$G(0) = (0.3, 0.35, 0.35), P = \begin{bmatrix} 0.5 & 0.25 & 0.25 \\ 0.5 & 0.5 & 0 \\ 0 & 0.25 & 0.75 \end{bmatrix}$$

求：3 家公司最终的市场占有率；第 2 期后 3 家公司的市场占有率。

解 （1）建立新问题。在显示的对话框中输入标题和状态数，依次输入一步转移概率矩阵和状态的初始概率，如表 11-20 所示。如果有状态成本指标输入成本数据。

（2）求解。点击 Solve and Analyze 后，下拉菜单有三个选项：Solve Steady State（求稳态时的状态概率）、MarKov Process Step（指定转移步数求状态概率）及 Time Parametric Analysis（参数分析）。选定参数分析时，指定某个状态、给定开始期数、最后期数、步长，系统给出各期的状态概率，还可以显示状态各期的概率变化图。

表 11-20

From \ To	State1	State2	State3
State1	0.500000	0.250000	0.250000
State2	0.500000	0.500000	
State3		0.250000	0.750000
Initial Prob.	0.300000	0.350000	0.350000
State Cost			

表 11-21

14-20	State Name	State Probability	Recurrence Time
1	State1	0.3333	3
2	State2	0.3333	3
3	State3	0.3333	3
	Expected	Cost/Return =	0

点击 Solve Steady State，得到如表 11-21 所示的稳态时的状态概率表。结果表明，长期以后，3 家公司的市场占有率各占 1/3。

点击 MarKov Process Step，在图 11-16 的期数中输入 2，显示右边的结果，即 2 期后 3 家公司的市场占有率为（0.331250，0.334375，0.334375）。

State	Initial State Probability	Resulted State Probability
State1	0.300000	0.331250
State2	0.350000	0.334375
State3	0.350000	0.334375
The number of time periods from initial:		2
Expected cost or return:		0

图 11-16

习题

11.1 某空调生产厂家要决定今年夏季空调产量问题。已知在正常的夏季气温条件下该空调可卖出 12 万台，在较热与降雨量较大的条件下市场需求为 15 万台和 10 万台。假定该空调价格随天气程度有所变化，在雨量较大、正常、较热的气候条件下空调价格分别为 2 200 元、2 500 元和 2 800 元。已知每台空调成本为 1 800 元，如果夏季没有售完，每台空调损失 400 元。在没有关于气温准确预报的条件下，工厂要对空调产量进行决策。

（1）建立利润矩阵表；

（2）分别用乐观法、悲观法、等可能法及最小后悔值法对生产量作出决策。

11.2 制药厂欲将一种新产品推向市场，拟定三种推销策略 S_1（电视广告，对象是大众），S_2（派推销员各地驻点，对象是药品经销商），S_3（召开产品宣传推广现场会，对象是各大医院）；每种策略都可能出现效果较好、一般及较差三种状态。不同策略的费用不一样，时效也不一样，如采用电视广告宣传时效较短，现场会的时效较长。收益见表 11-22。

表 11-22

效果 策略	较好	一般	较差
S_1	80	60	−20
S_2	60	50	0
S_3	50	40	30

(1) 若乐观系数 $\alpha=0.4$，请用非确定型决策的各种决策准则分别确定出相应的最优方案。

(2) 已知效果较好、一般和较差的概率是 0.3、0.4 和 0.3，求收益期望最大与后悔期望最小的策略。

11.3 在一台机器上加工制造一批零件共 10 000 个，如加工完后逐个进行整修，则全部可以合格，但需整修费 300 元。如不进行修理，据以往资料统计，次品率情况如表 11-23 所示。

表 11-23

次品率(E)	0.02	0.04	0.06	0.08	0.10
概率 $P(E)$	0.20	0.40	0.25	0.10	0.05

一旦装配中发现次品时，需返工修理费为每个零件 0.50。

(1) 用期望值决定这批零件要不要整修；

(2) 为了获得这批零件中次品率的正确资料，在刚加工完的一批 10 000 件中随机抽取 130 个样品，发现其中有 9 件次品，试修正先验概率，并重新按期望值决定这批零件要不要整修。

11.4 某工厂正在考虑是现在还是明年扩大生产规模。由于可能出现的市场需求情况不一样，预期利润也不同。已知市场需求高(E_1)、中(E_2)、低(E_3)的概率及不同方案时的预期利润，如表 11-24 所示。

表 11-24   (单位：万元)

事件 概率 方案	E_1 $P(E_1)=0.2$	E_2 $P(E_2)=0.5$	E_3 $P(E_3)=0.3$
现在扩大	10	8	−1
明年扩大	8	6	1

对该厂来说损失 1 万元效用值为 0，获利 10 万元效用值为 1，对以下事件效用值无差别：(1)肯定得 8 万元或 0.9 概率得 10 万元和 0.1 概率失去 1 万元；(2)肯定得 6 万元或 0.8 概率得 10 万元和 0.2 概率失去 1 万元；(3)肯定得 1 万元或 0.25 概率得 10 万元和 0.75 概率失去 1 万元。

(a)建立效用值表；(b)分别根据实际盈利额和效用值按期值法确定最优决策。

11.5 有一种游戏分两阶段进行。第一阶段，参加者需先付 10 元，然后从含 45% 白球和 55% 红球的罐中任摸一球，并决定是否继续第二阶段。如继续需再付 10 元，根据第一阶段摸到的球的颜色在相同颜色罐子中再摸一球。已知白色罐子中含 70% 蓝球和 30% 绿球，红色罐子中含 10% 的蓝球和 90% 的绿球。当第二阶段摸到为蓝色球时，参加者可得 50 元，如摸到绿球，或不参加第二阶段游戏均无所得。试用决策树法确定参加者的最优策略。

11.6 你现有人民币 100 万元，投资股票或债券一年（只选择一种），第二年将第一年的收入再全部投资股票或债券一年（只选择一种）。已知收益率与经济环境有关，如表 11-25 所示。

第一年经济增长、衰退和萧条的概率分别为 0.7、0.3 和 0。如果第一年增长则第二年的概率不变，如果第一年衰退，则第二年这些概率分别为 0.2、0.7 和 0.1。

你如何做出投资决策使两年的总期望收益最大。

表 11-25

经济环境	收益率(%)	
	股票	债券
增长	20	5
衰退	−15	10
萧条	−40	15

11.7 某投资商有一笔投资，如投资于 A 项目，一年后能肯定得到一笔收益 C；如投资于 B 项目，一年后或以概率 P 得到收益 C_1，或以概率 $(1-P)$ 得到收益 C_2，已知 $C_1 < C < C_2$。试依据期望值准则讨论 P 为何值时，投资商将分别投资于 A、B，或两者收益相等。

11.8 A 和 B 两家厂商生产同一种日用品。B 估计 A 厂商对该日用品定价为 6 元、8 元、10 元的概率分别为 0.25、0.50 和 0.25。若 A 的定价为 P_1，则 B 预测自己定价为 P_2 时它下一月度的销售量为 $800 + 200(P_1 - P_2)$ 元。B 生产该日用品的每件成本为 3 元，求其将每件日用品分别定价为 6 元、7 元、8 元和 9 元时的各自期望收益值，按期望值准则选哪种定价为最优。

11.9 假设今天下雨明天仍为雨天的概率为 0.6，今天不下雨明天也不下雨的概率为 0.9。
(1) 求天气变化过程马尔可夫链的一步转移矩阵；
(2) 若今天不下雨，求后天不下雨的概率；
(3) 求稳定状态概率。

11.10 某超市销售三种品牌的牛奶 A、B 及 C，已知各顾客在三种品牌之间转移关系为下列矩阵

$$P = \begin{bmatrix} \frac{3}{4} & \frac{1}{4} & 0 \\ 0 & \frac{2}{3} & \frac{1}{3} \\ \frac{1}{4} & \frac{1}{4} & \frac{1}{2} \end{bmatrix}$$

(1) 有一顾客每天购买一次，今天购买了品牌 A，求两天后仍然购买品牌 A 的概率；
(2) 就长期而言，购买各品牌的顾客比例是多少。

11.11 某企业生产并销售一种产品。把月初销售状况分成好、中、差三个档次，企业可以根据月初销售情况采取不做广告或做广告两种措施。取状态空间 $E = \{1, 2, 3\}$，表示月初的销售状况为好、中、差，对每一状态 $i(i=1, 2, 3)$，均有策略集 $\{1, 2\}$，策略 1 表示不做广告，策略 2 表示做广告。由历史资料知，不做广告和做广告的转移概率矩阵分别为

$$P(1) = \begin{bmatrix} 0.2 & 0.5 & 0.3 \\ 0 & 0.2 & 0.8 \\ 0 & 0 & 1 \end{bmatrix}, P(2) = \begin{bmatrix} 0.5 & 0.4 & 0.1 \\ 0.1 & 0.6 & 0.3 \\ 0.05 & 0.4 & 0.55 \end{bmatrix}$$

不做广告时 3 种状态的利润向量为 $r(1)=(7,5,-1)^T$，做广告时的利润向量为 $r(2)=(5,4,2)^T$。

假设商品的营销周期仅为 3 个月。该企业在每个月初应如何根据当时的销售情况确定该月是否要做广告，以使这 3 个月内尽可能多地获利。

11.12 思考与简答题

(1) 什么是科学决策，如何做到科学的决策。

(2) 决策系统包含哪些主要素。

(3) 决策分析应遵循哪些原则。

(4) 什么是状态、状态空间。

(5) 个人决策与群决策有何区别。

(6) 非确定型决策与风险型决策有哪些相同与不同。

(7) 贝叶斯决策属于哪种类型的决策，为什么。

(8) 什么是效用，决策过程中引入效用有何意义。

(9) 解释随机过程、马尔可夫过程及马尔可夫链等概念。

(10) 简述马尔可夫决策的条件。

第12章

多属性决策

12.1 多属性决策的基本概念

可供选择的备选方案(策略)为有限个,每个方案有有限个用于评价方案的属性(指标),决策者要对方案作出决策或对方案进行优劣排序,这类决策称为**多属性决策**(multiple attribute decision making);如果备选方案是连续无限的,则为**多目标决策**(multiple objective decision making);多属性决策与多目标决策统称为**多准则决策**(multiple criteria decision making)。多属性决策是依据某一决策准则对描述方案的各属性间或属性内进行价值比较或判断完成方案的优选。因此,多属性决策有时也称为**综合评价**(comprehensive evaluation),两者在方法上没有太大差别,只是在应用方面有些不同侧重。多属性决策方法在管理中得到广泛应用,如项目投资决策、项目评估、方案优选、厂址选择、投标招标、产业部门发展排序、经济效益综合评价、人才的综合素质评价、技术进步水平综合评价、无形资产的评估、世界大学排名等都是这类决策问题。

12.1.1 构成多属性决策的基本要素

(1) 备选方案

备选方案简称**方案**(alternative),也称为策略,是决策人制定的具体行动方案,也可以是地区、企业、个人及时间等候选的评价对象,是决策的客体。记 $A=\{A_1, A_2, \cdots, A_m\}$ 为决策系统中 $m(m>1)$ 个相互独立并且能相互替代的方案集。

(2) 属性

属性(attribute)也称为**指标**(index),是刻画方案的状态、特征及性质的指标,可以定量或定性描述,如专家评分值(如 1、2、…、10 分),抽样调查值(最满意、满意、不满意;赞成、不赞成、不想说等)或模糊评价值。各属性间应尽可能相互独立。记 $B=\{B_1, B_2, \cdots, B_n\}$ 为各方案中 $n(n>1)$ 个属性集。

(3) 决策矩阵

决策矩阵(decision matrix)也称为**评价矩阵**(comprehensive matrix),方案 A_i 关于属

性 B_j 的评价值记为 x_{ij}，所有评价值构成一个 $m \times n$ 决策矩阵，记为 X，如表 12-1 所示。

【例 12-1】某旅行车有限公式投资生产厢式车项目作了下列投资决策分析。

拟定了 3 个方案。A_1：利用现有厂地与法国雷诺公司合资生产；A_2：在经济开发区与法国雷诺公司合资生产；A_3：本公司投资独资生产。

每个方案拟定 6 个属性。B_1：投资额（十亿元）；B_2：投资回收期（年）；B_3：产量（万辆）；B_4：销售额（亿元）；B_5：净现值（亿元）；B_6：内部收益率。

该公司对每个方案的 6 个属性作了调查研究，得到决策矩阵如表 12-2 所示。

表 12-1 决策矩阵

B_j \ A_i	B_1	B_2	...	B_n
A_1	x_{11}	x_{12}	...	x_{1n}
A_2	x_{21}	x_{22}	...	x_{2n}
...	...	...	...	...
A_m	x_{m1}	x_{m2}	...	x_{mn}

表 12-2 投资方案的属性预测值

属性 B_j \ 方案 A_i	B_1	B_2	B_3	B_4	B_5	B_6
A_1	2.5	3.5	2	14.3	2.99	0.384
A_2	4.2	4.5	4	26.8	5.13	0.292
A_3	1.5	2	1.3	9.6	1.66	0.4

问公司应选择哪一种投资方案。

要对方案进行选择，显然不能简单按某一属性值的大小或将属性值求和后的大小进行决策，必须按某种方法求出各方案的综合属性值再作出决策，属于多属性决策问题。

【例 12-2】在评价企业资本运营效益指标体系中，选取资本负债率等 8 项资本结构指标，抽取 10 个企业某年的指标值如表 12-3 所示，现要对这些企业的资本结构运营效益进行排序。

表 12-3 企业资本运营效益指标样本值

指标 B_i \ 企业 A_j	资产负债率	已获利息倍数	产权比率	流动比率	速动比率	现金比率	现金流动负债比率	长期资产适合率	综合效益指数 v_i	按逆序排名
1	0.7	1.2	0.42	1.1	0.87	0.84	0.73	0.9	1.99	8
2	0.6	1.5	0.45	1.25	0.65	0.75	0.81	1.3	1.64	6
3	0.65	2.6	0.69	1.3	0.79	0.68	0.59	0.85	0.86	2
4	0.85	0.8	0.4	1.68	0.64	0.59	0.63	1.32	2.35	9
5	0.5	2.1	0.55	1.6	0.86	0.94	0.86	1.41	0.98	3
6	0.6	1.9	0.50	1.34	0.78	0.48	0.53	1.46	1.46	4
7	0.45	1.6	0.58	1.45	0.74	0.79	0.68	0.92	1.55	5
8	0.75	0.7	0.64	1.82	0.69	0.52	0.47	1.24	2.44	10
9	0.3	1.1	0.52	1.26	0.81	0.66	0.77	1.12	1.97	7
10	0.4	2.3	0.7	1.38	0.73	0.81	0.79	1.26	0.82	1

表中企业等价于方案，指标等价于属性，每个方案有 8 个评价指标。只用一个或几个指标值的大小确定企业的效益是不全面也是片面的，必须将所有指标按一定方法集结成一个指标，即综合效益指数或称为价值（效用）函数，作为评价企业资本运营效益的优劣依据。这个问题实质是一个多属性决策问题。用 12.3 节基于理想解的直接排序法得到综合效益指数 v_i，按逆序排名（见表 12-3 最后一列）得知第 10 个企业的资本运营效益最好，第 8 个企业的资本运营效益最差。

12.1.2 多属性决策的基本步骤

(1) 构建决策矩阵。建立确定的方案集 A、属性集 B 及决策矩阵 X。

(2) 筛选过滤所选方案和属性。明显的下策(被占优方案)及相关的属性可以过滤掉,如同一种产品的销售量与销售额之间具有相关性,可以去掉一个属性。决策者在确定属性数目时,其原则是尽可能选取代表评价对象本质的属性,不能太多太复杂也不能过于简单。属性过多会给收集数据带来困难,并且增加计算量,属性过少其代表性较差,评价结果的不可靠性程度也将增大。因此,决策者开始追求属性的"多"而"全"后,应对属性进行认真整理和筛选,去掉不重要的和具有高度相关关系的属性,如采用相关分析法和主分量分析法对指标进行筛选,做到科学合理,简单实用。

(3) 属性的数量化及预处理

有些方案的属性是用定性或模糊语言来描述的,首先将其数量化。如{最差,差,一般,好,最好},用 5 级序数量化为{1, 2, 3, 4, 5}或 9 级序数量化为{1, 3, 5, 7, 9},一般采用 9 级。有时属性值量化在某一区间内,如 0~1、0~10、0~100 等。这里数量化的准则是数字越大表示越好,数字越小表示越差,即效益型属性。

描述方案属性有不同类型和不同量纲。例 12-1 中,销售额越大越好,单位是亿元,属于效益型属性;投资回收期越小越好,单位是年,属于成本型属性。例 12-2 中,产权比例在某一区间内最好,如在[0.8, 1]内较好,没有单位,是区间型属性。在多属性决策中,需要对属性值进行处理,处理的准则是消除量纲和量级差,一般转换为同向型属性(效益型或成本型),以便模型集结,便于排序比较进行决策。

(4) 确定决策者的偏好并建立判断矩阵

所谓**偏好**(preference),是指决策者对两种或两种以上属性进行比较时,一种属性比另一属性重要的直觉映象。如在例 12-2 中,决策者认为资产负债率比产权比率重要,产权比率又比流动比率重要,用符号可表示为 $B_1 \succ B_3 \succ B_4$,读作 B_1 优于 B_3,B_3 优于 B_4。如果两个方案 A_i 与 A_k 对应属性比较,一些属性满足 $x_{ij} > x_{kj}$ 其他属性重要程度相同,记为 $x_{ij} \geq x_{kj} (j=1, 2, \cdots, n)$,则有 $A_i \geq A_k$,称方案 A_i 占优于方案 A_k 或称 A_k 被占优,这时可以从方案集中去掉被占优方案 A_k。

由于偏好是一种逻辑语言、模糊语言或定性语言,通常将偏好转换为用数值描述。记 B_i 对于 B_j 的偏好为 c_{ij},则所有偏好构成 $n \times n$ 判断矩阵 C。判断矩阵主要用于求权重向量。根据不同决策问题及选择的不同决策方法,决策过程中也可以没有判断矩阵,这种决策称为无偏好信息决策。

(5) 确定属性权重向量

每个属性在决策系统中所起的作用及相对重要程度不一样,属性 B_j 的重要程度用权系数 w_j 表示,得到权重向量

$$W = (w_1, w_2, \cdots, w_n)^{\mathrm{T}}$$

权重向量通常有三种形式,①归一化: $w_j > 0$ 并且 $\sum_{j=1}^{n} w_j = 1$;②单位化: $\sum_{j=1}^{n} w_j^2 = 1$;③w_j 无限制。常用的是归一化向量。

(6) 选择集结模型

属性集结模型与价值集结模型统称为**集结模型**(Aggregate model)。属性集结模型是

依据判断矩阵或决策矩阵求权系数向量的模型；价值集结模型是根据决策标准，将决策矩阵及权重向量集结成一个**综合价值函数**（以下简称**价值函数**）。如式(12-17)（依据判断矩阵）、式(12-23)（依据决策矩阵）是属性集结模型，式(12-25)～(12-28)是价值集结模型。不同的集结方法得到不同的权系数向量，综合价值可能不一样，决策结果有可能不同，选择合适的集结模型显得非常重要。方案 A_i 的价值函数记为：

$$v_i = f(x_{ij}, w_j), i = 1, 2, \cdots, m$$

例如在线性加权法中，令各方案的价值函数为一线性函数

$$v_i = w_1 x_{i1} + w_2 x_{i2} + \cdots + w_n x_{in} \quad i = 1, 2, \cdots, m$$

(7) 方案比较与评价

决策者根据事先确定的决策目标，由价值函数值的大小对方案排序选择、分类及评价，对决策结果进行分析，是否科学合理，集结函数是否选择正确，决策结果是否有效。

12.1.3 属性的类型及预处理

(1) 属性的类型

对于一个属性，决策者是以属性的某一基数为标准，用属性值的大小来衡量方案的优劣。在属性体系中，常见的属性分为以下几种类型。

效益型属性：属性值越大方案越好。集合记为 B^+。

成本型属性：属性值越小方案越好。集合记为 B^-。

固定型属性：属性值为某一固定值方案最好。这里的固定值称为理想值。集合记为 B^0。

区间型属性：属性值在某一区间内方案最好。此区间称为属性的最佳稳定区间。区间型可转换为固定型。如取区间的中值或平均值。

还有其他类型属性，如偏离型、区间偏离型、不确定型等属性，视具体决策系统而定。

在例 12-1 中，投资额和投资回收期属于成本型属性，其余是效益型属性。在例 12-2 中，资产负债率(计算公式参看例 12-6)并非越高或越低资本运营结构越好。在我国根据不同行业的资金周转特征和长期债务偿还能力，其中交通、运输、电力等基础行业的资产负债率一般平均为 50%，商贸业为 80% 左右较好。因此资产负债率属于固定型属性。又如现金流动负债比率，该属性越大，表明企业经营活动产生的现金净流入较多，能够保障企业按时偿还到期债务能力越强，但属性值太大说明企业流动资金利用不充分，收益能力不够。根据不同行业该属性应在某一区间内波动较好，因此该属性属于区间型。

(2) 属性值的转换

由于属性体系中存在四种类型属性，与方案不完全同向，还存在属性的不可公度性，即存在绝对属性和相对属性，它们的量纲不统一，量级有差异，各属性只能单独从某个侧面反应方案的状况，无法运用所有属性总体描述方案的状况。如果只凭直觉和经验往往不能对各方案作出科学的评价。为了使决策合理化，在多属性决策中，往往在集结模型之前，对属性进行预处理。

规范化方法

规范化是属性预处理的一种，其准则是：将所有属性转化为同一方向的属性，效益型

或成本型。消除属性的量纲量级差别。以下如果不作特别说明,都是转换为正向类型(效益型)。

设属性值为 x_{ij},转换后的值为 y_{ij}。记 $x_j^{\min} = \min_i \{x_{ij}\}$,$x_j^{\max} = \max_i \{x_{ij}\}$,$i = 1, 2, \cdots, m$;$j = 1, 2, \cdots, n$。

x_{ij} 为效益型:

$$y_{ij} = \frac{x_{ij} - x_j^{\min}}{x_j^{\max} - x_j^{\min}} \tag{12-1}$$

x_{ij} 为成本型:

$$y_{ij} = \frac{x_j^{\max} - x_{ij}}{x_j^{\max} - x_j^{\min}} \tag{12-2}$$

x_{ij} 为固定型:

$$y_{ij} = \begin{cases} 1 & x_{ij} = x_j^* \\ 1 - \frac{|x_{ij} - x_j^*|}{\max\limits_i |x_{ij} - x_j^*|} & x_{ij} \neq x_j^* \quad i = 1, 2, \cdots, m \end{cases} \tag{12-3}$$

式中 x_j^* 是第 j 个属性的理想值,一般由国家或行业在某一时期的经济发展状况来确定。

x_{ij} 为区间型:

$$y_{ij} = \begin{cases} 1 - \frac{q_1 - x_{ij}}{\max\{q_1 - x_j^{\min}, x_j^{\max} - q_2\}} & x_{ij} < q_1 \\ 1 & x_{ij} \in [q_1, q_2] \quad i = 1, 2, \cdots, m \\ 1 - \frac{x_{ij} - q_2}{\max\{q_1 - x_j^{\min}, x_j^{\max} - q_2\}} & x_{ij} > q_2 \end{cases} \tag{12-4}$$

式中:$[q_1, q_2]$ 是第 j 个属性最佳稳定区间。

上述转换方法是最常用的方法,这种转换后的 y_{ij} 具有特征:所有属性同向、无量纲并且在 $[0, 1]$ 内取值,其值等于 1 最优,等于 0 最差。

线性比例方法

x_{ij} 为效益型

$$y_{ij} = \frac{x_{ij}}{x_j^{\max}} \tag{12-5}$$

x_{ij} 为成本型:

$$y_{ij} = 1 - \frac{x_{ij}}{x_j^{\max}} \tag{12-6}$$

式中 $x_{ij} \geq 0$。

标准化方法

$$y_{ij} = \frac{x_{ij} - \overline{x}_j}{S_j} \tag{12-7}$$

式中 $\overline{x}_j = \frac{1}{m} \sum_{i=1}^{m} x_{ij}$,$S_j = \sqrt{\frac{1}{m-1} \sum_{i=1}^{m} (x_{ij} - \overline{x}_j)^2}$

归一化方法

$$y_{ij} = \frac{x_{ij}}{\sum\limits_{i=1}^{m} x_{ij}} \tag{12-8}$$

式中要求 $\sum\limits_{i=1}^{m} x_{ij} > 0$。归一化后满足 $\sum\limits_{i=1}^{m} y_{ij} = 1 (j = 1, 2, \cdots, n)$。

单位化方法

$$y_{ij} = \frac{x_{ij}}{\sqrt{\sum\limits_{i=1}^{m} x_{ij}^2}} \tag{12-9}$$

单位化后满足 $\sum\limits_{i=1}^{m} y_{ij}^2 = 1 (j = 1, 2, \cdots, n)$，表明每一属性都具有同样的单位向量长度。

注意：属性值的转换也称属性标准化、规范化，转换方法较多，方法名称也不尽一致。例如，上述规范化方法也称规格化、极值处理方法，单位化方法也称标准化、规范化方法。不同的转换方法得到不同属性值，也适用不同的决策方法。如式(12-1)~(12-4)，y_{ij} 无量纲、效益型、取值 0~1 之间，可以对属性直接比较。式(12-7)的 y_{ij} 值大部分压缩在 -3~3 之间，没有固定的最大值、最小值，对于不同量纲属性不能直接比较。

【例 12-3】 将例 12-1 的属性规范化和标准化。

解 （1）规范化。投资额、投资回收期用式(12-2)，产量、销售额、净现值用式(12-1)，内部收益率无量纲并且取值在 [0, 1] 内，可以转换也可以不转换。规范化后得到表 12-4。

表 12-4 规范化的决策矩阵

属性 B_j 方案 A_i	B_1	B_2	B_3	B_4	B_5	B_6
A_1	0.629	0.4	0.259	0.273	0.383	0.852
A_2	0	0	1	1	1	0
A_3	1	1	0	0	0	1

（2）标准化。由表 12-2 计算各属性的均值和方差。

$$\bar{x}_1 = \frac{1}{3}(2.5 + 4.2 + 1.5) = 2.733, \bar{x}_2 = \frac{1}{3}(3.5 + 4.5 + 2) = 3.33$$

同理可得

$$\bar{x}_3 = 2.43, \bar{x}_4 = 16.9, \bar{x}_5 = 3.26, \bar{x}_6 = 0.358$$

$$S_1 = \sqrt{\frac{1}{3-1}((2.5 - 2.733)^2 + (4.2 - 2.733)^2 + (1.5 - 2.733)^2)} = 1.365$$

同理可得

$$S_2 = 1.258, S_3 = 1.401, S_4 = 8.889, S_5 = 1.751, S_6 = 0.058$$

代入式(12-7)得到表 12-5。

表 12-5 标准化的决策矩阵

属性 B_j 方案 A_i	B_1	B_2	B_3	B_4	B_5	B_6
A_1	-0.170 9	0.132 5	-0.309 3	-0.292 5	-0.154 2	0.434 6
A_2	1.074 4	0.927 2	1.118 1	1.113 6	1.068 2	-1.143 8
A_3	-0.903 5	-1.059 6	-0.808 8	-0.821 2	-0.913 9	0.709 1

属性值规范化后,根据决策者的偏好,建立综合价值函数。例如,最简单的价值函数是

$$v_i = \sum_{j=1}^{n} w_j y_{ij} \quad i=1,2,\cdots,m$$

如果决策者偏好是认为每个属性的重要度相等即 $w_j = 1$,则上式为

$$v_i = \sum_{j=1}^{n} y_{ij} \quad i=1,2,\cdots,m$$

计算表 12-4 各方案的综合价值

$$v_1 = 0.629 + 0.4 + 0.259 + 0.273 + 0.383 + 0.852 = 2.796,$$
$$v_2 = 0 + 0 + 1 + 1 + 1 + 0 = 3, v_3 = 1 + 1 + 0 + 0 + 0 + 1 = 3$$

由 v_i 值的大小作决策,应选择方案二或方案三,具有相同的最优方案,说明此决策失效。如果不对内部收益率进行规范化,结果是选择方案二。

事实上,各属性的权系数是不一样的。决策者可能认为净现值最重要,其次是产量等。即使确定了属性的优先次序,还要求出权系数,才能合理的作出科学决策。

12.2 属性权重

求权重向量是多属性决策过程中的一项重要工作,许多学者作了大量研究,文献[24]对属性赋权方法进行了分类。主要分为主观赋权法、客观赋权法及综合集成赋权法。下面介绍几种经典常用的赋权方法。

12.2.1 建立判断矩阵

专家评分法

专家评分法是请若干个专家(或调查对象)对各属性的重要性给出分值,然后综合每个专家的分值按一定的方法求出权系数向量。这种方法也称为决策者解释法,它是直接诱导出决策者对属性的权系数。专家评分法带有一定的主观性,其可信度受到专家对评价系统的了解程度、学术水平、实践经验等因素的影响,但这种方法计算简单,评价成本低,是决策者常用方法之一。

专家评分法的机理是:某个效益型属性值增加,方案值增加,属性越重要,所对应的分值越大;某个成本型属性值增加,方案值减少,所对应的分值越小。这里的分值由决策者制定,如百分制、十分制、0-1 区间取值或其他区间取值等。

设第 $i(i=1,2,\cdots,k)$ 个专家对第 j 个属性的打分为 c_{kj},构成 $k \times n$ 判断矩阵

$$C = \begin{bmatrix} c_{11} & c_{12} & \cdots & c_{1n} \\ c_{21} & c_{22} & \cdots & c_{2n} \\ \vdots & \vdots & \vdots & \vdots \\ c_{k1} & c_{k2} & \cdots & c_{kn} \end{bmatrix} \quad (12\text{-}10)$$

两两比较法

两两比较法的基本思想是:每两个属性进行比较,根据其相对重要程度给出估计分值,得出判断矩阵,求出属性的权系数。属性重要程度采用 9 级序数分值的求法,参看表 12-6。

表 12-6　重要程度分值 c_{ij} 的求法

相对重要程度 c_{ij}	含义
1	两个属性相比，B_i 与 B_j 具有同样的重要性
3	两个属性相比，B_i 比 B_j 稍重要
5	两个属性相比，B_i 比 B_j 明显重要
7	两个属性相比，B_i 比 B_j 强烈重要
9	两个属性相比，B_i 比 B_j 极端重要
2、4、6、8	上述相邻判断的中间值
倒数关系	若属性 B_i 与属性 B_j 相比重要度是 c_{ij}，则属性 B_j 与属性 B_i 相比重要度是 $c_{ji}=1/c_{ij}$

决策者只要经过 $n(n-1)/2$ 次比较，就可得到判断矩阵

$$C = \begin{bmatrix} c_{11} & c_{12} & \cdots & c_{1n} \\ c_{21} & c_{22} & \cdots & c_{2n} \\ \vdots & \vdots & & \vdots \\ c_{n1} & c_{n2} & \cdots & c_{nn} \end{bmatrix} \tag{12-11}$$

在 C 中，显然有 $c_{ii}=1$，$i=1,2,\cdots,n$。

【定义 12.1】如果式(12-11)满足

$$c_{ij}=\frac{1}{c_{ji}}, c_{ij}>0, \text{及} \; c_{ij}=c_{ik}c_{kj} \quad i,j=1,2,\cdots,n \tag{12-12}$$

则称为 $c_{ij}(i,j=1,2,\cdots,n)$ 是一致估计值。

关于一致性检验将在 12.4.3 中介绍。

12.2.2 主观赋权方法

期望值法

对于判断矩阵(12-10)，有两种情形，第一种情形是第 k 个专家的可信度为 p_k，则第 j 个属性的权系数期望值为

$$w_j = p_1 c_{1j} + p_2 c_{2j} + \cdots + p_k c_{kj} = \sum_{i=1}^{k} p_i c_{ij} \quad j=1,2,\cdots,n \tag{12-13}$$

利用式(12-8)进行归一化处理

$$w_j' = \frac{w_j}{\sum_{j=1}^{n} w_{j_i}}, j=1,2,\cdots,n$$

第二种情形是判断矩阵(12-10)由抽样调查得到，访问对象看作是专家其可信度相同。一般决策者设计的调查表有许多形式，可以对属性的重要程度直接打分，也可以将重要程度分解成评语构成评语集，然后对调查表进行统计，计算出权系数，计算方法见例 12-8。

方程组法

对于判断矩阵(12-11)，如果 $c_{ij}(i,j=1,2,\cdots,n)$ 满足一致性，按表 12-6 有

$$c_{ij}=\frac{w_i}{w_j} \quad i,j=1,2,\cdots,n \tag{12-14}$$

设

$$B = \begin{bmatrix} w_1/w_1 & w_1/w_2 & \cdots & w_1/w_n \\ w_2/w_1 & w_2/w_2 & \cdots & w_2/w_n \\ \vdots & \vdots & \vdots & \vdots \\ w_n/w_1 & w_n/w_2 & \cdots & w_n/w_n \end{bmatrix}$$

由式(12-14)有 $C=B$ 并且 $BW=nW$(W 为权系数向量)。将式(12-14)两边对 i 求和

$$\sum_{i=1}^{n} c_{ij} = \frac{1}{w_j} \sum_{i=1}^{n} w_i \quad j=1,2,\cdots,n$$

$$w_j \sum_{i=1}^{n} c_{ij} = \sum_{i=1}^{n} w_i \quad j=1,2,\cdots,n$$

$$w_j = \frac{\sum_{i=1}^{n} w_i}{\sum_{i=1}^{n} c_{ij}} = \frac{1}{\sum_{i=1}^{n} c_{ij}} (w_1 + w_2 + \cdots + w_n) \quad j=1,2,\cdots,n \quad (12\text{-}15)$$

或

$$\frac{w_i}{w_j} = \frac{\sum_{k=1}^{n} c_{kj}}{\sum_{k=1}^{n} c_{ki}} \quad i \neq j, \quad i,j=1,2,\cdots,n$$

只要选取 n 个等式可解出 w_j。

实际上，决策者对指标进行两两比较时，其重要程度很难精确把握，当式(12-12)不成立时，即 c_{ij} 不满足一致性，式(12-14)只能看作近似相等

$$C \approx B \text{ 或 } c_{ij} \approx \frac{w_i}{w_j} \quad i,j=1,2,\cdots,n \quad (12\text{-}16)$$

这时，可以采用以下算术平均法、几何平均法、特征值法及最小平方法。

算术平均法

算术平均法是根据式(12-15)，将 w_j 看作是各指标重要程度 c_{ij} 的算术平均，计算公式为

$$w_i = \frac{1}{n} \sum_{j=1}^{n} \frac{c_{ij}}{\sum_{k=1}^{n} c_{kj}} = \frac{1}{n} \left[\frac{c_{i1}}{\sum_{k=1}^{n} c_{k1}} + \frac{a_{i2}}{\sum_{k=1}^{n} c_{k2}} + \cdots + \frac{c_{in}}{\sum_{k=1}^{n} c_{kn}} \right], i=1,2,\cdots,n \quad (12\text{-}17)$$

几何平均法

几何平均法是将判断矩阵各列采用几何平均方法求权系数，计算公式为

$$w_j = \left(\prod_{i=1}^{n} c_{ij} \right)^{1/n} \quad c_{ij} \neq 0, \quad j-1,2,\cdots,n \quad (12\text{-}18)$$

归一化的权系数为

$$w_j = \frac{\left(\prod_{i=1}^{n} c_{ij} \right)^{1/n}}{\sum_{k=1}^{n} \left(\prod_{i=1}^{n} c_{ik} \right)^{1/n}}, \quad j=1,2,\cdots,n$$

特征值法

将式(12-16)两边右乘权系数向量 W，得

$$CW \approx BW = nW$$

即

$$(C-nI)W \approx 0$$

式中 I 是 n 阶单位矩阵。如果 c_{ij} 是一致估计值，$(C-nI)W=0$ 为齐次线性方程组，因行列式 $|C-nI| \neq 0$，因此齐次线性方程组只有零解，即 $W=0$。当 c_{ij} 是非一致时，c_{ij} 的微小摄动也只能使得矩阵 C 的特征值微小的摄动，从而有

$$\begin{cases} (\boldsymbol{C}-\lambda_{\max}\boldsymbol{I})\boldsymbol{W}=0 \\ w_1+w_2+\cdots+w_n=1 \end{cases} \tag{12-19}$$

式中 $\lambda_{\max}$ 是矩阵 $\boldsymbol{C}$ 的最大特征值，$\boldsymbol{W}$ 是 $\lambda_{\max}$ 对应的特征向量，求解(12-19)可得到权系数向量 $\boldsymbol{W}$。

最小平方法

当 c_{ij} 不是一致估计值时，有

$$c_{ij} \approx \frac{w_i}{w_j} \quad i,j=1,2,\cdots,n$$

此式说明 $c_{ij}w_j - w_i \neq 0$，最小平方法是求出一组权系数 $\{w_1, w_2, \cdots, w_n\}$ 使得误差 $c_{ij}w_j - w_i$ 的平方和最小，加上归一化约束，得到求归一化权系数模型

$$\min Z = \sum_{i=1}^{n}\sum_{j=1}^{n}(c_{ij}w_j - w_i)^2$$

$$\begin{cases} \sum_{j=1}^{n} w_j = 1 \\ w_j > 0 \quad j=1,2,\cdots,n \end{cases} \tag{12-20}$$

这是一个非线性规划问题。但可以通过求条件极值的方法得到最优解。

令拉格朗日函数为

$$L = \sum_{i=1}^{n}\sum_{j=1}^{n}(c_{ij}w_j - w_i)^2 + 2\lambda\left(\sum_{i=1}^{n}w_i - 1\right)$$

将 L 对 w_k 求导并令导数为零，得到方程组

$$\begin{cases} \dfrac{\partial L}{\partial w_k} = 2\sum_{i=1}^{n}(c_{ik}w_k - w_i)c_{ik} - 2\sum_{j=1}^{n}(c_{kj}w_j - w_k) + 2\lambda = 0; k=1,2,\cdots,n \\ \sum_{j=1}^{n} w_j = 1 \end{cases} \tag{12-21}$$

式(12-21)构成了 $n+1$ 个非齐次线性方程组，可求出 $n+1$ 个变量 $\{\lambda, w_1, w_2, \cdots, w_n\}$ 的唯一解。方程组的矩阵形式为

$$\begin{cases} \boldsymbol{BW} = \boldsymbol{E} \\ \sum_{j=1}^{n} w_j = 1 \end{cases}$$

式中：$\boldsymbol{W} = (w_1, w_2, \cdots, w_n)^{\mathrm{T}}$，$\boldsymbol{E} = (-\lambda, -\lambda, \cdots, -\lambda)^{\mathrm{T}}$

$$\boldsymbol{B} = \begin{bmatrix} \sum_{i=2}^{n} c_{i1}^2 + n - 1 & -(c_{12}+c_{21}) & \cdots & -(c_{1n}+c_{n1}) \\ -(c_{21}+c_{12}) & \sum_{\substack{i=1 \\ i \neq 2}}^{n} c_{i2}^2 + n - 1 & \cdots & -(c_{2n}+c_{n2}) \\ \vdots & \vdots & & \vdots \\ -(c_{n1}+c_{1n}) & -(c_{n2}+c_{2n}) & \cdots & \sum_{i=1}^{n-1} c_{in}^2 + n - 1 \end{bmatrix}$$

上述平均法、特征值法及最小平方法的条件是判断矩阵已知可以不满足一致性，由判断矩阵 $\boldsymbol{C}$ 求属性的权系数，为决策者在比较属性的重要程度出现偏差时提供求解权系数的有效方法。

12.2.3 客观赋权法

最大方差法

依据决策矩阵求权系数的方法称为客观赋权法。客观赋权法不需要判断矩阵，是依据决策矩阵中各属性的规律进行自动赋权的一类方法。最大方差法是客观赋权法的一种。

最大方差法的基本思想是：①使用规范化后的效益型指标；②所选择的权系数应使所有决策方案的目标值尽可能分散；③权系数单位化；④权系数非负。权系数等于零的指标可以从指标体系中剔除。

决策方案的目标值尽可能分散意味着目标值方差最大，即

$$\max \sigma^2 = D(v_1, v_2, \cdots, v_n)$$

权系数单位化及非负是指满足条件

$$\sum_{j=1}^{n} w_j^2 = 1, w_j \geqslant 0, j=1,2,\cdots,n$$

设价值函数为线性函数

$$v_i = \sum_{j=1}^{n} w_j y_{ij} \quad i=1,2,\cdots,m$$

令 $\overline{v} = \dfrac{1}{m}\sum_{i=1}^{m} v_i$，则有

$$\begin{aligned}\sigma^2 &= \frac{1}{m}\sum_{i=1}^{m}(v_i - \overline{v})^2 = \frac{1}{m}\sum_{i=1}^{m}\Big(\sum_{j=1}^{n} w_j y_{ij} - \frac{1}{m}\sum_{i=1}^{m}\sum_{j=1}^{n} w_j y_{ij}\Big)^2 \\ &= \frac{1}{m}\sum_{i=1}^{m}\Big(\sum_{j=1}^{n}\Big(y_{ij} - \frac{1}{m}\sum_{i=1}^{m} y_{ij}\Big)w_j\Big)^2\end{aligned} \quad (12\text{-}22)$$

令

$$\overline{y}_j = \frac{1}{m}\sum_{i=1}^{m} y_{ij}, z_{ij} = y_{ij} - \overline{y}_j, \mathbf{Z} = \begin{bmatrix} z_{11} & z_{12} & \cdots & z_{1n} \\ z_{21} & z_{22} & \cdots & z_{2n} \\ \vdots & \vdots & \vdots & \vdots \\ z_{m1} & z_{m2} & \cdots & z_{mn} \end{bmatrix}, \mathbf{Q} = \frac{1}{m}\mathbf{Z}^{\mathrm{T}}\mathbf{Z}$$

有

$$\sigma^2 = \frac{1}{m}\sum_{i=1}^{m}\Big(\sum_{j=1}^{n} z_{ij} w_j\Big)^2 = \frac{1}{m}(\mathbf{ZW})^{\mathrm{T}}(\mathbf{ZW}) = \mathbf{W}^{\mathrm{T}}\mathbf{QW}$$

则最大方差法模型为

$$\max \sigma^2 = \frac{1}{m}\sum_{i=1}^{m}\Big(\sum_{j=1}^{n} z_{ij} w_j\Big)^2$$

$$\begin{cases} \sum_{j=1}^{n} w_j^2 = 1 \\ w_j \geqslant 0 \quad j=1,2,\cdots,n \end{cases} \quad (12\text{-}23\text{a})$$

用矩阵表达的模型为

$$\max \sigma^2 = \mathbf{W}^{\mathrm{T}}\mathbf{QW}$$

$$\begin{cases} \mathbf{W}^{\mathrm{T}}\mathbf{W} = 1 \\ \mathbf{W} \geqslant 0 \end{cases} \quad (12\text{-}23\text{b})$$

求解该非线性规划模型，可得到权系数向量 $\boldsymbol{W}$。

最小平方法及最大方差法实际上运用了求权系数的两个原则：组内离差平方和最小与组间离差平方和最大。

【例 12-4】 用最大方差法求例 12-1 属性的权系数。

解 利用表 12-4 计算 $\overline{y}_j$、Z、Q。$\overline{Y} = (0.543, 0.467, 0.42, 0.424, 0.461, 0.617)$。

矩阵 Z

0.086	−0.067	−0.161	−0.151	−0.078	0.235
−0.543	−0.467	0.580	0.576	0.539	−0.617
0.457	0.533	−0.420	−0.424	−0.461	0.383

矩阵 Q

0.170	0.164	−0.174	−0.173	−0.170	0.177
0.164	0.169	−0.161	−0.162	−0.164	0.159
−0.174	−0.161	0.180	0.179	0.173	−0.186
−0.173	−0.162	0.179	0.178	0.173	−0.184
−0.170	−0.164	0.173	0.173	0.170	−0.176
0.177	0.159	−0.186	−0.184	−0.176	0.194

由式(12-23)得到

$$\max \sigma^2 = (w_1, w_2, \cdots, w_6) \boldsymbol{Q} \begin{bmatrix} w_1 \\ \vdots \\ w_6 \end{bmatrix}$$

$$= 0.17 w_1^2 + 0.169 w_2^2 + \cdots + 0.194 w_6^2 + 2 \times [0.164 w_1 w_2 - 0.174 w_1 w_3 + \cdots$$
$$+ 0.177 w_1 w_6 - 0.161 w_2 w_3 - 0.162 w_2 w_4 + \cdots - 0.176 w_5 w_6]$$

$$\begin{cases} w_1^2 + w_2^2 + \cdots + w_6^2 = 1 \\ w_j \geqslant 0, j = 0, 2, \cdots, 6 \end{cases}$$

求解得到：$\boldsymbol{W} = (0.2598, 0.1236, 0.5764, 0.3888, 0.652, 0.0923)^{\mathrm{T}}$

归一化：$\boldsymbol{W}^* = (0.1241, 0.0591, 0.2754, 0.1858, 0.3115, 0.044)^{\mathrm{T}}$

$$\boldsymbol{V} = \boldsymbol{Y} \boldsymbol{W}^* = (0.3806, 0.7727, 0.2273)^{\mathrm{T}}$$

熵值法

熵值法(entropy method)是根据决策矩阵提供的信息量来计算权系数的一种方法。在信息理论中熵可以用于度量某个信息的期望信息含量，设一个信息通道中有 n 个信号，第 j 个信号出现的概率为 p_j，则期望信息量为

$$e = -k \sum_{j=1}^{n} p_j \ln p_j$$

式中 e 称为熵，k 为大于零的常数。

熵值法实际是引用信息熵的原理计算属性权系数。基本步骤如下。

(1) 利用归一化公式(12-8)计算 y_{ij}，满足 $y_{ij} \geqslant 0$。

(2) 计算属性 B_j 的熵值

$$e_j = -k \sum_{i=1}^{m} y_{ij} \ln y_{ij}$$

通常 k 取 $k=1/\ln m$，则有 $0 \leqslant e_j \leqslant 1$。

(3) 计算属性的偏差系数
$$d_j = 1 - e_j$$
偏差系数表明属性在系统中的重要程度，d_j 越大说明属性 B_j 的作用越大，因此 d_j 可以作为属性的权重。

(4) 归一化的权系数
$$w_j = \frac{d_j}{\sum_{j=1}^{n} d_j}, j = 1, 2, \cdots, n$$

注意：熵值法求权系数是将 y_{ij} 代替 p_j，因此 y_{ij} 必须非负并且是效益型属性，当 x_{ij} 既有效益型又有成本型时先利用线性比例法转换再用公式(12-8)归一化。

客观赋权法还有理想解加权排序法、主分量分析法、动态决策法（见 12.3.4、12.3.5、12.3.7）。

12.2.4 综合集成赋权法

综合集成法是将主观与客观赋权集成得到权系数的一种方法，尽可能克服主观赋权带来的个体差异及客观赋权带来的与实际或与决策者的主观愿望不相符的情形。

加权集成法

设 q_{1j}、q_{2j} 为主观与客观赋权得到的权系数，待定系数 p_1、p_2（$p_1 > 0$、$p_2 > 0$）为主观与客观赋权所占比重，则综合集成的权系数为
$$w_j = p_1 q_{1j} + p_2 q_{2j}, j = 1, 2, \cdots, n$$
运用组间离差和最大原则得到模型
$$\max V = \sum_{i=1}^{m} v_i = \sum_{i=1}^{m} \sum_{j=1}^{n} (p_1 q_{1j} + p_2 q_{2j}) x_{ij}$$
$$\begin{cases} p_1^2 + p_2^2 = 1 \\ p_1 > 0, p_2 > 0 \end{cases}$$
求解得到
$$p_1 = \frac{\sum_{i=1}^{m} \sum_{j=1}^{n} q_{1j} x_{ij}}{\sqrt{\left(\sum_{i=1}^{m} \sum_{j=1}^{n} q_{1j} x_{ij}\right)^2 + \left(\sum_{i=1}^{m} \sum_{j=1}^{n} q_{2j} x_{ij}\right)^2}}$$
$$p_2 = \frac{\sum_{i=1}^{m} \sum_{j=1}^{n} q_{2j} x_{ij}}{\sqrt{\left(\sum_{i=1}^{m} \sum_{j=1}^{n} q_{1j} x_{ij}\right)^2 + \left(\sum_{i=1}^{m} \sum_{j=1}^{n} q_{2j} x_{ij}\right)^2}}$$

注意：模型只是对综合价值求和最大，不是真正的离差和最大，如同最大方差法一样，这里离差和具有不同表述。

乘法集成法

计算公式为
$$w_j = \frac{q_{1j} q_{2j}}{\sum_{j=1}^{n} q_{1j} q_{2j}}, j = 1, 2, \cdots, n$$

加权集成法和乘法集成法可以推广到同时有多个主观及客观赋权得到的权系数情形。

两阶段赋权法

两阶段赋权法是第一阶段用主观赋权法得到 w_{1j} 对决策矩阵变换

$$x_{ij}^* = w_{1j}x_{ij}, i = 1,2,\cdots,m; j = 1,2,\cdots,n$$

第二阶段对变换后的决策矩阵进行客观赋权法,如最大方差法,实现了两阶段赋权。

12.3 决策方法

12.3.1 五种准则法

当决策者只利用决策矩阵而不考虑属性间权重信息的决策称为无偏好信息决策。五种准则法就是第 11 章 11.2.2 节中非确定型决策介绍的五种准则决策方法,适用于无偏好信息决策。

五种准则法的条件是属性规范化后的决策矩阵。属性等价于自然状态,决策矩阵等价于效益矩阵。但这些方法有其局限性,如小中取大法、大中取大法、后悔值法及折中法只采用了部分信息;决策结果有可能得到多个最佳方案,导致决策失效。如对表 12-4 采用大中取大法,得到 A_2 和 A_3 都最好。因此五种准则方法不适合一般决策。

有偏好信息决策的主要任务是将权系数向量与决策矩阵集结成综合价值函数,依据综合价值大小进行决策。下面介绍几种常用方法。

12.3.2 加性加权法

加性加权法是指综合价值函数表达为各指标值的加权和,即

$$v_i = \sum_{j=1}^{n} k_j f(x_{ij}) \quad i = 1,2,\cdots,m \tag{12-24}$$

式中 $f(x_{ij})$ 不一定是线性的,它取决于 $f(x_{ij})$ 的函数形式,k_j 不全大于零。

【定理 12.1】通过式(12-1)~(12-4)线性变换 $y_{ij} = f(x_{ij})$,则式(12-24)是 x_{ij} 的线性函数

$$v_i = \sum_{j=1}^{n} w_j x_{ij} \quad i = 1,2,\cdots,m \tag{12-25}$$

证:以式(12-1)为例 $y_{ij} = \dfrac{x_{ij} - x_j^{\min}}{x_j^{\max} - x_j^{\min}}$,令 $w_j = \dfrac{k_j}{x_j^{\max} - x_j^{\min}}, K = \sum_{j=1}^{n} w_j x_j^{\min}$

$$x_{ij} = y_{ij}(x_j^{\max} - x_j^{\min}) + x_j^{\min}$$

及

$$v_i = \sum_{j=1}^{n} k_j y_{ij} = \sum_{j=1}^{n} k_j \frac{x_{ij} - x_j^{\min}}{x_j^{\max} - x_j^{\min}} = \sum_{j=1}^{n} w_j x_{ij} - K, i = 1,2,\cdots,m$$

取和式 $\sum$ 部分得到式(12-25)。同理可证其余公式变换定理仍然成立。由定理 12.1 得到下列推论。

推论 12.1:若式(12-24)为线性函数,则用式(12-1)~(12-4)线性变换后得到综合价值是 y_{ij} 的线性函数

$$v_i = \sum_{j=1}^{n} w_j y_{ij} \quad i = 1,2,\cdots,m \tag{12-26}$$

按照人们的习惯,权系数一般非负,加上约束条件 $w_j \geq 0$ 后,得到多属性决策的加性

加权线性模型

$$\begin{cases} v_i = \sum_{j=1}^{n} w_j y_{ij} & i = 1,2,\cdots,m \\ w_j \geqslant 0 & j = 1,2,\cdots,n \end{cases} \quad (12\text{-}27)$$

或在式(12-26)中再加入归一化 $\sum_{j=1}^{n} w_j = 1$、或单位化 $\sum_{j=1}^{n} w_j^2 = 1$ 等约束。

加性加权法简单实用，是一种常用方法，计算时使用式(12-25)~(12-27)。

12.3.3 加权积法

加权积法是指综合价值函数表达为属性值的乘积，权系数为属性的幂，即

$$v_i = \prod_{j=1}^{n} x_{ij}^{w_j} \quad (12\text{-}28)$$

式中属性值 $x_{ij} > 1$ 并且不需要转换处理。式(12-28)有其局限性，只适用效益型和成本型属性，理论上对于效益型属性权系数大于零，成本型属性权系数小于零，这就要求寻找更有效的赋权方法。对于属性值不满足大于1时可以对所有属性值同时扩大一个倍数即可。

【例 12-5】为了评价在第一年具有同等规模同行业六家企业三年后的绩效，选取五项评价指标：$B = \{B_1$：本期利润，B_2：市场份额，B_3：累计分红，B_4：累计缴税，B_5：净资产$\}$。

决策者现进行两两比较指标的重要度，得到指标相对重要程度分值 c_{ij} 如表 12-7，已知第三年年末六家企业的指标值如表 12-8 所示。

表 12-7

	B_1	B_2	B_3	B_4	B_5
B_1	1	1/2	1/3	1/2	3
B_2		1	5	2	1/3
B_3			1	1/3	1/4
B_4				1	1/2
B_5					1

表 12-8

指标 企业	B_1(万元)	B_2(%)	B_3(万元)	B_4(万元)	B_5(百万元)
1	520	18	160	325	40
2	650	20	230	290	54
3	535	15	250	300	48
4	585	15	210	330	47
5	610	19	260	280	56
6	515	13	180	280	50

(1) 填写表 12-7 空白处，写出判断矩阵，检验判断矩阵是否满足一致性。

(2) 对评价矩阵作标准化处理。

(3) 用平均法求指标的权系数，对企业作综合评价。

(4) 用特征值法求指标的权系数。对企业作综合评价。

解 (1) 由比较法的倒数关系 $a_{ji} = 1/a_{ij}$，容易得到判断矩阵

$$C = \begin{bmatrix} 1 & 1/2 & 1/3 & 1/2 & 3 \\ 2 & 1 & 5 & 2 & 1/3 \\ 3 & 1/5 & 1 & 1/3 & 1/4 \\ 2 & 1/2 & 3 & 1 & 1/2 \\ 1/3 & 3 & 4 & 2 & 1 \end{bmatrix}$$

检验判断矩阵是否满足一致性只要检验是否满足式(12-12)。

例如检验 $a_{13}=a_{14}a_{43}$，$a_{13}=\frac{1}{3}\neq a_{14}a_{43}=\frac{1}{2}\times 3=\frac{3}{2}$，因而判断矩阵不满足一致性。

(2) 所有指标都是效益型，可以直接利用式(12-7)得到表 12-9。

表 12-9 标准化决策表

指标 企业	B_1(万元)	B_2(%)	B_3(万元)	B_4(万元)	B_5(百万元)
1	−0.909	0.498	−1.47	1.098	−1.616
2	1.487	1.220	0.381	−0.492	0.852
3	−0.622	−0.610	0.899	−0.038	−0.206
4	0.294	−0.610	−0.137	1.326	−0.382
5	0.759	0.854	1.143	−0.947	1.205
6	−0.996	−0.134 2	−0.899	−0.947	0.147

(3) 用算术平均法求权系数，几何平均法留给读者。由式(12-17)有

$$\sum_{k=1}^{5} c_{k1}=1+2+3+2+0.333=8.333,\quad \sum_{k=1}^{5} c_{k2}=5.2$$

$$\sum_{k=1}^{5} c_{k3}=13.333,\quad \sum_{k=1}^{5} c_{k4}=5.833,\quad \sum_{k=1}^{5} c_{k5}=5.083$$

$$w_1=\frac{1}{5}\left[\frac{c_{11}}{\sum_{k=1}^{5} c_{k1}}+\frac{c_{12}}{\sum_{k=1}^{5} c_{k2}}+\cdots+\frac{c_{15}}{\sum_{k=1}^{5} c_{k5}}\right]$$

$$=\frac{1}{5}\left[\frac{1}{8.333}+\frac{0.5}{5.2}+\frac{0.333}{13.333}+\frac{0.5}{5.833}+\frac{3}{5.083}\right]=0.183$$

同理

$$w_2=0.243,\ w_3=0.116,\ w_4=0.167,\ w_5=0.291$$

权系数向量 $\boldsymbol{W}=(0.183,\ 0.243,\ 0.116,\ 0.167,\ 0.291)^{\mathrm{T}}$

显然有 $\sum_{j=1}^{5} w_j=1$，满足归一化。由权系数的大小可以判断各指标的重要程度，即 $B_5 \succ B_2 \succ B_1 \succ B_4 \succ B_3$。

计算各企业的综合效益评价值。运用式(12-26)得

$$v_1=\sum_{j=1}^{5} w_j y_{1j}=0.183\times(-0.909)+0.243\times 0.498+0.116\times(-1.47)+0.167$$
$$\times 0.098+0.291\times(-1.616)=-0.503$$

同理可其他企业的综合评价值，将计算结果及评价结果如下表所示。

企业 评价结果	1	2	3	4	5	6
综合评价值	−0.503	0.778	−0.224	0	0.671	−0.434
排名	6	1	4	3	2	5

(4) 特征值法求权系数。将矩阵 $\boldsymbol{C}$ 代入 $|\boldsymbol{C}-\lambda \boldsymbol{I}|=0$ 求特征值，解特征方程得到 $\lambda_{\max}=6.86$，将 $\lambda_{\max}=6.86$ 代入式(12-19)解联立方程：

$$\begin{bmatrix} 1-6.86 & 1/2 & 1/3 & 1/2 & 3 \\ 2 & 1-6.86 & 5 & 2 & 1/3 \\ 3 & 1/5 & 1-6.86 & 1/3 & 1/4 \\ 2 & 1/2 & 3 & 1-6.86 & 1/2 \\ 1/3 & 3 & 4 & 2 & 1-6.86 \end{bmatrix} \begin{bmatrix} w_1 \\ w_2 \\ w_3 \\ w_4 \\ w_5 \end{bmatrix} = 0$$

及 $w_1+w_2+w_3+w_4+w_5=1$

得：$W=(0.184,0.243,0.124,0.171,0.278)$

同上述计算相同，得到综合评价表如下。

企业 评价结果	1	2	3	4	5	6
综合评价值	−0.490	0.770	−0.215	0.009	0.662	−0.448
排名	6	1	4	3	2	5

算术平均法与特征值法的综合评价结果相同。

12.3.4 理想解法

理想解就是人们期望指标达到的最佳值。在例 12-2 中，资产负债率的理想解是 0.5，速动比率等于速动资产(扣除存货后的流动资产)除以流动负债，该指标国际上公认的理想解是 1 等。实际上，指标体系中可能包含有四种类型的指标，理想解一般不存在，这时可将样本中最好的值作为理想解 x_j^*，即

$$x_j^* = \begin{cases} \max_{1 \leqslant i \leqslant m} x_{ij} & \text{效益型指标} \\ \min_{1 \leqslant i \leqslant m} x_{ij} & \text{成本型指标} \end{cases} \quad j=1,2,\cdots,n$$

如果通过规范化转换则取最大值作为理想解。

直接排序法。基于理想解直接排序法的基本思想是：指标值离理想解的距离越近越优。方案的综合价值 v_i 就是第 i 个方案 n 个指标样本值 $X_i=(x_{i1},x_{i2},\cdots,x_{in})$ 到理想解 $X^*=(x_1^*,x_2^*,\cdots,x_n^*)$ 的距离，按距离大小对方案排序。这里采用人们熟悉的欧几里得范数作为距离，即直接排序的价值函数为

$$v_i = \sqrt{\sum_{j=1}^n (x_{ij}-x_j^*)^2} \quad i=1,\cdots,m \tag{12-29}$$

式中 x_{ij} 是样本值或规范化的值。

根据 v_i 值逆序排序，即 v_i 值最小的方案最优，v_i 值最大的方案最差。或按习惯顺序排序，即 $\dfrac{1}{v_i}$ 值最大的方案最优，$\dfrac{1}{v_i}$ 值最小的方案最差。

直接排序方法计算简单实用，不需要求权系数向量，也可以不考虑属性之间的相关关系，是无偏好信息决策常用排序方法之一。

加权排序法。加权排序法是先求权系数向量，再求加权距离得到价值函数。运用总加权距离平方和最小建立模型

$$\min Z = \sum_{i=1}^m \sum_{j=1}^n w_j^2 (x_{ij}-x_j^*)^2$$

$$\begin{cases} \sum_{j=1}^{n} w_j = 1 \\ w_j > 0, j = 1, 2, \cdots, n \end{cases}$$

求解得到

$$w_j = \frac{\dfrac{1}{\sum_{i=1}^{m}(x_{ij}-x_j^*)^2}}{\sum_{j=1}^{n}\dfrac{1}{\sum_{i=1}^{m}(x_{ij}-x_j^*)^2}} \quad j=1,2,\cdots,n \tag{12-30}$$

则加权价值函数为

$$v_i = \sqrt{\sum_{j=1}^{n} w_j^2 (x_{ij}-x_j^*)^2} \quad i=1,\cdots,m \tag{12-31}$$

【例 12-6】利用理想解法对例 12-2 给出的决策矩阵进行评价。

解 资本结构指标的计算公式及指标类型表达如下。

B_1：资产负债率 $=\dfrac{负债总额}{资产总额}\times 100\%$，固定型，$x_1^*=0.5$

B_2：已获利息倍数 $=\dfrac{息税前利润}{利息支出}$，固定型，$x_2^*=3$

B_3：产权比率 $=\dfrac{负债总额}{所有者权益}\times 100\%$，区间型，由该行业特征，该指标值在区间[0.8，1]内较好，取中间值 $x_3^*=0.9$

B_4：流动比率 $=\dfrac{流动资产}{流动负债}\times 100\%$，区间型，国际公认标准是 200% 左右，我国较好的标准是 150% 左右，取理想值 $x_4^*=1.5$

B_5：速动比率 $=\dfrac{速动资产}{流动负债}\times 100\%$，区间型，国际公认标准是 100% 左右，我国较好的标准是 90% 左右，取区间上限为理想值 $x_5^*=1$

B_6：现金比率 $=\dfrac{现金+有价证券}{流动负债}\times 100\%$，效益型，取样本最大值有 $x_6^*=0.94$。现金比率如果过高，说明流动负债未能达到合理的运用，增加机会成本，应有一个上限值。

B_7：现金流动负债比率 $=\dfrac{年经营现金净流入}{流动负债}\times 100\%$，效益型，取样本最大值有 $x_7^*=0.86$。现金流动负债比率如果过高，说明流动资金不能充分运用，收益能力不够，同样有一个上限值。

B_8：长期资产适合率 $=\dfrac{所有者权益+长期负债}{固定资产+长期投资}\times 100\%$，该指标理论上认为较好值是大于等于 100%，其上限值没有确定，理论上是区间型，实际操作按效益型确定理想解，$x_8^*=1.41$

本例中的指标没有量纲，指标值在 1 的附近，量级相差不大，因此不需要进行规范化，用式(12-29)计算得到表 12-10。

表 12-10 综合评价指数

指标 B_i 企业 A_j	资产负债率	已获利息倍数	产权比率	流动比率	速动比率	现金比率	现金流动负债比率	长期资产适合率	综合效益指数 v_i	按逆序排名
1	0.7	1.2	0.42	1.1	0.87	0.84	0.73	0.9	1.99	8
2	0.6	1.5	0.45	1.25	0.65	0.75	0.81	1.3	1.64	6
3	0.65	2.6	0.69	1.3	0.79	0.68	0.59	0.85	0.86	2
4	0.85	0.8	0.4	1.68	0.64	0.59	0.63	1.32	2.35	9
5	0.5	2.1	0.55	1.6	0.86	0.94	0.86	1.41	0.98	3
6	0.6	1.9	0.50	1.34	0.83	0.48	0.53	0.76	1.46	4
7	0.45	1.6	0.58	1.45	0.74	0.79	0.68	0.92	1.55	5
8	0.75	0.7	0.64	1.82	0.69	0.52	0.47	1.24	2.44	10
9	0.3	1.1	0.9	1.26	0.81	0.66	0.77	1.12	1.97	7
10	0.4	2.3	0.7	1.38	0.73	0.81	0.79	1.26	0.82	1
类型	B^0	B^0	B^0	B^0	B^+	B^+	B^+	B^+		
理想解 x_j	0.5	3	0.9	1.5	1	0.94	0.86	1.41		

例如计算第一个企业的综合效益

$$v_1 = \sqrt{(0.7-0.5)^2 + (1.2-3)^2 + (0.42-0.9)^2 + (1.1-1.5)^2 + \cdots + (0.9-1.41)^2} = 1.99$$

由表 12-10 知,企业 10 资本结构的综合效益最好,企业 8 最差。式(12-31)的计算留给读者。

当指标体系中的指标存在量纲或量级差别较大时,必须先对指标规范化,然后用式(12-29)或式(12-31)计算。

12.3.5 主分量分析法

主分量分析(Principle Component)也称主成分分析,它是试图找一组较少的新属性(即主分量),使新属性是系统中原属性的线性组合,并且相互独立,求出权系数,是一种客观赋权法。

主分量分析方法的步骤如下。

(1) 利用式(12-7)将属性标准化,得到决策矩阵 $Y = (y_{ij})_{m \times n}$。

(2) 计算属性 i 与属性 j 的简单相关系数 r_{ij},得到相关矩阵 $R = (r_{ij})_{n \times n}$。

这里

$$r_{ij} = \frac{\sum_{k=1}^{m}(y_{ki} - \overline{y}_i)(y_{kj} - \overline{y}_j)}{\sqrt{\sum_{k=1}^{m}(y_{ki} - \overline{y}_i)^2} \sqrt{\sum_{k=1}^{m}(y_{kj} - \overline{y}_j)^2}} \quad (12-32)$$

(3) 求相关矩阵的特征值与特征向量

解特征方程 $|R - \lambda I| = 0$,得到特征值 $\lambda_j (j=1, 2, \cdots, n)$ 及特征向量

$$\beta_j = (\beta_{j1}, \beta_{j2}, \cdots, \beta_{jn}) \quad j = 1, 2, \cdots, n$$

这里不妨将 λ_j 从大到小排列 $\lambda_1 \geqslant \lambda_2 \geqslant \cdots \geqslant \lambda_n \geqslant 0$。

(4) 确定主分量

选取前 p 个特征值 $\lambda_1, \lambda_2, \cdots, \lambda_p$,使其满足

$$\frac{\sum_{j=1}^{p}\lambda_j}{\sum_{j=1}^{n}\lambda_j} \geqslant \mu \tag{12-33}$$

通常取 $\mu = 0.85$,将第 i 个方案的综合值用一组新的属性 $\mathbf{Z}^i = (Z_1^i, Z_2^i, \cdots, Z_p^i)$ 线性表示,Z_j^i 称为主分量,主分量的计算方法是 $\lambda_1, \lambda_2, \cdots, \lambda_p$ 对应的特征向量 $\beta_1, \beta_2, \cdots, \beta_p$ 与 y_{ij} 的线性组合,即

$$\begin{cases} Z_1^i = \beta_{11} y_{i1} + \beta_{12} y_{i2} + \cdots + \beta_{1n} y_{in} \\ Z_2^i = \beta_{21} y_{i1} + \beta_{22} y_{i2} + \cdots + \beta_{2n} y_{in} \\ \vdots \\ Z_p^i = \beta_{p1} y_{i1} + \beta_{p2} y_{i2} + \cdots + \beta_{pn} y_{in} \end{cases} \tag{12-34}$$

矩阵形式为

$$\begin{bmatrix} Z_1^i \\ Z_2^i \\ \vdots \\ Z_p^i \end{bmatrix} = \begin{bmatrix} \beta_{11} & \beta_{12} & \cdots & \beta_{1n} \\ \beta_{21} & \beta_{22} & \cdots & \beta_{2n} \\ \vdots & \vdots & \vdots & \vdots \\ \beta_{p1} & \beta_{p2} & \cdots & \beta_{pn} \end{bmatrix} \begin{bmatrix} y_{i1} \\ y_{i2} \\ \vdots \\ y_{in} \end{bmatrix}$$

主分量 Z_j^i 的含意是:它包含了决策系统中属性体系的信息量,所包含信息量占属性体系总信息量比重 l_j 的大小由对应的特征值 λ_j 来确定,即

$$l_j = \frac{\lambda_j}{\sum_{i=1}^{n}\lambda_i} \tag{12-35}$$

显然第一个主分量 Z_1 所含信息量的比重最大。因此,主分量 $Z^i = (Z_1^i, Z_2^i, \cdots, Z_p^i)$ 所包含信息量占属性体系总信息量比重至少为 μ,μ 的取值越大表示所含信息越多。

(5) 综合价值函数

第 i 个方案的综合价值为主分量 Z_j^i 的线性组合,Z_j^i 的系数为信息量比重 l_j,得到
$$v_i = l_1 Z_1^i + l_2 Z_2^i + \cdots + l_p Z_p^i \quad i = 1, 2, \cdots, m$$

将式(12-34)及(12-35)代入上式有

$$\begin{aligned} v_i &= l_1(\beta_{11} y_{i1} + \beta_{12} y_{i2} + \cdots + \beta_{1n} y_{in}) + l_2(\beta_{21} y_{i1} + \beta_{22} y_{i2} + \cdots + \beta_{2n} y_{in}) \\ &\quad + \cdots + l_p(\beta_{p1} y_{i1} + \beta_{p2} y_{i2} + \cdots + \beta_{pn} y_{in}) = (l_1 \beta_{11} + l_2 \beta_{21} + \cdots + l_p \beta_{p1}) y_{i1} \\ &\quad + (l_1 \beta_{12} + l_2 \beta_{22} + \cdots + l_p \beta_{p2}) y_{i2} + \cdots + (l_1 \beta_{1n} + l_2 \beta_{2n} + \cdots + l_p \beta_{pn}) y_{in} \end{aligned}$$

合并后得到

$$v_i = \sum_{j=1}^{n}\sum_{k=1}^{p} l_k \beta_{kj} y_{ij} = \sum_{j=1}^{n} w_j y_{ij} \quad i = 1, 2, \cdots, m \tag{12-36}$$

式中 $w_j = \sum_{k=1}^{p} l_k \beta_{kj}$。

一般往往只有一两个特征值就能满足式(12-33),因此主分量个数较少。当主分量只有一个时,式(12-36)变为

$$v_i = l_1 \sum_{j=1}^{n} \beta_{1j} y_{ij} = \frac{\lambda_1}{\sum_{j=1}^{n}\lambda_j} \sum_{j=1}^{n} \beta_{1j} y_{ij} \quad i = 1, 2, \cdots, m \tag{12-37}$$

主分量分析法还可以对系统属性数目进行压缩和筛选。如果存在某个特征值等于零，说明评价体系中 n 个属性存在完全相关关系，这时去掉某个相关属性，体系中压缩为 $n-1$ 个属性，重新求特征值，进行分析和压缩，直到所有特征值非零为止。

【例 12-7】 用主分量分析法计算例 12-1 的方案综合评价值。

解 (1)利用表 12-5 和式(12-32)得到相关矩阵

$$R = \begin{bmatrix} 1 & 0.965 & 0.992 & 0.994 & 0.999 & -0.972 \\ 0.965 & 1 & 0.926 & 0.932 & 0.969 & -0.877 \\ 0.992 & 0.926 & 1 & 0.999 & 0.991 & -0.993 \\ 0.994 & 0.932 & 0.999 & 1 & 0.993 & -0.992 \\ 0.999 & 0.969 & 0.991 & 0.993 & 1 & -0.968 \\ -0.972 & -0.877 & -0.993 & -0.992 & -0.968 & 1 \end{bmatrix}$$

(2)将 R 代入方程 $|R - \lambda I| = 0$ 得到特征值

$$\lambda_1 = 5.856, \lambda_2 = 0.143, \lambda_3 = \cdots = \lambda_6 \approx 0$$

设 $\mu = 0.85, l_1 = \dfrac{\lambda_1}{\sum\limits_{i=1}^{6} \lambda_i} = 0.976 > \mu$，第一个特征值对应的特征向量就是主分量，主分量只有一个。$\lambda_1 = 5.856$ 对应的特征向量为：$\beta_1 = (0.413, 0.395, -0.411, -0.412, -0.413, 0.405)$

由式(12-37)得

$$v_1 = l_1 \sum_{j=i}^{6} \beta_{1j} y_{1j} = 0.976(0.413 \times 0.17 + 0.395 \times (-0.133) + (-0.411) \times (-0.31)$$
$$+ (-0.412) \times (-0.292) + (-0.413) \times (-0.154) + 0.405 \times 0.431) + (-0.412)$$
$$\times (-0.292) + (-0.413) \times (-0.154) + 0.405 \times 0.431) = 0.491$$

同理可得 $v_2 = -2.573$，$v_3 = 2.075$，决策结果是选择方案 A_3。

12.3.6 模糊决策法

模糊决策法是利用模糊数学理论对具有随机性评价矩阵进行综合评价的一种决策方法。

在多属性决策系统中，有些属性的样本值很难精确得到，如对烟、酒、茶味道的评价，衣服的款式、耐穿度、价格的评价，公务员的政治表现、业务水平、工作能力的评价等，这些属性的评价往往通过评分方法来确定。人们对属性的认识和评价受到很多因素的制约，评分结果具有模糊性。这类问题可以采用模糊数学方法进行综合评价决策。

设模糊矩阵

$$\underset{\sim}{A} = (a_{ij})_{m \times n}, 0 \leqslant a_{ij} \leqslant 1 \text{ 并且 } \sum_{j=1}^{n} a_{ij} = 1, i = 1, 2, \cdots, m$$

模糊向量

$$\underset{\sim}{X} = (x_1, x_2, \cdots, x_m), x_j \geqslant 0 \text{ 并且 } \sum_{j=1}^{m} x_j = 1$$

$$\underset{\sim}{Y} = (y_1, y_2, \cdots, y_n)$$

则
$$Y = X \odot A$$
称为模糊变换。符号⊙称为模糊集结算子,表示X与A的合成运算。

注意：模糊矩阵与模糊集结算子有许多不同的表示符号,如A、星号"*"、圆圈"○"等,计算法则也有多种。模糊数、模糊矩阵及模糊向量也有许多不同的表示。为了书写方便,在以下的模糊矩阵(向量)中省略模糊符号"~"。

这里介绍三种模糊变换方法。

(1) $M(\wedge, \vee)$模型。计算法则与矩阵乘法相同,但元素之间的乘法运算换成元素取最小运算$\wedge$,元素之间的加法运算换成元素取最大运算$\vee$,公式为

$$y_j = (x_1 \wedge a_{1j}) \vee (x_2 \wedge a_{2j}) \vee \cdots \vee (x_m \wedge a_{mj}) = \bigvee_{i=1}^{m}(x_i \wedge a_{ij}) \quad j = 1, 2, \cdots, n \quad (12\text{-}38)$$

(2) $M(\cdot, \vee)$模型。此模型的计算法则是将式(12-38)中的最小运算$\wedge$改成乘法运算"·",公式为

$$y_j = (x_1 a_{1j}) \vee (x_2 a_{2j}) \vee \cdots \vee (x_n a_{nj}) = \bigvee_{i=1}^{m}(x_i a_{ij}) \quad j = 1, 2, \cdots, n \quad (12\text{-}39)$$

(3) $M(\cdot, +)$模型。此模型的计算方法与矩阵乘法相同,即

$$y_j = \sum_{i=1}^{m} x_i a_{ij}, j = 1, 2, \cdots, n \quad (12\text{-}40)$$

如要突出主指标时采用$M(\wedge, \vee)$和$M(\cdot, \vee)$模型,如要适当兼顾各指标,并保留指标评价的全部信息,采用$M(\cdot, +)$模型。

一级模糊决策

一级模糊决策(或称综合评价)是指一级指标只有一个,就是要被评价的对象,其基本步骤如下。

(1) 精选评价指标,评价指标的集合记为U,这里称为论域,确定指标的评价语言,评语集合记为V;

(2) 选取一定数量具有代表性和实践经验的人员,对各指标给出评语值(或样本值),得到模糊评价矩阵A及权系数向量X。

(3) 利用模糊变换公式求综合评价向量Y,然后对Y归一化。

(4) 根据归一化Y的值对评价对象作出综合评价结论。一般有以下几种评价准则：

① 最大隶属度法。选取$y_k = \max\{y_1, y_2, \cdots, y_n\}$对应的评语$v_i$作为评价结论。如果有相同的最大$y_k$,则此方法失效,参看例12-8。

② 加权平均法。$f(v_k)$是评语v_k的量化值,将y_k作为v_k的权重(这里y_k是归一化后的值),则综合评价结果为

$$v = \sum_{k=1}^{n} y_k f(v_k) \quad (12\text{-}41)$$

这里v是综合评价值。当v_k不能量化时,此方法失效。

③ 模糊分布法。模糊分布法就是将y_k作为评价结果,y_k反映了各评语隶属度的分布状况,决策者可根据y_k值的大小对各评语隶属程度作出全面合理的评价。

【例12-8】 为了评价资本运营风险因素对资本运营项目的影响程度,选取了九大风险因素：政策、体制、经济、文化、经营、技术、财务、管理及行业风险,本例只选取政策风险进行评价,即要评价政策风险对资本运营项目是否有影响,或影响的程度有多大。

解 (1) 设计论域和评语集。

论域有 7 项指标 $U=\{u_1, u_2, \cdots, u_7\}$。见表 12-11。

评语集 $V=\{v_1$：无影响（1 分）；v_2：影响作用弱（2~4 分）；v_3：影响作用一般（5~7 分）；v_4：影响作用明显（8~10 分）$\}$

表 12-11 政策风险指标体系

	u_i	评价指标
政策风险	u_1	内外贸易政策变化
	u_2	资本运营的政府行为
	u_3	产业结构调整
	u_4	对国家当前的有关政策缺乏深入研究
	u_5	对国家政策未来的变动趋势未作预测
	u_6	对国家政策未来变动趋势预测不准确
	u_7	对国家政策、法规理解有误

(2) 抽样调查。面向国有企业设计了一套问卷，抽样调查了 60 家企业，请企业的负责人对各指标的影响程度打分，收回有效问卷 40 份。问卷发放采用面访、留置问卷等形式。问卷调查地域主要为湖北省，调查企业涉及机械、电子、信息、医药、金融、证券、商业、房地产等行业。对调查表进行统计得到表 12-12。

表 12-12 问卷人数及评分统计表

u_i	无影响（1 分）		影响弱（2~4 分）		影响一般（5~7 分）		影响明显（8~10 分）		合计总分
	人数	总分	人数	总分	人数	总分	人数	总分	
u_1	4	4	20	38	10	54	6	50	146
u_2	4	4	8	20	10	58	18	160	242
u_3	0	0	4	6	14	75	22	194	275
u_4	0	0	20	38	8	91	12	34	163
u_5	0	0	15	16	9	110	16	52	178
u_6	2	2	20	40	14	84	4	35	161
u_7	10	10	12	26	8	44	10	88	168
Σ	20	20	99	184	73	516	88	613	1333

(3) 求指标权系数。由评语打分设计可知，指标越重要其分值越高，权系数越大。将表 12-12 各指标的总分（表中最后一列）除以 1 333（总分），得到各指标的分值比例，比例大小反映了指标的重要程度，因此指标的权系数向量为

$$X = (0.109 \quad 0.183 \quad 0.206 \quad 0.122 \quad 0.133 \quad 0.121 \quad 0.126)$$

(4) 求模糊判断矩阵。求模糊判断矩阵有两种方法，一种方法是将指标各评语人数除以 40，例如 v_1：$(0.1, 0.1, 0, 0, 0, 0.25, 0.15)$；另一种方法是各指标评语分除以某项评语总分。这里选择第一种方法，则有

$$A = \begin{bmatrix} 0.1 & 0.5 & 0.25 & 0.15 \\ 0.1 & 0.2 & 0.25 & 0.45 \\ 0 & 0.1 & 0.35 & 0.55 \\ 0 & 0.5 & 0.2 & 0.3 \\ 0 & 0.375 & 0.225 & 0.4 \\ 0.05 & 0.5 & 0.35 & 0.1 \\ 0.25 & 0.3 & 0.2 & 0.25 \end{bmatrix}$$

(5) 计算评价结果向量。分别用三种模型计算。

① $M(\wedge, \vee)$ 模型

$$Y = X \odot A$$

$$= (0.109, 0.183, 0.206, 0.122, 0.133, 0.121, 0.126) \odot \begin{bmatrix} 0.1 & 0.5 & 0.25 & 0.15 \\ 0.1 & 0.2 & 0.25 & 0.45 \\ 0 & 0.1 & 0.35 & 0.55 \\ 0 & 0.5 & 0.2 & 0.3 \\ 0 & 0.375 & 0.225 & 0.4 \\ 0.05 & 0.5 & 0.35 & 0.1 \\ 0.25 & 0.3 & 0.2 & 0.25 \end{bmatrix}$$

$$= (0.126, 0.183, 0.206, 0.206)$$

② $M(\cdot, \vee)$ 模型。
$$Y = X \odot A = (0.0315 \quad 0.061 \quad 0.0721 \quad 0.1133)$$

③ $M(\cdot, +)$ 模型。
$$Y = X \odot A = (0.0667 \quad 0.3208 \quad 0.0266 \quad 0.3446)$$

(6) 评价结果。按最大隶属度法，$M(\wedge, \vee)$ 模型失效，因为有两个最大值 0.206，不能选择评语。后两种模型有效，综合评语值最大的都是第四个，说明政策风险影响作用是明显的。

注意： ① 从表 12-12 可知，选择影响作用弱的有 99 人次，选择作用明显的有 88 人次，但由模糊评价结论是选择作用明显，说明不能以人次多少来简单作出结论。

② 用加权平均法评价时，首先对评语进行量化。在本例中，取评语中值后除以 10 得到 $f(v_k)$ 的值 {0.1, 0.3, 0.66, 0.9}。

对于 $M(\wedge, \vee)$ 模型有：
$$v = 0.174 \times 0.1 + 0.254 \times 0.3 + 0.286 \times 0.6 + 0.286 \times 0.9 = 0.5226$$

它是一个综合评价值，不能直接得到评语结论，只能反映政策风险的影响程度。

③ 用模糊分布法评价时，评价向量反映了各评语的隶属度，如 $M(\cdot, \vee)$ 模型
$$Y = (0.113 \quad 0.220 \quad 0.259 \quad 0.408)$$

评价结论是：政策风险对资本运营无影响的程度是 0.113，影响作用弱的程度是 0.22，影响作用一般的程度是 0.259，影响作用明显的程度是 0.408。

由模糊决策过程及结果可看出，备选方案似乎只有一个（政策风险），决策结果只是评价政策风险对资本运营项目的影响程度，因此模糊决策可以对单一方案自身的评价，可以不具有可比性，如果有多个方案（如九个风险因素），利用式 (12-41) 分别计算出综合价值 v_j 然后进行比较、排序及决策。

决策者应灵活选择运用三种模型和三种评价方法，对目标更加全面作出合理地评价。

二级模糊综合评价

一级模糊综合评价是将评价系统中的所有指标综合为一个指标进行评价，当指标较多时，指标的权系数 x_i 会变得较小，用 $M(\wedge, \vee)$ 模型评价时，模糊评价矩阵中的元素 a_{ij} 在求 $x_i \wedge a_{ij}$ 时往往被丢失。当系统指标较多时，决策者按指标性质进行分类，如图 12-1 所示的指标体系，采用二级、三级等多级综合评价方法来解决。二级模糊综合评价是将指标分成如图 12-1 所示两层，三级模糊综合评价将指标分为三层等。这里只介绍二级综合评价方法，三级或更多级可仿照二级评价方法类推。

二级模糊综合评价的步骤如下：

(1) 将论域 U 分解成 k 个子域，$U = \{U_1, U_2, \cdots, U_k\}$ 并且满足 $U_i \cap U_j = \varnothing (i \neq j$, $i, j = 1, 2, \cdots, k)$。评语集为 $V = \{v_1, v_2, \cdots, v_m\}$

(2) 对每个子域 U_i 作一级模糊综合评价，得到每个子域 U_i 的模糊综合评价向量 $Y_i = (y_{i1}, y_{i2}, \cdots, y_{im})$。

(3) 对论域 U 作二级模糊综合评价。将一级模糊综合评价向量组成的矩阵归一化后作为二级模糊判断矩阵

$$A = \begin{bmatrix} y_{11} & y_{12} & \cdots & y_{1m} \\ y_{21} & y_{22} & \cdots & y_{2m} \\ \vdots & \vdots & \vdots & \vdots \\ y_{k1} & y_{k2} & \cdots & y_{km} \end{bmatrix}$$

子域 U_i 权系数向量为

$$X = (x_1, x_2, \cdots, x_k)$$

则论域 U 的模糊综合评价为

$$Y = (y_1, y_2, \cdots, y_m) = X \odot A$$

类似地，可以作三级或更多级的模糊综合评价。

【例 12-9】用二级模糊综合评价方法定量描述企业之间竞争力的强弱程度[28]。步骤如下：

(1) 设计评价指标集（论域 U），分为二级指标，如图 12-1 所示。

(2) 设计评语集，$V = \{$很强，较强，一般，差$\}$

(3) 指标的权系数。根据专家评分法，得到论域及各子域的权系数向量：
$X = (0.25, 0.40, 0.35)$，$X_1 = (0.30, 0.40, 0.30)$，$X_2 = (0.20, 0.25, 0.25, 0.30)$，$X_3 = (0.30, 0.25, 0.20, 0.25)$

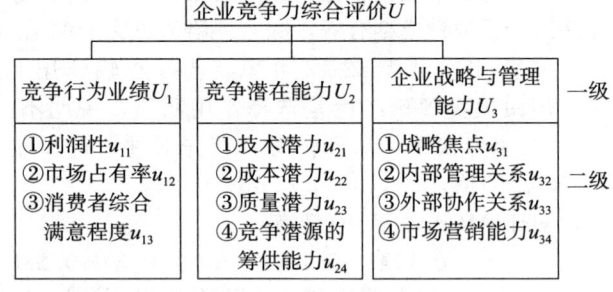

图 12-1

(4) 求二级指标各子域的模糊判断矩阵。可通过统计抽样或专家评分法求得。

$$A_1 = \begin{bmatrix} 0.2 & 0.5 & 0.2 & 0.1 \\ 0.3 & 0.4 & 0.2 & 0.1 \\ 0.2 & 0.5 & 0.25 & 0.05 \end{bmatrix} \quad A_2 = \begin{bmatrix} 0.15 & 0.35 & 0.3 & 0.2 \\ 0.3 & 0.4 & 0.2 & 0.1 \\ 0.25 & 0.45 & 0.2 & 0.1 \\ 0.2 & 0.6 & 0.2 & 0 \end{bmatrix} \quad A_3 = \begin{bmatrix} 0.2 & 0.6 & 0.15 & 0.05 \\ 0.3 & 0.4 & 0.2 & 0.1 \\ 0.5 & 0.4 & 0.1 & 0 \\ 0.3 & 0.5 & 0.1 & 0.1 \end{bmatrix}$$

(5) 计算二级各子域 U_i 的模糊综合评价向量，这里采用 $M(\wedge, \vee)$ 模型。

$$Y_1 = X_1 \odot A_1 = (0.3, 0.4, 0.3) \odot \begin{bmatrix} 0.2 & 0.5 & 0.2 & 0.1 \\ 0.3 & 0.4 & 0.2 & 0.1 \\ 0.2 & 0.5 & 0.25 & 0.05 \end{bmatrix} = (0.3, 0.4, 0.25, 0.1)$$

$Y_2 = X_2 \odot A_2 = (0.25, 0.3, 0.2, 0.3)$，$Y_3 = X_3 \odot A_3 = (0.25, 0.3, 0.2, 0.1)$

(6) 计算一级论域 U 的模糊综合评价向量。将 Y_1、Y_2、Y_3 归一化得到矩阵 A，有

$$Y = X \odot A = (0.25, 0.4, 0.35) \odot \begin{bmatrix} Y_1 \\ Y_2 \\ Y_3 \end{bmatrix}$$

$$= (0.25, 0.4, 0.35) \odot \begin{bmatrix} 0.286 & 0.381 & 0.238 & 0.095 \\ 0.238 & 0.286 & 0.190 & 0.286 \\ 0.294 & 0.353 & 0.235 & 0.118 \end{bmatrix} = (0.294, 0.35, 0.238, 0.286)$$

进行归一化处理 $Y = (0.252, 0.300, 0.204, 0.245)$。

评价结果：根据模糊分布法评价的结果是，有 25.2% 的把握说企业竞争力很强，30% 的把握说竞争力较强，20.4% 的把握说竞争力一般，24.5% 的把握说竞争力差。根据最大

隶属度准则的评价结果是，企业竞争力较强。

12.3.7 动态决策法

动态决策方法也称序时多属性决策方法[32]，是考虑在不同时刻 $t(t=1,2,\cdots,T)$ 的决策矩阵 X_t，运用最大方差法原理进行"纵横向"综合决策的一种方法。

由 T 年 m 个评价对象 n 个属性构成的样本数据 $\{x_{ij}(t)|t=1,2,\cdots,T\}$ 称为**面板数据**(panel data)，第 i 个评价对象的综合价值函数记为

$$v_i(t) = \sum_{j=1}^n w_j(t)x_{ij}(t), i=1,2,\cdots,m; t=1,2,\cdots,T \tag{12-42}$$

式中 $x_{ij}(t)$ 已标准化。由于样本既有时序数据(Time Series data)又有截面数据(Cross-sectional data)，为使不同评价对象之间在不同时刻 t 体现最大差异，用 $v_i(t)$ 的总离差平方和 σ^2 最大的原则求属性权系数 w_j。引用式(12-22)得到

$$\max \sigma^2 = \sum_{t=1}^T \sum_{i=1}^m (v_i(t) - \overline{v})^2 \tag{12-43}$$

由于 $x_{ij}(t)$ 已标准化则有

$$\overline{v} = \frac{1}{T}\sum_{t=1}^T \left(\frac{1}{m}\sum_{i=1}^m \sum_{j=1}^n w_j x_{ij}(t)\right) = 0$$

从而有

$$\sigma^2 = \sum_{t=1}^T \sum_{i=1}^m (v_i(t)-\overline{v})^2 = \sum_{t=1}^T \sum_{i=1}^m (v_i(t))^2 = \sum_{t=1}^T [\boldsymbol{W}\boldsymbol{H}_t\boldsymbol{W}^{\mathrm{T}}] = \boldsymbol{W}\boldsymbol{H}\boldsymbol{W}^{\mathrm{T}} \tag{12-44}$$

式中 $\boldsymbol{W}=(w_1,w_2,\cdots w_n)$，$\boldsymbol{H}=\sum_{t=1}^T \boldsymbol{H}_t$ 为 $n\times n$ 矩阵，$\boldsymbol{H}_t = \boldsymbol{X}_t^{\mathrm{T}}\boldsymbol{X}_t(t=1,2,\cdots,T)$，$\boldsymbol{X}$ 是标准化后的矩阵

$$\boldsymbol{X}_t = \begin{bmatrix} x_{11}(t) & \cdots & x_{1n}(t) \\ \cdots & \cdots & \cdots \\ x_{m1}(t) & \cdots & x_{mn}(t) \end{bmatrix}$$

【**定理 12.2**】若限定 $\|\boldsymbol{W}\|=\boldsymbol{W}^{\mathrm{T}}\boldsymbol{W}=1$，当取 $\boldsymbol{W}$ 为矩阵 $\boldsymbol{H}$ 的最大特征值 $\lambda_{\max}(\boldsymbol{H})$ 所对应的特征向量时，σ^2 取最大值，并且有

$$\max_{\|\boldsymbol{W}\|=1} \boldsymbol{W}^{\mathrm{T}}\boldsymbol{H}\boldsymbol{W} = \lambda_{\max}(\boldsymbol{H}) \tag{12-45}$$

当 $\boldsymbol{H}_t>0(t=1,2,\cdots,T)$ 时，式(12-42)中的 w_j 由式(12-45)确定，w_j 是时间 t 的函数并且非负，在各时刻 t 的评价值 $v_i(t)$ 具有可比性。当存在某个 $w_j<0$ 时用下列规划解出

$$\max \boldsymbol{W}^{\mathrm{T}}\boldsymbol{H}\boldsymbol{W}$$
$$\begin{cases} \boldsymbol{W}^{\mathrm{T}}\boldsymbol{W} = 1 \\ \boldsymbol{W} \geqslant 0 \end{cases} \tag{12-46}$$

动态决策方法利用了更多的样本信息，不仅可以横向比较还可以纵向比较。

【**例 12-10**】选取我国 50 个高新区 2001 年、2002 年连续两年的统计资料，6 个评价指标，即 $T=2$，$m=50$，$n=6$。

评价指标：X_1：工业总产值(亿元)；X_2：技工贸总收入(亿元)；X_3：人均技工贸总收入(万元/人)；X_4：上交税费(亿元)；X_5：出口创汇(万美元)；X_6：R&D 经费占产品销售收入的比例(%)。

试对 50 个高新区的高新技术风险投资效益进行评价排序。

解 （1）收集资料。使用《中国开发区年鉴 2002》得到 6 个评价指标的统计资料，本例

部分数据省略，见表 12-13、12-14。

表 12-13 2001 年统计资料

代码	单位	$X_1(1)$	$X_2(1)$	$X_3(1)$	$X_4(1)$	$X_5(1)$	$X_6(1)$
1	北京	1 255.89	1 986.49	55.46	88.47	292 888	3.27
2	武汉	287.45	939.42	29.63	24.25	14 218	0.23
3	南京	439.09	595.51	90.3	33.66	57 917	0.89
...							
50	绵阳	136.43	41.13	31.43	9.18	11 610	3

表 12-14 2002 年统计资料

代码	单位	$X_1(2)$	$X_2(2)$	$X_3(2)$	$X_4(2)$	$X_5(2)$	$X_6(2)$
1	北京	1 477.22	2 394.8	59.3	98.78	287 679	10.16
2	武汉	313.17	1 035.94	36.86	23.11	19 398	4.14
3	南京	508.28	696.43	83.09	36.58	74 255	4.25
...							
50	绵阳	182.08	69.52	35.56	8.21	76 944	5.32

（2）求评价系数及综合价值。

对表 12-13 和表 12-14 标准化后得到矩阵 X_1 及 X_2，由 $H_t = X_t^T X_t (t=1,2)$ 及 $H = \sum_{t=1}^{2} H_t$ 得

$H(2001)$

49.000 0	34.128 2	27.614 7	47.996 9	40.951 3	7.482 4
34.128 2	49.000 0	6.237 3	37.041 1	20.657 4	−8.863 2
27.614 7	6.237 3	49.000 0	25.386 1	27.702 8	8.439 2
47.996 9	37.041 1	25.386 1	49.000 0	37.170 0	4.814 6
40.951 4	20.657 4	27.702 8	37.169 9	49.000 0	9.389 8
7.482 4	−8.863 2	8.439 3	4.814 6	9.389 8	49.000 0

$H(2002)$

49.000 0	34.583 4	23.452 2	46.560 6	35.933 0	24.051 1
34.583 4	49.000 0	7.254 4	36.917 4	14.627 0	18.759 6
23.452 2	7.254 4	48.999 9	18.854 7	28.107 0	3.171 4
46.560 6	36.917 4	18.854 7	49.000 0	27.110 7	20.678 5
35.933 1	14.627 0	28.107 1	27.110 7	49.000 0	13.713 2
24.051 2	18.759 6	3.171 4	20.678 5	13.713 1	49.000 0

$H = H(2001) + H(2002)$

98.000 0	68.711 6	51.066 9	94.557 5	76.884 4	31.533 6
68.711 6	98.000 0	13.491 7	73.958 5	35.284 4	9.896 4
51.066 9	13.491 7	97.999 9	44.240 8	55.809 9	11.610 7
94.557 6	73.958 5	44.240 8	98.000 0	64.280 7	25.493 1
76.884 4	35.284 4	55.809 9	64.280 7	98.000 0	23.103 0
31.533 6	9.896 4	11.610 7	25.493 1	23.102 9	98.000 0

H 的最大特征值及特征向量为：

$$\lambda_{\max} = 346.4, W = (1, 0.729\ 7, 0.621, 0.961\ 7, 0.835\ 1, 0.361\ 4)$$

将 W 归一化得到

$$W = (0.221\ 8, 0.161\ 8, 0.137\ 7, 0.213\ 3, 0.185\ 2, 0.080\ 2)$$

使用公式 $V_t = W X_t^T$，分别计算 2001 年和 2002 年各高新区综合评价值，并按评价值从大到小排序，结果如表 12-15 所示。

表 12-15　50 个高新区综合价值及排序

排序	2001 地区	v_{2001}	2002 地区	v_{2002}	排序	2001 地区	v_{2001}	2002 地区	v_{2002}	排序	2001 地区	v_{2001}	2002 地区	v_{2002}
1	北京	3.839	北京	3.878	14	广州	0.084	成都	0.182	27	重庆	-0.249	绵阳	-0.225
2	上海	2.257	上海	1.926	15	惠州	0.038	沈阳	0.166	28	绵阳	-0.281	威海	-0.256
3	深圳	1.528	深圳	1.561	16	长沙	0.037	杭州	0.144	29	合肥	-0.29	重庆	-0.261
4	南京	0.966	南京	0.935	17	西安	0.032	佛山	0.034	30	郑州	-0.328	合肥	-0.283
5	苏州	0.921	苏州	0.821	18	长春	-0.027	长沙	0.027	31	济南	-0.332	济南	-0.313
6	青岛	0.838	无锡	0.641	19	厦门	-0.066	西安	-0.006	32	襄樊	-0.396	郑州	-0.401
7	天津	0.53	青岛	0.534	20	中山	-0.12	中山	-0.078	33	淄博	-0.408	襄樊	-0.411
8	无锡	0.49	长春	0.515	21	福州	-0.138	大连	-0.152	34	昆明	-0.453	淄博	-0.428
9	武汉	0.362	天津	0.458	22	大连	-0.144	福州	-0.177	35	太原	-0.462	大庆	-0.497
10	佛山	0.267	厦门	0.411	23	吉林	-0.187	吉林	-0.178	36	珠海	-0.47	潍坊	-0.504
11	杭州	0.226	武汉	0.365	24	哈尔滨	-0.2	珠海	-0.187	37	常州	-0.481	昆明	-0.507
12	成都	0.219	惠州	0.294	25	石家庄	-0.203	石家庄	-0.222	38	潍坊	-0.482	太原	-0.507
13	沈阳	0.085	广州	0.24	26	威海	-0.221	哈尔滨	-0.225	39	桂林	-0.49	常州	-0.521
										40	南昌	-0.5	株洲	-0.534
										41	大庆	-0.505	桂林	-0.549
										42	南宁	-0.512	南宁	-0.549
										43	株洲	-0.52	海南	-0.556
										44	兰州	-0.537	南昌	-0.574
										45	海南	-0.574	洛阳	-0.611
										46	包头	-0.587	兰州	-0.614
										47	宝鸡	-0.596	包头	-0.67
										48	洛阳	-0.599	宝鸡	-0.686
										49	乌鲁木齐	-0.646	乌鲁木齐	-0.702
										50	贵阳	-0.717	贵阳	-0.748

(3) 排序结果分析

综合评价值是风险投资整体效益的一种体现。由表 12-15 知，排序在前 5 名的单位 2 年没有发生变化，分别是北京、上海、深圳、南京、苏州，这些都分布在沿海和东部地区，其中有 2 个地区是江苏省。排在后面的地区基本上是经济比较落后或中西部地区。长春和厦门由 2001 年的第 18、19 位上升到 2002 年的第 8、10 位，上升速度最快的是珠海，下降速度最快的是佛山。2 年的动态排序表明，绝大部分地区排序变化不大，其原因是地区条件和历史发展所形成的。

12.4 层次分析法

层次分析法((Analytic Hierarchy Process，简称 AHP)是将具有复杂的多属性决策问题分解成目标、准则、方案等递阶层次，在此基础之上进行定性和定量分析的决策方法。该方法是美国运筹学家匹兹堡大学教授萨蒂(T. L. Saaty)等人于 20 世纪 70 年代初提出的。层次分析法是一种综合决策方法。

12.4.1 建立递阶层次结构

AHP 第一步建立多级的层次结构，层次一般分为三类：目标层、准则层及方案层。

【例 12-11】某人想选购一辆神龙汽车有限公司生产的标致系列小型客车，可选型号有 3008、508、408、308，考虑的因素(准则)有价格、油耗等五种，那么此人要为选购哪一款型号的车作出决策。首先建立层次结构，如图 12-2 所示。

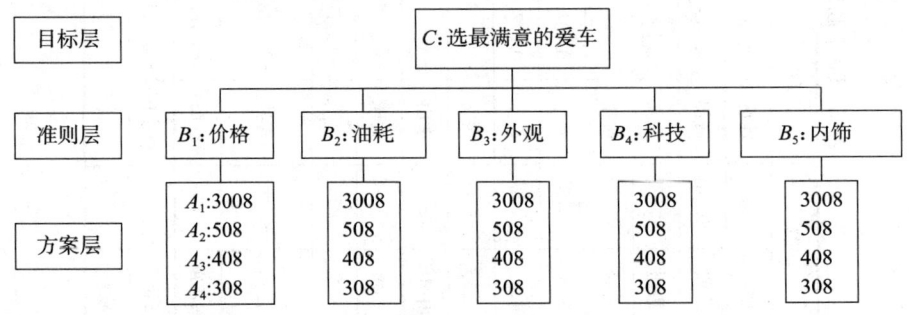

图 12-2 购车决策层次结构

(1) 目标层

目标层是决策的最高层，是最终要达到的总目标，只有一个目标，记为 C。图 12-2 中目标层的目标是在 4 种车型中选择一款车，自己觉得称心如意。

(2) 准则层

准则层是由决策者为了达到目标层的总目标设定的可选约束因素(元素)构成，是决策的中间环节，因此也称为中间层。准则层可以是多级的，如准则层一、准则层二等。准则层记为 B，若准则层有 k 级则记为 B_1、B_2、$\cdots$、B_k，第 i 级元素记为 B_{ij}，如果准则层只有一层，B_1、B_2、$\cdots$、B_n 就表示该层元素。

图 12-2 中的准则层由价格等 5 个元素构成。如果此人将每种车型再细分为经典版、潮流版、旗舰版及至尚版等备选方案，则图 12-2 就有两个准则层。

(3) 方案层

方案层由决策者的备选方案构成,是层次结构的最低层。方案层记为 A,方案记为 A_1、A_2、$\cdots$、A_m。图 12-2 中的方案层由 4 个方案构成。

建立层次结构图的原则。

1) 递阶层次中任一元素仅属于某一个层次,其他层次不再出现该元素;

2) 元素 C 必须支配所有 B 层元素,B 层元素都受元素 C 支配并且支配 A 层至少一个元素,A 层元素至少受 B 层一个元素支配;

3) 同一层次元素之间不存在支配关系。

若两元素之间存在支配关系就用线段将它们联结起来。图 12-2 也可以用图 12-3 的形式表示。

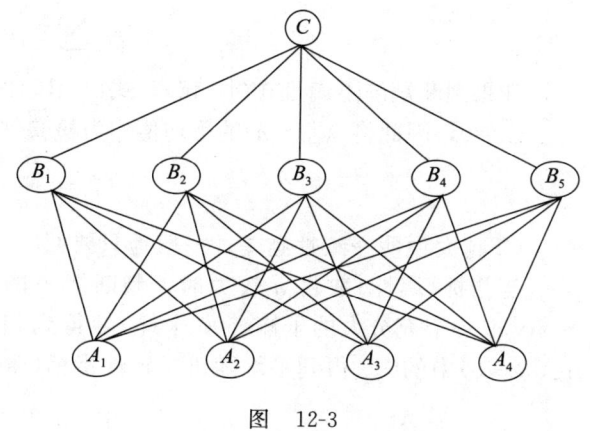

图 12-3

12.4.2 判断矩阵与权系数

AHP 的第二步是建立各层次的判断矩阵。运用表 12-6 给出的 9 级序数分值法赋值得到判断矩阵。

建立判断矩阵遵循由上而下由高到低的顺序。

(1) 对准则层各元素进行两两比较,得到准则层的判断矩阵,记为 $\boldsymbol{C}$。如图 12-3 所示,B_i 与 B_j 比较得到 5×5 判断矩阵。

(2) 分别选择准则层一个元素 $B_i(i=1,2,\cdots,n)$,对方案层各元素两两比较,得到 n 个判断矩阵,记为 $\boldsymbol{B}_1,\boldsymbol{B}_2,\cdots,\boldsymbol{B}_n$。如图 12-3,选择价格因素,4 种车型两两比较,对于价格来说 3 008 与 508 比较此人认为比较喜欢 3 008(3 008 比 508 稍重要),3 008 与 408 比较很喜欢 3 008 等等,得到价格因素的判断矩阵,这样共有 5 个判断矩阵。

AHP 的第三步是计算权系数。运用 12.2 介绍的方法计算各准则元素及各方案权系数。

(1) 由判断矩阵 $\boldsymbol{C}$ 计算准则层各元素的权系数向量,记为
$$\boldsymbol{W}_C = (w_1, w_2, \cdots, w_n)^{\mathrm{T}}$$

(2) 由判断矩阵 $\boldsymbol{B}_1,\boldsymbol{B}_2,\cdots,\boldsymbol{B}_n$ 计算 n 个权系数向量,记为

$$\boldsymbol{W}_B = (\boldsymbol{W}_{B_1}, \boldsymbol{W}_{B_2}, \cdots, \boldsymbol{W}_{B_n}) = \begin{bmatrix} w_{11} & w_{12} & \cdots & w_{1n} \\ w_{21} & w_{22} & \cdots & w_{2n} \\ \cdots & \cdots & \vdots & \cdots \\ w_{m1} & w_{m2} & \cdots & w_{mn} \end{bmatrix}$$

(3) 计算组合权系数向量 $\boldsymbol{V}$。组合权系数即是各方案的综合价值,计算公式
$$\boldsymbol{V} = \boldsymbol{W}_B \boldsymbol{W}_C \tag{12-47}$$

依据式(12-47)向量 $\boldsymbol{V}$ 值大小即可作出决策。

12.4.3 一致性检验

定义 12.1 提到判断矩阵元素 c_{ij} 满足式(12-12)则称 c_{ij} 为一致估计量。对于完全满足或

不完全满足式(12-12)的情形前面已介绍了几种赋权方法。一般地，人们在两两元素比较时很难满足式(12-12)的要求，往往存在一定的误差，问题是误差多大才认为是一致的，这就提出一致性检验。如果判断矩阵一致，式(12-19)可知 C 的特征值为 n，也是唯一最大特征值 $\lambda_{\max}=n$，因为 $c_{jj}=1$ 这时有

$$n = \sum_{j=1}^{n} \lambda_j = \sum_{j=1}^{n} c_{jj}$$

如果判断矩阵不满足式(12-12)，式(12-19)的 $\lambda_{\max} \geqslant n$，或 $\lambda_{\max} - n \geqslant 0$，显然完全一致时 $\lambda_{\max} - n = 0$，因此将 $(\lambda_{\max} - n)$ 的平均值作为检验判断矩阵的一致性指标(consistency index)CI

$$\mathrm{CI} = \frac{\lambda_{\max} - n}{n-1} \tag{12-48}$$

CI 越大说明一致性越差，一般地只要 CI<0.1 就认为判断矩阵的一致性可以接受。

当指标(属性)数目 n 较大时，判断矩阵的一致性越差，考虑到指标维数 n 的因素，Saaty 取一个充分大的子样(500 个样本)得到判断矩阵 C 的最大特征值的平均值 $\lambda'_{\max}$ 代替式(12-48)中的 $\lambda_{\max}$ 得到平均随机一致性指标(random index)RI

$$\mathrm{RI} = \frac{\lambda'_{\max} - n}{n-1} \tag{12-49}$$

对于 1~15 阶的判断矩阵 Saaty 给出了 RI 值，参见表 12-16。将 CI 与 RI 的比值作为一致性检验指标，称为随机一致性比例(consistency ratio)CR

$$\mathrm{CR} = \frac{\mathrm{CI}}{\mathrm{RI}} \tag{12-50}$$

表 12-16　平均随机一致性指标值

n	1	2	3	4	5	6	7	8	9	10	11	12	13	14	15
RI	0	0	0.58	0.9	1.12	1.24	1.32	1.41	1.45	1.49	1.51	1.54	1.56	1.58	1.59

当 CR<0.1 时认为判断矩阵有满意的一致性，否则就需要调整判断矩阵，使之达到一致性。

尽管使用 CR=0.1 作为检验一致性的临界值已被人们所接受，但在实际应用中，n 较小时容易通过(标准过松)，当 n 较大($n \geqslant 7$)时则很难通过(标准过严)，因此有学者直接使用 CI 指标用统计检验的方法寻找 CI 的临界值，计算公式

$$\mu_0 = \frac{\lambda_\alpha}{2n(n-1)} \tag{12-51}$$

式中：n 为判断矩阵阶数，λ_α 是置信水平为 α、自由度为 $n(n-1)/2$ 的 χ^2 分布的临界值。如 $n=7$、$\alpha=0.9$，自由度为 21，查表 $\lambda_{0.9}(21)=13.24$，得到 $\mu_0=0.1576$。当 $\alpha=0.95$ 时 $\mu_0=0.1379$。表 12-17 列出了置信水平为 0.9 时 CI 的临界值。应用表 12-17 的优点是直接使用 CI 指标检验，不需要求 RI 及 CR，并且解决了判断标准过松与过紧问题。例如，$n=9$ 时 CI=0.16，由表 12-17 知 CI<0.178 因而认为可以接受判断矩阵具有满意的一致性假设，而 CR=0.16/1.45=0.11>0.1，则拒绝满足一致性假设。

表 12-17　CI 的临界值($\alpha=0.9$)

n	3	4	5	6	7	8	9	10	11	12	13
临界值 μ_0	0.049	0.092	0.122	0.124	0.158	0.169	0.178	0.185	0.191	0.195	0.200

注意：这里省略了式(12-51)的推导。当 $n \geqslant 9$ 时自由度超过了 30，一般 χ^2 分布表查不到临界值，需要其他方法得到临界值 λ_a。

一致性检验关键是计算最大特征值。在已求出权系数向量 W 时，最大特征值可用公式

$$\lambda_{\max} = \frac{1}{n} \sum_{i=1}^{n} \frac{1}{w_i} \sum_{j=1}^{n} c_{ij} w_j \tag{12-52}$$

计算，式中判断矩阵 $C = (c_{ij})_{n \times n}$，$W = (w_1, w_2, \cdots, w_n)^T$。

由此得到层次分析法的基本步骤：第一步建立多级递阶层次结构；第二步建立各层次的判断矩阵；第三步计算各层权系数及组合权系数；第四步是一致性检验；第五步进行综合决策。

【例 12-12】 某企业计划开发一种新产品，投产之前要对风险进行评价，评价方案有三种：高风险、中风险及低风险。

解 (1) 企业组织相关专业人员，建立风险评价层次结构见图 12-4。

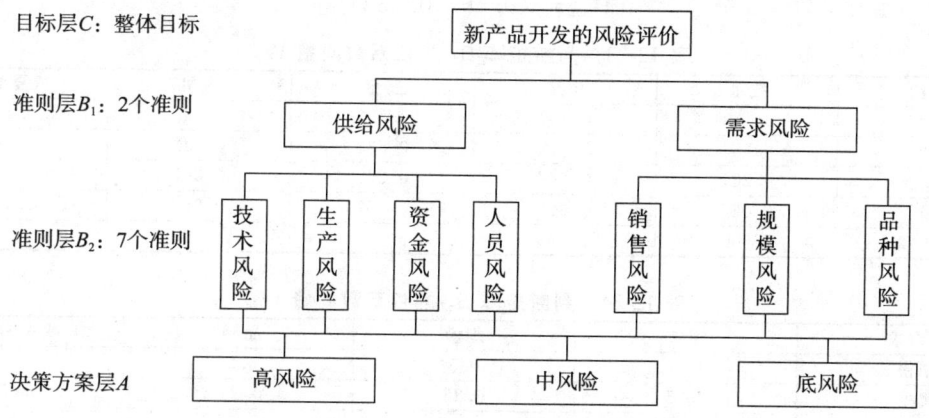

图 12-4 风险评价层次结构图

(2) 建立判断矩阵

图 12-4 目标层与准则层共有 10 个元素(指标)，该决策问题共有 10 个判断矩阵。

表 12-18 判断矩阵 C

总目标	供给	需求
供给	1	2
需求	1/2	1

表 12-19 B_1 层供给风险对 B_2 层所支配的 4 个准则之间的判断矩阵 B_{11}

供给风险	技术	生产	资金	人员
技术	1	1/4	1/2	2
生产	4	1	2	8
资金	2	1/2	1	4
人员	1/2	1/8	1/4	1

B_2 层 7 个元素都支配 A 层 3 个元素，3 个元素都受 B_2 层 7 个元素支配，因此有 7 个判断矩阵，表 12-21 列出第一个判断矩阵 B_{21}，其余 B_{22}、B_{23}、$\cdots$，B_{27} 等 6 个判断矩阵略。

表 12-20 B_1 层需求风险对 B_2 层所支配的 3 个准则之间的判断矩阵 B_{12}

需求风险	销售	规模	品种
销售	1	2	2
规模	1/2	1	1
品种	1/2	1	1

表 12-21 技术风险对 A 层 3 个方案之间的判断矩阵 B_{21}

技术	高风险	中风险	低风险
高风险	1	1/4	2
中风险	4	1	8
低风险	1/2	1/8	1

(3) 求权系数

本例采用算术平均法式(12-17)求权系数。

第一步：对判断矩阵列求和
第二步：每个元素除以对应列的总和
第三步：计算每行的平均值。

判断矩阵 C 的权系数向量见表 12-22。

计算说明：①表中列求和由表 12-18 判断矩阵得到：$1+0.5=1.5$，$2+1=3$。以下各表计算相同。②表中间数据计算，用表 12-18 的判断系数除以表 12-22 对应列求和值：$1/1.5=0.667$，$0.5/1.5=0.333$，$2/3=0.667$，$1/3=0.333$；③权系数，表 12-22 每行的平均值：$(0.667+0.667)/2=0.667$，$(0.333+0.333)/2=0.333$

表 12-22　判断矩阵 C 的权系数向量 W_C

	供给	需求	权重 W_C
供给	0.667	0.667	0.667
需求	0.333	0.333	0.333
列求和	1.5	3	

则有
$$W_C = (0.667, 0.333)^T$$

表 12-23　判断矩阵 B_{11} 的权系数向量 W_{11}

供给	技术	生产	资金	人员	权重 W_{11}
技术	0.133	0.133	0.133	0.133	0.133
生产	0.533	0.533	0.533	0.533	0.533
资金	0.267	0.267	0.267	0.267	0.267
人员	0.067	0.067	0.067	0.067	0.067
列求和	7.500	1.875	3.750	15.000	

表 12-24　判断矩阵 B_{12} 的权系数向量 W_{12}

需求	销售	规模	品种	权重 W_{12}
销售	0.5	0.5	0.5	0.5
规模	0.25	0.25	0.25	0.25
品种	0.25	0.25	0.25	0.25
列求和	2.000	4.000	4.000	

$W_{11}=(0.133, 0.533, 0.267, 0.067, 0, 0, 0)^T$，$W_{12}=(0, 0, 0, 0, 0.5, 0.25, 0.25)^T$
准则层权系数矩阵为：

$$W_B = (W_{11}, W_{12}) = \begin{bmatrix} 0.133 & 0 \\ 0.533 & 0 \\ 0.267 & 0 \\ 0.067 & 0 \\ 0 & 0.5 \\ 0 & 0.25 \\ 0 & 0.25 \end{bmatrix}$$

注意：供给风险支配 4 个指标，需求风险支配 3 个指标，B_2 层有 7 个指标，没有支配的指标权系数为零，W_{11}、W_{12} 仍为 7×1 向量。

表 12-25　判断矩阵 B_{21} 的权系数向量 W_{21}

技术	高风险	中风险	低风险	权重 W_{21}
高风险	0.182	0.182	0.182	0.182
中风险	0.727	0.727	0.727	0.727
低风险	0.091	0.091	0.091	0.091
列求和	5.500	1.375	11.000	

同理可得其他 6 个权系数向量，B_2 层对 A 层的权系数矩阵

$$W_A = (W_{21}, W_{22}, \cdots, W_{27}) = \begin{bmatrix} 0.182 & 0.678 & 0.571 & 0.143 & 0.652 & 0.571 & 0.114 \\ 0.727 & 0.226 & 0.286 & 0.571 & 0.217 & 0.286 & 0.405 \\ 0.091 & 0.097 & 0.143 & 0.286 & 0.130 & 0.143 & 0.481 \end{bmatrix}$$

（3）求方案层的综合评价值

$$V = W_A W_B W_C = (0.531, 0.315, 0.154)^T$$

（4）风险评价

由向量 V 的值表明各风险系数的大小，高风险系数最大，结果表明企业开发该新产品的风险较大，形势好的可能性较小。

（5）一致性检验

这里检验表 12-19 判断矩阵 B_{11} 的一致性，其他判断矩阵请读者完成。

第一步：由式(12-52)计算加权向量，即判断矩阵的行向量与指标权系数的线性组合

$$k_i = \sum_{j=1}^{n} c_{ij} w_j$$

$$K = \begin{bmatrix} k_1 \\ k_2 \\ k_3 \\ k_4 \end{bmatrix} = B_{11} W_{11} = \begin{bmatrix} 1 & 0.25 & 0.5 & 2 \\ 4 & 1 & 2 & 8 \\ 2 & 0.5 & 1 & 4 \\ 0.5 & 0.125 & 0.25 & 1 \end{bmatrix} \begin{bmatrix} 0.133 \\ 0.533 \\ 0.267 \\ 0.067 \end{bmatrix} = \begin{bmatrix} 0.534 \\ 2.135 \\ 1.068 \\ 0.267 \end{bmatrix}$$

第二步：用加权值 k_j 除以每个指标的权系数 w_j：$l_j = k_j / w_j$

$$L = \left(\frac{0.543}{0.133}, \frac{2.135}{0.533}, \frac{1.068}{0.267}, \frac{0.267}{0.067} \right) = (4.013, 4.006, 3.998, 3.983)$$

第三步：计算最大特征值 $\lambda_{\max}$、CI 及 CR

$$\lambda_{\max} = \frac{\sum_{j=1}^{n} l_j}{n} = \frac{4.013 + 4.006 + 3.998 + 3.983}{4} = 4, \quad CI = \frac{\lambda_{\max} - n}{n} = 0, \quad CR = 0$$

结果显示判断矩阵 B_{11} 完全一致。

多属性决策或综合评价方法还有：DEA 方法、基于粗糙集决策方法、群决策方法、神经网络方法、灰色关联度方法等，请读者参阅有关文献。

12.5 计算软件

12.5.1 MCE 软件包

现代综合评价（Modern Comprehensive Evaluation，MCE）软件包，该软件由吴炎等学者开发。MCE 是一套专用软件，包括层次分析法、模糊综合评价法及灰色综合评价法三个模块。MCE 软件光盘随教材《现代综合评价方法与案例精选》一起赠送，免费使用。这里只介绍 AHP 的操作步骤。

（1）软件安装后启动 MCE 程序。点击文件→AHP，进入模型输入界面。

（2）输入层次结构图。以例 12-12 为例。

第一步输入备选方案，在添加方案中逐个输入高风险、中风险、低风险。

第二步输入目标层，在添加节点中输入"新产品开发的风险评价"，点击"添加"。

第三步输入准则层 B_1 指标，输入第一个指标"供给风险"时点击"添加子节点"，输入第二个指标"需求风险"时点击"添加节点"。

第四步输入准则层 B_2 指标，点击"供给风险"，在添加节点中输入"技术"点击"添加子节点"，添加其余指标只点击"添加节点"即可。输入完供给风险所支配的指标后再输入需求风险下所支配的指标，完成层次结构图的输入。

注意：对照图 12-4，输入顺序是方案层 A、目标层 C、准则层 B，指标体系中不含方案层。输入同一层指标时不要点击"添加子节点"，只有进入下一层第一个指标时才点击"添加子节点"。

（3）输入判断矩阵。依次点击"新产品开发的风险评价"、"判断矩阵"，输入判断矩阵 C，只要输入对角线右上方三角形的数据即可，对角线及左下方的数据不需要输入。同理点击"供给风险"、"判断矩阵"，"技术"、"判断矩阵"……，每一个指标有一个判断矩阵，指标体系中有 10 个指标则有 10 个判断矩阵，不要漏掉。

（4）计算。在判断矩阵界面，点击"层次单排序"对应的指标权系数及排序，点击"计算结果"得到各方案的组合系数即综合价值，并给出综合排序。

（5）一致性检验。当点击"层次单排序"时软件进行一致性检验，当不满足一致性时需要调整判断矩阵重要程度值，否则不能运算。层次结构见图 12-5。

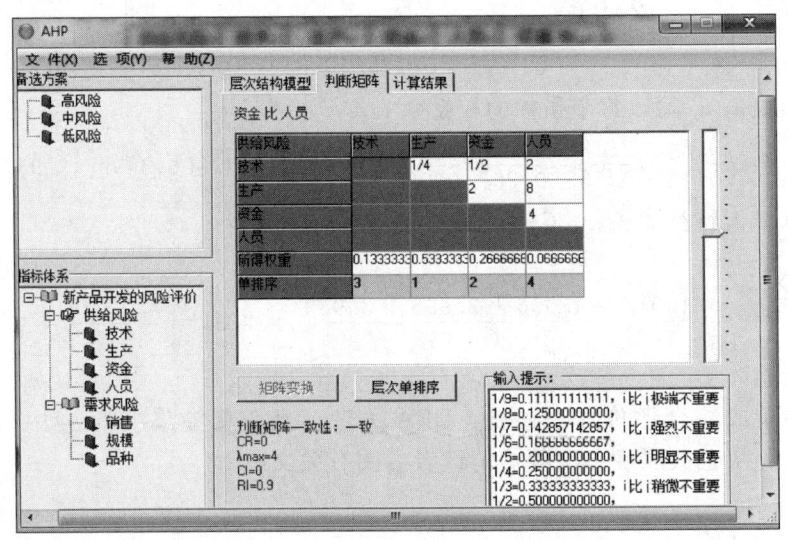

图 12-5

12.5.2 DASC 与 DPS 软件

多属性决策的计算可以通过 MS-Excel、MATLAB、SPSS、SAS 等软件单个或组合使用得到解决。但对多数学生来说有些软件不容易得到，较快掌握操作方法也比较困难。下面介绍两种针对学生使用的中文软件，入门快捷操作方便，供选择使用。

1. 数据分析与统计计算（DASC）软件。该软件由武汉理工大学童恒庆教授开发，DASC 全面覆盖 SPSS 的模型计算功能，但是操作简单，不需要培训，不需要手册；用户只管朝前点击，所有提示都在当前屏幕；图像功能丰富，设有两套图像系统。计算功能如下图所示。该软件配套教材见文献[30][31]。

DASC 软件在多属性决策计算中,可以调用数据预处理、多元统计分析、矩阵运算、线性方程组等模块。该软件只要注册即可获得免费使用。DASC 下载地址:http://public.whut.edu.cn/slx/。

2. 数据处理系统(DPS)软件。该软件由浙江大学唐启义教授开发。DPS 软件除了统计分析功能外,还包括数学规划、模糊数学、灰色系统、神经网络及综合评价(如层次分析)等功能。

习题

12.1 现有五家钢铁行业股份公司年末主要指标的财务报表如下:

指标 公司	每股收益(元)	每股净资产(元)	每股公积金(元)	净资产收益率(%)	资产负债率(%)
1	0.19	2.52	1.23	7.68	22.3
2	0.13	2.15	0.94	5.94	28.8
3	0.18	4.12	2.18	4.87	29.9
4	0.03	1.81	0.58	1.08	30.9
5	0.32	3.65	1.12	8.52	45.2

注:资产负债率=(负债总额÷总资产净额)×100%,设最佳稳定区间为[40,50]。

(1) 指出指标的类型,对数据进行规范化处理。
(2) 对指标数据进行标准化处理。
(3) 用熵值法求指标的权系数。
(4) 运用线性加权方法对五家钢铁公司进行综合评价,并给出排名。

12.2 运用式(12-1)证明式(12-26)成立。

12.3 用几何平均法求例 12-5 属性权系数。

12.4 利用式(12-31)计算例 12-5 的权系数,并进行评价与比较。

12.5 某单位有五位职工,年终进行综合考评,其中评选一位优秀。选取五项考核指标: $B=\{B_1$:政治态度,B_2:工作能力,B_3:业务考核,B_4:团结合作,B_5:遵纪守法}。评委会进行两两比较指标的重要度,得到指标相对重要程度分值 c_{ij} 如表 12-26 所示。

表 12-26

	B_1	B_2	B_3	B_4	B_5
B_1	1	1/2	2	3	4
B_2		1	3	4	2
B_3			1	2	1
B_4				1	3
B_5					1

已知五人的综合考核考试成绩如表 12-27 所示。

表 12-27

指标 候选人	B_1(十分制)	B_2(十分制)	B_3(百分制)	B_4(十分制)	B_5(十分制)
1	9.5	9.3	94	8.6	9.7
2	9.7	9.6	89	9.3	9.8
3	9.8	9.5	87	9.4	9.8
4	9.6	9.7	90	9.6	9.7
5	9.7	9.8	92	9.2	9.6

(1) 填写表 12-26 空白处,写出判断矩阵,检验判断矩阵是否满足一致性。

(2) 对决策矩阵作规范化及标准化处理。
(3) 用平均法求指标的权系数，对候选人作综合评价。
(4) 用特征值法求指标的权系数，对候选人作综合评价。
(5) 用最小平方法求指标的权系数，对候选人作综合评价。
(6) 用最大方差法求指标的权系数，对候选人作综合评价。

12.6 对题 12.1 给出的决策矩阵：运用直接理想解排序和加权理想解排序法对五家公司进行综合评价。

12.7 在例 12-8 提到评价资本运营风险因素对资本运营项目的影响程度，下表是选取其中经营风险调查表（40 份问卷），调查表含义参看例 12-8。

经营风险		无影响 (1分)		影响弱 (2~4分)		影响一般 (5~7分)		影响明显 (8~10分)	
		人数	总分	人数	总分	人数	总分	人数	总分
外部环境	信息业不发达，难以获得重要信息	4	4	8	22	8	38	20	174
	商业信用低	6	6	6	16	16	86	12	110
运营主体	经营方向选择不当	4	4	6	14	14	90	16	140
	市场预测错误	5	5	4	8	13	75	18	164
	缺乏市场开发能力	2	2	6	14	10	64	22	200
	战略规划脱离实际	4	4	6	18	12	78	18	166
	管理模式选择失误	4	4	5	15	19	115	12	114

试评价经营风险对资本运营项目的影响程度。

12.8 研究高校科技创新能力时，其中二级指标"高校科技创新投入能力"下面三级指标"人力资源投入"有 6 个指标，取 10 所高等学校 2002 年和 2003 年统计数据，参见表 12-28、12-29。

表 12-28 2002 年 10 所高校科技创新人力资源投入统计表

学校序号	1. 教学与科研人员(人)	2. 研究与发展人员(人)	3. 研究与发展全时人员(人)	4. R&D 成果应用及科技服务人员(人年)	5. R&D 成果应用及科技服务全时人员(人年)	6. 教学与科技中：教授、副教授(人)
1	3 793	1 777	1 199	120	83	1 001
2	4 761	2 746	1 782	730	527	2 098
3	1 473	775	520	0	0	424
4	1 754	596	386	302	172	547
5	879	468	391	48	31	208
6	904	517	460	0	0	256
7	1 844	725	365	725	365	586
8	729	397	306	18	18	237
9	1 462	1 260	349	80	25	314
10	1 491	879	586	178	149	399

表 12-29 2003 年 10 所高校科技创新人力资源投入统计表

学校序号	1. 教学与科研人员(人)	2. 研究与发展人员(人)	3. 研究与发展全时人员(人)	4. R&D 成果应用及科技服务人员(人年)	5. R&D 成果应用及科技服务全时人员(人年)	6. 教学与科技中：教授、副教授(人)
1	3 520	2 068	1 999	400	327	1 157
2	4 128	2 330	1 926	799	632	1 569
3	1 598	848	520	0	0	440
4	1 067	774	606	278	206	547
5	921	491	414	46	28	215
6	943	547	487	0	0	264
7	1 759	779	483	267	150	583
8	701	407	303	33	25	214
9	1 550	823	368	68	6	349
10	1 378	825	574	131	110	396

(1) 试用动态决策方法对 10 所高校科技创新人力资源投入进行评价；

(2) 选择其他合适决策方法进行综合评价，并对结果进行分析。

12.9 在图 12-2 购车决策问题中，某人深思熟虑后对选车标准进行了比较，得出下列判断矩阵。

判断矩阵 C

	价格	油耗	外观	科技	内饰
价格		3	2	2	4
油耗			1/4	1/4	3
外观				1/2	4
科技					2
内饰					

判断矩阵 B_1

价格	3008	508	408	308
3008		1/2	1/3	1/4
508			1/2	1/3
408				1/2
308				

判断矩阵 B_2

油耗	3008	508	408	308
3008		1/2	1/3	1/4
508			1/4	1/5
408				1/2
308				

判断矩阵 B_3

外观	3008	508	408	308
3008		2	2	2
508			2	3
408				2
308				

判断矩阵 B_4

科技	3008	508	408	308
3008		3	4	6
508			2	4
408				2
308				

判断矩阵 B_5

内饰	3008	508	408	308
3008		2	3	5
508			2	4
408				3
308				

(1) 此人最后会选择购买哪一种型号的汽车。

(2) 对判断矩阵进行一致性检验。

12.10 思考与简答题

(1) 什么叫属性的不可公度性。

(2) 规范化与标准化后的属性各有什么特征。

(3) 归一化与单位化有何区别。

(4) 决策矩阵与判断矩阵有何区别。

(5) 为什么要对属性进行预处理，有哪几种预处理方法。

(6) 什么是无偏好决策。

(7) 什么是理想解，理想解排序法适合哪些属性类型。

(8) 简述模糊决策法的基本思路，决策的对象是什么，决策的结果有什么特征。

(9) 若判断矩阵满足一致性，如何求解指标的权系数；如果判断矩阵不满足一致性，用什么方法求解权系数。

(10) 简述主观赋权法、客观赋权法、综合集成赋权法各有哪几种方法。

(11) 简述熵值法的原理。

(12) 模糊决策法能否与层次分析法结合使用，如果可以，请写出决策方法的基本步骤。

第13章

博 弈 论

13.1 引言

13.1.1 博弈论概述

博弈论(Game Theory)亦称对策论,是研究具有对抗或竞争性质现象的数学理论和方法。它既是数学的一个分支,也是运筹学的一门重要学科。博弈论中有一个重要的概念即博弈行为,**博弈行为**是指具有竞争或对抗性质的行为,在这类行为中,参加对抗或竞争的各方各自具有不同的利益和目标,各方需考虑对手的各种可能的行动方案,并力图选择对自己最为有利或最为合理的方案。

在日常生活中,经常可以看到一些具有对抗或竞争性质的现象,如下棋、打牌、体育比赛等;在战争中,敌我双方都力图选择对自己最有利的策略,千方百计去战胜对手;在政治方面,国际间的谈判、各种政治力量间的较量、各国际集团间的角逐等都无不具有对抗性质;在经济活动中,各国之间、各公司企业之间的各种谈判,为争夺市场而进行的竞争等不胜枚举;在生产过程中,如果将生产的管理者看成一方,各种消耗、成本及损失看成另一方,则生产过程也可看成上述双方的博弈竞争过程。

例如,警察抓住了两个合伙犯罪的嫌犯,但却缺乏足够的证据指证他们的罪行,如果其中至少有一人供认犯罪,就能确认罪名成立。为了得到所需的口供,警察将这两名嫌犯分别关押并给他们同样的选择机会:如果他们两人都拒不认罪,则他们会被以较轻的妨碍公务罪各判 1 年徒刑;如果两人中有一人坦白认罪,则坦白者从轻处理,立即释放,而另一人则判 10 年徒刑;如果两人同时认罪,则他们将被各判 5 年徒刑。现在两个嫌犯该如何采取各自的策略(坦白、不坦白)对自己最有利。

可以用一个矩阵表示俩囚徒的得益,如表 13-1 所示。这种矩阵是表示博弈问题的一种常用方法,称这种矩阵为一个博弈的**得益矩阵**(Payoff Matrix)。

表 13-1 囚徒的困境

		囚徒 1	
		坦白	不坦白
囚徒 2	坦白	(−5, −5)	(0, −10)
	不坦白	(−10, 0)	(−1, −1)

类似"囚徒困境"的另一个例子是价格竞争。例如，甲、乙两个商业集团（双寡头）进行削价竞争，都采取高价格策略时双方各盈利 100，都采取低价格策略时双方各盈利 70，一方采取低价格另一方采取高价格策略时，盈利分别为 150 和 30。甲、乙双方应采取哪一种价格策略为好。

用游戏模式来刻画经济管理现象在商业活动中尤为普遍。近年来随着全球经济的不断发展，很多商业活动都牵涉到决策问题，如何做出最优决策是企业成败的关键。因此随之就产生一个问题，即如何找到一种行之有效的理论方法来分析和解决问题从而做出最优决策。

从数学的角度来说，博弈论就是研究博弈行为中斗争各方是否存在着最合理的行动方案，以及如何找到这个合理方案的数学理论和方法。

13.1.2 博弈三要素

为了对博弈问题进行数学上的分析，需要建立博弈问题的数学模型，称为博弈模型。根据所研究问题的不同性质，可建立不同的博弈模型。尽管博弈模型的种类可以千差万别，但本质上都必须包含三个基本要素。

（1）**局中人**（players）

局中人是指在一个博弈行为中，有权决定自己行动方案的博弈参加者。通常用 i 表示局中人的集合，如果有 n 个局中人，则 $i=\{1,2,\cdots,n\}$。一般要求一个博弈中至少要有两个局中人。

博弈中关于局中人的概念具有广义性。除了可以理解为自然人外，还可理解为某一集体，如球队，交战国，企业等。当研究在不确定的气候条件下进行某项与气候条件有关的生产决策时，也可以把大自然当做局中人，另外，在一个博弈中利益完全一致的参加者只能看作一个局中人，例如桥牌中的东西方和南北方各为一个局中人，虽有四人参赛，但只能算两个局中人。

每个局中人都应该是理智的、聪明的，或者说在选择策略时应选择对自己最有利的策略。如在"囚徒困境"的例子中，一个囚徒不会为了另一个囚徒的利益采取不坦白的策略而牺牲自己的利益。

（2）**策略集**（strategies）

在一局博弈中，可供局中人选择的一个实际可行的完整行动方案称为一个策略，所有行动方案的集合称为一个策略集。每一个局中人 i 都有自己的策略集 S_i。一般，每一个局中人的策略集中至少包含两个策略。

（3）**得益函数**（payoffs）

在一局博弈中，对应于各参与方每一组可能的决策选择，都应有一个结果表示该策略组合下每个参与方的得益，常用得益函数（也称赢得函数）表示。如果一个策略中有 n 个参与方，则他们可形成一个策略组

$$s = (s_1, s_2, \cdots, s_n)$$

就是一个局势。全体局势的集合 S 可用各局中人的策略集的迪卡尔集表示，即

$$S = S_1 \times S_2 \times \cdots \times S_n$$

当局势出现后，博弈的结果也就确定了。也就是说，对任意局势，局中人可以得到一个得益函数 $H(s)$。显然，这是局势 S 的函数，称为第 i 个局中人的得益函数。一般当三

个基本因素确定后，一个博弈模型也就给定了。

13.1.3 博弈的结构和分类

博弈结构每个方面的特征都可以作为博弈分类的依据。根据参与方的数量可以分为单人博弈、两人博弈、多人博弈；根据博弈中所选策略的数量可分为有限博弈和无限博弈；根据得失函数的情况可分为零和博弈、常和博弈及变和博弈；根据博弈过程可分为静态博弈，动态博弈和重复博弈；根据信息结构可分为完全信息博弈和不完全信息博弈，以及完美信息动态博弈和不完美信息动态博弈；最后还可以根据博弈双方的理性行为和逻辑差别分为完全理性博弈和有限理性博弈，非合作博弈和合作博弈。其大致分类可用图 13-1 表示。

上面归纳的这些层次是博弈问题的基本分类结构，也是博弈理论的基本结构。事实上，博弈分类也有很大的主观性，随着博弈问题和博弈理论的发展，博弈的分类方法也在发展变化。由于博弈分类的多样性和复杂性，不同博弈论书籍所阐述的重点也不相同。

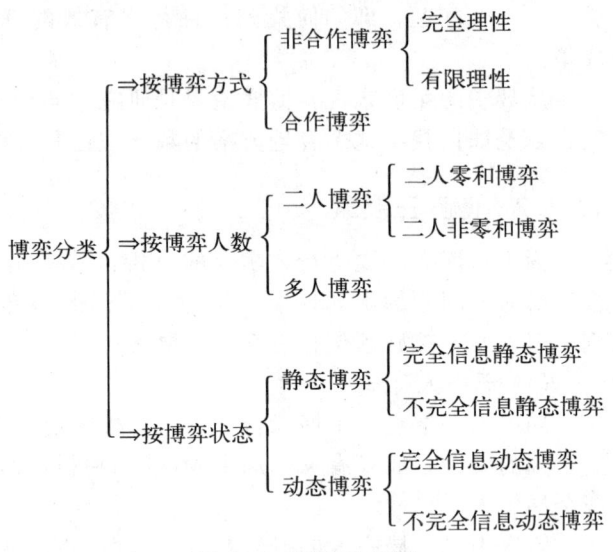

图 13-1 博弈结构图

13.2 纳什均衡

通过前面对经典博弈模型的分析中知道，对于博弈中的每一个局中人，真正成功的措施应该是针对其他局中人所采取的每次行动，相应地采取有利于自己的反应策略。于是，每一个局中人应采取的策略必定是他对其他局中人策略的预测的最佳反应。纳什均衡正是体现这一基本原则。纳什均衡是博弈论中一个重要的概念，在非合作博弈分析中具有十分关键的作用和地位。

13.2.1 纳什均衡定义

用 G 表示一个博弈，若一个博弈中有 n 个局中人，则每个局中人可选策略的集合称为策略集，分别用 S_1，S_2，$\cdots$，S_n 表示；S_{ij} 表示局中人 i 的第 j 个策略，其中 j 可取有限个值(有限策略博弈)，也可取无限个值(无限策略博弈)；博弈方 i 的得益用 h_i 表示，h_i 是各博弈方策略的多元函数。n 个局中人的博弈 G 常写成

$$G = \{S_1, S_2, \cdots, S_n; h_1, h_2, \cdots, h_n\}$$

【**定义 13.1**】 在博弈 $G=\{S_1, S_2, \cdots, S_n; h_1, h_2, \cdots, h_n\}$ 中，如果由各个博弈方各选取一个策略组成的某个策略组合 $\{S_1^*, S_2^*, \cdots, S_n^*\}$ 中，任一博弈方 i 的策略 S_i^*，都是对其余局中人策略的组合 $\{S_1^*, S_2^*, \cdots, S_{i-1}^*, S_{i+1}^*, \cdots, S_{n-1}^*, S_n^*\}$ 的最佳策略，即

$$h_i\{S_1^*, S_2^*, \cdots, S_{i-1}^*, S_i^*, S_{i+1}^*, \cdots, S_{n-1}^*, S_n^*\} \geqslant h_i\{S_1^*, S_2^*, \cdots, S_{i-1}^*, S_{ij}, S_{i+1}^*, \cdots, S_{n-1}^*, S_n^*\}$$

对任意 $S_{ij} \in S_i$ 都成立，则称 $\{S_1^*, S_2^*, \cdots, S_n^*\}$ 为 G 的一个纯策略意义下的**纳什均**

衡(Nash Equilibrium)。

定义 13.1 中，各选取一个策略组成的某个策略组合构成一个局势，各选取一个策略组成一个最优局势称为纯策略意义下的最优局势。

【例 13-1】假设有三个厂商在同一市场上生产销售完全相同的产品，它们各自的产量分别用 m_1、m_2 和 m_3 表示，再假设 m_1、m_2 和 m_3 只能取 1，2，…正整数数值。市场出清价格一定是市场总产量 $M=m_1+m_2+m_3$ 的函数，设该函数为

$$P = P(M) = 20 - M = \begin{cases} 20-(m_1+m_2+m_3) & M<20 \\ 0 & M \geqslant 20 \end{cases}$$

为简化计算，假设各厂商的生产都无成本，并且各厂商同时决定各自产量。求整个市场会均衡怎样的产量和价格水平。

分析 采用比较和试探的方法来确定本博弈的均衡产量。不妨设三个厂商开始时的产量分别生产 3 单位、9 单位和 6 单位，这时三个厂商是否满意各自的产量，要从利润进行分析。

由于产量不能超过 20，则第 i 个厂商的利润函数为

$$\pi_i = pm_i = [20-(m_1+m_2+m_3)] \times m_i$$

根据上述公式，可算出在产量组合为(3, 9, 6)时，市场价格为 2，三个厂商的利润为 6、18 和 12，其他产量组合亦会有不同的结果，如表 13-2 所示。

从表 13-2 中不难发现，当产量组合为(3, 9, 6)时，总产量水平已经太高了，因为任何一个厂商降低自己的产量都能使所有厂商利润增加。不妨设产量最高的厂商 2 将产量降低 1 个单位，此时价格上升为 3，三个厂商利润分别为 9、24 和 18，即第二行数字。当产量为(3, 8, 6)时，厂商 1 一定不会满足，因为他的利润是最低的，所以厂商 1 会提高产量，究竟提高多少，在第四行中看到三个厂商分别生产 5 单位时，利润都为 25 且比上几行所示利润高。

表 13-2

m_1	m_2	m_3	p	π_1	π_2	π_3
3	9	6	2	6	18	12
3	8	6	3	9	24	18
5	5	6	4	20	20	24
5	5	5	5	25	25	25
3	3	3	11	33	33	33
6	3	3	8	48	24	24

由表 13-2 看出，(5, 5, 5)这组产量组合是比较稳定的。因为在这个产量组合下，任何一个厂商单独提高或降低产量，都只会减少利润而不会增加，因此该产量组合是一个均衡。

注意：上述产量组合给各厂商带来的利润并不是市场能够给他们提供的最大潜在利润。因为如果这三个厂商各生产 3 个单位产量，那么市场价格将是 11，三个厂商利润都能达到 33，明显比各生产 5 个单位时利润高。分析(3, 3, 3)这个产量组合是否稳定，当其他厂商都生产 3 单位产量时，一个厂商单独提高产量，如提高到 6，会大大提高利润，而另外二个厂商只能得到低得多的利润。当没有有力措施相互监管对方生产时，(3, 3, 3)的产量组合是不稳定的。因此，该博弈的均衡结果应该是三个厂商各生产 5 单位产量，市场价格为 5。在实际经济活动中，可以发现，即使三个厂商开始没有选择这个产量组合，在长期的博弈过程中也会逐渐调整到这个产量组合，这个组合也就是一个纳什均衡。

【例 13-2】1943 年 2 月，日本统帅山本五十六计划由南太平洋新不列颠群岛的拉包尔出发，3 天穿过俾斯麦海，开往新几内亚的莱城，支援困守的日军。而他有两条路线可以选择，即北线和南线。盟军统帅麦克阿瑟命令其麾下的太平洋战区空军司令肯尼将军组织

空中打击。侦察机重点搜索有两个方案：北线和南线。

当时未来 3 天中，北线阴雨，能见度差，南线晴天，能见度佳。日美双方各自都仔细分析了两种方案的结果，如表 13-3 所示。表中数据为盟军的得益，日军的所失。例如，当日军走北线而盟军重点防守北线时，3 天内可以有效轰炸 2 天，或理解为可以歼灭日军的 3 股兵力中的 2 股。又如，当日军采取走南线方案而盟军重点防守南线时，3 天内可以有效轰炸 3 天，或理解为可以全歼日军。日美双方应采用哪种方案较好。

当盟军重点防守北线时，无论日军采取哪一种策略，其得益都是 2；当盟军重点防守南线时，日军采取走北线时，其得益只有 1，因此盟军应在两种方案中选择北线方案。

表 13-3

盟军＼日军	北线(β_1)	南线(β_2)
北线(α_1)	2	2
南线(α_2)	1	3

当日军走北线时，最多失去 2，走南线时最多失去 3，因此日军应选择走北线方案。双方各自选择一个最优策略就构成一个最优局势(α_1, β_1)，这个局势就是纯策略意义下的纳什均衡。

13.2.2 混合策略纳什均衡

先来看一个例子，即齐王与田忌赛马问题。

【例 13-3】赌胜博弈问题。假设齐王与田忌赛马，双方各有上、中、下三种等级的马。每次双方各出三匹马，一对一比赛三场（一局），当选择不同的策略组合时，双方得益如表 13-4 所示。

表 13-4 齐王与田忌双方得益

田忌＼齐王	上中下	上下中	中上下	中下上	下上中	下中上
上中下	3, −3	1, −1	1, −1	1, −1	−1, 1	1, −1
上下中	1, −1	3, −3	1, −1	1, −1	1, −1	−1, 1
中上下	1, −1	−1, 1	3, −3	1, −1	1, −1	1, −1
中下上	−1, 1	1, −1	1, −1	3, −3	1, −1	1, −1
下上中	1, −1	1, −1	1, −1	−1, 1	3, −3	1, −1
下中上	1, −1	1, −1	−1, 1	1, −1	1, −1	3, −3

表中第一个数为齐王的得益，第二个为田忌的得益，齐王的所得就是田忌的所失，因此该问题并不存在纯策略意义下的纳什均衡。像这种不存在纯策略纳什均衡的博弈策略，称为混合策略。解决这类问题的关键是要确定局中人选取各策略的概率。

【定义 13.2】在博弈 $G=\{S_1, S_2 \cdots, S_n; h_1, h_2 \cdots, h_n\}$ 中，博弈方 i 的策略集为 $S_i=\{S_{i1}, S_{i2}, \cdots, S_{ik}\}$，则他以概率分布 $p_i=\{p_{i1}, p_{i2}, \cdots, p_{ik}\}$ 在其 k 个可选策略中选择的"策略"称为一个混合策略，其中 $0 \leq P_{ij} \leq 1$ 对 $j=1, 2, \cdots, k$ 都成立，且 $P_{i1}+P_{i2}+\cdots+P_{ik}=1$。

由上述定义可以看出，纯策略也可看做混合策略，只是选择相应纯策略的概率函数服从(0-1)分布。如果给一个博弈的每个博弈方的纯策略空间赋予不同的概率分布，就形成了不同的混合策略。当把策略从纯策略扩展到纳什均衡混合策略时，纳什均衡的基础也就扩大了，因此可以定义一个混合策略纳什均衡。

【定义 13.3】如果一个策略 $G=\{S_1, S_2, \cdots, S_n; h_1, h_2, \cdots, h_n\}$ 中，博弈方 i 的策

略集为 $S_i = \{S_{i1}, S_{i2}, \cdots, S_{ik}\}$，如果由各个博弈方的策略组成策略集合 $G^* = \{S_1^*, S_2^*, \cdots, S_n^*\}$，其中

$$S_i^* = \{x_i \in E^{m_i} \mid x_i \geqslant 0, i = 1, 2, \cdots, m_i, \sum_{i=1}^{m_i} x_i = 1\}$$

都是对其余博弈方策略组合的最佳策略，即

$$h_i\{S_1^*, \cdots, S_{i-1}^*, S_i^*, S_{i+1}^*, \cdots, S_n^*\} \geqslant h_i\{S_1^*, \cdots, S_{i-1}^*, S_{ij}^*, S_{i+1}^*, \cdots, S_n^*\}$$

对任意 $S_{ij} \in S_i$ 都成立，则称 $\{S_1^*, S_2^*, \cdots, S_n^*\}$ 为 G 的一个混合策略纳什均衡。

13.3 反应函数法

13.3.1 基本方法

反应函数法是博弈中一种常用的基本方法，尤其适用于确定决策变量为产量或价格这样的连续函数策略。这里首先通过对古诺模型的一个具体例子来分析反应函数法。

【**例 13-4**】设 A、B 两厂商生产同样产品，厂商 A 产量为 q_1，厂商 B 产量为 q_2，市场总产量为 $Q = q_1 + q_2$，市场出清价格 P 是市场总产量的函数 $P = P(Q) = 6 - Q$。设产品产量的边际成本相等，即 $C_1 = C_2 = 2$，求解两厂商的纳什均衡（假设产量连续可分）。

解 这是一个连续产量的古诺模型，不难看出，该博弈中两厂商各自的利润分别为各自的销售收益减去各自成本，即

$$\prod_1 = q_1 p(Q) - C_1 q_1 = q_1[6 - (q_1 + q_2)] - 2q_1 = 4q_1 - q_1 q_2 - q_1^2$$

$$\prod_2 = q_2 p(Q) - C_2 q_2 = q_2[6 - (q_1 + q_2)] - 2q_2 = 4q_2 - q_1 q_2 - q_2^2$$

从得益函数表达式可看出，两者的利润都取决于双方的策略即产量。

要寻找一个纳什均衡，即对厂商 2 的任意产量 q_2，厂商 1 有一个最佳对应产量 q_1，使厂商 2 生产 q_2 的情况下，厂商 1 实现利润最大化，即 q_1 最大化问题

$$\max_{q_1} \prod_1 = \max_{q_1}(4q_1 - q_1 q_2 - q_1^2)$$

的解，运用数学方法令 $\prod_1$ 对 q_1 的导数为零，可求出

$$q_1^* = \frac{1}{2}(4 - q_2) \tag{13-1}$$

同理，对厂商 2 的最佳产量 q_2 有

$$q_2^* = \frac{1}{2}(4 - q_1) \tag{13-2}$$

由上面两个式子，得出对于厂商 2 的每一个可能的产量，厂商 1 的最佳产量是厂商 2 产量 q_2 的一个连续函数，称这个连续函数为厂商 1 对厂商 2 产量的一个反应函数，记为 $R_1: q_2 \to q_1$

同理，记厂商 2 对厂商 1 产量的反应函数记为 $R_2: q_1 \to q_2$

因此，用反应函数表示两厂商之间产量关系为

$$R_1(q_2) = \frac{1}{2}(4 - q_2)$$

$$R_2(q_1) = \frac{1}{2}(4 - q_1)$$

由于这两个反应函数都是连续线性函数，为了使之更直观化，用如图 13-2 所示的坐标来表示。

从图 13-2 中可看出，当一方选择 0 时，另一方最佳反应为 2，正是实现市场总利益最大的产量，此时相当于一个厂商垄断市场；而当一方选择 4 时，另一方被迫选零，此时坚持生产已无利可图。在两个反应函数对应的直线上，只有交点(4/3，4/3)代表的产量组合，才是由双方最佳反应组成。根据纳什均衡定义，(4/3，4/3)是该古诺模型的纳什均衡，这种利用反应函数求博弈的纳什均衡的方法称为反应函数法。

对一个一般的博弈，只要得益是博弈的多元连续函数，都可以求出每个博弈方的反应函数，而各个反应函数的交点就是纳什均衡。

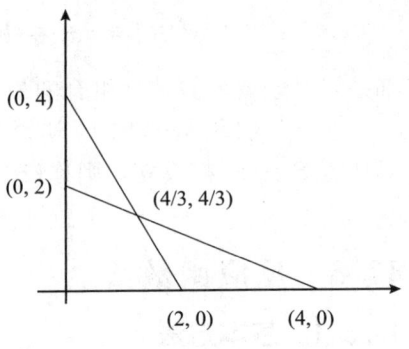

图 13-2　反应函数坐标图

13.3.2　反应函数法的应用

【例 13-5】考虑上述模型的另一种情况即各厂商所选择的是价格而不是产量，假设产量与价格的函数关系为

$$q_1(p_2) = a_1 - b_1 p_1 + d_1 p_2$$
$$q_2(p_1) = a_2 - b_2 p_2 + d_2 p_1$$

其他条件不变，边际成本为 c_1 和 c_2，试求解其纳什均衡。

解　若设 $P_{1\max}$，$P_{2\max}$ 为两厂商所能选择的最高价格，则它们各自的策略空间为 $S_1 = [0, P_{1\max}]$，$S_2 = [0, P_{2\max}]$，则两方的得益就是各自的利润，它们是双方价格的函数。

$$h_1 = h_1(p_1, p_2) = p_1 q_1 - c_1 q_1 = (p_1 - c_1) q_1 = (p_1 - c_1)(a_1 - b_1 p_1 + d_1 p_2) \quad (13\text{-}3)$$
$$h_2 = h_2(p_1, p_2) = p_2 q_2 - c_2 q_2 = (p_2 - c_2) q_2 = (p_2 - c_2)(a_2 - b_2 p_2 + d_2 p_1) \quad (13\text{-}4)$$

用反应函数法分析，利用得益函数在偏导数为 0 时有最大值，易求出各自的反应函数分别为

$$P_1 = R_1(p_2) = \frac{1}{2b_1}(a_1 + b_1 c_1 + d_1 p_2)$$
$$P_2 = R_2(p_1) = \frac{1}{2b_2}(a_2 + b_2 c_2 + d_2 p_1)$$

纳什均衡 (P_1^*, P_2^*) 应是两反应函数的交点，即必须满足

$$\begin{cases} p_1^* = \dfrac{1}{2b_1}(a_1 + b_1 c_1 + d_1 p_2^*) \\ p_2^* = \dfrac{1}{2b_2}(a_2 + b_2 c_2 + d_2 p_1^*) \end{cases}$$

解此方程组，得

$$p_1^* = \frac{d_1}{4b_1 b_2 - d_1 d_2}(a_2 + b_2 c_2) + \frac{2b_2}{4b_1 b_2 - d_1 d_2}(a_1 + b_1 c_1) \quad (13\text{-}5)$$

$$p_2^* = \frac{d_2}{4b_1 b_2 - d_1 d_2}(a_1 + b_1 c_1) + \frac{2b_1}{4b_1 b_2 - d_1 d_2}(a_2 + b_2 c_2) \quad (13\text{-}6)$$

(p_1^*, p_2^*) 为该博弈唯一的纳什均衡。将 p_1^* 和 p_2^* 代入两得益函数则可得两厂商的均衡

得益。

前面用反应函数讨论的博弈模型都只涉及两个参与者,其实对有多个参与者的连续策略空间的博弈模型仍然成立,不妨再来看下面这个例子。

【例 13-6】 设有三个农户一起放牧羊群,现有一可供大家自由放牧的草地,由于草地面积有限,只能供有限只羊群吃饱,否则就会影响到羊群的产出。假设每只羊的产出函数为 $V=80-Q=80-(q_1+q_2+q_2)$,成本为 $c=8$,且每个农户在决定自己放牧羊群数的时候并不知道其他农户的博弈,试求出该博弈问题的纳什均衡。

解 首先求出各农户的得益函数分别为

$$h_1 = q_1[80-(q_1+q_2+q_3)]-8q_1$$
$$h_2 = q_2[80-(q_1+q_2+q_3)]-8q_2$$
$$h_3 = q_3[80-(q_1+q_2+q_3)]-8q_3$$

由于羊的数量不是连续的,所以上述函数不是连续函数,但在技术上也可以把羊的数量看做连续可分的,因此上述得益函数仍可当做连续函数。

现在求三农户各自对其他两用户策略的反应函数,得

$$q_1 = R_1(q_2,q_3) = 36 - \frac{1}{2}q_2 - \frac{1}{2}q_3$$

$$q_2 = R_2(q_1,q_3) = 36 - \frac{1}{2}q_1 - \frac{1}{2}q_3$$

$$q_3 = R_3(q_1,q_2) = 36 - \frac{1}{2}q_1 - \frac{1}{2}q_2$$

三个反应函数的交点 (q_1^*,q_2^*,q_3^*) 就是该博弈的纳什均衡,解此方程组,得到 $q_1^*=q_2^*=q_3^*=18$,因此该博弈的纳什均衡为 (18,18,18)。

进一步思考,若该问题扩展到为 n 个农户时,则农户 i 养 q_i 只羊的得益函数为

$$\pi_i = q_i V(Q) - q_i C = q_i V(q_1 + q_2 + \cdots\cdots + q_n) - q_i C \tag{13-7}$$

然后求出各自反应函数即可,具体求解过程留给读者进行练习。

从以上对反应函数法的几个应用可以看出,反应函数法的概念和思路简洁明了,解决了分析一般的具有无限多种策略空间的博弈模型,或者有离散的大量策略,可以看做有连续策略空间的博弈模型(如例 13-6),因此反应函数法在博弈分析中是一种非常有用分析方法。但反应函数也有其局限性,如很多属于混合策略的问题,用反应函数建立模型就比较困难。

13.4 矩阵博弈

矩阵博弈 也称有限二人零和博弈或二人有限零和博弈,在众多博弈模型中占有重要的地位,是到目前为止在理论研究和求解方法方面都比较完善的一类博弈。

13.4.1 数学定义

矩阵博弈中只有两个局中人,一局博弈中双方得益和为零,并且所选的策略为有限个。用 Ⅰ、Ⅱ 表示两个局中人,并设局中人 Ⅰ 有 m 个纯策略 $\alpha_1, \alpha_2, \cdots, \alpha_m$,局中人 Ⅱ 有 n 个纯策略 $\beta_1, \beta_2, \cdots, \beta_n$,则按博弈论的相关要素定义,局中人 Ⅰ、Ⅱ 的策略集分别为

$$S_1 = \{\alpha_1, \alpha_2, \cdots \alpha_m\}$$

$$S_2 = \{\beta_1, \beta_2, \cdots \beta_n\}$$

局中人Ⅰ、Ⅱ所构成的策略组合共有 mn 个，记局中人Ⅰ在策略 (α_i, β_j) 下的得益为 a_{ij}，则局中人Ⅰ在每个策略的得益构成一个矩阵

$$A = \begin{bmatrix} a_{11} & a_{12} & \cdots & a_{1n} \\ a_{21} & a_{22} & \cdots & a_{2n} \\ \vdots & \vdots & & \vdots \\ a_{m1} & a_{m2} & \cdots & a_{mn} \end{bmatrix}$$

称 A 为局中人Ⅰ的得益矩阵(或为局中人Ⅱ的支付矩阵)，由于博弈为零和的，故局中人Ⅱ的得益矩阵为 $-A$。

当局中人Ⅰ、Ⅱ的策略集 S_1、S_2 及局中人Ⅰ的得益矩阵确定后，一个矩阵博弈就给定了。通常将矩阵博弈记为

$$G = \{S_1, S_2, A\} \tag{13-8}$$

式(13-8)就是矩阵博弈的基本表示。

13.4.2 纯策略矩阵博弈

1. 矩阵博弈纯策略纳什均衡

矩阵博弈模型给定后，对各局中人而言，就是如何选取对自己最有利的策略。下面通过一个具体例子分析纯策略矩阵博弈的求解。

【例 13-7】 设矩阵博弈

$$G = \{S_1, S_2, A\}, S_1 = \{\alpha_1, \alpha_2, \alpha_3, \alpha_4\}, S_2 = \{\beta_1, \beta_2, \beta_3\}$$

$$A = \begin{bmatrix} 5 & 1 & -9 \\ 5 & 3 & 4 \\ 7 & -1 & -11 \\ -2 & 0 & 6 \end{bmatrix}$$

由 A 可看出，局中人Ⅰ的最大得益是 7，要想得到这个得益，他需选策略 α_3，而局中人Ⅱ也是理智的，它会考虑用 β_3 来对付，使局中人Ⅰ不但得不到 7 反失 11，这样一来，双方都不愿冒险，而是考虑到对方必使自己所获最少这一点，纳什均衡的寻找就是由此分析。

现在看局中人Ⅰ在各策略下的最少得益为 $(-9, 3, -11, -2)$，其中最好结果是 3，因此，局中人Ⅰ会选择 α_2。同理，对局中人Ⅱ而言，各纯策略下最大支出为 $(7, 3, 6)$，其中最好结果为 3。这样一来，局中人Ⅰ的得益和局中人Ⅱ所失值的绝对值相等都是 3，也就找到一个纳什均衡 (α_2, β_2)。

这样的分析中，局中人Ⅰ是按照最小最大原则，而局中人Ⅱ是按最大最小原则各自选取策略，这种策略的选取组合 (α_2, β_2) 即为该博弈的纳什均衡。

【定义 13.4】 设 $G = \{S_1, S_2, A\}$ 为矩阵博弈，其中

$$S_1 = \{\alpha_1, \alpha_2, \cdots, \alpha_m\}, \quad S_2 = \{\beta_1, \beta_2, \cdots, \beta_n\}, A = (a_{ij})_{m \times n}$$

若等式

$$\max_i \min_j a_{ij} = \min_j \max_i a_{ij} = a_{i^* j^*} \tag{13-9}$$

成立，$V_G = a_{i^* j^*}$，则称 V_G 为博弈 G 的值，对应的策略组合 $(\alpha_{i^*}, \beta_{j^*})$ 称为该博弈的纳什均衡。这就是关于矩阵博弈纯策略意义下的纳什均衡定义。

2. 纯策略矩阵博弈求解

【例 13-8】已知矩阵博弈 $G=\{S_1, S_2, A\}$，其中

$$A = \begin{bmatrix} -6 & 1 & 9 \\ 4 & 3 & 6 \\ 12 & -2 & -2 \\ -5 & 0 & 2 \end{bmatrix}$$

求解纳什均衡。

解 由式(13-9)，对局中人 Ⅰ，先对矩阵 A 每行求最小值得到$(-6, 3, -2, -5)$，再求最大值 $\max(-6, 3, -2, -5)=3$。同理，对局中人 Ⅱ，先对矩阵 A 每列求最大值得到$(12, 3, 9)$，再求最小值 $\min(12, 3, 9)=3$，则有

$$\max_i \min_j a_{ij} = \min_j \max_i a_{ij} = 3$$

由定义 13.4，$V_G = a_{22} = 2$，G 的解为 (α_2, β_2) 即为该博弈的纳什均衡。可以看出，a_{22} 是矩阵 A 所在行的最小元素，又是所在列的最大元素，即

$$a_{i2} \leqslant a_{22} \leqslant a_{2j} \quad (i=1,2,3,4; j=1,2,3)$$

将此结论推广，得如下定理 13.1。

【定理 13.1】矩阵博弈 $G=\{S_1, S_2, A\}$ 在纯策略意义下有纳什均衡的充要条件是：存在策略组合$(\alpha_{i^*}, \beta_{j^*})$使得对一切 $i=1, 2, \cdots, m; j=1, 2, \cdots, n$，均有

$$a_{ij^*} \leqslant a_{i^* j^*} \leqslant a_{i^* j} \tag{13-10}$$

为了便于对更为广泛的博弈情形进行分析，引入二元函数鞍点的概念。

【定义 13.5】设 $f(x, y)$ 为一个定义在 $x \in A$ 及 $y \in B$ 上的实值函数，如果存在 $x^* \in A, y^* \in B$，使得对一切 $x \in A$ 和 $y \in B$ 有

$$f(x, y^*) \leqslant f(x^*, y^*) \leqslant f(x^*, y)$$

则称(x^*, y^*)为函数 f 的一个鞍点。

矩阵博弈在纯策略意义下有解且 $V_G = a_{i^* j^*}$ 的充要条件是：$a_{i^* j^*}$ 是 A 的鞍点。在博弈论中，矩阵 A 的鞍点也称为博弈的鞍点。

【例 13-9】设有矩阵博弈 $G=\{S_1, S_2, A\}$，其中

$$S_1 = \{\alpha_1, \alpha_2, \alpha_3, \alpha_4\}, S_2 = \{\beta_1, \beta_2, \beta_3, \beta_4\}$$

$$A = \begin{bmatrix} 8 & 5 & 8 & 5 \\ 2 & 3 & 2 & -1 \\ 9 & 5 & 6 & 5 \\ 0 & 2 & 3 & 3 \end{bmatrix}$$

求纳什均衡。

解 直接在得益表上计算，有

	β_1	β_2	β_3	β_4	min
α_1	8	5	8	5	5*
α_2	2	3	2	-1	-1
α_3	9	5	6	5	5*
α_4	0	2	3	3	0
max	9	5*	8	5*	

由 $\max_i \min_j a_{ij} = \min_j \max_i a_{ij} = a_{i^* j^*}$ 可知 $a_{i^* j^*} = 5$,其中($i^* = 1, 3$; $j^* = 2, 4$),故(α_1, β_2),(α_1, β_4),(α_3, β_2),(α_3, β_4)为博弈的纳什均衡,$V_G = 5$。

由例 13-9 可知,博弈的纳什均衡不一定是唯一的,当解不唯一时,解之间的关系具有下面两条性质。

性质 1:无差别性。 若(α_{i_1}, β_{j_1})和(α_{i_2}, β_{j_2})为 G 的两个解,则

$$a_{i_1 j_1} = a_{i_2 j_2} \tag{13-11}$$

性质 2:可交换性。 若(α_{i_1}, β_{j_1})和(α_{i_2}, β_{j_2})为 G 的两个解,则(α_{i_1}, β_{j_2})和(α_{i_2}, β_{j_1})也是 G 的两个解。

3. 应用

【**例 13-10**】甲、乙两家企业同时生产一种电子产品(假设市场上只有这样两家,为一双寡头竞争局面),两家企业都想通过改革管理获取更多的销售份额。甲企业的策略措施为:①降低产品价格;②提高产品质量;③推出新产品。乙企业措施为:①增加广告费用;②增设网点;③改进产品性能。通过预测,两个企业市场份额变动情况如表 13-5 所示,试确定最优策略。

解 由题意可知,甲企业的得益矩阵为 A

$$A = \begin{bmatrix} 11 & -1 & 2 \\ 12 & 9 & 3 \\ 8 & 6 & 5 \end{bmatrix}$$

表 13-5

		乙企业		
		1	2	3
甲企业	1	11	-1	2
	2	12	9	3
	3	8	6	5

由 $\max_i \min_j a_{ij} = \min_j \max_i a_{ij} = a_{33} = 5$,故此博弈最优解为 $V_G = 5$,纳什均衡为(α_3, β_3)。

13.4.3 混合策略矩阵博弈

前面阐释博弈论的基本问题时曾经涉及混合策略的相关概念,在矩阵博弈中的许多问题也属于混合策略范畴,例如前面讲过的田忌与齐王赛马就是一个典型的矩阵博弈的混合策略。以下就从矩阵博弈问题的角度去分析这类博弈的纳什均衡。

纯策略矩阵博弈满足纳什均衡即满足局中人Ⅰ有把握的至少得益是局中人Ⅱ有把握的至多损失,即

$$V_1 = \max_i \min_j a_{ij} = \min_j \max_i a_{ij} = V_2$$

然而,一般情况并非如此,实际上遇到的更多的情况是 $V_1 \neq V_2$,在这种情况下不存在纯策略意义下的纳什均衡,如矩阵博弈

$$A = \begin{bmatrix} 3 & 2 & -3 \\ -4 & 5 & -2 \\ 1 & -2 & 4 \end{bmatrix}$$

利用最大最小和最小最大原则,不存在使得 $\max_i \min_j a_{ij} = \min_j \max_i a_{ij}$ 成立的点。

结合前面讲到的混合策略概念,这里给出矩阵博弈混合策略的纳什均衡的定义。

【**定义 13.6**】设 $G^* = \{S_1^*, S_2^*, E\}$ 是矩阵博弈的一个 $G = \{S_1, S_2, A\}$ 的混合扩充,如果存在

$$\max_{x \in S_1^*} \min_{y \in S_2^*} E(x, y) = \min_{y \in S_2^*} \max_{x \in S_1^*} E(x, y) = V_G \tag{13-12}$$

V_G 为博弈 G^* 的值，则称满足式（13-12）的 (x^*, y^*) 为 G 在此混合策略中的纳什均衡。

定义 13.6 中：

① $S_1^* = \{x \in E^m \mid x_i \geqslant 0, i = 1, 2, \cdots, m, \sum_{i=1}^m x_i = 1\}$

$S_2^* = \{y \in E^n \mid y_j \geqslant 0, j = 1, 2, \cdots, n, \sum_{j=1}^n y_j = 1\}$

即 S_1^*、S_2^* 分别为以某种概率选取不同纯策略所组成的概率分布，称为混合策略。

② 记 $x = (x_1, x_2, \cdots, x_m)$，$y = (y_1, y_2, \cdots, y_n)$，则 $E(x, y) = xAy^T$ 称为局中人 Ⅰ 在选取混合策略 S_1^* 时的得益函数。

与定理 13.1 类似，可给出矩阵博弈 G 在混合策略意义下存在鞍点的充要条件。

【定理 13.2】 矩阵博弈 $G = \{S_1, S_2, A\}$ 在混合策略意义下有解的充要条件是：存在 $x^* \in S_1^*$，$y^* \in S_2^*$，使 (x^*, y^*) 为函数 $E(x, y)$ 的一个鞍点，即对一切 $x^* \in S_1^*$，$y^* \in S_2^*$ 有

$$E(x, y^*) \leqslant E(x^*, y^*) \leqslant E(x^*, y) \tag{13-13}$$

将定理 13.1 的 a_{ij} 换成 $E(x, y)$，可得到定理 13.2 的证明。

【例 13-11】 考虑矩阵博弈 $G = \{S_1, S_2, A\}$，其中

$$A = \begin{bmatrix} 2 & 6 \\ 5 & 3 \end{bmatrix}$$

求纳什均衡。

解 纯策略纳什均衡不存在。设 $x = (x_1, x_2)$ 为局中人 Ⅰ 的混合策略，$y = (y_1, y_2)$ 为局中人 Ⅱ 的混合策略，则

$$S_1^* = \{(x_1, x_2) \mid x_1, x_2 \geqslant 0, x_1 + x_2 = 1\}$$
$$S_2^* = \{(y_1, y_2) \mid y_1, y_2 \geqslant 0, y_1 + y_2 = 1\}$$

局中人 Ⅰ 的得益期望值是

$$\begin{aligned} E(x, y) &= xAy^T = 2x_1y_1 + 6x_1y_2 + 5x_2y_1 + 3x_2y_2 \\ &= 2x_1y_1 + 6x_1(1 - y_1) + 5(1 - x_1)y_1 + 3(1 - x_1)(1 - y_1) \\ &= -6\left(x_1 - \frac{1}{3}\right)\left(y_1 - \frac{1}{2}\right) + 4 \end{aligned}$$

即取 $x^* = \left(\frac{1}{3}, \frac{2}{3}\right)$，$y^* = \left(\frac{1}{2}, \frac{1}{2}\right)$，$E(x, y^*) = E(x^*, y^*) = E(x^*, y) = 4$ 满足 $E(x, y^*) \leqslant E(x^*, y^*) \leqslant E(x^*, y)$，则 $x^* = \left(\frac{1}{3}, \frac{2}{3}\right)$，$y^* = \left(\frac{1}{2}, \frac{1}{2}\right)$ 分别为局中人 Ⅰ 和 Ⅱ 的最优策略，即为博弈的纳什均衡，$V_G = 4$。

13.4.4 矩阵博弈纳什均衡

一般矩阵博弈在纯策略意义下的纳什均衡往往不存在，下面将通过数学方法证明，一般矩阵博弈在混合策略意义下的纳什均衡总是存在的。通过数学分析可导出一个求解矩阵博弈的基本方法，即线性规划方法。

仍然沿用在定理 13.2 中使用的符号 $E(x, y)$ 并在此处做一点的改动，即当局中人 Ⅰ

取纯策略 α_i 时，记相应的得益函数为 $E(i,y) = \sum_j a_{ij} y_j$，同理，局中人 II 的得益函数为 $E(x,j) = \sum_i a_{ij} x_i$，则有

$$E(x,y) = \sum_i \sum_j a_{ij} x_i y_j = \sum_i \left(\sum_j a_{ij} y_j\right) x_i = \sum_i E(i,y) x_i = \sum_j E(x,j) y_j$$

得到定理 13.2 的等价形式。

【定理 13.3】设 $x^* \in S_1^*$，$y^* \in S_2^*$，则 (x^*, y^*) 为博弈 G 的纳什均衡的充要条件是：对任意 $i=1, 2, \cdots, m$；$j=1, 2, \cdots, n$，有

$$E(i, y^*) \leqslant E(x^*, y^*) \leqslant E(x^*, j) \tag{13-14}$$

证明从略。进一步分析，可把定理 13.3 用矩阵形式来表述。

【定理 13.4】设 $x^* \in S_1^*$，$y^* \in S_2^*$，则 (x^*, y^*) 为 G 的纳什均衡的充要条件是：存在 V，使得 x^*，y^* 分别满足

$$(\text{I}) \begin{cases} \sum_i a_{ij} x_i \geqslant V & j = 1, 2, \cdots, n \\ \sum_i x_i = 1 \\ x_i \geqslant 0 & i = 1, 2, \cdots, m \end{cases} \tag{13-15}$$

$$(\text{II}) \begin{cases} \sum_j a_{ij} y_j \leqslant V & i = 1, 2, \cdots, m \\ \sum_j y_j = 1 \\ y_j \geqslant 0 & j = 1, 2, \cdots, n \end{cases} \tag{13-16}$$

且 $V = V_G$。证明略。

【定理 13.5】对任一矩阵博弈 $G = \{S_1, S_2; A\}$，一定存在混合策略意义下的纳什均衡。

此定理的证明需要构造线性规划并以线性规划的相关知识点求解，在后面的矩阵博弈的求解方法中会进一步探讨。下面给出矩阵博弈及其纳什均衡存在的若干性质，它们在求解矩阵博弈中将起到重要作用。

【定理 13.6】设 (x^*, y^*) 为矩阵博弈 G 的一个纳什均衡，$V = V_G$，则

(1) 若 $x_i^* > 0$，则 $\sum_j a_{ij} y_j^* = V$

(2) 若 $y_j^* > 0$，则 $\sum_i a_{ij} x_i^* = V$

(3) 若 $\sum_j a_{ij} y_j^* < V$，则 $x_i^* = 0$

(4) 若 $\sum_i a_{ij} x_i^* > V$，则 $y_j^* = 0$

【定理 13.7】设有两个矩阵博弈 $G_1 = \{S_1, S_2; A\}$ $G_2 = \{S_1, S_2; \alpha A\}$，则

$$V_{G_2} = \alpha V_{G_1}$$

$$T(G_1) = T(G_2)$$

其中 $\alpha > 0$ 为一常数，$T(G_1)$、$T(G_2)$ 为两个博弈的解集合。

13.4.5 矩阵博弈求解方法

1. 优超原则法

【定义 13.7】设有矩阵博弈 $G = \{S_1, S_2; A\}$，其中 $S_1 = \{\alpha_1, \alpha_2, \cdots \alpha_n\}$，$S_2 = $

$\{\beta_1, \beta_2, \cdots \beta_n\}$，$A = \{a_{ij}\}$，若对一切 $j = 1, 2, \cdots, n$ 有
$$a_{i^0 j} \geqslant a_{k^0 j}$$
即矩阵 A 的第 i^0 行元素均不小于第 k^0 行的对应元素，则称局中人 Ⅰ 的纯策略 α_{i^0} 优超于 α_{k^0}。同理，若对一切 $i = 1, 2, \cdots, m$ 有
$$a_{ij^0} \leqslant a_{ik^0}$$
则称局中人 Ⅱ 的纯策略 β_{j^0} 优超于 β_{k^0}。

【定理 13.8】设 $G = \{S_1, S_2; A\}$ 为矩阵博弈，其中 $S_1 = \{\alpha_1, \alpha_2, \cdots \alpha_m\}$，$S_2 = \{\beta_1, \beta_2, \cdots \beta_n\}$，$A = (a_{ij})$，若纯策略 α_1 被其余纯策略 $\alpha_2, \alpha_3, \cdots, \alpha_m$ 中之一所优超，由 G 可得到一个新的矩阵博弈 $G' = \{S_1', S_2; A'\}$，其中 $S_1' = \{\alpha_2, \alpha_3, \cdots, \alpha_m\}$，$A' = (a_{ij})_{(m-1) \times n}$，$i = 2, 3, \cdots, m$，$j = 1, \cdots, n$，则有：

(1) $V_G' = V_G$
(2) G' 中局中人 Ⅱ 的最优策略就是 G 中的最优策略；
(3) 若 $(x_2^*, x_3^*, \cdots x_m^*)$ 是 G' 中局中人 Ⅰ 的最优策略，则 $x^* = (0, x_2^*, x_3^*, \cdots, x_m^*)$ 便是其在 G 中的最优策略。

证明略。

定理 13.8 实际给出了一个化简得益矩阵 A 的原则，称为优超原则。根据这个原则，当局中人 Ⅰ 的某纯策略 α_i 被其他纯策略的凸组合所优超时，可在矩阵 A 中划去第 i 行而得到一个与原博弈 G 等价但得益矩阵阶数较小的博弈 G'，而 G' 的求解比 G 的求解容易些，通过求解 G' 而得到 G 的解。与此类似，对局中人 Ⅱ 来说，可在得益矩阵 A 中划去被其他列的凸组合所优超的那些列。

【例 13-12】设得益矩阵 A 为
$$A = \begin{bmatrix} 2 & 1 & 0 & 2 & 0 \\ 3 & 0 & 1 & 4 & 8 \\ 6 & 4 & 9 & 5 & 9 \\ 3 & 6 & 8 & 7 & 5 \\ 5 & 0 & 7 & 9 & 3 \end{bmatrix}$$

求纳什均衡。

解 由定理 13.8 知，第四行优超于第一行，第三行优超于第二行，故可划去第一行和第二行，得到新的得益矩阵
$$A_1 = \begin{bmatrix} 6 & 4 & 9 & 5 & 9 \\ 3 & 6 & 8 & 7 & 5 \\ 5 & 0 & 7 & 9 & 3 \end{bmatrix}$$

对于 A_1 第一列优超于第三列，第二列优超于第四列，$\frac{1}{2} \times$ (第一列) $+ \frac{1}{2} \times$ (第二列) 优超于第五列，因此去掉第三列，第四列和第五列，得到
$$A_2 = \begin{bmatrix} 6 & 4 \\ 3 & 6 \\ 5 & 0 \end{bmatrix}$$

又由于第一行优超于第三行，所以从 A_2 中划去第三行，得到
$$A_3 = \begin{bmatrix} 6 & 4 \\ 3 & 6 \end{bmatrix}$$

对于 A_3 易知无鞍点存在，利用定理 13.4，求解不等式组

$$(\text{I})\begin{cases} 6x_3 + 3x_4 \geqslant v \\ 4x_3 + 6x_4 \geqslant v \\ x_3 + x_4 = 1 \\ x_3, x_4 \geqslant 0 \end{cases} \quad (\text{II})\begin{cases} 6y_1 + 4y_2 \leqslant v \\ 3y_1 + 6y_2 \leqslant v \\ y_1 + y_2 = 1 \\ y_1, y_2 \geqslant 0 \end{cases}$$

将（Ⅰ）（Ⅱ）中不等号转化为等号

$$(\text{I})'\begin{cases} 6x_3 + 3x_4 = v \\ 4x_3 + 6x_4 = v \\ x_3 + x_4 = 1 \end{cases} \quad (\text{II})'\begin{cases} 6y_1 + 4y_2 = v \\ 3y_1 + 6y_2 = v \\ y_1 + y_2 = 1 \end{cases}$$

求解得

$$x_3^* = \frac{3}{5}, x_4^* = \frac{2}{5}$$

$$y_1^* = \frac{2}{5}, y_2^* = \frac{3}{5}$$

$$V = 4.8$$

故该矩阵博弈的纳什均衡为 $G = (x^*, y^*)$

$$x^* = \left(0, 0, \frac{3}{5}, \frac{2}{5}, 0\right), \quad y^* = \left(\frac{2}{5}, \frac{3}{5}, 0, 0, 0\right), \quad V_G = 4.8$$

2. 2×2 博弈的公式法

给出得益矩阵 $A = \begin{bmatrix} a_{11} & a_{12} \\ a_{21} & a_{22} \end{bmatrix}$，如果 A 有鞍点，可求出各局中人的最优纯策略；如果 A 无鞍点，则由定理 13.6 求其最优混合策略，即求等式组

$$(\text{I})\begin{cases} a_{11}x_1 + a_{21}x_2 = v \\ a_{12}x_1 + a_{22}x_2 = v \\ x_1 + x_2 = 1 \end{cases} \tag{13-17}$$

$$(\text{II})\begin{cases} a_{11}x_1 + a_{12}x_2 = v \\ a_{21}x_1 + a_{22}x_2 = v \\ y_1 + y_2 = 1 \end{cases} \tag{13-18}$$

若 A 不存在鞍点，可证明上面等式组（Ⅰ）和（Ⅱ）一定有严格非负解

$$x^* = (x_1^*, x_2^*), y^* = (y_1^*, y_2^*)$$

其中

$$x_1^* = \frac{a_{22} - a_{21}}{(a_{11} + a_{22}) - (a_{12} + a_{21})} \tag{13-19}$$

$$x_2^* = \frac{a_{11} - a_{12}}{(a_{11} + a_{22}) - (a_{12} + a_{21})} \tag{13-20}$$

$$y_1^* = \frac{a_{22} - a_{12}}{(a_{11} + a_{22}) - (a_{12} + a_{21})} \tag{13-21}$$

$$y_2^* = \frac{a_{11} - a_{21}}{(a_{11} + a_{22}) - (a_{12} + a_{21})} \tag{13-22}$$

$$V_G = \frac{a_{11}a_{22} - a_{12}a_{21}}{(a_{11} + a_{22}) - (a_{12} + a_{21})} \tag{13-23}$$

【例 13-13】 求解矩阵博弈 $G=\{S_1,S_2;A\}$，其中

$$A=\begin{bmatrix} 2 & 3 \\ 5 & -6 \end{bmatrix}$$

解 易看出 A 无鞍点，由式(13-19)至式(13-23)可计算出

$$x^*=\left(\frac{11}{12},\frac{1}{12}\right)^{\mathrm{T}},\quad y^*=\left(\frac{9}{12},\frac{3}{12}\right)^{\mathrm{T}},\quad V_G=\frac{27}{12}$$

3. 线性方程组法

根据定理 13.4，求矩阵博弈纳什均衡 (x^*,y^*) 的问题等价求解不等式(13-15)和式(13-16)，又由定理 13.5 和定理 13.6，若最优策略中 y_j^* 和 x_i^* 均不为零时，即可将式(13-15)和式(13-16)转化为

$$\begin{cases} \sum\limits_i a_{ij}x_i = v \\ \sum\limits_i^m x_i = 1 \end{cases} \tag{13-24}$$

$$\begin{cases} \sum\limits_j a_{ij}y_j = v \\ \sum\limits_i^n y_j = 1 \end{cases} \tag{13-25}$$

注意：若式(13-24)和式(13-25)存在非负解 x^*,y^*，便得到一个纳什均衡的解 (x^*,y^*)。如果所求 x^*,y^* 有负分量，可视具体情况，将式(13-24)和式(13-25)的某些等式变为不等式，继续试算直至求出其解。

【例 13-14】 求解矩阵博弈 $G=\{S_1,S_2;A\}$，其中

$$\boldsymbol{A}=\begin{bmatrix} 1 & 2 & -1 \\ -5 & -4 & 1 \\ 2 & -2 & -1 \end{bmatrix}$$

解 博弈不存在鞍点和优超策略。设 $x^*=(x_1^*,x_2^*,x_3^*)$，$y^*=(y_1^*,y_2^*,y_3^*)$ 其中 $x_i^*>0$，$y_j^*>0$；$i,j=1,2,3$，求线性方程组

$$\begin{cases} x_1-5x_2+2x_3=v \\ 2x_1-4x_2-2x_3=v \\ -x_1+x_2-x_3=v \\ x_1+x_2+x_3=1 \end{cases}$$

及

$$\begin{cases} y_1+2y_2-y_3=v \\ -5y_1-4y_2+y_3=v \\ 2y_1-2y_2-y_3=v \\ y_1+y_2+y_3=1 \end{cases}$$

求解得 $x=(0.525,0.275,0.2)$，$y=(0.2,0.05,0.75)$；$V_G=-0.45$。

注意：应用该方法的条件是所有策略的概率大于零。

4. 线性规划法

【定理 13.9】 设矩阵博弈 $G=\{S_1,S_2;A\}$ 的值为 v，则

$$v = \max_{x \in S_1^*} \min_{y \in S_2^*} E(x,y) = \min_{y \in S_2^*} \max_{x \in S_1^*} E(x,y) \tag{13-26}$$

证明略。

由定理 13.4 和定理 13.5 知，任意矩阵博弈 $G = \{S_1, S_2; A\}$ 在混合策略意义下都有解，并且博弈 G 的解 x^* 和 y^* 等价于求式(13-15)和式(13-16)的解。

令 $\quad x_i' = \dfrac{x_i}{v}, i=1,2,\cdots,m; \quad y_j' = \dfrac{y_j}{v}, j=1,2,\cdots,n$

式(13-15)和式(13-16)变为

$$\begin{cases} \sum_i a_{ij} x_i' \geqslant 1 & j=1,2,\cdots,n \\ \sum_i x_i' = \dfrac{1}{v} \\ x_i' \geqslant 0 & i=1,2,\cdots,m \end{cases} \tag{13-27}$$

$$\begin{cases} \sum_j a_{ij} y_j' \leqslant 1 & i=1,2,\cdots,m \\ \sum_j y_j' = \dfrac{1}{v} \\ y_j' \geqslant 0 & j=1,2,\cdots,n \end{cases} \tag{13-28}$$

由定理 13.9，对局中人 I，$v = \max\limits_{x \in S_1^*} \min\limits_{1 \leqslant i \leqslant m} \sum_i a_{ij} x_i$ 等价于 $\min 1/v$，式(13-27)变为线性规划问题

$$(P) \begin{cases} \min z = \sum_i x_i' \\ \sum_i a_{ij} x_i' \geqslant 1 & j=1,2,\cdots,n \\ x_i' \geqslant 0 & i=1,2,\cdots,m \end{cases} \tag{13-29}$$

同理，对于局中人 II 有 $v = \min\limits_{y \in S_2^*} \max\limits_{1 \leqslant j \leqslant n} \sum_j a_{ij} y_j$，等价的线性规划问题为

$$(D) \begin{cases} \max w = \sum_j y_j' \\ \sum_j a_{ij} y_j' \leqslant 1 & i=1,2,\cdots m \\ y_j' \geqslant 0 & j=1,2,\cdots n \end{cases} \tag{13-30}$$

问题(P)和(D)是互为对偶的线性规划，利用单纯形法求解问题(D)或对偶单纯形法求解问题(P)。求出一个问题的最优解后，另一个问题的最优解可以从最优表中得到。当求得问题(P)和(D)的解后，再利用变换

$$v = \dfrac{1}{z} \text{ 或 } v = \dfrac{1}{w}, x_i = v x_i' = \dfrac{x_i'}{z}; y_i = v y_i' = \dfrac{y_i'}{w}$$

就可求出原博弈问题的解及博弈的值。

【例 13-15】利用线性规划方法求得益矩阵为

$$A = \begin{bmatrix} 6 & -3 & 8 \\ 4 & 7 & -2 \\ -5 & 7 & 10 \end{bmatrix}$$

的矩阵博弈的纳什均衡。

解 此问题可化为两个互为对偶的线性规划问题

$$(P)\begin{cases} \min z = x_1 + x_2 + x_3 \\ 6x_1 + 4x_2 - 5x_3 \geqslant 1 \\ -3x_1 + 7x_2 + 7x_3 \geqslant 1 \\ 8x_1 - 2x_2 + 10x_3 \geqslant 1 \\ x_1, x_2, x_3 \geqslant 0 \end{cases}$$

$$(D)\begin{cases} \max w = y_1 + y_2 + y_3 \\ 6y_1 - 3y_2 + 8y_3 \leqslant 1 \\ 4y_1 + 7y_2 - 2y_3 \leqslant 1 \\ -5y_1 + 7y_2 + 10y_3 \leqslant 1 \\ y_1, y_2, y_3 \geqslant 0 \end{cases}$$

用单纯形法求解线性规划(D)，Y 的最优单纯形表见表 13-6。由表 13-6 中松弛变量的检验数的相反数得到 X 的最优解。

表 13-6

	y_1	y_2	y_3	y_4	y_5	y_6	b
y_1	1	0	0	0.076 5	0.078 3	−0.045 5	0.109 3
y_2	0	1	0	−0.027 3	0.091 1	0.040 1	0.103 8
y_3	0	0	1	0.057 4	−0.024 6	0.049 2	0.081 9
$C(j)-Z(j)$	0	0	0	−0.106 5	−0.144 8	−0.043 7	w=0.295 08

最优解为 $X=(0.106\,5, 0.144\,8, 0.043\,7)$，$Y=(0.109\,3, 0.103\,8, 0.081\,9)$；$w=0.295\,08$。利用变换 $X^* = \dfrac{1}{w}X$，$Y^* = \dfrac{1}{w}Y$，$v = \dfrac{1}{w}$，得到

$$x^* = (0.36, 0.49, 0.15), y^* = (0.37, 0.35, 0.28); v = 3.39$$

注意：在本节介绍的各类求解方法里，线性规划方法具有一般性；其他方法，如优超原则的使用以及线性方程组法都有各自适用的范围。

13.5 有限二人非零和博弈

13.5.1 数学定义

【**例 13-16**】市场上有两企业生产同样商品，甲企业有两种策略 α_1 和 α_2，乙企业有两种策略 β_1 和 β_2，甲企业与乙企业的得益矩阵分别为

$$\boldsymbol{A}_1 = \begin{matrix} & \beta_1 & \beta_2 \\ \alpha_1 \\ \alpha_2 \end{matrix}\!\begin{bmatrix} 2 & 1 \\ 0 & 3 \end{bmatrix} \quad \boldsymbol{A}_2' = \begin{matrix} & \beta_1 & \beta_2 \\ \alpha_1 \\ \alpha_2 \end{matrix}\!\begin{bmatrix} 3 & 1 \\ 2 & 3 \end{bmatrix}$$

在这种情况下，局中人Ⅰ（甲企业）和局中人Ⅱ（乙企业）的得益代数和不为 0。例如，当局中人Ⅰ取得策略 α_1，局中人Ⅱ取策略 β_2 时，局中人Ⅰ的得益（矩阵 A_1 第一行第二列）为 1，局中人Ⅱ的得益（矩形 A_2 的第一行第二列）为 1，因此。局中人Ⅰ、Ⅱ的得益之代数

和为 $1+1=2\neq 0$。

因而称这种博弈为有限二人非零和博弈。为了统一描述，可以将上述问题中的矩阵 A_1 和 A_2 合并为双矩阵 $\overline{A}$

$$\overline{A} = \begin{bmatrix} (2,3) & (1,1) \\ (0,2) & (3,3) \end{bmatrix}$$

依然在混合扩充意义下考虑有限二人非零和博弈，记局中人Ⅰ的混合策略为 x，局中人Ⅱ的混合策略为 y，相应的策略集记为 S_1^*，S_2^*。

【定义 13.8】对于某个有限二人非零和博弈，其局中人Ⅰ的得益（混合策略下）为

$$e_1(x,y) = \sum_{i=1}^{m}\sum_{j=1}^{n} a_{ij}x_iy_j$$

局中人Ⅱ的得益为

$$e_2(x,y) = \sum_{i=1}^{m}\sum_{j=1}^{n} a'_{ij}x_iy_j$$

其中 $A_1=(a_{ij})m\times n$，$A'=(a'_{ij})m\times n$。

13.5.2 有限二人非零和博弈纳什均衡

【定义 13.9】在有限二人非零和博弈中，设 $e_1(x,y)$ 和 $e_2(x,y)$ 分别是局中人Ⅰ和Ⅱ的得益，$x\in S_1^*$，$y\in S_2^*$ 为任意策略，如果有一博弈 $x^*\in S_1^*$，$y^*\in S_2^*$ 满足

$$e_1(x^*,y^*) \geqslant e_1(x,y^*) \quad e_2(x^*,y^*) \geqslant e_2(x^*,y) \tag{13-31}$$

则称 (x^*, y^*) 为该博弈的纳什均衡，称

$$(u^*,v^*) = (e_1(x^*,y^*),e_2(x^*,y^*)) \tag{13-32}$$

为博弈的均衡解（或得益）。

【定理 13.10】（纳什定理）任何矩阵博弈及有限二人非零和博弈至少有一个纳什均衡。

13.5.3 有限二人非零和博弈求解方法

1. 图解法

考虑 2×2 有限二人非零和博弈问题，局中人Ⅰ的策略为 α_1，α_2，局中人Ⅱ的策略为 β_1，β_2。局中人Ⅰ的混合策略 x 和局中人Ⅱ的混合策略 y 分别为

$$x=(x,1-x), 0\leqslant x\leqslant 1 \quad y=(y,1-y), 0\leqslant y\leqslant 1$$

即局中人Ⅰ以概率 x 和 $1-x$ 分别选择 α_1 和 α_2，局中人Ⅱ以概率 y 和 $1-y$ 分别选择 β_1 和 β_2。

按以下步骤可以求出纳什均衡：

(1) 建立以 x 为横轴，y 为纵轴的坐标系；
(2) 画出当 y 变化时，使 $e_1(x,y)$ 达到最大值的 x 的曲线——曲线 1；
(3) 画出当 x 变化时，使 $e_2(x,y)$ 达到最大值的 y 的曲线——曲线 2；
(4) 根据两曲线的交点确定纳什均衡。

【例 13-17】图解下列非零和博弈

$$\overline{A} = \begin{bmatrix} (3,2) & (2,1) \\ (0,3) & (4,4) \end{bmatrix}$$

解 (1) 建立坐标系如图 13-3 所示，原点为 0，在各轴值为 1 的点分别引线段与坐标

轴构成正方形，它便是(x, y)的定义域。

（2）局中人Ⅰ的得益（期望值）为

$$e_1(x,y) = \sum_{i=1,2}\sum_{j=1,2} a_{ij}x_iy_j = a_{11}xy + a_{12}x(1-y) + a_{21}(1-x)y + a_{22}(1-x)(1-y)$$
$$= 3xy + 2x(1-y) + 0(1-x)y + 4(1-x)(1-y) = x(5y-2) + 4 - 4y$$

求当y变化（0～1）时，使$e_1(x, y)$达到最大值的x。当$0 \leq y < 2/5$时，使$e_1(x, y)$最大的x是$x=0$；当$y=2/5$时，使$e_1(x, y)$达到最大值的x是区间$0 \leq x \leq 1$；当$2/5 < y \leq 1$时，使$e_1(x, y)$达到最大值的x为$x=1$。画出的曲线即图13-3中的曲线1，它是一条折线。

（3）局中人Ⅱ的得益为

$$e_2(x,y) = \sum_{i=1,2}\sum_{j=1,2} a'_{ij}x_iy_j = a'_{11}xy + a'_{12}x(1-y) + a'_{21}(1-x)y + a'_{22}(1-x)(1-y)$$
$$= 2xy + 1x(1-y) + 3(1-x)y + 4(1-x)(1-y) = y(2x-1) + (4-3x)$$

当$0 \leq x < 1/2$时，使$e_2(x, y)$达到最大值的y为$y=0$；当$x=1/2$时，使$e_2(x, y)$达到最大值的y为区间$0 \leq y \leq 1$；当$1/2 < x \leq 1$时，使$e_2(x, y)$达到最大的y为$y=1$。画出曲线得到曲线2，见图13-4。曲线1和曲线2在图13-4中有三个交点。这三个交点上的x^*和y^*所构成的局势

$$(x^*, y^*) = ((x^*, 1-x^*); (y^*, 1-y^*))$$

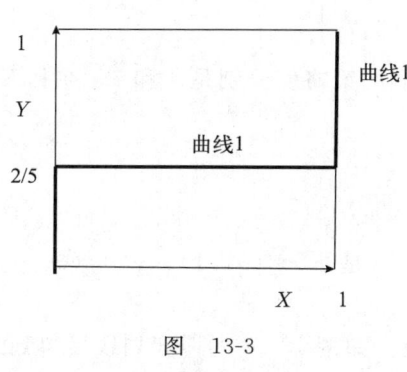

图 13-3

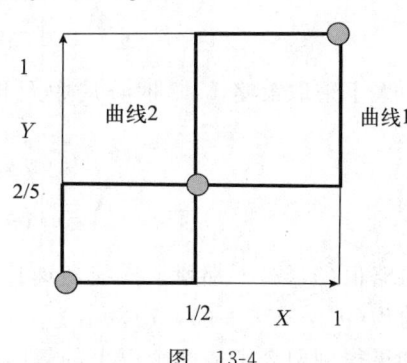

图 13-4

能够同时满足平衡条件

$$e_1(x^*, y^*) \geq e_1(x, y^*), e_2(x^*, y^*) \geq e_2(x^*, y)$$

（4）图13-4中三个交点便对应着纳什均衡，其中$x^* = (1/2, 1/2)$，$y^* = (2/5, 3/5)$为有效解。

1）$x=0, y=0$为一交点，对应的纳什均衡为$x^* = (0, 1)$，$y^* = (0, 1)$，博弈值为$(u^*, v^*) = (4, 4)$。

2）$x=1, y=1$为一交点，因而纳什均衡为$x^* = (1, 0)$，$y^* = (1, 0)$，博弈值为$(u^*, v^*) = (3, 2)$。

3）$x=1/2, y=2/5$为一交点，对应的纳什均衡为$x^* = (1/2, 1/2)$，$y^* = (2/5, 3/5)$，博弈值为$(u^*, v^*) = (2.4, 2.5)$。

2. 优超原则法

存在某个策略绝对劣于另一个策略时，称为下策，去掉下策。求解方法与例13-12类似。

【例 13-18】 用优超原则求解下列非零和博弈

$$\overline{A} = \begin{bmatrix} (2,4) & (8,3) & (4,3) \\ (5,6) & (4,5) & (5,7) \end{bmatrix}$$

解 无论局中人Ⅰ采取哪一个策略，局中人Ⅱ的第二个策略与第一个策略比较是下策，则划去第 2 列，接下来划去第 1 行、第 1 列。

$$\overline{A} = \begin{bmatrix} (2,4) & (8,3) & (4,3) \\ (5,6) & (4,5) & (5,7) \end{bmatrix}, \overline{A}_1 = \begin{bmatrix} \cancel{(2,4)} & \cancel{(4,3)} \\ (5,6) & (5,7) \end{bmatrix}, \overline{A}_2 = \begin{bmatrix} \cancel{(5,6)} & (5,7) \end{bmatrix}$$

纳什均衡（纯策略）解是 $x^* = (0, 1)$，$y^* = (0, 0, 1)$，博弈值为 $(u^*, v^*) = (5, 7)$。

3. 划线法

当局中人Ⅱ采取策略 j 时，局中人Ⅰ在对自己最有利的策略值下划一横线。同理，当局中人Ⅰ采取策略 i 时，局中人Ⅱ在对自己最有利的策略值下划一横线。

如果某一组合策略值下都划了横线，则此组合策略就是纳什均衡解。否则，不存在纯策略意义下的纳什均衡。

【例 13-19】 用划线法求解例 13-18 给出的博弈。

解 当局中人Ⅱ采取策略 1、2、3 时，局中人Ⅰ对自己最有利的策略值分别是 5、8 和 5，在其下面画一条线

$$\overline{A} = \begin{bmatrix} (2,4) & (\underline{8},3) & (4,3) \\ (\underline{5},6) & (4,5) & (\underline{5},7) \end{bmatrix}$$

当局中人Ⅰ采取策略 1、2 时，局中人Ⅱ对自己最有利的策略值分别是 4 和 7，在其下面画一条线

$$\overline{A} = \begin{bmatrix} (2,\underline{4}) & (8,3) & (4,3) \\ (5,6) & (4,5) & (5,\underline{7}) \end{bmatrix}$$

组合策略值 (5, 7) 下都划了横线，纳什均衡（纯策略）解是 $x^* = (0, 1)$，$y^* = (0, 0, 1)$，博弈值为 $(u^*, v^*) = (5, 7)$。

如果得到两个解或两个以上的解时，划线法失效。如例 13-17 的博弈划线后得到

$$\overline{A} = \begin{bmatrix} (\underline{3},\underline{2}) & (2,1) \\ (0,3) & (\underline{4},\underline{4}) \end{bmatrix}$$

得到两个解，博弈解无法确定。

13.5.4　有限二人合作型博弈

前面介绍的是有限二人非零和博弈在博弈双方不合作下的情况。有些博弈问题（如市场博弈）中，如果采用合作的方式，则可能使博弈结果（各方的得益）好于不合作的情况。

以 2×2 博弈为例，局中人Ⅰ、Ⅱ的纯策略分别为 α_1，α_2 和 β_1，β_2。在这种情况下，所谓合作是指双方约定以概率 P_{ij} 采取策略对 (α_i, β_j)，即分别以概率 p_{11}，p_{12}，p_{21}，p_{22} 采取策略对 (α_1, β_1)，(α_1, β_2)，(α_2, β_1)，(α_2, β_2)。此时，双方的期望得益分别记为

$$u = e_1(x, y) = \sum_{i=1}^{2}\sum_{j=1}^{2} P_{ij} a_{ij}, v = e_2(x, y) = \sum_{i=1}^{2}\sum_{j=1}^{2} P_{ij} a'_{ij} \quad (13-33)$$

其中

$$\sum_{i=1}^{2}\sum_{j=1}^{2}P_{ij}=1, 0 \leqslant P_{ij} \leqslant 1$$

对于有限二人非零和博弈的双矩阵

$$\overline{A} = \begin{pmatrix} (a_{11},a'_{11}) & (a_{12},a'_{12}) \\ (a_{21},a'_{21}) & (a_{22},a'_{22}) \end{pmatrix}$$

在合作时，双方得益在二维平面上的所有点构成的区域

$$H = \{(u,v) \mid (u,v) = \sum_{i=1}^{2}\sum_{j=1}^{2} P_{ij}(a_{ij},a'_{ij}),\ \sum_{i=1}^{2}\sum_{j=1}^{2}P_{ij}=1, 0 \leqslant P_{ij} \leqslant 1 \quad (13-34)$$

称为得益区域。它是由纯局势下得益的点(对 $\overline{A}$ 中的元素)为顶点构成的凸多边形(凸集)，表示在合作情况下，两个局中人的得益的变化范围。

【**定义 13.10**】 若两对得益$(u,\ v)$和$(u',\ v')$，满足

$$u' \geqslant u, v' \geqslant v, (u',v') \neq (u,v) \quad (13-35)$$

则称$(u,\ v)$被$(u',\ v')$共同优超。

【**定义 13.11**】 若一对得益$(u,\ v)$不被其他任何得益共同优超，则称$(u,\ v)$为帕累托(Preto)得益。

【**定义 13.12**】 对于有限二人非零和博弈，称

$$v_1 = \max_{x \in S_1^*} \min_{y \in S_2^*} e_1(x,y), v_2 = \max_{y \in S_2^*} \min_{x \in S_1^*} e_2(x,y) \quad (13-36)$$

分别为局中人 I 和局中人 II 的最大最小解。

【**定义 13.13**】 称 $B=\{(u,\ v)\mid u \geqslant v_1, v \geqslant v_2;\ (u,\ v)$ 是得益区域中的帕累托解$\}$ 为协商集。

因此，协商集是指处于得益区域内，不被其他得益共同优超，且保证双方得益至少不小于其相应的最大最小解的得益点(又称为现状点)所构成的集合，是两个局中人谈判协商过程中所能容许的范围。例如，如果合作的结果是局中人 I 的得益小于其最大最小解 v_1，则局中人 I 便认为他没有必要参加合作，因而谈判破裂。

【**例 13-20**】 考虑下述博弈矩阵

$$\overline{A} = \begin{array}{c} \\ \alpha_1 \\ \alpha_2 \end{array} \begin{array}{cc} \beta_1 & \beta_2 \\ \left[(1,2)\right. & \left.(8,3)\right. \\ \left.(4,4)\right. & \left.(2,1)\right] \end{array}$$

将上述问题化为针对局中人 I 和局中人 II 的两个非零和博弈矩阵

$$A_1 = \begin{array}{c} \\ \alpha_1 \\ \alpha_2 \end{array} \begin{array}{cc} \beta_1 & \beta_2 \\ \left[1\right. & \left.8\right. \\ \left.4\right. & \left.2\right] \end{array} \quad A_2 = \begin{array}{c} \\ \alpha_1 \\ \alpha_2 \end{array} \begin{array}{cc} \beta_1 & \beta_2 \\ \left[2\right. & \left.3\right. \\ \left.4\right. & \left.1\right] \end{array}$$

利用零和博弈的方法求得局中人 I、II 的最大最小解分别为 $v_1 = 3\frac{1}{3}$, $v_2 = 2\frac{1}{2}$。

以 $\overline{A}$ 中的四个元素为顶点，画出多边形 $ABCD$，见图 13-5，构成的区域即为得益区域。其中，线段 CD 上的点既不被 $ABCD$ 区域中其他点共同优超，也大于现状点 $\left(3\frac{1}{3},\ 2\frac{1}{2}\right)$ 因而 CD 上的点所构成的集合

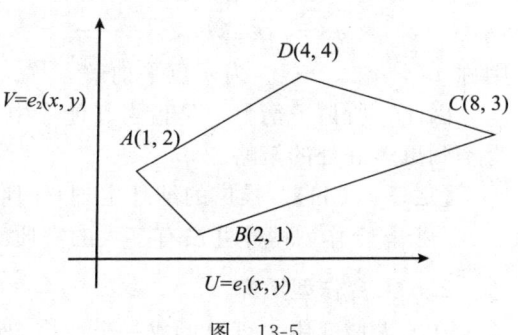

图 13-5

$$B = \{(u,v) \mid u + 4v = 20, 4 \leqslant u \leqslant 8\}$$

便是协商集,合作型博弈的解应从协商集中去找。

13.6 其他博弈问题简介

13.6.1 二人无限零和博弈

所谓二人无限零和博弈,是指局中人Ⅰ和局中人Ⅱ的纯策略是无限的,且是零和的。例如,局中人Ⅰ的纯策略 x 可以是区间 $[a,b]$ 上的任意实数,考虑局中人Ⅰ和局中人Ⅱ的纯策略 x 和 y,其中 x 和 y 分别属于其纯策略集 S_1 和 S_2,设 $e(x,y)$ 为局中人Ⅰ和局中人Ⅱ的得益。当局中人Ⅰ和局中人Ⅱ分别取混合策略 x 和 y 时,局中人Ⅰ的期望收入为 e_1

$$e_1 = \int_{S_1}\int_{S_2} e(x,y) g_2(y) g_1(x) \mathrm{d}y \mathrm{d}x = \int_{S_2}\int_{S_1} e(x,y) g_1(x) g_2(y) \mathrm{d}x \mathrm{d}y \quad (13\text{-}37)$$

其中 $g_1(x)$ 表示局中人Ⅰ的纯策略 x 的概率密度函数,$g_2(y)$ 表示局中人Ⅱ取纯策略 y 的概率密度函数。

若存在混合策略 x^*,y^*,使得对任意 x,y 有

$$e_1(x, y^*) \leqslant e_1(x^*, y^*) \leqslant e_1(x^*, y) \quad (13\text{-}38)$$

则称 (x^*, y^*) 为纳什均衡。

在二人无限零和博弈中,有一类重要的博弈叫凸博弈,这种博弈的纯策略集有下述形式:$S_1=[0,1]$;$S_2=[0,1]$ 即 $0 \leqslant x \leqslant 1$,$0 \leqslant y \leqslant 1$,并且,对局中人Ⅰ的任意纯策略 $x \in [0,1]$,得益函数 $H(x,y)$ 是关于 y 的凸函数。

凸博弈有如下性质:
1) 局中人Ⅱ必有最优纯策略;
2) 博弈值为 $v = \max\limits_{0 \leqslant x \leqslant 1} e(x, y^*)$,其中 y^* 是局中人Ⅱ的最优纯策略。

13.6.2 n 人博弈

1. n 人非合作型博弈

在 n 人非合作型博弈(有限)中,局中人共有 n 个,让局中人 $i(i=1,2,\cdots,n)$ 采用混合策略 x_i,同时,设 $e_i(x_1^*, x_2^*, \cdots x_n^*)$,$i=1,2,\cdots,n$ 为局中人 i 的得益。

类似二人非合作型博弈,可以给出 n 人非合作型博弈纳什均衡的定义。

【定义 13.14】 在 n 人非合作型博弈中,若 n 重策略 x_1^*,x_2^*,$\cdots$,x_n^* 对所有其他策略 y_1,y_2,$\cdots$,y_n,有下述不等式

$$e_i(x_1^*, x_2^*, \cdots, x_i^*, \cdots x_n^*) \geqslant e_i(x_1^*, x_2^* \cdots, y_i, \cdots, x_n^*), 1 \leqslant i \leqslant n \quad (13\text{-}39)$$

则称 x_1^*,x_2^*,$\cdots x_n^*$ 为 n 重平衡解,称 x_1^*,x_2^*,$\cdots x_n^*$ 为纳什均衡。

因此,所谓平衡解,是指当其他局中人保持原策略不变时,某局中人改变原有策略均得不到更多好处的策略。

【定理 13.11】(推广的纳什定理)任何有限 n 人非合作型博弈至少有一个 n 重平衡解。

n 个非合作型博弈并没有多大的实质意义,因此,重点考虑 n 人合作型博弈。

2. n 人合作型博弈

在 n 人博弈中,可以形成一个或多个联盟,每一个联盟的目的在对付该联盟之外的局

中人或其他联盟，而使本联盟的成员的得益之和达到最大。

n 人博弈需要研究两个主要问题：其一是哪些局中人可能形成联盟；其二是联盟成员之间如何进行利益分配。

用 $(N=1,2,\cdots,n)$ 表示局中人集。其中有若干个局中人组成联盟 S（即 N 的子集），设联盟中各成员 i 的（混合）策略集为 S_i，则联盟 S 将以一个整体出现而采取一个整体的策略 x，联盟 S 的策略集 x_i 定义为

$$x_S = \prod_{S_i \in S} S_i$$

其中 $\prod$ 为笛卡儿积。

如果联盟 S 以外的其他所有局中人组成另一个联盟 $N-S$，则联盟 S 将以整体策略 x 来对付联盟 $N-S$ 的整体策略 y，其中，$y \in y_{N-S}$，y_{N-S} 为 $N-S$ 的策略集。因此，这种情况类似于 S 和 $N-S$ 之间的二人非合作型博弈。

3. 特征函数

因为把联盟 S 当作一个假想的"局中人"来看待，因而必须设计一个指标来衡量联盟的整体效果，这种衡量方法的数量表示便是特征函数。

【定义 13.15】 对局中人的每个子集 S，设定某函数 $v(S)$，其值为当 S 中的局中人组成一个联盟时，不管 S 以外的局中人采取何种策略，联盟 S 通过协调其成员的策略保证能达到的最大得益值。一般地

$$v(S) = \max_{x \in x_S} \min_{y \in y_{N-S}} \sum_{i \in S} e_i(x,y) \tag{13-40}$$

其中 $e_i(x,y)$ 为局中人 i 的得益，称 $v(s)$ 为 n 人博弈的特征函数。

这里，实际上是把合作博弈看成是联盟 S 与 $N-S$ 的二人非合作型博弈，对 S 内成员的得益 e_i 之和取最大最小值。

【定义 13.16】 定义空集的特征值为 0，即 $v(\Phi)=0$

【定义 13.17】 如果 S 和 T 为 N 中的两个互不相同的联盟（即 $S \cap T = \{\Phi\}$），且满足

$$v(S \cup T) \geqslant v(S) + v(T) \tag{13-41}$$

则称特征函数 V 为上可加函数。

式(13-41)表示：如果两个联盟 S 和 T 组成更大的联盟 $S \cup T$，则其得益不小于 S 和 T 各自的得益之和。

【定义 13.18】 若 $S \cap T = \{\Phi\}$，$V(S \cup T) = v(S) + v(T)$ 则称特征函数 v 具有可加性，满足可加性的博弈称为非本质博弈，否则称为本质博弈。

若一个 n 人博弈属于非本质博弈，则说明合作与不合作无甚差异，即无须合作。故在合作博弈中一般考虑本质博弈。下面给出两个利用特征函数的定义来求博弈的特征函数的例子。

【例 13-21】 对于局中人 I 和局中人 II 的博弈双矩阵

$$\begin{array}{cc} & \beta_1 \quad \beta_2 \\ \alpha_1 & ((2,3) \quad (5,6)) \end{array}$$

解 首先，有 $v(\Phi)=0$；其次，当局中人 I 单独组成联盟时，$v(1)=\min\{2,5\}=2$，当局中人 II 单独组成联盟时，$v(2)=\max\{3,6\}=6$，当局中人 I、II 组成联盟时，$v(1,2)=\max\{(2+3),(5+6)\}=11$。因此，特征函数为

$$v(\Phi) = 0, v(1) = 2, v(1,2) = 11$$

【例 13-22】 设企业 1 生产某种新型材料，若用于自己制造产品出售，获利为 1 000 元/吨；若卖给企业 2，则获利 1 500 元/吨；若卖给企业 3，则获利 2 000 元/吨。为简化计算，不考虑企业 2、3 使用该材料后所获利润（即 $v(2)=v(3)=0$）。下面求特征函数，显然有

$$v(\Phi) = 0$$

解 在最坏情况下（企业 2、3 联盟而不买企业 1 的材料）企业 1 也可以将材料自用而获利 1 000 元/吨，故 $v(1)=1$，另根据假设，有

$$v(2) = v(3) = 0$$

若企业 1、2 组成联盟，在最坏情况下（即企业 3 不购买材料），联盟为使总体利润到达最大，最好是由企业 2 购买材料，因此最大最小值为 1.5，于是

$$v(1,2) = 1.5 + 0 = 1.5$$

当企业 1、3 组成联盟时，为使联盟总体利益最大，策略是企业 3 购买材料，此时即使企业 2 不买该材料，联盟的总利润为

$$v(1,3) = 2 + 0 = 2$$

当企业 1、2、3 组成联盟时，使联盟总体利益最大的策略是让企业 3 购买材料，故

$$v(1,2,3) = 2 + 0 + 0 = 2$$

同时，$v(2,3)=0+0=0$，所以特征函数为

$$v(\Phi) = 0, v(1) = 1, v(2) = v(3) = 0$$
$$v(1,2) = 1.5, v(1,3) = 2, v(2,3) = 0, v(1,2,3) = 2$$

13.6.3 动态博弈

策略集或得益函数随时间变化的博弈叫动态博弈。动态博弈除了以各自的策略作为变量之外，还要引入一个表示每一时刻博弈所处状况的状态变量（或向量），同时，动态博弈还与各局中人拥有的信息的程度（称为信息结构）有关。以动态二人零和博弈为例，记 k 为时间，动态二人零和博弈可表示为

$$G = \{S_{1K}, S_{2K}, e_K\}$$

其中 $S_{1K}=\{x(k)\}$，$S_{2K}=\{y(k)\}$ 分别表示局中人 I 和局中人 II 在 k 时刻的策略集；e_K 是局中人 I 的收入函数（或局中人 II 的所失），它是策略 $x(k)$ 和 $y(k)$ 的函数。

引入状态变量 $z(k)$，则状态变量的变化形式可以用下述状态方程来表示

$$z(k+1) = f_k(z(k), x(k), y(k))$$

局中人 I 在 $0 \sim N$ 时段的总得益为

$$e = e_N(z(N)) + \sum_{k=0}^{N-1} e_k(z(k), x(k), y(k)) \tag{13-42}$$

局中人 I 的目标是要使长期利益 e 最大；局中人 I 和局中人 II 的博弈 $x(k)$ 和 $y(k)$ 是在其所拥有的信息 $\eta(k)$ 的基础上得出的，即有下述决策律

$$x(k) = r_{1k}(\eta(k))$$
$$y(k) = r_{2k}(\eta(k)), k = 0, 1, \cdots, N-1$$

可以将得益写成

$$e = e_N(z(N)) + \sum_{k=0}^{N-1} e_k(z(k), r_{1k}, r_{2k}) = e(r_1, r_2)$$

其中
$$r_1 = \{r_{1k}\}, r_2 = \{r_{2k}\}$$
如果存在 r_1^* 和 r_2^* 使得
$$e(r_1, r_2^*) \leqslant e(r_1^*, r_2^*) \leqslant e(r_1^*, r_2) \tag{13-43}$$
则称 r_1 和 r_2 为纳什均衡。

13.7 WinQSB 软件应用

WinQSB 软件只能求解二人有限零和博弈。调用的子程序是 Decision Analysis(DA)，在图 13-6 中选择 Two-player, Zero-sum Game。

【例 13-23】求解矩阵博弈

$$A = \begin{bmatrix} 2 & -1 & 4 & 3 & 3 \\ -1 & 5 & -2 & -1 & 6 \\ -3 & -8 & 12 & -9 & 1 \\ 6 & 7 & -2 & 4 & -5 \end{bmatrix}$$

解 在图 13-6 中输入局中人 I 的策略数 4，局中人 II 策略数 5。输入矩阵 A 的数据，如表 13-7 所示。

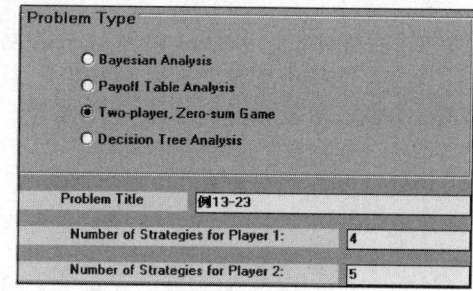

图 13-6

表 13-7

Player1 \ Player2	Strategy2-1	Strategy2-2	Strategy2-3	Strategy2-4	Strategy2-5
Strategy1-1	2	-1	4	3	3
Strategy1-2	-1	5	-2	-1	6
Strategy1-3	-3	-8	12	-9	1
Strategy1-4	6	7	-2	4	-5

求解得到表 13-8。最优解为 $x^* = (0.51, 0.22, 0.05, 0.23)$，$y^* = (0, 0.42, 0.45, 0.04, 0.09)$；博弈值 $v = 1.75$。

表 13-8

-15-20	Player	Strategy	Dominance	Elimination Sequence
	Player	Strategy	Optimal Probability	
1	1	Strategy1-1	0.51	
2	1	Strategy1-2	0.22	
3	1	Strategy1-3	0.05	
4	1	Strategy1-4	0.23	
1	2	Strategy2-1	0	
2	2	Strategy2-2	0.42	
3	2	Strategy2-3	0.45	
4	2	Strategy2-4	0.04	
5	2	Strategy2-5	0.09	
	Expected	Payoff	for Player 1 =	1.75

当博弈有鞍点时，系统直接给出策略的解。

习题

13.1 设古诺模型的双寡头竞争中，厂家一和厂家二的决策产量分别为 q_1 和 q_2，市场出清价格为市场总产量的函数 $P = P(Q) = 12 - Q$，假如两厂家单位产量的边际成本分别为 $C_1 = 3$ 和 $C_2 = 2$。试用反应函数法求解该博弈中的纳什均衡。

13.2 求解下列矩阵博弈，其中赢得矩阵 A 分别为

(1) $\begin{bmatrix} 5 & 6 & 9 \\ -2 & 3 & -5 \\ 4 & 8 & 10 \end{bmatrix}$, (2) $\begin{bmatrix} 6 & 3 & 2 \\ 7 & 4 & 5 \\ -2 & 0 & 6 \end{bmatrix}$, (3) $\begin{bmatrix} 7 & 5 & 9 & 10 & 6 \\ 6 & 4 & 1 & -3 & 2 \\ 3 & 2 & -1 & 4 & -5 \\ 2 & 3 & 4 & 6 & 7 \\ 5 & 5 & 7 & 8 & 6 \end{bmatrix}$

13.3 利用优超原则求解下列矩阵博弈

(1) $A = \begin{bmatrix} 1 & 3 & 9 & -2 \\ 2 & 5 & 7 & 6 \\ 3 & 0 & 2 & 5 \\ 2 & -2 & 4 & 0 \end{bmatrix}$, (2) $A = \begin{bmatrix} 2 & 3 & -4 & -3 & 5 \\ 6 & 4 & 1 & -3 & 2 \\ 4 & 2 & -1 & 4 & -5 \\ 7 & 3 & 4 & 6 & -4 \\ 5 & 4 & 1 & 2 & 6 \end{bmatrix}$

13.4 在第11章习题11.2中，若将制药厂和市场看作是博弈双方，试用博弈论方法确定该制药厂应采取哪种策略？

13.5 若二人零和博弈的赢得矩阵为

(1) $A = \begin{bmatrix} 2 & 4 \\ 5 & 3 \end{bmatrix}$, (2) $A = \begin{bmatrix} 2 & 3 & 6 \\ 2 & 4 & 4 \\ 5 & 3 & 5 \end{bmatrix}$, (3) $A = \begin{bmatrix} a & 0 & 0 \\ 0 & b & 0 \\ 0 & 0 & c \end{bmatrix} a,b,c > 0$

求混合策略纳什均衡。

13.6 用线性规划法求解矩阵博弈

$$A = \begin{bmatrix} 7 & 3 & 2 \\ 6 & 4 & -5 \\ -3 & 0 & 7 \end{bmatrix}$$

13.7 某城市有 A、B 和 C 三个区，A 区有 40% 的居民，B 区有 25% 的居民，C 区有 35% 的居民。甲、乙两个公司都计划在该市建大型仓储式超市，甲公司打算建两个，乙公司只建一个。每个公司都知道，如在某一区内建两个超市，则应把该区的业务平分；如某区只有一个超市，则应独揽该区全部业务；如果一个区没有超市，则该区业务将平均分散在城市的三个超市中，而每个公司当然都想把超市设在营业额最多的地方。

(1) 把这个问题表述成一个二人有限零和博弈，并写出甲公司的效益矩阵；
(2) 甲、乙两公司的最优策略各是什么，在双方都取得最优策略时，两公司各占多大的市场比例。

13.8 求下列二人非零和非合作型博弈的纳什均衡。

(1) $\begin{bmatrix} (2,2) & (3,3) \\ (1,1) & (4,4) \end{bmatrix}$, (2) $\begin{bmatrix} (2,1) & (4,2) \\ (6,2) & (3,1) \end{bmatrix}$, (3) $\begin{bmatrix} (2,1) & (0,2) \\ (1,2) & (3,0) \end{bmatrix}$

13.9 已知一个地区选民的观点标准分布于 $[0,1]$ 上，竞选一个公职的每个候选人同时宣布他们的竞选立场，即选择 0~1 之间的一个点，选民将根据观察候选人的立场，然后将选票投给立场与自己观点最接近的候选人。假设有两个候选人，宣布的立场分别为 $x_1=0.4$ 和 $x_2=0.8$，那么观点在 0.6 左边的人都会投候选人一的票，反之就投候选人二的票，候选人一将以 60% 的选票获胜。如果候选人立场相同则用抛硬币的方式决定谁当选。假设候选人关心的只是能否当选，若有两个候选人竞争，试用博弈论相关知识分析其纳什均衡。

13.10 思考与简答题
(1) 什么是博弈行为，同学、同事、夫妻、父子等之间的行为是不是博弈行为，举例说明哪些行为是博弈行为。
(2) 简述本章的博弈论与第11章的决策论的关系与区别。

(3) 参看例 13-3 齐王赛马问题。现已知齐王三匹马的出场顺序是：上、中、下，孙膑则告诉田忌三匹马的出场顺序应为下、上、中，结果田忌赢得比赛。请分析田忌的策略是不是博弈行为，为什么。

(4) 博弈的三要素与第 11 章决策系统的三要素及第 12 章多属性决策的三要素之间有何异同。

(5) 解释纳什均衡的含义，在经济与管理领域举例说明。

(6) 什么是零和博弈；证券市场中有股民盈利有股民亏损，那么将证券市场看作是一个博弈系统，这种盈亏现象是不是零和现象，为什么。

(7) 反应函数法适用于什么样的策略。

(8) 什么是纯策略和混合策略，其纳什均衡有何区别。

(9) 求解矩阵博弈有哪些方法，每种方法的条件是什么。

(10) 在同行业的市场竞争中，竞争与合作是否同时存在，博弈的结果应该是什么。运用博弈理论谈一谈你对"3Q 之争"（腾讯公司与奇虎 360 公司）的看法。

(11) 观看美国电影《美丽心灵》(*A Beautiful Mind*)，谈观后感。

附录A

WinQSB软件操作指南

A.1 WinQSB软件简介

QSB 是 Quantitative Systems for Business 的缩写，早期的版本在 DOS 操作系统下运行，WinQSB 在 Windows 操作系统下运行，本书以 2.0 版本讲解与演示。WinQSB 是一种教学软件，对于非大型的问题一般都能计算，较小的问题还能演示中间的计算过程，特别适合多媒体课堂教学。

该软件可应用于管理科学、决策科学、运筹学及生产运作管理等领域的求解问题，见表 A-1。

A.2 WinQSB操作简介

1. 安装与启动

安装 WinQSB 软件后，在系统程序中自动生成 WinQSB 应用程序，用户根据不同的问题选择子程序，操作简单方便，与一般 Windows 的应用程序操作相同。进入某个子程序后，第 1 项工作就是建立新问题或打开已有的数据文件。每一个子程序系统都提供了典型的例题数据文件，用户可先打开已有数据文件，观察数据输入格式，系统能够解决哪些问题，结果的输出格式等内容。例如，打开线性规划文件 LP.LPP，系统显示如图 A-1 所示的界面。

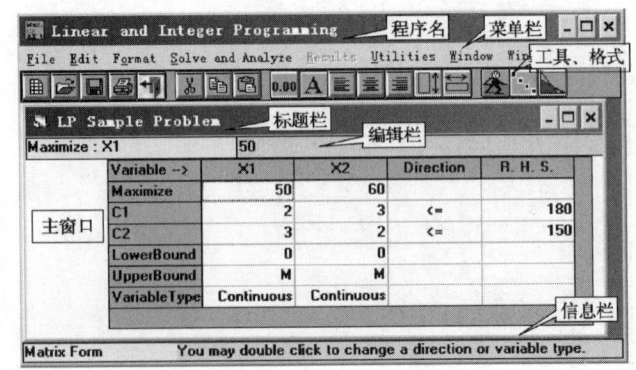

图 A-1

附录 A　WinQSB 软件操作指南

表 A-1

序号	程序	缩写，文件名	名称	应用范围
1	Acceptance Sampling Analysis	ASA	抽样分析	各种抽样分析、抽样方案设计、假设分析
2	Aggregate Planning	AP	综合计划编制	具有多时期正常、加班、分时、转包生产、需求量、储存费用、生产费用等复杂的整体综合生产计划的编制方法。将问题归结到求解线性规划模型或运输模型
3	Decision Analysis	DA	决策分析	确定型与风险型决策、贝叶斯决策、决策树、二人零和博弈、蒙特卡罗模拟
4	Dynamic Programming	DP	动态规划	最短路问题、背包问题、生产与储存问题
5	Facility Location and Layout	FLL	设备场地布局	设备场地设计、功能布局、线路均衡布局
6	Forecasting and Linear Regression	FC	预测与线性回归	简单平均、移动平均、加权移动平均、线性趋势移动平均、指数平滑、多元线性回归、Holt-Winters 季节迭加与乘积算法
7	Goal Programming and Integer Linear Goal Programming	GP-IGP	目标规划与整数线性目标规划	多目标线性规划、线性目标规划、变量可以取整
8	Inventory Theory and Systems	ITS	存储论与存储控制系统	经济订货批量、批量折扣、单时期随机模型、多时期动态储存模型、储存控制系统（各种储存策略）
9	Job Scheduling	JOB	作业调度，编制工作进度表	机器加工排序、流水线车间加工排序
10	Linear Programming and Integer Linear Programming	LP-ILP	线性规划与整数线性规划	线性规划、整数规划、写对偶、灵敏度分析、参数分析
11	MarKov Process	MKP	马尔可夫过程	转移概率、稳态概率
12	Material Requirements Planning	MRP	物料需求计划	物料需求计划的编制、成本核算
13	Network Modeling	Net	网络模型	运输、指派、最短路、最大流、最小支撑树、货郎担等问题
14	NonLinear Programming	NLP	非线性规划	有（无）条件约束、目标函数或约束非线性、目标函数与约束非线性等规划的求解与分析
15	Project Scheduling	PERT-CPM	网络计划	关键路径法、计划评审技术、网络的优化、工程完工时间模拟、绘制甘特图与网络图
16	Quadratic Programming	QP	二次规划	求解线性约束、目标函数是二次型的一种非线性规划问题、变量可以整数
17	Queuing Analysis	QA	排队分析	各种排队模型的求解与性能分析、15 种分布模型求解、灵敏度分析、服务能力分析、成本分析
18	Queuing System Simulation	QSS	排队系统模拟	未知到达服务时间分布、一般排队系统模拟分析
19	Quality Control Charts	QCC	质量管理控制图	建立各种质量控制图和质量计算

2. 与 Office 文档交换数据

从 Excel 或 Word 文档中复制数据到 WinQSB：电子表中的数据可以复制到 WinQSB 中，方法是先选中要复制电子表中单元格的数据，点击复制或按"Ctrl＋C"键，然后在 WinQSB 的电子表格编辑状态下选中要粘贴的单元格，点击粘贴或按"Ctrl＋V"键完成复制。

注意：粘贴过程与在电子表中粘贴有区别，在 WinQSB 中选中的单元格应与在电子表中选中的单元格（行列数）相同，否则只能复制部分数据。例如在电子表中复制 3 行 10 列，见表 A-2，在 WinQSB 中选中 3 行 5 列粘贴，则只能复制 3 行 5 列的数据，见表 A-3。

表 A-2

	A	B	C	D	E	F	G	H	I	J	K	L
1		1	2	3	4	5	6	7	8	9	10	11
2	1.5	2	2	1	1	1	0	0	0	0	0	
3	1	1	0	2	1	0	4	3	2	1	0	
4	0.7	0	1	0	2	3	0	1	2	4	5	
5		0	0.3	0.5	0.1	0.4	0	0.3	0.6	0.2	0.5	

表 A-3

Variab	X1	X2	X3	X4	X5	X6	X7	X8	X9	X10	irectio	R.H.
Minim	1	1	1	1	1	1	1	1	1	1		
C1	2	2	1	1	1						>=	
C2	1	0	2	1	0						>=	
C3	0	1	0	2	3						>=	
Lower	0	0	0	0	0	0	0	0	0	0		
Upper	M	M	M	M	M	M	M	M	M	M		
Variab	nuous	nuous	nuous	nuous	nuous	nuous	nuous	nuous	nuous	nuous		

将 WinQSB 的数据复制到 Office 文档中：先清空剪贴板，选中 WinQSB 表格中要复制的单元格，点击 Edit→Copy，然后粘贴到 Excel 或 Word 文档中。

将 WinQSB 的计算结果复制到 Office 文档中：问题求解后，先清空剪贴板，点击 File→Copy to clipboard 就将结果复制到剪贴板中。

保存计算结果：问题求解后，点击 File→Save as，系统以文本格式（*.txt）保存结果，用户可以编辑文本文件，然后复制到 Office 文档中。

更详细的操作请读者参阅各章 WinQSB 软件应用部分。

附录B

实验指导书

课程编号：
课程名称：运筹学/Operations Research
实验总学时数：
适用专业：
承担实验室：
开课学院、系或教研室：
一、实验教学目的和要求
本实验与运筹学理论教学同步进行。
目的：充分发挥 WinQSB 软件这一先进的计算机工具的强大功能，改变传统的教学手段和教学方法，将软件的应用引入课堂教学，理论与应用相结合。丰富教学内容，提高学习兴趣。使学生能基本掌握 WinQSB 软件常用命令和功能。
要求：熟悉 WinQSB 软件子菜单。能用 WinQSB 软件求解运筹学中常见的数学模型。
二、实验项目名称和学时分配

实验项目	一	二	三	…	十一	十二
实验名称	线性规划	对偶问题	整数规划	…	多属性决策	决策与博弈
学时分配	2	2	1	…	2	2

三、单项实验的内容和要求（包括实验分组人数要求）

实验一 线性规划

（一）实验目的：安装 WinQSB 软件，了解 WinQSB 软件在 Windows 环境下的文件管理操作，熟悉软件界面内容，掌握操作命令。用 WinQSB 软件求解线性规划。

（二）内容和要求：安装并启动软件，建立新问题，输入模型，求解模型，简单分析结果。

（三）操作步骤：

1. 将 WinQSB 安装文件复制到本地硬盘；在 WinQSB 文件夹中双击 setup.exe。
2. 指定安装 WinQSB 软件的目标目录（默认为 C：\ WinQSB）。
3. 安装过程需输入用户名和单位名称（任意输入），安装完毕之后，WinQSB 菜单自动生成在系统程序中。
4. 熟悉 WinQSB 软件子菜单内容及其功能，掌握操作命令。
5. 求解线性规划。启动程序，点击开始→程序→WinQSB→Linear and Integer Programming。
6. 观赏例题。点击 File→Load Problem→lp.lpp，点击菜单栏 Solve and Analyze 或点击工具栏中的图标用单纯形法求解，观赏一下软件用单纯形法迭代步骤。用图解法求解，显示可行域，点击菜单栏 Option→Change XY Ranges and Colors，改变 X1、X2 的取值区域（坐标轴的比例），单击颜色区域改变背景、可行域等 8 种颜色，满足你的个性选择。
7. 实例操作。计算例 1-2：①建立新问题、输入选项（电子表格、变量取非负连续）、输入数据、存盘、求解模型、结果存盘、观察结果；②将所有变量取非负整数、求解、观察结果、存盘、打印窗口、打印结果；③将电子表格格式转换成标准模型；④分析结果，从星期一到星期日每天安排多少营业员上班和休息，商场共需多少营业员，哪几天营业员有剩余，并对结果提出你的看法；⑤将结果复制到 Excel 或 Word 文档中。

实验二 对偶理论

（一）实验目的：掌握 WinQSB 软件写对偶规划，灵敏度分析和参数分析的操作方法。

（二）内容和要求：用 WinQSB 软件完成下列问题

$$\max Z = 4x_1 + 2x_2 + 3x_3 \quad 利润$$

$$\begin{cases} 2x_1 + 2x_2 + 4x_3 \leqslant 100 & 材料 1 约束 \\ 3x_1 + x_2 + 6x_3 \leqslant 100 & 材料 2 约束 \\ 3x_1 + x_2 + 2x_3 \leqslant 120 & 材料 3 约束 \\ x_1, x_2, x_3 \geqslant 0 \end{cases}$$

1. 写出对偶线性规划，变量用 y 表示。
2. 求原问题及对偶问题的最优解。
3. 分别写出价值系数 c_j 及右端常数的最大允许变化范围。
4. 目标函数系数改为 $C=(5, 3, 6)$，常数改为 $b=(120, 140, 100)$，求最优解。
5. 增加一个设备约束 $6x_1 + 5x_1 + x_3 \leqslant 200$ 和一个变量 x_4，系数为 $(c_4, a_{14}, a_{24}, a_{34}, a_{44})=(7, 5, 4, 1, 2)$，求最优解。
6. 在第 5 问的模型中删除材料 2 的约束，求最优解。
7. 原模型的资源限量改为 $b=(100+\mu, 100+3\mu, 120-\mu)^T$，分析参数的变化区间及对应解的关系，绘制参数与目标值的关系图。

（三）操作步骤：

1. 启动线性规划与整数规划程序（Linear and Integer Programming），建立新问题，输入数据并存盘。
2. 点击 Format→Switch to Dual Form，点击 Format→Switch to Normal Model

Form，点击 Edit→Variable Name，分别修改变量名为 y_i。

3. 再求一次对偶返回到原问题，求解模型显示最优解。查看最优表中影子价格（Shadow Price）对应列的数据，写出对偶问题的最优解。

4. 在综合分析报告表中查找 Allowable min(max)对应列，写出价值系数及右端常数的允许变化范围。

5. 修改模型数据并求解。

6. 点击 Edit→Insert a Contraint 插入一个约束，点击 Edit→Insert a Variable 插入一个变量，求解。

7. 点击 Edit→Delete a Contraint，选择要删除的约束 C2，求解。

8. 对原问题求解后，点击 Results→Perform Parametric Analysis，在参数分析对话框中选择右端(RHS)，输入参数的系数(1，3，−1)，求解后写出(或打印)参数分析结果。

9. 点击 Results→Graphic Parametric Analysis，打印参数与目标值的关系图。

10. 注意事项：7 个问题是独立求解和分析，每个问题都是针对原线性规划分析和求解，每一步都必须回到原模型。技巧：做完一个问题后退出所有活动窗口，打开刚才保存的原问题文件。这样不必修改数据。

实验三 整数规划

（一）实验目的：用 WinQSB 软件求解整数规划(纯整数、混合整数)、0−1 规划。

（二）内容和要求：求解例 3-4，输入数据、求解、读结果。

（三）操作步骤：

1. 启动程序。点击开始→程序→WinQSB→Linear and Integer Programming。

2. 建立新问题。输入变量数 6 个、约束数 7 个、选择 min。

3. 输入数据，其中大 M 用一个较大的数代替(如 4 000)，变量重新命名、改变变量类型。

4. 求解问题并打印结果。

实验四 目标规划

（一）实验目的：用 WinQSB 软件求解目标规划及多目标规划，进行简单的灵敏度分析。

（二）内容和要求：求解例 4-5 目标规划，观察求解步骤，显示单纯形表，读出结果。

（三）操作步骤：

1. 启动程序。点击开始→程序→WinQSB→Goal Programming。

2. 建立新问题。输入标题名、目标数(优先级数目)、变量数(包括偏差变量)、约束数，选择 Minimization。

3. 输入数据、约束和变量重新命名，求解显示迭代步骤。

4. 读写求解结果，进行简单的灵敏度分析。

实验五 运输与指派问题

（一）实验目的：熟悉运用 WinQSB 软件求解运输问题与指派问题，掌握操作方法。

（二）内容和要求：求解下列两题，建立新问题，输入运价表和效率表并求解模型，进行结果的简单分析。

1. 运用软件求解例 5-14，按下表的形式输入数据。

	1月(1)	1月(2)	2月(1)	2月(2)	3月(1)	3月(2)	生产能力
1月 RT	15	16	16	18	18	19	10
1月 OT	18	20	19	22	21	23	3
2月 RT			17	15	19	16	8
2月 OT			20	18	22	19	2
3月 RT					19	17	10
3月 OT					22	22	3
需求量	5	3	3	5	4	4	36

（1）输入数据，将产地和销地更名为上表所示的名称；
（2）求解并打印最优生产方案；
（3）显示并打印生产方案网络图。

工作 人员	人力资源	物流管理	市场营销	信息管理
甲	85	92	73	90
乙	95	87	78	95
丙	82	83	79	90
丁	86	90	80	88
戊	76	85	92	93

2. 人事部门欲安排四人到四个不同岗位工作，每个岗位一个人。经考核五人在不同岗位的成绩（百分制）如右表所示，如何安排他们的工作使总成绩最好，应淘汰哪一位。

（三）操作步骤：

1. 启动程序。点击开始→程序→WinQSB→Network Modeling。
2. 建立新问题。分别选择 Transportation Problem、Minimization、Spreadsheet，输入标题、产地数 6 和销地数 6。
3. 输入数据，空格可以输入 M 或不输入任何数据，点击 Edit→Node Names，对产地和销地更名。
4. 求解并显示和打印最优表及网络图。
5. 求解第 2 题。点击菜单栏 WinQSB→Network Modeling。
5. 建立新问题，选择 Assignment Problem，在 Number of Objects 中输入人数 5，Number of Assignments 中输入工作数 4，选择 Maximization。
7. 输入数据，点击菜单栏 Edit/Node names，重新命名人名和工作名，求解。
8. 写出两题的计算结果。

实验六　网络模型

（一）实验目的：掌握不同问题的输入方法，求解网络模型，观察求解步骤，显示并读出结果。

（二）内容和要求：用 WinQSB 软件求解最小支撑树、最短路、最大流及旅行售货员等问题，题目自选。

（三）操作步骤：

1. 启动程序。点击开始→程序→WinQSB→Network Modeling。

2. 求最小支撑树：建立新问题，选择 Minimal Spanning Tree，输入标题名、网络节点数；输入节点到节点的距离，求解显示最小支撑树。

3. 求最短路：建立新问题，选择 Shortest Path Problem，输入标题名、网络节点数；输入节点到节点的距离（注意弧的方向），求解并选择起点与终点，图示最短路，写出起点到各点的最短路径及路长。

4. 求最大流：建立新问题，选择 Maximal Flow Problem，输入标题名、网络节点数；输入节点到节点的容量（注意弧的方向），求解并选择起点与终点，图示最大流，写出最大流量。

5. 求最小费用最大流：建立新问题，选择 Network Flow、Maximization、Graphic Model Form，输入标题及节点数。编辑网络图，求解图示最大流，写出最小费用最大流量。

实验七　网络计划

（一）实验目的：掌握 WinQSB 软件绘制计划网络图，求关键路线，计算时间参数，进行网络优化。

（二）内容和要求：求解习题 7.4、习题 7.5 和习题 7.6。输入数据（PERT/CPM），显示网络图，计算时间参数，显示结果和关键工序，计算赶工时间，显示甘特图。

（三）操作步骤：

1. 启动程序。点击开始→程序→WinQSB→PERT-CPM。注意，系统按节点式绘制网络图。

2. 关键路径法：建立新问题，输入标题名、工序（活动）数、时间单位；选择关键路径法和正常时间（CPM、Normal Time）；输入紧前工序和工序时间，求解并显示时间参数、关键工序、关键路线、工程完工时间及甘特图。

3. 计划评审技术：建立新问题，输入标题名、工序（活动）数、时间单位；选择计划评审技术和正常时间（PERT、Normal Time）；输入紧前工序和 3 种估计时间，求解并显示时间参数、关键工序、关键路线、工程完工时间及甘特图。

4. 时间优化：建立新问题，输入标题名、工序（活动）数、时间单位；选择关键路线法和正常时间、赶工时间（Crash Time）、正常成本、赶工成本；输入紧前工序、正常时间、赶工时间、正常成本、赶工成本；求解并显示时间参数、关键工序、关键路线、工程正常完工时间及成本、工程赶工完工时间及成本、甘特图。

实验八　动态规划

（一）实验目的：用 WinQSB 软件求解动态规划中的最短路问题、背包问题及生产与存储问题。

(二)内容和要求：求解例 8-1、例 8-4 和例 8-5。掌握不同问题的输入方法，观察求解步骤，显示并读出结果。

(三)操作步骤：

1. 启动程序。点击开始→程序→WinQSB→Dynamic Programming。

2. 求最短路：建立新问题，选择 Stagecoach Problem，输入标题名、网络节点数；输入节点到节点的距离，求解并确定起点与终点，读写结果。

3. 求解背包问题：建立新问题，选择 Knapsack Problem，输入标题名、项目或物品数；分别输入每种物品可装载数量、单位物品容量(体积或重量)、单位物品的价值函数及背包容量，价值函数的变量可统一用 X 表示，也可以定义每种物品数为 X_1，X_2，…，X_n；求解并分析结果。

4. 求解生产与存储问题：建立新问题，选择 Production and Inventory Scheduling，输入标题名、周期(阶段)数；分别输入每周期的需求量(Demand)、生产能力(Production Capacity)、最大存储容量(Storage Capacity)、生产固定成本(Setup Cost)、变动成本函数(Variable Cost Function)；求解并显示迭代表格。其中变动成本函数包括生产成本、存储成本和缺货成本三项。P—产量，H—存储量，B—缺货量，不同周期的变动成本函数可以不同。例如，$6P+0.1H^{1.5}+2\log(B+100)$ 表示单位产品的生产成本为 6，一期的存储成本是存储量的 1.5 次方的 0.1 倍，缺货总费用为 $2\log(B+100)$。

实验九　排队论

(一)实验目的：用 WinQSB 软件求解排队系统常用指标。

(二)内容和要求：计算习题 9.8 和习题 9.9，掌握不同问题的输入方法，求解问题，显示并读出结果。

(三)操作步骤：

1. 启动程序。点击开始→程序→WinQSB→Queuing Analysis。

2. 建立新问题。习题 9.8 选择 Simple M/M System，习题 9.9 选择 General Queueing System。

3. 输入数据。习题 9.9 的服务时间分布选择 Normal。

4. 求解。写出问题的结果。

实验十　存储论

(一)实验目的：用 WinQSB 软件求解存储论中几种常见的模型。

(二)内容和要求：计算例 10-1、例 10-8、例 10-13 和习题 10.15，掌握不同问题的输入方法，求解问题，显示并读出结果。

(三)操作步骤：

1. 启动程序。点击开始→程序→WinQSB→Inventory Theory and System。

2. 建立新问题。例 10-1 选择 Deterministic Demand Economic Order Quantity(EOQ) Problem，例 10-8 选择 Deterministic Demand Quantity Discount Analysis Problem，例 10-13 和习题 10.15 选择 Single-Period Stochastic Demand(Newsboy)Problem。

3. 输入数据。例 10-8 的数据要输入没有折扣时的价格，同时输入折扣种数 3，点击 Edit→Discount Breaks，输入折扣区间下限和对应折扣的百分数。习题 10.15 是单时期离散型随机存储模型，在 Discrete Value 一栏中输入：随机变量的取值/概率。例 10-13 需求分布选择 Normal，获得成本输入 800，售价输入 1 440，缺货成本输入 0。残值(Unit Salvage Value)输入 376。

4. 求解。分别写出订货量、订货周期、最大缺货量、最优服务水平、总成本等结果。

实验十一　多属性决策

（一）实验目的：掌握 MCE 软件进行层次分析决策。

（二）内容和要求：计算习题 12.9，熟悉 MCE 软件操作，计算及输出结果，进行决策和分析。

（三）操作步骤：

（1）启动程序。开始→程序→MCE→文件。习题 12.9 选择 AHP。

（2）输入备选方案，输入指标体系：输入总目标、准则层元素。注意：被支配元素为子节点。逐个输入判断矩阵，所有判断矩阵输入后，即可计算。

（3）计算与输出。点击"层次单排序"计算每一个判断矩阵的权系数、排序与一致性指标；点击"计算结果"得到各方案的综合价值及排序，点击"柱状图"、"数据导出"得到 word 文档文件。

（四）对结果进行分析并作出决策。

实验十二　决策论与博弈论

（一）实验目的：掌握 WinQSB 软件求解不确定型、风险型决策，贝叶斯决策，决策树，矩阵博弈，马尔可夫过程的操作方法。

（二）内容和要求：计算习题 11.2、习题 11.6、习题 11.10 和习题 13.6，掌握不同问题的输入方法，求解问题，显示并读出结果。

（三）操作步骤：

1. 启动程序。点击开始→程序→WinQSB→Decision Analysis。习题 11.10 启动程序 MarKov Process。

2. 建立新问题。习题 11.2 选择 Payoff Table Analysis，习题 11.6 选择 Decision Tree Analysis，习题 13.6 选择 Two-player, Zero-sum Game。

3. 输入数据。根据问题的类型输入相应的数据。

4. 求解。写出或打印结果。

编写：　　　　　　　日期：

审阅：　　　　　　　日期：

审定：　　　　　　　日期：

附录C

案例与应用

【案例 C-1】某厂排气管车间生产计划的优化分析

1. 问题的提出

排气管作为发动机的重要部件之一,极大地影响着发动机的性能。某发动机厂排气管车间长期以来,只生产一种四缸及一种六缸发动机的排气管。由于其产量一直徘徊不前,致使投资较大的排气管生产线,一直处于不饱和状态,造成资源的大量浪费,全车间设备开动率不足 50%。

为了充分发挥车间的潜力,该车间在厂部的大力协助下主动出击,一方面争取到了工厂自行开发的特殊机型排气管生产权,另一方面瞄准国际市场以较低的价格和较高的质量赢得了世界两大著名汽车公司 CUMMINS 和 FORD 的信任,成为其 8 种型号排气管最具竞争实力的潜在供应商。如果这 8 种排气管首批出口进入国际市场畅销的话,后续订单将会成倍增长,而且两大公司有可能逐步减少其他公司的订单,将其他型号排气管全部转移到该车间生产。

针对这种状况,该车间组织工程技术人员对 8 种排气管的产品图纸进行了评审、工艺设计和开发(编排工艺流程图、进行 PFMEA 分析和编制控制计划)、样品试制,同时对现生产能力和成本进行了认真细致的核算和预测工作。如何调整当前的生产计划,是否增加设备或改造生产线,其他类型新产品需要多长时间才能投入生产等一系列问题尚缺乏科学的、定量的依据。而目前厂部和车间最关心的资源问题,主要是加工设备的生产能力。一位 MBA 毕业的厂部管理人员马上想到,这是一个合理利用有限资源,如何制订生产计划使产出最大的优化问题,理论上可以用线性规划方法解决。

2. 生产概况及有关资料

(1) 车间概况

该车间按两班制生产,每班 8 小时,标准工作日为 22 天。车间现有员工 30 名,其中生产工人 27 人,每月安排职工政治学习及业务培训时间为 4 小时,进行文明生产等非生产性工作每人每月平均 2 小时,排气管工废按产量的 1% 计算,料废按 2% 计算。车间生产工人工作时间按每人每周 44 小时(每月 4 周)进行考核。

(2)生产状况

该车间排气管生产为 10 道工序,分别在不同的 10 类机床上进行加工,每种排气管所占用的设备时间如表 C-1 所示。各种排气管的成本构成如表 C-2 所示。

表 C-1 8 种排气管设备消耗时间　　　　(单位:台时/1 000 根)

设备＼产品时间	1	2	3	4	5	6	7	8
1. 平面铣床	4	4.5	4.8	5.8	5.2	4.0	4.6	5.6
2. 卧铣床	3.9	4.5	4.3	5.0	4.9	4.4	5.1	4.8
3. 组合钻床	5.9	5.8	5.7	6.3	6.5	6.0	6.6	6.4
4. 单面铣床	3.5	3.0	3.7	4.0	3.8	3.0	4.1	3.4
5. 攻丝床	5.8	6.2	5.7	6.4	6.3	6.0	6.5	6.2
6. 精铣床	5.5	5.7	4.7	6.0	5.9	5.2	6.2	5.6
7. 扩孔钻床	3.9	3.8	4.0	4.1	3.7	3.5	4.1	3.6
8. 摇臂钻床	4.1	4.0	4.0	4.3	4.2	3.8	4.3	4.3
9. 去毛刺机	2.5	2.9	2.7	3.0	3.0	2.5	3.1	2.8
10. 清洗机	2.8	2.9	2.1	3.2	3.0	2.5	3.2	3.0
总计	41.9	43.3	41.7	48.1	46.5	40.9	47.8	45.7

表 C-2 8 种排气管成本构成表　　　　(单位:元/根)

项目＼产品	1	2	3	4	5	6	7	8
毛坯价格	98	104	94	112	106	97	104	102
辅料消耗	2	2	2	2	2	2	2	2
动能消耗	10	10	10	10	10	10	10	10
工具等消耗	10	13	12	14	15	8	9	11
管理费用	1.455	1.099	1.21	1.44	1.188	1.226 5	1.308	1.56
税收	15	16	14.8	17	16.5	14.5	15.6	15.5
售价	150	160.1	149	172	166	145.6	157.8	155.8
利润(元)	13.545	14.001	14.99	15.56	15.312	12.873	15.892	13.74

注:表中售价为含税价。

目前,由于市场不景气,排气管生产的上工序即铸造厂产能富裕,只要资金到位该厂可准时、足量供货,而且品种可以保证。而出口排气管时,外商的资金可以及时到位,并且许诺如果需要可预付 50% 以上的预付款,只不过对某些产品提出了特殊要求,即第一种、第七种排气管月产量均不能低于 10 000 根,第三种不能低于 5 000 根/月,第六种排气管产量不高于 60 000 根/月,第二种和第四种排气管配对使用,但由于第二种排气管使用中易损,故每月必须多生产 3 000 根。因此原材料来源和资金不足是增加生产的制约因素。制约该车间排气管产量的主要是设备计划外停工及基本生产工人工时,即设备与人力资源。根据以往经验,各设备加工能力见表 C-3。

表 C-3 设备加工能力一览表

设备	台数(台)	标准工作日(日/月)	标准工作日长度(时/日)	台均维修保养时间(时/月)	月可利用工时
1. 平面铣床	4	22	16	4	1 392
2. 卧铣床	4	22	16	2	1 400
3. 组合钻床	6	22	16	5	2 082
4. 单面铣床	2	22	16	2	700
5. 攻丝床	6	22	16	4	2 088
6. 精铣床	4	22	16	3	1 396
7. 扩孔钻床	4	22	16	8	1 376
8. 摇臂钻床	4	22	16	6	1 384
9. 去毛刺机	2	22	16	2	700
10. 清洗机	2	22	16	2	700

根据以上资料，请你完成下列 3 和 4 两项工作。

3. 制定利润最大的生产计划

（1）建立线性规划数学模型；

（2）用 WinQSB 软件求解；

（3）写出各种产品月生产量及月总利润。

4. 结果分析

（1）分析各种资源的利用情况，根据线性规划得到的结果，如何重新调整资源；

（2）利用影子价格分析各资源对利润的边际贡献，分析哪些是影响增加利润的关键设备；

（3）如果企业现有一订单，各种排气管的需求量是：15 000，5 000，5 000，3 000，15 000，60 000，10 000，60 000(根)。正常时间内 1 个月能否完成任务，如果不能完成，哪些资源需要加班多少时间，假定加班不额外增加成本。

（4）对现有资源和生产能力进行分析，提出你对排气管车间整个计划的看法和建议。

【案例 C-2】配料问题

某饲料公司生产鸡混合饲料，每千克饲料所需营养质量要求如表 C-4 所示。

表 C-4

营养成分	肉用种鸡国家标准	肉用种鸡公司标准	产蛋鸡标准
代谢能	2.7～2.8Mcal/kg	≥2.7Mcal/kg	≥2.65Mcal/kg
粗蛋白	135～145g/kg	135～145g/kg	≥151g/kg
粗纤维	<50g/kg	≤45g/kg	≤20g/kg
赖氨酸	≥5.6g/kg	≥5.6g/kg	≥6.8g/kg
蛋氨酸	≥2.5g/kg	≥2.6g/kg	≥6g/kg
钙	23～40g/kg	≥30g/kg	≥33g/kg
有效磷	4.6～6.5g/kg	≥5g/kg	≥3g/kg
食盐	3.7g/kg	3.7g/kg	3g/kg

公司计划使用的原料有玉米、小麦、麦麸、米糠、豆饼、菜子饼、鱼粉、槐叶粉、DL-蛋氨酸、骨粉、碳酸钙和食盐等12种原料。各原料的营养成分含量及价格见表 C-5。

表 C-5

变量	原料	单价元/kg	代谢能 Mcal/kg	粗蛋白 g/kg	粗纤维 g/kg	赖氨酸 g/kg	蛋氨酸 g/kg	钙 g/kg	有机磷 g/kg	食盐 g/kg
x_1	玉米	0.68	3.35	78	16	2.3	1.2	0.7	0.3	
x_2	小麦	0.72	3.08	114	22	3.4	1.7	0.6	0.34	
x_3	麦麸	0.23	1.78	142	95	6.0	2.3	0.3	10.0	
x_4	米糠	0.22	2.10	117	72	6.5	2.7	1.0	13.0	
x_5	豆饼	0.37	2.40	402	49	24.1	5.1	3.2	5.0	
x_6	菜子饼	0.32	1.62	360	113	8.1	7.1	5.3	8.4	
x_7	鱼粉	1.54	2.80	450	0	29.1	11.8	63	27	
x_8	槐叶粉	0.38	1.61	170	108	10.6	2.2	4.0	4.0	
x_9	DL-蛋氨酸	23.0					980			
x_{10}	骨粉	0.56						300	140	
x_{11}	碳酸钙	1.12						400		
x_{12}	食盐	0.42								1 000

公司根据原料来源，还要求1吨混合饲料中原料的含量为：玉米不低于400kg，小麦不低于100kg，麦麸不低于100kg，米糠不超过150kg，豆饼不超过100kg，菜子饼不低于30kg，鱼粉不低于50kg，槐叶粉不低于30kg，DL-蛋氨酸、骨粉、碳酸钙适量。

(1) 按照肉用种鸡公司标准，求1kg配合饲料中每种原料各配多少成本最低，建立数学模型并求解。

(2) 按照肉用种鸡国家标准，求1kg配合饲料中每种原料各配多少成本最低。

(3) 公司采购了一批花生饼，单价是0.6元/kg，代谢能到有机磷的含量分别为(2.4, 38, 120, 0, 0.92, 0.15, 0.17)，求肉用种鸡成本最低的配料方案。

(4) 求产蛋鸡的最优饲料配方方案。

(5) 公司考虑到未来鱼粉、骨粉和碳酸钙将要涨价，米糠将要降价，价格变化率都是原价的 $r\%$。试对两种产品配方方案进行分析。

说明：以上5个问题独立求解和分析，如在问题(3)中只加花生饼，其他方案则不加花生饼。

【案例 C-3】证券营业网点设置问题

证券公司提出下一年发展目标是，在全国范围内建立不超过12家营业网点。

(1) 公司为此拨出专款2.2亿元人民币用于网点建设。

(2) 为使网点布局更为科学合理，公司决定：一类地区网点不少于3家，二类地区网点不少于4家，三类地区网点暂不多于5家。

(3) 网点的建设不仅要考虑布局的合理性，而且应该有利于提升公司的市场份额。为此，公司提出，待12家网点均投入运营后，其市场份额应不低于10%。

(4) 为保证网点筹建的顺利进行，公司审慎地从现有各部门中抽调出业务骨干40人用于筹建，分配方案为：一类地区每家网点 4 人，二类地区每家网点 3 人，三类地区每家网点 2 人。

(5) 依据证券行业管理部门提供的有关数据，结合公司的市场调研，在全国选取 20 个主要城市并进行分类，每个网点的平均投资额（b_j）、年平均利润（c_j）及交易量占全国市场平均份额（r_j）如表 C-6 所示。

表 C-6

地区类别	拟入选城市名称	编号	投资额（万元）(b_j)	利润额（万元）(c_j)	市场平均份额（%）(r_j)
一类地区	上海	1	2 500	800	1.25
	深圳	2	2 400	700	1.22
	北京	3	2 300	700	1.20
	广州	4	2 200	650	1.00
二类地区	大连	5	2 000	450	0.96
	天津	6	2 000	500	0.98
	重庆	7	1 800	380	0.92
	武汉	8	1 800	400	0.92
	杭州	9	1 750	330	0.90
	成都	10	1 700	300	0.92
	南京	11	1 700	320	0.88
	沈阳	12	1 600	220	0.82
	西安	13	1 600	200	0.84
三类地区	福州	14	1 500	220	0.86
	济南	15	1 400	200	0.82
	哈尔滨	16	1 400	170	0.75
	长沙	17	1 350	180	0.78
	海口	18	1 300	150	0.75
	石家庄	19	1 300	130	0.72
	郑州	20	1 200	120	0.70

试根据以上条件进行分析，公司下一年应选择哪些城市进行网点建设，使年度利润总额最大。

【案例 C-4】工程建设与财政平衡决策问题[11]

阅读下列案例，完成计算和分析。

某市政府为改善其基础设施，在近 3 年内要着手如下 5 项工程的建设，按重要性排序的工程建设项目名称及造价如表 C-7 所示。

该市政府的财政收入主要来自国家财政拨款、地方税收和公共事业收费。3 年内该三项总收入分别估计为 e_1、e_2 和 e_3，除此之外就靠向银行贷款和

表 C-7

项目	项目名称	造价（万元）
1	公路 1	b_1
2	大桥	b_2
3	公路 2	b_3
4	水厂	b_4
5	供水管道	b_5

发行债券。3 年中可贷款的上限为 U_{11}、U_{12} 和 U_{13}，年利率为 g；可发行债券的上限为 U_{21}、U_{22} 和 U_{23}，年利率为 f。银行还贷款期限为 1 年（假定贷款在年初付出），债券则由下年起每年按一定比例（r）归还部分债主的本金。市政府应如何做出 3 年的投资决策。

设 $x_{1t}(t=1,2,3)$ 为第 t 年向银行贷款数，$x_{2t}(t=1,2,3)$ 为第 t 年发行债券数，$y_{it}(i=1,2,\cdots,5;t=1,2,3)$ 为项目 i 在第 t 年的完工率（投资比例），见表 C-8。

除上述变量外，为了写出平衡式，引进第 1 年的起始财政平衡变量 z_0 和每年末的财政平衡变量 z_1、z_2 和 z_3。

（1）决策变量：为了列出目标规划决策模型，决策变量如表 C-8 所示。

表 C-8

名称	第一年	第二年	第三年
银行贷款（万元）	x_{11}	x_{12}	x_{13}
发行债券（万元）	x_{21}	x_{22}	x_{23}
工程项目 1 总完工率	y_{11}	y_{12}	y_{13}
工程项目 2 总完工率	y_{21}	y_{22}	y_{23}
工程项目 3 总完工率	y_{31}	y_{32}	y_{33}
工程项目 4 总完工率	y_{41}	y_{42}	y_{43}
工程项目 5 总完工率	y_{51}	y_{52}	y_{53}

（2）约束和目标：注意问题中有的目标（例如历年财政平衡）实际上是硬约束，其中不含偏差变量，因此引入松弛变量 $s_i(i=1,2,\cdots,7)$ 作等式的平衡。

（3）财政平衡约束条件：

1）变量的上限限制和财政平衡目标。变量包括决策变量、财政平衡变量和保证财政平衡的人工变量。表 C-8 所列变量都有上界限制的，把这些有上界约束的变量写成目标形式，其中只需引进负偏差变量 n_{jt}。对平衡变量应使 z_0 为零，使 z_1、z_2、z_3 为正值，故除 z_0 外其他平衡变量都引进了正偏差变量，而且把使 z_0 为零和使其他平衡变量为正作"硬约束"的规定。因此有

$$x_{jt} + n_{jt} = U_{jt}, j=1,2; t=1,2,3 \quad \text{贷款、债券平衡约束}$$

$$y_{it} + d_{it}^- = 1, i=1,2,\cdots,5; t=1,2,3 \quad \text{各项目每年完工率平衡约束}$$

$$\sum_{t=1}^{3} y_{it} + d_i^- = 1, i=1,2,\cdots,5 \quad \text{完工率平衡约束}$$

$$z_0 - s_4 = 0 \quad \text{第一年年初财政平衡约束}$$

$$z_k + s_{4+k} - d_{5+k}^+ = 0, k=1,2,3 \quad \text{3 年财政平衡约束}$$

式中，d_{5+k}^+ 为正偏差变量；s_{4+k} 是松弛变量（等价于负偏差变量）；z_0 是第 1 年年初的可用资金，假设 $z_0=0$，则约束 $z_0-s_4=0$ 可以去掉；z_k 是第 k 年年末剩余（$k+1$ 年年初可用）资金，所有变量非负。

2）根据财政平衡的意义，可列出 3 年中每年的财政平衡约束条件，即（该年银行贷款）+（该年发行债券）+（该年财政收入）−（该年各项工程拨款）−（该年银行还款）−（该年债券还款）−（该年银行贷款付息）−（该年债券付息）+（起始平衡）−（最终平衡）=0，则有

$$\text{第一年：} x_{11} + x_{21} + e_1 - \sum_{i=1}^{5} b_i y_{i1} - f x_{21} + z_0 - z_1 - s_1 = 0$$

$$\text{第二年：} x_{12} + x_{22} + e_2 - \sum_{i=1}^{5} b_i (y_{i2} - y_{i1}) - x_{11} - r x_{21} - g x_{11}$$
$$- f(1+f)(x_{21} - r x_{21}) - f x_{22} + z_1 - z_2 - s_2 = 0$$

$$\text{第三年：} x_{13} + x_{23} + e_3 - \sum_{i=1}^{5} b_i (y_{i3} - y_{i2}) - x_{12} - r x_{22} - g x_{12}$$

$$-f(1+f)^2(x_{21}-2rx_{21})-f(1+f)(x_{22}-rx_{22})-fx_{23}+z_2-z_3-s_3=0$$

(4) 目标函数。对问题目标函数的要求有如下几点:

1) 硬约束为一级目标，以首先保证各年财政平衡，可使这些约束条件的相应松弛变量的和为最小;

2) 力图尽量获得银行贷款和发行债券，以解决工程建设的资金问题;

3) 保证头两项工程的优先完成(按重点顺序加权);

4) 按重点顺序加权，抓紧后三项工程的建设;

5) 争取每个项目在 3 年内都完工;

6) 使各年最终财政平衡变量为最小。

因此，目标函数可列出

$$\min p_1 \sum_{k=1}^{7} s_k + p_2 \Big[\sum_{t=1}^{3} n_{1t} + \sum_{t=1}^{3} n_{2t}\Big] + p_3 \Big[2\sum_{t=1}^{3} d_{1t}^{-} + \sum_{t=1}^{3} d_{2t}^{-}\Big]$$
$$+ p_4 \Big[3\sum_{t=1}^{3} d_{3t}^{-} + 2\sum_{t=1}^{3} d_{4t}^{-} + \sum_{t=1}^{3} d_{5t}^{-}\Big] + p_5 \sum_{k=1}^{3} d_i^{+} + p_6 \sum_{k=1}^{3} d_{5+k}^{+}$$

整理得到目标规划数学模型

$$\min p_1 \sum_{k=1}^{6} s_k + p_2 \Big[\sum_{t=1}^{3} n_{1t} + \sum_{t=1}^{3} n_{2t}\Big] + p_3 \Big[2\sum_{t=1}^{3} d_{1t}^{-} + \sum_{t=1}^{3} d_{2t}^{-}\Big]$$
$$+ p_4 \Big[3\sum_{t=1}^{3} d_{3t}^{-} + 2\sum_{t=1}^{3} d_{4t}^{-} + \sum_{t=1}^{3} d_{5t}^{-}\Big] + p_5 \sum_{i=1}^{5} d_i^{-} + p_6 \sum_{k=1}^{3} d_{5+k}^{+}$$

$$x_{jt} + n_{jt} = U_{jt}, j=1,2; t=1,2,3$$
$$y_{it} + d_{it}^{-} = 1, i=1,2,\cdots,5; t=1,2,3$$
$$\sum_{t=1}^{3} y_{it} + d_i^{-} = 1, i=1,2,\cdots,5$$
$$z_k + s_{3+k} - d_{5+k}^{+} = 0, k=1,2,3$$
$$\sum_{i=1}^{5} b_i y_{i1} - x_{11} - (1-f)x_{21} + z_1 + s_1 = e_1$$
$$-\sum_{i=1}^{5} b_i y_{i1} + \sum_{i=1}^{5} b_i y_{i2} + (1+g)x_{11} - x_{12}$$
$$+[r+(1-r)f(1+f)]x_{21} - (1-f)x_{22} - z_1 + z_2 + s_2 = e_2$$
$$-\sum_{i=1}^{5} b_i y_{i2} + \sum_{i=1}^{5} b_i y_{i3} + (1+g)x_{12} - x_{13} + [r+(1-2r)f(1+f)^2]x_{21}$$
$$+[r+(1-r)f(1+f)]x_{22} - (1-f)x_{23} - z_2 + z_3 + s_3 = e_3$$

所有变量非负

要求:

(1) 给定具体数据 $b_1=700, b_2=500, b_3=800, b_4=400, b_5=680, e_1=700, e_2=900, e_3=1\,200, U_{11}=300, U_{12}=400, U_{13}=450, U_{21}=300, U_{22}=350, U_{23}=350, f=0.055, g=0.05, r=0.2$。用软件求满意解。

(2) 对结果进行分析，列出 3 年详细的项目投资计划、资金分配表和平衡表，资金是否有缺口，写出分析报告。

【案例 C-5】综合生产计划编制

汽车制造厂现有一个 6 个月的产品生产任务,产品需要在车加工车间生产,每件产品需要 5 小时的加工。有关资料如下:

(1) 车间现有 200 名工人,每天正常工作 8 小时,每小时的工资为 8 元。

(2) 如果正常时间不能完成任务可以加班生产,每小时的工资为 10 元,每位工人每月加班时间不得超过 60 小时。

(3) 工厂可以提供原材料外协加工,每月最多 1 000 件,每件产品的加工费第 1、2 个月为 85 元,第 3~6 月份为 80 元。

(4) 可以延期交货,但 6 个月的总生产任务必须完成。每件产品延期一个月必须支付延期费用 8 元。

(5) 已知第 1 月月初有 300 件库存产品,为了预防产品需求量的波动,工厂决定每月月末最少要存储一定数量的产品(安全库存量),每月最大存储量不超过 800 件,每件产品一个月的存储费为 1.2 元。

(6) 如果当月工人不够可以雇用新工人,对雇用工人除了支付工资外还要额外支付技术培训费 800 元,如果当月工人有剩余,工厂必须支付每人每月基本生活费 400 元。

(7) 设备正常生产和加班生产的折旧费均为每小时 6 元。

(8) 产品月末交货。6 个月的需求量、每月正常生产天数、安全存量及每件产品其他费用如表 C-9 所示。

表 C-9

	1月	2月	3月	4月	5月	6月
各期预测需求量(件)	6 520	8 350	6 420	7 350	8 150	7 000
正常工作日(天)	22	19	21	20	22	21
期末最小存量(安全存量)	350	450	400	580	350	400
每件产品的加工燃料消耗(元)	0.8	1	0.8	0.5	0.6	0.7

工厂希望制定 6 个月总成本最低的生产计划,要求:

(1) 详细安排每个月正常时间生产、加班时间生产、外协生产、延期交货及月末库存的产品数量。

(2) 分别画出每月正常时间生产量的柱状统计图和百分比饼图。

(3) 求出每月生产工人数、富余工人数及雇用工人数并画出饼图。

(4) 求出总成本及各分项成本。

(5) 画出总成本及各分项成本的柱状图和百分比饼图。

提示:(1) 案例不需要建立模型,调用 WinQSB 软件的子程序 Aggregate Planning 即可完成。建议在建立新问题之前打开系统自带例题 aplp.app 文件,观察问题的数据表格内容,点击菜单栏 Edit→Problem Specification,查看对话框的选项及详细输入格式。(2) 正常生产能力需要将工作日转换成小时,产品成本等于工人的工资加折旧费。(3) 本案例的总成本等于 3 139 097 元。

【案例 C-6】购车问题

Anly 大学毕业后刚取得汽车驾驶执照，对 SKY05 型小汽车情有独钟，准备第 1 年年初买一辆使用了 3 年的 SKY05 型二手车，价格为 7.12 万元。1 年后可以继续使用该车，也可以卖掉购买同一品牌的新车，不再购买二手车。通过市场调查和预测，得到有关资料如下：

(1) 该车第 1 年年初的价格为 10 万元，以后逐年降价，第 2 年到第 5 年的降价幅度分别为 4%、5%、7%、5%。第 t 年的价格记为 P_t，$t=1, 2, \cdots$。

(2) 购新车必须支付 10% 的各项税费。购置费用记为 C_t，$C_t = 1.1 P_t$。

(3) 该车第 t 年的维护费用 M_t 是使用年限 t 的函数，$M_t = 0.4 t^{1.3}$。

(4) 汽车年折旧率为 15%，汽车残值为：$B_t = 0.85^t P_t$。

无论第 5 年年末更新或不更新，将汽车残值从总成本中减去，等价于将车卖掉。Anly 如何制定一个 5 年的购车方案使 5 年的总成本最低（不计其他成本）。

【案例 C-7】房屋拆迁还建问题

1. 问题的提出

近年来，随着我国市场经济的不断发展和城市建设步伐的进一步加快，城市规模不断扩大，房地产业飞速发展。房地产业的发展意味着需要大量的征收征用城市及其周边的土地，牵涉到对土地上的房屋及其附属物的拆迁与还建问题。目前，对被拆迁房屋的偿还政策有两种，即产权调换和货币偿还。

某房地产公司在武汉市汉正街开发商品住宅，需拆迁 285 户民用住宅。经房地产公司与住户（拆迁户）协商，达成以下主要偿还协议。

(1) 被拆迁房屋按产权调换政策偿还。新建房屋建筑完毕后地产公司将给每户被拆迁居民分配一套住房，分配的住房面积不小于要补偿的房屋面积。补偿面积免费。

(2) 如果被拆迁房屋的面积大于新建房屋中最大面积，则可分成两套或三套等，由居民自己决定房屋套数和每套的房屋面积（各套房屋面积之和为原本的补偿面积）。

(3) 如果偿还新建房屋面积大于被拆迁房屋的面积，多偿还的面积按成本价出售给住户。

(4) 其他。如楼层要求等因素本案例省略。

2. 有关资料

被拆迁的 285 户住宅的拆迁建筑面积、使用面积已知，这里只讨论偿还建筑面积，如表 C-10 所示。

房地产公司根据表 C-10 需要偿还的面积分布，设计了 17 种面积的户型，每一种户型有 25 套，见表 C-11。

由表 C-10 可知，有部分偿还面积超过了新建住房最大面积，这种情况以平均拆分成最少户数为原则（实际中由住户确定），例如第 261 户的面积有 108.97m²，平均拆分成两户，又如第 248 户的面积有 162.04m²，同样平均拆分成两户。

表 C-10 应偿还拆迁户建筑面积表　　　　　　　　　　　　　（单位：m²）

拆迁号	1	2	3	4	5	6	7	8	9	10	11	12	13	14	15
1~15	44.62	44.62	34.4	36.27	22.51	23.02	35.26	47.65	40.79	24.09	25.37	18.46	19.63	37.91	30.29
16~30	34.98	24.38	31.15	31.96	38.37	33.91	23.66	48.99	26.04	45.78	36.35	34.41	54.17	27.89	56.57
31~45	18.7	18.88	28.8	17.97	31.16	34.49	27.01	25.01	32.52	30.97	33.77	28.84	57.79	26.21	29.8
46~60	26.44	18.3	43.35	22.53	62.98	33.96	27.87	27.32	43.56	42.47	26.56	33.46	32.44	25.44	34.74
61~75	28.37	19.65	42.6	35.35	26.74	34.48	19.52	41.58	36.7	33.35	27.74	26.8	29.42	20.69	16.09
76~90	68.1	44.43	29.56	31.4	36.75	38.77	44.24	41.3	20.51	19.15	27.88	32.31	42.15	24.39	29.17
91~105	34.43	26.33	33.43	35.24	34.03	29.88	33.33	38.87	17.43	64.83	29.14	37.88	29.95	39.96	17.89
106~120	19.55	28.85	19.03	15.49	28.8	39.52	33.35	24	23.39	40.14	39.5	24.17	20.52	27.21	31.6
121~135	29.29	34.5	30.28	25.13	31.29	51.66	31.02	46.45	30.15	35.97	20.95	54.41	28.87	40.07	19.17
136~150	41.32	29.41	31.79	19.5	34.41	46.45	25.89	58.58	34.04	53.16	51.31	33	18.86	28.8	18.77
151~165	35.12	28.37	41.02	39.07	36.56	32.55	46.12	27.47	44.97	46.66	30.84	50.02	30.52	38.5	27.97
166~180	39.36	38.06	34.15	44.21	55.1	24.48	37.17	39.07	39.55	31.55	32.06	28	30.88	30.32	25.15
181~195	24.48	36.78	33.87	19.2	28.12	44.71	33.17	38.93	20.95	31.71	35.32	29.48	41.65	30.86	48.58
196~210	52.12	42.14	25.35	44.62	26.78	30.88	25.7	33.92	25.12	31.37	37.06	44.14	49.94	35.96	31.55
211~225	61.88	49.49	25.21	36.44	30.66	37.78	18.22	25.59	44.9	34.92	49.34	29.56	31.92	40.79	25.47
226~240	149.98	60.37	25.18	85.96	60.37	44.64	54.17	61.89	19.53	24.66	27.4	75.17	64.93	47.83	29.33
241~255	67.26	43.56	63.28	69.27	84.36	38.95	78.04	162.04	71.28	20.13	60.83	62.4	38.46	12.9	73.15
256~270	155.69	72.59	71.58	100.42	94.85	108.97	41.29	68.4	41.26	32.94	60.55	181.54	113.68	110.14	68
271~285	40.07	29.3	26.34	26.34	42.01	28.33	27.9	56.74	39.6	39.6	39.6	72	333.96	35.53	93.2

表 C-11 新建住房建筑面积　　　　　　　　　　　　　　（单位：m²）

户型编号	1	2	3	4	5	6	7	8	9	10
面积	77.3	46.82	47.86	81.49	46.82	64.77	74.41	26.47	31.23	89.85
户型编号	11	12	13	14	15	16	17			
面积	56.2	54.34	81.49	53.09	77.73	43.6	38.61			

3. 设计偿还方案

由于实际偿还面积一般要大于等于应偿还面积，多偿还面积越大房地产公司损失越大（按成本价出售），房地产公司的目标是实际偿还面积尽可能接近应偿还面积。

请设计一个偿还方案，哪一个拆迁户应分配哪一种户型的住房，使房地产公司总损失最小。

【案例 C-8】小组课程实践

在您所居住的城市选择一条公共汽车路线，完成下列课程实践并写出研究报告。

（1）记录每个站点一天或多天乘客到达车站的时间、人数；

（2）记录每个站点一天或多天公共汽车到站时间和上车人数；

（3）对记录的数据进行统计分析，求出每个站点顾客到达时间分布和公共汽车的服务时间分布；

(4) 求出每个站点的有关排队系统指标；

(5) 给定等待成本和服务成本，分别按路线和站点设计最优的车辆台数；

(6) 如果按时间分段设计，又怎样合理安排车辆台数。

【案例 C-9】行业 R&D 资源利用的 DEA 评价

1. 问题的提出

行业 R&D 资源利用是否有效对区域经济的发展有着重要意义。R&D 资源利用有效意味着区域资源得到了充分、合理的利用，有利于促进区域经济的发展。根据影响区域经济发展的投入与产出指标，运用数据包络分析方法，可以得到行业 R&D 资源利用的相对有效性系数，从而查明行业 R&D 资源是否实现了最佳利用，找出行业现实 R&D 资源利用状况与最佳值之间的差距，并提出相应的政策建议改进 R&D 资源的利用。

案例以湖北省各行业为研究对象，评价 R&D 资源的利用效率，进行行业资源利用的相对有效性评价，提出措施提高湖北省 R&D 资源利用的有效性。

2. 输入输出指标

9 个决策单元：农林牧渔业、制造业、建筑业、地质勘察水利管理业、交通运输仓储及邮电通讯业、社会服务业、卫生体育和社会福利业、教育文化艺术及广播电影电视业、科学研究及综合技术服务业。

6 个输入指标 $X_j(j=1,2,\cdots,6)$，2 个输出指标 Y_1、Y_2，见表 C-12。

表 C-12 输入输出指标体系

代号	输入指标	单位
X_1	R&D 人员折合全时当量	人年
X_2	R&D 经费支出总额（内部支出＋外部支出）	万元
X_3	R&D 项目（课题）参加人员全时当量	人年
X_4	科技项目（课题）参加人员全时当量	人年
X_5	科技活动经费筹集总额	万元
X_6	科技活动经费支出总额（内部支出＋外部支出）	万元
Y_1	行业 GDP	亿元
Y_2	行业 GDP 增长率	%

3. 指标统计资料

数据来源：湖北省 R&D 资源清查数据库，获得指标的统计数据见表 C-13 及 C-14。

表 C-13 行业 R&D 输入指标观测值

指标 行业	X_1	X_2	X_3	X_4	X_5	X_6
$X_j(1)$	860	2 826	377	978	6 680	7 077
$X_j(2)$	17 870	196 042	10 143	26 755	499 846	559 662
$X_j(3)$	180	1 495	102	241	5 235	5 431
$X_j(4)$	317	2 147	220	557	6 321	6 144
$X_j(5)$	70	231	7	488	5 494	5 783
$X_j(6)$	64	331	25	499	211 137	7 840
$X_j(7)$	2 460	3 472	1 202	1 789	8 787	13 768
$X_j(8)$	8 115	44 083	10 758	12 558	104 705	98 579
$X_j(9)$	13 288	116 479	3 997	17 373	212 819	213 186

表 C-14　行业输出指标观测值

指标＼行业	$Y_j(1)$	$Y_j(2)$	$Y_j(3)$	$Y_j(4)$	$Y_j(5)$	$Y_j(6)$	$Y_j(7)$	$Y_j(8)$	$Y_j(9)$
Y_1(亿元)	667.68	1 903.28	220.42	8.89	256.94	146.79	71.24	106.67	26.58
Y_2(%)	1.32	12.46	12.76	7.63	19.04	23.90	9.21	17.70	9.38

4. 建立 DEA 模型并求解

5. DEA 有效性评价

（1）各行业 R&D 资源利用的有效性评价

（2）原因分析

（3）提出建议

判 断 题

对每题结论进行判断,如果结论错误请改正。

第 1 章　线性规划

1. 任何线性规划一定有最优解。
2. 若线性规划有最优解,则一定有基本最优解。
3. 线性规划可行域无界,则具有无界解。
4. 在基本可行解中非基变量一定为零。
5. 检验数 λ_j 表示非基变量 x_j 增加一个单位时目标函数值的改变量。
6. $\min Z = 6x_1 + 4x_2$
$$\begin{cases} |x_1 - 2x_2| \leqslant 10 \\ x_1 + x_2 = 100 \\ x_1 \geqslant 0, \ x_2 \geqslant 0 \end{cases}$$ 是一个线性规划数学模型。
7. 可行解集非空时,则在极点上至少有一点达到最优值。
8. 任何线性规划都可以化为下列标准形式

$$\min Z = \sum_{j=1}^{n} c_j x_j$$

$$\begin{cases} \sum_{j=1}^{n} a_{ij} x_j = b_i, \quad i = 1, \cdots, m \\ x_j \geqslant 0, j = 1, \cdots, n; b_i \geqslant 0, i = 1, \cdots, m \end{cases}$$

9. 基本解对应的基是可行基。
10. 任何线性规划总可用大 M 单纯形法求解。
11. 任何线性规划总可用两阶段单纯形法求解。
12. 若线性规划存在两个不同的最优解,则必有无穷多个最优解。
13. 两阶段法中第一阶段问题必有最优解。
14. 两阶段法中第一阶段问题最优解中基变量全部非人工变量,则原问题有最优解。

15. 人工变量一旦出基就不会再进基。
16. 普通单纯形法比值规则失效说明问题无界。
17. 最小比值规则是保证从一个可行基得到另一个可行基。
18. 将检验数表示为 $\lambda = C_B B^{-1} A - C$ 的形式，则求极大值问题时基本可行解是最优解的充要条件为 $\lambda \geqslant 0$。
19. 若矩阵 B 为一可行基，则 $|B| \neq 0$。
20. 当最优解中存在为零的基变量时，则线性规划具有多重最优解。

第2章 线性规划的对偶理论

21. 原问题第 i 个约束是"$\leqslant$"约束，则对偶变量 $y_i \geqslant 0$。
22. 互为对偶问题，或者同时都有最优解，或者同时都无最优解。
23. 原问题有多重解，对偶问题也有多重解。
24. 对偶问题有可行解，原问题无可行解，则对偶问题具有无界解。
25. 原问题无最优解，则对偶问题无可行解。
26. 设 X^*、Y^* 分别是 $\{\min Z = CX | AX \geqslant b, X \geqslant 0\}$ 和 $\{\max w = Yb | YA \leqslant C, Y \geqslant 0\}$ 的可行解，则有
    (1) $CX^* \leqslant Y^* b$；
    (2) CX^* 是 w 的上界；
    (3) 当 X^*、Y^* 为最优解时，$CX^* = Y^* b$；
    (4) 当 $CX^* = Y^* b$ 时，有 $Y^* X_s + Y_s X^* = 0$ 成立；
    (5) X^* 为最优解且 B 是最优基时，则 $Y^* = C_B B^{-1}$ 是最优解；
    (6) 松弛变量 Y_s 的检验数是 λ_s，则 $X = -\lambda_s$ 是基本解，若 Y_s 是最优解，则 $X = -\lambda_s$ 是最优解。
27. 原问题与对偶问题都可行，则都有最优解。
28. 原问题具有无界解，则对偶问题可行。
29. 若 X^*、Y^* 是原问题与对偶问题的最优解，则 $X^* = Y^*$。
30. 若某种资源影子价格为零，则该资源一定有剩余。
31. 影子价格就是资源的价格。
32. 原问题可行对偶问题不可行时，可用对偶单纯形法计算。
33. 对偶单纯形法比值失效说明原问题具有无界解。
34. 对偶单纯形法是直接解对偶问题的一种方法。
35. 在最优基不变的前提下，常数 b_r 的变化范围可由式
$$\min_i \left\{ \frac{-\overline{b}_i}{\beta_{ir}} | \beta_{ir} > 0 \right\} \leqslant \Delta b_r \leqslant \max_i \left\{ \frac{-\overline{b}_i}{\beta_{ir}} | \beta_{ir} < 0 \right\}$$
确定，其中 β_{ir} 为最优基 B 的逆矩阵 B^{-1} 的第 r 列。
36. 减少一个约束，目标值不会比原来变差。
37. 增加一个约束，目标值不会比原来变好。
38. 增加一个变量，目标值不会比原来变差。
39. 减少一个非基变量，目标值不变。
40. 当 $c_j(j=1, 2, \cdots, n)$ 在允许的最大范围内同时变化时，最优解不变。

第 3 章 整数规划

41. 整数规划的最优解是先求相应的线性规划的最优解然后取整得到。
42. 部分变量要求是整数的规划问题称为纯整数规划。
43. 求最大值问题的目标函数值是各分支函数值的上界。
44. 求最小值问题的目标函数值是各分支函数值的下界。
45. 变量取 0 或 1 的规划是整数规划。
46. 整数规划的可行解集合是离散型集合。
47. 0—1 规划的变量有 n 个，则有 2^n 个可行解。
48. $6x_1+5x_2 \geqslant 10$、15 或 20 中的一个值，表达为一般线性约束条件是
$$6x_1+5x_2 \geqslant 10y_1+15y_2+20y_3, y_1+y_2+y_3=1, y_1,y_2,y_3=0 \text{ 或 } 1$$
49. 对于 m 个条件 $\sum_{j=1}^{n}a_{ij}x_j \geqslant b_i (i=1,2,\cdots,m)$ 中有 $k(\leqslant m)$ 个起作用时，约束条件可写成
$$\sum_{j=1}^{n}a_{ij}x_j \geqslant b_i+My_i, \quad \sum_{i=1}^{k}y_i=m-k, y_i=0 \text{ 或 } 1$$
50. 高莫雷约束是将可行域中一部分非整数解切割掉。

第 4 章 目标规划

51. 正偏差变量大于等于零，负偏差变量小于等于零。
52. 系统约束中最多含有一个正或负的偏差变量。
53. 目标约束一定是等式约束。
54. 一对正负偏差变量至少一个大于零。
55. 一对正负偏差变量至少一个等于零。
56. 要求至少到达目标值的目标函数是 $\max Z=d^+$。
57. 要求不超过目标值的目标函数是 $\min Z=d^+$。
58. 目标规划没有系统约束时，不一定存在满意解。
59. 超出目标的差值称为正偏差。
60. 未到达目标的差值称为负偏差。

第 5 章 运输与指派问题

61. 运输问题中用位势法求得的检验数不唯一。
62. 产地数为 3，销地数为 4 的平衡运输中，变量组 $\{x_{11}, x_{13}, x_{22}, x_{33}, x_{34}\}$ 可作为一组基变量。
63. 不平衡运输问题不一定有最优解。
64. $m+n-1$ 个变量构成基变量组的充要条件是它们不包含闭回路。
65. 运输问题中的位势就是其对偶变量。
66. 含有孤立点的变量组不包含有闭回路。
67. 不包含任何闭回路的变量组必有孤立点。
68. 产地个数为 m 销地个数为 n 的平衡运输问题的对偶问题有 $m+n$ 个约束。
69. 运输问题的检验数就是对偶问题的松弛变量的值。

70. 产地个数为 m 销地个数为 n 的平衡运输问题的系数矩阵为 A，则有 $r(A) \leq m+n-1$。
71. 用一个常数 k 加到运价矩阵 C 的某列的所有元素上，则最优解不变。
72. 令虚设的产地或销地对应的运价为一任意大于零的常数 $c(c>0)$，则最优解不变。
73. 若运输问题中的产量和销量为整数则其最优解也一定为整数。
74. 指派问题求最大值时，是将目标函数乘以"-1"化为求最小值，再用匈牙利法求解。
75. 运输问题中的单位运价表的每一行都分别乘以一个非零常数，则最优解不变。
76. 按最小元素法求得运输问题的初始方案，从任一非基格出发都存在唯一一个闭回路。
77. 匈牙利法是求解最小值分配问题的一种方法。
78. 指派问题的数学模型属于混合整数规划模型。
79. 在指派问题的效率表的某行加上一个非零数最优解不变。
80. 在指派问题的效率表的某行乘以一个大于零的数最优解不变。

第 6 章　网络模型

81. 连通图 G 的部分树是取图 G 的点和 G 的所有边组成的树。
82. Dijkstra 算法要求边的长度非负。
83. Floyd 算法要求边的长度非负。
84. 割集中弧的流量之和称为割量。
85. 最小割集等于最大流量。
86. 求最小树可用破圈法。
87. 在最短路问题中，发点到收点的最短路长是唯一的。
88. 在最大流问题中，最大流是唯一的。
89. 最大流问题是找一条从发点到收点的路，使得通过这条路的流量最大。
90. 容量 C_{ij} 是弧 (i, j) 的实际通过量。
91. 可行流是最大流的充要条件是不存在发点到收点的增广链。
92. 任意可行流的流量不超过任意割量。
93. 任意可行流的流量不小于最小割量。
94. 可行流的流量等于每条弧上的流量之和。
95. Dijkstra 算法是求最大流的一种算法。
96. 避圈法(加边法)是：去掉图中所有边，从最短边开始添加，加边的过程中不能形成圈，直到有 n 条边(n 为图的点数)。
97. 连通图一定有支撑树。
98. μ 是一条增广链，则后向弧上满足流量 $f \geq 0$。
99. 最大流量等于最大流。
100. 旅行售货员问题是遍历每一条边的问题。

第 7 章　网络计划

101. 网络计划中的总工期等于各工序时间之和。
102. 在网络计划中，总时差为 0 的工序称为关键工序。
103. 在网络图中，只能有一个始点和一个终点。
104. 在网络图中，允许工序有相同的开始和结束事件。

105. 在网络图中，从始点开始一定存在到终点的有向路。
106. 在网络图中，关键路线一定存在。
107. PERT 是针对随机工序时间的一种网络计划编制方法，注重计划的评价和审查。
108. 事件 i 的最迟时间等于以 i 为开工事件工序的最迟必须开工时间的最小值。
109. 紧前工序是前道工序。
110. 后续工序是紧后工序。
111. 箭示网络图是用节点表示工序。
112. 事件 j 的最早时间等于以 j 为结束事件工序的最早可能结束时间的最大值。
113. 虚工序是虚设的，不需要时间、费用和资源，并不表示任何关系的工序。
114. 若将网络中的工序时间看做距离，则关键路线就是网络起点到终点的最长路线。
115. (i, j) 是关键工序，则有 $T_{ES}(i, j) = T_{LS}(i, j)$。
116. 网络计划中有 $T_{EF}(i, j) = T_E(i) + t(i, j)$。
117. 工序的总时差 $R(i, j) = t_{LF}(i, j) - t_{LS}(i, j) - t(i, j)$。
118. 工序 (i, j) 的最迟必须结束时间 $T_{LF}(i, j) = T_L(i) + t(i, j)$。
119. 工序时间是随机的，期望值等于 3 种时间的算术平均值。
120. 单位时间工序的应急增加成本＝(应急成本＋正常成本)÷(正常时间＋应急时间)。

第 8 章　动态规划

121. 动态规划是求解多阶段决策问题的一种思路，同时也是一种算法。
122. 用动态规划求解一般线性规划问题是将约束条件数作为阶段数，变量作为状态。
123. 连乘形式的递推方程的终端条件等于 1，连和形式的递推方程的终端条件等于 0。
124. 定义状态时应保证各个阶段中所做的决策相互独立。
125. 状态的允许决策集合就是决策集。
126. 第 1 阶段开始到最后阶段全过程的决策构成的序列称为策略。
127. 状态转移方程是状态和决策的函数。
128. 过程指标函数是阶段指标函数的函数。
129. 最优指标函数 $f_k(s_k)$ 是 k 阶段状态为 s_k 时到下一阶段的最优指标值。
130. 决策变量记为 x_k 是所在状态 s_k 的函数。

第 9 章　排队论

131. 若到达排队系统的顾客为泊松流，则依次到达的两名顾客之间的间隔时间服从负指数分布。
132. 在排队系统中，等待时间＝逗留时间＋服务时间。
133. 对顾客的服务时间 x 服从参数为 $1/\mu$ 的负指数分布，在对某个顾客服务已经进行了一定时间的条件下，这个顾客的剩余服务时间也服从以 $1/\mu$ 为参数的负指数分布。
134. "到达的顾客数是一个以 λ_t 为参数的泊松流"，与"顾客相继到达的时间间隔服从以 λ 为参数的负指数分布"，这两个事实是等价的。
135. 在排队论中，多队多服务台比单队多服务台效率要高。
136. 任意多个相互独立的最简单流，其叠合流仍为最简单流。
137. 串列的 N 个服务台，若每个服务台均服从负指数分布，则一个顾客走完 N 个服务台总共所需要的时间服从 N 阶爱尔朗分布。

138. 一个排队系统中，不管顾客到达和服务时间的情况如何，只要运行足够长的时间后，系统将进入稳定状态。
139. 在机器发生故障的概率及工人修复一台机器的时间分布不变的条件下，由 1 名工人看管 5 台机器，与由 3 名工人看管 15 台机器相比，机器因故障等待工人维修的平均时间相同。
140. 如果考虑到有效到达率和有效服务强度，$[M/M/1]:[N/\infty/FCFS]$ 与 $[M/M/1]:[\infty/\infty/FCFS]$ 两个系统的运行指标的形式相同。

第 10 章 存储论

141. 接受有折扣的订货量的总成本不一定比经济订货批量的总成本少。
142. 在不允许缺货，边生产边供应的存储模型要比瞬时供应的存储模型下的经济订货批量要小。
143. 在不允许缺货模型中，一个订货周期内的平均存储量等于该周期内最高存储量的一半。
144. 在允许缺货模型中，一个订货周期内的平均存储量等于该周期内最高存储量的一半。
145. 在确定型的 4 种模型中，允许缺货、边供应边需求订货策略的总成本最低。
146. 存储成本和订货成本同时增加 $i\%$，则总成本也增加 $i\%$。
147. 服务水平 SL 就是一个订货周期内不缺货的概率并且满足 $0 \leqslant SL \leqslant 1$。
148. 单时期离散型存储模型的订货原则是：选择的最小订货量使得避免缺货的概率不低于这一服务水平，总成本期望值最小。
149. (s, Q) 策略是连续盘存，当存储量降到 s 时立即提出订货，订货量等于 $s+Q$。
150. 多时期随机需求的存储策略是使提前期内缺货量最少。

第 11 章 决策论

151. 池塘里有 4 张荷叶，一只青蛙开始在第一张荷叶上，在下一时刻它可能跳到其他荷叶上或在原地不动。青蛙在某时刻 t 跳到第 $j(j=1,2,3,4)$ 张荷叶上的运动状态是一随机过程，这一随机过程属于马尔可夫过程。
152. 在不确定型决策中，最小机会损失准则比等可能性准则保守性更强。
153. 不论决策问题是什么，一个人的效用曲线是不会变化的。
154. 决策树比决策矩阵更适于描述序列决策过程。
155. 在折中主义准则中，乐观系数 α 的确定与决策者对风险的偏好有关。
156. 主观概率是经过多次大量重复试验总结出来的。
157. 效用值与效益值对投资者而言是相同的，均表示投资者对未来的预期。
158. 在不确定型决策中，Laplace 准则较之 Savage 准则具有较小的保守性。
159. 马尔可夫决策是从系统全过程的角度进行决策，强调全过程最优。
160. 对于一个齐次的马尔可夫链 $(N \times N)$，N 步转移概率 P 不依赖于其初始状态 i，而趋于一个常数，这就是马尔可夫链的遍历性。

第 12 章 多属性决策

161. 多属性决策就是多目标决策。

162. 决策矩阵由属性间重要程度分值构成。
163. 判断矩阵由偏好值构成。
164. 一致性指标＝平均随机一致性指标×随机一致性比例
165. 递阶层次结构由上而下的层次顺序是：方案层、准则层、目标层。
166. 主分量分析法是一种客观赋权法，也是一种决策方法。
167. 最大方差法运用了组间离差平方和最大化原则。
168. 熵值法求权系数是一种主观赋权法。
169. 判断矩阵不满足一致性时可用最大特征值法。
170. 模糊决策是一种客观赋权法。

第 13 章　博弈论

171. 在股票市场中，有的股东赚钱，有的股东赔钱，则赚钱的总金额与赔钱的总金额相等，因此称这一现象为零和现象。
172. 纳什均衡的含义是，参与博弈的每个局中人选择了自己的最优策略构成一个策略组合，在给定别人策略的条件下，没有任何局中人有积极性选择其他策略而打破这种均衡。
173. 设(x^*, y^*)是矩阵博弈 G 的解，$v=V_G$，则当局中人 Ⅰ $x_i^* > 0$ 时，局中人 Ⅱ 的赢得为

$$\sum_i a_{ij} y_j^* = v$$

174. 若矩阵博弈 A 的某一行元素均大于 0，则对策值大于 0.
175. 矩阵博弈中，如果最优解要求一个局中人采取纯策略，则另一局中人也必须采取纯策略。
176. 任何矩阵博弈一定存在混合策略意义下的解，并可以通过两个互为对偶的线性规划问题得到局中人的最优解。
177. 任何博弈都存在纯策略纳什均衡。
178. 反应函数法也适用于所有的矩阵博弈。
179. 在矩阵博弈中，若赢得矩阵 A 存在鞍点，则该矩阵博弈有纯策略纳什均衡。
180. 矩阵博弈的结局具有无差别性和可交换性。

选择题

在下列各题中,从 4 个备选答案中选出 1 个或从 5 个备选答案中选择 2~5 个正确答案。

第 1 章 线性规划

1. 线性规划具有无界解是指
   A. 可行解集合无界
   B. 有相同的最小比值
   C. 存在某个检验数 $\lambda_k > 0$ 且 $\bar{a}_{ik} \leqslant 0 (i=1, 2, \cdots, m)$
   D. 最优表中所有非基变量的检验数非零

2. 线性规划具有多重最优解是指
   A. 目标函数系数与某约束系数对应成比例
   B. 最优表中存在非基变量的检验数为零
   C. 可行解集合无界
   D. 存在基变量等于零

3. 使函数 $Z = -x_1 + x_2 - 4x_3$ 增加得最快的方向是
   A. $(-1, 1, -4)$ B. $(-1, -1, -4)$ C. $(1, 1, 4)$ D. $(1, -1, -4)$

4. 当线性规划的可行解集合非空时一定
   A. 包含原点 $X = (0, 0, \cdots)$ B. 有界
   C. 无界   D. 是凸集

5. 线性规划的退化基本可行解是指
   A. 基本可行解中存在为零的基变量   B. 非基变量为零
   C. 非基变量的检验数为零   D. 最小比值为零

6. 线性规划无可行解是指
   A. 进基列系数非正
   B. 有两个相同的最小比值
   C. 第一阶段最优目标函数值大于零

D. 用大 M 法求解时，最优解中还有非零的人工变量
E. 可行域无界

7. 若线性规划存在可行基，则
   A. 一定有最优解
   B. 一定有可行解
   C. 可能无可行解
   D. 可能具有无界解
   E. 全部约束是小于等于的形式

8. 线性规划可行域的顶点是
   A. 可行解
   B. 非基本解
   C. 基本可行解
   D. 最优解
   E. 基本解

9. $\min Z = x_1 - 2x_2$，$-x_1 + 2x_2 \leq 5$，$2x_1 + x_2 \leq 8$，$x_1, x_2 \geq 0$，则
   A. 有唯一最优解
   B. 有多重最优解
   C. 有无界解
   D. 无可行解
   E. 存在最优解

10. 线性规划的约束条件为
$$\begin{cases} x_1 + x_2 + x_3 = 3 \\ 2x_1 + 2x_2 + x_4 = 4 \\ x_1, x_2, x_3, x_4 \geq 0 \end{cases}$$

    则基本可行解是
    A. (0, 0, 4, 3)
    B. (0, 0, 3, 4)
    C. (2, 0, 1, 0)
    D. (3, 4, 0, 0)
    E. (3, 0, 0, -2)

第2章 线性规划的对偶理论

11. 如果决策变量数相等的两个线性规划的最优解相同，则两个线性规划
    A. 约束条件相同
    B. 目标函数相同
    C. 最优目标函数值相等
    D. 以上结论都不对

12. 对偶单纯形法的最小比值规则是为了保证
    A. 使原问题保持可行
    B. 使对偶问题保持可行
    C. 逐步消除原问题不可行性
    D. 逐步消除对偶问题不可行性

13. 互为对偶的两个线性规划问题的解存在关系
    A. 若最优解存在，则最优解相同
    B. 原问题无可行解，对偶问题也无可行解
    C. 对偶问题有可行解，原问题可能无可行解
    D. 一个问题无界，则另一个问题无可行解
    E. 一个问题无可行解，则另一个问题具有无界解

14. 当基变量 x_i 的系数 c_i 波动时，最优表中引起变化的有
    A. 所有非基变量的检验数
    B. 单纯形乘子
    C. 基变量 X_B
    D. 目标值
    E. 第 i 列的系数 $\overline{N}_i$

15. 某个常数 b_i 波动时，最优表中引起变化的有
    A. $B^{-1}b$
    B. $C_N - C_B B^{-1} N$
    C. $B^{-1} N$
    D. $C_B B^{-1} b$
    E. $C_B B^{-1}$

16. 目标函数 $\max Z$，x_j 为非基变量，考察系数 $(c_j, a_{1j}, a_{2j}, \cdots, a_{mj})$ 变化后的最优解是否改变，只需考察是否满足

    A. $\overline{N}_j = B^{-1}(a_{1j}, a_{2j}, \cdots, a_{mj})^T \geqslant 0$ B. $\lambda'_j = c_j - C_B B^{-1} N \leqslant 0$

    C. $C_N - C_B B^{-1} N \leqslant 0$ D. $B^{-1} b \geqslant 0$

    E. $C_N - C_B B^{-1} N \geqslant 0$

17. 在保持最优解不变的前提下，基变量系数 c_i 的变化范围 Δb_i 可由解不等式（　　）求得。

    A. $B^{-1} b \geqslant 0$ B. $\lambda_N - C_B B^{-1} N \leqslant 0$

    C. $C_N - C_B B^{-1} N \leqslant 0$ D. $C_N - (C_B + \Delta C_B) B^{-1} N \leqslant 0$

18. 为保持最优基不变，$b'_i = b_i + \Delta b_i$ 的波动值 Δb_i 可由解不等式（　　）求得。

    A. $B^{-1} b \geqslant 0$ B. $C_N - C_B B^{-1} N \leqslant 0$

    C. $B^{-1} b' \geqslant 0$ D. $C_B B^{-1} b' \geqslant 0$

19. 已知规范形式原问题（max）的最优表中的检验数为 $(\lambda_1, \lambda_2, \cdots, \lambda_n)$，松弛变量的检验数为 $(\lambda_{n+1}, \lambda_{n+2}, \cdots, \lambda_{n+m})$，则对偶问题的最优解为

    A. $-(\lambda_1, \lambda_2, \cdots, \lambda_n)$ B. $(\lambda_1, \lambda_2, \cdots, \lambda_n)$

    C. $-(\lambda_{n+1}, \lambda_{n+2}, \cdots, \lambda_{n+m})$ D. $(\lambda_{n+1}, \lambda_{n+2}, \cdots, \lambda_{n+m})$

20. 原问题与对偶问题都有可行解，则

    A. 原问题有最优解，对偶问题可能没有最优解

    B. 原问题与对偶问题可能都没有最优解

    C. 可能一个问题有最优解，另一个问题具有无界解

    D. 原问题与对偶问题都有最优解

第 3 章　整数规划

21. $\max Z = 3x_1 + 2x_2$，$2x_1 + 3x_2 \leqslant 14$，$x_1 + 0.5 x_2 \leqslant 4.5$，$x_1, x_2 \geqslant 0$ 且为整数，对应线性规划的最优解是 $(3.25, 2.5)$，它的整数规划的最优解是

    A. $(4, 1)$ B. $(4, 3)$ C. $(3, 2)$ D. $(2, 4)$

22. 下列说法正确的是

    A. 整数规划问题最优值优于其相应的线性规划问题的最优值

    B. 用割平面法求解整数规划问题，构造的割平面有可能切去一些不属于最优解的整数解

    C. 用分支定界法求解一个极大化的整数规划时，当得到多于一个可行解时，通常可任取其中一个作为下界，再进行比较剪支

    D. 分支定界法在处理整数规划问题时，借用线性规划单纯形法的基本思想，在求相应的线性模型解的同时，逐步加入对各变量的整数要求限制，从而把原整数规划问题通过分支迭代求出最优解

23. x_1 要求是非负整数，它的来源行是 $x_1 - \dfrac{5}{3} x_4 + \dfrac{7}{3} x_5 = \dfrac{8}{3}$，高莫雷约束是

    A. $-\dfrac{1}{3} x_4 - \dfrac{1}{3} x_5 \leqslant -\dfrac{2}{3}$ B. $-x_4 - x_5 \leqslant -2$

    C. $x_4 + x_5 - s = 2$ D. $-\dfrac{1}{3} x_4 - \dfrac{1}{3} x_5 + s = -\dfrac{2}{3}$

    E. $x_4 + x_5 + s = 2$

24. 分支定界法中
    A. 最大值问题的目标值是各分支的下界
    B. 最大值问题的目标值是各分支的上界
    C. 最小值问题的目标值是各分支的上界
    D. 最小值问题的目标值是各分支的下界
    E. 以上结论都不对

25. $\max Z = 3x_1 + x_2$，$4x_1 + 3x_2 \leqslant 7$，$x_1 + 2x_2 \leqslant 4$，x_1，$x_2 = 0$ 或 1，最优解是
    A. (0, 0)　　　　B. (0, 1)　　　　C. (1, 0)　　　　D. (1, 1)

第4章　目标规划

26. 要求不超过第一目标值，恰好完成第二目标值，目标函数是
    A. $\min Z = p_1 d_1^+ + p_2 (d_2^- + d_2^+)$
    B. $\min Z = p_1 d_1^+ + p_2 (d_2^- + d_2^+)$
    C. $\min Z = p_1 (d_1^- + d_1^+) + p_2 (d_2^- + d_2^+)$
    D. $\min Z = p_1 (d_1^- + d_1^+) + p_2 d_2^-$

27. 下列正确的目标规划的目标函数是
    A. $\min Z = p_1 d_1^- - p_2 d_2^-$
    B. $\max Z = p_1 d_1^- + p_2 d_2^-$
    C. $\min Z = p_1 d_1^- + p_2 (d_2^- - d_2^+)$
    D. $\min Z = p_1 (d_1^- + d_1^+) + p_2 (d_2^- + d_2^+)$
    E. $\min Z = p_1 d_1^- + p_2 d_2^+$

28. 下列线性规划与目标规划之间正确的关系是
    A. 线性规划的目标函数由决策变量构成，目标规划的目标函数由偏差变量构成
    B. 线性规划模型不包含目标约束，目标规划模型不包含系统约束
    C. 线性规划求最优解，目标规划求满意解
    D. 线性规划模型只有系统约束，目标规划模型可以有系统约束和目标约束
    E. 线性规划求最大值或最小值，目标规划只求最小值

29. 约束 $x_1 + x_2 + d^- - d^+ = 4$ 的图形如图 E-1 所示，具有含义
    A. $X = (x_1, x_2)$ 在箭头所指的区域内取值时，对应的偏差变量大于零
    B. $X = (x_1, x_2)$ 在 $x_1 + x_2 = 4$ 的直线上取值时，偏差变量等于零
    C. $X = (x_1, x_2)$ 在箭头所指的区域内取值时，一个偏差变量大于零，另一个偏差变量等于零
    D. 双箭头所指的区域是对应偏差变量的取值范围
    E. 偏差变量在箭头所指的区域内大于零

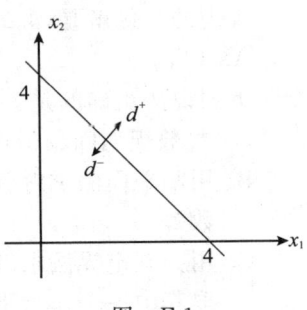

图 E-1

30. 目标函数 $\min Z = p_1 (d_1^- + d_2^-) + p_2 d_3^-$ 的含义是
    A. 第一和第二目标恰好达到目标值，第三目标不超过目标值
    B. 第一、第二和第三目标同时不超过目标值
    C. 首先第一和第二目标同时不超过目标值，然后第三目标不超过目标值
    D. 首先第一和第二目标同时不低于目标值，然后第三目标不低于目标值

第5章　运输与指派问题

31. 下列变量组是一个闭回路的有

A. $\{x_{21}, x_{11}, x_{12}, x_{32}, x_{33}, x_{23}\}$ B. $\{x_{11}, x_{12}, x_{23}, x_{34}, x_{41}, x_{13}\}$

C. $\{x_{21}, x_{13}, x_{34}, x_{41}, x_{12}\}$ D. $\{x_{12}, x_{32}, x_{33}, x_{23}, x_{21}, x_{11}\}$

E. $\{x_{12}, x_{22}, x_{32}, x_{33}, x_{23}, x_{21}\}$

32. 具有 m 个产地 n 个销地的平衡运输问题模型具有特征

    A. 有 mn 个变量 $m+n$ 个约束

    B. 有 $m+n$ 个变量 mn 个约束

    C. 有 mn 个变量 $m+n-1$ 个约束

    D. 有 $m+n-1$ 个基变量 $mn-m-n+1$ 个非基变量

    E. 系数矩阵的秩等于 $m+n-1$

33. 下列说法正确的有

    A. 运输问题的运价表第 r 行的每个 c_{ij} 同时加上一个非零常数 k，其最优调运方案不变

    B. 运输问题的运价表的所有 c_{ij} 同时乘以一个非零常数 k，其最优调运方案不变

    C. 运输问题的运价表第 p 列的每个 c_{ij} 同时乘以一个非零常数 k，其最优调运方案不变

    D. 运输问题的运价表的所有 c_{ij} 同时乘以一个非零常数 k，其最优调运方案变化

    E. 不平衡运输问题不一定存在最优解

34. 下列结论正确的有

    A. 任意一个运输问题不一定存在最优解

    B. 任何运输问题都存在可行解

    C. 产量和销量均为整数的运输问题必存在整数最优解

    D. $m+n-1$ 个变量组构成基变量的充要条件是它不包括任何闭回路

    E. 运输单纯形法（表上作业法）的条件是产量等于销量的平衡问题

35. 下列说法错误的是

    A. 若变量组 B 包含有闭回路，则 B 中的变量对应的列向量线性无关

    B. 运输问题的对偶问题不一定存在最优解

    C. 平衡运输问题的对偶问题的变量非负

    D. 运输问题的对偶问题的约束条件为大于等于约束

    E. 第 i 行的位势 u_i 是第 i 个对偶变量

36. 有 6 个产地 7 个销地的平衡运输问题模型的对偶模型具有特征

    A. 有 42 个变量   B. 有 42 个约束

    C. 有 13 个约束   D. 是线性规划模型

    E. 有 13 个变量

37. 运输问题的数学模型属于

    A. 线性规划模型   B. 整数规划模型

    C. 0-1 整数规划模型   D. 网络模型

    E. 不属于以上任何一种模型

38. 匈牙利法的条件是

    A. 问题求最小值   B. 效率矩阵的元素非负

    C. 人数与工作数相等   D. 问题求最大值

    E. 效率矩阵的元素非正

39. 下列说法正确的是
   A. 将指派(分配)问题的效率矩阵每行分别乘以一个非零数后最优解不变
   B. 将指派问题的效率矩阵每行分别加上一个数后最优解不变
   C. 将指派问题的效率矩阵每个元素同时乘以一个非零数后最优解不变
   D. 指派问题的数学模型是整数规划模型
   E. 指派问题的数学模型属于网络模型

40. 求解指派问题的可选常用方法有
   A. 分支定界法   B. 隐枚举法   C. 运输单纯形法
   D. 割平面法   E. 匈牙利算法

第6章　网络模型

41. μ 是关于可行流 f 的一条增广链,则在 μ 上有
   A. 对任意 $(i,j)\in\mu^+$,有 $f_{ij}\leq C_{ij}$
   B. 对任意 $(i,j)\in\mu^+$,有 $f_{ij}<C_{ij}$
   C. 对任意 $(i,j)\in\mu^-$,有 $f_{ij}\leq C_{ij}$
   D. 对任意 $(i,j)\in\mu^-$,有 $f_{ij}>0$
   E. 对任意 $(i,j)\in\mu^-$,有 $f_{ij}\geq 0$

42. 连通图 G 有 n 个点,其部分树是 T,则有
   A. T 有 n 个点 n 条边
   B. T 的长度等于 G 的每条边的长度之和
   C. T 有 n 个点 $n-1$ 条边
   D. T 有 $n-1$ 个点 n 条边

43. 设 P 是图 G 从 v_s 到 v_t 的最短路,则有
   A. P 的最短路长等于 v_s 到 v_t 的最大流量
   B. P 的长度等于 G 的每条边的长度之和
   C. P 的长度等于 P 的每条边的长度之和
   D. P 有 n 个点 $n-1$ 条边

44. 求最短路的计算方法有
   A. Dijkstra算法   B. Floyd算法   C. 加边法
   D. 破圈法   E. Ford-Fulkerson算法

45. 求最大流的计算方法有
   A. Dijkstra算法   B. Floyd算法
   C. 加边法   D. Ford-Fulkerson算法

46. 下列说法正确的是
   A. 割集是子图   B. 割量等于割集中弧的流量之和
   C. 割量大于等于最大流量   D. 割量小于等于最大流量

47. 下列说法正确的是
   A. 旅行售货员问题归结为求总距离最小的 Hamilton 回路
   B. 旅行售货员问题归结为求总距离最小的 Euler 回路
   C. 旅行售货员问题是售货员遍历图的每个点
   D. 旅行售货员问题是售货员遍历图的每条边

E. 旅行售货员问题可以建立一个 0-1 规划数学模型

48. 下列错误的结论是
    A. 容量不超过流量
    B. 流量非负
    C. 容量非负
    D. 发点流出的合流等于流入收点的合流

49. 下列正确的结论是
    A. 最大流等于最大流量
    B. 可行流是最大流当且仅当存在发点到收点的增广链
    C. 可行流是最大流当且仅当不存在发点到收点的增广链
    D. 调整量等于增广链上点标号的最大值

50. 下列正确的结论是
    A. 最大流量等于最大割量
    B. 最大流量等于最小割量
    C. 任意流量不小于最小割量
    D. 最大流量不小于任意割量

第 7 章 网络计划

51. 事件 j 的最早时间 $T_E(j)$ 是指
    A. 以事件 j 为开工事件的工序最早可能开工时间
    B. 以事件 j 为完工事件的工序最早可能结束时间
    C. 以事件 j 为开工事件的工序最迟必须开工时间
    D. 以事件 j 为完工事件的工序最迟必须结束时间

52. 事件 i 的最迟时间 $T_L(i)$ 是指
    A. 以事件 i 为开工事件的工序最早可能开工时间
    B. 以事件 i 为完工事件的工序最早可能结束时间
    C. 以事件 i 为开工事件的工序最迟必须开工时间
    D. 以事件 i 为完工事件的工序最迟必须结束时间

53. 工序 (i, j) 的最迟必须结束时间 $T_{LF}(i, j)$ 等于
    A. $T_E(i)+t(i, j)$
    B. $T_L(j)$
    C. $T_L(j)-t_{ij}$
    D. $T_L(j)+t_{ij}$
    E. $\min_{i}\{T_L(j)-t_{ij}\}$

54. 工序 (i, j) 的最早开工时间 $T_{ES}(i, j)$ 等于
    A. $T_E(i)$
    B. $\max_{k}\{T_E(k)+t_{ki}\}$
    C. $T_L(i)$
    D. $\min_{i}\{T_L(j)-t_{ij}\}$
    E. $T_{EF}(i, j)-t_{ij}$

55. 工序 (i, j) 的总时差 $R(i, j)$ 等于
    A. $T_{EF}(i, j)-T_{ES}(i, j)$
    B. $T_{LF}(i, j)-T_{EF}(i, j)$
    C. $T_{LS}(i, j)-T_{ES}(i, j)$
    D. $T_L(j)-T_E(i)-t_{ij}$
    E. $T_L(j)-T_E(i)+t_{ij}$

第8章 动态规划

56. 下列错误的结论是
    A. 给定某一阶段的状态，则在这一阶段以后过程的发展不受这一阶段以前各个阶段状态的影响，而只与当前状态有关，与过程过去的历史无关。
    B. 动态规划是求解多阶段决策问题的一种算法策略，当然也是一种算法。
    C. 动态规划是一种将问题分解为更小的、相似的子问题，并存储子问题的解而避免计算重复的子问题，以解决最优化问题的算法策略。
    D. 动态规划数学模型由阶段、状态、决策与策略、状态转移方程及指标函数5个要素组成。

57. 下列正确的结论是
    A. 顺推法与逆推法计算的最优解可能不一样。
    B. 顺推法与逆推法计算的最优解相同。
    C. 各阶段所有决策组成的集合称为决策集。
    D. 各阶段所有决策组成的集合称为允许决策集合。
    E. 状态 s_k 的决策就是下一阶段的状态。

58. 用动态规划方法求背包问题时
    A. 将装载的物品品种数作为阶段数。 B. 将背包的容量作为状态。
    C. 将背包的容量作为决策。 D. 将背包装载物品件数作为决策。
    E. 将装载的物品品种数作为状态数。

59. 在设备负荷分配问题中，$n=8, a=0.75, b=0.9, g=15, h=10$，则8期的设备最优负荷方案是
    A. 前2年低负荷后6年高负荷。 B. 前3年低负荷后5年高负荷。
    C. 前4年低负荷后4年高负荷。 D. 前5年低负荷后3年高负荷。

60. 在生产与存储问题中
    A. 状态变量为存储量，决策变量是生产量。
    B. 状态变量为生产量，决策变量是存储量。
    C. 阶段指标函数是从第 k 阶段到第 n 阶段的总成本。
    D. 过程指标函数是从第 k 阶段到下一阶段的总成本。

第9章 排队论

61. 在 $[M/M/3]:[N/\infty/FCFS]$ 系统中（$N>3$），下列关系式成立
    A. $\rho=\dfrac{\lambda}{\mu}$ B. $L=L_q+\dfrac{\lambda(1-P_N)}{\mu}$
    C. $W_q=\dfrac{L}{\lambda(1-P_N)}-\dfrac{1}{\mu}$ D. $L=L_q+\dfrac{\lambda}{\mu}$
    E. $W=W_q+\dfrac{1}{\mu}$

62. 排队系统中 $[X/Y/Z]:[A/B/C]$，符号"B"表示
    A. 顾客到达的概率分布。 B. 服务时间的概率分布。
    C. 排队系统的最大容量。 D. 顾客源的最大容量。

63. 泊松流必须满足的条件

A. 平稳性 B. 无后效性 C. 普通性
D. 有限性 E. 爱尔朗分布

64. 某企业有 5 台运货车，已知每台车每运行 100 小时平均需维修两次，一个维修工，每次需时 20 分钟，到达时间和服务时间均负指数分布，该问题的排队模型属于
    A. $[M/M/1]:[5/\infty/FCFS]$ B. $[M/M/1]:[\infty/5/FCFS]$
    C. $[M/M/5]:[1/\infty/FCFS]$ D. $[M/M/1]:[2/5/FCFS]$

65. 在 $[M/M/N]:[N/\infty/FCFS]$ 模型中，排队系统中顾客数的平均值 L 是
    A. $L_q+\frac{\lambda}{\rho}(N-L)$ B. $\frac{\rho}{1-\rho}$ C. $L_q+(1-P_0)$ D. $N\rho(1-P_N)$

66. 顾客输入为泊松流参数为 λ，服务时间为负指数分布参数为 μ。一个服务站，平均服务时间为 6 秒，每分钟有 5 名顾客到达。则
    A. $\lambda=5$，$\mu=6$ B. $\lambda=1/5$，$\mu=1/6$
    C. $\lambda=5$，$\mu=10$ D. $\lambda=1/5$，$\mu=6$

67. 如果顾客连续接受串联的几个服务台的服务，各服务台服务时间相互独立，且服从参数为 μ 的负指数分布，那么顾客接受几个服务台总共所需时间服从
    A. 负指数分布 B. 爱尔朗分布 C. 泊松分布 D. 正态分布

68. 排队系统中排队规则中包括
    A. 损失制 B. 等待制 C. 优先制
    D. 后到先服务 E. 混合制

69. 某寻呼台有两个接线员，平均每分钟有 4 人打进电话，平均每个客户服务时间为 0.4 分钟，该寻呼台话务强度为
    A. 0.8 B. 0.4 C. 0.56 D. 0.82

70. 输入是泊松流。下列错误的说法是
    A. 在时间区间 $[t, t+\Delta t)$ 内到达 k 个顾客的概率与 t 无关，只与 Δt 有关。
    B. 不相交的时间区间内到达的顾客数是相关的。
    C. 设在 $[t, t+\Delta t)$ 内到达多于一个顾客的概率为 $q(\Delta t)$，则 $q(\Delta)=o(\Delta t)$。
    D. 任意有限个区间内到达有限个顾客的概率等于 1。

第 10 章 存储论

71. 在单时期离散随机需求模型中，选择最优订货量的原则是
    A. 使得不缺货的概率大于等于最优服务水平。
    B. 选择总持有费用期望值与总缺货费用期望值之和最小的订货量。
    C. 选择总收益(订货量大于等于需求量及订货量小于需求量)期望值最大的订货量。
    D. 选择不缺货的概率不低于最优服务水平的最小订货量。
    E. 选择不缺货的概率不大于最优服务水平的最小订货量。

72. 在相同的单位时间内，允许缺货的订货次数比不允许缺货时订货次数
    A. 多 B. 少 C. 一样 D. 不确定

73. 瞬时供货且允许缺货的经济批量模型中，若订货费、存储费和缺货费同时增加 δ 倍时，经济订货批量
    A. 为原来的 $\sqrt{\delta}$ 倍 B. 为原来的 $1/\sqrt{\delta}$ 倍
    C. 为原来的 $1/\sqrt{2\delta}$ D. 不变

74. 在相同的单位时间内，不允许缺货的订货批量比允许缺货时的订货批量
    A. 多　　　　　　　B. 少　　　　　　　C. 一样　　　　　　D. 不确定
75. 在报童问题中，若卖不完的报纸退回报社的价格由 0.2 元降至 0.1 元，问在其他条件均不变的情况下报纸的准备量应该
    A. 增多　　　　　　B. 不变　　　　　　C. 减少　　　　　　D. 难以确定

第 11 章　决策论

76. 对于不确定型的决策，由决策者的主观态度不同基本可分为以下几种准则
    A. 乐观主义准则　　　　　　　　　　B. 悲观主义准则
    C. 最大期望收益准则　　　　　　　　D. 等可能性准则
    E. 最小机会损失准则
77. 对于不确定型的决策，某人采用乐观主义准则进行决策，则应在收益表中
    A. 大中取大　　　　B. 大中取小　　　　C. 小中取大　　　　D. 小中取小
78. 以下哪项不属于按环境分类的决策
    A. 确定型　　　　　B. 不确定型　　　　C. 风险型　　　　　D. 单项决策型
79. 以下哪项是面向决策结果的方法的程序
    A. 收集信息→确定目标→提出方案→方案优化→决策
    B. 确定目标→收集信息→决策→提出方案→优化方案
    C. 确定目标→收集信息→提出方案→方案优化→决策
    D. 确定目标→提出方案→收集信息→优化方案→决策
80. 按决策过程的连续性应将决策分为哪几类
    A. 暂时决策　　　　B. 序贯决策　　　　C. 长期决策
    D. 单项决策　　　　E. 程序化决策

第 12 章　多属性决策

81. 属性类型有
    A. 效益型　　　　　B. 成长型　　　　　C. 成本型
    D. 固定型　　　　　E. 区间型
82. 属性值预处理方法有
    A. 标准化方法　　　B. 线性比例方法　　C. 特征值法
    D. 规范化方法　　　E. 算术平均法
83. 主观赋权法有
    A. 层次分析法　　　B. 抽样调查法　　　C. 两两比较法
    D. 最小平方法　　　E. 算术平均法
84. 客观赋权法有
    A. 方程组法　　　　B. 最大方差法　　　C. 主分量分析法
    D. 熵值法　　　　　E. 动态决策法
85. 综合集成赋权法有
    A. 几何平均法　　　B. 加权集成法　　　C. 两阶段赋权法
    D. 乘法集成法　　　E. 层次分析法
86. 无偏好决策方法有

A. 乐观主义准则 B. 最小机会损失准则
C. 悲观主义准则 D. 加性加权法
E. 加权积法

87. 综合决策法有
   A. 五种准则法 B. 加性加权法 C. 层次分析法
   D. 模糊决策法 E. 理想解排序法

88. 属性赋权的原则是
   A. 组内离差平方和最小 B. 权系数尽可能与决策者的意愿接近
   C. 严格满足一致性 D. 组内离差平方和最大
   E. 组间离差平方和最大

89. 规范化后的属性具有特征
   A. 效益型 B. 存在最大值与最小
   C. 值期望值为零方差为 1 D. 属性间不相关
   E. 具有可公度性

90. 模糊决策的权系数可以通过下列方式得到
   A. 专家评分法 B. 主分量分析法 C. 层次分析法
   D. 动态决策法 E. 抽样调查法

第 13 章 博弈论

91. 在矩阵博弈中 $G=\{S_1, S_2, A\}$，$S_1=\{\alpha_1, \alpha_2, \alpha_3\}$，$S_2=\{\beta_1, \beta_2, \beta_3, \beta_4\}$，关于局中人某个混合策略的意义有以下解释
   A. 使用某一个纯策略 α_i 的概率。
   B. 交替使用某个纯策略。
   C. 使用每一个纯策略 $\alpha_i(i=1, 2, 3)$ 的概率所构成的概率向量。
   D. 使用每一个纯策略 $\beta_j(j=1, 2, 3, 4)$ 的概率所构成的概率向量。
   E. 各纯策略的线性组合。

92. 对于矩阵博弈 $G=\{s_1, s_2, A\}$ 来说，局中人Ⅰ有把握的至少得益为 v_1，局中人Ⅱ有把握的至多损失为 v_2，则有
   A. $v_1 \leqslant v_2$ B. $v_1 \geqslant v_2$ C. $v_1 = v_2$
   D. $v_1 < v_2$ E. C 或 D

93. 博弈论初步形成的标志是
   A. 瓦德格拉夫的二人博弈混合策略解。 B. 古诺模型的提出。
   C. 齐莫罗关于象棋博弈的定理的提出。 D. 《博弈论和经济行为》的出版。

94. 博弈模型的基本要素为：局中人、得益函数、博弈次序和
   A. 博弈行为 B. 策略集 C. 博弈规则 D. 参与者

95. 分析得益矩阵

1, 0	1, 3	0, 1
0, 4	0, 2	2, 0

   所得到的最终策略组合和得益数组为
   A. 1, 0 B. 0, 2 C. 1, 3 D. 0, 4

填 空 题

第1章 线性规划

1. 线性规划数学模型的三个要素、两个特征分别是(　　)。

2. 设 maxCX，AX=b，X⩾0，其中 $A=\begin{bmatrix} 1 & 2 & 2 & 1 & 0 \\ 3 & 4 & 1 & 0 & 1 \end{bmatrix}$，$C=(3,2,1,-1,0)$ 则以 x_1，x_5 为基变量时，x_2 的检验数为(　　)。

3. 已知目标函数为 $\max Z=0.5x_1+c_2x_2$ 的线性规划有两个基本最优解$(1,2)$与$(3,5)$，则 $c_2=(\ \ )$。

4. 线性规划 $\min Z=2x_1+3x_2$，$2x_1+x_2=7$，$3x_1-x_2\geqslant 3.5$，$2x_1+x_2\leqslant 10$ 的最优解是 $(7/2,0)$，它的第2、3个约束中松驰变量$(S_2,S_3)=(\ \ )$。

5. 已知线性规划

$$\max Z=3x_1+4x_2+x_3$$
$$\begin{cases} x_1+2x_2+x_3\leqslant 10 \\ 2x_1+2x_2+x_3\leqslant 16 \\ x_j\geqslant 0, j=1,2,3 \end{cases}$$

的最优基 $B=\begin{bmatrix} 1 & 2 \\ 2 & 2 \end{bmatrix}$，最优解 $X=(\ \ )$，$\max Z=(\ \ )$。

6. 在大 M 法中，人工变量在目标函数中的系数为(　　)(maxZ 时)，或(　　)(minZ 时)。

7. 已知单纯形迭代中基 $B=\begin{bmatrix} 2 & -1 \\ 1 & 0 \end{bmatrix}$，$C_B=(4,4)$，则单纯形乘子是(　　)。

8. 已知

$$\min Z=4x_1+2x_2+3x_3$$
$$\begin{cases} 2x_1+4x_3\geqslant 20 \\ 2x_1+3x_2+x_3\geqslant 16 \\ x_1,x_2,x_3\geqslant 0 \end{cases}$$

的最优基变量是 x_2，x_3，则它的最优解是 $(x_1, x_2, x_3) = ($ 　　 $)$。

9. 用大 M 法解线性规划

$$\max Z = 2x_1 - x_2 + x_3$$
$$\begin{cases} 2x_1 + x_3 \leqslant 3 \\ x_1 + 2x_2 + x_3 \geqslant 4 \\ x_j \geqslant 0, j = 1, 2, 3 \end{cases}$$

时，在第二个约束中加入人工变量 R，则目标函数应为（　　），初始单纯形表中的检验数依次为（　　）。

10. 将第 9 题的线性规划用两阶段法求解时，第一阶段的目标函数为（　　），初始单纯形表的检验数依次为（　　）。

11. 线性规划问题如果有无穷多最优解，则单纯形最终表中必然有（　　）变量的检验数为（　　）。

12. 已知线性规划的单纯形表如下：

C_j		-3	a	-1	-1	b
C_B	X_B	x_1	x_2	x_3	x_4	
-1	x_3	-2	2	1	0	b_1
-1	x_4	3	1	0	1	b_2
λ_j		λ_1	λ_2	λ_3	λ_4	

(1) 当 $b_1 = ($ 　　 $)$，$b_2 = ($ 　　 $)$，$a = ($ 　　 $)$ 时，$X = (0, 0, b_1, b_2)$ 有唯一最优解。

(2) 当 $b_1 = ($ 　　 $)$，$b_2 = ($ 　　 $)$，$a = ($ 　　 $)$ 时，有多重解，此时 $(\lambda_1, \lambda_2, \lambda_3, \lambda_4) = ($ 　　 $)$。

13. 单纯形表中出现（　　）时，线性规划具有无界解。

14. 两阶段法求解过程中，第一阶段（　　）时表明原问题无可行解。

第 2 章　线性规划的对偶理论

15. $\max Z = 2x_1 + x_2 + 3x_3$，$x_1 + x_2 + x_3 \leqslant 5$，$2x_1 + 3x_2 + 4x_3 = 12$，$x_1, x_2, x_3 \geqslant 0$，最优解为 $(x_1, x_2, x_3) = (3, 2, 0)$，则对偶问题的最优解是（　　）。

16. 已知 $\max Z = 3x_1 + 4x_2 + x_3$，$2x_1 + 3x_2 + x_3 \leqslant 1$，$x_1 + 2x_2 + 2x_3 \leqslant 3$，$x_1, x_2, x_3 \geqslant 0$ 最优解为 $X = \left(\dfrac{1}{2}, 0, 0\right)^T$，则第二种资源的影子价格为（　　），第一个对偶约束的松弛变量等于（　　）。

17. 在互为对偶的两个线性规划中，已知对偶问题可行，而且它的原问题满足（　　）时，则对偶问题就一定是无界的。

18. 已知 $\max Z = CX$，$AX \leqslant b$，$X \geqslant 0$（$A_{3\times 5}$）的最优值 $Z = 80$，松弛变量的检验数 $(\lambda s_1, \lambda s_2, \lambda s_3) = (-3, 0, -1)$，则对偶问题的最优值 $\min w = ($ 　　 $)$，最优解 $Y = ($ 　　 $)$。

19. 在最优解不变时，非基变量系数 c_j 的变化范围是（　　）。

20. 设 $\max Z = 3x_1 + 4x_2 + x_3$，$x_1 + 2x_2 + x_3 \leqslant 10$，$2x_1 + 2x_2 + x_3 \leqslant 16$，$x_1, x_2, x_3 \geqslant 0$，则在最优基不变时，$c_1$ 的变化范围是（　　），b_1 的变化范围是（　　）。

21. 在最优基 B 不变时，右端 b_i 变化范围可由式 $B^{-1}b + \Delta b_i \beta_i \geqslant 0$ 求得，其中 β_i 的含义是（　　）。

22. 已知 $\max Z=60x_1+50x_2$，$2x_1+4x_2\leqslant 80$，$3x_1+2x_2\leqslant 60$，$x_1\leqslant 16$，x_1，$x_2\geqslant 0$ 的最优解 $(x_1,x_2)=(10,15)$，则增加约束 $x_1+2x_2\leqslant 40$ 的最优解是（   ）。

23. 极小值问题的第 i 个约束符号为"$\leqslant$"，第 j 个变量为"$\geqslant 0$"，则对偶问题第 i 个约束符号为（   ），第 j 个变量符号为（   ）。

第3章 整数规划

24. $x_1+2x_2\geqslant 5$，$4x_1-x_2\leqslant 18$，$5x_1+x_2\leqslant 30$ 至少一个满足，用 0-1 变量表示的一般线性约束条件是（   ）。

25. 若 $x_1\leqslant 6$，则 $x_2\leqslant 4$，否则 $x_2\geqslant 5$，用 0-1 变量表示的一般线性约束条件是（   ）。

26. 求解纯整数规划的两种方法是（   ）。

27. 已知基变量 $x_1=3.25$，x_1 要求取整数，则添加分枝约束（   ）和（   ）。

28. 源行是 $x_2-\frac{3}{8}x_4+\frac{5}{8}x_5=\frac{1}{8}$，$x_2$ 为整数，则关于 x_2 的割平面方程是（   ）。

29. $\max Z=3x_1+x_2$，$4x_1+3x_2\leqslant 7$，$x_1+2x_2\leqslant 4$，x_1，$x_2=0$ 或 1，最优解是（   ）。

第4章 目标规划

30. 目标函数为 $\min Z=p_1d_1^++p_2(d_2^-+d_2^+)$ 的目标规划问题，表明决策者的意图是使第一目标（   ），第二目标（   ）。

31. 使第一目标恰好完成，第二目标尽可能超额完成的目标规划的目标函数是（   ）。

32. 目标规划

$$\min Z = p_1 d_1^+ + p_2(d_2^- + d_2^+)$$
$$\begin{cases} 2x_1+2x_2+d_1^--d_1^+=6 \\ x_1+2x_2+d_2^--d_2^+=4 \\ x_j,d_j^-,d_j^+\geqslant 0, j=1,2 \end{cases}$$

的满意解是（   ）。

33. 当目标规划

$$\min Z = p_1(d_1^- + d_1^+) + p_2 d_2$$
$$\begin{cases} x_1-2x_2+d_1^--d_1^+=6 \\ 3x_1+2x_2+d_2^--d_2^+=9 \\ x_j,d_j^-,d_j^+\geqslant 0, j=1,2 \end{cases}$$

取值 $X=(1,2)$ 时，偏差变量 $(d_1^-, d_1^+, d_2^-, d_2^+)=$（   ）。

34. 有5项指标，根据它们的重要程度，进行两两比较的结果为：$G_1>G_2$，$G_1>G_3$，$G_1<G_4$，$G_1>G_5$，$G_2<G_3$，$G_2<G_4$，$G_2>G_5$，$G_3<G_4$，$G_3>G_5$，$G_4>G_5$，则5个指标的优先次序是（   ）。

第5章 运输与指派问题

35. 运输问题中 $C=\begin{bmatrix} 3 & 6 & 7 \\ 4 & 3 & 5 \\ 7 & 4 & 8 \end{bmatrix}$；对于基变量 x_{11}，x_{21}，x_{22}，x_{32}，x_{33} 令位势 $u_1=0$ 则位势 $(u_2, u_3, v_1, v_2, v_3)=$（   ），检验数 $(\lambda_{12}, \lambda_{13}, \lambda_{23}, \lambda_{31})=$（   ）。

36. 对于下列运输问题

$$C = \begin{bmatrix} 7 & 8 & 9 & 10 \\ 17 & 16 & 15 & 14 \\ 5 & 3 & 4 & 6 \end{bmatrix} \begin{matrix} 30 \\ 20 \\ 10 \end{matrix}$$
$$\quad\quad\quad 15 \quad 10 \quad 15 \quad 20$$

(1) 用最小元素法得到的初始基可行解 $X_1=$（   ）。
(2) 用西北角法得到初始基可行解 $X_2=$（   ）。
(3) 用元素差额法得到的初始基可行解 $X_3=$（   ）。
(4) 哪一种解最接近最优解（   ）。

37. 使用表上作业法求解运输问题时，确定初始方案一般采用最小元素法和 Vogel 法得到一个基本可行解，计算检验数一般采用（   ）和（   ）。

38. m 个产地 n 个销地且产销平衡的运输问题具有（   ）个变量，（   ）个约束，（   ）个基变量。

39. 运输问题 $m+n-1$ 个变量构成基变量的充要条件是（   ）。

40. 指派问题模型属于（   ）规划模型。

41. 匈牙利法的条件是（   ）。

42. 指派问题的效率矩阵的每行分别减去一个常数最优解（   ），A. 变化 B. 不变

43. 对效率矩阵画线覆盖零元素，当（   ）时存在 m 个不同行不同列的零元素。

44. 平衡运输问题的系数矩阵的秩等于（   ）。

45. 运输问题有 5 个产地 6 个销地，其对偶问题有（   ）个变量，（   ）个约束。

第 6 章　网络模型

46. 一个无圈并且（   ）的无向图称为树。
47. 在一个连通图 G 中，取部分边连接 G 的（   ）组成的树称为 G 的部分树或支撑树。
48. 求最小支撑树有（   ）两种方法。
49. Dijkstra 算法中的点标号 $b(j)$ 的含义是（   ），弧的标号 $k(i,j)=$（   ）。
50. 求含有负权图的最短路用（   ）算法。
51. 求最佳服务点设置有（   ）两条标准。
52. 弧的流量是指（   ）。
53. Ford-Fulkerson 标号算法是求（   ）问题的一种算法。
54. 在增广链上，所有前向弧上满足（   ），所有后向弧上满足（   ）。
55. 最小费用流的标号算法是寻找所有增广链中（   ）最小的增广链。

第 7 章　网络计划

56. 在绘制计划网络时，工序 (i,j) 的节点 i 与 j 的大小关系是（   ）。
57. 紧前工序必是（   ）工序。
58. （   ）绘制的网络图称为箭线网络图。
59. （   ）绘制的网络图称为节点网络图。
60. 三点估计法的三种时间是（   ）、（   ）及（   ）。
61. 三点估计法的时间期望值为（   ），方差为（   ）。

62. 工序(i, j)的最早开始时间$T_{ES}(i, j)$的定义是（   ），$T_{ES}(i, j)=$（   ）。
63. 工序(i, j)的最迟必须开始时间$T_{LS}(i, j)$的定义是（   ），$T_{LS}(i, j)=$（   ）。
64. 工序的总时差$S(i, j)=$（   ）或（   ）或（   ）。
65. 工序的的单时差$F(i, j)$的含义是（   ）。

第8章 动态规划

66. 决策变量是（   ）的函数。
67. 状态转移方程s_{k+1}是（   ）的函数。
68. 以每月一个阶段，一年的阶段数为（   ）。
69. 动态规划模型由（   ）5个要素组成。
70. 当动态规划问题的最终状态确定时，用（   ）法求解较好，状态变量s_k为k阶段的初始状态；当动态规划问题的初始状态确定时，用（   ）法求解较好，状态变量s_k为k阶段的结束状态。

第9章 排队论

71. 顾客到达数是以λ为参数的泊松流，则顾客相继到达的时间间隔服从以λ为参数的（   ）分布。
72. 顾客按泊松分布到达，平均每小时4人，则顾客相继到达的时间间隔为（   ）分钟。
73. 平均服务率为μ，则平均服务时间为（   ）。
74. 模型$[M/M/3]:[\infty/n/FCFS]$的含义是（   ）。
75. 对于模型$[M/M/1]:[\infty/\infty/FCFS]$，已知到达率$\lambda$、服务率$\mu$，则系统服务强度为（   ），系统没有顾客的概率为（   ）。

第10章 存储论

76. t循环策略是指（   ）。
77. 已知产品获得成本1 000元/件，存储费率为1%，每件存储费为（   ）。
78. 企业每月（30天）需要某材料500件。若要订货，可以以每天50件的速率供应。持有费用5元/（月·件），订货手续费为100元。EOQ为（   ），订货周期为（   ）天，当提前期为6天时，再订货点是（   ）件。
79. $C_o=$（   ），$C_u=$（   ），C_o的含义是（   ），C_u的含义是（   ）。
80. 连续型单时期随机存储模型的最优订货量由公式（   ）确定。

第11章 决策论

81. 非确定型决策的五种决策准则是（   ）。
82. 风险型决策的两种期望决策准则是（   ）。
83. 决策树的四个符合□、○、△、+的含义分别是（   ）。
84. 具有马尔可夫性的随机过程称为（   ）过程。
85. 如果马尔可夫过程的时间为（   ）的，状态空间是（   ），则此过程为有限的马尔可夫链。

第12章 多属性决策论

86. 属性的主要四种类型是（   ）。

87. 成本型的规范化公式为（　　）。
88. 属性值转换有（　　）等方法。
89. 规范化后的属性值的最大值为（　　），最小值为（　　）。
90. 标准化后的属性值大部分落在（　　）区间内。
91. 两个属性相比，B_i 比 B_j 明显重要，重要程度分值 $c_{ij}=$（　　）。
92. 已知决策系统有 n 个属性，如果 c_{ij} 是一致估计值，特征方程 $(C-I\lambda_{max})W=0$ 的最大特征值 $\lambda_{max}=$（　　）。
93. 主观赋权法有（　　），客观赋权法有（　　），综合集成赋权法有（　　）。
94. $M(\wedge, \vee)$ 的模糊变换方法是（　　）。
95. 递阶层次结构分为（　　）三类。

第 13 章　博弈论

96. 博弈的三个基本要素是（　　）。
97. $G=\{S_1, S_2, A\}$ 为矩阵博弈，$S_1=\{\alpha_1, \alpha_2, \cdots, \alpha_m\}$，$S_2=\{\beta_1, \beta_2, \cdots, \beta_n\}$，$A=(a_{ij})_{m\times n}$，则当等式（　　）成立时，对应的策略组合 (α_i^*, β_j^*) 称为该博弈的纳什均衡。
98. 矩阵博弈 $A=\begin{bmatrix} 7 & 8 \\ 9 & 1 \end{bmatrix}$，局中人Ⅰ的得益期望值函数为（　　），局中人Ⅱ的得益期望值函数为（　　）。
99. 矩阵博弈 $A=\begin{bmatrix} 7 & 2 \\ 5 & 6 \end{bmatrix}$，纳什均衡 $x^*=(1/6, 5/6)$，$y^*=(2/3, 1/3)$，博弈值 $V_G=$（　　）。
100. 矩阵博弈 $A=\begin{bmatrix} 1 & 6 & 7 \\ 5 & 5 & 4 \\ 7 & 5 & 0 \end{bmatrix}$，局中人Ⅰ的线性规划模型为（　　），局中人Ⅱ的线性规划模型为（　　）。已知局中人Ⅰ、Ⅱ的线性规划模型最优解 $(0.032\,3, 0.135\,9, 0)$ 与 $(0.090\,8, 0, 0.129)$，最优值为 $0.225\,8$，则该博弈的纳什均衡为（　　）及（　　），博弈值 $V_G=$（　　）。

参 考 文 献

[1] 徐光辉. 运筹学基础手册[M]. 北京：科学出版社，1999.
[2] 胡运权，郭耀煌. 运筹学教程[M]. 北京：清华大学出版社，2007.
[3] 李宗元. 运筹学ABC——成就、信念与能力[M]. 北京：经济管理出版社，2000.
[4] 钟彼德. 管理科学(运筹学)[M]. 韩伯棠，等译. 北京：机械工业出版社，2000.
[5] 钱颂迪，等. 运筹学[M]. 北京：清华大学出版社，2005.
[6] 张维迎. 博弈论与信息经济学[M]. 上海：上海人民出版社，1996.
[7] 施锡铨. 博弈论[M]. 上海：上海财经大学出版社，2002.
[8] 谢识予. 经济博弈论[M]. 上海：复旦大学出版社，2002.
[9] 胡运权. 运筹学基础及应用[M]. 北京：高等教育出版社，2004.
[10] 胡知能，徐玖平. 运筹学[M]. 北京：科学出版社，2003.
[11] 成思危，等. 大型线性目标规划及其应用[M]. 郑州：河南科学技术出版社，2000.
[12] 杨超. 运筹学[M]. 北京：科学出版社，2004.
[13] 希利尔. 数据模型与决策[M]. 任建标，译. 北京：中国财政经济出版社，2001.
[14] Frederick S Hillier, Gerald J Lieberman. Introduction to Operations Research[M]. 6th ed. New York: McGraw-Hill, 1995.
[15] 胡运权. 运筹学习题集[M]. 北京：清华大学出版社，2002.
[16] 陈景艳. 目标规划与决策管理[M]. 北京：清华大学出版社，1987.
[17] 冯文权. 经济预测与决策技术[M]. 武汉：武汉大学出版社，2002.
[18] 武汉理工大学MBA学员《运筹学》课程论文. 案例集(内部资料).
[19] Philip Melchiors, Rommert Dekker, Marcel Kleijn. Inventory rationing in an(s, Q) inventory model with lost sales and two demand classes[M]. Econometric Institute Report 9837/A. 1998.
[20] S Axsaer. Using the Deterministic EOQ Formula in Stochastic Inventory Control, Management Science, 42(1996), p830.
[21] Hillier F S, Lienemen G J. Introduction to Management Science[M]. New York: Mc Graw-Hill. 2001.
[22] Yih-Long Chang, Kiran Desai. WinQSB Version 2.0 Manual[M]. John Wiley & Sons, Inc, 2003.
[23] 徐玖平，吴巍. 多属性决策的理论与方法[M]. 北京：清华大学出版社，2006.
[24] 郭亚军. 综合评价理论、方法及拓展[M]. 北京：科学出版社，2012.
[25] 杜栋，庞庆华，吴炎. 现代综合评价方法与案例精选[M]. 北京：清华大学出版社，2008.
[26] Xiong Wei, Yang Qing. Dynamic Comprehensive Evaluation of New Hi-tech Venture Capital Investment Benefits. Proceedings of 2004 International Conference on Management Science & Engineering, 2004, Harbin, P. R. China, p2431-2435.
[27] Xiong Wei, Cheng Yingui. Operational Benefit Indexes of Enterprise Capital and Their Comprehensive Evaluation Method. Proceedings of 2001 International Conference on Management Science & Engineering, Harbin, China, p865-869.
[28] 陈蔓生，张正堂. 企业竞争力的模糊综合评价探析[J]. 数量经济技术经济研究，1999(1)：56~58.
[29] 魏权龄. 评价相对有效性的数据包络分析模型-DEA和网络模型[M]. 北京：中国人民大学出版社，2012.
[30] 童恒庆. 数据分析与统计计算软件DASC[M]. 北京：科学出版社，2005.
[31] Tong Hengqing, Kumar T. Krishna, Huang Yangxin. Developing Econometrics, Chichester: John Wiley & Sons. 2011.
[32] 孙见荆，王应明. 经济效益综合评价中的简单方法—序时多属性决策方法[J]. 中国管理科学，1996 (1)：52~58页.

出 版 致 谢

本书第2版自2009年出版以来，延续了第1版的使用量，得到了广大读者（尤其是高校师生）的普遍认可。为进一步完善内容，尽可能满足不同读者的需求，本书此次再版，再次向各大院校"运筹学"及相关课程教师征询了使用意见和修订建议，许多老师为我们提供了很多有价值的意见和建议，本书有效吸收了这些意见和建议，并在内容安排上给予了充分的体现。在此，机械工业出版社华章公司向这些给予支持的教师表示衷心的感谢，他们是（按拼音排序）：

蔡会明	华东政法大学	缪兴锋	广东轻工职业技术学院
曹翠珍	山西财经大学	潘燕春	深圳大学
丁文英	北京科技大学	潘 郁	南京工业大学
冯俊文	南京理工大学	彭 虎	九江学院
龚艳冰	河海大学	任鸣鸣	河南师范大学
关叶青	南京航空航天大学	施应玲	华北电力大学
郭媛斌	厦门理工学院	宋伯慧	北京交通大学
郭大宁	东华大学	宋华明	南京理工大学
郭均鹏	天津大学	孙剑萍	华东交通大学轨道交通学院
郭 韧	华侨大学	孙 洁	北京联合大学
韩宝燕	山东工艺美院	陶 冶	湖南大学
何丽红	兰州大学	田肇云	北京信息科技大学
何晓洁	中南大学	童泽平	武汉科技大学
何玉池	广州市交通运输职业学校	王广亮	吉林大学
洪 跃	上海大学	王宏达	天津工业大学
侯云先	中国农业大学	王 洪	上海海事大学
黄燕琳	西南科技大学	王建明	山东大学
黄志锋	泉州黎明大学	王克勤	西北工业大学
姜忠义	江苏工业学院	王 宁	北京邮电大学
李凤廷	河南工业大学	王 婷	贵州大学
李 剑	中国海洋大学	王 昱	重庆大学
李 军	桂林电子科技大学	王渊博	北京石油化工学院
李勇建	南开大学	王志刚	苏州市职业大学
李宇雨	重庆师范大学	魏 航	上海财经大学
梁工谦	西北工业大学	吴祈宗	北京理工大学
林嘉永	东华大学	吴清烈	东南大学
林振思	福建工程学院	向小东	福州大学
刘 珊	江西科技师范学院	肖忠海	成都理工大学
刘新旺	东南大学	谢湘生	广东工业大学
刘艳萍	山西农业大学	熊德国	河南理工大学
刘玉石	青岛大学	熊燕华	南京农业大学
卢美丽	山西财经大学	徐 扬	北京大学
卢新元	华中师范大学	徐咏梅	暨南大学
鲁万波	西南财经大学	许高建	安徽农业大学
吕渭济	湛江师范学院	杨爱峰	合肥工业大学
马翊华	河北经贸大学	杨桂元	安徽财经大学

杨海光	广西财经学院	张媛媛	中国石油大学
杨木肖	大连海事大学	赵观兵	江苏大学
杨文彩	云南农业大学	赵松山	东北财经大学
殷志平	武汉科技大学	赵玉欣	大连东软信息学院
於世为	中国地质大学	郑雨尧	绍兴文理学院
袁　象	上海海事大学	钟　映	广东工业大学
张怀胜	江苏大学	周建勤	北京交通大学
张盘江	华中师范大学	朱　辉	石河子大学
张绍文	北京林业大学	朱平辉	厦门大学
张淑英	河北经贸大学	朱　阳	华中师范大学
张无畏	楚雄师范学院	邹　龙	西安邮电学院
张秀丽	郑州大学	左秀峰	北京理工大学
张亚明	燕山大学		

数理统计及相关课程

课程名称	书号	书名、作者及出版时间	版别	定价
统计学	978-7-111-33687-7	统计学（强森）（2011年）	外版	49
数据、模型与决策	978-7-111-38280-5	数据、模型与决策：管理科学篇（第13版）（安德森）（2012年）	外版	75
数据、模型与决策	978-7-111-49612-0	数据、模型与决策：基于电子表格的建模和案例研究方法（第5版）（希利尔）（2015年）	外版	89
数据、模型与决策	978-7-111-48099-0	数据、模型与决策：基于电子表格的建模和案例研究方法（英文版·第4版）	外版	85
时间序列分析	978-7-111-33864-2	时间序列分析:预测与控制（第4版）（博克斯）（2011年）	外版	59
时间序列分析	978-7-111-38801-2	应用计量经济学：时间序列分析（第3版）（恩德斯）（2012年）	外版	69
商务与经济统计	978-7-111-37641-5	商务与经济统计（第11版）（安德森）（2012年）	外版	108
商务与经济统计	即将出版	商务与经济统计（第12版）（安德森）（2015年）	外版	109
商务与经济统计	978-7-111-24366-3	商务与经济统计（第6版）（纽博尔德）（2008年）	外版	90
商务与经济统计	978-7-111-35029-3	商务与经济统计（英文版·第11版）（安德森）（2011年）	外版	109
商务与经济统计	978-7-111-38666-7	商务与经济统计精要（第6版）（安德森）（2012年）	外版	59
商务与经济统计	978-7-111-40479-8	商务与经济统计精要（英文版·第6版）（安德森）（2012年）	外版	69
经济决策模型	978-7-111-26846-8	经济决策的概率模型（迈尔森）（2009年）	外版	48
计量经济学学习指导	978-7-111-31370-0	经济计量学精要（第4版）习题集（古扎拉蒂）（2010年）	外版	29
计量经济学	978-7-111-30817-1	经济计量学精要（第4版）（古扎拉蒂）（2010年）	外版	49
计量经济学	978-7-111-35537-3	应用计量经济学（第6版）（施图德蒙德）（2011年）	外版	59
运筹学	978-7-111-44029-1	运筹学（第3版）（精品课）（熊伟）（2014年）	本版	35
运筹学	978-7-111-44298-1	运筹学（李峰）（2014年）	本版	39
统计学学习指导	978-7-111-22168-5	应用统计学习指导（精品课）（孙炎）（2007年）	本版	19
统计学	978-7-111-48630-5	统计学（第2版）（张兆丰）（2014年）	本版	35
统计学	978-7-111-47889-8	统计学（第4版）（精品课）（李金昌）（"十二五"普通高等教育本科国家级规划教材）（2014年）	本版	39
统计学	978-7-111-21720-9	统计学（精品课）（郑珍远）（2007年）	本版	32
统计学	978-7-111-42075-0	统计学（卢小广）（2013年）	本版	35
统计学	978-7-111-42504-5	统计学（向蓉美）（2013年）	本版	39
统计学	978-7-111-31321-2	统计学（曾五一）（2010年）	本版	35
统计学	978-7-111-45966-8	统计学原理（宫春子）（2014年）	本版	35
统计学	978-7-111-29041-4	应用统计基础（精品课）（曾艳英）（2009年）	本版	38
统计学	978-7-111-47018-2	应用统计学（第2版）（精品课）（"十二五"职业教育国家规划教材）（孙炎）（2014年）	本版	35
统计学	978-7-111-44677-4	应用统计学（精品课）（谢忠秋）（2014年）	本版	35
统计、计量分析软件	978-7-111-20747-4	Eviews使用指南与案例（张晓峒）（2007年）	本版	35
数量经济学	978-7-111-26575-7	应用数量经济学（"十一五"国家级规划教材）（张晓峒）（2009年）	本版	45
数据、模型与决策	即将出版	数据、模型与决策（梁樑）（2015年）	本版	40
计量经济学	978-7-111-48459-2	计量经济学（第2版）（李宝仁）（2014年）	本版	39
计量经济学	978-7-111-42076-7	计量经济学基础（张兆丰）（2013年）	本版	35
计量经济学	即将出版	计量经济学及其应用（第2版）（杜江）（2015年）	本版	39
计量经济学	978-7-111-29842-7	计量经济学及其应用（杜江）（2010年）	本版	29
高级运筹学	978-7-111-24349-6	高级运筹学（马良）（2008年）	本版	30
概率论和数理统计	978-7-111-26974-8	应用概率统计（彭美云）（2009年）	本版	27
概率论和数理统计	978-7-111-28975-3	应用概率统计学习指导与习题选解（彭美云）（2009年）	本版	18

普通高等教育"十二五"规划教材系列

课程名称	书号	书名、作者及出版时间	定价
财务管理（公司理财）	978-7-111-25066-1	公司财务管理：理论与案例（精品课）（马忠）（2008年）	58
战略管理	978-7-111-41767-5	战略管理（项目教学版）（刘平）（2013年）	35
战略管理	978-7-111-35475-8	战略管理：思维与要径（第2版）（精品课）（黄旭）（"十二五"普通高等教育本科国家级规划教材）（2012年）	38
战略管理	即将出版	战略管理：思维与要径（第3版）（精品课）（"十二五"普通高等教育本科国家级规划教材）（黄旭）（2015年）	39
管理学	978-7-111-44591-3	管理学（第2版）（卢润德）（2013年）	39
管理学	978-7-111-37405-3	管理学原理（精品课）（徐碧琳）（2012年）	35
运筹学	978-7-111-44029-1	运筹学（第3版）（精品课）（熊伟）（2014年）	35
项目管理	978-7-111-48503-2	项目管理（孙军）（2014年）	30
项目管理	978-7-111-39041-1	项目管理导论（第3版）（精品课）（殷焕武）（2012年）	35
国际贸易实务	978-7-111-30529-3	国际贸易实务（第2版）（精品课）（胡丹婷）（2011年）	32
国际贸易实务	978-7-111-37558-6	国际贸易实务（精品课）（张孟才）（2012年）	36
国际经济合作	978-7-111-48644-2	国际经济合作（孙莹）（2014年）	39
国际金融学	978-7-111-44188-5	国际金融（精品课）（韩博印）（2013年）	39
会计信息系统	978-7-111-35695-0	会计信息系统（第2版）（精品课）（韩庆兰）（2011年）	36
行为金融学	978-7-111-31106-5	行为金融学（饶育蕾）（2010年）	36
金融学（货币银行学）	978-7-111-41391-2	货币银行学（第2版）（钱水土）（2013年）	39
金融学（货币银行学）	978-7-111-35641-7	金融学概论（精品课）（丁志国）（2011年）	48
金融学（货币银行学）	978-7-111-35022-4	金融学概论（精品课）（茆训诚）（2011年）	42
金融风险管理	978-7-111-36225-8	风险管理（精品课）（王周伟）（"十二五"普通高等教育本科国家级规划教材）（2011年）	48
（证券）投资学	978-7-111-42938-8	证券投资学（第2版）（精品课）（葛红玲）（2013年）	39
（证券）投资学	978-7-111-23293-3	证券投资学原理（精品课）（韩德宗）（2008年）	36
西方经济学学习指导	978-7-111-49432-4	西方经济学习题集（第4版）（精品课）（赵英军）（2015年）	30
西方经济学（微观）	978-7-111-49423-2	西方经济学（微观部分）（第4版）（赵英军）（2015年）	35
西方经济学（宏观）	978-7-111-49385-3	西方经济学（宏观部分）（第4版）（赵英军）（2015年）	30
统计学	978-7-111-47889-8	统计学（第4版）（精品课）（李金昌）（"十二五"普通高等教育本科国家级规划教材）（2014年）	39
统计学	978-7-111-21720-9	统计学（精品课）（郑珍远）（2007年）	32
统计学	978-7-111-44677-4	应用统计学（精品课）（谢忠秋）（2014年）	35
计量经济学	978-7-111-48459-2	计量经济学（第2版）（李宝仁）（2014年）	39
国际经济学	978-7-111-25578-9	国际经济学（精品课）（赵英军）（2009年）	32
组织行为学	978-7-111-48460-8	组织行为学（第2版）（周菲）（2014年）	39
市场营销学（营销管理）	978-7-111-28089-7	现代市场营销学：超越竞争，为顾客创造价值（精品课）（杨洪涛）（2009年）	35
企业资源计划（ERP）	即将出版	企业资源计划（ERP）原理与实践（第2版）（张涛）（2015年）	35
企业资源计划（ERP）	978-7-111-29939-4	企业资源计划（ERP）原理与实践（精品课）（张涛）（2010年）	36
ERP沙盘模拟	978-7-111-45679-7	企业资源计划（ERP）沙盘模拟（王建仁）（2014年）	20